Ursula Eicker

Solare Technologien für Gebäude

Ursula Eicker

Solare Technologien für Gebäude

Grundlagen und Praxisbeispiele

2., vollständig überarbeitete Auflage

Mit 248 Abbildungen und 47 Tabellen

STUDIUM

Bibliografische Information der Deutschen Nationalbibliothek
Die Deutsche Nationalbibliothek verzeichnet diese Publikation in der
Deutschen Nationalbibliografie; detaillierte bibliografische Daten sind im Internet über
<http://dnb.d-nb.de> abrufbar.

1. Auflage 2001
2., vollständig überarbeitet Auflage 2012

Alle Rechte vorbehalten
© Vieweg+Teubner Verlag | Springer Fachmedien Wiesbaden GmbH 2012

Lektorat: Dipl.-Ing. Ralf Harms

Vieweg+Teubner Verlag ist eine Marke von Springer Fachmedien.
Springer Fachmedien ist Teil der Fachverlagsgruppe Springer Science+Business Media.
www.viewegteubner.de

Umschlaggestaltung: KünkelLopka Medienentwicklung, Heidelberg
Satz/Layout: Annette Prenzer
Druck und buchbinderische Verarbeitung: AZ Druck und Datentechnik, Berlin
Gedruckt auf säurefreiem und chlorfrei gebleichtem Papier

ISBN 978-3-8348-1281-0

Vorwort

In Europa leben mittlerweile 72 % der Bevölkerung in Städten - mit steigender Tendenz bis auf 84 % in 2050 (United Nations, 2008[1]). Der Gebäudesektor ist neben Industrie und Transport für etwa ein Drittel des Gesamtenergieverbrauchs sowie der CO_2 Emissionen verantwortlich.

Der Heizwärmebedarf von Gebäuden lässt sich von den heutigen hohen Bestandswerten auf nahezu null reduzieren, wenn Gebäude konsequent gedämmt, passiv solare Gewinne durch Fenster effizient genutzt werden und die Frischluftversorgung über eine Wärmerückgewinnungsanlage erfolgt. Auch bei niedrigem Heizwärmeverbrauch verbleibt in allen Gebäuden ein Energiebedarf für Strom und Warmwasser, der nicht durch passive Maßnahmen gedeckt werden kann. Aktive Solartechnologien bieten sich für die Deckung dieses Energiebedarfs besonders an, da die Bauelemente in die Gebäudehülle integriert werden können, somit klassische Baumaterialien substituieren und keinen zusätzlichen Freiflächenverbrauch verursachen. Solarmodule für die photovoltaische Stromproduktion können wie Verglasungen in alle gängigen Konstruktionssysteme eingebaut werden und zeichnen sich durch eine einfache und modulare Systemtechnik aus. Der Photovoltaikmarkt ist insbesondere in Deutschland im letzten Jahrzehnt enorm gewachsen und trägt mit heute 17 GW installierter Leistung signifikant zur erneuerbaren Stromversorgung bei. Thermische Kollektoren mit den Wärmeträgern Wasser und Luft werden für die Warmwasserbereitung und Heizungsunterstützung eingesetzt und ersetzen bei großen Kollektorflächen heute schon komplette Dacheindeckungen. Kombinierte Photovoltaisch-Thermische Kollektoren können sowohl für die Erzeugung von Strom und Niedertemperaturwärme, aber auch für Kälte durch nächtliche Abstrahlung sorgen.

Für den zunehmenden Klimatisierungs- und Kältebedarf vor allem im Verwaltungsbau sind thermische Kühlverfahren interessant, die Solarenergie, aber auch Abwärme aus Industrie oder erneuerbarer Kraft-Wärmekopplung nutzen können. Hohe solare Deckungsgrade und ein möglichst geringer Hilfsenergiebedarf sind essentiell für eine deutliche Primärenergieeinsparung.

Neben der Stromerzeugung, solarem Heizen und Kühlen wird die Solarenergie im Gebäude in Form von passiven Gewinnen für die Heizung sowie als Tageslicht genutzt und trägt zur Reduzierung des Stromverbrauchs für Beleuchtung bei. In dem vorliegenden Buch werden alle solaren Technologien, die für die Energiebedarfsdeckung von Gebäuden relevant sind, soweit diskutiert, dass sowohl der physikalische Hintergrund verständlich wird als auch konkrete Vorgehensweisen für die Planung gegeben werden.

Grundvoraussetzung für die Dimensionierung von aktiven Solaranlagen ist eine verläßliche Datenbasis für stündlich aufgelöste Einstrahlungswerte. Statistische Verfahren ermöglichen die Synthese von stündlichen Strahlungsdaten aus Monatsmittelwerten, die weltweit aus Satellitendaten und teilweise aus Bodenmessungen verfügbar sind. Besonders relevant für den Einsatz von Solartechnologien im städtischen Raum ist eine Analyse der gegenseitigen Verschattung von Gebäuden.

Die solarthermische Systemtechnik mit luft- und wassergeführten Kollektoren stellt sich als eine am Markt eingeführte und verbreitete Technologie dar. Für den Ingenieurplaner sind die systemtechnischen Aspekte wie Verschaltung, Hydraulik und Sicherheitstechnik wichtig, für

---

[1] UN-HABITAT, State of the World's Cities 2008/2009, ISBN: 978-92-1-132010-7, 2008

die wissenschaftliche Simulation einer thermischen Anlage müssen jedoch auch die Wärmetransportvorgänge im Detail untersucht werden.

Dass mit thermischen Kollektoren nicht nur geheizt werden kann, wird in dem umfangreichen Kapitel Solares Kühlen aufgezeigt. Die marktgängigen Technologien der Ad- und Absorptionskälteerzeugung sowie der offenen sorptionsgestützten Klimatisierung können mit thermischen Kollektoren gekoppelt werden und bieten ein großes Energieeinsparpotential vor allem im Verwaltungsbau.

Die photovoltaische Stromerzeugung wird mit den notwendigen Grundlagen für die Kennliniensimulation sowie den systemtechnischen Aspekten anschließend behandelt. Da die Photovoltaik besonders interessante Gebäudeintegrationslösungen bietet, müssen neue Verfahren für die Berechnung des thermischen Verhaltens entwickelt werden. Für diese neuen Bauelemente werden Bauteilkennwerte abgeleitet, die für Heizwärmebedarfsrechnungen benötigt werden. Weiterhin wird die Nutzung von Photovoltaisch-thermischen Elementen für die Kühlung diskutiert.

Das Buch wird durch eine Diskussion der passiven Solarenergienutzung abgeschlossen, die für die Wärmebedarfsdeckung und Tageslichtnutzung eine wichtige Rolle spielt. Entscheidend für den Nutzungsgrad der eingestrahlten Solarenergie ist die effektiv wirksame Speicherfähigkeit der Bauteile, die auch bei Anwendungen mit transparenter Wärmedämmung bekannt sein muß.

Die Verbindung von Grundlagendarstellung und Anwendung soll ein fundiertes Wissen über innovative Haustechnik mit solaren Technologien ermöglichen und dazu beitragen, daß sich diese Technologien in der Planungspraxis durchsetzen.

Die Neuauflage des 2001 erstmalig erschienenen Buches trägt der stürmischen Entwicklung der Solartechnik Rechnung, die mittlerweile signifikant zur Deckung des Energiebedarfs in Gebäuden beiträgt. Das erneuerbare Energiengesetz zur Vergütung des Solarstroms sowie das kürzlich verabschiedete erneuerbare Wärmegesetz unterstützen die breite Nutzung von solaren Technologien. Alle Kapitel sind komplett überarbeitet. Neu aufgenommen sind unter anderem Modelle zur dynamischen Kollektorsimulation, zur Himmelstemperaturbestimmung, Absorptionskältemodelle auch für LiBr-Wasser Anlagen, Kontaktbefeuchter zur Verdunstungskühlung, photovoltaisch-thermische Module zur Stromerzeugung und zum Kühlen. Die Kennlinienmodelle von Photovoltaikmodulen auch für Dünnschichtmodule sind komplett analytisch hergeleitet. Dem umfangreichen Kapitel zur solaren Kühlung sind nun eine Marktübersicht und wichtige Technologietrends vorangestellt.

Das Forschungszentrum nachhaltige Energietechnik zafh.net der Hochschule für Technik in Stuttgart forscht seit 15 Jahren an der Nutzung erneuerbarer Energiequellen in Gebäuden und Kommunen. Allen Mitarbeitern und Mitarbeiterinnen sei an dieser Stelle herzlich gedankt für die inhaltliche Unterstützung, die Bereitstellung von Graphiken, die Textkorrektur und am wichtigsten für die freundschaftlichen Beziehungen und hervorragende Arbeitsatmosphäre, die den langjährigen Spaß am Thema erst ermöglichen.

Die wichtigste Unterstützung nicht nur inhaltlicher Natur habe ich jedoch Dr. Jürgen Schumacher zu verdanken, mit dessen Simulationsumgebung INSEL die meisten Berechnungsergebnisse erstellt wurden.

Stuttgart, Juni 2011 Ursula Eicker

Inhaltsverzeichnis

1 Energieverbrauch von Gebäuden und solares Deckungspotential

1.1 Gesamtenergieverbrauch von Gebäuden

Gebäude verursachen 40 % des weltweiten Primärenergieverbrauchs und sind für etwa ein Drittel aller CO_2 Emissionen verantwortlich (36 % in Europa, 39 % in den USA, etwa 20 % in China (IEA Studie (2008), Price et al. (2006)). Besonders in städtischen Strukturen ist der Gebäudeenergieverbrauch typisch doppelt so hoch wie für Verkehr, beispielsweise um einen Faktor 2.2 in London (Steemers, 2003).

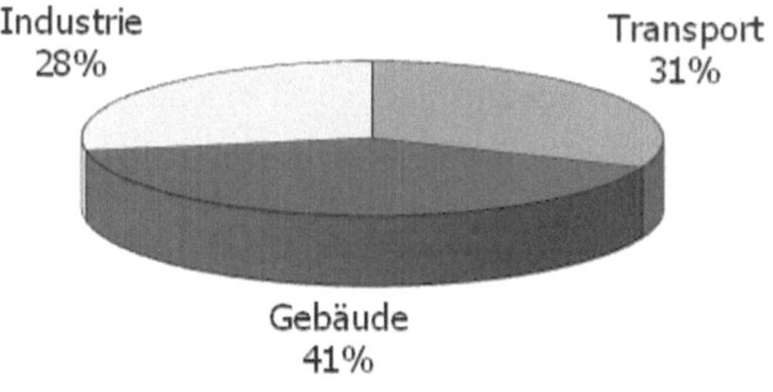

Bild 1-1: Energieverbrauch in Europa

Das energetische Einsparpotential ist hoch, kurzfristig werden innerhalb der EU 20 % Einsparungen bis 2020 erwartet. Die Verbesserung der Gebäudeenergieeffizienz ist ökonomisch sinnvoll, wie eine neue Studie des Intergovernmental Panel on Climate Change zeigt (Ürge-Vorsatz et al, 2008): Zwischen 12 und 25 % der durch Heizen und Kühlen verursachten CO_2

1

Emissionen und zwischen 13 und 52 % der durch Beleuchtung und Geräte verursachten Emissionen können demnach bis 2020 wirtschaftlich sinnvoll reduziert werden.

Die europäische Richtlinie zur Gebäudeenergieeffizienz (EPDB), die 2002 verabschiedet wurde, vereinheitlicht die bisher bestehenden nationalen Richtlinien und Berechnungsmethoden für Gebäudeeffizienz, fordert von jedem Mitgliedsland verbindliche Gebäudestandards und eine gemeinsame Methode zur Zertifizierung von Gebäuden und eine Betriebskontrolle von Heiz-, Kühl- und Lüftungsanlagen. Obwohl keine gemeinsamen maximalen Energiebedarfswerte vorgegeben werden, haben mittlerweile die meisten europäischen Länder ihre Energiestandards für Gebäude signifikant angehoben. Durchschnittliche Wärmedurchgangskoeffizienten liegen heute bei etwa 0.3 und 0.4 W m^{-2} K^{-1}. Die Europäische Union hat 2009 die EPDB-Richtlinie verschärft und fordert nun für Neubauten Nullenergiestandards bis 2020. Hierbei wird der Gebäudeenergiebedarf mit der erneuerbaren Energieerzeugung am Gebäude verrechnet, sodass sich netto ein Nullenergiebedarf ergibt. Für öffentliche Gebäude soll sowohl im Bestand als auch bei Neubauten bereits 2018 der Nullenergiestandard gelten.

In gemäßigten europäischen Klimazonen wie Deutschland wird etwa 80 % des Gesamtenergieverbrauchs für Heizung benötigt, 12 % für Trinkwassererwärmung und der Rest für elektrische Geräte, Kommunikation und Beleuchtung. Der hohe Anteil des Heizwärmeverbrauchs wird durch die geringen Dämmstandards existierender Gebäude verursacht, die etwa 90 % des Gebäudebestands ausmachen. Selbst in 2050 wird noch 60 % der Wohnfläche in bestehenden Gebäuden sein (Bundesministerium für Transport und Wohnungsbau, 2000).

Heute werden jährlich in Europa 1.4 % der Gebäude energetisch saniert. Bei dieser Rate wird 2050 eine Einsparung von 40 % gegenüber 2005 erreicht. Wird die Sanierungsrate auf 2 % pro Jahr erhöht, wird 2050 eine Energieeinsparung von 74 % erzielt.

Mit den Wärmedämmstandards und dem Lüftungskonzept von Passivhäusern ist mittlerweile ein unterer Grenzwert des Heizwärmeverbrauchs erreicht, der die heutigen Bestandswerte um einen Faktor 20 unterschreitet. Ein entscheidender Faktor für die Niedrig- und Passivhausbauweise ist die Entwicklung neuer Verglasungs- und Fenstertechniken, die das Fenster als passives Solarnutzungselement mit gleichzeitig geringen Transmissionswärmeverlusten bereitstellt.

Bei Neubauten mit geringem Heizwärmebedarf, aber auch bei Verwaltungsbauten mit hohem technischen Installationsgrad, wird Kühlung zum Thema und der sonstige Energieverbrauch in Form von Strom für Beleuchtung, Kraft und Klimatisierung sowie von Warmwasser im Wohnungsbau dominiert. Der Stromverbrauch in der Europäischen Union wird bis 2020 etwa um 50 % steigen. In diesem Bereich können erneuerbare Energieträger einen besonderen Beitrag liefern.

1.1.1 Wohngebäude

Die klimatischen Bedingungen in Europa variieren stark durch nahezu 35° Breitengradunterschiede (36° in Griechenland, 70° in Nord-Skandinavien). In Helsinki (60.3° Nord) liegt die mittlere Außentemperatur im Januar bei -6°, während südliche Städte wie Athen (40° Breitengrad) noch +10°C aufweisen. Um den gleichen Heizwärmebedarf von beispielsweise 50 kWh m^{-2} a^{-1} zu erreichen, können die durchschnittlichen U-Werte in Italien bei 1 W m^{-2} K^{-1} liegen, während in Finnland 0.4 W m^{-2} K^{-1} erforderlich sind.

In Deutschland liegt der Wärmebedarf von Wohnungsbauten abhängig vom Dämmstandard zwischen 10 bis 250 kWh m^{-2} a^{-1}. Insbesondere im Gebäudebestand mit einem Durchschnittsverbrauch von etwa 220 kWh m^{-2} a^{-1} sind die höchsten Energieeinsparpotentiale durch eine Reduzierung der Transmissionswärmeverluste der Gebäudehülle zu erzielen.

Bei extrem guter Dämmung aller Umschließungsflächen, Vermeidung von Wärmebrücken an kritischen Details wie Kellerwänden, Attikas etc. sowie einer luftdicht ausgeführten Gebäudehülle und einer kontrollierten Lüftung mit Wärmerückgewinnung kann der Heizwärmebedarf auf nahezu vernachlässigbare Werte von 10-15 kWh m^{-2} a^{-1} reduziert werden.

Studien in der Schweiz zeigen, dass die zusätzlichen Investitionen zum Erreichen des Passivhausstandards bei 14 % liegen (Minergie-P Label), für den Niedrigenergiestandard bei 6-9 % (Binz, 2006). In Deutschland mit einer hohen Anzahl von Passivhäusern werden die zusätzlichen Investitionskosten mit 3 bis 5 % angegeben.

Die erforderlichen U-Werte zum Erreichen des Passivhausstandards für verschiedene Klimas sind in Tabelle 1-1 dargestellt.

Tabelle 1-1: Erforderliche U-Werte für Passivhausstandard in Europa (Truschel, 2002).

U-Wert / W m^{-2}K^{-1}	Rom	Helsinki	Stockholm
Wand	0.13	0.08	0.08
Fenster	1.40	0.70	0.70
Dach	0.13	0.08	0.08
Bodenplatte	0.23	0.08	0.10
Mittlerer U-Wert	0.33	0.16	0.17

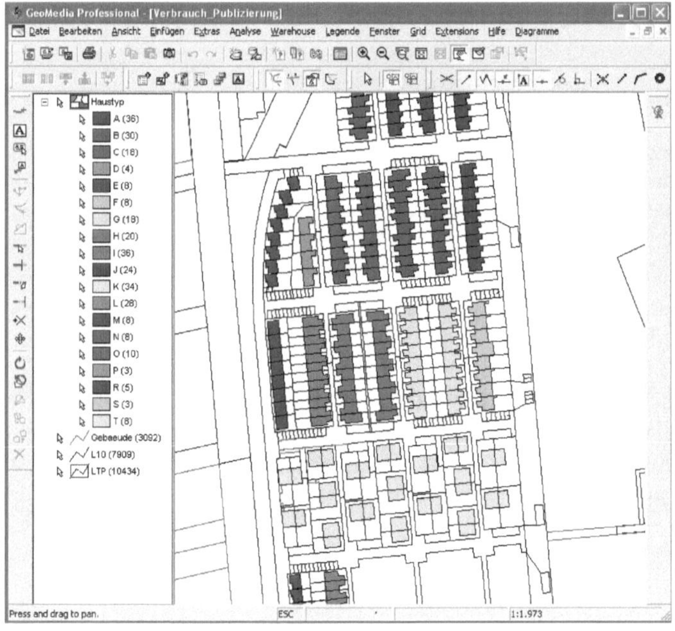

Bild 1-2: Ausschnitt aus einem Geoinformationssystem mit unterschiedlichen Gebäudetypen

Mit diesen U-Werten wird ein Heizenergiebedarf zwischen 15 und 20 kWh m^{-2} a^{-1} erreicht. Dagegen liegen heutige Niedrigenergiebauten in Deutschland bei etwa 70 kWh m^{-2} a^{-1}. Mehrere hundert Reihenhäuser am süddeutschen Standort Ostfildern, alle nach dem Jahr 2000 errichtet, wurden im Rahmen des europäischen Projektes POLYCITY vermessen (siehe Bild 1-2).

Der Gebäudeenergieverbrauch variiert selbst für identische Bautypen aufgrund des Nutzereinflusses stark mit Standardabweichungen von durchschnittlich 35 % des mittleren Verbrauchs (siehe Bild 1-3).

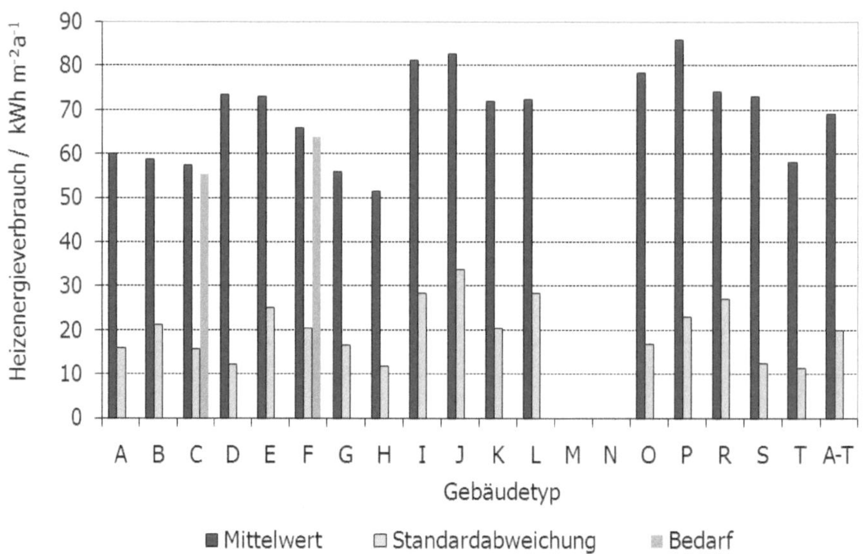

Bild 1-3: Mittlerer gemessener Heizwärmeverbrauch unterschiedlicher Bautypen in Süddeutschland mit der jeweiligen Standardabweichung. Für die Gebäudetypen C und F ist der berechnete Bedarf aus dem Wärmeschutznachweis bekannt, der gut mit dem mittleren Verbrauch übereinstimmt.

Unabhängig vom Dämmstandard ist im Wohnungsbau immer eine Warmwasserbereitung erforderlich, die abhängig von der Verbrauchsstruktur etwa zwischen 220 (niedriger Bedarf) und 1750 kWh pro Person und Jahr (hoher Bedarf) liegt. Für den mittleren Bedarfsbereich von 30-60 Liter pro Person und Tag bei einer Warmwassertemperatur von 45°C ergibt sich ein Jahresverbrauch von 440-880 kWh pro Person, d.h. 1760-3520 kWh für einen durchschnittlichen 4-Personenhaushalt. Bezogen auf den Quadratmeter beheizte Wohnfläche wird in Deutschland mit einem relativ geringen Wert von 12.5 kWh m^{-2} a^{-1}, in der Schweiz mit 14 kWh m^{-2} a^{-1} gerechnet.

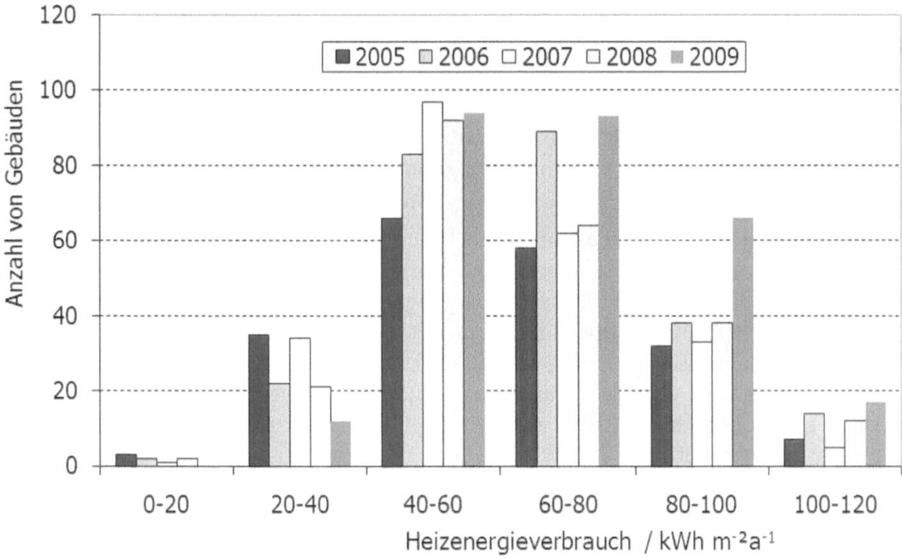

Bild 1-4: Verteilung des Heizwärmeverbrauchs aller Reihenhäuser im Baugebiet.

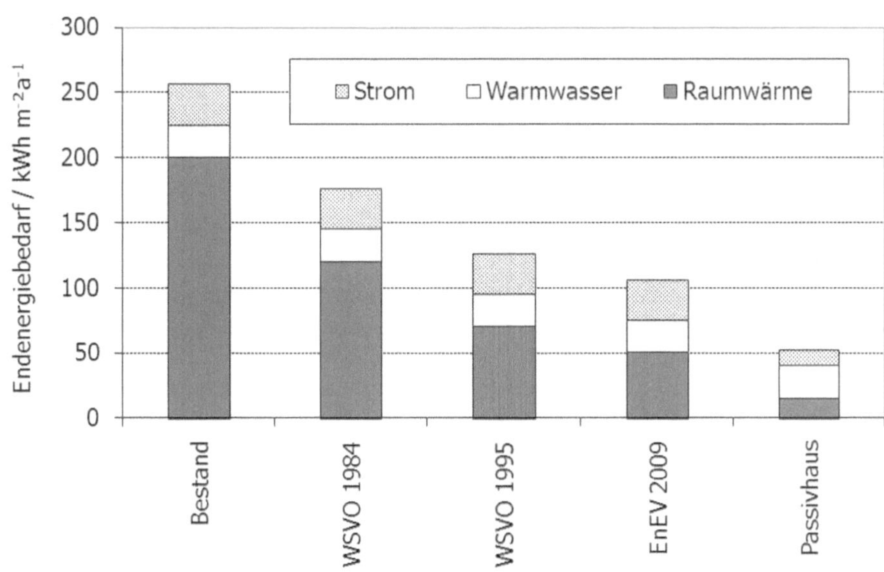

Bild 1-5: Energieverbrauch im Wohnungsbau pro Quadratmeter beheizte Wohnfläche.

Der durchschnittliche Stromverbrauch privater Haushalte von etwa 3600kWh pro Haushalt und Jahr liegt in einer ähnlichen Größenordnung. Bezogen auf den Quadratmeter beheizte Wohnfläche ergibt sich ein Durchschnittswert von 31 Wh/m^{2}a. Ein Strom sparender Haushalt kommt mit etwa 2000 Wh/a aus. Im Passivhausprojekt Darmstadt-Kranichstein wurden Verbräuche zwischen 1400 und 2200kWh pro Haushalt und Jahr gemessen, was einem Durchschnittswert von 11.6 kWh m^{-2} a^{-1} entspricht (Passivhausinstitut, 1997).

Neubauten nach der Wärmeschutzverordnung 1995 (WSVO) waren im Heizwärmebedarf für Hüllfläche- zu Volumenverhältnissen zwischen 0.5 und 1.0 auf Werte zwischen 70 und 100 kWh m^{-2} a^{-1} begrenzt (in Bild 1-5 eingezeichnet ist der untere Grenzwert). Seit der Energieeinsparverordnung 2002 (EnEV) wird die Versorgungstechnik des Gebäudes mit berücksichtigt und von nun an der Primärenergiebedarf begrenzt. In der Energieeinsparverordnung 2007 wurde ein Energiepass zur Zertifizierung der Gebäude eingeführt. 2009 wurde die Abhängigkeit des maximalen Bedarfs vom A/V Verhältnis aufgegeben und der Bedarf mit einem Referenzgebäude der gleichen Geometrie verglichen. Der maximal zulässige Heizenergiebedarf liegt heute etwa zwischen 50 und 80 kWh m^{-2} a^{-1}. Weitere Verschärfungen der EnEV sind aufgrund der Novellierung der europäischen Gebäuderichtlinie zu erwarten, sodass in wenigen Jahren für Neubauten mit dem Passivhausstandard zu rechnen ist.

1.1.2 Büro- und Verwaltungsbauten

Der Heizenergieverbrauch von Verwaltungsbauten und kommerziellen Gebäuden im Bestand liegt aufgrund höherer interner Lasten generell etwas niedriger als von Wohnungsbauten, der Stromverbrauch dagegen meist höher. Sowohl Heizwärme- als auch Stromverbrauch fluktuieren stark mit der Nutzung, bei den spezifischen Kosten dominiert fast immer der Stromanteil. Mehr als die Hälfte der laufenden Kosten von Gewerbeimmobilien entfallen auf Energiebezug und technischen Service. Ein großer Teil der Energiekosten fällt dabei für Lüftung und Klimatisierung an.

Die VDI-Richtlinie 3807 definiert die Berechnungsgrundlagen und Temperaturbereinigung für Energieverbrauchswerte bezogen auf die Bruttogeschossfläche. Die AGES GmbH, Münster, stellt eine umfangreiche und aktuelle Datenbank für Gebäude verschiedener Nutzung zusammen.

Der Wärmeverbrauch im Verwaltungsbau lässt sich problemlos durch verbesserte Wärmedämmung auf Niedrigenergiestandard und sogar bis auf wenige kWh pro Quadratmeter und Jahr beim Passivhaus reduzieren. Bezogen auf den durchschnittlichen Verbrauch im Bestand ist eine Reduzierung auf 5-10 % möglich. Der Stromverbrauch dominiert bei energieoptimierter Gebäudehülle den Gesamtenergieverbrauch (siehe auch www.solarbau.de).

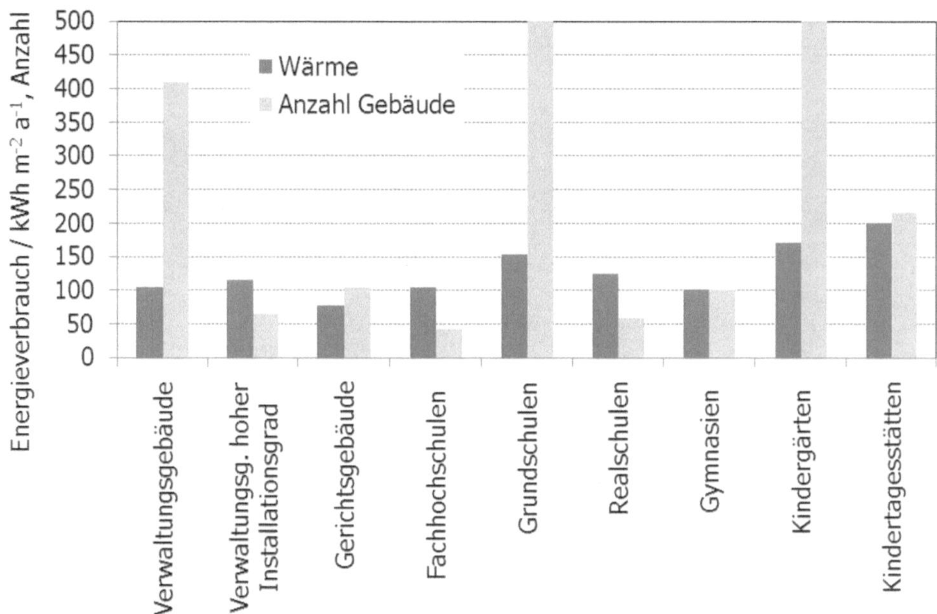

Bild 1-6: Energieverbrauchskennwerte pro Quadratmeter Bruttogeschossfläche der AGES GmbH zusammen mit der Anzahl analysierter Gebäude (788 Grundschulen und 533 Kindergärten).

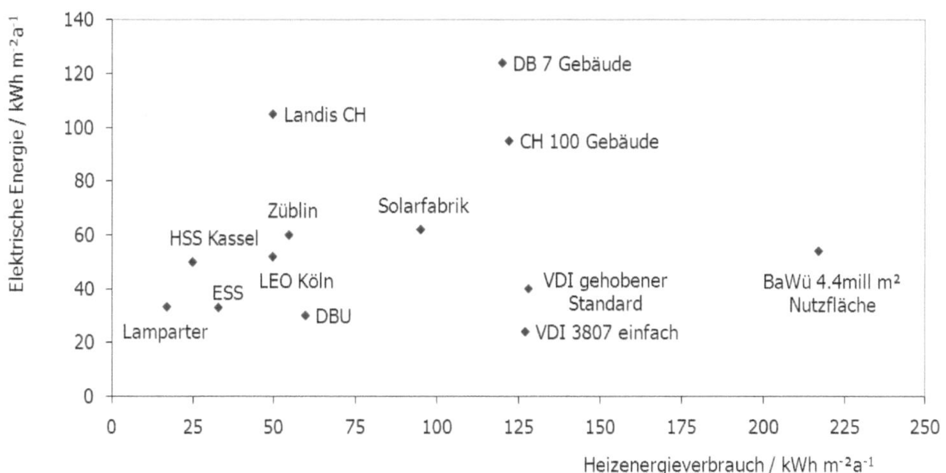

Bild 1-7: Gemessener elektrischer Endenergieverbrauch und Heizenergieverbrauch in Verwaltungsbauten.

Mehrjährige detaillierte Messungen im ersten, im Jahr 2000 fertiggestellten, Passivbürogebäude in Deutschland (Weilheim/Teck) verdeutlichen die heutigen Möglichkeiten der Energieoptimierung: Passivhausstandard im Wärmeschutz ist plan- und umsetzbar, der Warmwasserverbrauch ist vernachlässigbar und der elektrische Stromverbrauch für die Haustechnik (Lüftung, Beleuchtung, Pumpen) ist auf niedrige Zielwerte begrenzbar (< 15 kWh m^{-2} a^{-1}).

Bild 1-8: Erstes Verwaltungsgebäude in Deutschland in Weilheim/Teck

Hauptstromverbraucher ist die Bürotechnik, die hier über 40 % des Endenergieverbrauchs ausmacht, mit steigender Tendenz über die drei Messjahre und trotz des Einsatzes Strom sparender Geräte.

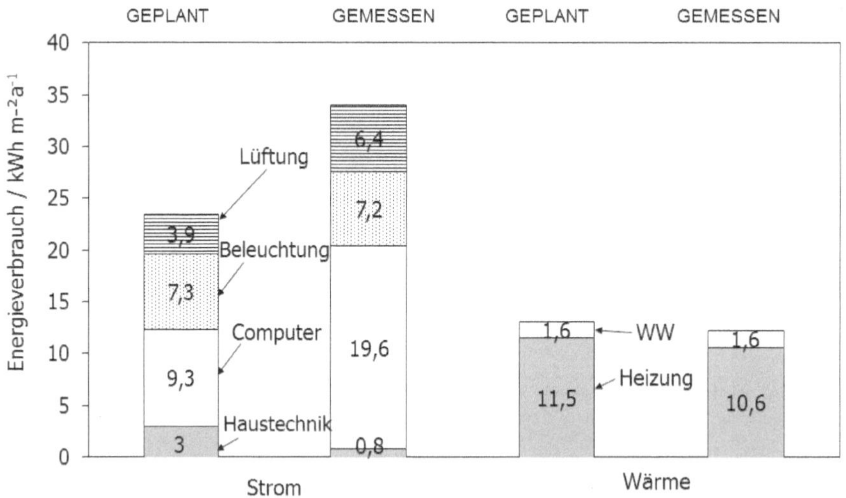

Bild 1-9: Geplanter und gemessener Energieverbrauch für Strom, Heizung und Warmwasserbereitung eines Bürogebäudes mit Passivhausstandard in Weilheim/Teck (Eicker, 2006).

Während im Wärmeschutz der Passivhausstandard erreicht wurde, liegt der gemessene Gesamtstromverbrauch 45 % über dem Planungswert von 23.5 kWh m^{-2} a^{-1}.

Der Passivhausstandard ist ebenfalls in der Sanierung möglich. Detaillierte Messungen an einem Bürobauprojekt in Tübingen zeigen, dass sehr geringe Heizwärmeverbräuche erreicht werden können, obwohl beispielsweise die Bodenplatten aufgrund der Raumhöhe keine hohen Dämmstärken zulassen. Beim Gesamtverbrauch, insbesondere bei der Primärenergie dominiert der Stromverbrauch – vor allem verursacht durch EDV (Eicker, 2010).

Bild 1-10: Bürogebäude ebök während und nach der Sanierung.

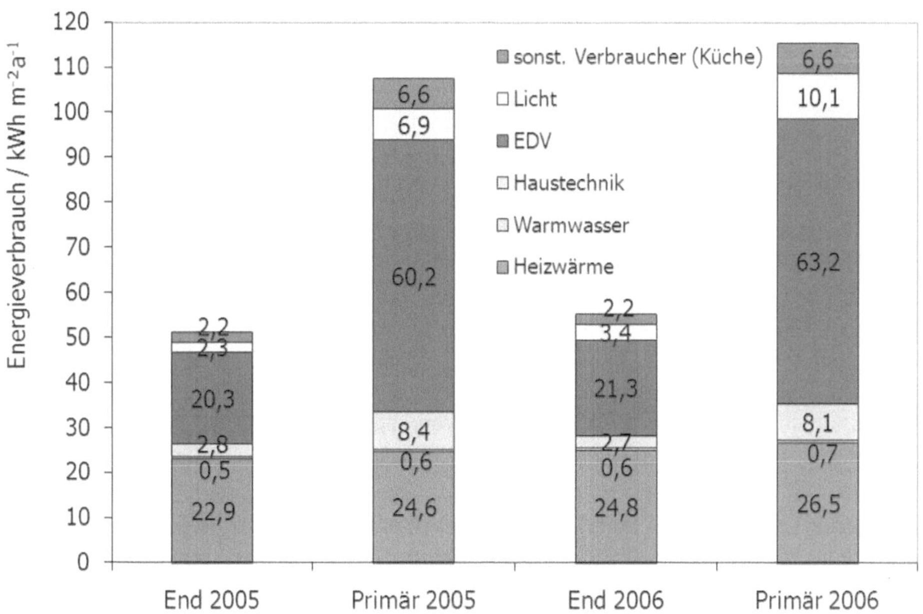

Bild 1-11: Gemessener Energieverbrauch im sanierten Bürogebäude des Ingenieurbüros ebök in Tübingen.

1.1.3 Klimatisierung

Die Gebäudeklimatisierung und Kälteerzeugung ist weltweit für etwa 15 % des gesamten Stromverbrauchs verantwortlich, in heißfeuchtem Klima sogar für 30 % (Government Information Centre Hongkong, 2004).

Der höchste Kühlenergieverbrauch besteht in kommerziellen Gebäuden in den USA mit etwa 150 kWh m^{-2} a^{-1}. Breembroek and Lazáro (1999) zitieren Werte zwischen 20 kWh m^{-2} a^{-1} für Schweden, 40 – 50 kWh m^{-2} a^{-1} in China und 61 kWh m^{-2} a^{-1} in Kanada. Eine eigene Übersicht über den Kühlenergiebedarf verschiedener Studien bzw. Messprojekte zeigt typische Kühlenergiebedarfe für Verwaltungsbauten zwischen 20 und 60 kWh m^{-2} a^{-1} in Europa.

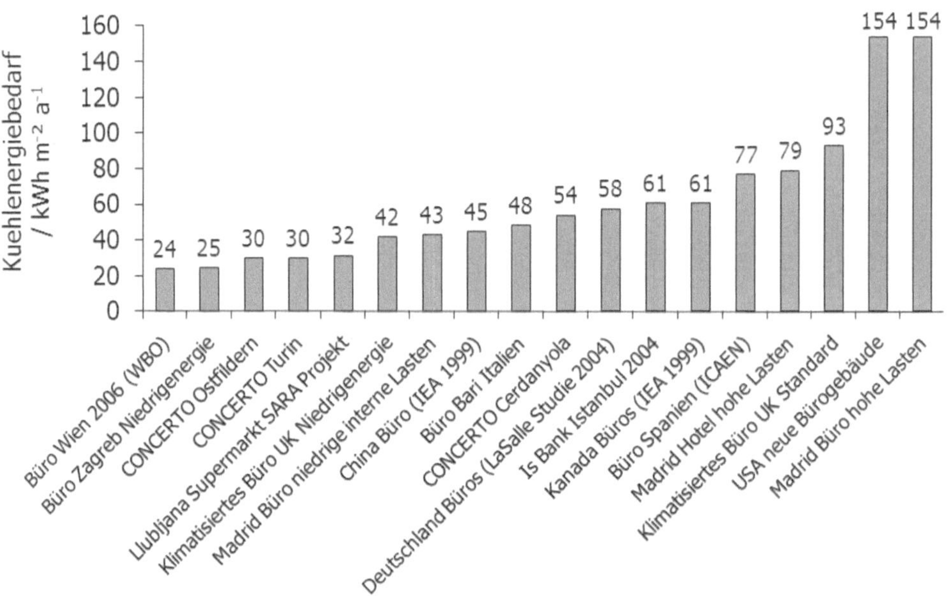

Bild 1-12: Kühlenergiebedarf von Verwaltungsbauten.

Im Lebensmittelhandel ist der Energieverbrauch für Kühlung deutlich höher mit einem elektrischen Verbrauch zwischen 82 and 345 kWh pro Quadratmeter Verkaufsfläche. Der Hauptteil der benötigten Energie wird allerdings nicht für die Raumkonditionierung, sondern für die Lebensmittelkühlung verwendet (O.Ö Energiesparverband, 1996).

Eine Anforderung an Klimatisierung besteht unter deutschen Klimaverhältnissen vorrangig im Verwaltungsbau mit hohen internen Lasten, vorausgesetzt natürlich, dass durch Fenster transmittierte externe Lasten effektiv mit Sonnenschutzvorrichtungen reduziert werden. Weiterhin müssen Rechenzentren, Supermärkte, Shoppingzentren, Konferenzzentren etc. meist aktiv gekühlt werden.

Etwa 50 % der internen Lasten werden durch Bürogeräte wie PC (typisch 150W inklusive Bildschirm), Drucker (190W Laserdrucker, 20W Tintenstrahl), Kopierer (1100W) etc. verursacht, was zu einer nutzflächenbezogenen Last von etwa 10-15 W m^{-2} führt. Eine moderne Bürobeleuchtung hat eine typische Anschlussleistung von 10-20 W m^{-2} bei einer Beleuchtungsstärke von 300-500 lx. Die Personenabwärme mit etwa 5 W m^{-2} im Einzelbüro bzw. 7 W m^{-2} im Großraumbüro ist ebenfalls nicht vernachlässigbar. Typische interne Lasten im mittleren Lastbereich liegen bei etwa 30 W/m^2 bzw. einer täglichen Kühlenergie von 200 Wh m^{-2} d^{-1}, im hohen Lastbereich zwischen 40–50 W m^{-2} und 300 Wh m^{-2} d^{-1} (Zimmermann, 1999).

Detaillierte eigene Messungen in dem oben beschriebenen Passiv-Verwaltungsbau in Weilheim ergaben interne Lasten in einem mit 2 Personen und einem Computerarbeitsplatz besetzten Südbüro von 30–35 W m^{-2}. In einem mit zwei Computerarbeitsplätzen ausgestatteten Nordbüro lagen die Lasten bei 50 W m^{-2}. Daraus ergeben sich gemessene tägliche interne Lasten im Südbüro zwischen 200 und 300 Wh m^{-2} gegenüber 400–500 Wh m^{-2} im Nordbüro. Weitere Messungen im Rahmen des deutschen Förderprogrammes SolarBau Monitor ergaben bei insgesamt niedrigeren Gesamtlasten von 92 and 188 Wh m^{-2} d^{-1} ebenfalls eine deutliche Dominanz der elektrischen Bürogeräte (Voss et al, 2007).

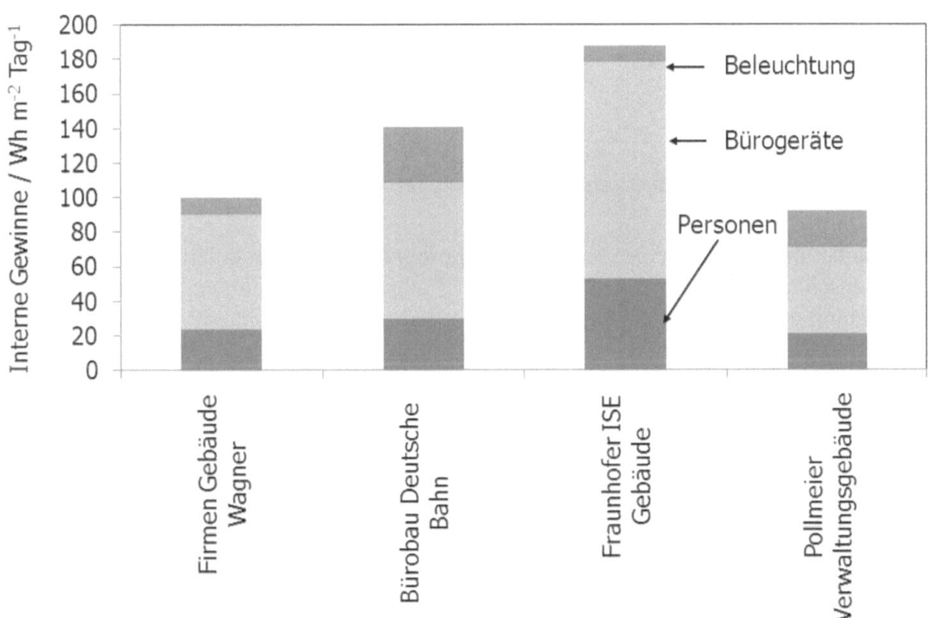

Bild 1-13: Gemessene Verteilung der täglichen internen Gewinne in Gebäuden des SolarBau Monitor Programmes.

Externe Lasten hängen extrem vom Flächenanteil der Verglasung sowie dem Sonnenschutzkonzept ab. Bei einer südorientierten Fassade treten an einem sonnigen Sommertag Einstrahlungsmaxima von 600W m^{-2} auf. Der beste außen liegende Sonnenschutz reduziert diese Einstrahlung um 80 %. Zusammen mit dem Gesamtenergiedurchlassgrad (g-Wert) einer Wärmeschutzverglasung von typisch 0.65 liegen die transmittierten externen Lasten dann bei 78W pro Quadratmeter Verglasungsfläche. Bei einer Verglasungsfläche eines Einzelbüros von 3 m^2 ergibt sich eine Last von 234 W, die bezogen auf eine Durchschnittsfläche von 12 m^2 eine externe Last von knapp 20 W m^{-2} liefert. Diese Situation ist in folgender Abbildung für eine Süd-, Ost- und Westfassade im Sommer dargestellt:

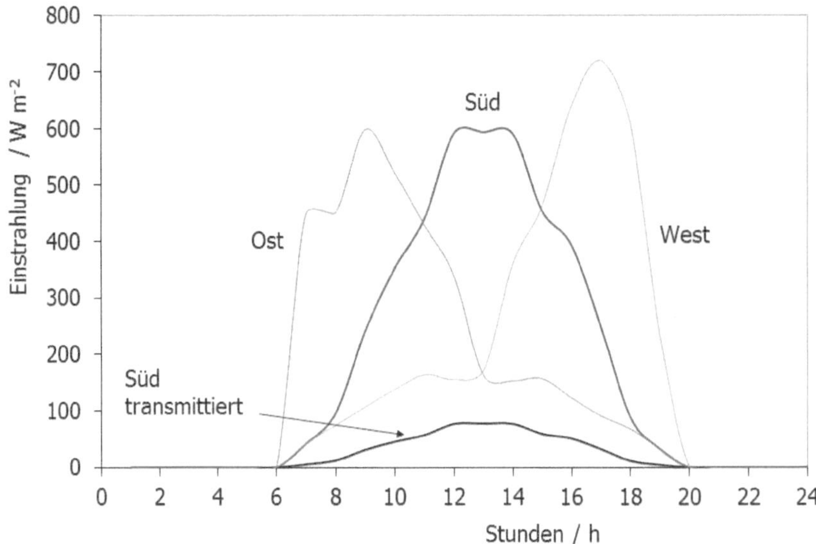

Bild 1-14:   Tagesgang der Einstrahlung und Transmission durch Südfassade.

Die Abminderungsfaktoren von Sonnenschutzeinrichtungen sind vor allem von der Anordnung des Sonnenschutzes abhängig: Außen liegender Sonnenschutz kann den Wärmeeintrag durch Solarstrahlung um 80 % reduzieren, bei innenliegendem Sonnenschutz ist maximal eine Reduzierung um 60 % möglich.

Tabelle 1-3: Abminderungsfaktoren von innen- und außen liegendem Sonnenschutz.

Sonnenschutzvorrichtung	Farbe/Anordnung	Abminderungsfaktor [–]
Außenlamellenstore	hell	0.13–0.2
Außenlamellenstore	dunkel	0.2–0.3
Gitterstoffstore	außen	0.22–0.35
Innenlamellenstore	hell	0.45–0.55
Reflexionsgläser	–	0.2–0.55

Die externen Lasten hängen vom Verhältnis der Fensterfläche zur Nutzfläche sowie dem gewählten Verschattungssystem ab. Für Flächenverhältnisse zwischen 0.1 und 0.7 liegen typische externe Lasten zwischen 8 und 60 $W\,m^{-2}$ (Arsenal Research, 2007). Zusammen mit den internen Lasten ergeben sich damit Kühllasten von insgesamt 25 bis 90 $W\,m^{-2}$.

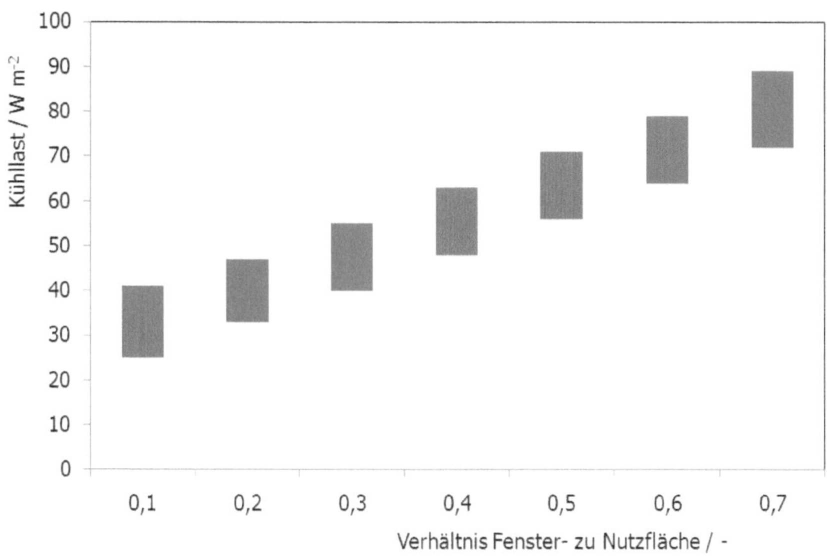

Bild 1-15: Kühllastbereich als Funktion des Verhältnisses von Fensterfläche zu Nutzfläche.

Bei sehr energieintensiver Nutzung wie in Computerzentren oder Serverräumen kann die Kühllast bis zu 1000 W m^{-2} betragen.

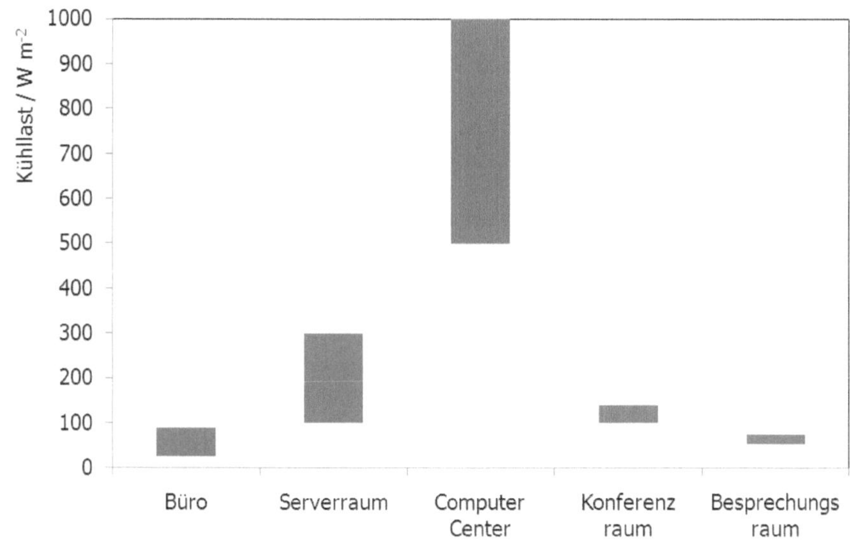

Bild 1-16: Typische Wertebereiche von Kühllasten

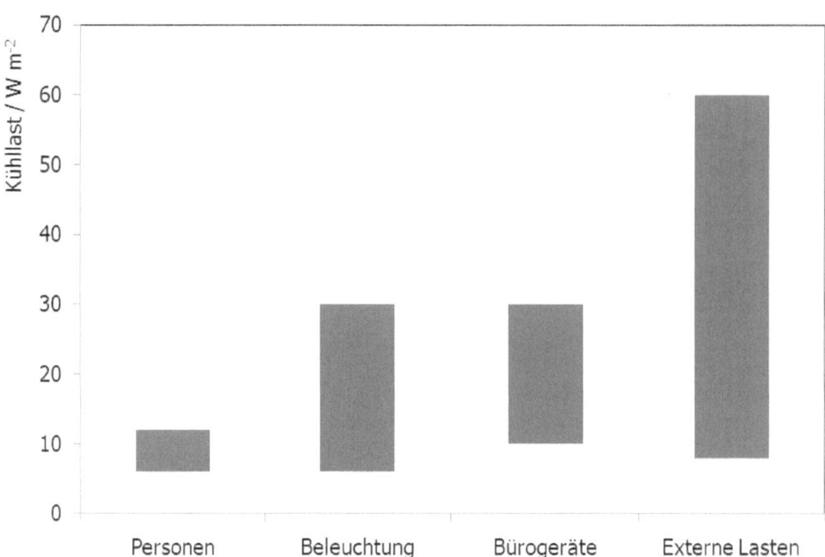

Bild 1-17: Wertebereiche von Kühllasten in Bürogebäuden

1.2 Bedarfsdeckung durch aktive und passive Solarenergienutzung

1.2.1 Aktive Solarnutzung für Strom, Wärme- und Kälteerzeugung

Aktive Solarenergienutzung im Gebäude trägt zur Deckung des Strombedarfs durch Photovoltaik und des Wärmebedarfs für Trinkwassererwärmung und Heizungsunterstützung mit solarthermischen Kollektoren bei. Eine Unterstützung der Heizung mit Deckungsbeiträgen von etwa 10-30 % ist mit thermischen Kollektoren ohne nennenswerte flächenspezifische Ertragseinbußen immer möglich. Auch die Außenluftvorwärmung mit thermischen Luftkollektoren kann einen sinnvollen Beitrag zur Reduzierung der Lüftungswärmeverluste liefern.

Bei der Gebäudeklimatisierung können insbesondere thermische Kühlprozesse wie offene und geschlossene Sorptionsverfahren durch solarthermische Kollektoren angetrieben werden.

Für die Betrachtung des möglichen solaren Deckungsgrades der verschiedenen Energieanforderungen im Gebäude (Wärme, Kälte, Strom) muss das solare Einstrahlungsangebot, der Umwandlungswirkungsgrad der jeweiligen Solartechnologie, das vorhandene Flächenpotential in Gebäuden sowie das wirtschaftlich nutzbare Potential analysiert werden.

Für die Grundlagenermittlung reicht eine Betrachtung des jährlichen Solarenergieangebots meist aus, welches in Deutschland Werte zwischen 950 und 1200kWh m⁻² auf eine horizontale Empfängerfläche aufweist.

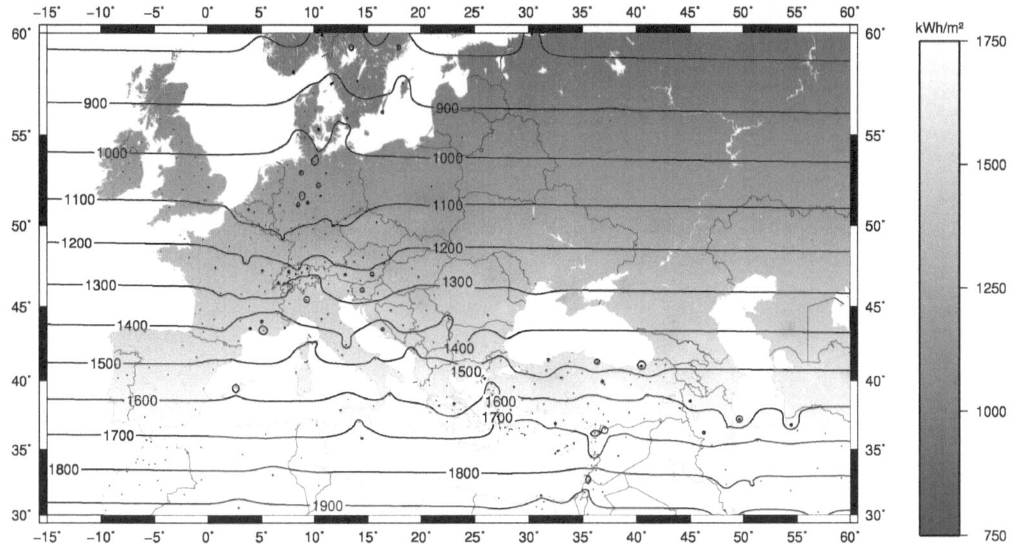

Bild 1-18: Jährliche Einstrahlungssummen (kWh m^{-2} a^{-1}) auf eine horizontale Fläche in Europa aus der Datenbank der Softwareumgebung INSEL (www.insel.eu).

Das Einstrahlungsangebot für unterschiedliche Flächenorientierungen wird durch die Umrechnung von Diffus- und Direktstrahlung auf die jeweilige Flächenneigung und -azimut erhalten. Die maximale jährliche Einstrahlung wird auf der Nordhalbkugel für eine südorientierte Fläche erreicht, die ungefähr mit einem der geographischen Breite minus 10° entsprechenden Winkel gegen die Horizontale geneigt ist. Am Standort Stuttgart liegt die maximale Einstrahlung auf eine 38° geneigte südorientierte Fläche bei 1200 kWh m^{-2} a^{-1}. Eine Abweichung aus der Südorientierung von ±50° führt zu einer jährlichen Einstrahlungsminderung von 10 %. Eine südorientierte Fassade erhält etwa 72 % der maximal möglichen Einstrahlung G_{max} (in der Abbildung mit 100 % bezeichnet).

Ein Azimut von 0° entspricht hier der Südorientierung. Aus Flächenorientierung und Systemwirkungsgrad der gewählten Solartechnik kann der jährliche Systemertrag abgeschätzt werden.

So liefert beispielsweise eine photovoltaische Solaranlage mit einem Systemwirkungsgrad η_{PV} von 10 % auf einer südorientierten, mit 38° aus der Horizontalen geneigten Fläche bei einer jährlichen Einstrahlung G von 1200 kWh/m^{2}a einen jährlichen Systemertrag von

$$Q_{\mathrm{PV}} = \eta_{\mathrm{PV}}\, G = 0.1 \times 1200\, \frac{\mathrm{kWh}}{\mathrm{m}^2 \mathrm{a}} = 120\, \frac{\mathrm{kWh}}{\mathrm{m}^2 \mathrm{a}}\;,$$

eine thermische Solaranlage zur Brauchwassererwärmung mit 35 % Wirkungsgrad dementsprechend etwa

$$Q_{\mathrm{WW}} = \eta_{\mathrm{WW}}\, G = 0.35 \times 1200\, \frac{\mathrm{kWh}}{\mathrm{m}^2 \mathrm{a}} = 420\, \frac{\mathrm{kWh}}{\mathrm{m}^2 \mathrm{a}}\;.$$

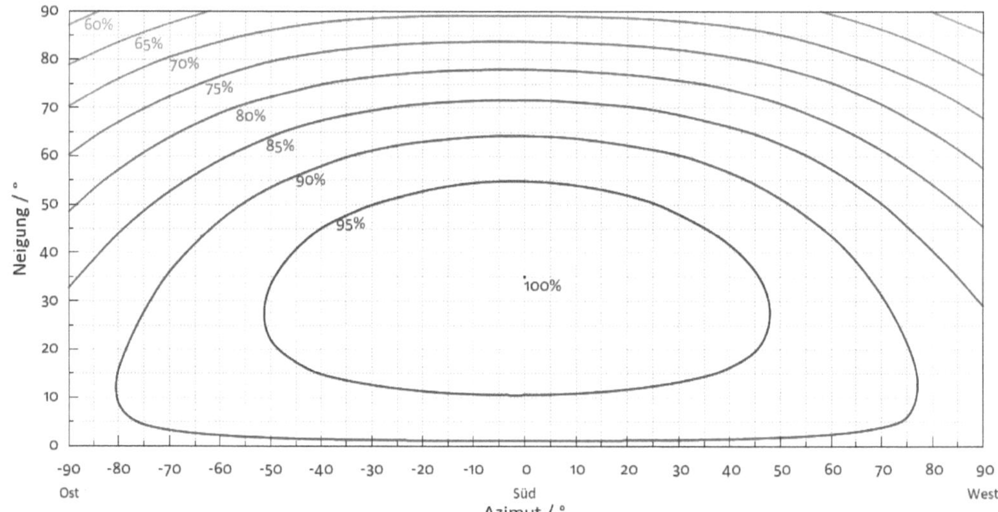

Bild 1-19: Jährliche Einstrahlung in Abhängigkeit des Flächenazimuts und Neigungswinkels am Standort Stuttgart.

Für einen sparsamen Stromverbraucher mit einem Jahresstromverbrauch von 2000 kWh würde eine knapp 17 m^2 große PV-Anlage zur Jahresbedarfsdeckung ausreichen (entspricht einer installierten Leistung von etwa 2 kW). Im Verwaltungsbau mit einem Strombedarf zwischen 25 und 50 kWh m^{-2} a^{-1} müssten dementsprechend Photovoltaikanlagen mit 20–40 % der Nutzfläche zur kompletten Bedarfsdeckung eingesetzt werden.

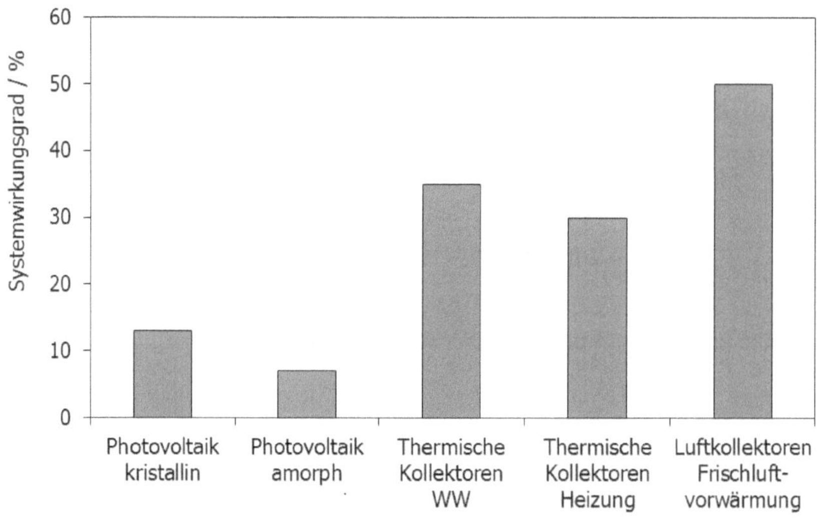

Bild 1-20: Typische jährliche Systemwirkungsgrade aktiver solarer Technologien.

Mit genauen Simulationsprogrammen lassen sich die Energieerträge netzgekoppelter Photovoltaikanlagen hervorragend prognostizieren (Schumacher, 2002). Voraussetzung ist die Möglichkeit, jahreszeitliche Schwankungen der Einstrahlung simulieren zu können, die alleine 10 % vom langjährigen Mittel ausmachen können. So können beispielsweise an einem süddeutschen Standort mit einer mittleren Einstrahlung von 1163 kWh pro Quadratmeter und Jahr pro Kilowatt installierter Modulleistung zwischen 800 und 1080 kWh elektrische Energie erzeugt werden.

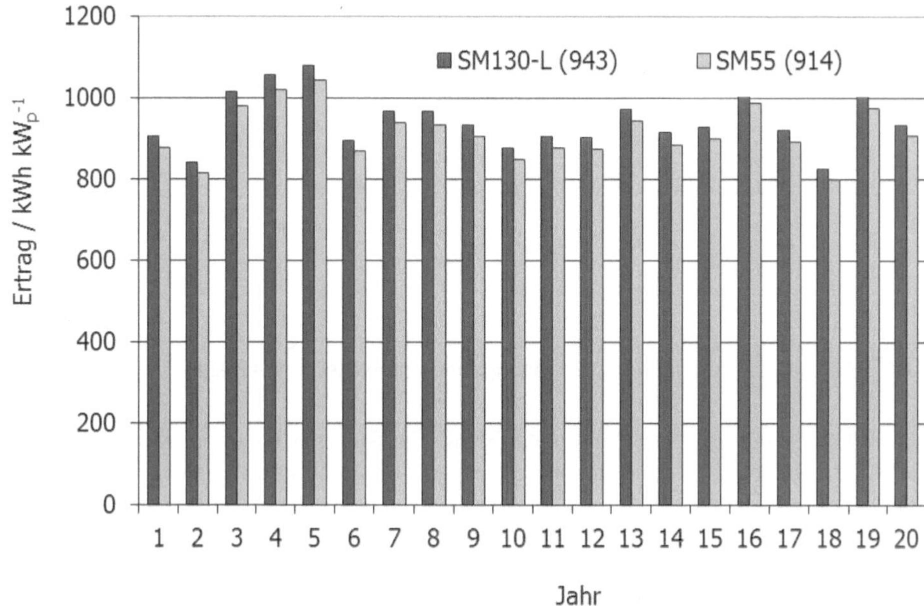

Bild 1-21: Jährliche Energieerträge von Photovoltaikanlagen für zwei Modultypen über einen 20-jährigen Prognosezeitraum, berechnet mit der Simulationsumgebung INSEL (www.insel.eu).

Die sehr gute Übereinstimmung von Berechnungswerten mit gemessenen Erträgen wurde an einer 1-Megawatt-Photovoltaikanlage der Messe München demonstriert. Hier wurde über einen Zeitraum von 46 Monaten ein Energieertrag von 3761 MWh gemessen und 3736 MWh simuliert, ausgehend alleine von den gemessenen monatlichen Einstrahlungsmittelwerten.

Der Deckungsgrad photovoltaischer Anlagen ist bereits bei kleinen Anlagen signifikant: Im Verwaltungsbau Weilheim/Teck wurde mit einer 67m^2 großen PV-Anlage 53 % des gesamten Haustechnikstroms des Verwaltungsbaus gedeckt (knapp 1000 m^2 Nutzfläche), der Anteil der Anlage am Gesamtstromverbrauch liegt bei 19 %.

Für einen mittleren Warmwasserenergiebedarf im Wohnungsbau von 2500 kWh pro Jahr würde rechnerisch eine Fläche von 6 m^2 für eine 100-prozentige Bedarfsdeckung ausreichen.

Allerdings wird durch das geringe Strahlungsangebot im Winter der Jahresbedarf mit dieser Fläche zu kaum mehr als 60-70 % gedeckt. Bei heizungsunterstützenden Anlagen wird davon ausgegangen, dass eine ganzjährige Nutzung der thermischen Kollektoren durch Brauchwasserbereitung im Sommer möglich ist. Aufgrund der Überdimensionierung der Kollektorfläche im Sommer sinkt jedoch der spezifische Ertrag.

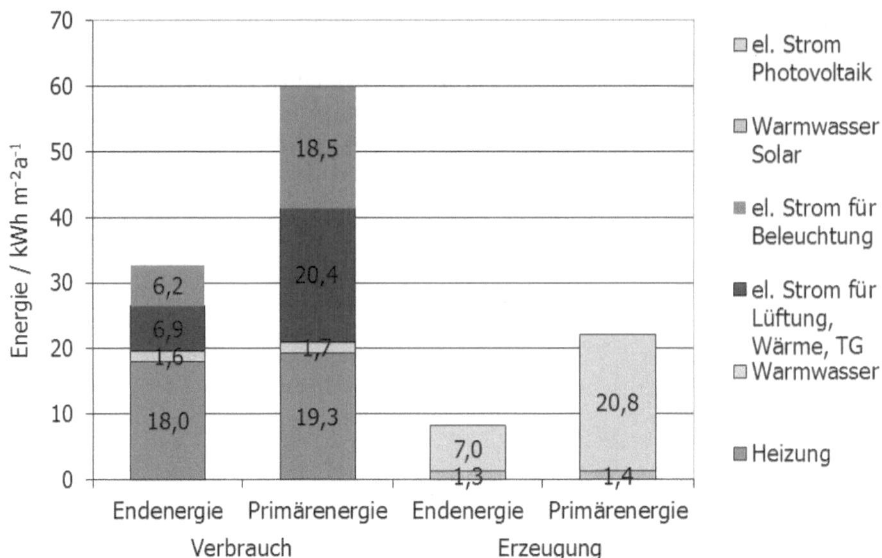

Bild 1-22: Energieverbrauch und Energieerzeugung durch eine 67-m²-Photovoltaikanlage und eine 4-m²-Röhrenkollektoranlage im Verwaltungsbau Lamparter in Weilheim/Teck.

Die Unterstützung der Heizung durch solarthermische Systeme ist vor allem dann sinnvoll, wenn das konventionelle Wärmedämmpotenzial voll ausgeschöpft ist, oder wenn besondere Anforderungen wie Denkmalschutz oder Fassadenerhalt keine Außendämmung zulassen. Die notwendigen Speichervolumina liegen zwischen 0.04 und 0.1 m³ pro Quadratmeter Kollektorfläche. Mit solchen Kurzzeitspeichern (maximal Wochenspeicher) sind die höchsten spezifischen Kollektorerträge bei den niedrigsten Kosten erreichbar. Soll die sommerliche Wärme für den Heizwärmebedarf im Winter saisonal gespeichert werden, betragen die Speichervolumina zwischen 1.4 und 2.1 m³ pro Quadratmeter Kollektorfläche (Hahne, 1998). Solche Speichervolumina sind mit signifikanten Kostensteigerungen verbunden, allerdings können die solaren Deckungsgrade für Warmwasser und Heizwärme etwa verdreifacht werden.

Für speziellere Anwendungen von Solartechnik nur zum Heizen (beispielsweise Luftkollektoren zur Frischluftvorwärmung) oder Kühlen muss das Einstrahlungsangebot zumindest in die zwei Perioden Sommer und Winter unterteilt werden, um eine überschlägige Auslegung zu ermöglichen.

Wird beispielsweise ein Luftkollektorsystem an einer Südfassade zur Frischluftvorwärmung eingesetzt, welches bei geringen Temperaturerhöhungen und keinen Wärmespeicherverlusten einen hohen Systemwirkungsgrad von 50 % aufweist, so lässt sich bei einer Heizperiodeneinstrahlung (Oktober-April) von 400 kWh m⁻² ein Energieertrag von 200 kWh m⁻² erzielen.

Bei solarthermischen Anwendungen zur Klimatisierung wird der Systemwirkungsgrad als Produkt aus Solarertrag ηG und Leistungszahl der Kältemaschine berechnet. Bei offenen oder geschlossenen Sorptionsanlagen mit Niedertemperaturwärmeantrieb liegen die Leistungszahlen typisch bei 0.7. Damit ergibt sich beispielsweise bei einem sommerlichen Einstrahlungsangebot (Juni-September) auf einer südorientierten Dachfläche von 575 kWh m⁻² und einem thermischen Wirkungsgrad η_{th} der Solaranlage von durchschnittlich 40 % eine flächenbezogene Energiemenge zur Klimatisierung von

$$Q_{\text{Klimatisierung}} = \eta_{\text{th}}\, G \cdot COP = 0.40 \cdot 575\frac{\text{kWh}}{\text{m}^2} \cdot 0.7 = 161\frac{\text{kWh}}{\text{m}^2}\,.$$

Bei einem Kühlenergiebedarf von 40 kWh pro Quadratmeter Nutzfläche ergibt sich somit ein Flächenbedarf von 0.25 m² Kollektorfläche pro Quadratmeter Nutzfläche. Obwohl Einstrahlungsangebot und Kühlenergiebedarf deutlich besser zusammenpassen als im Winterfall, kann in der überschlägigen Abschätzung eine mögliche Phasenverschiebung zwischen Angebot und Bedarf nicht berücksichtigt werden. Hierfür sind dynamische Systemsimulationen erforderlich, die auf den physikalischen Modellen der folgenden Kapitel basieren.

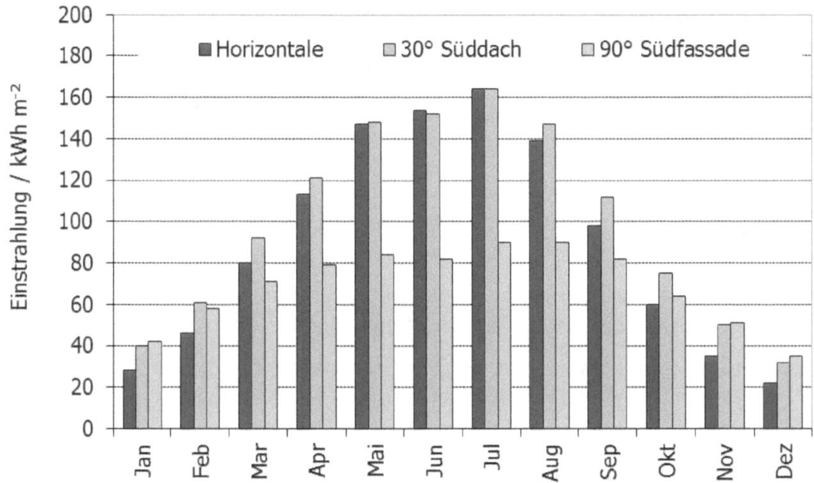

Bild 1-23: Monatliche Einstrahlung auf unterschiedlich geneigten Flächen am Standort Stuttgart.

1.2.2 Energiebedarfsdeckung durch passive Solarenergienutzung

Die wichtigste Komponente der passiven Solarenergienutzung ist das Fenster, mit dem sehr effizient kurzwellige solare Einstrahlung in Raumwärme umgesetzt werden kann sowie Tageslicht zur Verfügung gestellt wird. Der Gesamtenergiedurchlassgrad der Verglasung entspricht den bisherigen solaren Wirkungsgraden aktiver Komponenten und liegt bei heutigen 2-fach Wärmeschutzverglasungen etwa bei 65 %. Pro Quadratmeter Fensterfläche kann somit in der Heizperiode eine Energiemenge von 260 kWh m⁻² auf einer Südfassade gewonnen werden, sofern keine Raumüberhitzung durch zu große Fensterflächen in der Übergangszeit auftritt.

$$Q_{\text{Heizperiode}} = gG = 0.65 \cdot 400\frac{\text{kWh}}{\text{m}^2} = 260\frac{\text{kWh}}{\text{m}^2}$$

Für eine Nettoenergiebilanz müssen die Transmissionswärmeverluste von den solaren Gewinnen abgezogen werden, die für eine Wärmeschutzverglasung mit einem Wärmedurchgangskoeffizienten (U-Wert) von 1.1 W m⁻² K⁻¹ etwa bei 90 kWh m⁻² liegen. Netto ergibt sich ein maximaler Energiegewinn von etwa 170 kWh m⁻².

Ein weiteres Element passiver Solarenergienutzung ist die transparente Wärmedämmung massiver Außenwände. Bei ähnlichen Kennwerten wie gute Wärmeschutzverglasungen (U-Werte

1

um 1 W m^{-2} K^{-1} und g-Werte je nach Dicke und Aufbau zwischen 0.6-0.8) lassen sich mit transparenter Wärmedämmung ähnliche Energiemengen wie mit Fenstern einsparen. Auch hier ist die Überhitzungsproblematik in der Übergangsperiode entscheidend für den Gesamtertrag, der in der Praxis zwischen 50 und 150 kWh m^{-2} liegt (Wagner, 1998).

Literatur

Arsenal Research (2007) Solares Kühlen für Büro- und Dienstleistungsgebäude – a study for the Magistratsabteilung 27, Vienna

Binz, A. (2006) Minergie and Minergie P – the swiss energy labels. POLYCITY workshop on sustainable town planning and energy benchmarking of buildings, 2.-3.2.2006, Basel, Institute of Energy in Buildings, University of Applied Sciences, Northwestern Switzerland

Bundesministerium für Verkehr, Bau- und Wohnungswesen Germany (2000). „Entwurf der Energieeinsparverordnung", Tagungsbeitrag zum 10. Symposium thermische Solarenergie, Staffelstein, May 2000.

Eicker, U. (2010) Cooling strategies, summer comfort and energy performance of a rehabilitated passive standard office building, Applied Energy 87 (2010) 2031–2039

Eicker, U., Huber, M., Seeberger, P., Vorschulze, C. Limits and potentials of office building climatisation with ambient air, Energy and Buildings 38 (2006), pp 574-581

EWI/Prognos – Studie (2005) die Entwicklung der Energiemärkte bis zum Jahr 2030; Energiereport IV (2005) energiewirtschaftliche Referenzprognose, Kurzfassung / Prognos AG; EWI; BMWA, Berlin

Government Information Center, Hong Kong (2004) http://www.emsd.gov.hk/emsd/eng/pee/wacs.shtml

Hahne, E. et al „Solare Nahwärme – ein Leitfaden für die Praxis", BINE Informationspaket 1998

IEA (2008) Promoting Energy Efficiency Investments -- Case Studies in the Residential Sector, ISBN 978-92-64-04214-8

O.Ö. Energiesparverband (1996). Energiekennzahlen und -sparpotentiale im Lebensmittel Einzelhandel.

Passivhausinstitut, Arbeitskreis kostengünstige Passivhäuser, Protokollband Nr.7, „Stromsparen im Passivhaus,,1997

Price, L., de la Rue du Can, S., Sinton, J., Worrell, E. (2006) Sectoral Trends in Global Energy Use and GHG Emissions, LBNL report -56144

Schumacher, J., Eicker, U. „Möglichkeiten und Grenzen der Prognose garantierter Erträge netzgekoppelter PV-Anlagen", 17. Symposium photovoltaische Solarenergie, Staffelstein 2002

Steemers, K. (2003) Energy and the city: density, buildings and transport, Energy and Buildings 35, pp 3–14

Truschel, S. (2002). Passivhäuser in Europa, Diplomarbeit Studiengang Bauphysik, Hochschule für Technik Stuttgart

Ürge-Vorsatz, D., Novikova, A. (2008) Potentials and costs of carbon dioxide mitigation in the world's buildings, Energy Policy 36, pp 642 – 661

Voss, K., Herkle, S., Pfafferott, J., Löhnert, G., Wagner, A. (2007) Energy efficent office buildings with passive cooling – results and experiences from a research and demonstration programme, Solar Energy 81, pp 424 – 434

Wagner, A. „Transparente Wärmedämmung an Gebäuden" BINE Informationsdienst 1998

Zimmermann, M. „Handbuch der passiven Kühlung", EMPA ZEN, Dübendorf 1999

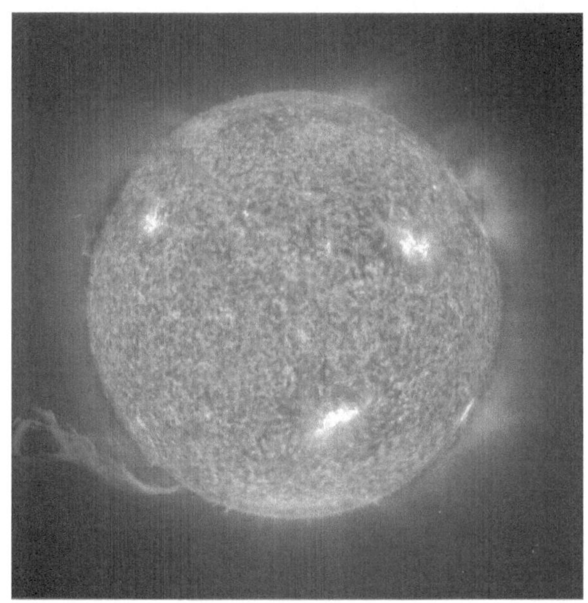

2 Meteorologische Grundlagen

Auf einen Quadratmeter horizontale Empfängerfläche auf der Erdoberfläche treffen jährlich unter deutschen Klimaverhältnissen zwischen 950-1200 kWh solare Einstrahlung auf, d. h. im täglichen Mittel etwa 3 kWh m^{-2}. Die direkte gerichtete Solarstrahlung hat davon einen Anteil von knapp 50 %, der Rest ist an der Atmosphäre diffus gestreute Einstrahlung.

Für die Auslegung und Ertragsprognose von aktiver und passiver Solartechnik im Gebäude ist es oft nicht ausreichend genau, nur die monatliche oder jährliche solare Einstrahlung auf eine Dach- oder Fassadenfläche zu ermitteln und diese dann mit dem Systemwirkungsgrad zu multiplizieren. Insbesondere bei der thermischen Nutzung von Solarenergie (aktiv und passiv) ist das dynamische Speicherverhalten von Bauteilen und Wärme-/Kältespeichern ausschlaggebend für den solaren Deckungsanteil. Für die Systemsimulation hat sich eine zeitliche Auflösung der Solarstrahlung von einer Stunde als guter Kompromiss zwischen Rechengenauigkeit und -zeit erwiesen, sodass im folgenden Zeitreihen der stündlich gemittelten Einstrahlung erzeugt werden sollen. Ausgehend von der rein geometrieabhängigen stündlichen Einstrahlung auf eine Fläche außerhalb der Atmosphäre – der extraterrestrischen Strahlung – werden über statistische Methoden die Abschwächung und Streuung der Atmosphäre berücksichtigt. Die Aufteilung der Einstrahlung in einen direkten Anteil und durch atmosphärische Streuung entstehende Diffusstrahlung ermöglicht anschließend die Umrechnung von horizontaler Strahlung auf beliebig orientierte Flächen. Der Einfluss von Verschattungen, die insbesondere im städtischen Raum eine wesentliche Rolle spielen, kann aus den geometrischen Beziehungen zwischen Empfängerfläche und Himmelspunkten ermittelt werden.

2.1 Extraterrestrische Solarstrahlung

2.1.1 Strahlungsleistung und Spektralverteilung der Solarstrahlung

Die Strahlungsleistung der Sonne entsteht durch einen Kernfusionsprozess, in welchem vier Wasserstoffkerne zu einem Heliumkern verschmelzen. Der durch die Fusion verursachte Massenverlust von insgesamt 4.3 Millionen Tonnen pro Sekunde wird in eine freiwerdende Leistung von 3.845×10^{26}W umgesetzt. Die bei extrem hohen Temperaturen ($>10^7$K) freigesetzte Energie wird durch Strahlung und Konvektion an die äußere Photosphäre übertragen.

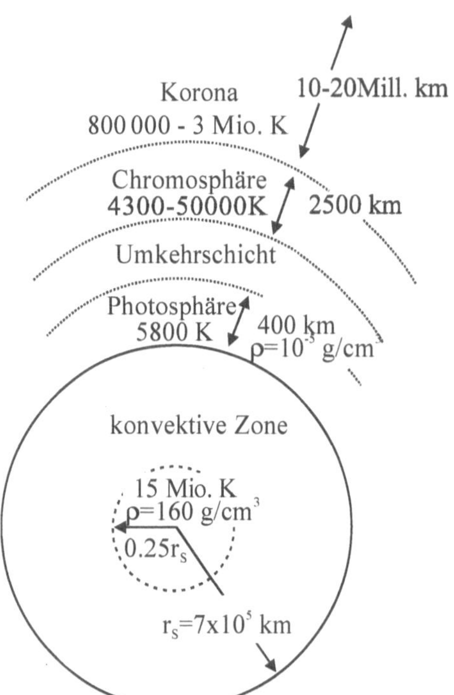

Bild 2-1:
Struktur der Sonne

Die extraterrestrische Strahlung entsteht vorwiegend in der Photosphäre, die aus inhomogenen Gasen niedriger Dichte zusammengesetzt ist (vergrößert gezeichnet). Die Photosphäre besteht aus stark ionisierten Gasen, die ständig mit freien Elektronen rekombinieren und deren kinetische Energie in ein kontinuierliches Strahlungsspektrum umsetzen. Darüber befindet sich eine Umkehrschicht mit einigen 100 km Dicke, die fast alle Elemente der Erdkruste enthält. Die aus Wasserstoff und Helium bestehende Chromosphäre mit etwa 2500 km Dicke bildet zusammen mit der Umkehrschicht die Sonnenatmosphäre. Die Korona mit Ausdehnung weit ins Sonnensystem ist eine um ein Mehrfaches heißere Gasschicht als die Chromosphäre (Iqbal, 1983). Wird die Sonne als schwarzer Strahler betrachtet, kann nach dem Stefan-Boltzmann-Gesetz (mit der Boltzmann-Konstanten $\sigma = 5.67051 \times 10^{-8}$W/(m²K⁴)) eine äquivalente Strahlungstemperatur T_s aus der spezifischen Ausstrahlung M berechnet werden. Die spezifische Ausstrahlung ist definiert als das Verhältnis aus gesamter Strahlungsleistung Φ und Sonnenoberfläche A_s (6.0874×10^{12} km²)

$$M(T) = \frac{\Phi}{A_S} = \sigma T_S^4 = \frac{3.845 \cdot 10^{26}\,\text{W}}{6.0874 \cdot 10^{18}\,\text{m}^2} = 63.11\frac{\text{MW}}{\text{m}^2}$$

$$\Leftrightarrow T_S = \sqrt[4]{\frac{M}{\sigma}} = 5777K$$

(2.1)

Die als Solarkonstante bezeichnete Einstrahlung G_{SK} außerhalb der Erdatmosphäre kann aus der gesamten Ausstrahlung der Sonne (dem Produkt aus spezifischer Ausstrahlung und Sonnenoberfläche $M A_S$) berechnet werden, indem diese Ausstrahlung auf einen Quadratmeter der Kugeloberfläche Sonne-Erde A_{SE} bezogen wird, welche mit dem Radius der Entfernung Erde-Sonne gebildet wird. Die mittlere Entfernung zwischen Erde und Sonne von $r_0 = 1.496 \times 10^{11}$ m wird als eine astronomische Einheit AU bezeichnet.

$$G_{SK} = M\frac{A_S}{A_{SE}} = M\left(\frac{r_S}{r_0}\right)^2 = 63.11\left(\frac{6.9598 \cdot 10^8}{1.4959789 \cdot 10^{11}}\right)^2 \frac{\text{MW}}{\text{m}^2} = 1367\frac{\text{W}}{\text{m}^2}$$

(2.2)

Die von der Sonne ausgehende Strahlungsleistung von 3.845×10^{26}W wird mit dem quadrierten Verhältnis von Sonnenradius r_S zu Sonnen-Erdabstand r_0 verdünnt (Faktor 2.16×10^{-5}).

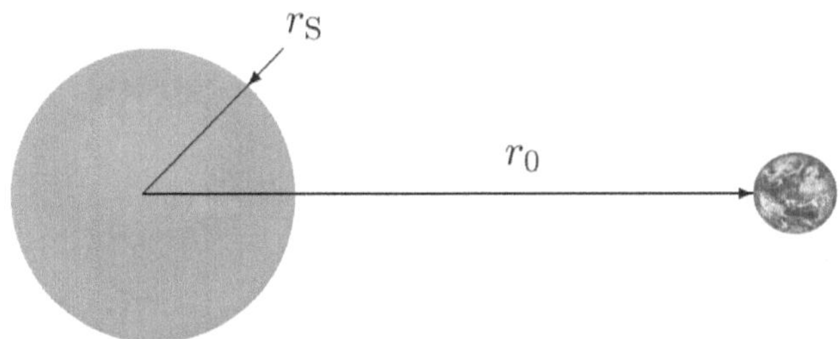

Bild 2-2: Sonnenradius und Sonnen-Erdabstand.

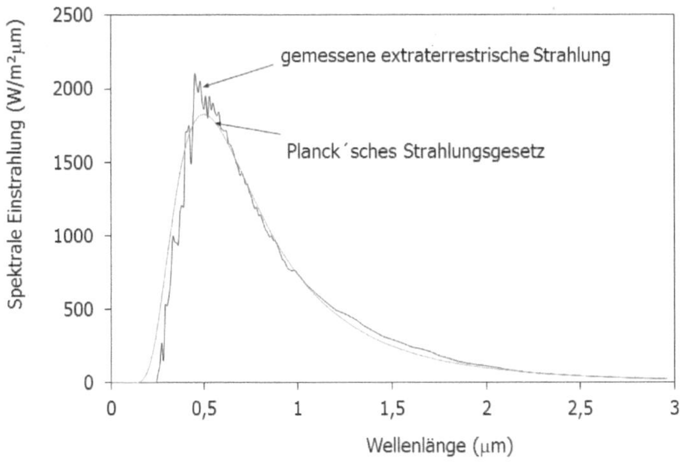

Bild 2-3: Gemessene und berechnete Spektralverteilung der Sonne.

Die Abweichungen zwischen der Spektralverteilung eines schwarzen Strahlers und der gemessenen extraterrestrischen Strahlung werden durch Absorption und Streuung in den äußeren, kühleren Schichten der Photosphäre verursacht, die neben Wasserstoff und Helium etwa 2 Massenprozent schwere Elemente enthält. Insgesamt können bei hoher Messgenauigkeit 20 000 Absorptionslinien im Sonnenspektrum beobachtet werden.

Die spektrale Ausstrahlung eines thermischen Strahlers G_λ (in Wm^{-2}µm^{-1}) wird nach dem Planck'schen Strahlungsgesetz als Funktion der Temperatur T [K] und Wellenlänge λ [µm] berechnet:

$$G_\lambda = \frac{C_1}{\lambda^5 \left(\exp\left(C_2 \,/\, (\lambda T)\right) - 1\right)} \tag{2.3}$$

mit den Konstanten $C_1 = 3.7427 \cdot 10^8$ W µm^4 m^{-2} und $C_2 = 1.4388 \cdot 10^4$ µm K. Bei einer Temperatur der Sonnenoberfläche von 5777 K ergibt sich das berechnete Spektrum in Bild 2.3. Wird die extraterrestrische Einstrahlung schrittweise über die Wellenlänge integriert, erhält man die kumulierte eingestrahlte Leistung. Die extraterrestrische Einstrahlungsintensität liegt nur zu 48 % im sichtbaren Bereich von 380–780 nm (1 nm = 10^{-9} m). Neben der ultravioletten Strahlung (< 380 nm) mit 6.4 % der Gesamtintensität werden 45.6 % im nahen Infraroten abgestrahlt. Oberhalb von 3000 nm kann die Einstrahlung vernachlässigt werden.

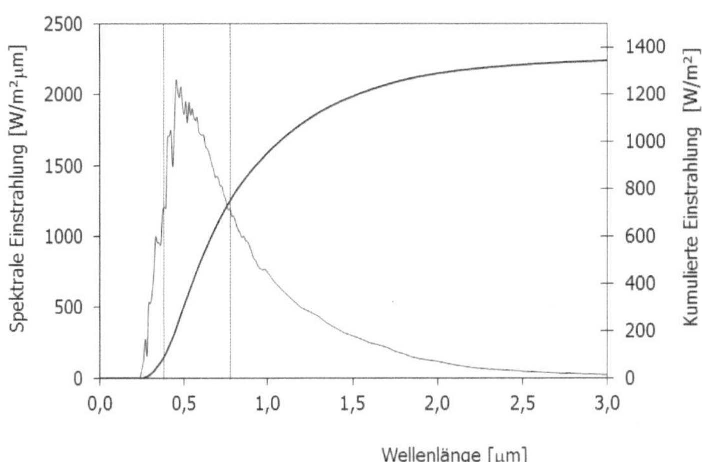

Bild 2-4: Spektrale Intensität und kumulierte Leistung der extraterrestrischen Einstrahlung.

Die kumulierte Einstrahlung im Ultravioletten unterhalb 0.38 µm liegt bei 92.6 W m^{-2}. Der sichtbare Bereich innerhalb der gestrichelten Linien hat eine kumulierte Leistung von 660 W m^{-2}, der Rest der gesamten Einstrahlung von 1367 W m^{-2} liegt im Infraroten.

2.1.2 Geometrie Sonne-Erde

Die Umlaufbahn der Erde um die Sonne in der sogenannten Ekliptikebene ist leicht elliptisch mit einer minimalen Entfernung von 0.983 AU am 3.Januar und einer maximalen Entfernung von 1.017 AU am 4.Juli.

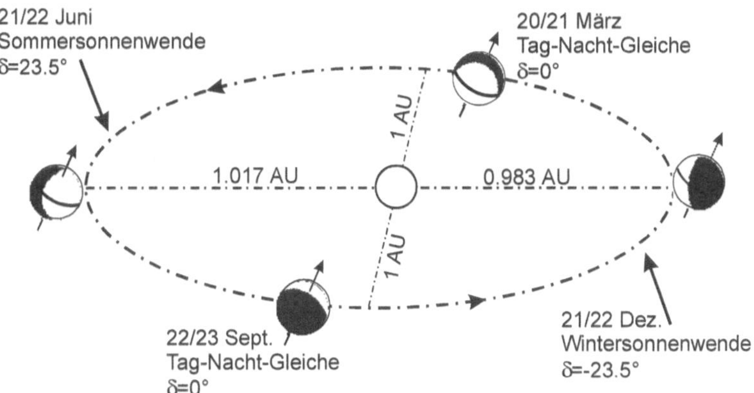

Bild 2-5: Ekliptikebene und Position der Erde zur Winter- und Sommersonnenwende sowie an den Tag- und Nachtgleichen zum Frühlings- und Herbstanfang.

Die Entfernungsänderung führt zu einer Schwankung der extraterrestrischen Einstrahlung auf eine Normalenfläche G_{en} von etwa ± 3 %. Für eine gegebene Tagnummer n kann die Einstrahlung über eine einfache Näherungsformel nach Duffie (1980) (Fehler < 0.3 %) oder genauer über eine Fourier-Reihenentwicklung berechnet werden (Spencer, 1971).

$$G_{en} = G_{SK} \left(\frac{r_0}{r}\right)^2 = G_{SK} \left(1 + 0.033 \cos\left(\frac{360\,n}{365}\right)\right) \tag{2.4}$$

$$G_{en} = G_{SK} \binom{1.000110 + 0.034221 \cos B + 0.001280 \sin B}{+0.000719 \cos 2B + 0.000077 \sin 2B} \tag{2.5}$$

$$\text{mit} \quad B = 360° \, \frac{n-1}{365}$$

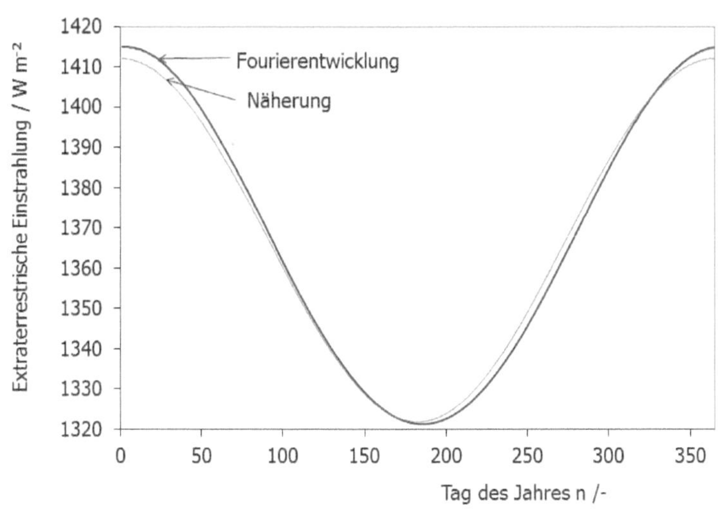

Bild 2-6: Variation der extraterrestrischen Strahlung auf einer Normalenfläche berechnet mit der Fourierentwicklung (dunkle Kurve) und nach der Näherungsgleichung (helle Kurve).

2.1.2.1 Äquatorkoordinaten

Die Erde selbst rotiert um ihre Polachse, die um 23.45° relativ zur Normalen der Ekliptikebene geneigt ist. Die täglichen Strahlungsfluktuationen sind durch die Rotation um die Polachse, die jahreszeitlichen durch die Schräglage der Polachse relativ zur Sonne verursacht.

Zunächst sollen die jahreszeitlichen Änderungen der Einstrahlung analysiert werden, die durch die Bewegung der Erde um die Sonne bei konstanter Lage der Polachse im Raum entstehen.

Deklination

Wird die Sonne vom Erdmittelpunkt aus während des jährlichen Umlaufs der Erde um die Sonne betrachtet, so ändert sich stetig der Winkel zwischen Sonnenrichtung und Äquatorebene. Dieser Winkel wird als Deklination bezeichnet und ist auf der nördlichen Hemisphäre positiv definiert. Positive Deklinationswinkel (Sonne oberhalb des Äquators) bis maximal 23.45° kennzeichnen den Sommer auf der nördlichen Hemisphäre, negative Deklinationswinkel bis –23.45° den Winter. Am Herbst- und Frühlingspunkt ist die Deklination 0°.

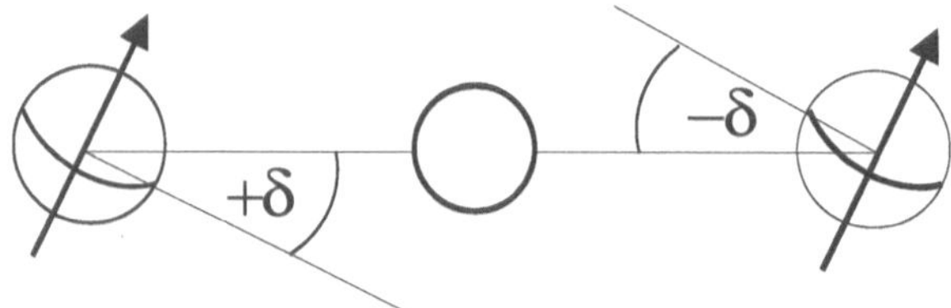

Bild 2-7: Positive und negative Deklinationswinkel im Sommer bzw. Winter auf der nördlichen Hemisphäre.

Die Änderung der Deklination innerhalb eines Tages beträgt maximal 0.5° und kann vernachlässigt werden. Die Deklination kann über eine einfache Näherungsgleichung oder über eine Fourierreihe berechnet werden:

$$\delta = 23.45 \sin\left(\frac{360}{365}\,(284 + n)\right) \tag{2.6}$$

$$\delta = \left(\begin{array}{l} 0.006918 - 0.399912\cos B + 0.070257\sin B - 0.006758\cos 2B \\ +0.000907\sin 2B - 0.002697\cos 3B + 0.00148\sin 3B \end{array}\right)\frac{180°}{\pi} \tag{2.7}$$

Stundenwinkel und Zeitgleichung

Während die Deklination die Lage der Erde in der Ekliptikebene relativ zur Sonne eindeutig bestimmt, charakterisiert der Stundenwinkel die täglichen Einstrahlungsfluktuationen durch die Erdrotation. Der Stundenwinkel ist definiert als der Winkel zwischen lokalem Längengrad und dem Längengrad, über dem die Sonne gerade im Zenit steht. Als Stundenwinkel $\omega = 0$ wird der höchste Sonnenstand am Tag (die sogenannte obere Kulmination) vereinbart, d. h. auf der nördlichen Hemisphäre der Zeitpunkt, an dem die Sonne genau im Süden steht. Die wahre Sonnenzeit bzw. wahre Ortszeit WOZ ist bei höchstem Sonnenstand 12.00 h.

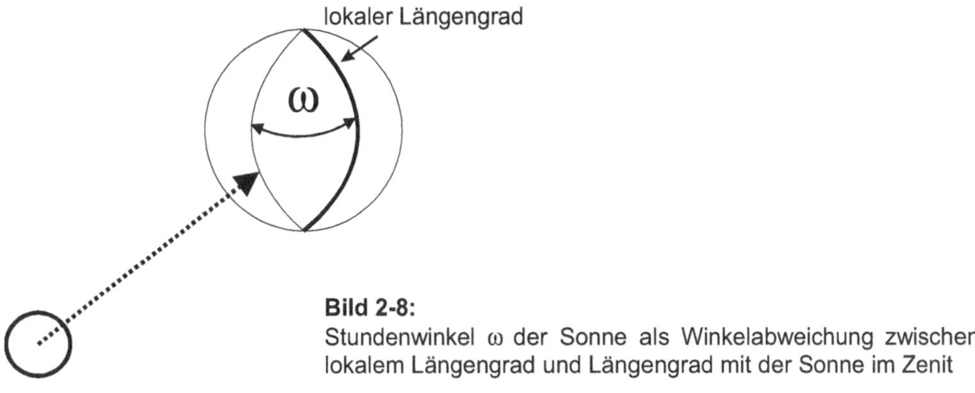

Bild 2-8:
Stundenwinkel ω der Sonne als Winkelabweichung zwischen lokalem Längengrad und Längengrad mit der Sonne im Zenit

Ein Sonnentag von ω = 0 bis ω = 360° ist der Zeitraum zwischen zwei aufeinanderfolgenden Tagen, an dem die Sonne jeweils den lokalen Meridian (Längengrad des Beobachters) überquert.

Da sich die Erde auf der elliptischen Umlaufbahn nicht mit konstanter Geschwindigkeit bewegt, ist ein Sonnentag nicht genau 24 h lang. Am sonnennächsten Punkt (dem Perihel am 3.Januar) ist die Geschwindigkeit nach dem 2.Keplerschen Gesetz am höchsten, d. h. der Sonnentag am kürzesten, am sonnenfernsten Punkt (dem Aphel am 4.Juli) am geringsten. Dieser geschwindigkeitsbedingten ganzjährigen Periode wird eine zweite Abweichung mit halbjähriger Periode überlagert, die sich aus der Projektion gleichlanger Bahnstücke auf der Ekliptikebene auf unterschiedlich lange Bahnstücke auf der Äquatorebene ergibt.

Um den Stundenwinkel und damit die wahre Sonnenzeit WOZ aus der lokalen Uhrzeit mit einem konstant zu 24 h gesetzten Tag zu berechnen, muss die lokale Ortszeit um diese zeitliche Abweichung (equation of time E_t in Minuten) korrigiert werden.

$$E_t = 229.2 \left(\begin{array}{c} 0.000075 + 0.001868\cos B - 0.032077\sin B - \\ 0.014615\cos 2B - 0.040849\sin 2B \end{array} \right) \tag{2.8}$$

Eine weitere Korrektur der lokalen Uhrzeit ist notwendig, da nicht für jeden Längengrad, sondern nur für Zonen von etwa 15° Breite eine eigene Standardzeit eingeführt ist. In den meisten westeuropäischen Ländern gilt die Mitteleuropäische Zeit MEZ, die dem Meridian auf 15° östlicher Länge entspricht. Pro Grad Abweichung zwischen lokalem (L_{lokal}) und Standardzeit-Meridian (L_{Zone}) muss eine Längengradkorrektur L_k von 4 Minuten berücksichtigt werden (360°/(24 h×60 min/h)).

$$L_K = 4\left(L_{\text{Zone}} - L_{\text{lokal}}\right) \; [\text{min}] \tag{2.9}$$

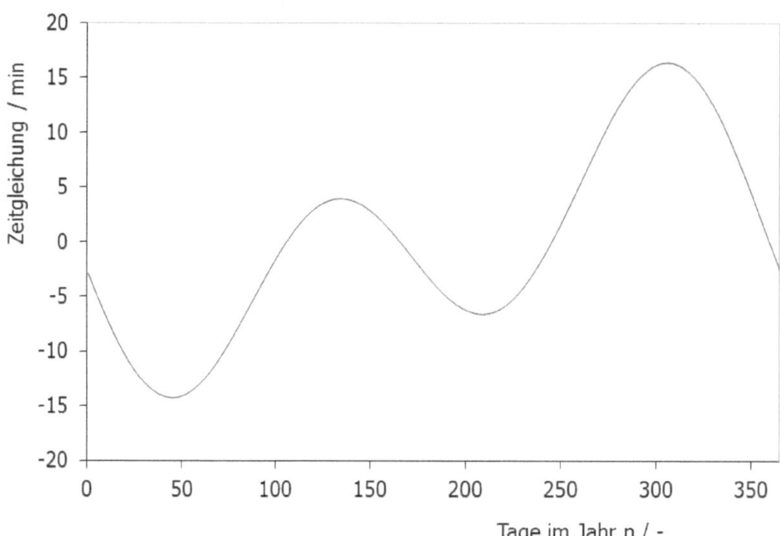

Bild 2-9: Zeitgleichung als Abweichung der wahren Sonnenzeit zur Standardzeit.

Die wahre Ortszeit WOZ (oder Sonnenzeit) ergibt sich demnach aus der Standardzeit, die um die konstante Längengradkorrektur sowie die Zeitgleichung korrigiert wurde. Während der Sommerzeit MEZ_S muss zusätzlich eine Stunde abgezogen werden.

$$\begin{aligned} WOZ &= MEZ - L_K + E_t \\ &= MEZ_S - 1h - L_K + E_t \end{aligned} \tag{2.10}$$

Aus der Sonnenzeit ergibt sich direkt der Stundenwinkel ω. Einer einstündigen Abweichung vom solaren Mittag entspricht ein Stundenwinkel von 15° (morgens negativ, nachmittags positiv).

$$\omega = (WOZ - 12.00h) \times \frac{15°}{h} \tag{2.11}$$

Beispiel 1:

Berechnung des Stundenwinkels der Sonne um 12.00 h lokale Uhrzeit in Stuttgart (9.2° östliche Länge) am 1.Februar, 1.Juli und 1.Oktober (mit Berücksichtigung der Sommerzeit).

Für Stuttgart ergibt sich eine konstante Längengradkorrektur L_K = 4 min/°(15°–9.2°) = 23.2 min = 0.387 h.

Datum	Tagnummer n	B [°]	E_t [min]	E_t [h]	WOZ	ω [°]
1.2.	32	30.57	–13.1	–0.218	11.39 h	–9.08
1.7. (MEZ$_S$)	182	178.52	–3.5	–0.058	10.55 h	–21.68
1.10. (MEZ$_S$)	274	269.26	+10.5	0.175	10.79 h	–18.18

Für die Berechnung der WOZ wurden sowohl Längengradkorrektur als auch Zeitgleichung dezimal in Stunden umgerechnet.

2.1.2.2 Horizontkoordinaten

Aus Deklination und Stundenwinkel lassen sich für jeden Standort mit Breitengrad ϕ Sonnenhöhe α_S und Sonnenazimut γ_S bestimmen. Für diesen als Horizontkoordinaten bezeichneten Winkel wird der Azimut γ_S für die Nordrichtung mit 0°, Ost +90°, Süd +180° und West 270° festgelegt und der Höhenwinkel α_S von der Horizontalebene aus bestimmt. Der Komplementärwinkel zum Höhenwinkel ist der Zenitwinkel θ_Z, der gleichzeitig den Einfallswinkel der direkten Solarstrahlung auf eine horizontale Fläche darstellt.

$$\cos\theta_Z = \sin\delta\sin\Phi + \cos\delta\cos\Phi\cos\omega = \sin\alpha_S \tag{2.12}$$

$$\gamma_S = \begin{cases} 180° - \arccos\left(\dfrac{\sin\alpha_S\sin\Phi - \sin\delta}{\cos\alpha_S\cos\Phi}\right) & \text{für } WOZ \leq 12.00h \\[2em] 180° + \arccos\left(\dfrac{\sin\alpha_S\sin\Phi - \sin\delta}{\cos\alpha_S\cos\Phi}\right) & \text{für } WOZ > 12.00h \end{cases} \tag{2.13}$$

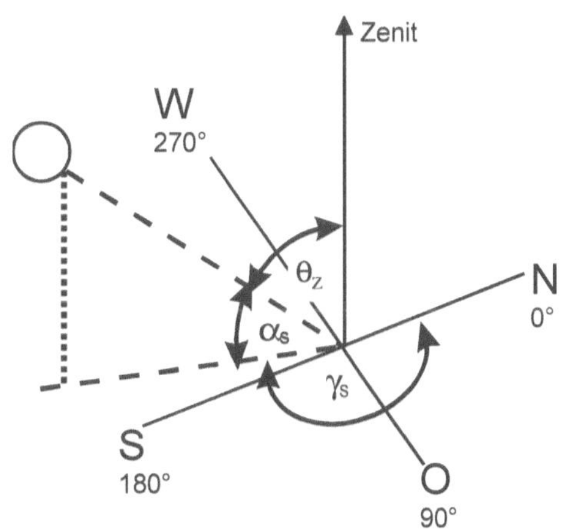

Bild 2-10: Zenitwinkel θ_Z, Höhenwinkel α_S und Azimutwinkel γ_S der Sonne.

Beispiel 2:

a) Bestimmung des Winkelbereichs des solaren Azimuts zwischen Herbst- und Frühlingsanfang auf der Nordhalbkugel:

Zwischen dem 23.9 und 21.3. liegt der solare Azimut immer zwischen Ost und West, d. h. 90° und 270°. Dieses ergibt sich direkt aus Gleichung (2.13), da die Deklination $\delta = 0°$ und der Höhenwinkel $\alpha_S = 0°$ bei Sonnenauf- und untergang ist und somit der arccos (0) = 90° wird.

b) Bestimmung des solaren Azimuts am Äquator um 12.00 h WOZ zur Winter- bzw. Sommersonnenwende auf der Nordhalbkugel:

21. Dezember: Deklinationswinkel −23.45°, d. h., die Sonne steht unterhalb des Äquators und damit genau im Süden: $\gamma_S = 180°$

21. Juni: Deklinationswinkel +23.45°, d. h., die Sonne steht oberhalb des Äquators und somit genau im Norden: $\gamma_S = 0°$.

Sonnenaufgangszeit und Taglänge

Bei Sonnenaufgang bzw. -untergang ist der Zenitwinkel θ_Z genau 90°. Daraus ergibt sich der Stundenwinkel ω_S nach Gleichung (2.12).

$$\cos \omega_S = -\frac{\sin \phi \sin \delta}{\cos \phi \cos \delta} = -\tan \phi \tan \delta \tag{2.14}$$

Aus dem Stundenwinkel erhält man die Anzahl der Tageslichtstunden N, da sich der Stundenwinkel pro Stunde um 15° ändert. Der Faktor 2 ergibt sich aus der Berücksichtigung von Vormittags- und Nachmittagsstunden.

$$N = \frac{2}{15°} \arccos\left(-\tan \phi \ \tan \delta\right) \tag{2.15}$$

Beispiel 3:

Berechnung des Stundenwinkels des Sonnenaufgangs und der Anzahl der Tageslichtstunden für den 1.2, 1.7. und 1.10 in Stuttgart (48.8° nördliche Breite).

	1.2.	1.7.	1.10.
Deklination δ [°]	−17.5	23.1	−4.2
ω_S [°]	−68.4	−119.1	−85.2
N [h]	9 h 11 min	15 h 57 min	11 h 22 min

2.1.2.3 Sonnenstandsdiagramme

Für die Veranschaulichung der Sonnenhöhen- und Azimutwinkel im Jahresverlauf für einen gegebenen Standort können Sonnenstandsdiagramme entweder in kartesischen oder Polarkoordinaten verwendet werden. Kartesische Koordinaten mit dem Höhenwinkel als Funktion des Azimuts eignen sich besonders für die Darstellung von Verschattungshorizonten. Verschattende Objekte können einfach mit den jeweiligen Azimut- und Höhenwinkeln in das Sonnenstandsdiagramm eingezeichnet und die Uhrzeiten der Verschattung direkt abgelesen werden.

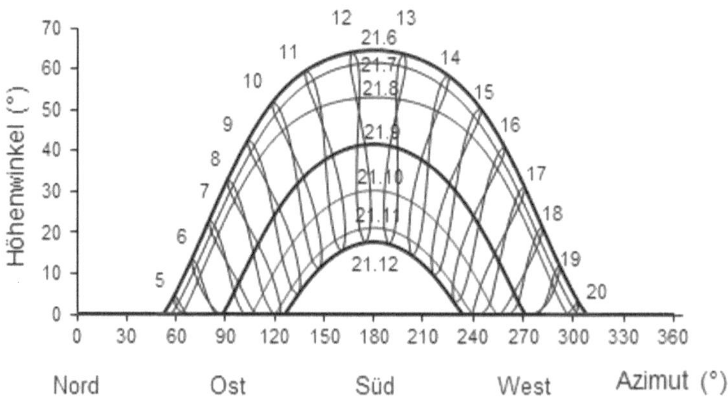

Bild 2-11: Sonnenstandsdiagramm in kartesischen Koordinaten für Stuttgart.

Die für die zweite Jahreshälfte berechneten Höhenwinkel sind symmetrisch für die erste Jahreshälfte verwendbar (21.7. entspricht 21.5. etc.). Durch die Zeitgleichung ergeben sich die eingezeichneten Linien gleicher lokaler Uhrzeit, hier MEZ (sogenannte Analemma). Während kartesische Koordinaten die Höhenwinkel von Sonne und Verbauungsobjekten gut veranschaulichen, verdeutlichen Polardiagramme vor allem die Azimutwinkel der Sonne und die Lage von weiteren Gebäuden.

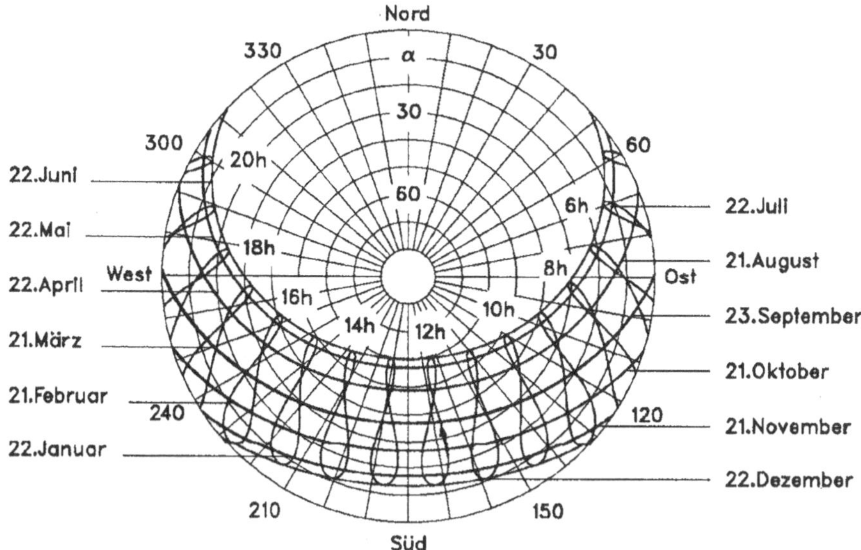

Bild 2-12: Sonnenstandsdiagramm in Polarkoordinaten für Oldenburg (Schumacher, 1991).

Der äußere Kreis entspricht einem Höhenwinkel von null, d. h. dem Horizont, der Mittelpunkt des Polardiagramms dem Zenit.

Einfallswinkel auf beliebig geneigte Flächen

Der Einfallswinkel des Direktstrahls auf eine geneigte Empfängerfläche hängt vom Neigungswinkel β der Fläche gegen die Horizontale sowie vom Flächenazimut γ ab. Bei bekanntem Sonnenstand (Zenitwinkel θ_Z und solarer Azimut γ_S) erhält man den Einfallswinkel θ aus den Horizontkoordination θ_Z und γ_S:

$$\cos\theta = \cos\theta_Z \cos\beta + \sin\theta_Z \sin\beta \cos(\gamma_S - \gamma) \tag{2.16}$$

oder bei Verwendung von den Äquatorkoordinaten δ und ω:

$$\cos\theta = (\cos\beta\sin\Phi + \cos\Phi\cos\gamma\sin\beta)\sin\delta$$
$$+ (\cos\beta\cos\Phi - \sin\Phi\cos\gamma\sin\beta)\cos\delta\cos\omega \tag{2.17}$$
$$- \sin\gamma\sin\beta\cos\delta\sin\omega$$

Vereinfachungen der Formel ergeben sich z. B. für horizontale Flächen mit $\beta = 0°$ (Gleichung (2.12) des Zenitwinkels) oder senkrechte und südorientierte Fassadenflächen ($\beta = 90°$, $\gamma = 180°$):

$$\cos\theta = -\cos\Phi\sin\delta + \sin\Phi\cos\delta\cos\omega \qquad (2.18)$$

Am solaren Mittag mit $\omega=0°$ gilt für eine südorientierte Fläche:

$$\theta_{\text{Mittag}} = |\Phi - \delta - \beta| \qquad (2.19)$$

Für eine horizontale Fläche mit $\beta=0°$ lassen sich somit schnell die maximalen und minimalen Sonnenstände im Jahr ermitteln. Der höchste Sonnenstand in Stuttgart am 21.6. mit einer Deklination von 23.45° ergibt sich für einen Zenitwinkel θ_Z von 48.8°-23.45° = 25.35°, was einer Sonnenhöhe von 64.65° entspricht. Der niedrigste Sonnenstand am solaren Mittag beträgt bei einer Deklination von –23.45° am 21. Dezember und einem Zenitwinkel von 48.8-(-23.45)= 72.25° somit 17.75°.

Beispiel 4:

Berechnung des Einfallswinkels auf eine 10° geneigte Fläche mit Flächenazimut 160° am 1.10. um 11.00 h WOZ am Standort Stuttgart.

Der Zenitwinkel ist $\theta_z = 54.6°$, der Sonnenazimut $\gamma_s = 161.5°$. Daraus ergibt sich ein Einfallswinkel von 44.6°. Dasselbe Ergebnis wird bei Verwendung der Äquatorkoordinaten $\delta = -4.2°$ und $\omega = -15°$ erzielt.

2.2 Strahlendurchgang durch die Atmosphäre

Während die extraterrestrischen Einstrahlungswerte auf beliebig orientierte Flächen allein geometrieabhängig und somit einfach berechenbar sind, ist der Strahlendurchgang durch die Atmosphäre so komplex, dass einfache Verfahren wie die Verwendung von monatlichen Trübungsfaktoren nach DIN 5034 extrem ungenaue Strahlungswerte ergeben. Insbesondere für dynamische Systemsimulationen von aktiven oder passiven Solarkomponenten sind stündlich aufgelöste Einstrahlungswerte der Direkt- und Diffusstrahlung erforderlich, welche die für den Standort repräsentativen statistischen Eigenschaften aufweisen müssen. Da langjährig gemessene bzw. teilsynthetisierte Einstrahlungszeitreihen nur für wenige Standorte weltweit zur Verfügung stehen (z. B. Testreferenzjahre für 12 deutsche Klimazonen), setzen sich immer mehr statistische Verfahren durch, welche Stundenwerte aus Monatsmittelwerten der Einstrahlung erzeugen. Nach einer kurzen Darstellung der wesentlichen Strahlungsabsorptions- und -streuungsmechanismen der Atmosphäre werden im folgenden hauptsächlich die statistischen Verfahren der Einstrahlungsberechnung diskutiert.

Die extraterrestrische Strahlung wird in der Atmosphäre durch Absorption und Reflexion abgeschwächt und durch Streuung teilweise in diffuse Strahlung umgesetzt.

Die von der solaren Einstrahlung zu durchquerende relative Luftmasse m (auch air mass AM genannt) gibt das Verhältnis der Atmosphärendicke für einen gegebenen Zenitwinkel, d. h. $d_{\text{atm}} / \cos\theta_z$ zur einfachen Dicke der Atmosphäre d_{atm} im lokalen Zenit an und kann für eine homogene Atmosphäre mit einer einfachen Näherungsformel berechnet werden:

$$m = \frac{d_{\text{atm}} / \cos\theta_z}{d_{\text{atm}}} = \frac{1}{\cos\theta_z} \qquad (2.20)$$

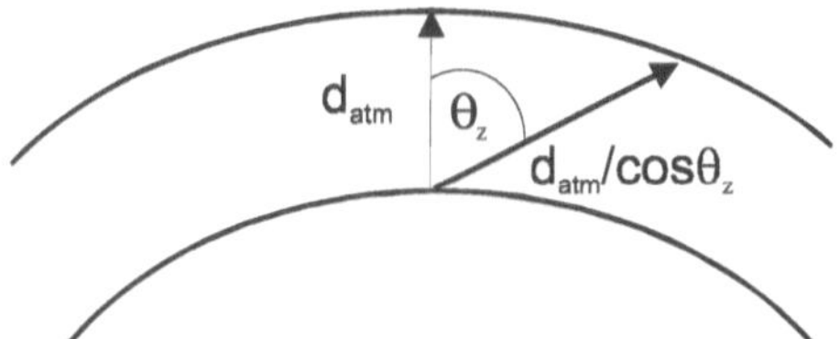

Bild 2-13: Definition der Luftmasse *m* aus Atmosphärendicke und Zenitwinkel.

Kurzwellige Einstrahlung wird an Luftmolekülen, deren Durchmesser klein gegenüber der Lichtwellenlänge ist (etwa 10^{-10} m), proportional zu $1/\lambda^4$ gestreut. Oberhalb von etwa 0.6 μm ist die sogenannte Rayleigh-Streuung vernachlässigbar.

Mie-Streuung an größeren Staubpartikeln (Aerosole) mit Durchmessern von etwa 10^{-9} m reduziert den Transmissionsgrad nach der Angströmschen Trübungsformel $\tau = \exp\left(-\beta\lambda^{-\alpha}m\right)$, wobei die Trübung durch die Parameter α und β charakterisiert wird. Der Parameter β variiert von 0 für sehr klare bis 0.4 für sehr trübe Himmel, α hängt von der Größenverteilung der Staubteilchen ab und liegt typisch bei 1.3. Die Wellenlängenabhängigkeit ist damit schwächer als für die Rayleighstreuung.

Ozon absorbiert die solare Einstrahlung nahezu vollständig unter $\lambda = 0.29$ μm und abgeschwächter bis etwa 0.7 μm. Wasserdampf absorbiert im Infraroten mit ausgeprägten Absorptionsbanden bei 1.0, 1.4, und 1.8 μm. Oberhalb von 2.5 μm wird nahezu die gesamte Strahlung durch CO_2 und H_2O absorbiert.

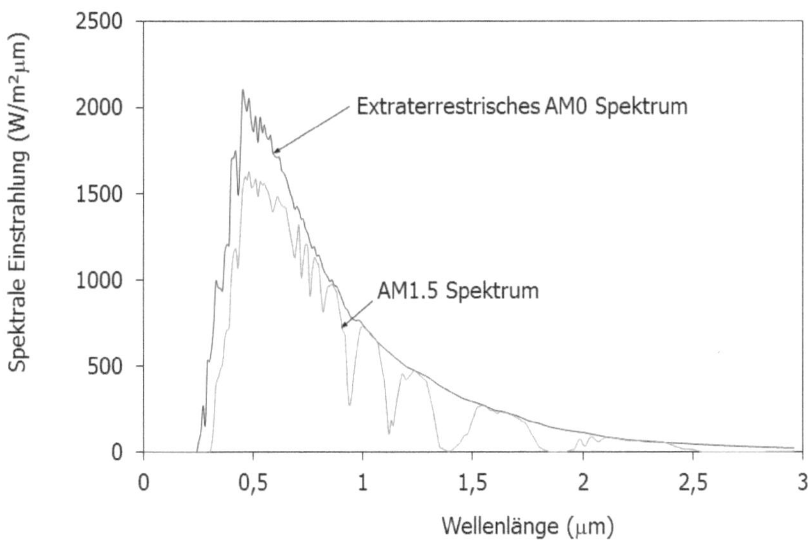

Bild 2-14: Extraterrestrisches Spektrum mit Null Luftmasse (AM0) und terrestrisches Spektrum mit Luftmasse 1.5 (AM1.5).

Die einfachsten Berechnungsmodelle der Einstrahlung auf der Erdoberfläche fassen alle obigen wellenlängenabhängigen Effekte in einer Einzahlangabe, dem sogenannten Trübungsfaktor T zusammen, der die statistischen Schwankungen der terrestrischen Einstrahlung nicht erfasst. T wird in DIN 5034 als Monatsmittelwert angegeben und variiert von minimal 3.8 im Januar bis 6.3 im September. Bei klarem Himmel wird die direkte Bestrahlungsstärke auf eine Normalenfläche aus der extraterrestrischen Einstrahlung über den Sonnenhöhenwinkel α_S luftmassenkorrigiert und über die Höhe des Standorts über Meeresniveau H [m] druckkorrigiert berechnet:

$$G_n = G_{en} \exp\left(-\frac{T}{\underbrace{\left(0.9 + 9.4\sin\alpha_S\right)}_{\text{Luftmassenkorrektur}}\underbrace{\exp\left(H / 8000\right)}_{\text{Druckkorrektur}}}\right) \tag{2.21}$$

Der Diffusstrahlungsanteil bei klarem Himmel wird ebenfalls als Funktion der Sonnenhöhe und des Trübungsfaktors berechnet. Die Umrechnung auf geneigte Flächen erfolgt mittels tabellierter Korrekturfaktoren.

Für den bedeckten Himmel wird das Modell noch einfacher. Man geht wie in der Lichttechnik üblich von einer symmetrischen Strahlungs- bzw. Leuchtdichteverteilung aus, die ihr Maximum im lokalen Zenit hat und gegen den Horizont abnimmt. Die Strahlungsdichte im Zenit L_{eZ} wird festgelegt mit

$$L_{eZ} = 1.068 + 74.7 \ \sin\alpha_S \quad \left[\frac{W}{m^2 \ sr}\right] \tag{2.22}$$

Integriert man diese Strahlungsdichte über den gesamten Himmelshalbraum, erhält man für die horizontale Bestrahlungssstärke

$$G_h = 2.609 + 182.609\sin\alpha_S \quad \left[\frac{W}{m^2}\right] \tag{2.23}$$

Während diese einfachen Verfahren für die Auslegung von Tageslichtsystemen ausreichen, sind für die Dimensionierung aktiver Solarenergiesysteme genauere Wetterdatensätze unbedingt erforderlich.

2.3 Statistische Erzeugung von stündlichen Einstrahlungsdatensätzen

Die im folgenden beschriebenen statistischen Verfahren ermöglichen die Erzeugung einer Folge von stündlichen Einstrahlungswerten – einer sogenannten Zeitreihe – ausgehend vom monatlichen Mittelwert der Einstrahlung. Um den deterministischen Anteil der Einstrahlung auf der Erdoberfläche auszuschalten, der von der extraterrestrischen Strahlung und dem jeweiligen Sonnenstand bestimmt wird, wird als statistische Variable der Klarheitsgrad verwendet. Der Klarheitsgrad k_t ist definiert als das Verhältnis der terrestrischen zur extraterrestrischen Einstrahlung auf eine horizontale Fläche, je nach Mittelung berechnet für eine Stunde oder summiert über die Stunden eines Tages oder Monats.

$$k_t = \frac{\sum G_h}{\sum G_{eh}} \tag{2.24}$$

Aus dem vorgegebenen monatlichen Klarheitsgrad werden im ersten Schritt mit einem autoregressiven Verfahren Tageswerte erzeugt und anschließend Stundenwerte berechnet.

2.3.1 Tagesmittelwerte aus Monatsmittelwerten

Zwei Beobachtungen von langjährigen Strahlungsdaten bilden die Grundlage für die statistische Erzeugung von Tagesmittelwerten aus Monatsmittelwerten:

- Jeder tägliche Strahlungsmittelwert korreliert lediglich mit dem jeweils vorangegangenen Tageswert.

- Die Wahrscheinlichkeitsverteilung der täglichen Klarheitsgrade um den Monatsmittelwert ist nur durch den mittleren Klarheitsgrad bestimmt. So haben beispielsweise klare Monate nur geringe Streuungen der Tageswerte um den Mittelwert und umgekehrt.

Die Zeitreihen der täglichen Klarheitsgrade lassen sich entweder mit Markov-Übergangsmatrizen oder autoregressiven Verfahren berechnen.

Autoregressive Verfahren sind allgemeiner verwendbar, da nicht nur Korrelationen mit dem vorangegangenen Tageswert, sondern auch mit Werten von mehr als einem Tag Zeitversatz berücksichtigt werden können. Für eine normalverteilte Zufallsvariable Z_d mit Mittelwert Null und Standardabweichung $\sigma = 1$ ergeben sich die neuen Z_d-Werte aus den korrelierten vorangegangenen Werten sowie einem Rauschterm r_d. Die Ordnung n des Regressionsverfahrens gibt die zu berücksichtigenden Korrelationen mit Werten von mehr als einem Tag Zeitversatz an.

$$Z_d = \rho_1 Z_{d-1} + \rho_2 Z_{d-2} + ... + \rho_n Z_{d-n} + r_d \qquad (2.25)$$

Für die Klarheitsgradberechnung ist ein autoregressives Verfahren erster Ordnung ausreichend genau, da die Tagesmittelwerte vor allem mit dem vorangegangenen Tag korrelieren und weiter zurückliegende Tage kaum einen Einfluss auf den Klarheitsgrad haben. ρ_1 bezeichnet den Autokorrelationskoeffizienten für einen Versatz von einem Tag ($n = 1$). Für eine gegebene Zeitreihe von N Zufallsvariablen Z_d können die Autokorrelationskoeffizienten ρ_n mit Zeitversatz n berechnet werden:

$$\rho_n = \frac{\sum_{i=1}^{N-n} (Z_i - \bar{Z})(Z_{i+n} - \bar{Z})}{\sum_{i=1}^{N} (Z_i - \bar{Z})^2} \qquad (2.26)$$

Da hier jedoch Zeitreihen synthetisiert werden sollen und daher deren Korrelationseigenschaften nicht bekannt sind, muss der Autokorrelationskoeffizient erster Ordnung ρ_1 als Parameter vorgegeben werden. Aus Wetterdatenuntersuchungen von Gordon/Reddy (1988) ist ersichtlich, dass ρ_1 je nach Standort zwischen 0 und 0.6 variieren kann, aber in den meisten Fällen ein Wert von 0.3 eine gute Annäherung darstellt.

Das statistische Rauschen r_d ist mit Mittelwert null, normalverteilt und mit Standardabweichung $\sigma' = \sqrt{1 - \rho_1^2}$ definiert. Das Rauschen wird aus einer Zufallszahlfolge z aus dem Wertebereich [0,1] berechnet:

$$r_d = \sigma'(z^{0.135} - (1-z)^{0.135}) / 0.1975 \qquad (2.27)$$

Für die Erzeugung der Zeitreihe der normalverteilten Variablen Z_d wird also der Autokorrelationskoeffizient ρ_1 vorgegeben, die Zufallsvariable Z_d mit $Z_0 = 0$ initialisiert und für jeden Zeitschritt mit dem Rauschterm r_d der nächste Wert berechnet.

Gordon und Reddy haben jedoch gezeigt, dass die täglichen Klarheitsgrade nicht normalverteilt um den mittleren monatlichen Klarheitsgrad sind, sondern die Wahrscheinlichkeitsfunktion oberhalb des mittleren Klarheitsgrades schneller als die Gaußverteilung absinkt. Daher muss die im ersten Schritt erzeugte Zeitreihe der gaußverteilten Zufallsvariablen Z_d in die nicht gaußverteilte Variable X_d umgerechnet werden.

Als Zufallsvariable X_d wird das Verhältnis des täglichen mittleren Klarheitsgrades k_{td} zum monatlichen Mittelwert k_{tm} gewählt.

$$X_d = \frac{k_{td}}{\overline{k_{tm}}} \tag{2.28}$$

Die von Gordon/Reddy bestimmte empirische Wahrscheinlichkeitsfunktion $P(X_d)$ beschreibt mit guter Genauigkeit die Verteilung der täglichen Klarheitsgrade. Der einzige Parameter ist die Standardabweichung der Tageswerte σ_{X_d} für den jeweiligen Standort, die nur vom Monatsmittelwert k_{tm} abhängt.

$$P(X_d) = A X_d^n \left(1 - \frac{X_d}{X_{max}}\right) \tag{2.29}$$

wobei

$$n = -2.5 + 0.5 \sqrt{9 + \frac{8}{\sigma_{X_d}^2}} \tag{2.30}$$

$$X_{max} = \frac{n+3}{n+1} \tag{2.31}$$

$$A = \frac{(n+1)(n+2)}{\left(X_{max}\right)^{n+1}} \tag{2.32}$$

Die Streuung σ_{X_d} der Tageswerte um den Monatsmittelwert nimmt mit steigendem monatlichen Klarheitsgrad des Standortes ab und kann durch eine lineare Funktion beschrieben werden:

$$\sigma_{X_d}^2 = \begin{cases} 0.1926 \text{ für } \overline{k_{tm}} \leq 0.2 \\ \max\left\{0.01, \left(0.269 - 0.382\overline{k_{tm}}\right)\right\} \text{ für } \overline{k_{tm}} > 0.2 \end{cases} \tag{2.33}$$

Bei klaren Monaten mit $\sigma^2 > 0.1$ fallen die täglichen Klarheitsgrade oberhalb des Monatsmittelwertes ($X_d = 1$) sehr steil ab.

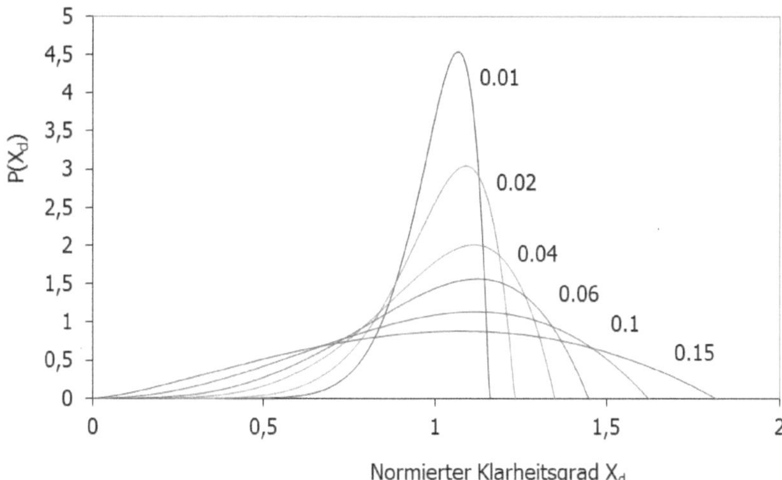

Bild 2-15: Gordon-Reddy Verteilungsfunktion der normierten täglichen Klarheitsgrade um den monatlichen Mittelwert als Funktion der Varianz σ^2.

Die zunächst gaußverteilt angenommene Zufallsvariable Z_d wird mit der als Gaußsches Mapping bezeichneten Transformation auf die tatsächliche Wahrscheinlichkeitsverteilung $P(X_d)$ umgerechnet und so letztendlich die tatsächliche Zeitreihe für X_d erhalten. Beim Gaußschen Mapping wird zunächst die kumulierte Verteilung $F(Z_d)$ der gaußverteilten Zufallsvariablen Z_d berechnet:

$$F\left(Z_d\right) = \frac{1}{2}\left(1 \pm \sqrt{1 - \exp\left(\frac{-2Z_d^{\,2}}{\pi}\right)}\,\right) \tag{2.34}$$

mit positivem Vorzeichen für $Z_d > 0$ und negativem für $Z_d < 0$.

Anschließend wird der Wert $F(Z_d)$ dem kumulierten Wert der nicht-gaußverteilten Variablen $F(X_d)$ gleichgesetzt und daraus eindeutig der zugehörige X_d-Wert bestimmt. Für X_d ergibt sich eine implizite Gleichung, die iterativ gelöst werden muss:

$$A\,X_d^{\,n+1} = \frac{F\left(Z_d\right)}{\dfrac{1}{n+1} - \dfrac{X_d}{(n+2)\,X_{\max}}} \tag{2.35}$$

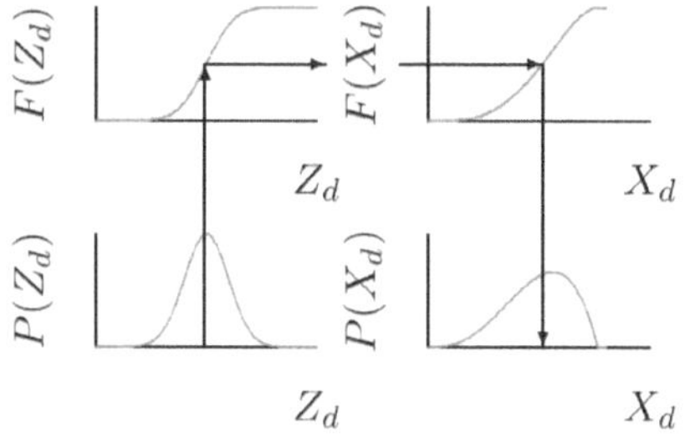

Bild 2-16: Umrechnung der normalverteilten Zufallsvariablen Z_d in eine Gordon-Reddy verteilte Zufallsvariable X_d nach dem Verfahren des Gaußschen Mapping.

Aus den so berechneten X_d-Werten erhält man eine Folge von Tageswerten des Klarheitsgrades $k_{td} = X_d \overline{k_{tm}}$ mit der Wahrscheinlichkeitsverteilung $P(X_d)$ und Autokorrelationskoeffizient ρ_1.

Beispiel 5:

Berechnung der ersten 6 täglichen k_{td}-Werte für einen mittleren monatlichen $\overline{k}_{tm}$-Wert von 0.5 für den Monat Juli (m = 7) mit Autokorrelationskoeffizient ρ_1 von 0.3.

Tagnummer	$d = 1$	2	3	4	5	6
Zufallszahl z [0,1]	0.3	0.1	0.9	0.65	0.2	0.5
Rauschen r_d	−0.495	−1.22	1.22	0.365	−0.799	0
Z_d	−0.495	−1.37	0.811	0.608	−0.617	−0.185
$F(Z_d)$	0.31	0.082	0.792	0.729	0.268	0.4266
X_d	0.87	0.57	1.25	1.2	0.83	0.97
k_{td}	0.434	0.285	0.625	0.6	0.415	0.485

mit σ^2_{Xd} =0.078, X_{max}=1.53, n = 2.78 und A = 3.63.

Eine Jahreszeitreihe der täglich eingestrahlten Energie auf eine horizontale Empfängerfläche für den Standort Stuttgart (48.8° nördliche Breite) zeigt die deutlichen Schwankungen der täglichen Einstrahlung, die mit der Autoregressionsmethode erzeugt werden. Die Jahressumme der Einstrahlung liegt bei 1190 kWh/m².

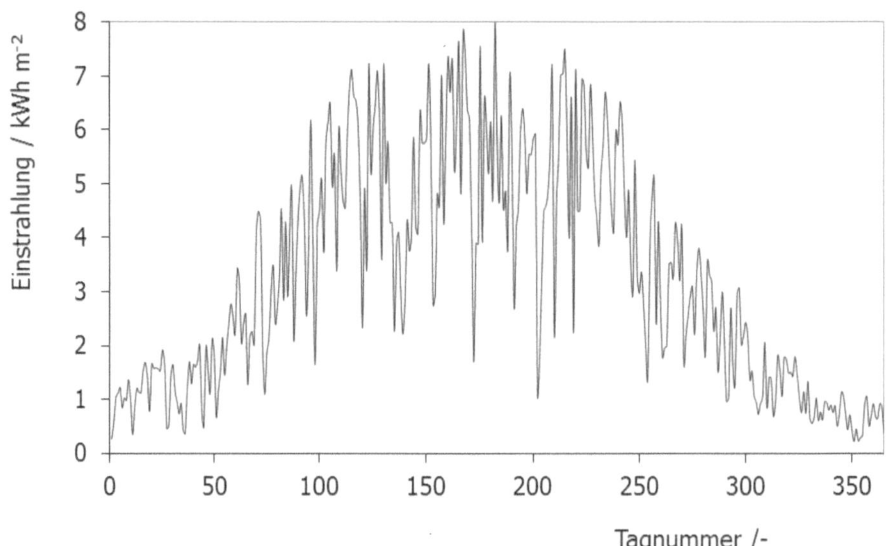

Bild 2-17: Tägliche Einstrahlung auf eine horizontale Fläche für den Standort Stuttgart.

2.3.2 Stundenmittelwerte aus Tagesmittelwerten

Stundenwerte können ebenfalls mit einem autoregressiven Modell aus den Tagesmittelwerten berechnet werden. Die Analyse langjähriger stündlicher Einstrahlungsdatenreihen zeigt, dass signifikante Korrelationen nur zwischen direkt aufeinanderfolgenden Stunden bestehen. Da die Stundenmittelwerte des Klarheitsgrades normalverteilt sind, kann direkt das Autoregressionsverfahren erster Ordnung verwendet werden.

$$y_h = \rho_1 y_{h-1} + r_h \tag{2.36}$$

Um die deterministischen Eigenschaften des stündlichen Klarheitsgrades, nämlich die Sonnenhöhenabhängigkeit, auszuschalten, wird zunächst der zu erwartende Klarheitsgrad der jeweiligen Stunde $\langle k_{th} \rangle$ berechnet, der vom mittleren täglichen Klarheitsgrad k_{td} und dem Zenitwinkel θ_Z abhängt. Die Variable y_h beschreibt dann die mit der Standardabweichung normierte Differenz zwischen stündlich statistisch erzeugtem Klarheitsgrad k_{th} und dem zu erwartenden Klarheitsgrad $\langle k_{th} \rangle$ der jeweiligen Stunde.

$$y_h = \frac{k_{th} - \langle k_{th}(k_{td}) \rangle}{\sigma_h} \tag{2.37}$$

Der Rauschen r_h wird nach Gleichung (2.27) berechnet mit Standardabweichung $\sigma' = \sqrt{(1 - \rho_1^2)}$.

Der Autokorrelationskoeffizient ρ_1 ist schwach vom mittleren täglichen Klarheitsgrad abhängig und liegt etwa bei 0.38,

$$\rho_1 = 0.38 + 0.06 \cos(7.4 k_{td} - 2.5) \tag{2.38}$$

wobei der Kosinusterm in Bogenmaß zu berechnen ist.

Entscheidend für die Güte des Modells ist die Parametrisierung des zu erwartenden stündlichen Klarheitsgrades, welcher dann durch das Zufallszahlverfahren variiert wird. Aguiar und Collares-Pereira (1992) haben gezeigt, dass sehr gute Ergebnisse mit einer sonnenhöhenwinkelabhängigen Exponentialfunktion erzielt werden können.

$$\langle k_{th} \rangle = \lambda + \varepsilon \exp(-\kappa / \sin \alpha_s) \tag{2.39}$$

Die Parameter der Exponentialfunktion sind Funktionen des mittleren täglichen Klarheitsgrades und empirisch aus einer Datenbank von 13 europäischen und einer afrikanischen Wetterstation abgeleitet.

$$\lambda = -0.19 + 1.12 k_{td} + 0.24 \exp(-8 k_{td}) \tag{2.40}$$

$$\varepsilon = 0.32 - 1.6(k_{td} - 0.5)^2 \tag{2.41}$$

$$\kappa = 0.19 + 2.27 k_{td}^2 - 2.51 k_{td}^3 \tag{2.42}$$

Die Standardabweichung σ_h des mittleren stündlichen Klarheitsgrades k_{th} wird ebenfalls empirisch aus den Datenbankwerten abgeleitet und durch eine sonnenhöhenabhängige Exponentialfunktion dargestellt.

$$\sigma_h = A \exp(B(1 - \sin \alpha_S)) \tag{2.43}$$

$$A = 0.14 \exp(-20(k_{td} - 0.35)^2)$$

$$B = 3\left(k_{td} - 0.45\right)^2 + 16k_{td}{}^5$$

Der Anfangswert von y_0 für die erste Stunde nach Sonnenaufgang wird mit null initialisiert und der nächste Wert mit dem Autokorrelationskoeffizienten und dem Rauschen r_h nach Gleichung (2.36) berechnet. Der Stundenmittelwert des Klarheitsgrades ergibt sich aus der Definition der Variablen y_h.

$$k_{th} = \left\langle k_{th} \right\rangle + \sigma_h y_h \tag{2.44}$$

Physikalisch sinnvolle k_{th}-Werte müssen größer/gleich null sein und unterhalb eines maximalen Klarheitsgrades für extrem klare Himmelszustände liegen. Eine einfache Näherung für den maximalen k_{th}-Wert ist

$$k_{th,max} = 0.88\cos\left(\pi(h - 12.5) / 30\right) \tag{2.45}$$

Für k_{th}-Werte außerhalb des geforderten Wertebereiches müssen neue Zufallszahlen generiert werden.

Beispiel 6:

Berechnung von stündlichen k_{th}-Werten (solare Uhrzeit) für den 4.Tag des vorhergehenden Beispiels (4.Juli = Tag 185) mit einem mittleren täglichen Klarheitsgrad von 0.6 am Standort Stuttgart.

Der Stundenwinkel für Sonnenaufgang- und -untergang ist $\omega_S = 118.8°$, d. h., die erste Stunde liegt zwischen 4 und 5.00 h morgens.

Zunächst werden die nur einmalig zu berechnenden Werte bestimmt. Dazu gehören:

1. Der Autokorrelationskoeffizient ρ_1: $\rho_1 = 0.38 + 0.06\cos\left(7.4k_{td} - 2.5\right) = 0.44$

2. Die Standardabweichung σ' des Rauschterms r_h: $\sigma' = \sqrt{(1 - \rho_1^2)} = 0.898$

3. Die Parameter für den zu erwartenden stündlichen $<k_{th}>$-Wert:

$$\lambda = -0.19 + 1.12k_{td} + 0.24\exp\left(-8k_{td}\right) = 0.485$$

$$\varepsilon = 0.32 - 1.6\left(k_{td} - 0.5\right)^2 = 0.304$$

$$\kappa = 0.19 + 2.27k_{td}{}^2 - 2.51k_{td}^3 = 0.465$$

4. Die Parameter A,B für die Standardabweichung der stündlichen k_{th}-Werte:

$$A = 0.14\exp(-20(k_{td} - 0.35)^2) = 0.0397$$

$$B = 3\left(k_{td} - 0.45\right)^2 + 16k_{td}^5 = 1.3229$$

Mit dem Autokorrelationskoeffizienten und dem über Zufallszahlen z zu berechnenden Rauschterm r_h kann die Zeitreihe der Variablen y_h erzeugt werden. Über den Sonnenhöhenwinkel α_s zur Stundenmitte kann dann für jede Stunde der Erwartungswert $\left\langle k_{th} \right\rangle$ und die Standardabweichung σ_h und somit aus y_h die Zeitreihe der stündlichen Klarheitsgrade k_{th} berechnet werden. Die Zufallsvariable $y_{h=1}$ wird mit Null initialisiert, da keine Korrelation mit dem Stundenwert vor Sonnenaufgang $y_{h=0}$ besteht.

Während die Erwartungswerte des stündlichen Klarheitsgrades wie erwartet mit dem Sonnenhöhenwinkel stetig ansteigen, sind beim statistischen Klarheitsgrad k_{th} deutliche Schwankungen zu erkennen.

h	WOZ	z	r_h	y_h	α_s	$\langle k_{th} \rangle$	σ_h	k_{th}
1	4.30 h	–	–	0	3.5	0.485	0.138	0.485
2	5.30 h	0.3	– 0.468	– 0.468	12.3	0.519	0.112	0.467
3	6.30 h	0.1	– 1.15	– 1.356	21.9	0.572	0.091	0.529
4	7.30 h	0.2	– 0.753	– 1.349	31.7	0.61	0.074	0.509
5	8.30 h	0.9	1.15	0.557	41.5	0.635	0.062	0.552
6	9.30 h	0.8	0.753	0.998	50.8	0.652	0.053	0.681

Mit den so berechneten stündlichen Klarheitsgraden lässt sich dann die Globalstrahlung auf eine horizontale Fläche berechnen. Die extraterrestrische Einstrahlung auf eine Normalenfläche für den Tag 185 ist 1321.9 W/m², d. h. auf eine horizontale Fläche für die 2. Stunde nach Sonnenaufgang mit $\alpha_S = 12.32°$ insgesamt 282.1 W/m². Mit dem berechneten Klarheitsgrad von 0.467 erhält man für die global horizontale Einstrahlung 131.7 W/m².

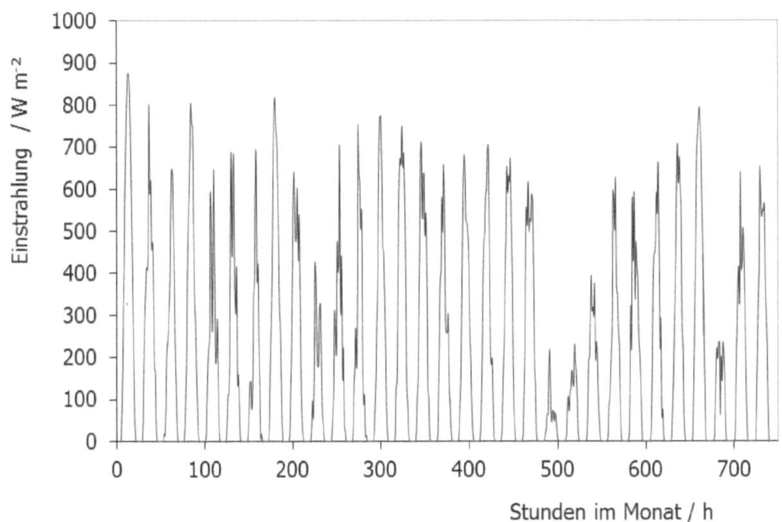

Bild 2-18: Mittlere stündliche Einstrahlung auf eine horizontale Fläche für den Monat Juli am Standort Stuttgart. Die monatliche eingestrahlte Energie liegt bei 153 kWh m⁻².

2.4 Globalstrahlung und Strahlung auf geneigte Flächen

2.4.1 Direkt- und Diffusstrahlung

Durch die Streuung der extraterrestrischen Strahlung in der Atmosphäre tritt neben der Direktstrahlung G_b (Index b:beam) immer ein Diffusstrahlungsanteil G_d auf. Die Einstrahlung auf die Horizontale in W/m² wird als Globalstrahlung G_h bezeichnet:

$$G_h = G_{bh} + G_{dh} \tag{2.46}$$

Direkt- und Diffusstrahlung auf die Horizontale werden in vielen Wetterdatensätzen als gemessene Stundenwerte bereitgestellt. Wird die Einstrahlung mit statistischen Verfahren bestimmt, wird zunächst nur die Globalstrahlung erzeugt. Der Diffusstrahlungsanteil korreliert jedoch direkt mit dem stündlichen Klarheitsgrad.

Eine empirische Korrelation wurde von Erbs/Klein/Duffie (1982) für 15 Standorte in Nordamerika, Europa und Australien ermittelt.

$$G_{dh} = \begin{cases} G_h \times \left(1.0 - 0.09 k_{th}\right) & \text{für } k_{th} \leq 0.22 \\ G_h \times \left(\begin{aligned} &0.9511 - 0.1604 k_{th} + 4.388 k_{th}{}^2 \\ &- 16.638 k_{th}{}^3 + 12.336 k_{th}{}^4 \end{aligned}\right) & \text{für } 0.22 < k_{th} < 0.8 \\ G_h \times 0.165 & \text{für } k_{th} \geq 0.8 \end{cases} \tag{2.47}$$

2.4.2 Umrechnung der Globalstrahlung auf beliebig geneigte Flächen

Die Umrechnung der horizontalen Globalstrahlung auf beliebig geneigte Flächen muss separat für Direkt- und Diffusstrahlung durchgeführt werden. Während die Intensität des Direktstrahls nur vom Einfallswinkel auf die Empfängerfläche abhängt, existieren verschiedene Umrechnungsverfahren für die Diffusstrahlung.

Das einfachste Model nach Liu und Jordan (1960) geht von einer gleichmäßigen isotropen Diffusstrahlung des Himmels aus, von der bei steigender Flächenneigung immer geringere Anteile gesehen werden. Die vom Boden reflektierte Gesamtstrahlung wird ebenfalls als isotrop verteilt angenommen.

Genauere Modelle teilen die Diffusstrahlung so auf, dass neben der isotrop verteilten Himmelsstrahlung die Aufhellung um die Sonne herum (Zirkumsolarstrahlung) sowie die durch Streuung verursachte Horizontaufhellung berücksichtigt wird (Perez et al, 1987). Die in der Lichttechnik verwendeten Raytracingprogramme oder die Standard-Himmelsmodelle für Tageslichtberechnungen berechnen für jeden Punkt der Himmelshalbkugel die Strahlungsintensität (Brunger, 1993).

2.4.2.1 Isotropes Diffusstrahlungsmodell

Die Gesamtstrahlung auf die geneigte Fläche G_t (Index t: tilted) ergibt sich aus der Summe des Direktstrahlungsanteils, der isotropen Himmelsstrahlung sowie des Bodenreflexionsanteils mit Reflexionskoeffizient ρ.

$$G_t = \frac{G_{bh}}{\cos\theta_Z}\cos\theta + G_{dh}\, F_{\text{Fläche-Himmel}} + G_h\, F_{\text{Fläche-Boden}}\, \rho \tag{2.48}$$

Der Direktstrahlungsanteil auf die Horizontale wird dabei über den Kosinus des Zenitwinkels auf eine Fläche normal zur Sonne umgerechnet und anschließend mit dem Kosinus des Einfallswinkels auf die geneigte Fläche multipliziert.

Die anderen Diffusstrahlungskomponenten werden mithilfe von Formfaktoren F zwischen Empfängerfläche und Himmel bzw. Boden umgerechnet. Die Formfaktoren hängen vom Neigungswinkel β der Fläche gegen die Horizontale ab:

$$F_{\text{Fläche-Himmel}} = \frac{1 + \cos \beta}{2} \tag{2.49}$$

$$F_{\text{Fläche-Boden}} = \frac{1 - \cos \beta}{2} \tag{2.50}$$

Mit diesen geometrischen Beziehungen lässt sich die Gesamtstrahlung auf eine beliebig geneigte Fläche berechnen.

$$G_{\text{t}} = G_{\text{bh}} \frac{\cos \theta}{\cos \theta_z} + \underbrace{G_{\text{dh}} \frac{1 + \cos \beta}{2}}_{G_{\text{dH}}} + \underbrace{G_{\text{h}}\, \rho\, \frac{1 - \cos \beta}{2}}_{G_{\text{dB}}} \tag{2.51}$$

Beispiel 7:

Berechnung der terrestrischen Einstrahlung mit dem isotrop diffusen Modell für eine Fläche, die für die 2.Stunde am Tag 185 normal zur Sonne ausgerichtet ist, d. h. $\theta = 0°$ und $\beta = \theta_Z = 77.7°$.

Global horizontale Einstrahlung: $\qquad$ 131.7 W m^{-2}

Mit dem Klarheitsgrad k_{th}=0.467 ergibt sich nach der empirischen Korrelation von Erbs/Klein/Duffie für die horizontale Diffusstrahlung ein Wert von 95.5 m^{-2} und somit ein horizontaler Direktstrahlungsanteil von 36.2 W m^{-2}.

Direktstrahl auf die normal orientierte Fläche:	G_{bt} =	169.6 W m^{-2}
Diffuser Himmelsanteil:	G_{dH} =	58.3 W m^{-2}
Diffuse Bodenreflexion bei $\rho = 0.2$:	G_{dB} =	10.3 W m^{-2}
Die Einstrahlung auf die geneigte Fläche liegt damit bei	G_{t} =	238.5 W m^{-2}

2.4.2.2 Diffusstrahlungsmodell nach Perez

Beim Perezmodell wird die isotrop angenommene Himmelsstrahlung G_{iso} von einem zirkumsolaren Anteil G_{zir} sowie einem Term für die Horizontaufhellung G_{hor} überlagert.

$$G_{\text{dt}} = \underbrace{G_{\text{iso}} + G_{\text{zir}} + G_{\text{hor}}}_{G_{\text{dH}}} + G_{\text{dB}} \tag{2.52}$$

Bei geneigten Flächen erhöht die am Boden reflektierte Gesamtstrahlung den Diffusanteil durch G_{dB}.

Die zirkumsolare Strahlung wird durch starke Vorwärtsstreuung der Aerosole hervorgerufen. Die Horizontaufhellung entsteht durch die Streuung an der vom Beobachter aus gesehenen großen Luftmasse der horizontnahen Atmosphäre und ist meist bei klarem Himmel vorhanden.

$$G_{\text{dt}} = \underbrace{G_{\text{dh}} \left(1 - F_1\right) \frac{1 + \cos \beta}{2}}_{G_{\text{iso}}} + \underbrace{G_{\text{dh}} F_1\, \frac{\cos \theta}{\cos \theta_Z}}_{G_{\text{zir}}} + \underbrace{G_{\text{dh}} F_2\, \sin \beta}_{G_{\text{hor}}} + \underbrace{G_{\text{h}}\, \rho\, \frac{1 - \cos \beta}{2}}_{G_{\text{dB}}} \tag{2.53}$$

Die isotrope Strahlung mit dem Formfaktor $(1 + \cos \beta)/2$ wird demnach um den Anteil F_1 an Zirkumsolarstrahlung reduziert (erster Term). Die Zirkumsolarstrahlung mit Anteil F_1 wird wie der Direktstrahl auf die geneigte Fläche umgerechnet. F_2 beschreibt die Horizontstrahlung, die sowohl positiv (Horizontaufhellung) als auch negativ (Verdunkelung) sein kann.

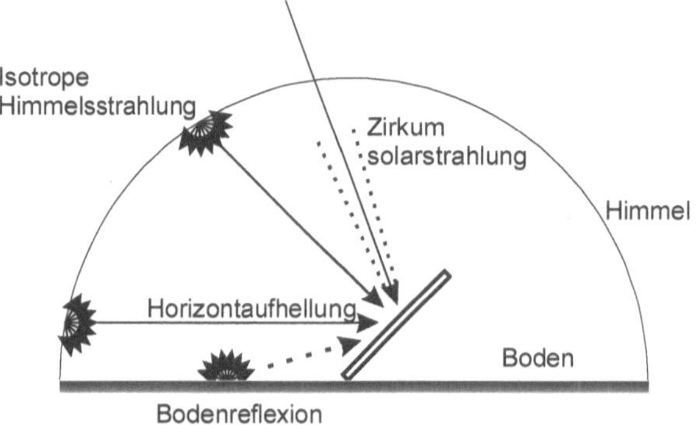

Bild 2-19: Aufteilung der Einstrahlung in verschiedene Komponenten.

Die Koeffizienten F_1 und F_2 sind durch den Zenitwinkel, den Klarheitsparameter ε und die Helligkeit Δ parametrisiert. Der Klarheitsparameter ε gibt im Wesentlichen das Verhältnis von Direkt- zu Diffusstrahlung an (mit G_{bn} als Direktstrahlung auf eine Normalenfläche), d. h. kleine Klarheitsparameter bedeuten bedeckte Himmel und umgekehrt. Durch die Helligkeit als Verhältnis der luftmassenkorrigierten Diffusstrahlung G_{dh} zur extraterrestrischen Strahlung auf eine Normalenfläche G_{en} wird berücksichtigt, dass auch sehr klare Himmel dunkel (tiefblau) sein können (kleines Δ) und bedeckte Himmel sehr hell (großes Δ).

$$\varepsilon = \frac{1 + \dfrac{G_{bn}}{G_{dh}} + 5.535 \times 10^{-6}\ \theta_z^3}{1 + 5.535 \times 10^{-6}\, \theta_z^3} \tag{2.54}$$

$$\Delta = \frac{m\ G_{dh}}{G_{en}} \tag{2.55}$$

Die Luftmasse m ist wie gehabt $m = 1/\cos \theta_z$.

Die Helligkeitskoeffizienten F_1 und F_2 sind empirisch abgeleitete Koeffizienten aus Messungen von verschiedenen Himmelszuständen und werden in Abhängigkeit des Klarheitsparameters berechnet.

$$F_1 = f_{11} + f_{12}\Delta + \frac{\pi\theta_Z}{180}\, f_{13} \tag{2.56}$$

Für F_1 werden nur positive Werte verwendet (sonst $F_1 = 0$).

$$F_2 = f_{21} + f_{22}\Delta + \frac{\pi\theta_Z}{180}\, f_{23} \tag{2.57}$$

Tabelle 2-1: Perez-Koeffizienten für die Berechnung der anisotropen Diffusstrahlung.

Klarheitsparameter ε [–] (Angabe obere Intervallgrenze)	f_{11}	f_{12}	f_{13}	f_{21}	f_{22}	f_{23}
≤ 1.056	0.041	0.621	–0.105	–0.040	0.074	–0.031
1.253	0.054	0.966	–0.166	–0.016	0.114	–0.045
1.586	0.227	0.866	–0.250	0.069	–0.002	–0.062
2.134	0.486	0.670	–0.373	0.148	–0.137	–0.056
3.230	0.819	0.106	–0.465	0.268	–0.497	–0.029
5.980	1.020	–0.260	–0.514	0.306	–0.804	0.046
10.080	1.009	–0.708	–0.433	0.287	–1.286	0.166
>10.080	0.936	–1.121	–0.352	0.226	–2.449	0.383

Damit erhält man für die gesamte Strahlung auf die geneigte Fläche:

$$G_t = \frac{G_{bh}}{\cos\theta_Z}\cos\theta + G_{dh}(1 - F_1)\frac{1+\cos\beta}{2} + G_{dh}F_1\frac{\cos\theta}{\cos\theta_Z} + G_{dh}F_2\sin\beta + G_h\,\rho\,\frac{1-\cos\beta}{2}$$

$$(2.58)$$

Beispiel 8:

Berechnung der Einstrahlung auf die 77.7° geneigte Fläche aus dem letzten Beispiel mit dem Perez Modell.

$$\varepsilon = 1.5$$

$$\Delta = 0.34$$

$$\theta_Z = 77.7°$$

$$F_1 = f_{11} + f_{12}\Delta + \frac{\pi\theta_Z}{180}f_{13} = 0.227 + 0.866 \times 0.34 + \pi \times 77.7/180 \times -0.25 = 0.232$$

$$F_2 = f_{21} + f_{22}\Delta + \frac{\pi\theta_Z}{180}f_{23} = 0.069 + (-0.002) \times 0.34 + \pi \times 77.7/180 \times (-0.062) = -0.0157$$

Isotroper Himmelsanteil:

$$G_{dh}(1 - F_1)\frac{1+\cos\beta}{2} = 95.5\frac{W}{m^2}(1 - 0.232)\frac{1+\cos 77.7}{2} = 44.5\frac{W}{m^2}$$

Zirkumsolarer Anteil:

$$G_{dh}F_1\frac{\cos\theta}{\cos\theta_Z} = 95.5\frac{W}{m^2} \times 0.232 \times \frac{1}{\cos 77.7} = 104\frac{W}{m^2}$$

Horizontanteil:

$$G_{dh}F_2\sin\beta = 95.5\frac{W}{m^2} \times -0.0157 \times \sin 77.7 = -1.46\frac{W}{m^2}$$

$G_t = 169.6 W/m^2 + 147 W/m^2 = 316.6\ W/m^2$, also 33 % mehr als mit dem isotropen Modell berechnet.

Mit den vorgestellten Verfahren kann die jährlich eingestrahlte Energiemenge für beliebig orientierte Flächen berechnet werden. Diese Energie dargestellt als Funktion des Höhen- und Azimutwinkels ermöglicht eine schnelle Bestimmung des Energieangebots auf beliebig orientierte Flächen. Der optimale Jahresenergieertrag wird mit einer südorientierten Fläche mit einem Neigungswinkel β von etwa der geografischen Breite Φ minus 10° erhalten. Bei energetischen Einbußen von lediglich 5 % können Abweichungen im Azimutwinkel von ±35-40° aus der Südrichtung und im Neigungswinkel von ±15-20° vom optimalen Winkel zugelassen werden (siehe Kapitel 1).

2.4.3 Messtechnische Erfassung der Solarstrahlung

Die Globalstrahlung und die Einstrahlung auf geneigte Flächen werden mit Messfehlern unter 5 % mit Pyranometern gemessen. Pyranometer messen die Einstrahlung mit Thermoelementen aus der Temperaturdifferenz einer strahlungsabsorbierenden geschwärzten Fläche und dem Gehäuse. Durch die hemisphärische Glasabdeckung ist die Winkelabhängigkeit des Signals gering, weiterhin ist die Empfindlichkeit nahezu wellenlängenunabhängig. Das Spannungsniveau der Thermoelemente ist niedrig und liegt typisch bei 5×10^{-6}V pro W/m^2 Einstrahlung. Bei genauer Kalibrierung können Messgenauigkeiten bis zu ±1 % erreicht werden.

Billigere Detektoren sind photovoltaische Solarzellen. Die spektrale Empfindlichkeit und die Temperaturabhängigkeit des Messsignals sowie der Wirkungsgradabfall bei geringen Einstrahlungen führen jedoch zu Messfehlern von über 10 %. Für die Messung der mittleren monatlichen Einstrahlung sind PV-Zellen jedoch durchaus geeignet.

Die Diffusstrahlung kann ebenfalls mit einem Pyranometer mit Schattenband für die Abschattung des Direktstrahls gemessen werden. Das Schattenband wird der Deklination und dem Breitengrad angepasst und muss der jahreszeitlichen Änderung der Deklination nachgeführt werden (je nach Breite des Schattenbandes alle 2-3 Tage). Die Reduzierung der Diffusstrahlung durch das Band wird mit einem variierenden Korrekturfaktor zwischen 1.05 und 1.2 korrigiert.

2.5 Verschattung

Bei der Nutzung von Solartechnologie im städtischen Raum kann nicht davon ausgegangen werden, dass die solare Einstrahlung ungehindert auf die Empfängerflächen trifft. Neben der zeitweisen Verschattung des Direktstrahls durch Umgebungsbebauung, Topografie des Geländes oder pflanzlichen Bewuchs ist selten ein freier Horizont für die Diffusstrahlung vorhanden, insbesondere bei Fassadenanwendungen.

Für eine Darstellung des Schattenwurfs verbauender Objekte werden zunächst alle Gegenstände durch Oberflächenpolygone und deren Eckpunkte dargestellt. Der Schattenwurf eines Objektes wird dann für jeden Eckpunkt über den Sonnenvektor konstruiert und die Schattenpunkte wieder zu einem Polygon verbunden.

Wesentlich einfacher ist jedoch die Betrachtung der Verbauung in Horizontkoordinaten (Höhenwinkel und Azimut) von einem punktförmigen Empfänger aus. Bei großen Empfängerflächen bietet sich eine Unterteilung der Flächen in Teilflächen an.

Aus der Differenz von Objekthöhe h_V und Beobachterhöhe h_B sowie dem Objektabstand vom Beobachtungspunkt d lässt sich der Höhenwinkel für einen gegebenen Azimutwinkel γ_V des Verschattungsobjektes berechnen.

$$\alpha_V = \arctan\left(\frac{h_V - h_B}{d}\right) \tag{2.59}$$

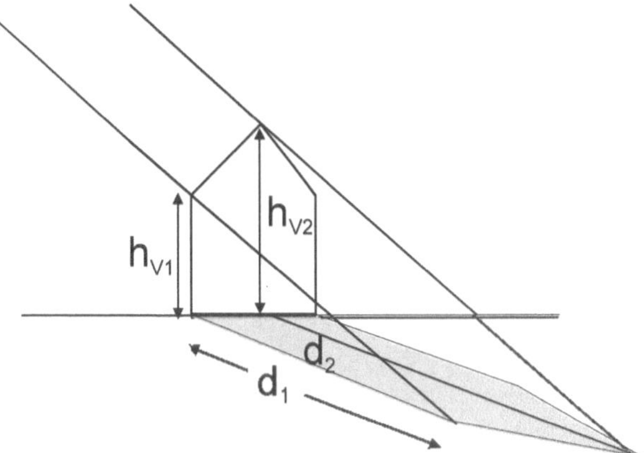

Bild 2-20: Konstruktion des Schattenwurfs aus dem Oberflächenpolygon des verbauenden Objektes mit Objekthöhen $h_{V,i}$.

Die so erhaltenen Wertepaare γ_V, α_V bilden einen Polygonzug, der in ein Sonnenstandsdiagramm eingezeichnet werden kann und das direkte Ablesen der Uhrzeiten, an denen eine Verschattung der Direktstrahlung auftritt, ermöglicht.

Für die Reduzierung der Diffusstrahlung muss die Fläche zwischen Horizontlinie mit Höhenwinkel $\alpha = 0°$ und Verbauungshöhenlinie berechnet werden. Diese Verbauungsfläche reduziert den als isotrop angenommenen Diffusstrahlungsanteil des Himmels über den gegebenen Winkelbereich.

Dazu wird die Verbauungshöhenlinie für einen Azimutwinkelbereich γ_1 bis γ_2 in gerade Teilstrecken unterteilt, die sich über eine Geradengleichung beschreiben lassen (Quaschning, 1998):

$$\alpha(\gamma) = m\gamma + c \tag{2.60}$$

wobei m die Steigung der Geraden angibt mit $m = \dfrac{\alpha_2 - \alpha_1}{\gamma_2 - \gamma_1}$ und die Konstante c sich aus der Gleichsetzung der Steigung m und der Steigung für $\gamma = 0$ ergibt:

$$\frac{\alpha_2 - \alpha_1}{\gamma_2 - \gamma_1} = \frac{\alpha_1 - c}{\gamma_1 - 0} \Rightarrow c = \frac{\alpha_1\gamma_2 - \alpha_2\gamma_1}{\gamma_2 - \gamma_1} \tag{2.61}$$

Die Konstante c wird hier aus den Höhenwinkeln der Verbauung für ein lineares Teilstück zwischen den Azimutwinkeln γ_1 und γ_2 des ersten Objektes bestimmt.

Die energetische Strahldichte jedes Himmelspunktes $L_e(\alpha,\gamma)$, der durch die Verbauung verschattet wird, wird auf die Empfängerfläche mit dem Kosinus des Einfallswinkels θ projiziert und über die Gesamtfläche integriert. Die Strahldichte ist definiert als der von einem Flächenelement dA ausgesandte Strahlungsfluss in einen Raumwinkel $d\Omega$. Bei einem isotropen Himmel ist die Strahldichte $L_{e,iso}$ an jedem Himmelspunkt konstant und kann einfach aus der horizontalen Diffusstrahlung berechnet werden (siehe Kapitel 8 – Tageslichtnutzung).

$$L_{e,iso} = \frac{G_{dh}}{\pi} \left[\frac{W}{m^2 sr} \right] \tag{2.62}$$

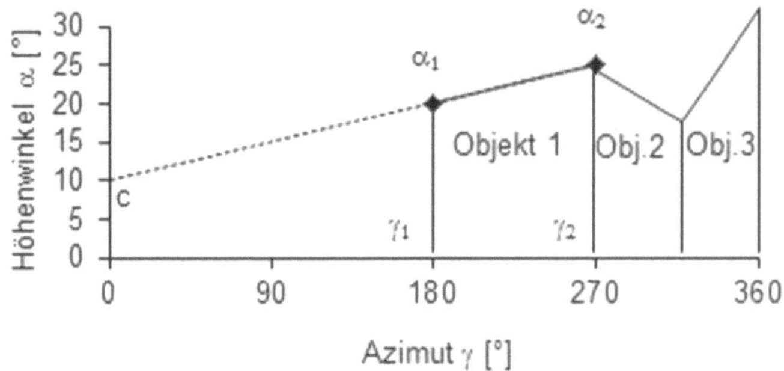

Bild 2.21: Höhenlinie von drei verbauenden Objekten.

Eine kleine Teilfläche der Himmelssphäre in Horizontkoordinaten lässt sich ausdrücken über $dA = \cos\alpha\,d\alpha\,d\gamma$.

Der verschattete Anteil der Himmelsdiffusstrahlung gesehen von einer geneigten Fläche $G_{\mathrm{dt,V}}$ ergibt sich aus der Strahldichte $L_{\mathrm{e,iso}}$ multipliziert mit dem Kosinus des Einfallswinkels sowie der Himmelsteilfläche. Die Integrationsgrenzen liegen für einen Azimutbereich γ_1 bis γ_2 zwischen Horizont ($\alpha=0°$) und gerader Verbauungshöhenlinie ($m\gamma + c$).

$$
\begin{aligned}
G_{\mathrm{dt,V}} &= L_{\mathrm{e,iso}} \int_{\gamma_1}^{\gamma_2} \int_0^{m\gamma+c} \cos\theta\cos\alpha\,d\alpha\,d\gamma \\[2mm]
&= L_{\mathrm{e,iso}} \int_{\gamma_1}^{\gamma_2} \int_0^{m\gamma+c} \left(\sin\alpha\cos\beta + \cos\alpha\sin\beta\cos(\gamma - \gamma_F)\right)\cos\alpha\,d\alpha\,d\gamma
\end{aligned}
\tag{2.63}
$$

Für den Fall einer horizontalen Empfängerfläche (Neigungswinkel $\beta = 0°$ und Flächenazimut $\gamma_F = 0°$) ist der Projektionsfaktor $\cos\theta = \cos\theta_Z = \sin\alpha$ und das Integral vereinfacht sich zu

$$
G_{\mathrm{dh,V}} = L_{\mathrm{e,iso}} \int_{\gamma_1}^{\gamma_2} \int_0^{m\gamma+c} \sin\alpha\cos\alpha\,d\alpha\,d\gamma = L_{\mathrm{e,iso}} \frac{1}{2}\int_{\gamma_1}^{\gamma_2} \sin^2(m\gamma + c)\,d\gamma
\tag{2.64}
$$

Für gerade Verbauungshöhenlinien ist $m = 0$, d. h. der Höhenwinkel $\alpha_1 = \alpha_2$. Nach Gleichung (2.61) ist damit $c = \alpha_1$ und für das Integral ergibt sich die einfache Lösung:

$$
G_{\mathrm{dh,V}} = \frac{1}{2} L_{\mathrm{e,iso}}(\gamma_2 - \gamma_1)\sin^2\alpha_1 \quad \text{für } m = 0
\tag{2.65}
$$

sowie

$$
G_{\mathrm{dh,V}} = \frac{1}{2} L_{\mathrm{e,iso}}(\gamma_2 - \gamma_1)\left(\frac{1}{2} + \frac{1}{4}\frac{\sin 2\alpha_1 - \sin 2\alpha_2}{\alpha_2 - \alpha_1}\right) \quad \text{für } m \neq 0
\tag{2.66}
$$

Die Winkel sind hierbei in Bogenmaß einzusetzen.

Die Lösung des Integrals für die geneigte Fläche mit Neigungswinkel β und Flächenazimut γ aus Gleichung (2.63) ist für Steigungen der Verbauungshöhenlinie $m \neq 0$ nur mit Fallunterscheidungen und aufwendigen Formeln möglich (Quaschning, 1996). Daher soll nur die Lösung für $m = 0$ dargestellt werden, mit welcher die realen Höhenlinien in kleinen Teilstücken angenähert werden können.

$$G_{dt,V} = \frac{1}{2} L_{e,iso} \left(\cos \beta (\gamma_2 - \gamma_1) \sin^2 \alpha + \sin \beta (\alpha + \sin^2 \alpha)(\sin(\gamma_2 - \gamma_F) - \sin(\gamma_1 - \gamma_F)) \right)$$

$$(2.67)$$

Für einen gegebenen Polygonzug der Verschattungshöhenlinie werden die Diffusstrahlungsanteile der verschattenden Teilflächen aufsummiert und ein gesamter Verschattungsfaktor gebildet, um den die Diffusstrahlung reduziert wird.

$$V_d = \frac{\sum G_{d,V}}{G_d} \tag{2.68}$$

Beispiel 9:

Auf einer südorientierten Dachfläche soll eine Solaranlage mit Unterkante H_0 auf 8 m Höhe errichtet werden. Die Verschattungshöhenlinie von zwei gegenüberliegenden Mehrfamilienhäusern (Gebäude 1 mit 10 m Höhe und Gebäude 2 mit 18 m Höhe) mit d = 14 m Abstand soll im Sonnenstandsdiagramm eingezeichnet und die Reduzierung von Diffus- und Direktstrahlung berechnet werden.

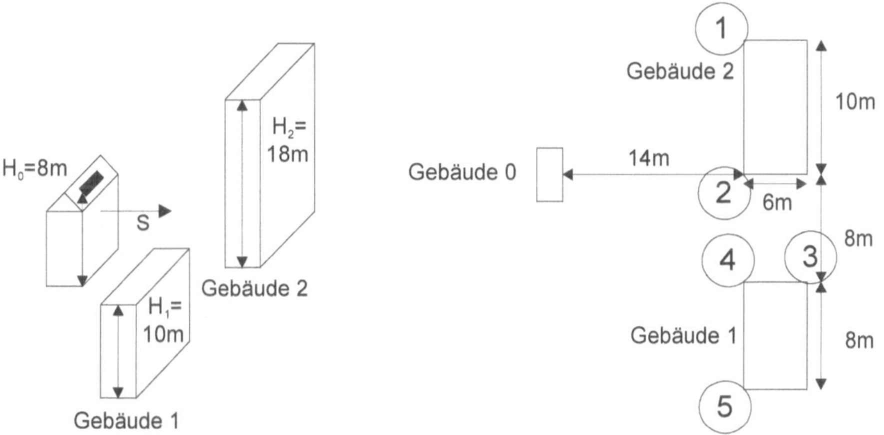

Bild 2-22: Geometrie der Verschattungssituation.

Für ansteigende Verbauungsazimutwinkel werden aus obigem Diagramm folgende Wertepaare von γ_V, α_V ermittelt:

Punkt	Abstand d [m]	Objekthöhe h_V [m]	Azimut γ_V [°]	Höhenwinkel α_V [°]
1	17.2	18	144.5	30.2
2	14	18	180	35.5
3	21.5	10	201	5.3
4	16.1	10	209.7	7.1
5	21.3	10	228.8	5.4

Aus den Werten ist erkennbar, dass beispielsweise am Standort Stuttgart eine Verschattung des Direktstrahls durch Gebäude 2 während der Wintermonate (Oktober bis März) von etwa 10.00-12.00 h morgens stattfindet. Gebäude 1 dagegen mit den geringen Höhenwinkeln trägt nicht zur Verschattung bei. Beim Eintrag der Verbauungshöhenlinie in das Sonnenstandsdiagramm wird zur Vereinfachung der noch folgenden Diffusstrahlungsberechnung linear zwischen den Eckpunkten der Verbauung extrapoliert.

Für Gebäude 2 soll im Folgenden der Verschattungsfaktor V_d der Diffusstrahlung für eine horizontale Empfängerfläche sowie für eine Fläche mit einem Dachneigungswinkel von 45° berechnet werden. Obwohl der Absolutwert der Diffusstrahlung für den Verschattungsfaktor nicht erforderlich ist, da sich die Strahldichten in Gleichung (2.68) herauskürzen, wird ein Wert von 300 W m^{-2} vorgegeben, um den Absolutwert der Verschattung nach Gleichung (2.65) berechnen zu können.

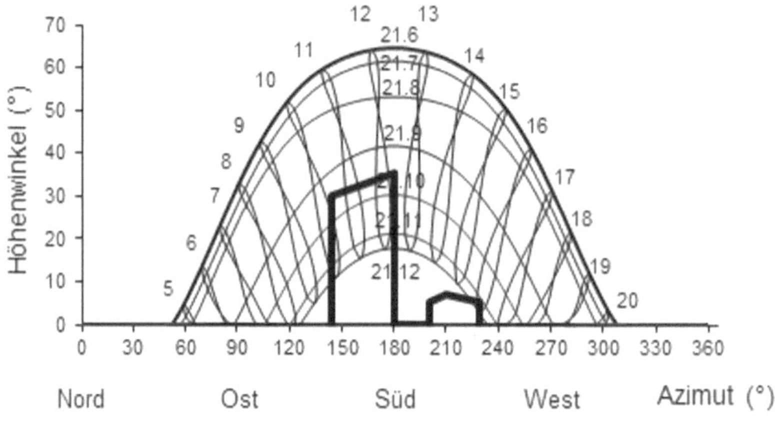

Bild 2-23: Sonnenbahndiagramm für den Standort Stuttgart mit den eingezeichneten Verbauungsobjekten.

Für die horizontale Empfängerfläche mit $m \neq 0$ erhält man einen verschatteten Diffusanteil von 9 W m^{-2} und damit einen Verschattungsfaktor von 3 %. Für die 45° geneigte Fläche ist der verschattete Diffusanteil für m=0 und einem mittleren Höhenwinkel der Verbauung von $(\alpha_{\mathrm{V}1} + \alpha_{\mathrm{V}2}) / 2 = 32.85°$ insgesamt 19.8W m^{-2} und der Verschattungsfaktor 7 %. Für die Berechnung des Verschattungsfaktors der geneigten Fläche wurde der verschattete Himmelsanteil auf die Diffusstrahlung auf die geneigte Fläche bezogen, d. h. auf

$$G_\mathrm{dh}\left(\frac{1 + \cos\beta}{2}\right),\ \text{hier 256 W m}^{-2}.$$

Beispiel 10:

Auf einem Flachdach mit begrenzter Fläche soll eine möglichst große südorientierte Solaranlage installiert werden (Stuttgart mit Breitengrad 48.8°). Als Kriterium für eine akzeptable Verschattungssituation soll gelten, dass am solaren Mittag bei der Wintersonnenwende (21.12.) keine gegenseitige Abschattung stattfindet. Zu ermitteln ist das Verhältnis des Abstands der Kollektoren D zur Kollektorlänge L bei gegebenem Flächenneigungswinkel β.

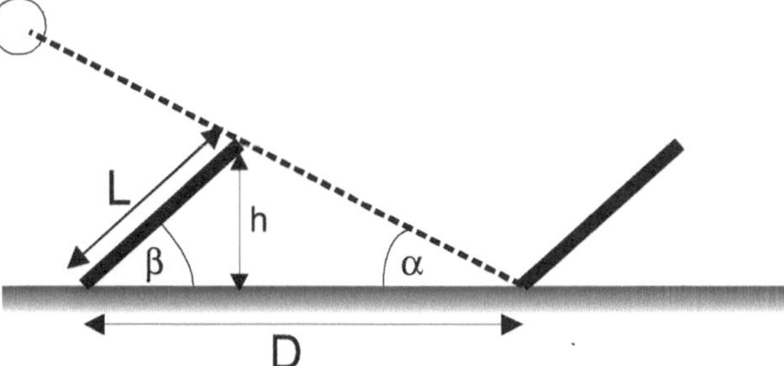

Der Sonnenhöhenwinkel α_s am solaren Mittag des 21.12. beträgt 17.8°.

Der Abstand D zwischen den Kollektorfußpunkten für diese Sonnenstandsbedingung ergibt sich als Summe der Strecken $L\cos\beta$ und $h\cot\alpha$.

$$D = L\cos\beta + h\cot\alpha = L\cos\beta + L\sin\beta\frac{\cos\alpha}{\sin\alpha}$$

Für einen Neigungswinkel β beispielsweise von 40° sollte das Verhältnis aus Abstand zu Länge mindestens

$$\frac{D}{L} = \cos\beta + \sin\beta\cot\alpha = 2.77$$

betragen.

2.6 Temperaturmodelle

2.6.1 Himmelstemperaturen

Die langwellige Strahlung des Himmels entspricht einem schwarzen Strahler etwa auf Lufttemperatur an der Erdoberfläche, bis auf einen starken Einbruch zwischen etwa 8 bis 14 µ. In diesem sogenannten atmosphärischen Fenster ist die Atmosphäre nahezu transparent, besonders bei sehr trockenen Luftbedingungen, und der langwellige Strahlungsaustausch erfolgt mit der Temperatur des Weltalls von 2.7279 K.

Die Himmelstemperatur entspricht der effektiven Temperatur eines schwarzen Strahlers, der die gleiche Leistung abstrahlt wie der Himmel. Die effektive Himmelstemperatur liegt typisch 10–20 K unter der Umgebungstemperatur. Dabei wird die langwellige Strahlung zu 90 % aus dem ersten Kilometer über der Erdoberfläche durch Wasserdampf der Atmosphäre verursacht (Bliss, 1961). Andere atmosphärische Gase wie CO_2, Ozon tragen nur zu wenigen Prozent zur langwelligen Himmelsstrahlung bei.

Der Netto-Strahlungsfluss zwischen Himmel und einem horizontalen Strahler auf der Erdoberfläche kann entweder aus den Temperaturdifferenzen zwischen Erdkörper T und Himmel T_h oder über eine effektive Emissivität ε_h des Himmels berechnet werden.

Der Strahlungsfluss $\dot{Q}_{net}$ zwischen einem Körper mit der Fläche A und Emissivität ε bei einer Himmelstemperatur T_h ist im ersten Fall:

$$\dot{Q}_{net} = \varepsilon\sigma A\left(T^4 - T_h^4\right) \tag{2.69}$$

mit σ als Stefan-Boltzmann Konstante.

In diesem Fall wird der Himmel als schwarzer Strahler ($\varepsilon_h = 1$) betrachtet. Die Himmelstemperatur ist proportional zum Strahlungsfluss des Himmel $\dot{Q}_h$ (W m^{-2}):

$$T_h = \left(\frac{\dot{Q}_h}{\sigma}\right)^{\frac{1}{4}} \tag{2.70}$$

Alternativ wird die Himmelstemperatur der Umgebungstemperatur T_0 gleichgesetzt und der Strahlungsfluss durch die Himmelsemissivität ($\varepsilon_h < 1$) eines grauen Strahlers beschrieben:

$$T_h = \varepsilon_h^{\frac{1}{4}} T_0 \tag{2.71}$$

Die Kombination der letzten beiden Gleichungen ergibt:

$$\varepsilon_h = \frac{\dot{Q}_h}{\sigma T_0^4} \tag{2.72}$$

Viele Modelle basierend auf empirischen oder semi-empirischen Korrelationen sind in der Literatur verfügbar, die meisten für klare Himmelsbedingungen.

Modelle für klaren Himmel

Die einfachsten Modelle berechnen die Himmelstemperatur nur aus der Umgebungstemperatur (Swinbank (1963), Fuentes (1987)). Erweiterte Modelle berücksichtigen den wichtigen Einfluss des Wassergehaltes über die Taupunkttemperatur oder den Wasserdampf Partialdruck.

Berdahl and Martin (1984) haben zusätzliche Korrekturfaktoren für den Unterschied zwischen schwarzem Nachthimmel und hellem Taghimmel sowie die Höhe der Beobachtungsstation eingeführt.

Tabelle 2-2 umfasst eine Auswahl von verfügbaren Himmelsmodellen für klare Himmel:

Tabelle 2-2: Modelle für klaren Himmel

Autoren	Korrelation
Swinbank	$T_h = 0.0552\,(T_0)^{1.5}$
Fuentes	$T_h = 0.037536\,(T_0)^{1.5} + 0.32\,T_0$
Bliss	$\varepsilon_h = 0.8004 + 0.00396\,T_{TP}$
Elsasser	$\varepsilon_h = 0.21 + 0.22\,\ln(p_d)$
Berdahl (Nachthimmel)	$\varepsilon_h = 0.741 + 0.0062\,T_{TP}$
Berdahl (Taghimmel)	$\varepsilon_h = 0.727 + 0.0060\,T_{TP}$
Berdahl (Mittel)	$\varepsilon_h = 0.734 + 0.0061\,T_{TP}$
Clark and Allen	$\varepsilon_h = 0.787 + 0.0028\,T_{TP}$
Berger et al.	$\varepsilon_h = 0.770 + 0.0038\,T_{TP}$
Brunt	$T_h = (0.564 + 0.059\,(p_d)^{1/2})^{1/4}$
	$T_h = (0.527 + 0.065\,(p_d)^{1/2})^{1/4}$
Berdahl und Martin	$\varepsilon_h = 0.711 + 0.56\,(T_{TP}/100) + 0.73\,(T_{TP}/100)^2$
Chen	$\varepsilon_h = 0.736 + 0.00571\,T_{TP} + 0.3318\ 10^{-5}\,T_{TP}^2$
Berdahl und Martin (mod)	$\varepsilon_h = 0.711 + 0.56\,(T_{TP}/100) + 0.73\,(T_{TP}/100)^2 + 0.013\,\cos(15\,t) + 0.00012$ $(p_{atm} - p_0)$

p_d ist der Wasserdampfpartialdruck in Pa.

T_{TP} ist die Taupunkttemperatur der Luft in K.

p_{atm} ist der Luftdruck in Pa.

p_0 ist der Druck auf Meereshöhe in Pa (typisch 10^5 Pa)

Modelle für bedeckten Himmel

Wolken haben einen sehr starken Einfluss auf die Himmelstemperatur. Dichte, niedrige Stratuswolken haben eine relativ hohe Strahlungstemperatur, während dünne, hohe Cirruswolken einen geringen Anteil an der langwelligen Himmelsstrahlung haben. Für komplett bedeckte Himmel schlägt die ISO 6946 vor, die Himmelstemperatur der Umgebungstemperatur gleichzusetzen.

Kasten et al. (1980) hat einen Bewölkungsgrad C_{Bew} zwischen 0 und 1 eingeführt, um den durch Wolken bedeckten Teil des Himmels zu charakterisieren. C_{Bew} wird aus dem Verhältnis der Diffusstrahlung G_d zur Globalstrahlung G berechnet.

$$C_{Bew} = \left(1.4286 \frac{G_d}{G} - 0.3\right)^{0.5} \tag{2.73}$$

Die Himmelsemissivität für den bewölkten Himmel wird dann mit der Emissivität des klaren Himmels berechnet:

$$\varepsilon_{h,Bew} = \varepsilon_{h,klar} + 0.8\left(1 - \varepsilon_{h,klar}\right)C_{Bew} \tag{2.74}$$

Nützliche Korrelationen für die Modifikation des Strahlungsflusses R_{net} durch Bewölkung wurden von Martin (1989) entwickelt. Abhängig vom Bewölkungsgrad C_{Bew} wird der Strahlungsfluss folgendermaßen modifiziert.

$$\dot{Q}_{h,Bew} = \left(1 + 0.0224 C_{Bew} - 0.0035 C_{Bew}^2 + 0.00028 C_{Bew}^3\right)\dot{Q}_{h,klar} \tag{2.75}$$

Sind die Wolkenformationen genauer bekannt, kann der Strahlungsfluss präziser bestimmt werden (Oke, 1987).

$$\dot{Q}_{h,Bew} = \left(1 + a\, C_{Bew}^2\right)\dot{Q}_{h,klar} \tag{2.76}$$

Tabelle 2-3: Wolkentypen und Berechnungskoeffizienten

Wolkentyp	Typische Wolkenhöhe (km)	Koeffizient a
Cirrus	12.2	0.04
Cirrostratus	8.39	0.08
Altocumulus	3.66	0.17
Altostratus	2.14	0.20
Cumulus		0.20
Stratocumulus	1.22	0.22
Stratus	0.46	0.24
Nebel	0	0.25

Aubinet (1994) hat einen Klarheitsgrad K_0 eingeführt als Verhältnis der Globalstrahlung G_h zur extraterrestrischen Strahlung G_0:

$$K_0 = \frac{G_h}{G_0} \tag{2.77}$$

Die Himmelstemperatur wird dann berechnet aus:

$$T_h = 94 + 12.6 \ln p_d - 13 K_0 + 0.341 T_0 \tag{2.78}$$

Perraudeau (1986) berechnet die Strahlung bewölkter Himmel aus einem Nebelindex:

$$l_p = \frac{1 - \dfrac{G_{d,h}}{G_h}}{1 - \dfrac{G_{d,klar}}{G_{klar}}} \tag{2.79}$$

$G_{d,h}$ ist die Diffusstrahlung auf eine horizontale Fläche [W m^{-2}]
G_h ist die Globalstrahlung auf eine horizontale Fläche [W m^{-2}]
$G_{d,klar}$ ist die Diffusstrahlung für einen klaren Himmel nach dem Bird Modell [W m^{-2}]
G_{klar} ist die direkte Strahlung auf eine horizontale Fläche für einen klaren Himmel nach dem Bird Modell [W m^{-2}].

Das Bird Modell ist ein Diffusstrahlungsmodell für klare Himmel (1981). Der Nebelindex wird für die Berechnung eines Bewölkungsgrades benutzt ($N = 0$ für wolkenfreie und $N = 8$ für komplett bedeckte Himmel):

$$N = 8 \qquad\qquad\qquad\qquad\quad if\ l_p \leq 0.07$$

$$N = INT\left(\sqrt[8]{\frac{1 - l_p}{0.825}} + 0.5 \right) \qquad if\ 0.07 < l_p < 1 \tag{2.80}$$

$$N = 0 \qquad\qquad\qquad\qquad\quad if\ l_p \geq 1$$

Literatur

Aguiar, R., Collares-Pereira, M. „Statistical properties of hourly global radiation" Solar Energy 48, Nr.3, pp157-167, 1992

Aubinet, M. (1994) Longwave sky radiation parametrizations. Solar Energy, 53, 2, pp. 147-154

Berdahl, P., Fromberg R. (1982) The thermal radiance of clear skies. Solar Energy 29, pp. 299-314

Berdahl, P., Martin, M. (1984) Emittance of clear skies. Solar Energy, 32, 5, pp.663-664

Berdahl, P., Martin, M. (1984) Characteristics of infrared sky radiation in the United States. Solar Energy, 33, 3/4, pp.321-336

Berger, X., Buriot D., Garnier, F. (1984) About the equivalent radiative temperature for clear skies. Solar Energy 32, pp. 725-733.

Bird RE, Hulstrom RL (1981) A simplified clear sky model for direct and diffuse insolation on horizontal surfaces. Golden, CO: Solar Energy Research Institute; SERI Technical Report SERI/TR:642-761.

Bliss, R. (1961) Atmospheric radiation near the surface of the ground: a summary for engineers. Solar Energy 5, pp.103.120, 1961.

Brunger, P., Hooper, F.C. „Anisotropic sky radiance model based on narrow field of view measurements of shortwave radiance" Solar Energy Vol 51, 1993

Brunt, D. (1932) Notes on radiation in the atmosphere, Quarterly Journal of the Royal Meteorological Society, 58,pp. 389-418

Clark, G., Allen C.P. (1978) The estimation of atmospheric radiation for clear and couldy skies". Proc. 2 nd Nat. Passive Solar Conf. 2, 676

Duffie, J.A, Beckmann, W.A. „Solar engineering of thermal processes", John Wiley&Sons 1980

Elsasser, W. M. (1942) Heat transfer by infrared radiation in the atmosphere. Harvard Univ. Met. Studies N°6, Milton, Massachussets

Erbs, D.G., Klein, S.A., Duffie, J.A. „Estimation of the diffuse radiation fraction for hourly, daily and monthly average global radiation" Solar Energy 28,4, p293-304, 1982

Fuentes, M.K. (1987) A simplified thermal model for flat plate photovoltaic arrays, Sandia Report SAND85-0330-UC-63, Albuquerque, N.M.

Gordon, J.M, Reddy , T.A. „Time series analysis of daily horizontal solar radiation" Solar Energy 41, Nr. 2, pp 215-226, 1988

Iqbal, M. „An introduction to solar radiation", Academic Press 1983

Kasten, F., Czeplak, G. (1980) Solar and terrestrial dependent on the amount of the type of cloud, Solar Energy, 24, pp. 177-188

Liu, B., Jordan, R. „The interrelationship and characteristic distribution of direct, diffuse and total solar radiation, Solar Energy Vol.4, 1960

Martin, M. (1989) Radiative Cooling, in Cook, J. (Ed.) Passive Cooling, Cambridge and London, MIT Press, pp593

Oke, T.R. (1987) Boundary Layer Climates, London & New York, Methuen, 435 p.

Perez, R., Ineichen, P., Seals, R. , Michalsky, J., Stewart, R. „ A new simplified version of the Perez diffuse irradiance model for tilted surfaces", Solar Energy 39, 1987

Perraudeau, M. (1986) Climat lumineux à Nantes, resultants de 15 mois de measures. CSTB EN-ECL 86.14L.

Quaschning, V. „Simulation der Abschattungsverluste bei solarelektrischen Systemen", Verlag Dr. Köster, Berlin1996

Quaschning, V. „Regenerative Energiesysteme", Hanser Verlag 1998

Schumacher, J. „Digitale Simulation regenerativer elektrischer Energieversorgungssysteme", Dissertation Universität Oldenburg 1991

Spencer, J.W. „Fourier series representation on the position of the sun", Search 2 (5), 172, 1971

Swinbank, W. (1963) Long-wave radiation from clear skies. Quarterly Journal of Royal Meteorological Society 89, pp. 339-348

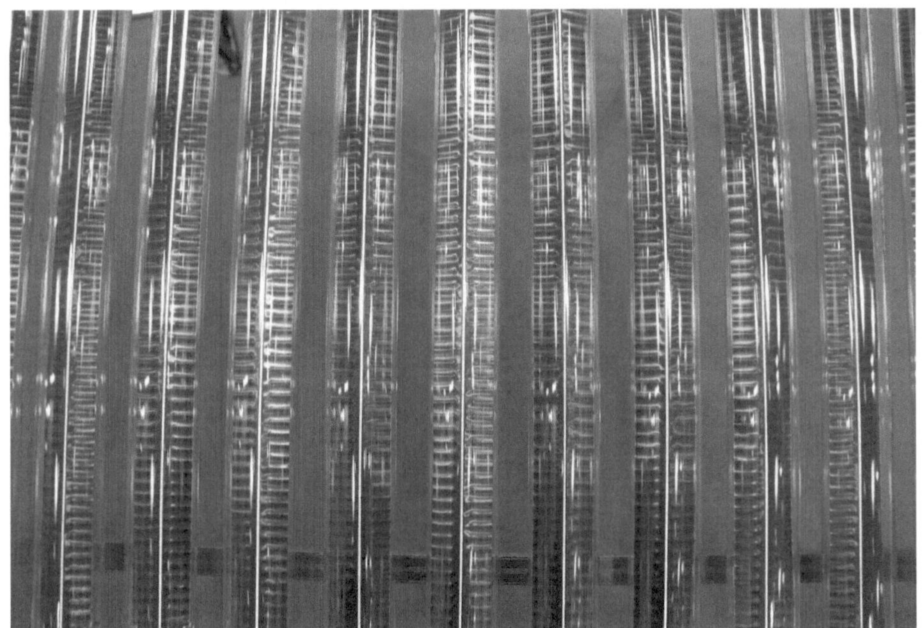

3 Solare Wärmeerzeugung

Bis 2020 soll der erneuerbare Anteil an der gesamten Wärme- und Kälteversorgung Deutschlands verdoppelt werden und damit auf 14 % steigen. Dabei muss die Solarwärme ihren bisher geringen Anteil an der erneuerbaren Wärmeversorgung von nur 4 % (2010) deutlich steigern, da die Ressourcen der heute dominierenden Biomasse in Deutschland begrenzt sind. Solarthermische Anlagen erfüllen neben anderen erneuerbaren Energien die Auflagen des Erneuerbare-Energien-Wärme Gesetz (EEWärmeG), wenn im Neubau 15 % des Wärmeenergiebedarfs solar gedeckt wird. In einigen Bundesländern wie Baden Württemberg besteht zusätzlich eine Pflicht zum Einsatz erneuerbarer Wärme, wenn die Heizungsanlage ausgetauscht wird. Mit 0.04 m^2 Kollektorfläche pro Quadratmeter Wohnfläche sind auch hier die Anforderungen erfüllt.

Seit Mitte der achtziger Jahre ist die jährlich installierte Kollektorfläche von 25000 auf mehr als 2,100,000 m^2 oder 1470 MW installierte Leistung angestiegen (Marktdaten 2008). 11.3 Millionen m^2 installierte Kollektorfläche bzw. 7900 MW installierte Leistung vermeidet jährlich ca. 1.2 Millionen Tonnen des Treibhausgases Kohlendioxid. Die thermische Nutzung der Solarenergie substituiert in Deutschland jährlich ca. 3700 Millionen kWh Endenergie – ein noch geringer Beitrag von 0.27 Prozent des Gesamtwärmeverbrauchs (BMU, 2008). Im Jahr 2010 liegt die jährliche Endenergieerzeugung bei 4500 Millionen kWh. Die europäische Solar-

---

thermieplattform ESTTP geht davon aus, dass 2030 rund 50 % des Gesamtwärmebedarfs der EU durch Solarthermie gedeckt werden kann.

Solarthermische Kollektoren werden zur Trinkwassererwärmung, zur Heizungsunterstützung von Gebäuden, zur Schwimmbadbeheizung, für die Prozesswärmeerzeugung und für die solare Kühlung eingesetzt. Das vorrangige Einsatzgebiet ist immer noch im Ein- oder Zweifamilienhaus.

53 % der deutschen Wohneinheiten und damit des Wärmebedarfs liegen jedoch in Mehrfamilienhäusern, in denen jedoch nur etwa 1 % der Solarwärmeanlagen installiert wurden. Bis 2050 soll der Endenergiebedarf für Wärme halbiert werden und die Solarthermie 25 % des Wärmebedarfs decken. Dazu ist ein Strukturwandel von den heute mit 88 % dominierenden Einzelheizungen zu netzgebundener Versorgung erforderlich. 2050 soll der Anteil von netzgebundener Wärme von heute 12 % auf 60 % steigen (Nitsch, 2008). Solarthermische Anlagen können am effizientesten in große solar gestützte Nahwärmenetze mit oder ohne saisonale Speicher eingebunden werden. Insgesamt müssen etwa 250 Millionen Quadratmeter Kollektorfläche installiert werden, um 25 % des Bedarfs zu decken.

Auch solare Prozesswärme hat ein hohes Potenzial in Deutschland mit etwa 100 GW substituierbarer thermischer Leistung. Für den Temperaturbereich über 100°C sind mittlerweile doppelt verglaste Kollektoren zur Reduzierung der Wärmeverluste marktverfügbar.

Inzwischen sind in Deutschland mehr als 1.2 Millionen Solaranlagen installiert. In den letzten 15 Jahren ist Solarwärme etwa 40 % billiger geworden und große solarthermische Anlagen können heute wirtschaftlich betrieben werden. Mehr als 75 % der Wertschöpfung verbleibt im Inland.

3.1 Solarthermische Systeme

Solarthermische Anlagen können sowohl für die dezentrale Warmwasserbereitung mit kleinen Kollektorflächen von 4–8 m^2 und 300–500 Litern Speichervolumen als auch für zentrale Trinkwassererwärmung in Wohnanlagen, Krankenhäusern, Sporthallen etc. mit Kollektorflächen über 100 m^2 und Speichergrößen von etwa 10 m^3 ausgelegt werden. Des Weiteren kann eine dezentrale Heizungsunterstützung mit Anlagengrößen von etwa 10–20 m^2 und Pufferspeichern von 1–2 m^3 Volumen realisiert werden. Eine zentrale Bereitstellung von solar erzeugter Heizenergie für Wohnsiedlungen (solare Nahwärme) erfordert dagegen saisonale Speicher mit mindestens 10 fachen Speichergrößen (1–2 m^3 saisonaler Speicher pro Quadratmeter Kollektorfläche anstatt 0.05–0.1 m^3 für Kurzzeitspeicher). Solarthermische Anlagen sind modular aufgebaut mit Kollektoreinheiten von etwa 2.5–10 m^2 Fläche, die direkt auf ein Unterdach montiert werden können und die Dichtungsfunktion der Dacheindeckung übernehmen. Komplett vorgefertigte Kollektordächer inklusive Sparren und Wärmedämmung bieten insbesondere für Großanlagen eine kostengünstige Lösung.

Im Gegensatz zur Photovoltaik, wo Systemerweiterungen problemlos möglich sind, müssen alle Komponenten einer solarthermischen Anlage im Planungsstadium genau aufeinander abgestimmt werden, da Verrohrung und Pumpenleistung aus Wirtschaftlichkeitsgründen minimiert ausgelegt werden und kaum Spielraum für modulare Erweiterungen lassen. Speicher und Wärmetauscher werden ebenfalls aus Kostengründen und zur Reduzierung der Trägheit auf die Kollektornennleistung ausgelegt, lassen sich jedoch durch weitere Einheiten ergänzen.

Für Gebäude ist vor allem die solarthermische Trinkwassererwärmung und Heizungsunterstützung relevant. Daneben kann eine Schwimmbadbeheizung heute schon wirtschaftlich betrieben werden. Konzentrierende Kollektoren sind für Anwendungen der solaren Kühlung oder Prozesswärmeerzeugung interessant.

3.1.1 Thermische Kollektortypen

Thermische Solarkollektoren werden ihrer Bauart und dem Wärmeträgermedium nach unterschieden. Die meisten Kollektoren verwenden Wasser als Wärmeträger, versetzt mit Frostschutzmittel, einige Systeme werden mit Luft betrieben. Die Kollektortypen unterscheiden sich im Wesentlichen durch die abnehmenden Wärmeverluste zwischen Absorber und Umgebung. Verglaste Abdeckungen reduzieren die langwellige Abstrahlung und Konvektion, eine zusätzliche Evakuierung zwischen Absorber und Verglasung vermeidet fast vollständig die Konvektionsverluste.

Während in Deutschland bisher nur 12 % des Kollektormarktes aus Vakuumröhren bestehen, werden im größten Abnehmerland solarthermischer Anlagen China fast ausschließlich Vakuumröhrenkollektoren eingesetzt.

Der einfachste Kollektortyp ist ein nicht abgedeckter Absorber zur Schwimmbadbeheizung, im Allgemeinen aus UV-beständigem Kunststoff hergestellt (Polyethylen PE, Polypropylen PP oder Ethylen-Propylen-Dien-Monomeren EPDM). Der Wärmedurchgangskoeffizient oder U-Wert der Vorderseite (U_f) in Einstrahlungsrichtung wird aus dem Kehrwert des Wärmewiderstandes $R_\mathrm{a\text{-}o}$ zwischen dem schwarzen Absorber mit Temperatur T_a und Umgebungsluft T_o berechnet. Der Wärmewiderstand $R_\mathrm{a\text{-}o}$ setzt sich aus den parallel liegenden Wärmeübergangswiderständen für Strahlung ($1/h_\mathrm{r}$) und windgeschwindigkeitsabhängiger Konvektion ($1/h_\mathrm{c}$) zusammen und liegt in der Größenordnung von etwa 0.04 $\mathrm{m^2\,K/W}$. Daraus ergibt sich ein Wärmedurchgangskoeffizient U_f von 25 $\mathrm{W\,m^{-2}\,K^{-1}}$.

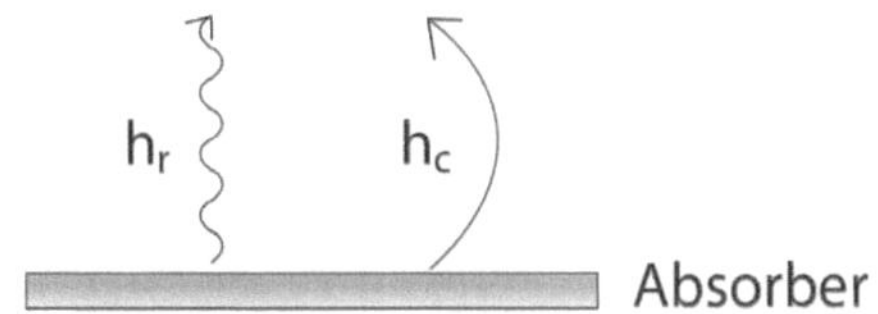

Bild 3-1: Wärmeverluste eines nicht abgedeckten schwarzen Absorbers.

$$U_\mathrm{f} = \frac{1}{R_\mathrm{a-o}} = \frac{1}{1 / \left(h_\mathrm{r} + h_\mathrm{c} \right)} = h_\mathrm{r} + h_\mathrm{c} \approx 25 \, \frac{\mathrm{W}}{\mathrm{m^2 K}} \tag{3.1}$$

Bei den meisten thermischen Flachkollektoren wird der Wärmeverlust durch eine transparente Glasabdeckung des Absorbers reduziert. Der Wärmewiderstand der stehenden Luftschicht zwischen Absorber und Glasabdeckung $R_\mathrm{a\text{-}g}$ von etwa 0.1-0.2 $\mathrm{m^2\,K/W}$ addiert sich zum äußeren Wärmewiderstand $R_\mathrm{g\text{-}o}$ zwischen Abdeckung und Umgebungsluft. $R_\mathrm{g\text{-}o}$ setzt sich wieder aus einem Strahlungs- und einem konvektiven Anteil zusammen und entspricht in etwa dem Gesamtwiderstand $R_\mathrm{a\text{-}o}$ des nicht abgedeckten Kollektors. Insgesamt resultiert ein Wärmedurchgangskoeffizient von etwa 5-6 $\mathrm{W\,m^{-2}\,K^{-1}}$.

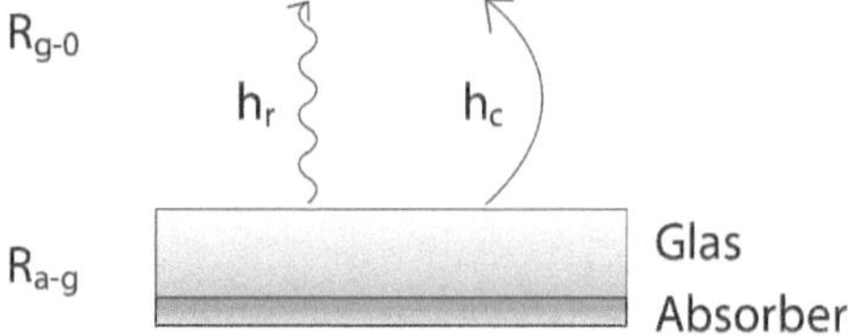

Bild 3-2: Wärmeverlust durch die transparente Abdeckung eines Kollektors.

$$U_\mathrm{f} = \frac{1}{R_{a-g} + R_{g-o}} \approx \frac{1}{0.15 + 0.04} = 5.3 \, \frac{W}{m^2 K} \tag{3.2}$$

Wird der Absorber selektiv beschichtet, ist der Strahlungsaustausch zwischen Absorber und transparenter Abdeckung signifikant reduziert und der U_f-Wert sinkt auf etwa 3-3.5 W m^{-2} K^{-1}.

Der Flachkollektor wandelt absorbierte kurzwellige direkte und diffuse Solarstrahlung unter Abzug der Wärmeverluste über die transparente Abdeckung sowie die gedämmte Rückseite in Nutzwärmeleistung um (siehe Bild 3-3).

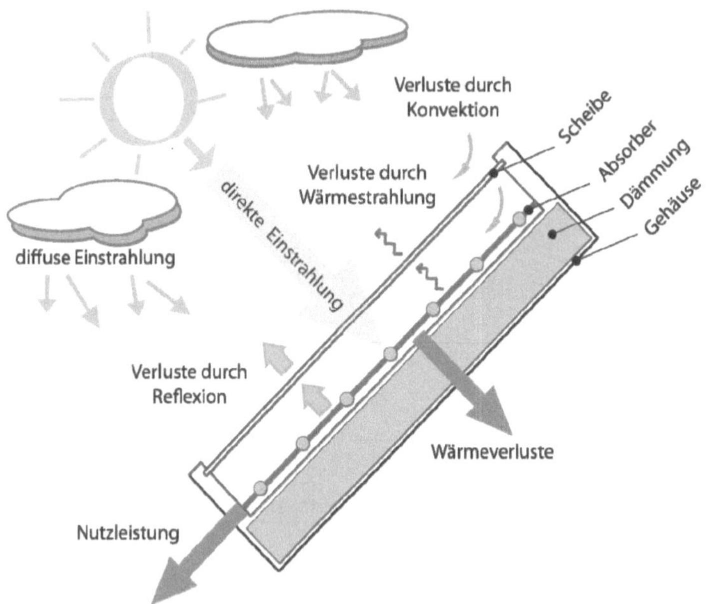

Bild 3-3: Schnitt durch einen Flachkollektor mit Nutzleistungsbilanz durch Einstrahlungsgewinne und Wärmeverluste.

In Vakuumkollektoren sind die Absorber ebenfalls mit einer transparenten Abdeckung thermisch von der Umgebung getrennt. Zusätzlich zur Reduktion des Strahlungsaustauschs wird durch ein sehr gutes Vakuum von etwa 10^{-3} bis 10^{-2} Pa der konvektive Wärmetransport unterbunden und der Wärmewiderstand zwischen Absorber und Abdeckung steigt auf knapp 1 m^2 K/W. Daraus ergeben sich U_f-Werte von Vakuumkollektoren um 1 W m^{-2} K^{-1}.

Der Absorber ist entweder als Metallstreifen in einem evakuierten Glasrohr oder als Beschichtung einer evakuierten Doppelglasröhre ausgeführt. Der Wärmetransport erfolgt direkt, indem die Wärmeträgerflüssigkeit die Absorberrohre durchströmt, oder indirekt mittels Wärmerohr (heat pipe). Beim Wärmerohrprinzip transportiert ein Kältemittel Wärme vom Absorber zum Wärmetauscher am oberen Kollektorende. Das Kältemittel, z. B. Wasser oder Alkohol, verdampft durch die Wärmeaufnahme und steigt im Wärmerohr auf. Die Wärmeträgerflüssigkeit, die den Wärmetauscher durchströmt, nimmt die Wärme auf, und das Kältemittel kondensiert. Das flüssige Kältemittel fließt durch das gegebene Kollektorgefälle wieder nach unten (siehe Bild 3-4).

3

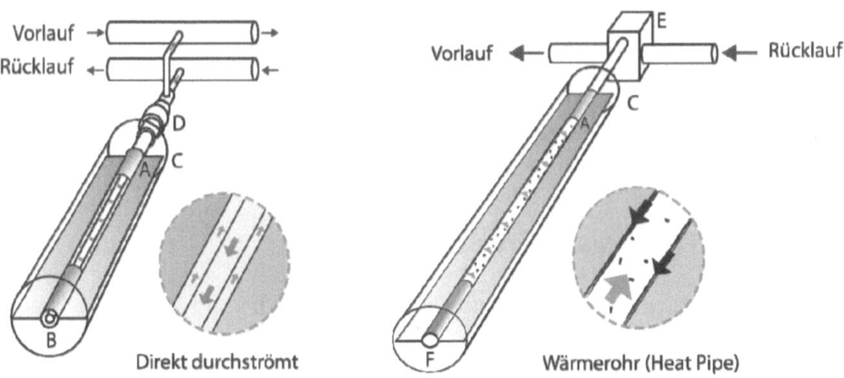

Bild 3-4: Vakuumröhrenkollektoren mit direkter Durchströmung und als Wärmerohr ausgeführt (A = Absorber, B = Doppelrohr, C = Vakuum-Glasröhre, D = Rohrverschraubung, E = Wärmetauscher mit Kondensator, F = Wärmerohr mit Wasser oder Alkoholfüllung)

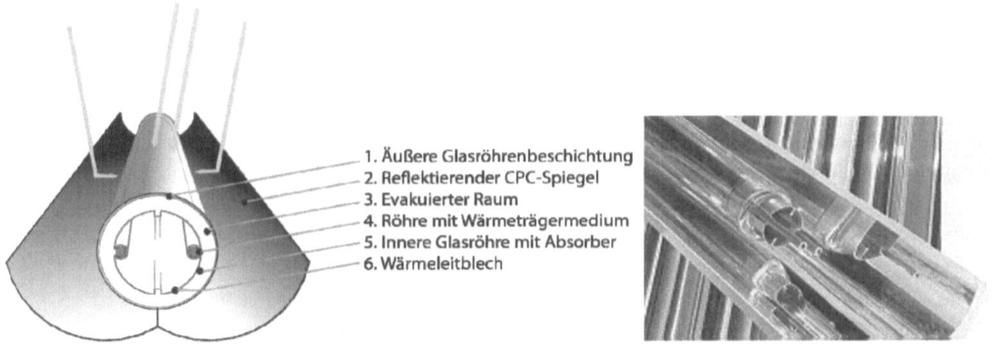

Bild 3-5: Doppelglas-Vakuumröhrenkollektor mit CPC Reflektor

Zur Reduzierung von Wärmeverlusten und mechanischen Beanspruchungen durch die Metall/Glasverbindung wurde die sogenannte „Sidney" Röhre mit einem evakuierten Doppelglas entwickelt, auf deren Innenseite der Absorber aufgedampft ist. Zur Nutzung der kompletten runden Absorberfläche werden oft zusätzliche Reflektoren als sogenannte CPC Kollektoren eingesetzt (siehe Bild 3-5). Der externe Spiegel unterliegt jedoch Witterungseinflüssen. Alternativ können Reflektoren auf der Innenseite des äußeren Glasrohres eingesetzt werden.

Tabelle 3-1: Klassifizierung von thermischen Flachkollektoren über den vorderen U_f-Wert.

Kollektortyp	Wärmewiderstand zwischen Absorber und Umgebung in Einstrahlungsrichtung	Vorderer Wärmedurchgangskoeffizient U_f [W m^{-2} K^{-1}]
Schwimmbadabsorber	direkter Strahlungsaustausch und konvektiver Wärmetransport gegen Umgebungsluft	> 20
Flachkollektor schwarzer Absorber	stehende Luftschicht zwischen Absorber und transparenter Abdeckung	5-6
Flachkollektor selektiv beschichtet	stehende Luftschicht mit reduziertem Strahlungsaustausch	3-3.5
Vakuumkollektor selektiv beschichtet	reduzierter konvektiver und Strahlungsaustausch zwischen Absorber und transparenter Abdeckung	1-1.5

3.1.2 Systemtechnik Trinkwassererwärmung

Die Systemtechnik einer Standardsolaranlage zur Trinkwassererwärmung umfasst die Hauptkomponenten Kollektor und Speicher sowie die Solarkreishydraulik und Sicherheitstechnik. Für kleine Brauchwasseranlagen unter 10 m^2 Kollektorfläche haben sich einfache Dimensionierungsregeln bewährt, die von einem durchschnittlichen Warmwasserverbrauch von etwa 30-60 l pro Person und Tag und typischen Kollektorerträgen von 350-450 kWh m^{-2} a^{-1} ausgehen. Solche Anlagen enthalten die folgenden Komponenten:

Tabelle 3-2: Bauteile einer Standardsolaranlage.

Bauteil	Dimensionierung
Flachkollektor Vakuumkollektor	1.25 bis 1.5 m^2 pro Person 1.00 bis 1.2 m^2 pro Person
Speicher (Druckspeicher)	40-70 l pro m^2 Kollektorfläche
Wärmetauscherfläche im Kollektorkreis (im Speicher integrierter Glattrohr- oder Rippenrohrwärmetauscher)	30-40 W/K Übertragungsleistung pro m^2 Kollektorfläche (entspricht 0.15-0.20 m^2 Übertragungsfläche)
Rohrleitungen	DN 15 (15 mm Innendurchmesser) bis 8 m^2 Kollektorfläche und 50 m Rohrleitungslänge
Solarstation mit Kollektorkreispumpe, Manometer und Sicherheitsventil, Ausdehnungsgefäß	25-80 W Pumpenleistung (kleinste Heizungspumpe)
Regelung (Temperaturdifferenzmessung Kollektor-Speicher, Temperaturbegrenzung Speicher)	ein Relayausgang zur Pumpensteuerung

Mit einer so dimensionierten Anlage lassen sich jährliche solare Deckungsgrade von 40-60 % erzielen, dabei etwa 70-100 % im Sommer und 10-20 % im Winter.

3.1.2.1 Montage

Flachkollektoren lassen sich als Indachlösung mit guter Optik und geringer Windangriffsfläche integrieren. Bei nachträglichen Installationen werden oft Aufdachlösungen gewählt mit Kollektorbefestigungen über Sparrenanker bei einem Abstand zur Eindeckung von etwa 6-8 cm. Bei Flachdächern werden meist aufgeständerte Anlagen gebaut (Bild 3-6). Bei solaren Großanlagen ist die Aufständerung etwa 20-30 % teurer als die Dachintegration von Großflächenkollektoren. Die Bruttodachfläche wird nur zu etwa 50 bis maximal 60 % genutzt, da gegenseitige Verschattung der Kollektoren vermieden werden muss. Bei Schrägdächern kann die Ausnutzung bis zu 90 % betragen. Die Anforderung an die Statik aufgrund der Windlasten ist bei Aufständerung deutlich höher. Bei Kollektoranlagen über 50 m^2 sollten die einzelnen Module mindestens 5 m^2 groß sein. Bewährt haben sich komplette Kollektordächer, die eine sehr schnelle Montage innerhalb ein bis zwei Tagen auch für sehr große Anlagen mehrerer hundert Quadratmeter ermöglichen. Um die Dachdichtigkeit zu gewährleisten, sollte die Dachneigung mindestens 20° betragen.

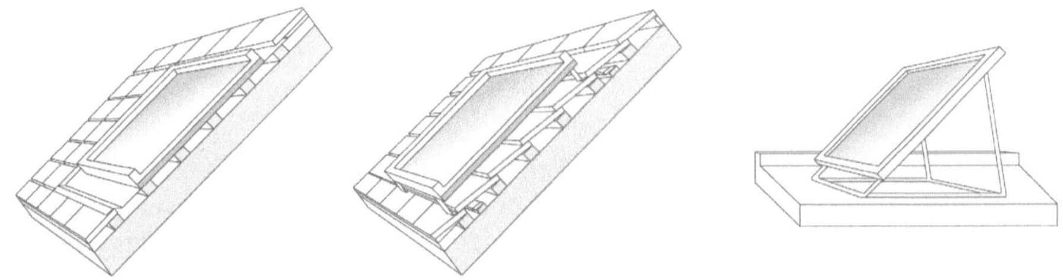

Bild 3-6: Montagevarianten für Flachkollektoren im Dachbereich: Indach, Aufdach, Aufgeständert.

3.1.2.2 Solarkreis und Hydraulik

Neben der Auswahl der Komponenten Kollektor und Speicher muss die Hydraulik des Kollektorkreises mit Verrohrung, Ventilen und Pumpe dimensioniert sowie die Sicherheitstechnik mit Druckniveau, Ausdehnungsgefäß und Überdrucksicherung ausgelegt werden. Bei einer Standardsolaranlage zur Trinkwassererwärmung werden alle hydraulischen und sicherheitstechnischen Funktionen in einer vormontierten Solarstation zusammengefasst.

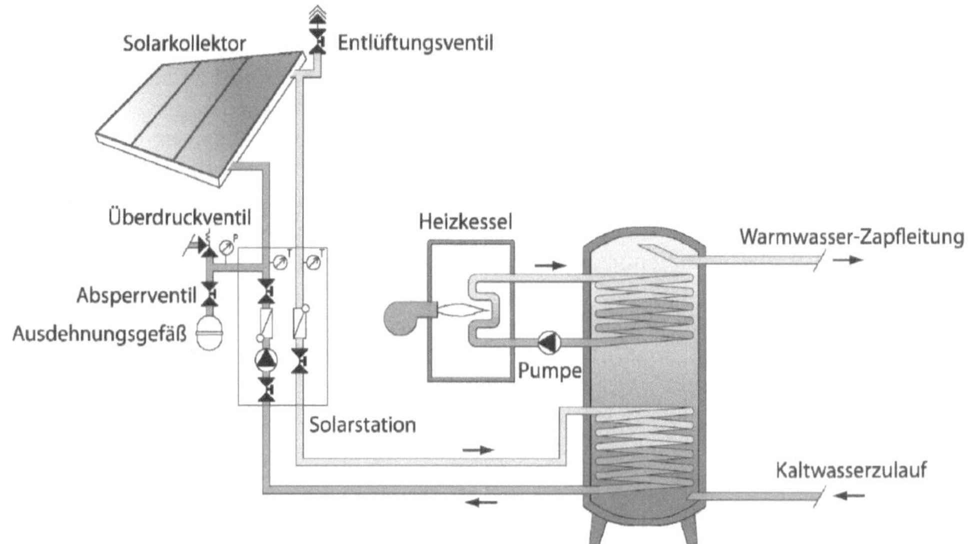

Bild 3-7: Standardsolaranlage zur Trinkwassererwärmung.

Die Anlage setzt sich aus Kollektor, Speicher, Temperaturdifferenzregelung und den Komponenten Entlüftungsventil, Temperaturfühlern, Ausdehnungsgefäß, Überdruckventil, Entleerventilen, Manometer, Absperrventil, Pumpe und einem absperrbaren Rückschlagventil zusammen.

Pumpen und Entlüftung

Konventionelle Heizungsumwälzpumpen mit Ringspaltmotoren kleiner Leistung (< 100 W elektrisch) sind typisch für Ein- bis Zweifamilienhäuser je nach Heizleistung mit Volumenströmen zwischen 1 und 4 m^3/h dimensioniert. Thermische Solaranlagen zur Trinkwassererwärmung werden jedoch üblicherweise mit kleinen Volumenströmen zwischen 0.1–0.5 m^3/h gefahren, d. h. mit nur 10 % der Fördermenge von Standardheizungspumpen. Bei solch geringen Fördermengen liegt der Wirkungsgrad einer Heizungspumpe zwischen 2 und 7 %, während bei optimaler Dimensionierung bis zu 20 % Wirkungsgrad erreicht werden können (Schmalfuß, 2000). Die geringen Wirkungsgrade führen zu einer nicht vernachlässigbaren elektrischen Energieaufnahme von etwa 100 kWh/a bei einer Kleinanlage mit 2000 kWh Ertrag pro Jahr, d. h., primärenergetisch werden 15 % bzw. 300 kWh für Pumpenenergie verwendet. Eine Drehzahlregelung der Pumpe reduziert die jährliche Stromaufnahme um 50 %.

Die Förderhöhe einer Standard-Heizungspumpe ist mit maximal 4-5 m eher gering. Beim Einsatz solcher Pumpen ist die Entlüftung des Kollektorkreises an der höchsten Stelle wichtig für die Funktionsfähigkeit der Anlage. Hohe Förderdrücke bei geringen Fördermengen werden dagegen mit Zahnradpumpen mit Nass- oder Trockenläufermotor erzielt, die bei 0.1 m^3/h Volumenstrom eine Förderhöhe von 35 m erbringen, sodass der meist schwer zugängliche Entlüfter entfallen und das anfängliche Luftpolster aus dem Kollektorkreis komplett herausgedrückt werden kann.

Wärmeträgerflüssigkeit

Die Wärmeträgerflüssigkeit im Solarkreis wird im mitteleuropäischen Klima überwiegend mit Frostschutzmittel versehen, um ein Einfrieren der außen liegenden Verrohrung sicher zu vermeiden. Verwendet werden Mischungen aus Wasser und Frostschutzmitteln (Glykole, z. B. Polypropylenglykol), welche mit unterschiedlichen Inhibitorsalzen zum Korrosionsschutz versehen werden. Üblich sind Mischungsverhältnisse von etwa 40 % Frostschutzmittel zu 60 % Wasser, womit die Gefriertemperatur auf -20°C sinkt. Mit steigendem Frostschutzanteil steigt die Viskosität der Wärmeträgerflüssigkeit um einen Faktor 3–5, was bei Druckverlustberechnungen berücksichtigt werden muss, und sinkt die Wärmekapazität um 10–20 %.

Bei Solaranlagen mit hohen Stillstandstemperaturen (Vakuumröhrenkollektor) ist unbedingt auf die Temperaturbeständigkeit des Frostschutzmittels zu achten.

Bei sehr sorgfältiger hydraulischer Auslegung und einer speziellen Regelungsstrategie ist es auch möglich, auf den Frostschutz zu verzichten und bei Frostgefahr Speicherwasser durch die Kollektoren zu zirkulieren. Dieses verursacht jährlich etwa 2–4 % Wärmeverluste, spart jedoch Pumpenstrom durch Verzicht auf einen speziellen Solarkreis und vereinfacht die Einbindung der solarthermischen Anlage in Nahwärmenetze oder Heizkreise von großen Gebäuden. Ein Vakuumröhrenkollektor mit geringen Wärmeverlusten ist Voraussetzung für eine gute Funktionsfähigkeit des Konzeptes.

Überhitzungsschutz und Ausdehnungsgefäß

Die Stillstandtemperatur (keine Wärmeabnahme) von Flachkollektoren liegt bei etwa 160-200°C, bei Vakuumröhren zwischen 200 und 300°C. Bei solchen Temperaturen muss entsprechend temperaturbeständige Wärmedämmung verwendet und Weichlöten der Solarkreisverrohrung vermieden werden. Für hocheffiziente Vakuumröhren sollten spezielle Solarflüssigkeiten verwendet werden, um Ablagerungen im Kollektor zu vermeiden. Ein Vorteil von Vakuumröhrenkollektoren mit Heat Pipes liegt in der Begrenzung der maximalen Stillstandstemperatur auf etwa 130-150°C, bei welcher der komplette Absorberinhalt verdampft ist und sich im Kondensator befindet.

Das Ausdehnungsgefäß ist wesentlicher Bestandteil des Überhitzungsschutzes: Da bei Anlagenstillstand und üblichem Systemdruck von 3 bis 6 $\times 10^5$ Pa die Solarkreisflüssigkeit im Kollektor siedet, nimmt bei kleinen Anlagen das Ausdehnungsgefäß nicht nur die Volumenvergrößerung der Solarkreisflüssigkeit von etwa 10 %, sondern auch den kompletten verdampfenden Kollektorinhalt V_k von 0.5-2 l pro Quadratmeter Kollektorfläche auf. Betriebserfahrungen mit großen Solaranlagen haben gezeigt, dass verdampfter Wärmeträger im gesamten Kollektorfeld, in der Kollektorfeldverrohrung und in etwa einem Drittel der Kollektorkreisverrohrung auftritt. Teilweise tritt Dampf bis in den Heizungskeller auf. Es ist sinnvoll, die Ausdehnungsgefäße auf dieses Volumen auszulegen und gegebenenfalls das Sicherheitsventil auf Abblasen bei höheren Druckniveaus (bis etwa 8 bar) zu dimensionieren. Das Membranausdehnungsgefäß darf übrigens nicht von unten angeschlossen werden, da sich sonst nicht entfernbare Luft sammelt.

Die maximale Volumenvergrößerung ΔV der Solarflüssigkeit bei Anlagenstillstand wird aus der maximal auftretenden Temperaturdifferenz zwischen Stillstands- (T_s) und Befülltemperatur T_0, dem Volumenausdehnungskoeffizient des Fluids β', dem Volumen des Kollektorkreisinhalts V_{kk} sowie dem verdampften Kollektorinhalt V_k berechnet.

$$\Delta V = \beta'(T_s - T_0)V_{kk} + V_k \tag{3.3}$$

Der Volumenausdehnungskoeffizient β' steigt mit der Temperatur und liegt für Wasser im Temperaturbereich 60-80°C bei $5.87\times10^{-4}\,\mathrm{K}^{-1}$, für Frostschutzmittelgemische etwa bei $10\times10^{-4}\,\mathrm{K}^{-1}$. Das Volumen des Kollektorkreises V_{kk} wird für Rohrleitungen und Wärmetauscher ohne den Fluidinhalt der Kollektoren berechnet.

Das Gaspolster des Membranausdehnungsgefäßes mit Inhalt V_g wird vom gewählten Vordruck p_{min} bei Befüllung auf den maximalen Betriebsdruck der Anlage p_{max} bei Anlagenstillstand komprimiert. Der Vordruck wird zur Vermeidung von Lufteintritt etwa $0.2\text{-}0.5\times10^5$ Pa höher als der statische Druck gewählt. Dieser ergibt sich aus der Höhendifferenz zwischen Kollektorfeld und Ausdehnungsgefäß Δh [m] mit einem statischen Druckanstieg von 10^4 Pa pro Meter.

$$p_{min} = \left(\Delta h + 5\right)\times 10^4 \quad \left[Pa\right] \tag{3.4}$$

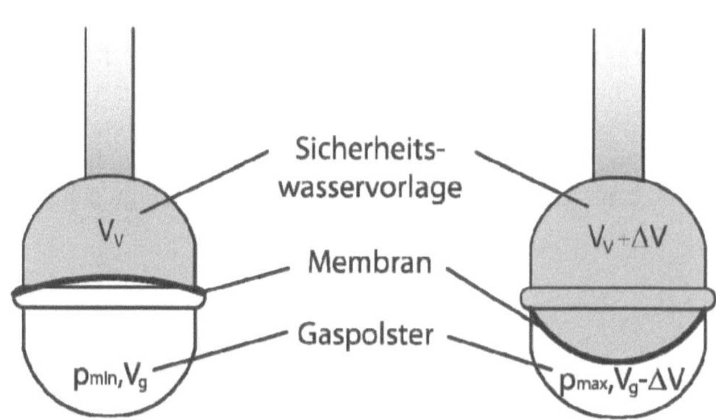

Bild 3-8: Ausdehnungsgefäß bei minimalem und maximalem Betriebsdruck.

Bei Befüllung wird auf der Flüssigkeitsseite eine Sicherheitswasservorlage mit Volumen V_V vorgegeben, um bei sehr niedrigen Betriebstemperaturen ein minimales Wasservolumen im Ausdehnungsgefäß aufrechtzuerhalten. Der maximale Betriebsdruck p_{max} ist durch die Auslegung des Sicherheits- bzw. Überströmventils vorgegeben. Das Volumen des Ausdehnungsgefäßes V_a muss so ausgelegt werden, dass die Volumenkompression des Gasvolumens V_g durch den Druckunterschied zwischen minimalem und maximalem Betriebsdruck ausreicht, um die Volumenvergrößerung ΔV auf der Flüssigkeitsseite der Membran aufzunehmen. Nach der idealen Gasgleichung ergibt sich unter der Annahme konstanter Temperatur:

$$p_{min}V_g = p_{max}\left(V_g - \Delta V\right)$$
$$V_g = \frac{p_{max}}{p_{max} - p_{min}}\Delta V \tag{3.5}$$

Zusätzlich zu dem erforderlichen Gasvolumen für die Aufnahme der Volumenvergrößerung wird die Flüssigseite des Ausdehnungsgefäßes mit einer Sicherheitswasservorlage V_V von etwa 1-2 % des gesamten Anlagenvolumens ($V_{kk} + V_k$) beaufschlagt, sodass bei sehr niedrigen Temperaturen der Anlagendruck nicht absinkt.

$$V_a = V_g + V_V \tag{3.6}$$

In großen Anlagen (> 100 m^2) werden die geschlossenen Druckausdehnungsgefäße nur für die Volumenvergrößerung der Flüssigkeit ausgelegt. Der im Kollektor erzeugte Dampf wird über Sicherheits- oder Überströmventile abgeblasen und das Wärmeträgermedium in einem drucklosen Auffangbehälter gesammelt. Eine Füllpumpe übernimmt nach Abkühlen der Kollektoren die automatische Zurückspeisung des Wärmeträgers in den Solarkreis.

Das Rückschlagventil ist zur Vermeidung nächtlicher Abkühlung des Speichers durch thermosyphonischen Aufstieg von Solarkreisfluid erforderlich.

Nach DIN 18380 muss die Anlage vor dem Befüllen mit Wärmeträgermedium komplett entleert werden: Wasser, welches zum Spülen und zur Druckprobe in die Anlage eingefüllt wurde, muss komplett aus der Hydraulik entfernt werden. Durch die Anordnung des Kollektorfeldes ist oftmals ein komplettes Entleeren der Anlage nicht möglich. Um auch das in den Kollektoren verbliebene Wasser aus der Anlage zu entfernen, ist ein Überfüllen der Anlage nötig, d. h., das Entleerventil der Anlage bleibt solange geöffnet, bis eingefärbtes Wärmeträgermedium austritt.

Beispiel 1:

Berechnung des Volumens eines Ausdehnungsgefäßes für eine 15 m^2 große Solaranlage mit einer Steigleitung zwischen Ausdehnungsgefäß und Kollektorfeld von 20 m sowie einem Sicherheitsventil mit maximalem Betriebsdruck von 4.5 $\times 10^5$ Pa. Für die Anlage wird folgendes Kollektorkreisvolumen angenommen:

- Wärmetauscherinhalt bei 4.6 m^2 Übertragungsfläche: 3.6 l
- Rohrvolumen bei insgesamt 40 m Rohrlänge DN22: 12.6 l

Die Volumenausdehnung des Kollektorkreisinhalts V_{kk} für $\beta' = 10 \times 10^{-4}\,K^{-1}$ und einer Stillstandstemperatur T_s von Flachkollektoren von etwa 180°C ($T_0 = 15$°C) liegt bei
$$10 \times 10^{-4}\,K^{-1} \times (180 - 15)\,K \times 16.2l = 2.67l.$$

Der verdampfende Kollektorinhalt V_k liegt bei 15 l, sodass $\Delta V = 17.67$ l ist. Die Sicherheitswasservorlage V_V ist $V_V = 0.01 \times (3.6 + 12.6 + 15)l = 0.31\,l$.

Der durch die Höhendifferenz vorgegebene minimale Betriebsdruck - bei 20 m Höhendifferenz 2×10^5 Pa statischer Druck – sowie 0.5$\times 10^5$ Pa Vordruck ist 2.5$\times 10^5$ Pa, sodass das Ausdehnungsgefäßvolumen bei

$$V_a = \frac{4.5 \times 10^5}{4.5 \times 10^5 - 2.5 \times 10^5}\,17.67l + 0.31 = 40.1l \text{ liegt.}$$

Wärmetauscher

Für die Wärmeübertragung zwischen dem Kollektorprimärkreis und dem Wärmespeicher werden bei kleinen Anlagen aus Kosten- und Platzgründen meist innenliegende Wärmetauscher gewählt. Rippenrohr- oder Glattrohrwärmetauscher haben eine spezifische Übertragungsleistung von 200-500 W/m^2 K.

Innenliegende Wärmetauscher sind in der Leistung bei Flächen von 1-2 m^2 in 300-500 l Speichern und mittlerer Temperaturdifferenz von 5 K auf etwa 5 kW begrenzt. Bei größeren Anlagen müssen daher externe Wärmetauscher eingesetzt werden, die einen zweiten Pumpenkreislauf erfordern. Durch die erzwungene Strömung an beiden Seiten der Wärme übertragenden Fläche steigen die Übertragungsleistungen von Gegenstrom-Plattenwärmetauschern auf 1000-4000 W/m^2, womit bei Plattenabständen von wenigen Millimetern pro m^3 Bauvolumen sehr hohe Leistungen übertragen werden können.

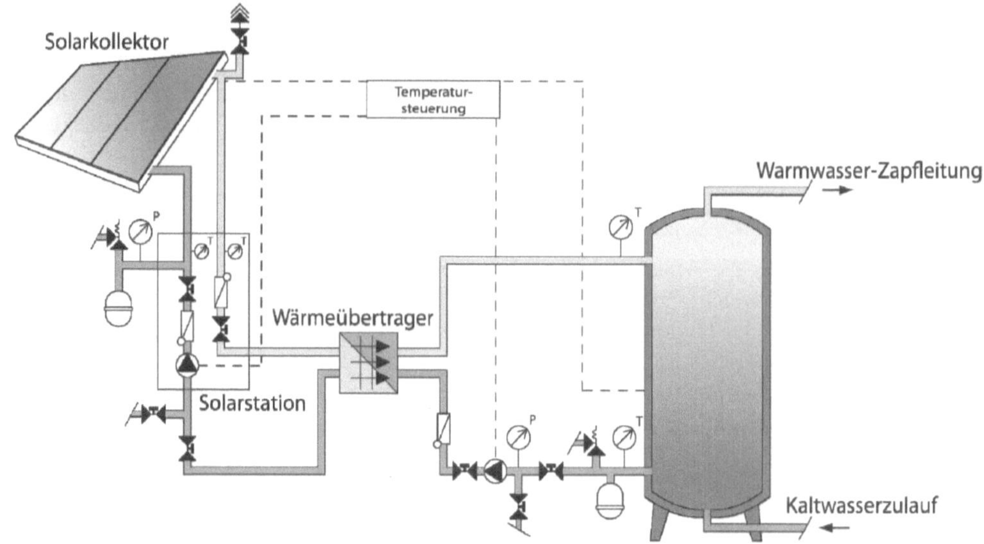

Bild 3-9: Schaltung mit externem Wärmetauscher.

Für den Kollektorprimärkreis ist hier eine weitere Pumpe sowie ein Ausdehnungsgefäß und Sicherheitstechnik erforderlich.

Kollektorverschaltung und Druckverluste

Für eine gleichmäßige Durchströmung der Kollektoren bei hohen Strömungsgeschwindigkeiten und somit gutem Wärmeübergang zwischen Absorber und Fluid ist die serielle Verschaltung von Kollektoren vorteilhaft. Begrenzend ist der quadratisch mit der Strömungsgeschwindigkeit $v^2 = \dot{V} / A_{\mathrm{q}}$ ansteigende Druckverlust $\Delta p = \xi\rho / 2 \, v^2$, der die elektrische Leistungsaufnahme P_{el} der Solarkreispumpe bestimmt. Die Strömungsgeschwindigkeit wird durch den Massenstrom $\dot{m} = \rho\dot{V}$ des Wärmeträgers festgelegt, der bei sogenannten low-flow Anlagen im Bereich von 10-15 kg pro m^2 Kollektorfläche und Stunde und bei Standardanlagen zwischen 30-60 kg/(m^2 h) liegt und durch den Rohrquerschnitt A_{q} [m^2] fließt.

Die Druckverluste werden mit Hilfe von Druckverlustbeiwerten ξ ermittelt, die aus Rohrreibungszahlen berechnet sowie aus tabellierten Beiwerten für Einbauten ermittelt werden. Für Krümmer und T-Stücke wird in der Praxis ein Pauschalzuschlag von einem Faktor 1.5 auf die Rohrdruckverluste angesetzt. Die Druckverluste von Pumpen, Wärmemengenzähler etc. werden aus Datenblättern ermittelt.

$$P_{\mathrm{el}} = \frac{\dot{V}\Delta p}{\eta} = \frac{\dot{V}\sum \xi\dfrac{\rho}{2}\left(\dfrac{\dot{V}}{A_{\mathrm{q}}}\right)^2}{\eta} \tag{3.7}$$

Bei kleinen Anlagen bis 10 m^2 Kollektorfläche und 50 m Rohrlänge liegen die Druckverluste im Kollektor unter 0.2×10^5 Pa und im restlichen Solarkreis bei etwa 0.3×10^5 Pa, sodass ohne Druckverlustberechnung kleine Heizungspumpen ($P_{\mathrm{el}}<100$ W) eingesetzt werden können.

Bei mittleren Anlagengrößen von etwa 15-40 m^2 liegen typische Gesamtdruckverluste zwischen 0.3-0.8×10^5 Pa, jeweils zu einem Drittel durch das Kollektorfeld, die Rohrleitungen und den Wärmetauscher verursacht. Im Kollektorfeld sollte der Druckverlust durch kombinierte Parallel-/Reihenschaltung auf maximal 0.3×10^5 Pa begrenzt werden. Bei Anlagen zwischen 40-100 m^2 ist ein Kollektorfelddruckverlust von 0.4 x10^5 Pa akzeptabel, der restliche Solarkreis sollte auf 0.6×10^5 Pa begrenzt bleiben. Bei Großanlagen über 100 m^2 sind typische Druckverluste von 0.7×10^5 Pa im Kollektorfeld und 0.9×10^5 Pa im Solarkreis zu erwarten.

Der Wirkungsgrad η von kleinen Solarpumpen unter 100 W elektrische Leistung liegt bei etwa 2-7 % und steigt bei Trockenläufern größerer Leistung auf 70-80 %.

Die elektrische Jahresarbeitszahl als Verhältnis des solaren Nutzertrags zur jährlichen elektrischen Hilfsenergie liegt bei kleinen Solaranlagen typisch bei 20, bei größeren Anlagen mit hocheffizienten Pumpen bis 50 (Wesselak und Schabbach, 2009).

Beispiel 2:

Abschätzung des förderbaren Volumenstroms bei einer Kleinanlage von 10 m^2 mit einer Heizungspumpe von maximal 80 W und Bestimmung der Pumpenleistung einer Großanlage mit 100 m^2 Kollektorfläche und einer spezifischen Durchströmung von 30 kg/m^2 h.

Bei einem Pumpenwirkungsgrad von 7 % kann bei einer typischen Druckerhöhung von 5 x10^4 Pa und einer elektrischen Leistungsaufnahme von 80 W ein Volumenstrom von

$$\dot{V} = \frac{\eta P_{el}}{\Delta p} = \frac{0.07 \times 80 \text{ W}}{5 \times 10^4 \text{ Pa}} = 1.1 \times 10^{-4} \frac{\text{m}^3}{\text{s}} = 0.4 \frac{\text{m}^3}{\text{h}}$$

gefördert werden. Bei einer 10 m^2 großen Anlage sind das etwa 40 l/m^2 h, was einem typischen Durchfluss einer Standardanlage entspricht.

Für die Großanlage ergibt sich die elektrische Leistungsaufnahme bei einem angenommen Pumpenwirkungsgrad von 40 % zu

$$P_{el} = \frac{\dot{V} \Delta p}{\eta} = \frac{\dfrac{3 \text{ m}^3}{3600 s} \times 1.6 \times 10^5 \text{ Pa}}{0.4} = 333.3 \text{ W}$$

Regelung

Die üblichen Temperaturdifferenzregelungen für Brauchwasseranlagen steuern über einen Relayschalter die Solarkreispumpe als Funktion der Temperaturdifferenz zwischen Kollektorausgang und Speicher in Höhe des Wärmetauschers. Die Temperaturdifferenzregelung ist üblich mit einer Hysterese versehen, um ein Takten der Pumpe bei beginnender Durchströmung und Temperaturabsenkung beim Einschalten zu vermeiden (Einschalttemperaturdifferenz etwa 5 K, Ausschalttemperaturdifferenz 2-3 K).

3.1.2.3 Wärmespeicherung

Für die Trinkwassererwärmung im Einfamilienhaus ist ein Speichervolumen von 200 bis 500 Litern ausreichend. Die Speicherkosten liegen bei etwa 3000 Euro pro m^3.

Große Solaranlagen mit geringen Deckungsanteilen werden mit Kurzzeitspeichern (Tagesspeicher) gebaut. Kostengünstige Standard-Stahlspeicher mit maximal 5 m^3 Volumen können in Serie bis zu 3 Einheiten geschaltet werden. Die Speicherkosten liegen bei 700 bis 1500 Euro pro m^3. Bei Anlagen mit Mehrtagesspeichern können Stahlpufferspeicher bis zu 200 m^3 Volumen verwendet werden.

Die Energiedichten von Wasserspeichern liegen bei etwa 60 kWh/m^3, abhängig vom nutzbaren Temperaturniveau. Latentwärmespeicher auf Basis von Salzhydraten oder Paraffinen weisen etwa doppelt so hohe Speicherdichten auf. Thermochemische Speicher basieren auf Adsorptionsprozessen an Silikagelen oder Zeolithen mit 2-3-facher Speicherdichte oder chemischen Reaktion bis zu 10-facher Speicherdichte von Wasserspeichern. Bei der Dehydratisierung von Salzhydraten im Temperaturbereich von 100–150°C werden Speicherdichten von 630 kWh/m^3 erzielt. Erste Prototypen sind mittlerweile im Labortest.

Kurzzeitspeicher für solarthermische Anlagen zur Trinkwassererwärmung und Heizungsunterstützung sind vorwiegend Stahl-Druckspeicher mit Druckniveaus zwischen 2-6×10^5 Pa, die bei direkter Trinkwasserspeicherung entweder innenseitig emailliert oder aus Edelstahl gefertigt sind. Das gespeicherte Trink- bzw. Heizungswasser hat eine Wärmekapazität von 4190 J/kgK = 1.16 Wh/kgK, sodass bei einer nutzbaren Temperaturdifferenz von beispielsweise 40°C eine Energiemenge von

$$Q_{Sp} = mc_p\Delta T = 1\,\text{kg} \cdot 1.16\ \text{Wh} / \text{kgK} \cdot 40\ \text{K} = 46.4\ \text{Wh} \qquad (3.8)$$

pro Liter Speichervolumen gespeichert werden kann. Ist ein Heizungspufferspeicher auf 80°C aufgeladen und kann eine Niedertemperaturheizung Vorlauftemperaturen von 40°C noch nutzen, können mit einem 1000-l-Speicher 46 kWh nutzbare Energie gespeichert werden. In einem Niedrigenergiehaus mit 5 kW Heizleistungsbedarf können etwa 10 h Heizenergiebedarf gedeckt werden – ein echter Kurzzeitspeicher!

Brauchwasserspeicher für Solaranlagen sind im Gegensatz zu konventionellen Speichern mit zwei Wärmetauschern ausgestattet, von denen einer im unteren, kühlen Speicherbereich liegen muss, um auch geringe Temperaturerhöhungen durch den Kollektor zu nutzen. Der zweite interne Wärmetauscher wird für die Nachheizung im oberen Drittel des Speichers (Bereitschaftsteil) genutzt. Durch die solare Wärmeübertragung lediglich im unteren Speicherbereich und die anschließende freie Konvektion der erwärmten Flüssigkeit innerhalb des Brauchwasserspeichers entsteht eine hohe Systemträgheit, sodass nutzbare Temperaturen > 40°C erst nach etwa 4 Stunden Einstrahlung erreicht werden. Durch die feste Anordnung des Nachheizwärmetauschers wird stets ein konstantes Speichervolumen auf hohen Temperaturen gehalten.

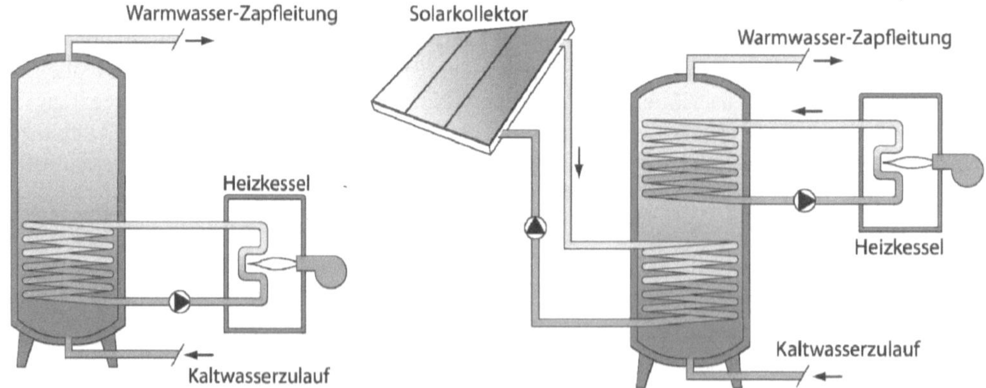

Bild 3-10: Konventioneller Brauchwasserspeicher mit einem Wärmetauscher und Solarspeicher mit zwei Wärmetauschern.

Dies führt insbesondere bei geringen Zapfraten zu unnötigen Wärmeverlusten. Untersuchungen in Dänemark mit variablen Bereitschaftsvolumina haben gezeigt, dass je nach Zapfprofil 5-35 % mehr Solarertrag mit intelligenter Speicherbeladung erzielt werden kann (Furbo et al, 2005).

Zur Reduzierung der Systemträgheit kann die solar erzeugte Wärme auch direkt in den oberen Speicherbereich geführt werden. Dieses ist beispielsweise über ein im Speicher liegendes Steigrohr möglich. Der warme Kollektorvorlauf wird durch das Steigrohr von oben nach unten durch den Speicher geführt, wobei das Speicherwasser sich zunächst im Steigrohr erwärmt und in den oberen Speicherbereich mit dem Warmwasserwärmetauscher steigt. Das am Wärmetauscher abgekühlte Speicherwasser sinkt in einem zweiten Leitrohr in den unteren Speicherbereich zurück. Das Brauchwasser wird über einen innenliegenden Wärmetauscher im Durchfluss im oberen Speicherbereich erwärmt.

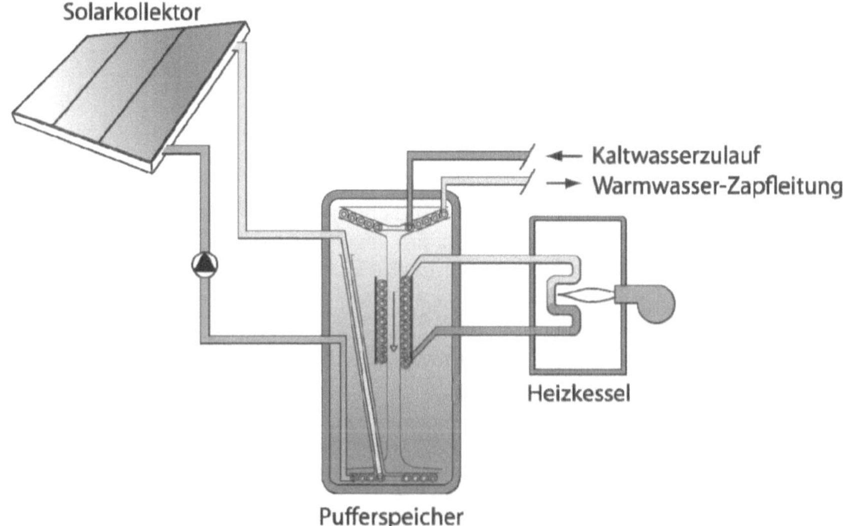

Bild 3-11: Brauchwasserspeicher mit Steigrohr für die schnelle Einbringung von Solarwärme in den oberen Speicherbereich.

Alternativ kann über eine externe Umschaltung mit Dreiwegeventilen der warme Kollektorvorlauf bei hohen Temperaturen direkt auf den oberen Speicherbereich geschaltet werden. Bei niedrigen Kollektortemperaturen wird die Solarwärme in den kälteren unteren Speicherbereich eingebracht. Neben der Trinkwassererwärmung ermöglichen solche heizwassergefüllten Pufferspeicher eine einfache Heizungsunterstützung, da aus dem mittleren Speicherbereich direkt Wärme für die Raumheizung abgezogen werden kann. Die hydraulische Anbindung des Pufferspeichers an das konventionelle Heizsystem muss jedoch für die Erhaltung der Temperaturschichtung und Rückwirkungen auf das Brennwertverhalten sorgfältig geplant werden.

Für die Trinkwassererwärmung in Kombination mit Pufferspeichern sind verschiedene Konzepte marktverfügbar: Ein Tank in Tank System enthält im Heizungspufferspeicher einen Trinkwassergeeigneten Edelstahleinsatz – als Rohrwendel oder als Tank ausgeführt.

Bild 3-12:
Kombispeicher mit Solar- und Nachheizwärme-
tauschern sowie beripptem Edelstahlwärmetau-
scher für die Brauchwassererwärmung (Foto:
Eric Duminil).

Eine Frischwasserstation dagegen erwärmt das Trinkwasser über einen externen Wärmetauscher im Durchfluss.

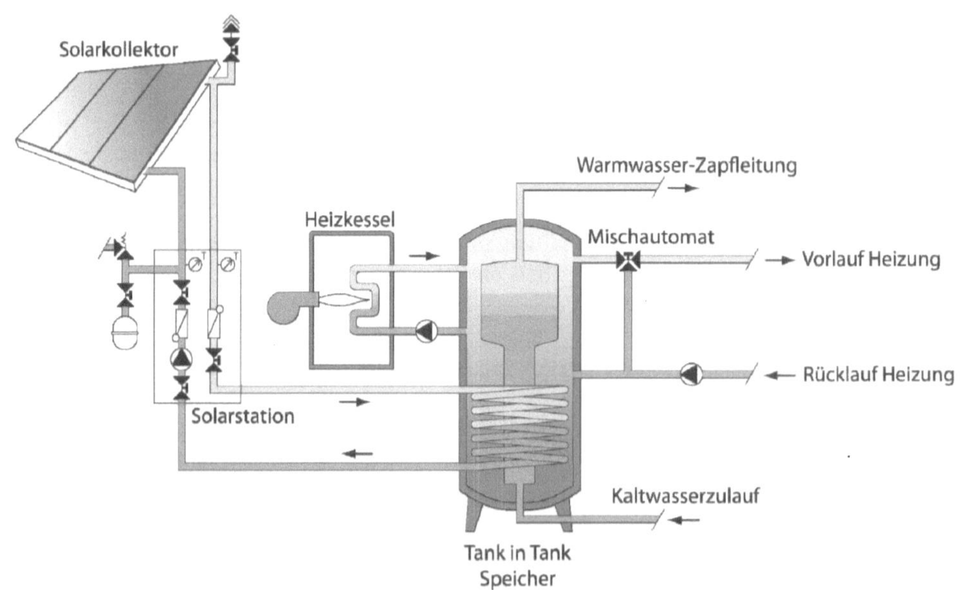

Bild 3-13: Kombinierter Brauchwasser- und Heizungsspeicher als Tank-in-Tank System.

Wärmeverluste von Speichern

Die Wärmeverluste eines Speichers setzen sich aus den Wärmedurchgangsverlusten der Wärmedämmung sowie den konvektiven Verlusten durch Fluidzirkulation über Anschlüsse und Armaturen zusammen.

Das Produkt aus dem effektivem Wärmedurchgangskoeffizient U_{eff} und Hüllfläche A des Speichers ($U_{\text{eff}}A$) lässt sich aus einer einfachen Energiebilanz bestimmen und messtechnisch erfassen: Nach homogener Aufheizung des Speichers nimmt die Temperatur des Speichers ohne Warmwasserentnahme alleine durch Wärmeverluste der Hülle gegen Umgebungsluft T_0 sowie durch freie Konvektion in den Anschlüssen ab.

$$mc\frac{dT_{\text{Sp}}}{dt} = -\left(U_{\text{eff}}A\right)\left(T_{\text{Sp}}(t) - T_0\right) \tag{3.9}$$

Als Randbedingung zum Zeitpunkt t=0 ist die Speichertemperatur nach einem Aufheizvorgang vorgegeben: $T_{\text{Sp}}\big|_{t=0} = T_{\text{Sp,0}}$.

Aus dem exponentiellen Abfall der Speichertemperatur lässt sich der effektive Wärmeverlust des Speichers in W/K bestimmen.

$$T_{\text{Sp}}(t) = \left(T_{\text{Sp,0}} - T_0\right)\exp\left(-\frac{\left(U_{\text{eff}}A\right)}{mc}t\right) + T_0 \tag{3.10}$$

Beispiel 3:

Bestimmung der effektiven Wärmeverluste eines 750 l Heizungspufferspeichers aus gemessenen Speichertemperaturwerten einer Nacht ohne Entnahme. Die Heizraumtemperatur ist konstant und beträgt 13°C.

Die Messwerte werden als Temperaturverhältnis von zeitabhängiger Speichertemperatur minus Umgebungstemperatur zur Anfangstemperaturdifferenz zwischen Speicher und Umgebung gegen die Zeit, hier in Minuten, aufgetragen. Die exponentielle Regression des Temperaturverhältnisses über der Zeit ergibt die Funktion:

$$\frac{T_{\text{Sp}}(t) - T_0}{T_{\text{Sp,0}} - T_0} = \exp\left(-\frac{\left(U_{\text{eff}}A\right)}{mc}t\right) = \exp\left(-0.0001 \times t\right)$$

Für einen Speicherinhalt m = 750 kg und eine Wärmekapazität des Heizwassers von 1.16 Wh×60 min/h = 69.9 Wmin ergibt sich aus dem Exponentialkoeffizienten von 10^{-4} min^{-1} ein effektiver Wärmeverlust von

$$U_{\text{eff}}A = 10^{-4} \times mc = 5.22\ W\,/\,K$$

Typische Werte für einen 400 l Brauchwasserspeicher liegen je nach Dämmstandard und Art der Anschlussleitungsführung zwischen 1.7 und 3 W/K, für einen 1000 l Speicher zwischen 3.7 und 5.5 W/K. Wesentlich höhere Verlustkoeffizienten deuten auf fehlende Rückschlagklappen und starke Konvektion des Speicherwassers durch die Anschlussleitungen hin. Der effektive Wärmeverlust des Heizungspufferspeichers aus dem Beispiel liegt somit eher im oberen Bereich der Verlustwerte.

Zeit [min]	Speichertemperatur [°C]
0	49.20
30	49.15
60	49.00
90	48.85
120	48.75
150	48.60
180	48.50
210	48.40
240	48.25
270	48.15
300	48.05
330	47.95
360	47.80
390	47.70
420	47.55
450	47.45
480	47.30
510	47.20
540	47.10
570	46.95

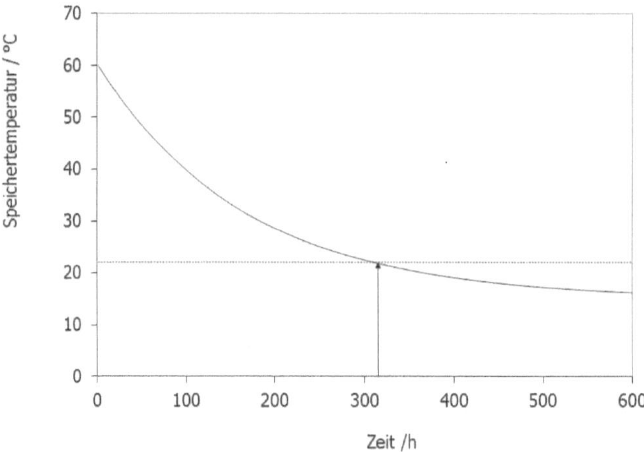

Bild 3-14:
Exponentieller Abfall der Speichertemperatur. Nach 308 h, d. h. knapp 13 Tagen ist die Temperatur auf 1/e des Anfangswertes abgefallen.

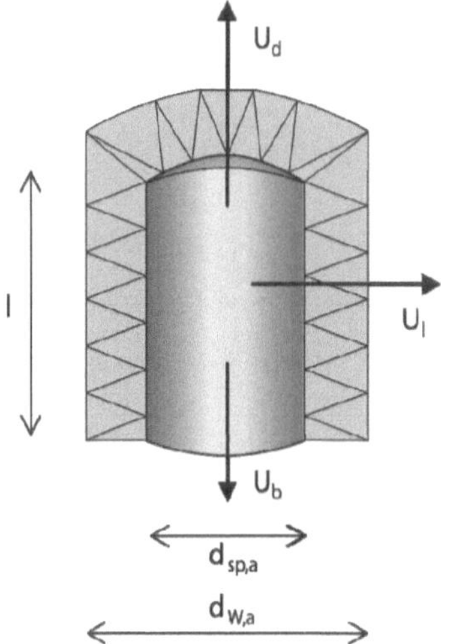

Bild 3-15:
Abmessungen und Wärmedurchgangskoeffizienten eines Solarspeichers.

Solarspeicher sind oft Zylindergeometrien mit flachen Kugelkappen als Deckel und Boden. Zur Vereinfachung können die Kugelkappen bei kleinen Kurzzeitspeichern durch plane Flächen angenähert werden. Die U-Werte von Speicherdeckel U_d und -boden U_b berechnet sich aus der Schichtdicke s_W und Wärmeleitfähigkeit λ_W der Wärmedämmung (sofern vorhanden) sowie dem Wärmeübergangswiderstand zwischen Wärmedämmung und Raumluft $1/h_i$ (Normwert 0.13 m^2 K/W).

$$U_d = \left(\frac{s_W}{\lambda_W} + \frac{1}{h_i} \right)^{-1} \qquad U_b = \left(\frac{1}{h_i} \right)^{-1} \qquad (3.11)$$

Der längenbezogene U_l-Wert des stehenden Zylinders ergibt sich aus der Lösung der stationären Wärmeleitungsgleichung in Zylinderkoordinaten und hängt von den Außendurchmessern von Speicher und Wärmedämmung ($d_{sp,a}$ und $d_{w,a}$) ab. Der Wärmeübergangswiderstand zwischen Fluid und Speicherwand kann für die U_l-Wert Berechnung vernachlässigt werden.

$$U_1 = \frac{\pi}{\frac{1}{2\lambda_W}\ln\frac{d_{W,a}}{d_{Sp,a}} + \frac{1}{h_i d_{W,a}}} \tag{3.12}$$

Der gesamte Wärmeverlust des Speichers pro Kelvin Temperaturdifferenz zur Umgebungsluft ergibt sich somit zu:

$$UA = U_1 l + U_d A_d + U_b A_b \tag{3.13}$$

Beispiel 4:

Berechnung der Wärmeverluste der Hüllfläche des obigen 750 l Speichers mit folgender Geometrie:

Speicherhöhe l: 2.03 m

Speicherdurchmesser $d_{Sp,a}$: 0.69 m

120 mm PU-Weichschaumdämmung, λ_w: 0.04 W/mK

Wärmeübergangskoeffizient innen h_i: 8 W/m^2 K

Die Unterseite des Speichers ist ungedämmt.

Aus den obigen Werten ergibt sich $d_{W,a}$ = 0.93 m, somit ein längenbezogener U_1-Wert von 0.81 W/mK und über die Speicherhöhe ein Wärmeverlust $U_1\,l$ von 1.65 W/K.

Dazu kommen die Wärmeverluste des Bodens und Deckels mit einer Fläche von jeweils 0.37 m^2. Der Wärmedurchgangskoeffizient des gedämmten Deckels beträgt

$$U_d = \frac{1}{s_W/\lambda_W + 1/h_i} = 0.32\,\frac{W}{m^2 K} \quad \text{und des ungedämmten Bodens } U_b = \frac{1}{1/h_i} = 8\,\frac{W}{m^2 K}.$$

Daraus ergibt sich für den gesamten Wärmeverlust der Hüllfläche:

$$UA = U_1 l + U_d A_d + U_b A_b = 1.65\,\text{W/K} + 0.12\,\text{W/K} + 2.96\,\text{W/K} = 4.73\,\text{W/K}$$

Obwohl der Boden nur 7 % der Gesamthüllfläche von 5.14 m^2 ausmacht, dominiert dessen Wärmeverlustkoeffizient. Bei guter Temperaturschichtung des Speichers ist jedoch die Temperatur an der Speicherunterseite mit typisch 20°C deutlich niedriger als im Deckelbereich von etwa 60°C, sodass der Gesamtwärmeverlust $\dot{Q}_V$ bei einer mittleren Speichertemperatur von 40°C sich etwa folgendermaßen verteilt:

$$\dot{Q}_V = \underbrace{1.65\,\text{W/K} \cdot (40-15)\,K}_{41.25W} + \underbrace{0.12\,\text{W/K} \cdot (60-15)\,K}_{5.4} + \underbrace{2.96\,\text{W/K} \cdot (20-15)\,K}_{14.8}$$

$$= 61.45W$$

3.1.2.4 Rohrleitungs- und Zirkulationsverluste

Rohrleitungswärmeverluste entstehen in Form von Aufheizverlusten durch den temporären Betrieb von Kollektor und Warmwasserentnahme sowie durch ständige Leistungsverluste in Zirkulationsleitungen. Die Aufheizverluste Q_a lassen sich einfach bei gegebener Temperaturdifferenz zur Umgebung über die Masse und Wärmekapazität der Rohrleitung (m_l, c_l) sowie des Wärmeträgermediums (m_f, c_f) berechnen:

$$Q_a = (m_l c_l + m_f c_f)(T - T_o) \tag{3.14}$$

Die Leistungsverluste einer Zirkulationsleitung werden über den längenbezogenen U_1-Wert [W/(mK)] der gedämmten Rohrleitung berechnet:

$$Q_z = U_1 l (T - T_0) t_z \tag{3.15}$$

wobei t_z die Betriebsstunden der Zirkulationspumpe und l die Länge der Zirkulationsleitung angibt.

Beispiel 4:

Berechnung der Aufheizverluste einer mit Frostschutzmittel gefüllten DN15 Kollektorleitung von 10°C auf 50°C.

Wärmekapazität Kupfer c_1:	0.39 kJ/kgK
Dichte Kupfer ρ_1:	8867 kg/m^3
Wärmekapazität Fluid c_f:	3.5 kJ/kgK
Dichte Fluid ρ_f:	1060 kg/m^3
Leitungslänge l:	30 m
Außendurchmesser d_{la}:	0.015 m
Innendurchmesser d_{li}:	0.013 m

$$m_1 = \rho_1 V_1 = \rho \frac{\pi \left(d_{la}^2 - d_{li}^2 \right)}{4} l = 11.7 \text{ kg} \qquad m_f = \rho_f V_f = \rho \frac{\pi d_{li}^2}{4} l = 4.22 \text{ kg}$$

$$Q_a = (m_1 c_1 + m_f c_f)(T - T_0) = \left(4.56 \frac{\text{kJ}}{\text{K}} + 14.77 \frac{\text{kJ}}{\text{K}} \right)(40 \text{ K}) = 773.2 \text{ kJ} = 215 \text{ Wh}$$

Beispiel 5:

Berechnung der Zirkulationsverluste einer 30 m langen und 50°C warmen DN15 Leitung gegen Raumluft mit 20°C, die mit 30 mm gedämmt ist ($\lambda = 0.04$ W/(mK)) bei täglich 10 stündiger Betriebsdauer.

$$U_1 = \frac{\pi}{\dfrac{1}{2\lambda} \ln \dfrac{d_{W,a}}{d_{la}} + \dfrac{1}{h_i d_{Wa}}} = \frac{\pi}{\dfrac{1}{2 \times 0.04} \ln \dfrac{0.075}{0.015} + \dfrac{1}{8 \times 0.075}} = 0.144 \frac{\text{W}}{\text{mK}}$$

$$Q_z = U_1 l (T - T_0) t_z = 0.144 \frac{\text{W}}{\text{mK}} \cdot 30 \text{ m} \cdot 30 \text{ K} \cdot 10 \text{ h} = 1298 \text{ Wh}$$

3.1.2.5 Wärmedämmung der Rohrleitungen

Die Wärmedämmung der Anschlussleitungen muss auch im Anlagenstillstand temperaturbeständig sein. Dies schließt thermoplastische Dämmstoffe aus Polyethylen (PE) mit Schmelztemperaturen um 100°C aus. Bei Synthese-Kautschuk hängt die Temperaturbeständigkeit von der genauen Materialzusammensetzung ab: Nitril-Kautschuk (z. B. SH/Armaflex) verhärtet bei Temperaturen oberhalb von etwa +105°C. Dämmstoffe auf Basis eines EPDM- oder Acrylat-Kautschuks können dagegen auch bei deutlich höheren Temperaturen eingesetzt werden. So sind Dämmstoffe wie HT/Armaflex oder Aeroflex SSH für Temperaturen bis zu + 150°C Dauerbelastung geeignet und lassen kurzzeitige Temperaturbelastungen bis + 175°C zu.

Dämmstoffe für Solarleitungen müssen zudem witterungsbeständig sein und gegen Vogelfraß geschützt werden. Bei ummantelten offenzelligen Dämmstoffen wie Mineralwolle besteht im Außenbereich Durchfeuchtungsgefahr. Bereits bei 10 % Durchfeuchtung steigt die Wärmeleitfähigkeit einer Mineralfaserdämmung um das 2,5 fache. Synthetische Kautschuk Dämmstoffe haben dagegen eine geschlossenzellige Struktur und sind nicht hygroskopisch, sodass die Dämmwirkung dauerhaft gesichert ist.

Neben der klassischen separat verlegten Kombination Rohr, Wärmedämmung und Elektrokabel sind vorgefertigte Rohrleitungseinheiten als sogenannte Twin Tubes verfügbar. Diese kombinieren Kupferrohr bzw. Wellschlauch aus Edelstahl mit Wärmedämmung und Elektrokabel für den Solarkreisfühler in einem System.

Tabelle 3-3: Richtwerte für Dämmstärken für Solarleitungen

Rohrinnendurchmesser	Twin Tube (Doppelrohr)	Aeroflex SSH	Armaflex HT	Mineralwolle
in mm	Dämmdicke in mm	Dämmdicke in mm	Dämmdicke in mm	Dämmdicke in mm
15	15	–	24	35
18	15	26	24	35
22	–	26	28	40
28	–	38	36	50
35	–	38	36	50
42	–	51	36	60

3.1.2.6 Wärmeausdehnung

Durch die hohen Temperaturdifferenzen in einer thermischen Solaranlage muss die Wärmeausdehnung der Materialien bei der Verrohrung berücksichtigt werden. Der Wärmeausdehnungskoeffizient α gibt dabei die relative Längenänderung des Materials mit der Temperatur an.

$$\alpha = \frac{1}{L}\frac{dL}{dT} \tag{3.16}$$

Wird α als temperaturunabhängig angenommen, ergibt sich die Längenänderung zu:

$$L = L_0 \exp(\alpha\, \Delta T) \tag{3.17}$$

Bei einem Wärmeausdehnungskoeffizienten von Kupfer von 16.5×10^{-6} pro Kelvin dehnt sich eine 10 m lange Leitung bei 50°C Erwärmung bereits um 8.2 mm. Muss diese Dehnung vom Rohr aufgenommen werden, können Spannungen und Risse entstehen. Dehnungsbögen in Form einer Rohrschleife können diese Längenänderungen aufnehmen, werden jedoch oft aus Platzgründen nicht eingebaut. Dehnungskompensatoren können zum Beispiel als Wellrohr Balg oder mit zwei ineinander verschobenen Rohrstutzen ausgeführt werden. Wichtig ist die Setzung von Fest- und Gleitpunkten in der Nähe der Kompensatorenden.

3.1.3 Systemtechnik Heizungsunterstützung

Heizungsunterstützende solarthermische Anlagen dominieren mittlerweile den Markt. Zwischen den monatlichen solaren Einstrahlungs- bzw. Kollektorertragsmaxima und dem Heizwärmebedarf von Gebäuden besteht eine etwa halbjährige Phasenverschiebung. Sensible Wärmespeicher haben jedoch nur eine geringe Wärmespeicherkapazität von wenigen Tagen.

Dies hat zur Folge, dass dezentrale heizungsunterstützende Anlagen für nicht mehr als 15-30 % Deckungsgrad des Heizwärmebedarfs ausgelegt werden sollten, da sonst sommerliche Überhitzung, längerer Anlagenstillstand und sinkende flächenspezifische Kollektorerträge unvermeidlich sind. Kollektorflächen zwischen 10–20 m^2 pro Wohneinheit können jedoch neben der ganzjährigem Trinkwassererwärmung ohne nennenswerte Ertragsreduzierung für die Heizungsunterstützung eingesetzt werden.

Am Beispiel eines 2005 errichteten Stuttgarter Mehrfamilienhauses mit 1600 m^2 Grundfläche wird die Notwendigkeit der Energiespeicherung für hohe solare Deckungsgrade deutlich. Wird die Solaranlage von 60 m^2 für Trinkwassererwärmung (entspricht 1.5 m^2/Person) auf 150 m^2 zur Heizungsunterstützung vergrößert (bei Speichervolumen von 3.6 und 9 m^3), entstehen in den Sommermonaten hohe Solarerträge, die nur teilweise genutzt werden können (siehe Bild 3-16).

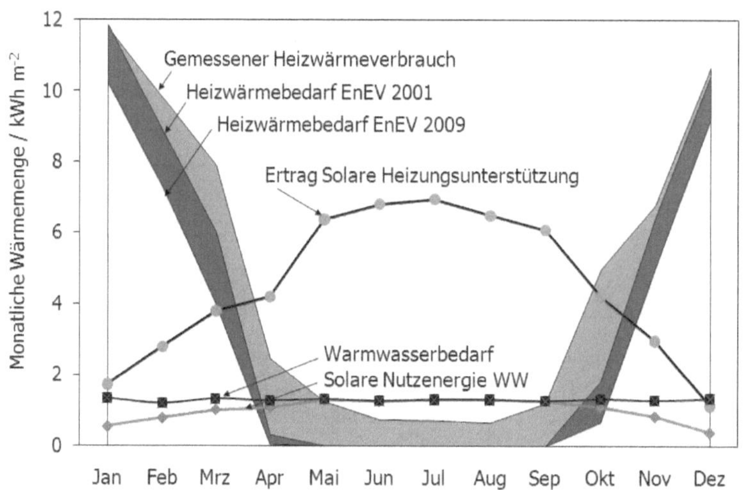

Bild 3-16: Heizwärme und Warmwasserbedarf eines Mehrfamilienhauses zusammen mit solarer Nutzenergie für Warmwasser und des möglichen Ertrags einer heizungsunterstützenden Anlage. Neben den Messwerten des Heizwärmeverbrauchs sind die Angaben der EnEV 2001 dargestellt sowie die heute gültigen niedrigen Bedarfswerte nach EnEV 2009.

Als Anlagenkonzepte werden kostengünstige Kombispeicher (Bild 3-11) oder Frischwasserstationen, immer seltener Zwei-Speicherkonzepte, eingesetzt.

Wichtig für einen hohen Solarertrag ist die Temperaturschichtung des Speichers, da lange Laufzeiten der Kollektorkreispumpe nur bei geringen Temperaturniveaus im unteren Speicherbereich möglich sind. Eine geschichtete Einspeicherung der Solarwärme ist durch innenliegende Steigrohre mit Membranklappen möglich, die einen Austritt erwärmten Fluids geringer Dichte erst in einer Höhe ermöglichen, an der das umgebende Speicherfluid ebenfalls eine geringe Dichte und damit hohe Temperatur aufweist.

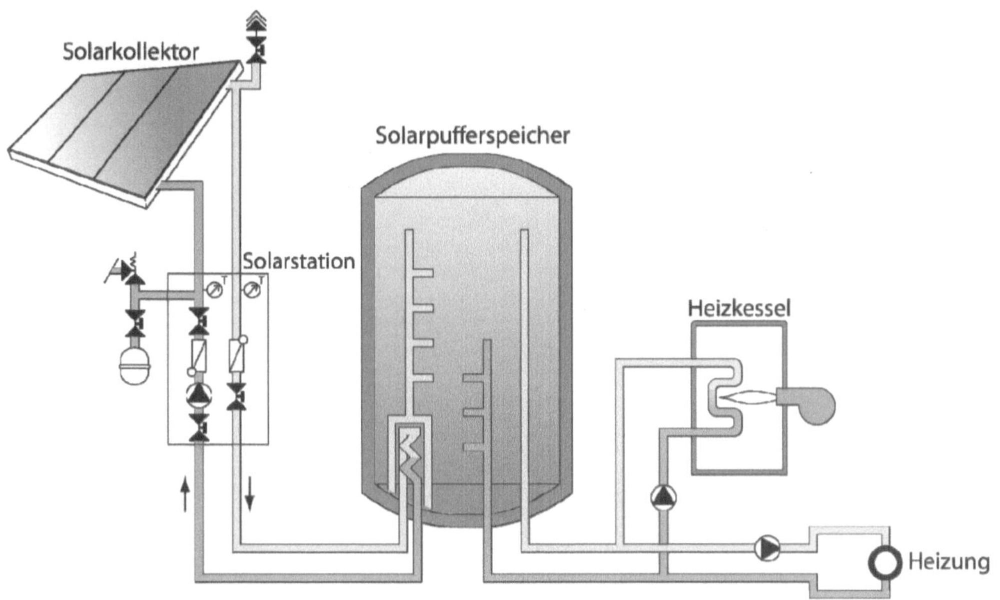

Bild 3-17: Interne Schichtladung eines Heizungspufferspeichers.

Die Schichtung erfolgt über ein Steigrohr mit Membranklappen, welches über einen innenliegenden Wärmetauscher mit dem Solarvorlauf beheizt wird. Die Heizkreiswärme wird aus dem oberen Speicherbereich abgezogen (Heizungsvorlauf) und in Abhängigkeit von der Heizungsrücklauftemperatur geschichtet wieder eingespeichert. Alternativ kann die Einspeisung extern über Dreiwegeventile temperaturabhängig gesteuert werden. Für die Temperaturschichtung ist neben der Einspeicherung der Solarwärme vor allem die mit hohen Massenströmen verbundene Heizwärmeentnahme entscheidend. Der Heizungsvorlauf wird an den oberen Speicherbereich angeschlossen, der kältere Heizungsrücklauf sollte möglichst über eine Schichtladeeinrichtung in den Speicher zurückgeführt werden, damit bei kleinen Temperaturspreizungen der Raumheizung und relativ hohen Rücklauftemperaturen nicht direkt in den unteren Speicherbereich eingespeist wird. Durch die hohen Heizwassermassenströme wird der untere Speicherbereich ohne Schichtlader sehr schnell auf Heizungsrücklauftemperatur, d. h. mindestens 30°C, oft aber 40-70°C angehoben.

Eine Rücklauftemperaturanhebung durch den Speicher ist nicht empfehlenswert, wenn ein Brennwertgerät verwendet wird, dessen Kondensationspotenzial wesentlich von niedrigen, Taupunkt unterschreitenden Rücklauftemperaturen abhängt.

Die Trinkwassererwärmung durch innenliegende Wärmetauscher ist unproblematisch, solange die Wärmetauscher von unten nach oben den kompletten Speicher durchziehen. Eingesetzte kleine Trinkwasserspeicher lediglich im oberen Bereitschaftsteil können die Temperaturschichtung zerstören, wenn nicht durch spezielle Abströmrohre im Speicher für eine gerichtete Strömung des abgekühlten Speicherwassers in den unteren Bereich gesorgt wird. Um das Verkeimungsrisiko des Trinkwassers bei langen Standzeiten im Speicher zu verringern, wird das Trinkwasser in Frischwasserstationen nur bei Zapfung erwärmt. Hier werden externe Plattenwärmetauscher mit so hoher Übertragungsleistung eingesetzt, dass Kaltwasser im Durchlauf auf die Solltemperatur erwärmt werden kann. Um eine möglichst gleichmäßige Warmwasseraustrittstemperatur zu erreichen, wird die Heizwasserumwälzpumpe als Funktion der Warmwasser-Durchflussmenge drehzahlgeregelt. Zusätzlich sorgt ein Mischventil für eine gleichmäßige Austrittstemperatur und obere Temperaturbegrenzung (Bild 3-18).

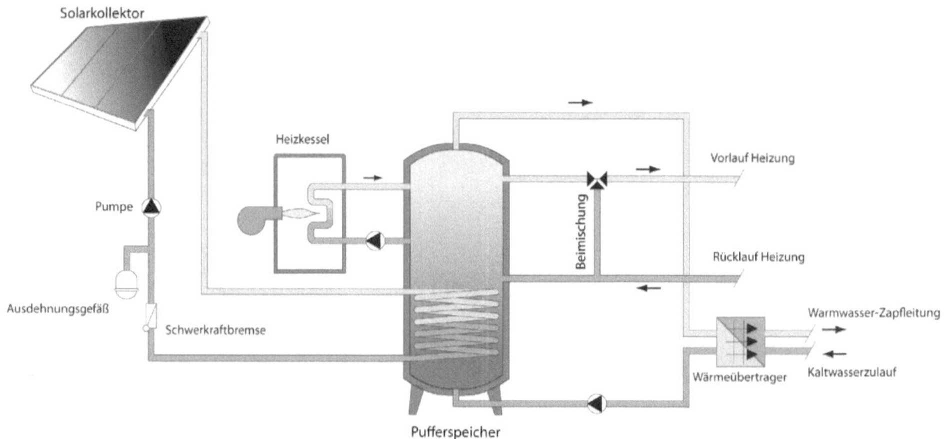

Bild 3-18: Solaranlage zur Heizungsunterstützung mit Frischwasserstation

Eine theoretische Untersuchung des Solarertrags von 5 Speicherkonzepten für die Heizungsunterstützung eines Niedrigenergiehauses mit 15 m^2 Kollektorfläche und 1050 Litern Speichervolumen zeigte, dass nur das Konzept eines eingesetzten Brauchwasserspeichers im oberen Speicherbereich zu einem deutlichen Ertragsabfall von 13 % gegenüber dem besten System führte (Pauschinger, 1997). Alle anderen Konzepte – ein Zwei-Speichersystem, eine Anlage mit externer Durchflusserhitzung des Brauchwassers, eine Anlage mit einem von unten bis oben reichenden eingesetzten Brauchwasserspeicher sowie ein Schichtladespeicher mit externer Trinkwassererwärmung – produzieren um weniger als 3 % voneinander abweichende Erträge von etwa 300 kWh/m^2 a.

Für die Nachheizung werden bei solarthermischen Anlagen entweder fossil oder Biomasse befeuerte Heizkessel oder elektrische Wärmepumpen eingesetzt. Bei der Kombination mit Wärmepumpen sind verschiedene Systemkonfigurationen möglich: Entweder heizen Solaranlage und Wärmepumpe auf denselben Speicher (Trinkwasser oder Pufferspeicher) oder die thermische Energie der Solaranlage wird als Quelle für den Verdampfer der Wärmepumpe genutzt. Dadurch sind beträchtliche Steigerungen der Jahresarbeitszahl einer Wärmepumpe möglich. Zum einen reduziert die thermische Solaranlage die Laufzeit der Wärmepumpe für die Trinkwassererwärmung, die aufgrund der hohen Temperaturen energetisch ungünstig ist. Zum anderen steigt durch die Solarwärme die Quellentemperatur der Wärmepumpe mit entsprechender Leistungszahlsteigerung. Da nach dem erneuerbaren Wärmegesetz (EEWärmeG) die Jahresarbeitszahl von Luft/Wasserwärmepumpen im Neubau bei mindestens 3.5, im Bestand bei 3.3 liegen muss, bei Sole/Wasser WP bei 4.0 bzw. 3.8, kann die thermische Solaranlage zum Erreichen der anspruchsvollen Zielwerte beitragen.

Bei einer solarthermischen Anlage mit 15 m^2 Kollektorfläche steigt die Jahresarbeitszahl einer Wärmepumpe bei Trinkwassererwärmung und thermischer Unterstützung der Wärmepumpenverdampfung um 5 %. Wird der thermische Ertrag der Solaranlage dem Wärmepumpensystem komplett zugeschlagen, ergibt sich eine Jahresarbeitszahlsteigerung von etwa 35 %. Die Systemgrenze für die Ermittlung der Jahresarbeitszahl einer Wärmepumpe berücksichtigt jedoch nach VDI 4650-2009 den Solarertrag nicht (Lang, 2009).

3.1.4 Große Solaranlagen zur Trinkwassererwärmung

Während der Hauptmarkt für solarthermische Anlagen weiterhin der Ein- und Zweifamilienhausbereich ist, bieten erst große Solaranlagen ein deutliches Kostenreduktionspotenzial. Solare Großanlagen für die Warmwasserbereitung mit Kurzzeitspeichern werden dabei typisch für 10-20 % solaren Deckungsanteil ausgelegt, um auch bei sommerlichen Schwachlastzeiten den Stillstand zu vermeiden. Bei gleichzeitiger zentraler Raumwärmeversorgung können Vier-Leiter-Netze verwendet werden, um die unterschiedlichen Temperaturbereiche für die Warmwassererwärmung und Raumheizung besser regeln zu können. Zur Kosten- und Wärmeverlustreduzierung haben sich jedoch Zwei-Leiter Netze vor allem im Geschosswohnungsbau als extrem effizient herausgestellt (Bild 3-19). Die Vorlauftemperaturen liegen dabei je nach Auslegung zwischen 55 und 65°C, die Rücklauftemperaturen können bei gutem hydraulischen Abgleich unter 35°C gehalten werden und sorgen für eine hohe Gesamteffizienz. Detaillierte Messungen an 10 solar unterstützten Wärmenetzen zeigten, dass bei solaren Gesamtdeckungsgraden von 12 bis 20 % Amortisationszeiten von 10 bis 25 Jahren erreicht wurden bei Anlagenlebensdauern von mindestens 25 Jahren (Fink et al, 2006).

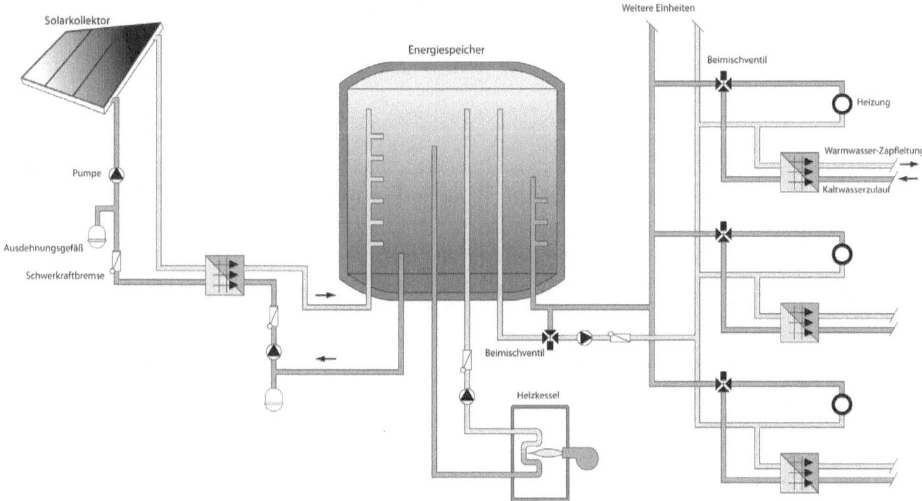

Bild 3-19: Systemschema für große Solaranlagen im Geschosswohnungsbau zur Heizungsunterstützung mit Frischwasserstation

Große zentrale Solaranlagen zur Trinkwassererwärmung mit Kollektorflächen größer 100 m^2 eignen sich besonders für Gebäude mit kontinuierlich hohem Warmwasserbedarf > 5 m^3/Tag wie Krankenhäuser, Pflege- und Altenwohnheime und große Wohnanlagen. Alle Großanlagen verfügen über zentrale Pufferspeicher mit Speicherinhalt > 5 m^3 und differieren vorwiegend im Konzept der Wärmeumladung auf das Brauchwasser.

Verbreitet sind Konzepte zur Vorwärmung des Brauchwassers im Durchlaufprinzip über einen externen Wärmetauscher mit konventioneller Nacherhitzung in einem Brauchwasserspeicher.

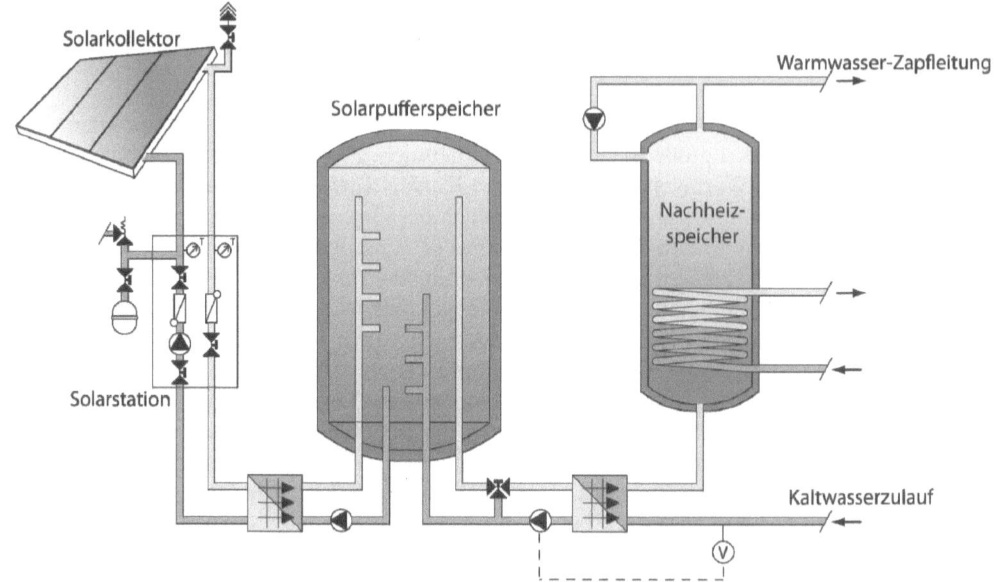

Bild 3-20: Brauchwasservorerwärmung über externe Wärmetauscher geregelt über den gemessenen Brauchwasserdurchfluss.

Da am verbrauchsseitigen Eintritt in den externen Wärmetauscher stets die Kaltwassertemperatur des Leitungsnetzes angeboten wird, ist die Rücklauftemperatur in den Pufferspeicher bei diesem Konzept niedrig und der Solaranlagenertrag bis zu 10 % höher als bei klassischen Ladespeicherkonzepten. Neben der speziellen Regelungsproblematik durch stark schwankende Zapfraten lassen sich bei dieser Variante die Zirkulationsverluste jedoch nicht über den Solarpuffer decken.

Das klassische Ladespeicherkonzept basiert auf der Umladung von Wärme aus dem Pufferspeicher in einen Brauchwasserspeicher, sobald das Temperaturniveau im Puffer oberhalb des Brauchwassertemperaturniveaus im Speicher liegt. Bei bereits bestehenden Anlagen können existierende Speicher als Nachheizspeicher verwendet werden und der zusätzliche Brauchwasserspeicher für die Solaranlage ist ein reiner Vorwärmspeicher. Nachteilig ist auch dann die fehlende Deckung der Zirkulationsverluste.

Wird ein großer Brauchwasserspeicher für Vorwärmung und Nachheizung verwendet, lassen sich auch die Zirkulationsverluste solar bereitstellen.

Der Vorwärmbereich ist entweder als separater Speicher ausgeführt oder als großer Standspeicher kombiniert mit dem Nachheizbereich. Um den Vorwärmbereich zur Vermeidung von Legionellenbildung durchheizen zu können, kann Wärme aus dem oberen Speicherbereich entnommen werden.

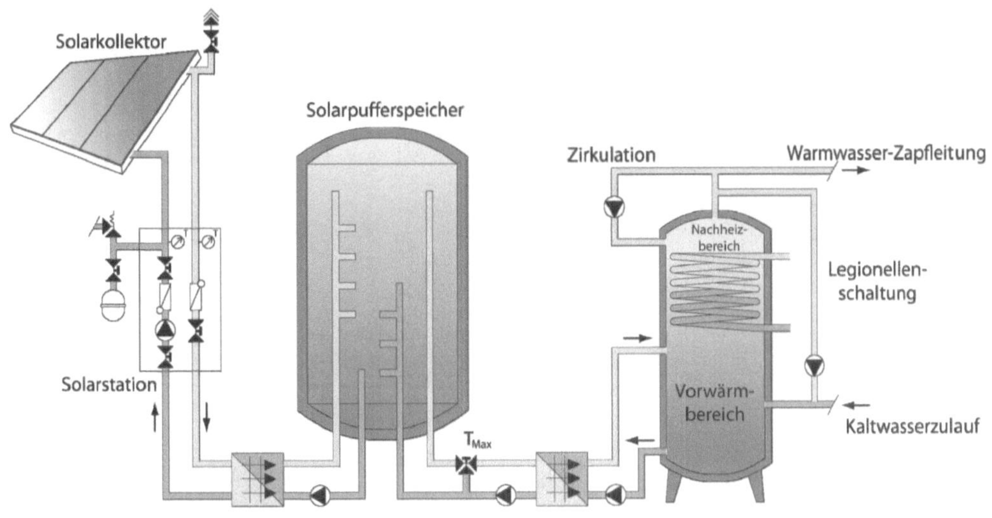

Bild 3-21: Umladung aus zentralem Pufferspeicher in Brauchwasserspeicher.

Beladeregelung

Die Beladeregelung des Pufferspeichers erfolgt entweder wie bei den Kleinanlagen über eine Temperaturdifferenzregelung zwischen Kollektor und unterem Speicherbereich oder häufig über eine kombinierte Einstrahlungs-/Temperaturdifferenzregelung. Da bei großen Solaranlagen die Wärmeübertragung an den Puffer über externe Wärmetauscher erfolgt und oft große Leitungslängen vorhanden sind, muss zusätzlich zur Kollektoraustrittstemperatur T_1 die Kollektorkreistemperatur am Wärmetauschereintritt T_2 erfasst werden, die letztlich für die Wärmeübertragung an den Puffer relevant ist.

Für das Einschalten der Kollektorkreispumpe wird entweder ein Temperatursignal des Kollektors oder ein Strahlungssensor verwendet (Peuser, 2000). Die Kontrollstrategie lautet: P_1 an, wenn T_1-T_3>8 K; P_2 an, wenn T_2-T_3>7 K und wenn P_1 an ist.

Bei einer reinen Temperaturdifferenzregelung wird die Kollektorkreispumpe P_1 angeschaltet, wenn die Kollektortemperatur T_1 etwa 8 K über der unteren Speichertemperatur T_3 liegt. Bei langen Außenleitungen ist eine Mindestlaufzeit der Pumpe von einigen Minuten erforderlich, damit die erwärmte Kollektorflüssigkeit den Wärmetauschereintritt T_2 erreicht. Um ein Vereisen des Wärmetauschers heizkreisseitig sicher zu vermeiden, muss bei langen Außenleitungen ein Bypass vor den Wärmetauscher geschaltet werden. Die Speicherpumpe P_2 geht erst dann in Betrieb, wenn auch T_2 etwa 7 K über der unteren Speichertemperatur T_3 liegt und wenn gleichzeitig die Kollektorpumpe P_1 läuft. So wird vermieden, dass bei hohen Heizraumtemperaturen die Speicherpumpe durch eine hohe Fühlertemperatur T_2 z. B. nachts anspringt. Die Abschalttemperaturdifferenz sollte wie bei Kleinanlagen mit etwa 2-3 K deutlich niedriger liegen als die Einschalttemperaturdifferenz.

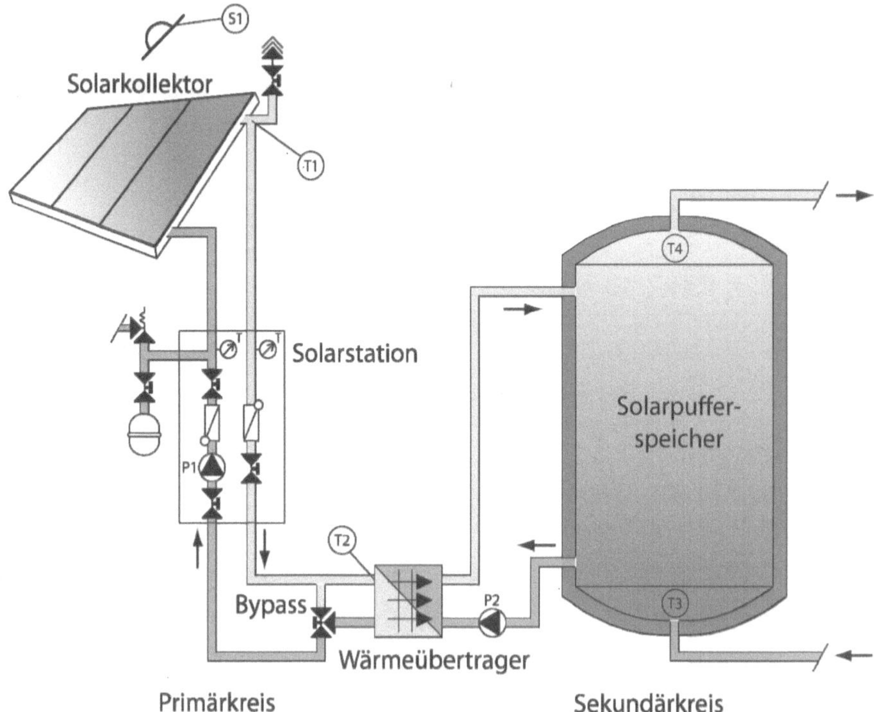

Bild 3-22: Prinzipschaltbild von Beladeregelungen.

Alternativ zur Kollektortemperatur T_1 kann ein Strahlungssensor S_1 für das Schalten der Kollektorkreispumpe verwendet werden mit einer typischen Einschalteinstrahlung von 200 W/m^2. Wieder wird die Speicherpumpe P_2 nur in Betrieb genommen, wenn die Wärmetauschertemperatur etwa 7 K oberhalb der unteren Speichertemperatur liegt. Schaltet die Speicherpumpe während der Mindestlaufzeit der Kollektorpumpe nicht zu, wird bei Erreichen eines unteren Einstrahlungswertes von etwa 150 W/m^2 wieder abgeschaltet. Bei zugeschalteter Speicherpumpe sollte jedoch allein die Temperaturdifferenz am Wärmetauschereintritt zur Speichertemperatur als Abschaltkriterium verwendet werden und nicht mehr das Einstrahlungssignal.

Bei Erreichen der Maximaltemperatur T_4 des Speichers muss nicht nur die Speicherpumpe, sondern auch die Kollektorpumpe abgeschaltet werden. Dadurch geht der Kollektor in den Stillstand, die Kollektorflüssigkeit verdampft und wird in das Ausdehnungsgefäß gedrückt oder kontrolliert abgeblasen. Da die Komponenten in Kollektornähe (Entlüftungsventil, Sensoren, Wärmedämmung) auf die hohen Stillstandstemperaturen ausgelegt sind, entsteht kein Problem. Wird die Kollektorpumpe nicht abgeschaltet, zirkuliert dagegen im gesamten Kollektorkreis das Wärmeträgerfluid mit hoher Temperatur und führt zu einer sehr starken thermischen Belastung aller Komponenten.

Entladeregelung

Die regelungstechnisch höchsten Anforderungen entstehen für eine Trinkwassererwärmung im Durchlaufprinzip. Da sich die besten Wärmeübertragungswirkungsgrade bei gleichem Durchfluss auf Pufferspeicher- und Zapfseite ergeben, muss die Pufferspeicherentladepumpe P_3

stufenlos als Funktion des Zapfvolumenstroms drehzahlgeregelt werden. Das Regelungssignal wird entweder durch eine direkte Volumenstrommessung erhalten oder indirekt durch eine dynamische Temperaturdifferenzmessung. Beispielsweise reagiert ein Tauchfühler im Kaltwassereinlauf (T_5) sehr viel schneller als ein Rohranlegefühler auf Temperaturänderungen des Fluids: Bei Wasserentnahme führt diese unterschiedliche Reaktionsgeschwindigkeit zu einem anfänglich hohen Temperaturdifferenzsignal, welches für die Volumenstrommessung verwendet werden kann.

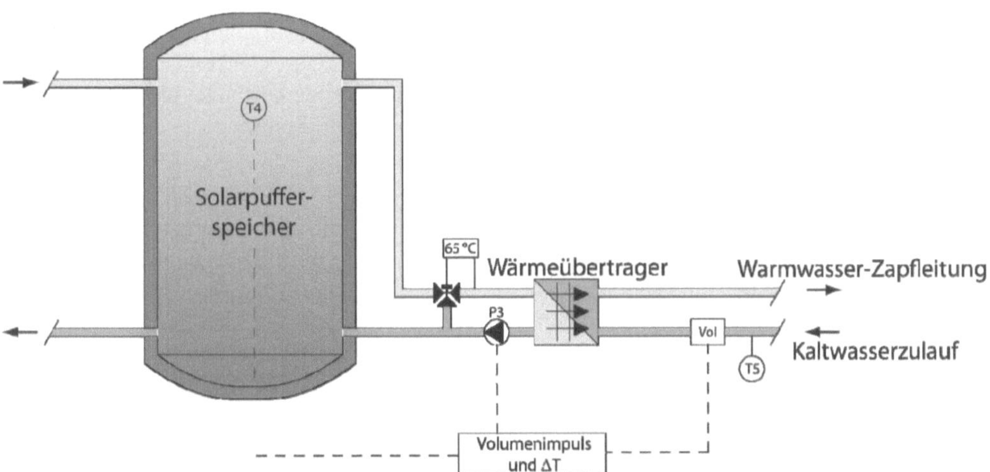

Bild 3-23: Entladeregelung des Pufferspeichers bei Brauchwasservorwärmung im Direktdurchfluss.

Einfacher ist die Umladung vom Solarpuffer in einen Brauchwasserspeicher über einen externen Wärmetauscher, der über eine Temperaturdifferenzmessung zwischen oberer Pufferspeichertemperatur T_4 und unterer Brauchwasserspeichertemperatur T_5 geregelt wird.

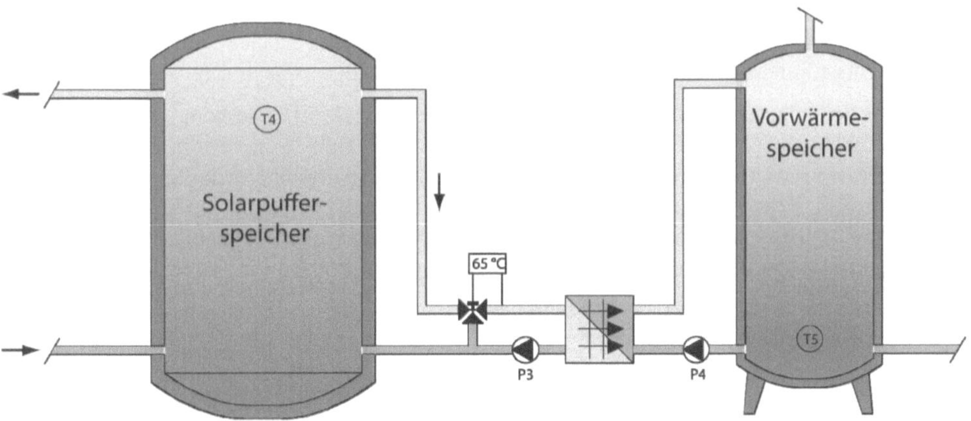

Bild 3-24: Entladeregelung bei Umladung in einen Brauchwasserspeicher.

Die Pufferspeicherentladepumpe P_3 und die Brauchwasserumladepumpe P_4 laufen, wenn die Pufferspeichertemperatur T_4 etwa 7 K oberhalb der unteren Temperatur im Vorwärmspeicher T_5 liegt. Bei einer Temperaturdifferenz kleiner 3 K werden beide Pumpen abgeschaltet.

3.1.4.1 Auslegung großer Solaranlagen für die Trinkwassererwärmung

Bei großen Solaranlagen hat sich eine knappe Dimensionierung der Kollektorfläche auf den minimalen sommerlichen Bedarf bewährt, um Stillstandszeiten des Kollektorfeldes möglichst zu vermeiden und bei hohen Solarerträgen wirtschaftliche Lösungen anbieten zu können. Bei bedarfsbezogen niedrigen Kollektorflächen werden typische Jahresdeckungsgrade um 20 % erreicht, während bei Kleinanlagen mit deutlich höherer Systemkostendegression pro Quadratmeter Kollektorfläche eine leichte Überdimensionierung im Sommer mit Jahresdeckungsgraden von 60 % durchaus sinnvoll ist.

Verbrauchsmessungen an einer Reihe von Gebäudetypen zeigen, dass während der Sommerperiode urlaubsbedingt mit Schwachlastperioden zu rechnen ist, die eine Verbrauchsreduktion bis zu 50 % des Mittelwertes verursachen. Liegt der Verbrauch in einem Krankenhaus täglich bei etwa 50-60 l pro Vollbelegungsperson (VP), können in sommerlichen Schwachlastzeiten im zweiwöchigen Mittel nur 35 l auftreten (Messwerte bezogen auf die gleiche Planbelegungszahl). Unter der Vorgabe einer Dimensionierung auf diese Schwachlastzeiten kann mit folgenden Werten ausgelegt werden (Croy, 2000):

Tabelle 3-4: Spezifischer Warmwasserverbrauch in Litern pro Vollbelegungsperson (VP) und Tag bei 60°C ermittelt aus sommerlichen Schwachlastzeiten.

	Wohngebäude	*Krankenhaus*	*Seniorenheim*	*Studentenheim*
spez. Verbrauch [l/VP d]	20–25	30–35	30–35	20–25

Ausgehend von dem so berechneten täglichen gesamten Trinkwasserdurchsatz kann die Kollektorfläche abgeschätzt werden. Jahresertragsrechnungen ergeben ein Minimum der solaren Wärmekosten bei einer Auslastung von 70 l Warmwasserbedarf pro Quadratmeter Kollektorfläche. Größere Kollektorflächen bedeuten eine geringere Auslastung der Solaranlage mit höheren Stillstandszeiten, geringerem Ertrag und höheren Systemkosten. Eine höhere Auslastung, d. h. Unterdimensionierung der Kollektorfläche ist dagegen unkritisch.

Das spezifische Solarpuffervolumen pro Quadratmeter Kollektorfläche hängt sowohl von der Gleichmäßigkeit des Zapfprofils als auch von der Auslastung des Systems ab. Bei gleichmäßigem Zapfprofil in Mehrfamilienhäusern, Krankenhäusern, Seniorenheimen etc. und einer Auslastung von 70 l Warmwasser pro Quadratmeter Kollektorfläche reicht eine Pufferdimensionierung von 40-50 Litern pro m^2 Kollektor aus. Bei größeren Kollektorflächen, d. h. geringerer Auslastung von 40-50 l/m^2 sollte auch das Puffervolumen auf 60-70 l/m^2 zunehmen.

Bei Gebäuden mit stark reduziertem Verbrauch beispielsweise am Wochenende (Gewerbebetriebe) wird eine Pufferdimensionierung je nach Auslastung von 70-100 l/m^2 empfohlen.

Tabelle 3-5: Systemwirkungsgrad und Pufferspeichervolumen in Abhängigkeit der Auslastung und der Gleichmäßigkeit des Zapfprofils.

Auslastung [Liter WW/m² Kollektorfläche]	Gleichmäßigkeit Zapfprofil	System-wirkungsgrad [%]	spez. Puffervolumen [l/m² Kollektorfläche]
70	gleichmäßiges Zapfprofil Mehrfamilienhaus	47	40-50
40	gleichmäßiges Zapfprofil Mehrfamilienhaus	37	60-70
70	Zapfprofil Werkstatt ohne Wochenendverbrauch	36-38	60-80
40	Zapfprofil Werkstatt ohne Wochenendverbrauch	26-28	70-100

3.1.5 Solare Nahwärme

Mit solarer Nahwärme wird die zentrale Wärmeversorgung von größeren Wohn- oder Gewerbesiedlungen bezeichnet. Ein solares Nahwärmenetz besteht aus Heizzentrale mit Pufferspeicher und Heizkessel für die Nachheizung, Wärmeverteilnetz, Hausübergabestationen für Heizung und Warmwasser sowie dem oft dezentral auf Gebäuden verteilten Kollektorfeld. Zusätzlich zu dem Kurzzeitpufferspeicher in der Heizzentrale kann über einen Langzeitwärmespeicher die sommerliche Wärmemenge saisonal in die Heizperiode verschoben und der solare Deckungsgrad erhöht werden.

Über das solare Nahwärmenetz kann Energie sowohl für die Trinkwassererwärmung als auch für die Heizungsunterstützung bereitgestellt werden. Für eine überschlägige Auslegung muss sowohl der Wärmebedarf der Heizung als auch der Trinkwassererwärmung bekannt sein. Folgende Anhaltswerte können für eine Grobdimensionierung verwendet werden:

Tabelle 3-6: Grobdimensionierung solarer Nahwärmesysteme

	Solare Nahwärme mit Kurzzeitspeicher	Solare Nahwärme mit Langzeitspeicher
Mindestanlagengröße	ab 30–40 Wohneinheiten oder ab 60 Personen	ab 100–150 Wohneinheiten
Flachkollektorfläche	0.8–1.2 m² pro Person	1.4–2.4 m² pro MWh jährlichem Wärmebedarf 0.14–0.2 m² pro m² Wohnfläche
Speichervolumen (Wasseräquivalent)	0.05–0.1 m³/m²	1.5–4 m³/MWh 1.4–2.1 m³/m² Flachkollektor
Solare Nutzenergie	350–500 kWh/m² a	230–350 kWh/m² a
Solarer Deckungsgrad	WW: 50 % gesamt: 10–20 %	gesamt: 40–70 %

Die Nahwärmesysteme unterscheiden sich vor allem in der Art des Wärmeverteilnetzes. Bei einer zentralen Brauchwasserbereitung werden von der Heizzentrale Vor- und Rücklaufleitung für die Heizung sowie eine Warmwasser- und eine Zirkulationsleitung für die Brauchwasserversorgung zu jedem Gebäude geführt (4 Leiternetz). Vor- und Rücklauf des Kollektorfeldes benötigen zwei weitere Leitungen zur Heizzentrale (4+2 Leiternetz). Aufgrund hoher Zirkulationsverluste der Trinkwasser führenden Leitungen ist ein solches Konzept nur für kleinere Anlagen mit 20-30 Wohneinheiten sinnvoll.

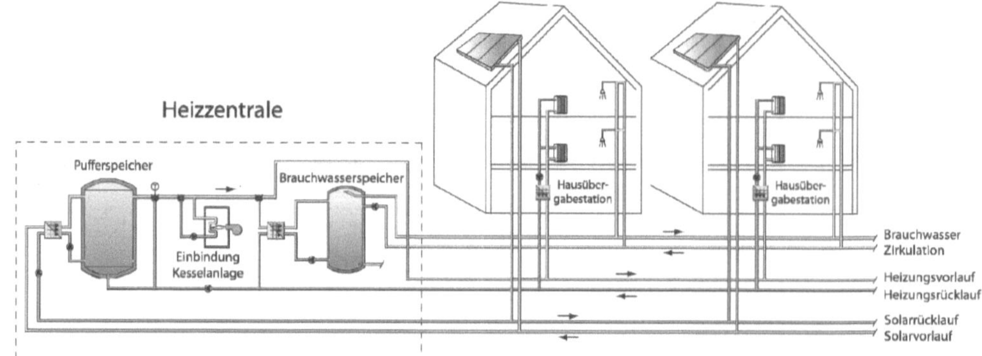

Bild 3-25: 4+2 Leiternetz: Vor- und Rücklauf Heizung mit Hausübergabestation, Warmwasser- und Zirkulationsleitung für die direkte Trinkwassererwärmung sowie 2 Leitungen für das Kollektorfeld.

Bei größeren Nahwärmesystemen ist die Verwendung einer zweiten Hausübergabestation für die Warmwasserbereitung aufgrund der hohen Zirkulationsverluste vorteilhafter. Das Wärmeverteilnetz wird auf 2 Leiter reduziert, die allerdings das für die Trinkwassererwärmung erforderliche Temperaturniveau von 60-70°C ganzjährig halten müssen. Weiterhin sind wie oben 2 Leitungen für das Kollektorfeld erforderlich (2+2 Leiternetz). Dabei ist vorteilhaft, wenn die Gebäude mit den thermischen Kollektoren möglichst nahe an der Heizzentrale liegen.

Der Wärmetauscher der Warmwasserübergabestation kann entweder für eine Durchflusserwärmung des Warmwassers (bei geringem Verbrauch von Ein- bis Zweifamilienhäusern) oder aber für eine Umladung auf Brauchwasserspeicher ausgelegt werden.

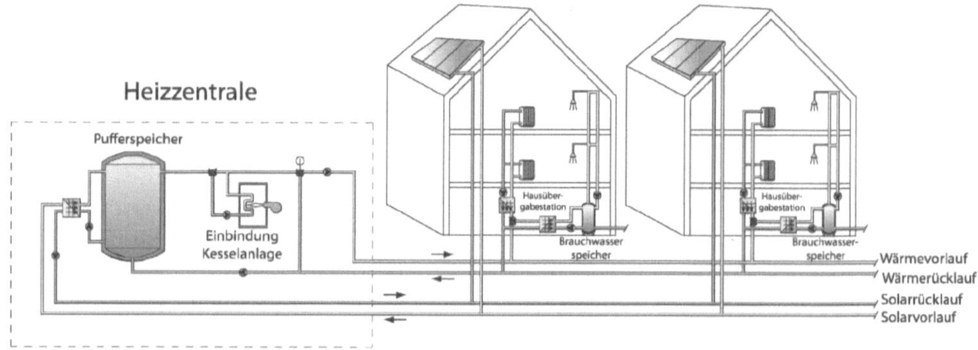

Bild 3-26: 2+2 Leiternetz: Vor- und Rücklaufleitungen für die Hausübergabestationen Heizung und Warmwasser fallen zusammen.

Eine weitere Leitung kann eingespart werden, wenn lediglich der heiße Kollektorvorlauf (sekundärkreisseitig) in den Pufferspeicher der Heizzentrale geführt wird, die Solarrücklaufleitung aber mit der Wärmerücklaufleitung zusammenfällt. Über eine solarseitige Hausübergabestation kann bei Wärmebedarf im Gebäude der Heizungs- bzw. Warmwasserrücklauf direkt in der Solarübergabestation erwärmt werden (Rücklauftemperaturanhebung) und fließt erst dann über die Solarvorlaufleitung zur Heizzentrale. Die Wärmerücklaufleitung wird in dem Fall nicht benutzt. Bei Wärmebedarf ohne Solarenergieangebot wird heißes Pufferwasser über die Wärmevorlaufleitung aus dem oberen Speicherbereich gezogen und ohne Rücklaufanhebung durch die Solaranlage über die Wärmerücklaufleitung zurück in den Puffer gespeist. Besteht kein Wärmebedarf und liefert die Solaranlage Energie, dreht sich die Strömungsrichtung in der Wärmerücklaufleitung um und aus dem unteren Pufferspeicherbereich wird Speicherwasser zur Erwärmung in die Solarübergabestation gezogen und wieder über die Solarvorlaufleitung in den Puffer gebracht.

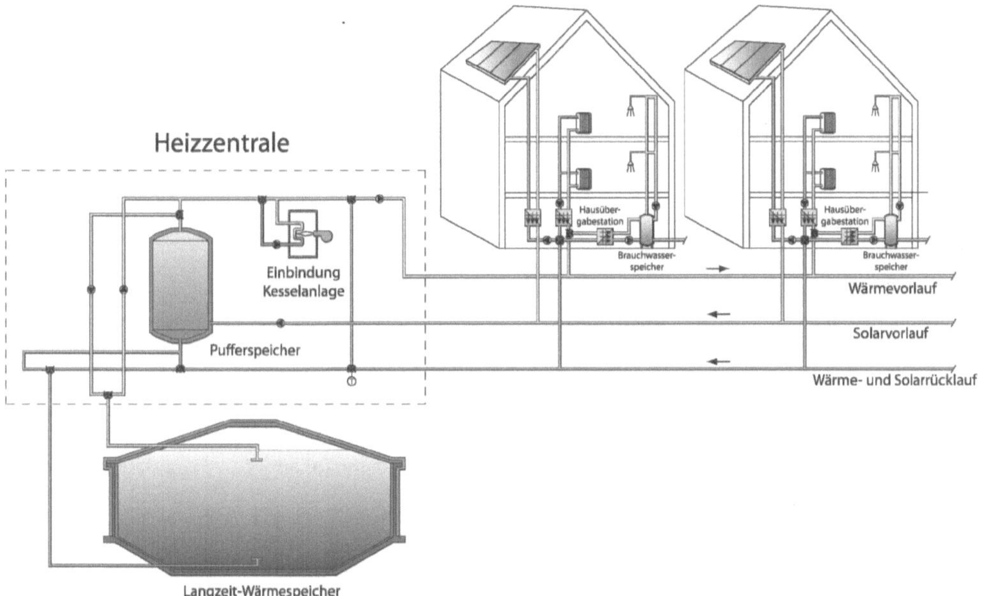

Bild 3-27: 3 Leiter Netz mit Heizungsvorlauf, sekundärseitigem Solarvorlauf und gemeinsamer Solar- und Heizungsrücklaufleitung. Mit dem Langzeitwärmespeicher kann die Solarwärme saisonal gespeichert werden.

Die Nachheizung kann entweder seriell (wie in obigen Abbildungen) oder parallel zum Pufferspeicher eingebunden werden. Bei einer parallelen Einbindung wird ein Teil des Puffervolumens ständig nachgeheizt, sodass insgesamt höhere Wärmeverluste entstehen und der Solarertrag durch höhere Speichertemperaturen gemindert wird. Allerdings ist eine parallele Einbindung sinnvoll, wenn nur wenige Abnehmer im Netz mit hohen Leistungsschwankungen vorhanden sind und die Leistungsanforderung somit stark schwankt. Außerdem taktet ein seriell eingebundener Kessel verstärkt, wenn die Pufferspeichertemperatur nur wenige Grad unter der gewünschten Vorlauftemperatur liegt.

Solaranlagen mit Mehrtagesspeichern können Deckungsgrade bis etwa 35 % erreichen. In Kombination mit einer Wärmepumpe kann der solare Deckungsgrad auf 40-50 % gesteigert werden.

Höhere Deckungsgrade können nur mit saisonalen Speichern erreicht werden. Bei saisonaler Speicherung mit Heißwasserspeichern sind etwa 1.5-2.5 m^3 pro Quadratmeter Kollektorfläche erforderlich, bei Speichern mit geringerer Wärmekapazität wie Kies-Wasser-Speicher etwa 2.5-4 m^3 pro m^2. Erdsondenspeicher benötigen etwa 8-10 m^3 pro m^2 und Aquiferspeicher 4 bis 6 m^3 pro m^2 Kollektorfläche. Heißwasserspeicher aus Stahlbeton wurden bisher meist mit Edelstahlblechen verkleidet. Spezielle Betonmischungen mit sehr geringer Wasserdampfdurchlässigkeit wurden erstmalig in einem Großprojekt mit 2750 m^3 Speichervolumen in Hannover (Jahr 2000) verwendet und stellen mittlerweile den Stand der Technik dar. Alternativ können glasfaserverstärkte Kunststoffmischungen in drucklosen Speichern mit Maximaltemperaturen von 95°C verwendet werden. Kies-Wasserspeicher mit etwa 50 % höherem Speichervolumen werden mit Kunststofffolien abgedichtet, welche die Maximaltemperatur auf etwa 90°C begrenzen.

Seit Mitte der 90 er Jahre sind über 10 solare Großanlagen mit saisonalen Speichern gebaut worden mit Deckungsanteilen zwischen 40 und 50 %. Projekterfahrungen aus Friedrichshafen mit 4050 m^2 Kollektorfläche und 12.000 m^3 Heißwasserspeicher sowie aus Neckarsulm mit 5670 m^2 sowie einem großen Erdsondenspeicher mit 63360 m^3 zeigen, dass solare Deckungsanteile am Gesamtwärmebedarf (Trinkwarmwasser und Heizwärme) durchaus hoch liegen können. Im Jahr 2007 wurden für 390 Wohneinheiten 33 % Deckungsanteil in Friedrichshafen

Tabelle 3-7: Zusammenstellung der Charakteristiken von Langzeitwärmespeichern.

Speichertyp	Heißwasserspeicher	Kies/Wasserspeicher	Erdsondenspeicher
Speicherkonzept	Behälter- oder Erdbeckenspeicher	Erdbecken mit Kies/Wasserfüllung ohne tragende Deckenkonstruktion	Wärmeübertragerrohre im Erdreich bis 150 m Tiefe
Konstruktion	Stahlbeton, Stahl- oder glasfaserverstärkter Kunststoff bzw. Grube mit Abdichtung und Deckel, Edelstahlblech- oder Folienabdichtung, alternativ Spezialbeton	Abdichtung mit Kunststofffolien	U-förmige koaxiale Kunststoffrohre mit 1.5-3 m Abstand
maximal/minimal sinnvolle Volumina	max. 100 000 m^3, größter bisher ausgeführter Speicher 28 000 m^3	–	> 100 000 m^3 wegen hohen seitlichen Wärmeverlusten
Wärmedämmung	15–30 cm am Deckel sowie Speicherwänden, bei genügender Druckfestigkeit auch unter dem Speicher	wie Wasserspeicher	nur in der Deckschicht (5-10 m von der Geländeoberkante)
Speichervolumen/ Flachkollektorfläche	1.5–2.5 m^3/m^2	2.5–4 m^3/m^2	8–10 m^3/m^2
Überschlägige Kosten [€/m^3] bei 20 000 m^3 Speichervolumen	70–80	65–85	25
Sonstiges	Behälterspeicher kostenaufwendig	bei Kiesanteil von 60–70 Vol % etwa 50 % größeres Bauvolumen als Wasserspeicher	Geringer Bauaufwand

und 45 % für 300 Wohneinheiten in Neckarsulm gemessen (Bauer et al, 2009). Durch Netzverteilung und Speicherverluste liegen die Bruttowärmeerträge meist geringer als bei Anlagen zur Trinkwarmwasserbereitung. Netto ins Netz eingespeist wurde in obigen Anlagen zwischen 218 und 238 kWh/m^2 a.

Nahwärmenetze mit solarthermischen Anlagen müssen auf niedrige Vorlauftemperaturen von etwa 55–65 °C und möglichst geringe Rücklauftemperaturen um 30 °C ausgelegt sein. Eine hohe Temperaturspreizung reduziert den erforderlichen Pumpenstrom für die Verteilung. Eine gleitende Vorlauftemperaturregelung reduziert die Verteilverluste im Netz.

3.1.6 Schwimmbadheizung

Die Schwimmbadbeheizung kann mittels einfacher kostengünstiger Absorber erfolgen, da die Beckenwassertemperatur in der Regel unter 30 °C liegt. Das Schwimmbecken dient als Speicher für die Solarenergie. Ein zusätzlicher separater Speichertank wie bei der Wassererwärmung entfällt. Bei der Freibadbeheizung liegt der Energiebedarf von Mai bis September zeitlich gleich mit einem relativ hohen Sonnenenergieangebot. Solaranlagen zur Beheizung von Freibädern können daher mit Wärmepreisen von etwa 0.04–0.07 €/kWh wirtschaftlich betrieben werden.

Das Schwimmbeckenwasser wird direkt durch die Absorber geleitet und um 2 bis 4 K erwärmt. In der Regel reichen 0.5 bis 0.8 m^2 Absorberfläche pro m^2 Wasserfläche aus. Bei den geringen Temperaturerhöhungen sind hohe Durchflüsse von 80–110 l/m^2 h üblich. Der jährliche Wärmegewinn beträgt etwa 250–300 kWh/m^2 a.

Die Absorber werden als Kunststoffmatten oder als Rohrsysteme hauptsächlich aus Polypropylen (PP) und Ethylen-Propylen-Dien-Monomeren (EPDM) gefertigt. PP-Absorber sind im gefüllten Zustand nicht frostsicher. In den Wintermonaten muss der wassergefüllte Absorber entleert werden. Die Haltbarkeit von PP-Absorbern wird mit mehr als 20 Jahren angenommen. Die Haltbarkeit von EPDM-Kunststoff liegt erfahrungsgemäß bei über 30 Jahren. Diese Absorber sind auch im gefüllten Zustand frostsicher.

Kunststoffabsorber lassen sich direkt auf Flachdächern oder Dächern mit geringer Neigung ohne Ständergerüst kostengünstig installieren. Ohne Installation kostet 1 m^2 Kollektorfläche ca. 35 €. Für eine Großanlage mit 1500 m^2 Kollektorfläche und Gesamtkosten von etwa 100 € pro m^2 inklusive Planung, Montage und Verrohrung kann ein Wärmepreis unter 0.05 € pro kWh erzielt werden und somit eine Amortisationszeit unter 5 Jahren. Von 3500 öffentlichen Freibädern in Deutschland sind heute etwa 800 Bäder mit Solaranlagen ausgestattet.

3.1.7 Kosten und Wirtschaftlichkeit

Ein Standard Flachkollektor kostet je nach Hersteller 120 bis 450 €/m^2 Kollektorfläche und liefert jährlich ca. 300 bis 550 kWh/m^2 Solarwärme. Vakuum-Röhrenkollektoren kosten zwischen 500 bis 900 €/m^2 für Kleinanlagen. Bei Anlagen über 100 m^2 Kollektorfläche sind Preise zwischen 300 und 500 €/m^2 möglich.

Die Systemkosten betragen abhängig von Fabrikat und Bauart zwischen 600 und 1500 €/ m^2 Kollektorfläche. Die gesamten Systemkosten von Kleinanlagen teilen sich im Durchschnitt wie folgt auf: 36 % Kollektormodule, 21 % Montage, 26 % Speicher mit Wärmetauscher, 8 % Solarstation incl. Regelung und 9 % Sonstiges.

Bei Investitionskosten von 4000 bis 6000 € für eine Solaranlage zur Trinkwassererwärmung und einer Lebensdauer von 20 Jahren liegen die Wärmegestehungskosten für Kleinanlagen ohne Förderung zwischen 0.14 und 0.30 €/kWh. Bezogen auf einen Quadratmeter Nutzfläche ist mit zusätzlichen Investitionskosten zur sonstigen Wärmeversorgung von 35–70 €/m^2 zu rechnen.

Bei solaren Großanlagen über 100 m^2 Brutto-Kollektorfläche sind je nach Speichergröße Systemkosten von 450 bis 600 Euro/m^2 Bruttokollektorfläche realistisch. Daraus ergeben sich dann Wärmepreise, die zwischen 0.05 und 0.15 €/kWh liegen und damit durchaus konkurrenzfähig sind. Die energetische Amortisationszeit einer Solaranlage zur Warmwassererzeugung liegt zwischen 12 und 24 Monaten.

Bei den bisher kostengünstigsten Großanlagen mit Kollektorflächen um die 1000 m^2 liegen die Systemkosten inklusive Planung und Mehrwertsteuer bei etwa 375-465 € pro m^2 Kollektorfläche (Stuttgart-Burgholzhof, Göttingen, Neckarsulm).

Solare Nahwärmesysteme mit Langzeitwärmespeicher erfordern die höchsten wohnflächenbezogenen Zusatzinvestitionen von etwa 75-140 €/m^2. Allerdings liegt der solare Deckungsanteil am Gesamtwärmebedarf hier zwischen 40 und 70 %, während die alleinige Trinkwassererwärmung in Klein- oder Großanlagen maximal 20 % des Gesamtbedarfs deckt.

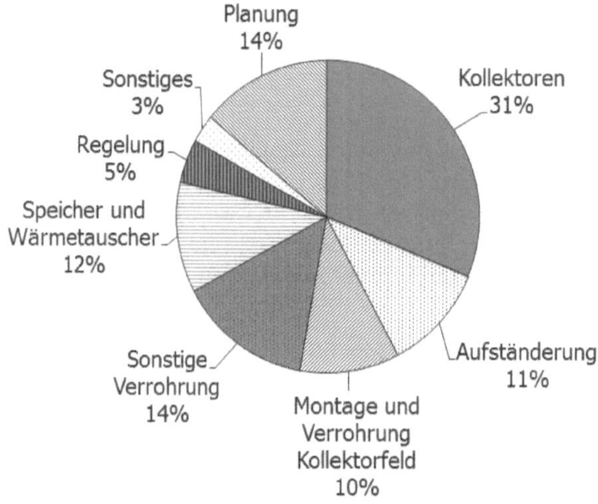

Bild 3-28: Kostenverteilung von 35 solarthermischen Großanlagen mit Kurzzeitspeicher aus dem Solarthermie 2000-Programm.

3.1.8 Betriebserfahrungen und relevante Normen

Die Lebensdauer solarthermischer Kollektoranlagen liegt bei mindestens 30 Jahren, die der elektronischen Komponenten bei etwa 20 Jahren. Herstellergarantien sind meist auf 10 bis 12 Jahre begrenzt. Vorschriften über Sicherheit, Prüfung und Wirkungsgrade befinden sich in den europäischen Normen EN 12975, EN 12976 und ENV 12977. Das Kollektorprüfverfahren nach EN 12975 enthält eine Prüfung der thermischen Leistungsfähigkeit (stationär und quasidynamisch) sowie die Prüfung der Zuverlässigkeit und Dauerhaftigkeit (Innendruckprüfung des Absorbers, Hochtemperaturbeständigkeit, Exposition, schneller äußerer und innerer Temperaturwechsel, eindringendes Regenwasser, mechanische Belastung, Stillstandstemperaturbestimmung). Speicher werden nach EN 12977-3 bewertet. Systemtests für vorgefertigte Anlagen werden in EN 12976 beschrieben, Systemtests für kundenspezifische Anlagen in ENV 12977. Die energetische Bewertung solarthermischer Anlagen erfolgt auf der Basis der DIN 18599-8.

Für Großanlagen ist weiterhin die Dampfkesselverordnung relevant, welche die Sicherheitstechnik und Abnahmeprüfung der Anlage regelt.

Solaranlagen erfordern wie konventionelle Heizanlagen eine regelmäßige Wartung. Die in der Praxis auftretenden häufigsten Defekte sind mangelhafte Regelung und Hydraulik sowie Verarbeitungsprobleme bei der Installation und Inbetriebnahme (Undichtigkeiten in der Verrohrungen, unzureichende Entlüftung). Die Hauptmängel liegen nicht in den Komponenten der Hersteller (14 % aller Mängel), sondern in der Planung (44 %) sowie der handwerklichen Ausführung (42 %) (Keilholz, 2008).

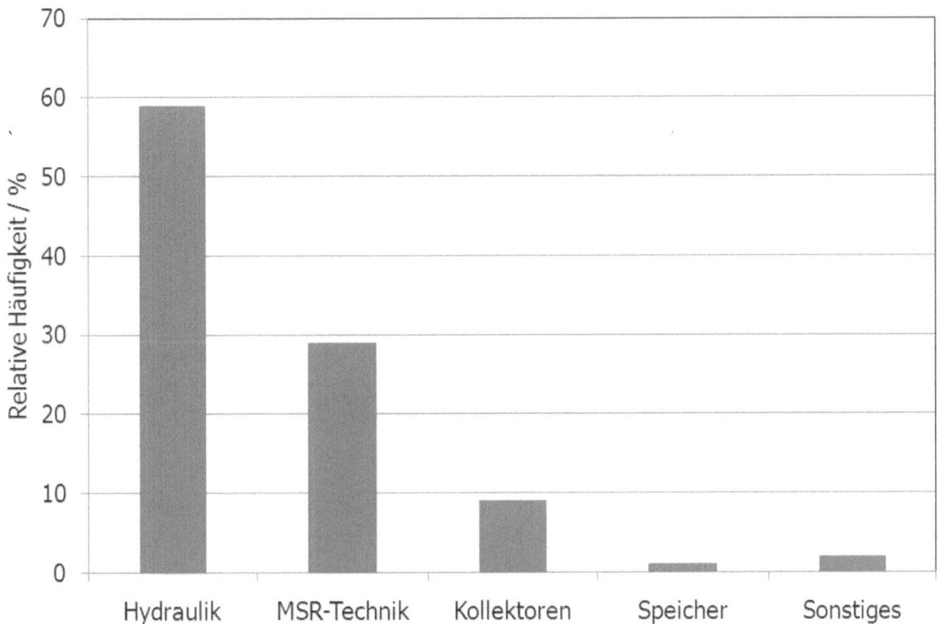

Bild 3-29: Relative Häufigkeit (in %) von Defekten in thermischen Solaranlagen.

Das Auftreten undichter Rohrverbindungen insbesondere auf dem Dach lässt sich durch die Verwendung größerer Kollektoreinheiten reduzieren. Probleme mit Luft im System werden durch möglichst hohe Durchflussgeschwindigkeiten, d. h. Reihenschaltung der Kollektoren, deutlich reduziert. Entlüftungsventile müssen an den höchsten Stellen angebracht und Luftpolster vermieden werden oder alternativ Pumpen mit hoher Druckerhöhung eingesetzt werden, welche Luft durch den gesamten Kreislauf bis zur Pumpenentlüftung drücken können.

Bei Schäden ist der Errichter der thermischen Solaranlage in der Verantwortung. Dabei sind die anerkannten Regeln der Technik ausschlaggebend, welche die Zustimmung der Mehrheit der unabhängigen Fachleute finden. Diese können, müssen aber nicht deckungsgleich mit den gültigen Normen sein, welche oft eine jahrelange Entwicklungszeit aufweisen.

Beispielsweise wird nach EN 12975 die Belastungsprüfung mit 1 kPa/m^2 senkrecht auf das Kollektorgehäuse durchgeführt, während die Tragwerksnorm DIN 1055 deutlich höhere Belastungen ansetzt. Weiterhin ist aus Erfahrung bekannt, dass Schnee Schräglasten ausüben kann, sodass bei Kollektorbeschädigung der Verweis auf die Norm EN 12975 nicht zur Abwendung des zu verantwortenden Mangels führt (Keilholz, 2008).

3.1.9 Wirkungsgradberechnung von thermischen Kollektoren

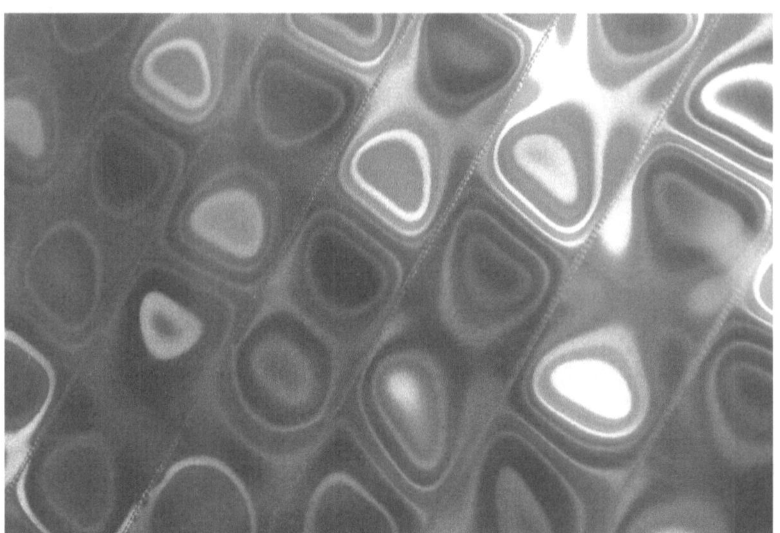

Die Nutzleistung und der Wirkungsgrad thermischer Kollektoren werden durch die optischen Eigenschaften der transparenten Abdeckung und des Absorbers sowie die Wärmeverluste zwischen Absorber und Umgebung bestimmt. Ist die mittlere Absorbertemperatur T_a bekannt, erhält man die flächenbezogene Nutzleistung aus einer einfachen Leistungsbilanzbetrachtung. Die durch die Abdeckung mit dem Transmissionsgrad τ transmittierte und mit dem Absorptionsgrad α absorbierte Einstrahlung G minus den Wärmeverlusten ergibt die Nutzleistung $\dot{Q}_n$ pro Quadratmeter Kollektorfläche A. Bei der Angabe der Bezugsfläche muss zwischen Absorber- und Aperturfläche unterschieden werden, da insbesondere bei Vakuumröhrenkollektoren die Absorberfläche deutlich kleiner als die Aperturfläche oder auch die Bruttokollektorfläche ist.

$$\frac{\dot{Q}_n}{A} = G\tau\alpha - U_t\left(T_a - T_o\right) \tag{3.18}$$

Der Wirkungsgrad des solarthermischen Kollektors ergibt sich aus dem Verhältnis der flächenbezogenen Nutzleistung durch die Einstrahlung in der Kollektorebene.

$$\eta = \frac{\dot{Q}_n}{AG} = \underbrace{\tau\alpha}_{\eta_0} - U_t \frac{(T_a - T_o)}{G} \tag{3.19}$$

η_0 stellt den optischen Wirkungsgrad des Kollektors dar. Der Wärmedurchgangskoeffizient des Kollektors U_t setzt sich aus den Verlusten über die Kollektorvorder- und Rückseite sowie die Seitenflächen zusammen. Das Verhältnis aus der Temperaturdifferenz zwischen Absorber und Umgebung T_a-T_o und Einstrahlung G wird als reduzierter Parameter bezeichnet.

Die Temperatur auf dem Absorberblech T_a ist jedoch eine komplizierte Funktion des Abstands von den Wärme abführenden Fluidröhren sowie der Strömungslänge, sodass ein Mittelwert nur sehr aufwendig aus einer gemessenen Temperaturverteilung bestimmt werden könnte. Messbar ist dagegen die Fluideintrittstemperatur in den Kollektor oder auch die mittlere Fluidtemperatur, die bei nicht zu geringen Durchflussmengen durch den arithmetischen Mittelwert zwischen Ein- und Auslasstemperaturen gegeben ist. Vor allem die Darstellung der Nutzenergie als Funktion der Fluideintrittstemperatur ist für Systemsimulationen sehr nützlich, da die Fluideintrittstemperatur durch die Speichertemperatur vorgegeben ist.

In der Kollektorprüfung hat sich für die Wirkungsgradkennlinie die Verwendung der mittleren Fluidtemperatur durchgesetzt. Der Wirkungsgradfaktor F' aus der Lösung der Temperatur-Differentialgleichungen gibt das Verhältnis aus der tatsächlichen Nutzleistung zu der höheren Nutzleistung an, die sich für ein Absorberblech auf der niedrigen mittleren Fluidtemperatur T_m ergeben würde (mit entsprechend geringeren Wärmeverlusten).

$$\eta = \underbrace{F'\tau\alpha}_{\eta_{0,\mathrm{eff}}} - F'U_t \frac{(T_m - T_o)}{G} \tag{3.20}$$

Die Temperaturabhängigkeit des Wärmeverlustkoeffizienten, die insbesondere bei hohen Kollektortemperaturen zu einem nichtlinearen Abfall des Wirkungsgrades führt, wird durch eine einfache lineare Funktion angenähert:

$$F'U_t = a_1 - a_2 \left(T_m - T_o\right) \tag{3.21}$$

Daraus ergibt sich für die Kennlinie folgende einfache Gleichung:

$$\eta = \eta_{0,\mathrm{eff}} - \frac{a_1 \Delta T}{G} - \frac{a_2 \Delta T^2}{G} \tag{3.22}$$

Die Parameter der Kennlinien werden nach dem in EN 12975-1 beschriebenen Verfahren experimentell bestimmt. Beispielhafte Werte für einen Flachkollektor bezogen auf die Absorberfläche liegen für $\eta_{0,\mathrm{eff}}$ zwischen 75 und 85 %, mit einem linearen Wärmeverlustkoeffizienten a_1 zwischen 2.6 und 4.0 W m^{-2} K^{-1} und einem quadratischen Wärmeverlustkoeffizienten a_2 von 0.006 und 0.022 W m^{-2} K^{-2}. Bei Vakuumröhren liegen typische optische Wirkungsgrade zwischen 62 und 77 %, der Wert a_1 zwischen 0.8 und 1.7 W m^{-2} K^{-1} und a_2 zwischen 0.001 und 0.02 W m^{-2} K^{-1}.

Eine Reihe von Kennlinien heute verfügbarer Flach- und Vakuumröhrenkollektoren sind in Bild 3-30 dargestellt. Die Abbildung charakterisiert die Arbeitsbereiche für Solaranlagen. Mit zunehmendem Temperaturunterschied sinkt der Wirkungsgrad des Flachkollektors deutlich stärker gegenüber den Vakuumröhrenkollektoren. Aus dem Schnittpunkt der Kennlinie mit der Ordinate ergibt sich der Konversionsfaktor $\eta_{0,\mathrm{eff}}$ als maximaler optischer Wirkungsgrad bei $\Delta T = 0$ K. Um eine gegebene Temperaturdifferenz zur Umgebung zu erzeugen, werden bei zunehmender Solareinstrahlung höhere Wirkungsgrade erzielt (der reduzierte Parameter ist kleiner).

Um bei gegebener Fluideintrittstemperatur oder mittlerer Fluidtemperatur analytisch die Nutzenergie bestimmen zu können, muss zunächst die Temperaturverteilung auf dem Absorberblech als Lösung eines Wärmeleitungsproblems berechnet werden. Anschließend wird über die Wärmeübertragung an das Fluid die lokale Fluidtemperatur berechnet. Bei vorgegebenem Massenstrom kann dann durch Integration über die Strömungslänge die gesamte Temperaturerhöhung und Nutzenergie berechnet werden und als Funktion der Fluideintrittstemperatur dargestellt werden.

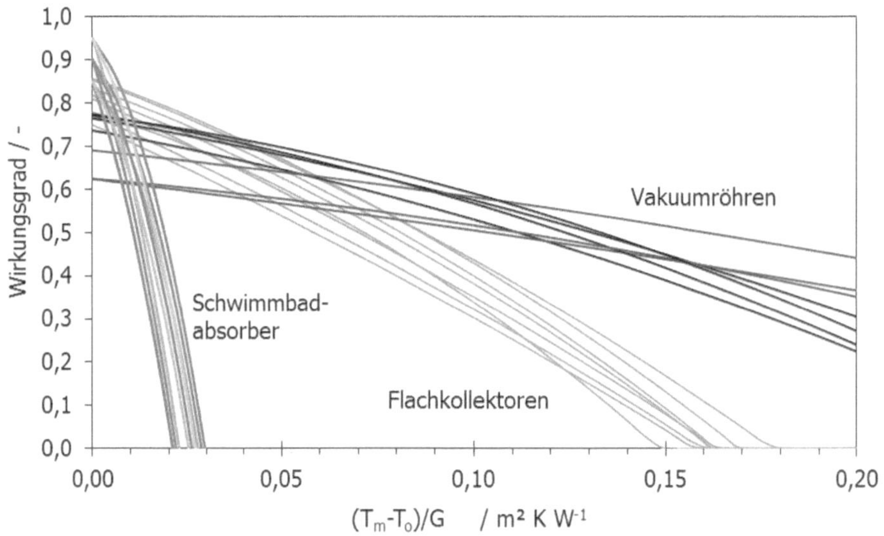

Bild 3-30: Wirkungsgradkennlinien handelsüblicher Flach- und Vakuumröhrenkollektoren.

Nicht senkrechte Einstrahlung führt zu erhöhten Reflexionsverlusten am Kollektor. Dieses kann über die sogenannten Incidence Angle Modifiers (IAM) berücksichtigt werden, welche Direkt- und Diffusstrahlung winkelabhängig reduzieren.

3.1.10 Einfaches dynamisches Kollektormodell

Die effektive Wärmekapazität C_{eff} des Kollektors wird in dynamischen Testverfahren nach EN 12975-2 flächenspezifisch ermittelt (in kJ m⁻² K⁻¹). Damit kann die Nutzenergie dynamisch berechnet werden.

$$\frac{\dot{Q}_n}{A} = \eta_0 \cdot G - a_1 \left(T_m(t) - T_0 \right) - a_2 \left(T_m(t) - T_0 \right)^2 - C_{eff} \frac{dT_m(t)}{dt} \qquad (3.23)$$

Wird vereinfacht die mittlere Fluidtemperatur als Mittelwert zwischen Einlass- und Auslasstemperatur angenommen, kann die Kollektorgleichung umgeformt werden in:

$$\frac{\dot{m}\,c_{\mathrm{p}}}{A}\left(T_{\mathrm{aus}}-T_{\mathrm{ein}}\right)=\eta_0\cdot G-a_1\left(T_{\mathrm{m}}(t)-T_0\right)-a_2\left(T_{\mathrm{m}}(t)-T_0\right)^2-C_{\mathrm{eff}}\frac{dT_{\mathrm{m}}(t)}{dt}$$

$$\frac{2\dot{m}c_{\mathrm{p}}}{A}\left(T_{\mathrm{m}}(t)-T_{\mathrm{ein}}\right)=\eta_0\cdot G-a_1\left(T_{\mathrm{m}}(t)-T_0\right)-a_2\left(T_{\mathrm{m}}(t)-T_0\right)^2-C_{\mathrm{eff}}\frac{dT_{\mathrm{m}}(t)}{dt} \qquad (3.24)$$

$$C_{\mathrm{eff}}\frac{dT_{\mathrm{m}}(t)}{dt}=\eta_0\cdot G+a_1T_0-a_2\left(T_{\mathrm{m}}(t)-T_0\right)^2+\frac{2\dot{m}\,c_{\mathrm{p}}T_{ein}}{A}-a_1T_{\mathrm{m}}(t)+\frac{2\dot{m}c_{\mathrm{p}}T_{\mathrm{m}}(t)}{A}$$

Zur Vereinfachung werden zwei Variablen eingeführt, die mit den Werten des jeweils letzten Zeitschritts als Konstanten verwendet werden können:

$$a=\eta_0\cdot G+a_1T_0-a_2\left(T_{\mathrm{m}}(t)-T_0\right)^2+\frac{2\dot{m}c_{\mathrm{p}}T_{ein}}{A}$$

$$b=a_1-\frac{2\dot{m}c}{A} \qquad (3.25)$$

Damit ergibt sich folgende Differenzialgleichung

$$C_{\mathrm{eff}}\frac{dT_{\mathrm{m}}(t)}{dt}=a-b\cdot T_{\mathrm{m}}(t) \qquad (3.26)$$

Bei bekannter Anfangstemperatur des Kollektors $T_{\mathrm{m},0}$ zum Zeitpunkt $t=0$ ist die Lösung der Differenzialgleichung

$$T_{\mathrm{m}}(t)=\frac{e^{-\frac{b\cdot t}{C_{\mathrm{eff}}}}\left(b\cdot T_{\mathrm{m},0}+a\cdot e^{-\frac{b\cdot t}{C_{\mathrm{eff}}}}-a\right)}{b} \qquad (3.27)$$

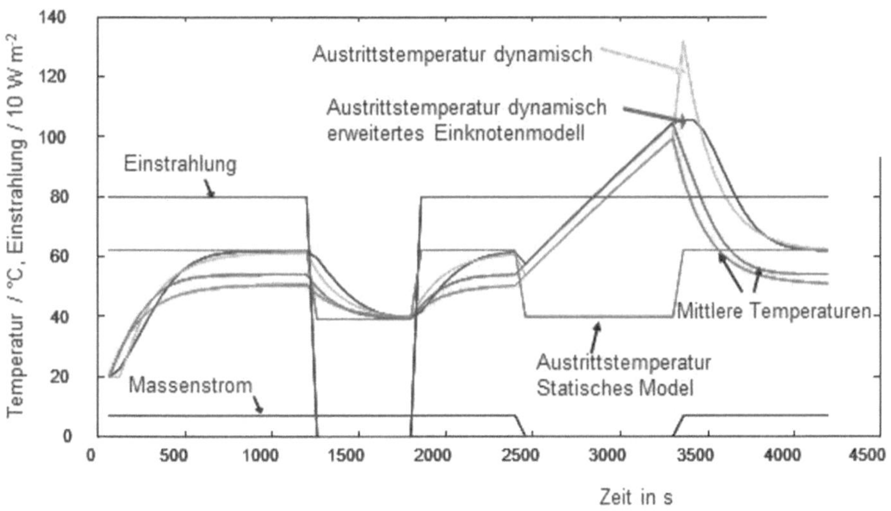

Bild 3-31: Vergleich des statischen und dynamische Kollektormodells

Der Unterschied beider Ansätze ist klar erkennbar. Das statische Modell springt bei Einstrahlungsänderungen sofort auf die stationäre Endtemperatur, während das dynamische Modell langsamere Temperaturänderungen aufweist. Ein Problem bei dem dynamischen Einknotenmodell sind jedoch Änderungen im Kollektormassenstrom. Wenn nach einer Pumpenabschaltung der Kollektormassenstrom wieder erhöht wird, steigt die Austrittstemperatur signifikant über die mittlere Fluidtemperatur an. Dieses unrealistische Verhalten wird durch die vereinfachte Annahme der mittleren Fluidtemperatur als arithmetischer Mittelwert aus Ein- und Austrittstemperatur verursacht ($T_{\mathrm{aus}} = 2T_{\mathrm{m}} - T_{\mathrm{ein}}$): Wird nach einem Stillstand mit hoher mittlerer Fluidtemperatur die neue Austrittstemperatur aus altem Fluidmittelwert und kalter Eintrittstemperatur berechnet, ergeben sich unrealistisch hohe Austrittstemperaturen.

Das Problem kann durch weitere Diskretisierung in Strömungsrichtung behoben werden. Der Kollektor wird dazu in gleich große Segmente unterteilt und die Segmenteintrittstemperatur jeweils aus der Austrittstemperatur des vorigen Elementes berechnet.

3.1.10.1 Temperaturverteilung des Absorbers und Wirkungsgradfaktor F′

Um die Umsetzung der absorbierten Einstrahlung in Nutzleistung zu bestimmen, muss der durch den Temperaturgradienten auf dem Blech verursachte Wärmestrom in Richtung Fluidröhre berechnet werden.

Die Temperaturverteilung auf dem Absorberblech quer zur Strömungsrichtung ist durch die Wärmeleitungseigenschaften des Bleches sowie den konvektiven Wärmeübergangskoeffizienten zwischen Blech und Fluid bestimmt. Die Berechnung der Temperaturverteilung erfolgt durch die Lösung der Energiebilanzgleichung für eine Stelle des Absorberblechs: Die absorbierte Einstrahlung $G\tau\alpha$ wird zum einen in Wärmeverluste zur Umgebung und zum anderen in einen Wärmestrom umgesetzt, der durch das Absorberblech in Richtung Fluidröhre geleitet wird. Nach dem Fourierschen Gesetz der Wärmeleitung ist dieser Wärmestrom an der Stelle x des Bleches $\dot{Q}\big|_x$ proportional zum Temperaturgradienten und zur Querschnittsfläche, die aus

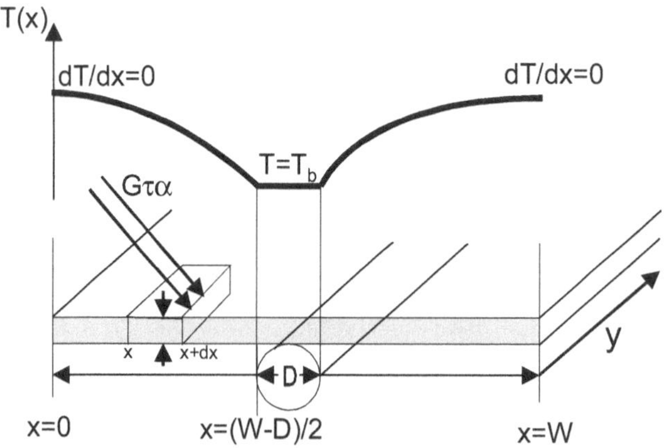

Bild 3-32: Geometrie des Absorberblechs mit Fluidröhre und Flächenelement für Leistungsbilanz.

der Blechdicke δ und der Einheitslänge $l = 1$ in Strömungsrichtung berechnet wird. Aufgrund der geringen Absorberblechdicke wird das Wärmeleitungsproblem nur eindimensional, nämlich entlang des Bleches, betrachtet.

Der Leistungsüberschuss zwischen absorbierter Einstrahlung und Wärmeverlusten führt zur einer Änderung des Temperaturgradienten innerhalb eines Flächenelementes $l\,dx$ und wird seitlich zu den Fluidröhren über die Querschnittsfläche $l\delta$ abgeführt. Über eine Taylorreihenentwicklung ergibt sich für die Differenz der Wärmeströme:

$$\dot{Q}\big|_x - \dot{Q}\big|_{x+dx} = \left(-\lambda(l\delta)\frac{dT}{dx}\right)\Bigg|_{x_0} - \left(-\lambda(l\delta)\frac{dT}{dx}\right)\Bigg|_{x_0 + \Delta x}$$

$$= -\lambda(l\delta)\left(\frac{dT}{dx}\bigg|_{x_0} - \left(\frac{dT}{dx}\bigg|_{x_0} + \frac{d^2T}{dx^2}\bigg|_{x_0} dx + ..\right)\right) = \lambda(l\delta)\frac{d^2T}{dx^2}\bigg|_{x_0} dx \tag{3.28}$$

Die Leistungsbilanz für das Flächenelement $l\,dx$ (mit Einheitslänge $l = 1$ in Strömungsrichtung y) des Absorberbleches lautet demnach:

$$G\tau\alpha(l dx) - U_t\left(T - T_o\right)(l dx) + \lambda(l\delta)\frac{d^2T}{dx^2} dx = 0$$

$$\Leftrightarrow G\tau\alpha - U_t\left(T - T_0\right) + \lambda\delta\frac{d^2T}{dx^2} = 0 \quad \left[\frac{\text{W}}{\text{m}^2}\right] \tag{3.29}$$

Daraus ergibt sich eine Differenzialgleichung zweiter Ordnung für das Temperaturfeld

$$\frac{d^2T}{dx^2} = \frac{U_t}{\lambda\delta}\left(T - T_0 - \frac{G\tau\alpha}{U_t}\right) \tag{3.30}$$

Als Nullpunkt der x-Achse wird der Mittelpunkt zwischen zwei Fluidröhren gewählt, an welchem die Temperatur maximal und der Temperaturgradient null ist (erste Randbedingung).

$$\frac{dT}{dx}\bigg|_{x=0} = 0 \tag{3.31}$$

Als zweite Randbedingung wird zunächst die Temperatur des Bleches über der Fluidröhre vorgegeben. Die Geometrie der Fluidröhre mit seitlichen Blechen entspricht einem klassischen Kühlkörper, bei welchem das Blech im Gegensatz zum Kollektor nicht der Wärmeaufnahme, sondern der Wärmeabfuhr dient. Die Temperatur über der Fluidröhre wird wie bei einem Kühlkörperproblem mit Basistemperatur T_b bezeichnet. Diese Temperatur kann nach Bestimmung der zur Röhre geleiteten Nutzenergie sowie der konvektiven Wärmeübertragung an das Fluid in einem zweiten Schritt wieder eliminiert werden.

$$T\big|_{x=(W-D)/2} = T_b \tag{3.32}$$

Die DGL lässt sich durch Substitution der Variablen $\Psi = T - T_0 - G\tau\alpha / U_t$ sowie durch die Verwendung der Konstanten $m = \sqrt{U_t / (\lambda\delta)}$ $[\text{m}^{-1}]$ lösen:

$$\frac{d^2\Psi}{dx^2} - m^2\Psi = 0 \tag{3.33}$$

mit den Randbedingungen

$$\left.\frac{d\Psi}{dx}\right|_{x=0} = 0 \tag{3.34}$$

$$\Psi\big|_{x=(W-D)/2} = T_\mathrm{b} - T_\mathrm{o} - \frac{G\tau\alpha}{U_\mathrm{t}} \tag{3.35}$$

und der allgemeinen Lösung

$$\Psi = C_1 \sinh(mx) + C_2 \cosh(mx) \tag{3.36}$$

Aus den Randbedingungen ergeben sich die Konstanten C_1 und C_2.

$$\left.\frac{d\Psi}{dx}\right|_{x=0} = C_1 m \underbrace{\cosh(0)}_{1} + C_2 m \underbrace{\sinh(0)}_{0} = 0 \qquad C_1 \quad 0 \tag{3.37}$$

$$\Psi\big|_{x=(W-D)/2} = \underbrace{C_1}_{0} \sinh(m(W-D)/2) + C_2 \cosh(m(W-D)/2) = T_\mathrm{b} - T_\mathrm{o} - \frac{G\tau\alpha}{U_\mathrm{t}}$$

$$\Rightarrow C_2 = \frac{T_\mathrm{b} - T_\mathrm{o} - \dfrac{G\tau a}{U_\mathrm{t}}}{\cosh(m(W-D)/2)} \tag{3.38}$$

Nach der Rücksubstitution erhält man für die Temperatur auf dem Absorberblech

$$T(x) = T_\mathrm{o} + \frac{G\tau\alpha}{U_\mathrm{t}} + \left(T_\mathrm{b} - T_\mathrm{o} - \frac{G\tau\alpha}{U_\mathrm{t}}\right)\frac{\cosh(mx)}{\cosh(m(W-D)/2)} \tag{3.39}$$

Aus der Temperaturverteilung lässt sich nun wiederum nach dem Fourierschen Gesetz die von beiden Blechseiten zur Fluidröhre geleitete Wärmemenge an der Stelle $x = (W{-}D)/2$ bestimmen. Da die Temperaturverteilung rechts und links der Fluidröhre symmetrisch ist, kann die einseitig berechnete Wärmemenge einfach verdoppelt werden. Der Wärmestrom wird mit $\dot{Q}_\mathrm{fin}$ (*fin* = Rippe) bezeichnet

$$\begin{aligned}
\dot{Q}_\mathrm{fin} &= 2 \times \left(-\lambda(l\delta)\left.\frac{dT}{dx}\right|_{x=(W-D)/2}\right) \\[2mm]
&= -2\lambda(l\delta)\left(T_\mathrm{b} - T_\mathrm{o} - \frac{G\tau\alpha}{U_\mathrm{t}}\right)\frac{\sinh(m(W-D)/2)}{\cosh(m(W-D)/2)} \times m \\[2mm]
&= 2\frac{\lambda(l\delta)m}{U_\mathrm{t}}\left(G\tau\alpha - U_\mathrm{t}(T_\mathrm{b} - T_\mathrm{o})\right)\tanh(m(W-D)/2) \\[2mm]
&= (W-D)l\left(G\tau\alpha - U_\mathrm{t}(T_\mathrm{b} - T_\mathrm{o})\right)\frac{\tanh(m(W-D)/2)}{m(W-D)/2}
\end{aligned} \tag{3.40}$$

wobei gemäß Definition $\dfrac{\lambda\delta m}{U_\mathrm{t}} = \dfrac{1}{m}$ verwendet wurde.

Der Kühlkörperwirkungsgrad F („fin efficiency") gibt das Verhältnis des tatsächlichen Wärmestroms $\dot{Q}_\mathrm{fin}$ nach Gleichung (3.23) zum idealen Wärmestrom $\dot{Q}_\mathrm{ideal} = (W-D)l\left(G\tau\alpha - U_\mathrm{t}(T_\mathrm{b} - T_\mathrm{o})\right)$ an, der sich ergibt, wenn das gesamte Blech auf der niedrigeren Basistemperatur mit entsprechend geringen Wärmeverlusten wäre.

$$F = \frac{\tanh\big(m(W-D)/2\big)}{m(W-D)/2} \tag{3.41}$$

$$\dot{Q}_{\text{fin}} = (W-D)lF\big(G\tau\alpha - U_{\text{t}}(T_{\text{b}} - T_{\text{o}})\big) \quad [\text{W}] \tag{3.42}$$

Zusätzlich zu dem an die Röhre geleiteten Wärmstrom $\dot{Q}_{\text{fin}}$ ist noch die über dem Außendurchmesser D der Röhre direkt absorbierte Einstrahlung zu betrachten.

$$\dot{Q}_{\text{Röhre}} = Dl\big(G\tau\alpha - U_{\text{t}}(T_{\text{b}} - TE)\big) \quad [\text{W}] \tag{3.43}$$

Die Summe dieser beiden Wärmemengen wird konvektiv an das Fluid übertragen und ergibt letztendlich die Nutzleistung pro Röhre in Strömungsrichtung an.

$$\dot{Q}_{\text{fin}} + \dot{Q}_{\text{Röhre}} = \big((W-D)F + D\big)l\big(G\tau\alpha - U_{\text{t}}(T_{\text{b}} - T_{\text{o}})\big) = \dot{Q}_{n(N=1)} \quad [W] \tag{3.44}$$

Der Wärmewiderstand zwischen Blech über der Fluidröhre mit Basistemperatur T_{b} und Fluid setzt sich aus dem konvektiven Anteil zwischen Rohrwand und Fluid mit Wärmeübergangswiderstand $1/h_{\text{fi}}$ bei einem Rohrinnendurchmesser D_{i} sowie aus dem Kontaktwiderstand zwischen Blech und Röhre zusammen. Der konvektive Wärmeübergangskoeffizient h_{fi} liegt bei laminarer Strömung etwa bei 100 W/m^2 K und nimmt Werte von 300-1000 W/m^2 K bei turbulenter Strömung an. Die effektive Kontaktleitfähigkeit wird aus der Leitfähigkeit des Kontaktmaterials, der Breite des Kontaktes b_{kon} sowie der Dicke d_{kon} bestimmt und ist bei heutigen Absorberkonstruktionen meist vernachlässigbar: $\lambda_{\text{kon,eff}} = \dfrac{\lambda_{\text{kon}}b_{\text{kon}}}{d_{\text{kon}}} \quad \dfrac{\text{W}}{\text{mK}}$.

$$\dot{Q}_{\text{n}(N=1)} = \frac{1}{\dfrac{1}{h_{\text{fi}}\pi D_{\text{i}}l} + \dfrac{1}{\lambda_{\text{kon,eff}}l}}(T_{\text{b}} - T_{\text{f}}) \quad [\text{W}] \tag{3.45}$$

Die Basistemperatur kann jetzt durch Gleichsetzen der Nutzleistung aus Gleichung (3.27) eliminiert werden und die Nutzleistung [W] einer Absorberröhre (Anzahl $N = 1$) für die Einheitsströmungslänge l als Funktion der lokalen Fluidtemperatur dargestellt werden.

$$\dot{Q}_{\text{n}(N=1)} = \frac{1/U_{\text{t}}}{\dfrac{1}{h_{\text{fi}}\pi D_{\text{i}}l} + \dfrac{1}{\lambda_{\text{kon,eff}}l} + \dfrac{1}{\big((W-D)F + D\big)U_{\text{t}}l}} \big(G\tau\alpha - U_{\text{t}}(T_{\text{f}} - T_{\text{o}})\big) \tag{3.46}$$

3.1.10.2 Kollektorwirkungsgradfaktor F´

Der von Duffie-Beckmann eingeführte Kollektorwirkungsgradfaktor F' ist das Verhältnis von Wärmewiderständen aus Gleichung (3.45), welches sich durch Normierung auf die Fläche eines Absorberstreifens mit Breite W und Einheitslänge $l = 1$ ergibt:

$$F' = \frac{1/U_{\text{t}}}{W\left[\dfrac{1}{h_{\text{fi}}\pi D_{\text{i}}} + \dfrac{1}{\lambda_{\text{kon,eff}}} + \dfrac{1}{\big((W-D)F + D\big)U_{\text{t}}}\right]} \tag{3.47}$$

Der Wirkungsgradfaktor gibt das Verhältnis aus der tatsächlichen Nutzleistung zu der höheren Nutzleistung an, die sich für ein Absorberblech auf der niedrigen Fluidtemperatur ergeben würde (mit entsprechend geringeren Wärmeverlusten).

$$\dot{Q}_{n(N=1)} = Wl\,F'\big(G\tau\alpha - U_t\left(T_f - T_o\right)\big) \quad [\text{W}] \tag{3.48}$$

3.1.10.3 Wärmeabfuhrfaktor F_R

Die bisher berechnete Nutzenergie beschreibt die Wärmezufuhr vom Absorberblech an das Fluid an einer Stelle y des Kollektors. Diese Wärmezufuhr führt zu einer lokalen Temperaturerhöhung des Fluids, die vom Massenstrom durch die Fluidröhre abhängt.

Die Berechnung der Temperaturerhöhung über die komplette Kollektorlänge ermöglicht dann die Berechnung der aus dem Kollektor abgeführten Nutzleistung.

Für eine Absorberröhre ergibt sich folgende Leistungsbilanz für einen Gesamtmassenstrom durch den Kollektor $\dot{m}$, d. h. einen Massenstrom pro Röhre von $\dot{m}/N$:

$$\frac{\dot{m}}{N}\,c_p\,\frac{dT_f}{dy} - WF'\big(G\tau\alpha - U_t\left(T_f - T_o\right)\big) = 0 \tag{3.49}$$

mit der Randbedingung

$$T_f\big|_{y=0} = T_{f,in} \tag{3.50}$$

Die Differenzialgleichung wird durch Substitution

$$\Psi = G\tau\alpha - U_t\left(T_f - T_o\right) \tag{3.51}$$

und Trennung der Variablen gelöst:

$$\frac{d\Psi}{\Psi} = -U_t\,\frac{NWF'}{\dot{m}c_p}\,dy \tag{3.52}$$

$$\Psi = C_1 \exp\left(-\frac{U_t NWF'}{\dot{m}c_p}\,y\right) \tag{3.53}$$

Aus der Randbedingung ergibt sich

$$\Psi\big|_{y=0} = C_1 = G\tau\alpha - U_t\left(T_{f,in} - T_o\right) \tag{3.54}$$

und somit für die Fluidtemperatur an einer beliebigen Stelle y in Strömungsrichtung:

$$T_f(y) = T_o + \frac{G\tau\alpha}{U_t} + \left(\left(T_{f,in} - T_o\right) - \frac{G\tau\alpha}{U_t}\right)\,\exp\left(-\frac{U_t NWF'}{\dot{m}c_p}\,y\right) \tag{3.55}$$

Um die Fluidausgangstemperatur zu bestimmen, wird für y die Kollektorlänge L eingesetzt. Das Produkt aus Röhrenanzahl N, Absorberstreifenbreite W und Kollektorlänge L entspricht dabei der Kollektorfläche A.

$$T_{f,aus} = T_o + \frac{G\tau\alpha}{U_t} + \left(\left(T_{f,ein} - T_o\right) - \frac{G\tau\alpha}{U_t}\right)\,\exp\left(-\frac{U_t F'A}{\dot{m}c_p}\right) \tag{3.56}$$

Die Nutzleistung des Kollektors $\dot{Q}_n$ ist somit als Funktion der Fluideinlasstemperatur, der Umgebungstemperatur sowie der Einstrahlung analytisch darstellbar.

$$\dot{Q}_n = \dot{m}c_p\left(T_{f,aus} - T_{f,ein}\right)$$

$$= \dot{m}c_p\left(T_0 + \frac{G\tau\alpha}{U_t} + \left(\left(T_{f,ein} - T_0\right) - \frac{G\tau\alpha}{U_t}\right) \; \exp\left(-\frac{U_t F'A}{\dot{m}c_p}\right) - T_{f,ein}\right)$$

$$= \left(\frac{\dot{m}c_p}{U_t} + \dot{m}c_p \frac{\left(\left(T_{f,ein} - T_0\right) - \dfrac{G\tau\alpha}{U_t}\right) \; \exp\left(-\dfrac{U_t F'A}{\dot{m}c_p}\right)}{G\tau\alpha - U_t\left(T_{f,ein} - T_0\right)}\right)\left(G\tau\alpha - U_t\left(T_{f,ein} - T_0\right)\right) \tag{3.57}$$

$$= \left(\frac{\dot{m}c_p}{U_t}\left(1 - \exp\left(-\frac{U_t F'A}{\dot{m}c_p}\right)\right)\right)\left(G\tau\alpha - U_t\left(T_{f,ein} - T_0\right)\right)$$

Der auf die Kollektorfläche A normierte erste Term der Gleichung wird nach Duffie-Beckmann als Wärmeabfuhrfaktor F_R bezeichnet. Er gibt das Verhältnis der tatsächlichen Nutzleistung zur erzielbaren Nutzleistung an, wenn der komplette Absorber auf der kalten Fluideingangstemperatur wäre.

$$F_R = \frac{\dot{m}c_p}{AU_t}\left(1 - \exp\left(-\frac{U_t F'A}{\dot{m}c_p}\right)\right) \tag{3.58}$$

Der Massenstrom- und über den Kollektorwirkungsgradfaktor geometrieabhängige Wärmeabfuhrfaktor führt zu einer einfachen Nutzleistungsgleichung:

$$\dot{Q}_n = AF_R\left(G\tau\alpha - U_t\left(T_{f,ein} - T_0\right)\right) \tag{3.59}$$

Der thermische Wirkungsgrad wird durch das Verhältnis aus Nutzleistung pro Quadratmeter Kollektorfläche und Einstrahlung bestimmt.

$$\eta = \frac{\dot{Q}_n / A}{G} \tag{3.60}$$

Die mittlere Fluidtemperatur des Kollektors erhält man durch Integration der Fluidtemperatur nach Gleichung (3.61) über die Kollektorlänge

$$\overline{T}_f = \frac{1}{L}\int_0^L T_f\left(y\right)dy = T_{f,in} + \frac{\dot{Q}_n\left(1 - \dfrac{F_R}{F'}\right)}{AF_R U_t} \tag{3.61}$$

Die mittlere Absorbertemperatur erhält man durch Gleichsetzen der Nutzleistungsgleichung als Funktion der Eingangstemperatur und als Funktion der mittleren Absorbertemperatur:

$$\overline{T}_a = T_{f,ein} + \frac{\dot{Q}_n / A}{U_t F_R}\left(1 - F_R\right) \tag{3.62}$$

Beispiel 7:

Berechnung der Nutzleistung und Temperaturen eines thermischen Flachkollektors bei $G = 800$ W/m^2, T_0 = 10 °C und einer Eintrittstemperatur in den Kollektor $T_{f,in}$ aus dem unteren Speicherbereich von 30 °C. Um den Einfluss des Massenstroms auf die Nutzleistung und die Temperaturverhältnisse darzustellen, soll die Berechnung für eine Low-Flow-Anlage mit $\dot{m} = 10$ kg/m^2 h sowie für eine Standardanlage mit $\dot{m} = 50$ kg/m^2 h durchgeführt werden.

Vorgegeben sind der optische Wirkungsgrad $\eta_0 = \tau\alpha = 0.9 \times 0.9 = 0.81$ sowie der gesamte Wärmeverlust U_t mit 4 W/m^2 K.

Die Daten des Kollektors sind wie folgt:

Breite des Absorberstreifens W	15 cm
Länge des Absorberstreifens L	2.5 m
Rohrdurchmesser außen D (DN8, 1 mm Wandstärke)	8 mm
Wärmeleitfähigfähigkeit Absorberblech λ_{Kupfer}	385 W/mK
Blechdicke δ	0.5 mm
Kontaktwiderstand $1/\lambda_{kon,eff}$	0
Wärmeübergangskoeffizient h_{fi}	1000 W/m^2 K

Berechnungen:

Kühlkörperwirkungsgrad $\quad F = 0.966 \quad$ mit $\quad m = \sqrt{\dfrac{U_t}{\lambda\delta}} = 4.56 \quad$ m^{-1}

Wirkungsgradfaktor F' : $\quad F' = \dfrac{1/4}{0.15\left(0.053 + 1.722\right)} = 0.94$

Der Wirkungsgradfaktor F' ist nur geometrieabhängig und im Wesentlichen von den Abmessungen sowie dem Kühlkörperwirkungsgrad F bestimmt.

Wärmeabfuhrfaktor F_R:

$$F_R\Big|_{\dot{m}=10\frac{kg}{m^2h}} = 2.9\left(1 - \exp\left(-0.94 / 2.9\right)\right) = 0.8$$

$$F_R\Big|_{\dot{m}=50\frac{kg}{m^2h}} = 14.5\left(1 - \exp\left(-0.94 / 14.5\right)\right) = 0.91$$

Der Wärmeabfuhrfaktor F_R ist massenstromabhängig.

Nutzleistung:

$$\frac{\dot{Q}_n}{A}\Bigg|_{\dot{m}=10\frac{kg}{m^2h}} = 0.8\left(800 \times 0.81 - 4\left(30 - 10\right)\right) = 454.4\,\frac{W}{m^2}$$

$$\frac{\dot{Q}_n}{A}\Bigg|_{\dot{m}=50\frac{kg}{m^2h}} = 516.9\,\frac{W}{m^2}$$

Die Nutzleistung sowie der Wirkungsgrad verbessert sich mit steigendem Massenstrom. Bei den typischen Durchströmungsverhältnissen von Kollektoren zwischen 10 und 50 kg/m^2 h variiert der Wirkungsgrad um 12 %.

Wirkungsgrad:
$$\eta\big|_{\dot{m}=10\frac{\text{kg}}{\text{m}^2\text{h}}} = 0.57$$
$$\eta\big|_{\dot{m}=50\frac{\text{kg}}{\text{m}^2\text{h}}} = 0.64$$

Austrittstemperatur: $\quad T_{f,out} = 69°C \quad (39°C)$

Der Vorteil der geringeren Massenströme zeigt sich vor allem in der Austrittstemperatur. Bei einmaliger Durchströmung wird bei der Low-Flow Anlage eine Temperaturerhöhung von 39 K erreicht, bei den höheren Durchflüssen nur von 9 K.

Mittlere Fluidtemperatur: $\quad \overline{T_f} = 51.1°C \quad (31.5°C)$

Mittlere Absorbertemperatur: $\quad \overline{T_a} = 58.4°C \quad (42.8°C)$

Zwischen mittlerer Absorbertemperatur und mittlerer Fluidtemperatur existiert ein Temperaturunterschied von 7.3 bzw. 8.3 K.

3.1.10.4 Wärmeverluste thermischer Kollektoren

Die auf dem Markt verfügbaren thermischen Kollektoren werden heute fast ausschließlich mit einer einzelnen oder sogar ohne transparente Abdeckung ausgeführt. Der Wärmedurchgangskoffizient zwischen Absorber und Umgebungsluft über die Kollektorvorderseite (U_f) kann nicht als konstant angesetzt werden, da der Temperaturbereich des Absorbers einen wesentlich größeren Wertebereich umfasst als im Bauwesen übliche Temperaturen.

Für jede gegebene Absorbertemperatur sollten daher iterativ die konvektiven und Strahlungs-Wärmeübergangskoeffizienten berechnet werden und der U_f-Wert der Vorderseite bestimmt werden. Die Wärmedurchgangskoeffizienten durch die gedämmte Kollektorrückseite U_b sowie Seitenwände U_s können dagegen als konstant betrachtet und aus Schichtdicke s [m], Wärmeleitfähigkeit λ [W/mK] des Dämmmaterials sowie dem äußeren Wärmeübergangswiderstand $1/h_a$ [m^2 K/W] zwischen Wärmedämmplatte und Umgebung berechnet werden.

$$U_b = U_s = \left(\frac{s}{\lambda} + \frac{1}{h_a}\right)^{-1} \tag{3.63}$$

Der äußere Wärmeübergangswiderstand setzt sich aus einem Strahlungs- und einem konvektiven, windgeschwindigkeitsabhängigen Anteil zusammen ($1/h_a=1/(h_c+h_r)$). Da die Temperaturen der Außenseite der Wärmedämmung jedoch wenig schwanken, ist es völlig ausreichend, mit dem im Bauwesen üblichen Normwert des äußeren Wärmeübergangswiderstandes von $1/h_a = 0.04$ m^2 K/W zu rechnen.

Werden alle Wärmedurchgangskoeffizienten vom Absorber aus gegen Umgebungstemperatur berechnet, so können die parallel liegenden Wärmedurchgangskoeffizienten zum Gesamtverlustkoeffizienten U_t addiert werden. Die Verluste durch die Kollektorseiten mit der geringen Seitenwandfläche A_s werden dabei auf die Aperturfläche des Kollektors A bezogen.

$$U_t = U_f + U_b + U_s \frac{A_s}{A} \tag{3.64}$$

Wärmedurchgangskoeffizient der transparenten Abdeckung U_f

Der Wärmedurchgangskoeffizient der transparenten Abdeckung setzt sich aus der Summe der Wärmewiderstände zwischen Absorber und Umgebung zusammen. Die Wärmewiderstände zwischen Absorber und Verglasung R_{a-g} sowie zwischen Verglasung und Umgebung R_{g-o}

werden aus den parallel liegenden Wärmeübergängen für Konvektion h_c und Strahlung h_r berechnet.

$$R_{a-g} = \frac{1}{h_{c,a-g} + h_{r,a-g}} \qquad R_{g-o} = \frac{1}{h_{c,g-o} + h_{r,g-o}} \qquad (3.65)$$

$$U_f = \frac{1}{R_{a-g} + R_{g-o}} \qquad (3.66)$$

Die temperaturabhängigen Wärmeübergangskoeffizienten werden zunächst unter Annahme einer Abdeckscheibentemperatur T_g berechnet. Da der Wärmestrom $\dot{Q}_f$ über die Kollektorvorderseite zwischen Absorber und Umgebung,

$$\frac{\dot{Q}_f}{A} = U_f\left(T_a - T_o\right) \qquad (3.67)$$

gleich dem Wärmestrom zwischen Absorber und Abdeckung

$$\frac{\dot{Q}_{a \to g}}{A} = \left(h_{c,a-g} + h_{r,a-g}\right)\left(T_a - T_g\right) \qquad (3.68)$$

ist, kann durch Gleichsetzen der Wärmeströme eine neue Abdecktemperatur berechnet werden.

$$\frac{\dot{Q}_f}{A} = U_f\left(T_a - T_o\right) = \left(h_{c,a-g} + h_{r,a-g}\right)\left(T_a - T_g\right) = \frac{\dot{Q}_{a \to g}}{A}$$

$$\Rightarrow T_g = T_a - \frac{U_f\left(T_a - T_o\right)}{\left(h_{c,a-g} + h_{r,a-g}\right)} \qquad (3.69)$$

Im Folgenden werden die Bestimmungsgleichungen für die erforderlichen Wärmeübergangskoeffizienten diskutiert.

Wärmeübergangskoeffizienten für Strahlung h_r

Nach dem Stefan-Boltzmann-Gesetz wird von einer diffus strahlenden schwarzen Oberfläche A_1 [m^2] mit Emissionskoeffizient $\varepsilon = 1$ die Strahlungsleistung

$$\dot{Q}_1 = A_1 \sigma T_1^4 \qquad (3.70)$$

in den Halbraum ausgesandt, wobei die Stefan-Boltzmann-Konstante $\sigma = 5.67 \times 10^{-8}$ W/m^2 K^4 ist. Ein Teil Φ_{12} dieser Strahlungsleistung wird von einer beliebig im Raum angeordneten zweiten schwarzen Fläche A_2 absorbiert. A_2 sendet ihrerseits Strahlung als Funktion der Temperatur T_2 aus mit $\dot{Q}_2 = A_2 \sigma T_2^4$, von der die erste Fläche einen Teil Φ_{21} absorbiert. Der Nettostrahlungsaustausch $\dot{Q}$ zwischen den Flächen A_1 und A_2 ergibt sich aus der Differenz der an die jeweils andere Fläche ausgestrahlten und der zurückkommenden Strahlung.

$$\dot{Q} = \dot{Q}_{1 \to 2} - \dot{Q}_{2 \to 1} = \underbrace{\Phi_{12} A_1 \sigma T_1^4}_{\text{Ausstrahlung } A_1 \text{ an } A_2} - \underbrace{\Phi_{21} A_2 \sigma T_2^4}_{\text{Austrahlung } A_2 \text{ an } A_1} \qquad (3.71)$$

Da beide Flächen als schwarze Strahler definiert wurden mit Absorptions- und Emissionskoeffizienten von eins, findet keinerlei Reflexion der Strahlung an den Oberflächen statt.

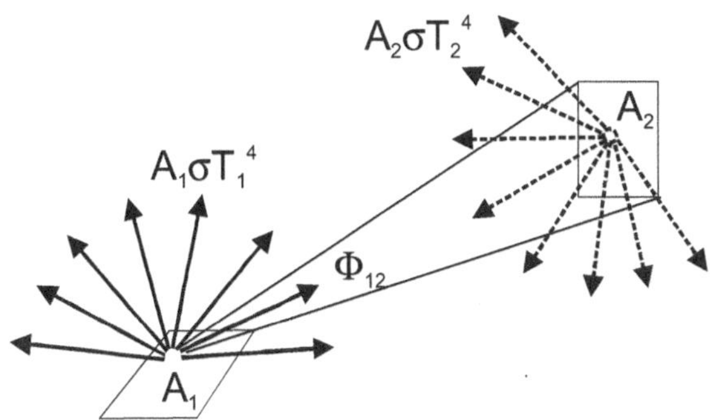

Bild 3-32: Strahlungsfluss von einem kleinen (differenziellen) Flächenelement A_1 mit Temperatur T_1 zum Flächenelement A_2, welches den Anteil Φ_{12} absorbiert und seinerseits Strahlung aussendet.

Sind die beiden Flächen auf gleicher Temperatur, ist der Netto-Strahlungswärmeaustausch gleich null und man erhält die Reziprozitätsbedingung für die Einstrahlzahlen Φ_{12} und Φ_{21}:

$$\Phi_{12} A_1 = \Phi_{21} A_2 \tag{3.72}$$

Der Wärmestrom durch Strahlungsaustausch zwischen zwei schwarzen Strahlern ist somit gegeben durch:

$$\dot{Q} = \Phi_{12} A_1 \sigma \left(T_1^{\,4} - T_2^{\,4} \right) = \Phi_{21} A_2 \sigma \left(T_1^{\,4} - T_2^{\,4} \right) \tag{3.73}$$

Die Einstrahlzahlen Φ_{ij} als geometrisches Verhältnis der Teilfläche A_j, die Strahlung erhält, zum gesamten Halbraum, in den eingestrahlt wird, sind im Allgemeinen komplizierte Funktionen der Flächengeometrie. Nur in den Fällen, wo die komplette ausgesandte Strahlung von der zweiten Fläche absorbiert werden kann, sind die Einstrahlzahlen leicht zu ermitteln.

Für die Berechnung der Wärmeübergänge im Solarkollektor sind zwei Fälle von besonderer Bedeutung: der Strahlungsaustausch zwischen zwei planparallelen Platten (Absorber und transparente Abdeckung) sowie der Strahlungsaustausch zwischen planer Abdeckung und dem Himmelshalbraum.

Wird bei den planparallelen Platten näherungsweise angenommen, dass diese unendlich ausgedehnt sind, wird der gesamte Strahlungsfluss von Fläche A_1 von der Fläche A_2 absorbiert und umgekehrt, d. h. $\Phi_{12} = \Phi_{21} = 1$.

Beim Strahlungsaustausch einer planen Fläche mit dem Himmelshalbraum wird die von der Fläche A_1 emittierte Strahlung komplett vom Himmelshalbraum empfangen, d. h. $\Phi_{12} = 1$. Umgekehrt ist der Anteil, den die kleine Fläche A_1 von der Gesamtstrahlung des Himmelshalbraumes sieht, sehr klein. Nach der Reziprozitätsbedingung aus Gleichung (3.42) ist hier $\Phi_{21} = A_1 / A_2 \approx 0 \quad$ für $A_1 \ll A_2$.

Normalerweise ist der Emissions- bzw. Absorptionskoeffizient von Flächen kleiner Eins (graue Strahler), sodass die von der zweiten Fläche empfangene Strahlung mit $(1 - \varepsilon_2) = (1 - \alpha_2)$ teilweise rückreflektiert wird und wiederum von Fläche A_1 mit ε_1 absorbiert und mit $(1 - \varepsilon_1)$ rückreflektiert werden kann usw.

Um eine Strahlungsenergiebilanz für die Fläche A_1 zu erstellen, muss von der ausgestrahlten Energiemenge $\dot{Q}_1$ die von Fläche A_2 zurückreflektierte und von A_1 wieder absorbierte Strahlung $\dot{Q}_{1\rightarrow2\rightarrow1}$ abgezogen werden. Weiterhin muss die von Fläche A_2 ausgesandte und von A_1

absorbierte Strahlung $\dot{Q}_{2\rightarrow1}$ als Energiegewinn gewertet werden. Diese Bilanz soll für den einfachen Fall planparalleler Platten mit Einstrahlzahl *1* betrachtet werden.

Für die von der Fläche A_1 ausgehende Strahlung mit Intensität $\dot{Q}_1$ kommt bei einer Einstrahlzahl von *1* folgende Wärmemenge zurück:

$$\frac{\dot{Q}_{1\rightarrow2\rightarrow1}}{\dot{Q}_1} = \underbrace{(1-\varepsilon_2)}_{\text{Erste Reflexion an } A_2} \times \underbrace{\varepsilon_1}_{\text{Absorption von } A_1} + \underbrace{(1-\varepsilon_2)(1-\varepsilon_1)}_{\text{erste Rückreflexion von } A_1} \times \underbrace{(1-\varepsilon_2)\varepsilon_1}_{\text{Zweiter von } A_2 \text{ refl. und von } A_1 \text{ abs. Anteil}}$$

$$+(1-\varepsilon_2)(1-\varepsilon_1)(1-\varepsilon_2)\underbrace{(1-\varepsilon_1)}_{\text{Zweite Refl. von } A_1} \times \underbrace{(1-\varepsilon_2)\varepsilon_1}_{\text{Dritter von } A_2 \text{ refl. und von } A_1 \text{ abs. Anteil}} +\ldots \tag{3.74}$$

$$= (1-\varepsilon_2)\varepsilon_1\left(1+(1-\varepsilon_2)(1-\varepsilon_1)+((1-\varepsilon_2)(1-\varepsilon_1))^2+..\right) = \frac{(1-\varepsilon_2)\varepsilon_1}{1-(1-\varepsilon_2)(1-\varepsilon_1)}$$

Zusätzlich sendet die Fläche A_2 die Intensität $\dot{Q}_2$ aus, von der die Fläche A_1 einen Anteil ε_1 absorbiert und $(1-\varepsilon_1)$ reflektiert. Nach Mehrfachreflexionen ergibt sich die unendliche Reihe der von A_1 absorbierten Strahlung

$$\frac{\dot{Q}_{2\rightarrow1}}{\dot{Q}_2} = \varepsilon_1 + (1-\varepsilon_1)(1-\varepsilon_2)\varepsilon_1 +\ldots = \frac{\varepsilon_1}{1-(1-\varepsilon_1)(1-\varepsilon_2)} \tag{3.75}$$

Die Energiebilanz der Fläche A_1 ergibt also für den Strahlungsaustausch zwischen planparallelen Platten mit $A_1=A_2$ und $\Phi_{12}=\Phi_{21}=1$:

$$\dot{Q}_{1,\text{netto}} = \dot{Q}_1 - \dot{Q}_{1\rightarrow2\rightarrow1} - \dot{Q}_{2\rightarrow1}$$

$$= \dot{Q}_1 - \dot{Q}_1\frac{(1-\varepsilon_2)\varepsilon_1}{1-(1-\varepsilon_2)(1-\varepsilon_1)} - \dot{Q}_2\frac{\varepsilon_1}{1-(1-\varepsilon_2)(1-\varepsilon_1)}$$

$$= \frac{\dot{Q}_1\varepsilon_2 - \dot{Q}_2\varepsilon_1}{\varepsilon_1+\varepsilon_2-\varepsilon_1\varepsilon_2}$$

$$= \frac{\varepsilon_1\sigma A_1 T_1^4\varepsilon_2 - \varepsilon_1\varepsilon_2\sigma A_2 T_2^4}{\varepsilon_1+\varepsilon_2-\varepsilon_1\varepsilon_2} = \frac{1}{\dfrac{1}{\varepsilon_2}+\dfrac{1}{\varepsilon_1}-1}\sigma A\left(T_1^4-T_2^4\right) \tag{3.76}$$

Diese Wärmestromgleichung wird durch Ausklammern der Temperaturdifferenz T_1-T_2 linearisiert und somit der Wärmeübergangskoeffizient für Strahlung h_r festgelegt.

$$\dot{Q} = h_r A\left(T_1 - T_2\right) \tag{3.77}$$

$$h_r = \frac{\sigma}{1/\varepsilon_1 + 1/\varepsilon_2 - 1}\left(T_1^2 + T_2^2\right)\left(T_1 + T_2\right) \tag{3.78}$$

Für die Berechnung des Strahlungsaustauschs zwischen Absorber mit Temperatur T_a und Verglasung mit Temperatur T_g wird $T_1=T_a$ und $T_2=T_g$ gesetzt.

Die langwelligen Emissionskoeffizienten von schwarzer Absorberfarbe liegen typisch bei 95 %, die von Glas bei 88 %. Die Emissivitäten lassen sich reduzieren, wenn eine solarstrahlungsabsorbierende Beschichtung auf ein Substrat mit geringem Emissionskoeffizienten – beispielsweise ein Metall – aufgebracht wird.

Sind eine oder mehrere Einstrahlzahlen ϕ_{ij} ungleich eins, müssen die Energiebilanzen entsprechend modifiziert werden. Dieses soll am Beispiel des Strahlungsaustausches einer Fläche gegen den Himmelshalbraum analysiert werden.

Die von der Fläche A_1 ausgesandte Strahlung $\dot{Q}_1 = \varepsilon_1 \sigma A_1 T_1^4$ trifft auf den Himmelshalbraum mit Einstrahlzahl $\phi_{12}=1$ und wird mit $(1-\varepsilon_2)$ reflektiert. Auf die Fläche A_1 trifft nun jedoch nur ein Bruchteil der vom Himmel reflektierten Einstrahlung, nämlich $\phi_{21}=A_1/A_2$. Die unendliche Reihe der von A_1 reabsorbierten Strahlung wird dadurch folgendermaßen modifiziert:

$$\frac{\dot{Q}_{1 \to 2 \to 1}}{\dot{Q}_1} = \underbrace{(1-\varepsilon_2)}_{\text{1. Refl. von A}_2} \underbrace{\frac{A_1}{A_2}\varepsilon_1}_{\text{1. Abs. von A}_1} + \underbrace{(1-\varepsilon_2)}_{\text{1. Refl. von A}_2} \underbrace{\left(1 - \frac{A_1}{A_2}\varepsilon_1\right)}_{\text{1. Refl. von A}_1} \underbrace{(1-\varepsilon_2)}_{\text{2. Refl. von A}_2} \underbrace{\frac{A_1}{A_2}\varepsilon_1}_{\text{2. Abs. von A}_1} + ..$$

$$= \frac{(1-\varepsilon_2)\varepsilon_1 \dfrac{A_1}{A_2}}{1-(1-\varepsilon_2)\left(1-\dfrac{A_1}{A_2}\varepsilon_1\right)}$$

$$(3.79)$$

Analog hierzu wird die von A_2 an A_1 ausgesandte Strahlung durch den Faktor A_1/A_2 modifiziert.

$$\frac{\dot{Q}_{2 \to 1}}{\dot{Q}_2} = \frac{\varepsilon_1 \dfrac{A_1}{A_2}}{1-\left(1-\dfrac{A_1}{A_2}\varepsilon_1\right)(1-\varepsilon_2)} \tag{3.80}$$

Der Nettostrahlungsfluss von Fläche A_1 ist somit gegeben durch:

$$\dot{Q}_{1,netto} = \frac{1}{\dfrac{A_1}{A_2}\dfrac{1}{\varepsilon_2} + \dfrac{1}{\varepsilon_1} - \dfrac{A_1}{A_2}} \sigma A_1 \left(T_1^4 - T_2^4\right) \tag{3.81}$$

woraus sich Gleichung (3.46) als Spezialfall für gleiche Flächen $A_1=A_2$ ergibt. Ist die Fläche A_1 sehr viel kleiner als die Fläche A_2, so vereinfacht sich Gleichung (3.51) zu:

$$\dot{Q}_{1,netto} \approx \varepsilon_1 \sigma A_1 \left(T_1^4 - T_2^4\right) \quad \text{für } A_1 \ll A_2 \tag{3.82}$$

Wird die Himmelstemperatur mit T_h bezeichnet ($T_2=T_h$), so erhält man für den Wärmeübergangskoeffizienten zwischen Abdeckung ($T_1=T_g$) und Himmel:

$$h_r = \sigma \varepsilon_1 \left(T_g^2 + T_h^2\right)\left(T_g + T_h\right) \tag{3.83}$$

Um die Wärmeströme wie üblich über die Temperaturdifferenz zwischen Abdeckung T_g und Umgebungstemperatur T_0 berechnen zu können, wird der Wärmeübergangskoeffizient für Strahlung auf diese Temperaturdifferenz normiert.

$$h_r = \sigma \varepsilon_1 \left(T_g^2 + T_h^2\right)\left(T_g + T_h\right)\frac{\left(T_g - T_h\right)}{\left(T_g - T_0\right)} \tag{3.84}$$

Konvektive Wärmeübergangskoeffizienten h_c

Konvektive Wärmeübergänge treten in Form natürlicher Konvektion zwischen Absorber und transparenter Abdeckung sowie als erzwungene Konvektion durch Windkräfte zwischen Abdeckung und Umgebung auf.

Die charakteristische Kenngröße für den konvektiven Wärmeübergang ist immer die Nußeltzahl *Nu*, aus welcher die konvektiven Wärmeübergangskoeffizienten als Funktion einer charakteristischen Länge *L* sowie der Wärmeleitfähigkeit λ der Luft berechnet werden kann.

$$Nu = \frac{h_\mathrm{c}L}{\lambda} \tag{3.85}$$

Freie Konvektion in einer stehenden Luftschicht

In einer stehenden Luftschicht zwischen planparallelen Platten wird als charakteristische Länge *L* für die Berechnung von h_c der Plattenabstand *d* verwendet.

Für die Berechnung der Nußeltzahl existieren eine Reihe von empirischen Korrelationen für Flachkollektorgeometrien mit einem Temperaturgradienten ΔT zwischen Absorber und Abdeckung und verschiedenen Kollektorneigungswinkeln β. Nach Hollands kann folgende Gleichung bis zu Kollektorneigungswinkeln von 75° verwendet werden, für Neigungswinkel größer 75° wird der Funktionswert von 75° beibehalten.

$$Nu = 1 + 1.44 \left[1 - \frac{1708 \left(\sin 1.8\beta \right)^{1.6}}{Ra \cos \beta} \right]^{+} \left[1 - \frac{1708}{Ra \cos \beta} \right]^{+} + \left[\left(\frac{Ra \cos \beta}{5830} \right)^{1/3} - 1 \right]^{+} \tag{3.86}$$

Das Pluszeichen des Klammerausdrucks bedeutet, dass nur positive Ergebnisse verwendet werden sollen, bei negativen Klammerausdrücken wird der Term null gesetzt. Die Rayleighzahl beschreibt den Auftrieb durch die thermisch bedingten Dichteunterschiede und ist durch das Produkt aus Grashof (*Gr*)- und Prandtlzahl (*Pr*) gegeben:

$$Ra = Gr\,Pr = \frac{g\beta'\Delta TL^3}{v^2} \times \frac{v\rho c_p}{\lambda} = \frac{g\beta'\Delta TL^3}{va} \tag{3.87}$$

mit

g	Gravitationskonstante [m/s^2]
$\beta'=1/T$	Volumenausdehnungskoeffizient idealer Gase [K^{-1}]
ΔT	Temperaturdifferenz zwischen den Platten [K]
L	charakteristische Länge, hier Plattenabstand d[m]
v	kinematische Viskosität [m^2/s]
$a = \lambda/\rho\,c_\mathrm{p}$	Temperaturleitfähigkeit [m^2/s]

Erzwungene Konvektion durch Windkräfte

Der konvektive Wärmestrom an der Glasabdeckung eines Kollektors ist hauptsächlich durch Windkräfte, d. h. erzwungene Konvektion, verursacht. Ein geringerer Anteil entsteht durch freie Konvektion zwischen Scheiben- und Umgebungstemperatur. Eine gute Näherung ist durch folgende Überlagerung beider Wärmeübergangskoeffizienten gegeben:

$$h_\mathrm{c} = \sqrt[3]{h_{\mathrm{c,w}}^3 + h_{\mathrm{c,frei}}^3} \tag{3.88}$$

Der erzwungene Konvektionsübergangskoeffizient $h_{c,w}$ wird aus einer Nußeltkorrelation für eine längsangeströmte ebene Platte mit turbulenter Grenzschicht nach dem VDI-Wärmeatlas berechnet.

$$Nu_{turb} = \frac{0.037\,Re^{0.8}\,Pr}{1 + 2.443\,Re^{-0.1}\left(Pr^{\frac{2}{3}} - 1\right)} \Rightarrow h_{c,w} = \frac{Nu_{turb}\,\lambda}{L} \tag{3.89}$$

Die Reynoldszahl ergibt sich aus der Windgeschwindigkeit v_w und der überströmten Plattenlänge L aus $Re = v_w L\,/\,\nu$. Für die Stoffwerte ν, ρ, λ, c_p wird die Temperatur der Umgebungsluft verwendet. Der Wärmeübergangskoeffizient $h_{c,w}$ wird ebenfalls mit der Plattenlänge L als charakteristische Länge berechnet.

Für die Berechnung des freien Konvektionsanteils muss die Glastemperatur T_g sowie die Umgebungstemperatur T_0 bekannt sein.

$$h_{c,frei} = 1.78\left(T_g - T_0\right)^{1/3} \quad Wm^{-2}K^{-1} \tag{3.90}$$

Ein vereinfachter Ansatz berücksichtigt lediglich die Windgeschwindigkeit, sodass

$$h_{c,w} = 4.214 + 3.575\,V_w \tag{3.91}$$

Beispiel 8:

Berechnung des vorderen U-Wertes U_f von Kollektoren mit ($\varepsilon = 0.1$) und ohne selektive Beschichtung ($\varepsilon = 0.9$) des Absorbers unter folgenden Randbedingungen:

Absorbertemperatur	$T_a = 70°C$
Umgebungstemperatur	$T_0 = 10°C$
Windgeschwindigkeit	$v_w = 3$ m/s
Emissionskoeffizient transparente Abdeckung:	$\varepsilon_g = 0.88$
Plattenabstand Absorber-Scheibe d	2.5 cm
Kollektorneigungswinkel β	45°
Annahme Scheibentemperatur T_g für 1.Iteration	40°C

1. Iteration:

Der Wärmeübergangskoeffizient für Strahlung $h_{r,a-g}$ zwischen Absorber und Glasabdeckung liegt bei 0.79 W/m^2 K für den selektiv beschichteten Absorber und bei 6.44 W/m^2 K für den schwarzen Absorber. Der konvektive Wärmeübergangskoeffizient der stehenden Luftschicht wird mit den Stoffwerten der Luftmitteltemperatur von $(70 + 40)/2 = 55°C$ bestimmt ($\lambda = 0.0286$ W/mK, $\nu = 1.85 \times 10^{-5}$ m^2/s, $\rho = 1.045$ kg/m^3, $c_p = 1.009$ kJ/kgK). Die Prandtlzahl ist 0.71 und die Graßhofzahl 43787 bei einer mittleren Temperaturdifferenz von 30 K zwischen Absorber und angenommener Scheibentemperatur, sodass die Rayleighzahl bei 31089 liegt. Daraus ergibt sich eine Nußeltzahl von 2.78 und ein konvektiver Wärmeübergangskoeffizient $h_{c,a-g} = 2.9$ W/m^2 K.

Zwischen Glasabdeckung und Himmel wird mit einer Himmelstemperatur von 269 K nach Swinbank ein Strahlungswärmeübergangskoeffizient von $h_{r,g-0} = 7.23$ W/m^2 K erhalten, für den windgeschwindigkeitsabhängigen konvektiven Wärmeübergang nach der vereinfachten Gleichung (3.61) $h_{c,w} = 14.9$ W/m^2 K.

Daraus ergibt sich der Wärmedurchgangskoeffizient der transparenten Abdeckung nach der ersten Iteration von $U_f = \dfrac{1}{\dfrac{1}{2.9 + 0.79} + \dfrac{1}{14.9 + 7.23}} = 3.17$ [W/m^2 K] für den selektiv beschichteten Absorber und 6.57 W/m^2 K für den schwarzen Absorber.

Mit diesen Werten wird die neue Scheibentemperatur berechnet:

$$T_{\text{g,neu}} = 70°C - \frac{3.17 \text{ W/m}^2\text{K} \times 60 \text{ K}}{2.9 \text{ W/m}^2\text{K} + 0.79 \text{ W/m}^2\text{K}} = 18.6°C$$

bzw. 27.8°C für den nicht-selektiven Absorber. Die Temperatur liegt deutlich niedriger als die ursprünglich angesetzte Temperatur von 40°C. Mit dieser Temperatur werden die Wärmeübergangskoeffizienten neu berechnet. Nach Ende der Iteration werden folgende Werte erhalten:

Parameter	selektive Beschichtung	nichtselektiv
$h_{\text{r,a–g}}$	0.72 W/ m^2 K	6.08 W/ m^2 K
$h_{\text{c,a–g}}$	3.4 W/ m^2 K	3.2 W/ m^2 K
$h_{\text{r,g–o}}$	11.88 W/ m^2 K	8.3 W/ m^2 K
$h_{\text{c,w}}$	14.9 W/ m^2 K	14.9 W/ m^2 K
T_{g}	18.0°C	27.1°C
U_f	3.56 W/ m^2 K	6.64 W/ m^2 K

3.1.10.5 Optische Eigenschaften transparenter Abdeckungen und Absorbermaterialien

Reflexion an Grenzflächen

Der Transmissionsgrad einer transparenten Abdeckung ergibt sich aus den Reflexionsverlusten an den Grenzflächen sowie den Absorptionsverlusten in der Abdeckung. An der Grenzfläche zweier Medien mit unterschiedlichen Brechungsindizes (hier beispielsweise Luft und Glas) lassen sich aus Stetigkeitsbedingungen für das elektrische und magnetische Feld die Reflexionseigenschaften der Oberfläche berechnen. Das fast unpolarisierte natürliche Licht wird dafür in zwei Komponenten aufgeteilt, die parallel bzw. senkrecht zur Einfallsebene auf die Grenzfläche auftreffen. Aus dem Quadrat der Feldstärken ergibt sich die Strahlungsleistung mit dem zugehörigen Reflexionsgrad r.

Die Einfallsebene wird durch die Flächennormale und den Einstrahlungsvektor definiert. Die reflektierte Strahlungsleistung G_r im Verhältnis zur einfallenden Leistung G_i ergibt sich aus dem Mittelwert zwischen parallel und senkrecht polarisierter Komponente, die zunächst getrennt berechnet werden müssen.

$$r = \frac{G_r}{G_i} = \frac{1}{2}\left(r_\perp + r_\parallel\right) \tag{3.92}$$

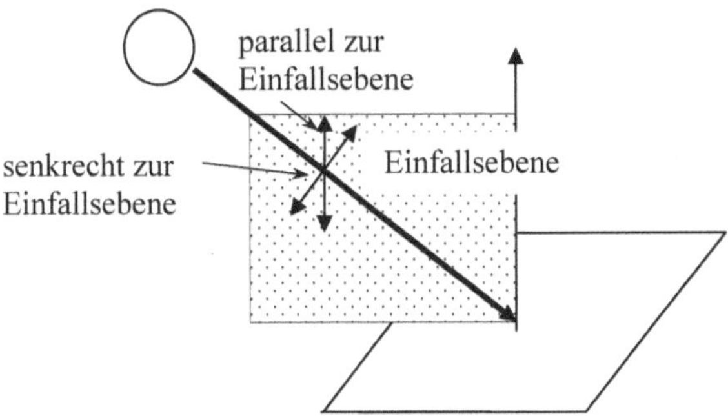

Bild 3-33: Polarisationsrichtungen parallel und senkrecht zur Einfallsebene.

Die Reflexionskoeffizienten berechnen sich nach den Fresnelformeln aus dem Einfallswinkel θ_1 und dem Brechungswinkel im Material θ_2.

$$r_\perp = \frac{\sin^2(\theta_2 - \theta_1)}{\sin^2(\theta_2 + \theta_1)} \tag{3.93}$$

$$r_\parallel = \frac{\tan^2(\theta_2 - \theta_1)}{\tan^2(\theta_2 + \theta_1)} \tag{3.94}$$

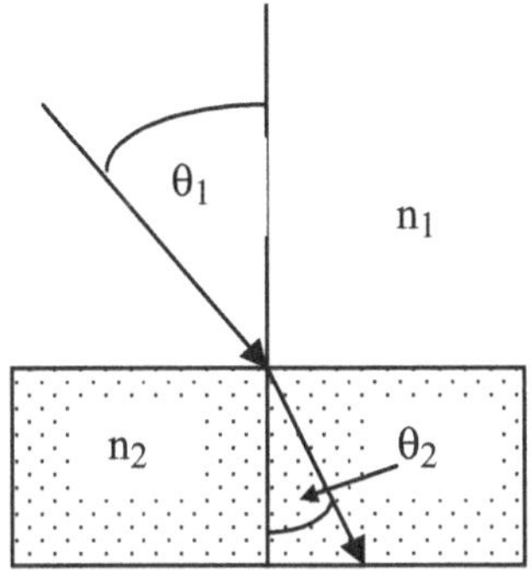

Bild 3-34:
Bezeichnung der Winkel und Brechungsindizes.

Die Winkel sind nach dem Snell'schen Gesetz eine Funktion der Brechungsindizes n_1 und n_2:

$$\frac{n_1}{n_2} = \frac{\sin\theta_2}{\sin\theta_1} \tag{3.95}$$

Bei senkrechter Einstrahlung sind beide Winkel Null und der Reflexionsgrad der Grenzfläche wird

$$r(0) = \left(\frac{n_1 - n_2}{n_1 + n_2}\right)^2 \tag{3.96}$$

Die Reflexionskoeffizienten an der Grenzfläche sind gleich für senkrechten Einfall, nehmen dann als Funktion des Einfallswinkels θ_1 bei parallel polarisiertem Licht bis auf null ab und steigen bei streifendem Einfall schließlich auf eins. Bei senkrechter Polarisation steigt der Reflexionskoeffizient stetig an.

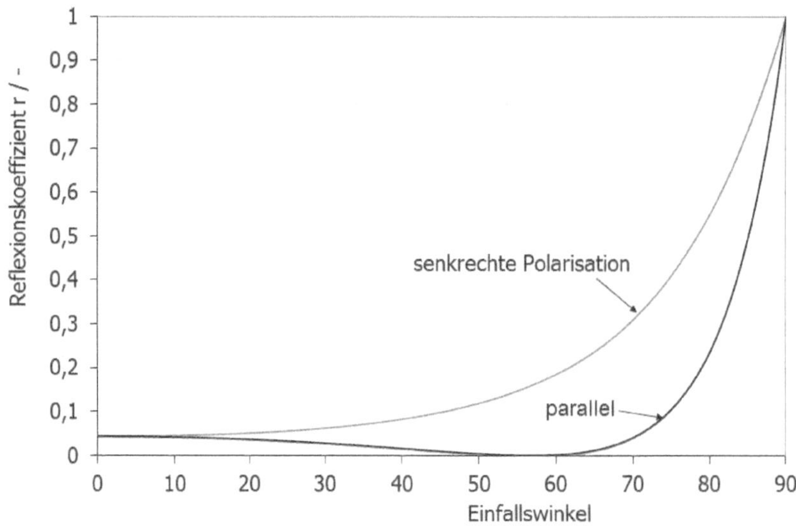

Bild 3-35: Reflexionskoeffizient r für parallel und senkrecht einfallende Strahlung nach Fresnel.

Tabelle 3.8: Gebräuchliche Brechungsindizes transparenter Materialien.

Material	Brechungsindex
Luft	1.0
Glas	1.526
Polykarbonat	1.6
Polymethyl Methacrylat (Plexiglas)	1.49

Absorption im Material

Der Reduktion der Strahlungsintensität im Abdeckmaterial selber (dG) ist proportional zur absoluten Intensität G der Strahlung und zum Extinktionskoeffizienten K des Materials:

$$dG = -G \times K\,dx$$
$$G = C \exp\left(-K\left(x - x_0\right)\right)$$
(3.97)

Die Randbedingung ist durch die einfallende Intensität G_0 an der Stelle $x = x_0$ gegeben. Die im Material zurückgelegte Strecke ergibt sich aus der Dicke des Materials L und dem Kosinus des Winkels im Material θ_2 zu $L / \cos\theta_2$, sodass sich der Transmissionsgrad τ_a des Materials (ohne Oberflächenreflexionen) aus der Intensität der Einstrahlung nach einfachem Strahlendurchgang G_t zur eintretenden Intensität G_0 bei x_0 ergibt.

$$\tau_a = \frac{G_t}{G_0} = \exp\left(-K\,\frac{L}{\cos\theta_2}\right)$$
(3.98)

Tabelle 3-9: Extinktionskoeffizienten von transparenten Materialien.

Material	Extinktionskoeffizient K (m^{-1})
Solarglas	4
Typisches Fensterglas	30
Absorbierendes Sonnenschutzglas	130-270

Transmissions- und Reflexionsgrad der transparenten Abdeckung

Wird der Strahlendurchgang für einen eintretenden Strahl unter Berücksichtigung der Reflexionsverluste an der Eintrittsgrenzfläche im Material verfolgt, so erhält man mit weiteren Reflexionsverlusten an der Austrittsgrenzfläche zwischen Material und Luft die Intensität des ersten austretenden Strahls. Die an der Austrittsgrenzfläche reflektierten Strahlen werden weiterverfolgt und führen schließlich nach weiteren Reflexionen zu weiteren austretenden Strahlen geringerer Intensität. Der gesamte Transmissionsgrad ergibt sich als Verhältnis einer unendlichen Reihe der austretenden Strahlungsintensität zur einfallenden Strahlung. Analog wird der gesamte Reflexionsgrad aus der unendlichen Reihe der reflektierten Strahlen berechnet.

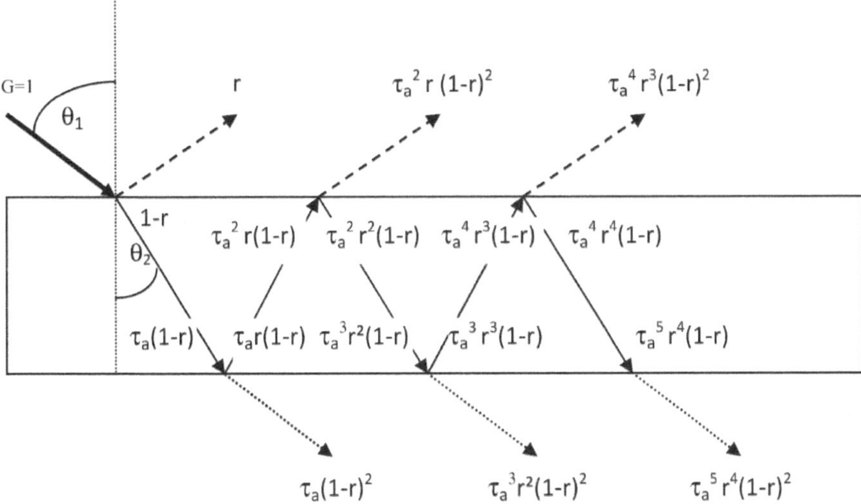

Bild 3-36: Transmission und Reflexion einer einfachen Abdeckung.

Der Transmissions- bzw. Reflexionsgrad muss dabei für beide Polarisationsrichtungen getrennt berechnet werden und kann anschließend für unpolarisiertes natürliches Licht arithmetisch gemittelt werden.

$$\tau_\perp = \left(1 - r_\perp\right)^2 \tau_a \sum_{n=0}^{\infty} r_\perp^{2n} \tau_a^{2n} = \frac{\tau_a \left(1 - r_\perp\right)^2}{1 - \left(r_\perp \tau_a\right)^2}$$

$$\tau_\| = \frac{\tau_a \left(1 - r_\|\right)^2}{1 - \left(r_\| \tau_a\right)^2} \qquad\qquad (3.99)$$

$$\tau = \frac{\tau_\perp + \tau_\|}{2}$$

$$\rho_\perp = r_\perp + r_\perp \left(1 - r_\perp\right)^2 \tau_a^2 \sum_{n=0}^{\infty} r_\perp^{2n} \tau_a^{2n} = r_\perp + \frac{r_\perp \left(1 - r_\perp\right)^2 \tau_a^2}{1 - \left(r_\perp \tau_a\right)^2}$$

$$\rho_\| = r_\| + \frac{r_\| \left(1 - r_\|\right)^2 \tau_a^2}{1 - \left(r_\| \tau_a\right)^2} \qquad\qquad (3.100)$$

$$\rho = \frac{\rho_\perp + \rho_\|}{2}$$

Der Absorptionsgrad des Materials lässt sich ebenfalls über eine unendliche Reihe oder aber direkt aus Transmissions- und Reflexionsgrad berechnen.

$$\alpha_\perp = 1 - \tau_\perp - \rho_\perp = \left(1 - r_\perp\right) \tau_a \sum_{n=0}^{\infty} \left(1 + r_\perp^{\,n} \tau_a^{\,n}\right) \qquad\qquad (3.101)$$

Beispiel 9:

Berechnung des Transmissions- und Reflexionsgrades einer einfach verglasten, 4 mm starken Abdeckung aus Solarglas (mit $K = 4 \text{ m}^{-1}$ und $n = 1.526$) für Einfallswinkel von 0° und 60°.

Bei senkrechtem Einfall ist der Reflexionskoeffizient für senkrecht und parallel polarisiertes Licht gleich: $r(0) = 0.043$. Mit $\tau_a = 0.984$ sind:

$$\tau(0) = \frac{0.98\left(1 - 0.043\right)}{1 - \left(0.98 \times 0.043\right)^2} = 0.9$$

$$\rho(0) = 0.043 + \frac{0.043\left(1 - 0.043\right)^2 0.98^2}{1 - \left(0.043 \times 0.98\right)^2} = 0.081$$

Für nichtsenkrechten Einfall müssen beide Polarisationsrichtungen getrennt betrachtet werden.

Für $\theta_1 = 60°$ ist $\theta_2 = 35°$. Damit wird $r_\perp = 0.18$ und $r_\| = 0.0017$ sowie $\tau_a = 0.98$.

Die Transmissionskoeffizienten sind $\tau_\perp = 0.673$, $\tau_\| = 0.98$ und $\tau = 0.83$ und die Reflexionskoeffizienten $\rho_\perp = 0.31$, $\rho_\| = 0.0028$ und $\rho = 0.16$, d. h. doppelt so hoch wie bei senkrechtem Einfall.

Absorption von Absorbermaterialien und Transmissions-Absorptionsprodukt

Der Absorptionsgrad von Absorbermaterialien kann mit guter Genauigkeit als winkelunabhängig betrachtet werden.

Tabelle 3.10: Absorptionsgrade und Emissivitäten von typischen Absorbermaterialien.

Material	*Absorptionsgrad α*	*Emissivität ε*
Schwarze Farbe	0.95	0.95
Schwarz-Chrom auf Nickel (galvanisch aufgebrachte selektive Beschichtung)	0.95	0.1
TiNOx (Vakuum-Sputter-Beschichtung)	0.94	0.038

Unter Berücksichtigung von Mehrfachreflexionen zwischen transparenter Abdeckung und Absorber ergibt sich aus der unendlichen Reihe ein effektives Transmission-Absorptions-produkt,

$$(\tau\alpha) = \tau\alpha \sum_{n=0}^{\infty} \left((1-\alpha)\rho\right)^{n} = \frac{\tau\alpha}{1-(1-\alpha)\rho} \qquad (3.102)$$

wobei ρ der Reflexionskoeffizient für an der Glasunterseite diffus reflektiertes Licht ist (kann vereinfacht für einen Winkel von 60° berechnet werden).

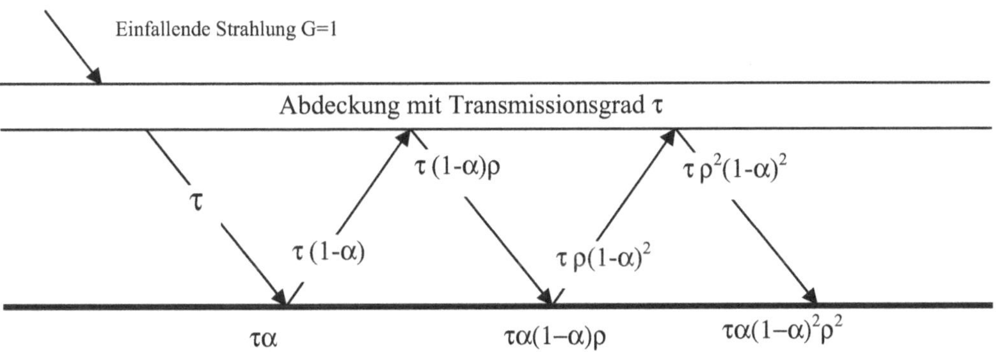

Bild 3-37: Effektives Transmissions-Absorptionsprodukt eines einfach verglasten Kollektors.

3.1.11 Speichermodellierung

Für die Berechnung der Wärmeverluste von Speichern wurde bereits eine einfache Energiebi-lanz (Gleichung 3.9) für die Temperaturabnahme des Speicherwassers als Funktion der Zeit erstellt. Voraussetzung für die analytische Lösung der Differenzialgleichung war die Annahme eines homogen durchmischten Speichers sowie keine Wärmezufuhr bzw. -abfuhr aus dem Speicher während der Abkühlung. Im Normalbetrieb wird jedoch neben den Wärmeverlusten des Speichers $\dot{Q}_\text{v}$ durch den Solarkollektor die Wärmemenge $\dot{Q}_\text{k}$ und durch die Nachheizung die Wärmemenge $\dot{Q}_\text{h}$ zugeführt und über die Verbraucher (Brauchwasserentnahme, Heizung) die Wärmelast $\dot{Q}_\text{l}$ abgeführt.

Die zeitliche Entwicklung der Speichertemperatur T_s ergibt sich aus der Energiebilanz:

$$mc\frac{dT_\text{s}}{dt} = \dot{Q}_\text{k} + \dot{Q}_\text{h} - \dot{Q}_\text{l} - \dot{Q}_\text{v} \qquad (3.103)$$

Wird der Parameter δ_k bzw. δ_l für den Betrieb des Kollektorkreises bzw. des Lastkreises der Verbraucher verwendet mit den Werten 1 bei Betrieb und 0 bei Pumpenstillstand bzw. Null Last, lässt sich die Energiebilanz als Funktion der Temperaturen darstellen. Die Rücklauftemperatur in den Kollektor und die Entnahmetemperatur für die Verbraucher (Verbrauchervorlauf) ist dabei bei homogen durchmischtem Speicher gleich der Speichertemperatur T_s. Die Rücklauftemperatur der Verbraucher $T_{l,\text{rück}}$ ist bei Brauchwassersystemen die Kaltwassertemperatur, bei Heizungsunterstützung die Rücklauftemperatur der Heizung. Die Austrittstemperatur $T_{f,out}$ aus dem Kollektor (mit Massenstrom $\dot{m}_k$) liegt bei Betrieb des Kollektorkreises über der Speichertemperatur. Für den homogen durchmischten Speicher mit Speichertemperatur T_s gilt folgende Leistungsbilanz:

$$(mc)_s \frac{dT_s}{dt} = \delta_k \left(\dot{m}c\right)_k \left(T_{f,out} - T_s\right) + \dot{Q}_h - \delta_l \left(\dot{m}c\right)_l \left(T_s - T_{l,\text{rück}}\right) - U_{eff} A \left(T_s - T_o\right) \qquad (3.104)$$

Da weder das Lastprofil mit den Betriebszuständen δ_l noch die Nachheizung $\dot{Q}_h$ stetige Funktionen der Zeit sind, lässt sich die obige Differenzialgleichung nicht analytisch lösen. Ein einfaches Vorwärtsdifferenzenverfahren ermöglicht die Berechnung der Speichertemperatur zum Zeitschritt $n+1$ aus den Werten des vorangegangenen Zeitschrittes n.

$$T_{s,n+1} = T_{s,n} + \frac{\Delta t}{(mc)_s}\left(\delta_k \left(\dot{m}c\right)_k \left(T_{f,out,n} - T_{s,n}\right) + \dot{Q}_{h,n} - \delta_l \left(\dot{m}c\right)_l \left(T_{s,n} - T_{l,\text{rück},n}\right) - U_{eff} A \left(T_{s,n} - T_{o,n}\right)\right)$$

$$(3.105)$$

Wesentlich günstiger für den Solarbetrieb ist jedoch ein thermisch nicht durchmischter Speicher. Ein realistisches Speichermodell muss eine Temperaturschichtung berücksichtigen. Dazu wird der Speicher über die Höhe L in mehrere Schichten unterteilt. Für jede Schicht wird eine Energiebilanz erstellt, die wie oben die Zufuhr solarer Wärme und Hilfsenergie beinhaltet sowie Wärmeverluste und eventuelle Wärmeabfuhr durch Verbraucher. Zusätzlich zu diesen Termen wird in Schicht i durch natürliche Konvektion und Wärmeleitung die Wärmemenge $\dot{Q}_f$ mit den umgebenden Schichten i-1 und i+1 ausgetauscht.

Eine genaue mathematische Modellierung der Konvektionsströmung ist aufwendig. In der einfachsten Näherung werden Wärmeleitung und Konvektion in einer effektiven vertikalen Wärmeleitfähigkeit λ_{eff} zusammengefasst und der Wärmestrom zwischen Schicht $i-1$ und i bzw. von i nach $i+1$ nach der Fouriergleichung berechnet. Der Nettowärmestrom für die Schicht i mit Schichthöhe z und Querschnitt A_q ergibt sich aus der Differenz der beiden Wärmeströme.

$$\dot{Q}_f = \dot{Q}_{f,i-1 \to i} - \dot{Q}_{f,i \to i+1} = -A_q \frac{\lambda_{eff}}{z}\left(T_{s,i} - T_{s,i-1}\right) - \left(-A_q \frac{\lambda_{eff}}{z}\left(T_{s,i+1} - T_{s,i}\right)\right)$$
$$= A_q \frac{\lambda_{eff}}{z}\left(T_{s,i+1} - 2T_{s,i} + T_{s,i-1}\right) \qquad (3.106)$$

Durch eine hohe effektive Wärmeleitfähigkeit wird die vertikale Temperaturschichtung im Speicher abgebaut. Die Abkühlung des oberen Bereitschaftsteils führt zu erhöhtem Wärmebedarf für die Nachheizung. Durch die Erwärmung des unteren Speicherbereichs können niedrige Kollektortemperaturen nicht genutzt werden. Die effektive Wärmeleitfähigkeit bei guten Speichern ohne innere Einbauten liegt im Bereich der Wärmeleitfähigkeit von Wasser (ITW, 1995) ($\lambda = 0.644$ W/mK bei 50°C). Bei guten Speichern mit innenliegenden Wärmetauschern kann λ_{eff} mit 1-1.5 W/mK angesetzt werden. Weiterhin werden zwischen den Schichten durch erzwungene Strömung Wärmemengen $\dot{Q}_e$ ausgetauscht, die von der Massenstrombilanz des Speichers abhängen. Da die externen Anschlüsse nur mit wenigen Schichten verbunden sind, muss für jede Schicht eine getrennte Bilanz erstellt werden. Im einfachsten Fall ohne externe Anschlüsse in einer Schicht sind die Wärmekapazitätsströme gleich $(\dot{m}c)_{i-1} = (\dot{m}c)_i$ und der Wärmestrom durch erzwungene Konvektion ist gegeben durch:

$$\begin{aligned} \dot{Q}_e &= (\dot{m}c)_{i-1}\left(T_{i-1} - T_i\right) + (\dot{m}c)_i\left(T_i - T_{i+1}\right) \\ &= (\dot{m}c)_i\left(T_{i-1} - T_{i+1}\right) \end{aligned}$$

(3.107)

Für Schichten mit externen Anschlüssen müssen die externen Wärmeströme zusätzlich berücksichtigt werden, wobei die Summe der Massenströme für jede Schicht null ergeben muss.

Die Gesamtenergiebilanz für eine Schicht lautet dann:

$$mc\frac{dT_{s,i}}{dt} = \dot{Q}_{k,i} + \dot{Q}_{h,i} - \dot{Q}_{l,i} - \dot{Q}_{v,i} + \dot{Q}_{f,i-1,i+1} + \dot{Q}_{e,i-1,i+1}$$

(3.108)

Bei den Termen der erzwungenen und freien Konvektion tritt eine Kopplung der Gleichungen für Schicht i mit den beiden Schichten i-1 und i+1 auf. Die Lösung des Gleichungssystems wird wesentlich vereinfacht, wenn in jedem Zeitschritt nur der Energieeintrag aus der vorhergehenden Schicht i-1 betrachtet wird, der zu einer Temperaturänderung im Knoten i führt, sodass sich die Speichertemperaturen $T_{s,i}$ von oben nach unten sukzessive berechnen lassen.

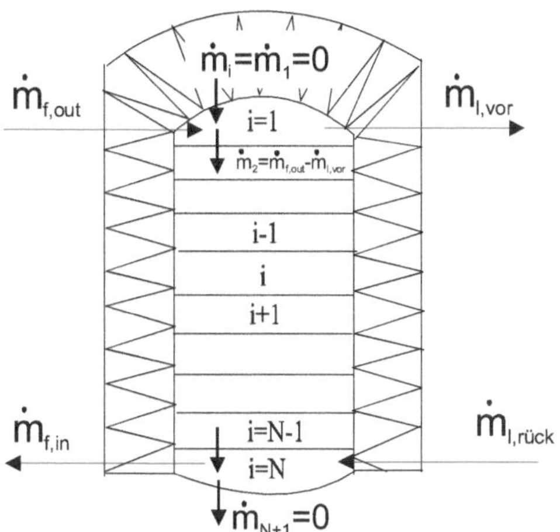

Bild 3-38:
Schichtenspeicher mit N Schichten.

Für die Berechnung des Energieaustausches zwischen den Schichten von oben ($i = 1$) bis unten ($i = N$) werden zunächst die effektiven Massenströme bestimmt. Werden beispielsweise zwei Anschlüsse für den Kollektorkreis mit Massenstrom $\dot{m}_k$ und zwei Anschlüsse für den Lastkreis mit Massenstrom $\dot{m}_l$ mit gegenläufiger Strömungsrichtung gewählt, wird der effektive Massenstrom zwischen den Schichten $\dot{m}_i$ aus der Differenz der beiden Massenströme gebildet. Für die erste und letzte Schicht ist der effektive Massenstrom null.

$$\dot{m}_i = \dot{m}_k - \dot{m}_l \quad \text{für} \quad i = 2, N$$

(3.109)

$$\dot{m}_i = 0 \quad \text{für} \quad i = 1 \quad \text{und} \quad i = N+1$$

(3.110)

Ein positiver effektiver Massenstrom $\dot{m}_i$ mit Energieeintrag aus Schicht $i-1$ in Schicht i wird mit dem Parameter $\delta_i^+ = 1$ berücksichtigt (sonst $\delta_i^+ = 0$). Ein negativer effektiver Massenstrom aus Schicht $i+1$, d. h. ein Überwiegen des Lastmassenstroms und demzufolge eine Abkühlung von Schicht i, wird durch den Parameter δ_i^- berücksichtigt. Somit lautet die Energiebilanz für den Temperaturknoten i:

$$(m_i c)_s \frac{dT_{s,i}}{dt} = \delta_i^k (\dot{m}c)_k (T_{f,out} - T_{s,i}) + \dot{Q}_{h,i} - \delta_i^l (\dot{m}c)_l (T_{s,i} - T_{l,rück}) - U_{eff} A_i (T_{s,i} - T_o)$$

$$+ \delta_i^+ \dot{m}_i c (T_{s,i-1} - T_{s,i}) + \delta_i^- \dot{m}_{i+1} c (T_{s,i} - T_{s,i+1}) - A_q \frac{\lambda_{eff}}{z} (T_{s,i} - T_{s,i-1}) \tag{3.111}$$

mit A_i als Außenfläche und A_q als Querschnittsfläche des jeweiligen Knoten sowie:

$$\delta_i^k = \begin{array}{ll} 1 & \text{für} \quad i = 1 \\ 0 & \text{für} \quad i \neq 1 \end{array} \quad \text{d. h. Kollektorvorlauf in oberste Schicht,}$$

$$\delta_i^l = \begin{array}{ll} 1 & \text{für} \quad i = N \\ 0 & \text{für} \quad i \neq N \end{array} \quad \text{d. h. Lastrücklauf in unterste Schicht,}$$

$$\delta_i^+ = \begin{array}{ll} 1 & \text{für} \quad \dot{m}_i > 0 \\ 0 & \text{für} \quad \dot{m}_i \leq 0 \end{array} \quad \text{d. h. Energieeintrag aus Schicht i-1 in Schicht i}$$

$$\delta_i^- = \begin{array}{ll} 1 & \text{für} \quad \dot{m}_{i+1} < 0 \\ 0 & \text{für} \quad \dot{m}_{i+1} \geq 0 \end{array} \quad \text{d. h. Energieeintrag aus Schicht i+1 in Schicht i.}$$

Beispiel 10:

Berechnung des Temperaturprofils für einen 750-l-Pufferspeicher, der mit einem Massenstrom vom Kollektorfeld von 150 kg/h und einer konstanten Fluidtemperatur $T_{f,out}$ von 60°C beladen wird. Der Wärmedurchgangskoeffizient der Speicherwände soll 0.5 W/m^2 K betragen und die effektive Wärmeleitfähigkeit bei 1 W/mK liegen. Der Speicherdurchmesser $d_{sp,a}$ ist 0.69 m, die Höhe 2.0 m. Die Umgebungstemperatur T_o sowie die Anfangstemperatur des Speichers beträgt 12°C. Die Nachheizung ist ausgeschaltet und es wird keine Wärme aus dem Speicher entnommen, d. h., alle Lastterme sind null.

Für den obersten Temperaturknoten entfällt der Term der effektiven Wärmeleitfähigkeit. In den obersten Knoten wird der Kollektormassenstrom mit Temperatur $T_{f,out}$ eingebracht, sodass $\delta_1^{\ k} = 1$ ist. Beim ersten Zeitschritt sind die Wärmeverluste gegen Umgebung bei gleicher Speicheranfangstemperatur wie Umgebungstemperatur noch Null. Mit einem Zeitschritt von 60 Sekunden ergibt sich eine Temperaturerhöhung des obersten Knoten von:

$$\Delta T_{s,1} = \underbrace{\Delta t}_{60\,s} \Big/ \left(\underbrace{m_i}_{150\,l} \underbrace{c}_{4190\,J/kgK}\right)_s \left[\underbrace{\delta_1^k}_{1} \left(\underbrace{\dot{m}}_{0.04167\,kg/s} c\right)_k \left(\underbrace{T_{f,out}}_{60°C} - \underbrace{T_{s,1}}_{12°C}\right) + \underbrace{\dot{Q}_{h,i}}_{0} \right.$$
$$\left. - \underbrace{\delta_i^l}_{0} (\dot{m}c)_l (T_{s,1} - T_{l,rück}) - \underbrace{U}_{0.5\,W/m^2K} \underbrace{A_1}_{1.24\,m^2} \left(\underbrace{T_{s,1}}_{12°C} - \underbrace{T_o}_{12°C}\right) \right.$$
$$\left. + \underbrace{\delta_i^+}_{0} \dot{m}_i c (T_{s,i-1} - T_s) + \underbrace{\delta_i^-}_{0} \dot{m}_{i+1} c (T_{s,i} - T_{s,i+1}) \right] = 0.8°C$$

Der zweite Knoten wird durch effektive Wärmeleitung und erzwungene Konvektion aus der ersten Schicht erwärmt, wobei die erzwungene Konvektion deutlich dominiert.

$$\Delta T_{s,2} = \underbrace{\Delta t}_{60\,\text{s}} \Bigg/ \left(\underbrace{m_i}_{150\,l}\underbrace{c}_{4190\,\text{J/kgK}}\right)_s \left(\underbrace{\delta_2^k}_{0}\left(\underbrace{\dot{m}}_{0.04167\,\text{kg/s}}c\right)_k \left(\underbrace{T_{f,\text{out}}}_{60°C} - \underbrace{T_{s,2}}_{12°C}\right) + \underbrace{\dot{Q}_{h,i}}_{0} - \underbrace{\delta_2^l}_{0}(\dot{m}c)_l\left(T_{s,2}-T_{l,\text{rück}}\right) \right.$$

$$- \underbrace{U}_{0.5\,\text{W/m}^2\text{K}}\underbrace{A_l}_{0.8696\,\text{m}^2}\left(\underbrace{T_{s,2}}_{12°C}-\underbrace{T_o}_{12°C}\right) + \underbrace{\delta_2^+}_{1}\underbrace{\dot{m}_2}_{0.04167\,\text{kg/s}}c\left(\underbrace{T_{s,i-1}}_{12.8°C}-\underbrace{T_{s,i}}_{12°C}\right)$$

$$\left. + \underbrace{\delta_i^-}_{0}\dot{m}_{i+1}c\left(T_{s,i}-T_{s,i+1}\right) - \underbrace{A_q}_{0.3739\,\text{m}^2}\underbrace{\lambda_{\text{eff}}}_{1\,\text{W/mK}} \Bigg/ \underbrace{z}_{0.4\,\text{m}}\left(\underbrace{T_{s,2}}_{12.0°C}-\underbrace{T_{s,1}}_{12.8°C}\right)\right)$$

$$= 0.0134°C$$

Die Temperaturen dargestellt als Funktion der Zeit zeigen deutlich die Temperaturschichtung des Speichers bei Beladung von oben durch den Kollektor:

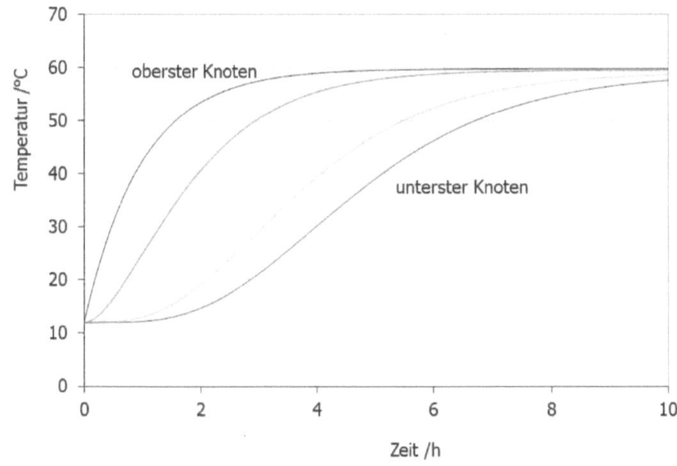

Bild 3-39: Temperaturverlauf im Speicher in verschiedenen Höhen.

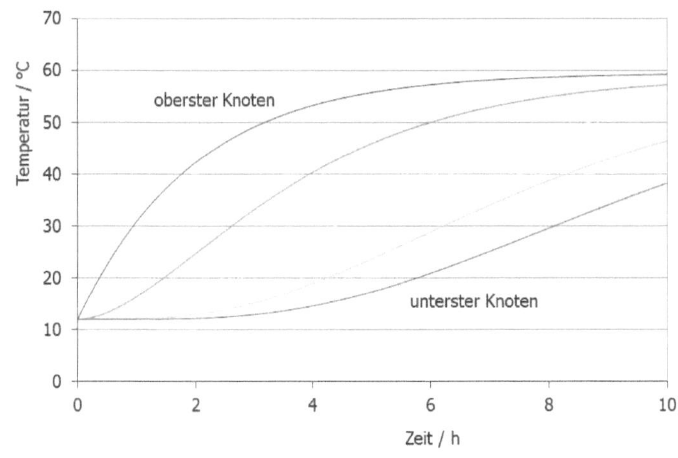

Bild 3-40: Temperaturverlauf eines Schichtenspeichers bei einem Lastmassenstrom von 75 kg/h und einem Kollektormassenstrom von 150 kg/h.

Wird gleichzeitig aus dem Speicher ein Lastmassenstrom (z. B. der halbe Massenstrom des Kollektors von 75 kg/h mit einer Lastrücklauftemperatur von 12°C) entnommen, flachen die Temperaturverläufe entsprechend ab.

3.2 Solare Luftkollektoren

Solare Luftkollektoren sind thermische Kollektoren, die Luft als Wärmeträger verwenden und durch Entfallen der Frostschutz- und Überhitzungsproblematik eine wesentlich einfachere Sicherheits- und Systemtechnik ermöglichen.

Im Zuge der Niedrig- und Passivhausentwicklung mit geringem Heizwärmebedarf und bereits vorhandenen Luftverteilsystemen für die kontrollierte Lüftung hat zudem eine gewisse Renaissance der Luftheizung stattgefunden, da jetzt bei geringen Luftmengen für die Deckung des Heizwärmebedarfs die thermische Behaglichkeit gewährleistet werden kann. Für die Integration in die Gebäudehülle sind solare Luftkollektoren besonders geeignet, da der Luftkollektor als rückseitig gut isoliertes Element die thermischen Anforderungen an Außenbauteile erfüllt und vorne durch eine Glasabdeckung oder durch Trapezblechkonstruktionen üblichen Baumaterialien entspricht. Eventuelle Undichtigkeiten des Kollektors sind für das Gebäude durch die Verwendung von Luft selbst bei Warmfassadenkonstruktionen unproblematisch.

Nachteilig sind allenfalls die großen Abmessungen der Luftleitungen aufgrund der geringen Wärmekapazität von Luft sowie die fehlende direkte Speichermöglichkeit der erzeugten Wärme. Spezielle Steinspeicher haben sich aus Kosten- und Wirkungsgradgründen im Gebäude nicht durchsetzen können. Besser geeignet ist die Aktivierung von Speichermassen im Gebäude selbst oder die Wärmespeicherung in konventionellen Warmwasserspeichern mittels eines Luft-Wasser-Wärmetauschers. Derzeit sind nur wenige kommerzielle Luftkollektorsysteme auf dem Markt verfügbar, die sich jedoch alle durch interessante Gebäudeintegrationslösungen auszeichnen.

Bild 3-41:
Schule in Schöllnach mit
Luftkollektorfassade
(Foto: Firma Grammer)

Kollektortypen

Solare Luftkollektoren unterscheiden sich hauptsächlich durch die Art der Absorberabdeckung sowie der Luftführung entlang des Absorbers. Einfache und kostengünstige Luftkollektorsysteme zur Vorwärmung von Außenluft verzichten auf eine transparente Abdeckung und saugen die Luft durch feine Perforierungen des Absorberblechs an. Die Trapezblechkonstruktion des Absorberblechs dient gleichzeitig als Witterungsschale des Gebäudes.

Ein Beispiel für ein solches Produkt mit perforiertem Absorber und einer wärmegedämmten rückseitigen Tragkonstruktion ist das SOLARWALL®-Luftkollektorsystem.

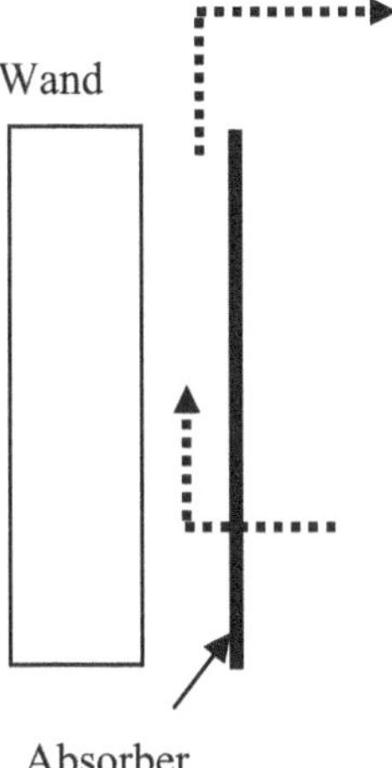

Bild 3-42:
Solarer Lufterhitzer ohne Abdeckung mit perforiertem äußeren Trapezblech.

Bei den transparent abgedeckten Absorbersystemen wird die Luft entweder zwischen Abdeckung und Absorber geführt (Typ Trombe-Wand) oder zur Verbesserung der thermischen Eigenschaften unter dem Absorberblech geführt (unterströmter Absorber). Beidseitig umströmte oder poröse Absorber haben sich auf dem Markt nicht durchgesetzt.

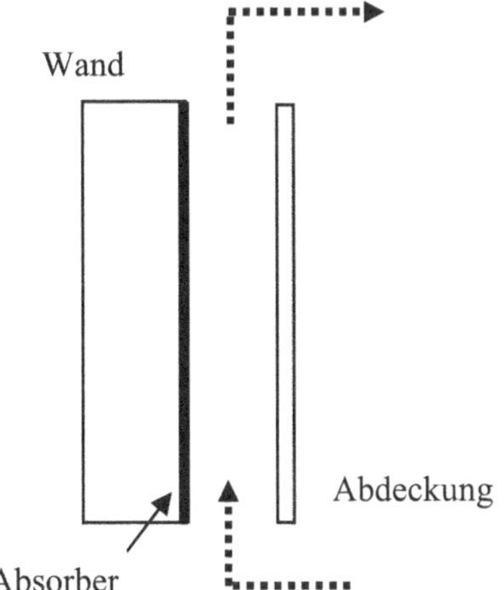

Bild 3-43:
Transparent abgedeckter Luftkollektor mit benetzter Abdeckung.

Die Wärmeverluste vom Absorber zur Umgebung hängen wie bei Wasserkollektoren von dem Abdecksystem ab: Unverglaste Absorber sind Schwimmbadkollektoren vergleichbar und werden für Anwendungen mit geringen Temperaturerhöhungen eingesetzt. Wärmeverluste unterströmter Absorber mit stehender Luftschicht zwischen Absorber und Abdeckung werden analog zu den thermischen Wasserkollektoren berechnet. Bei überströmten Absorbern gehen die strömungsgeschwindigkeitsabhängigen konvektiven Wärmeübergangskoeffizienten im Luftspalt in die Berechnung ein. Grundsätzlich anders ist die Berechnung der thermischen Nutzenergie, da nicht mehr ein Wärmeleitungsproblem zwischen Absorberblech und Fluidröhre gelöst werden muss, sondern das gesamte Absorberblech konvektiv Wärme an die Luft überträgt.

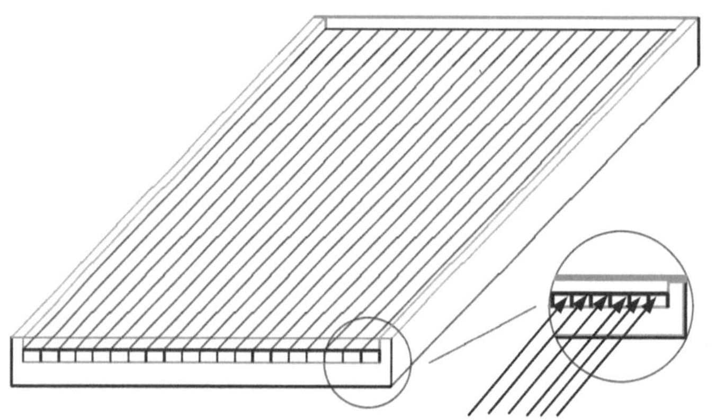

Bild 3-44: Transparent abgedeckter Luftkollektor mit unterströmtem Absorber.

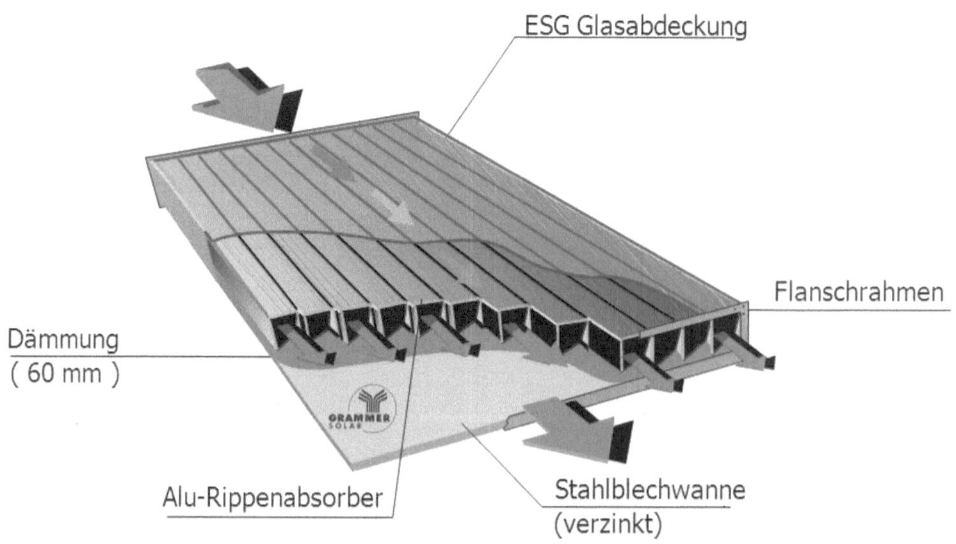

Bild 3-45: Kommerziell verfügbarer Luftkollektor.

Aufgrund der wesentlich schlechteren Wärmeübertragungseigenschaften von Luft im Vergleich zu Wasser werden in den meisten Kollektorsystemen zur Flächenvergrößerung Absorberrippen eingesetzt. Dabei ist die Bauart mit durchgehenden, ebenen Rippen die fertigungstechnisch einfachste und kostengünstigste.

3.2.1 Systemtechnik

Luftvorwärmung von Frischluft

Der energetisch günstigste Einsatz von Luftkollektoren ist analog zu den wassergeführten Systemen die Vorwärmung von Außenluft mit insgesamt niedrigen Absorber- und Lufttemperaturen und somit geringen Wärmeverlusten. Anlagen zur Luftvorwärmung werden für die Frischlufterwärmung in Gebäuden ohne Wärmerückgewinnungssysteme eingesetzt. Bei dezentralen Luftkollektorfeldern im Brüstungsbereich einer Fassade mit einem Lufteinlass in den hinterliegenden Raum kann das für eine Wärmerückgewinnung immer notwendige Zu- und Abluftverteilsystem entfallen. Selbst im bereits energetisch optimierten Niedrigenergiehaus kann ein kommerzieller Luftkollektor Heizenergieeinsparungen zwischen 150 kWh m^{-2} (Leichtbau) und 210 kWh m^{-2} (Massivbau) erbringen (Huber, 1998). Von den Herstellern empfohlene Volumenströme liegen typisch bei 60 m^3/m^2 h.

Bild 3-46: Luftkollektorfeld an der Hochschule für Technik in Stuttgart.

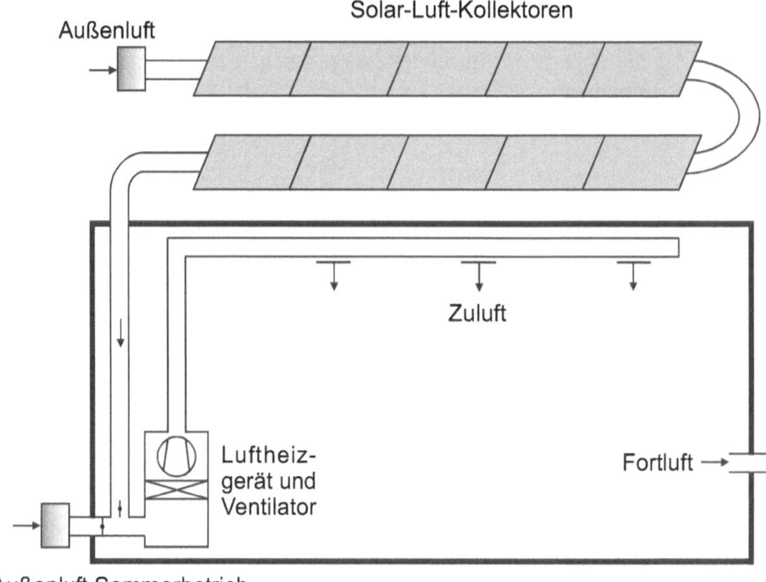

Bild 3-47: Systemskizze Luftvorwärmung von Frischluft.

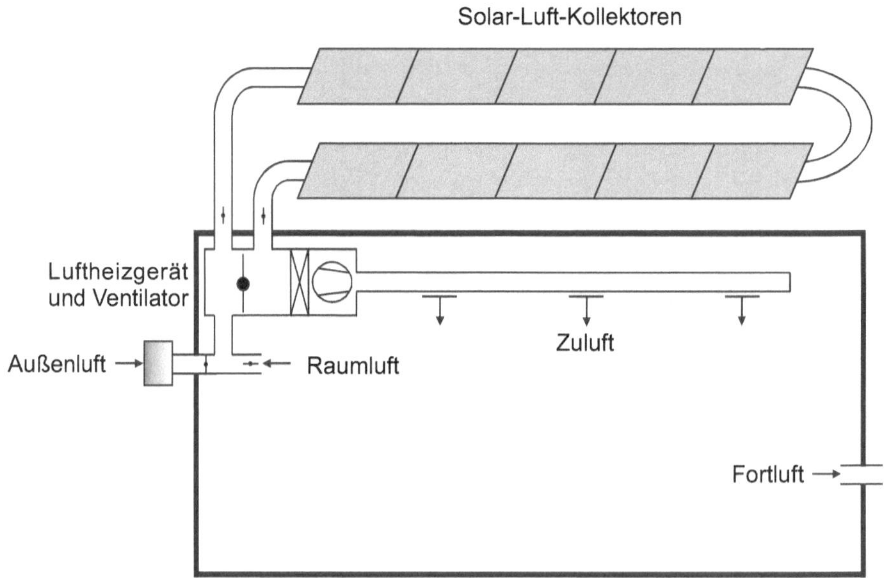

Bild 3-48: Systemskizze Luftheizung mit Luftkollektoren mit Mischluftbetrieb.

Direkte Luftheizung (Frischluft-Umluft)

Neben der reinen Frischluftvorwärmung kann die in den Luftkollektoren produzierte Warmluft auch zur Direktheizung eingesetzt werden, wenn die Austrittstemperaturen mindestens 5 K über Raumtemperatur liegen. Anlagen zur Direktheizung werden meist mit niedrigeren spezifischen Volumenströmen betrieben, um hohe Temperaturerhöhungen auch bei geringen Einstrahlungen im Winter zu garantieren (20-40 m^3/m^2 h).

Indirekte Luftheizung mit Hypokausten

Bei hohem Heizwärmebedarf von Räumen können die erforderlichen Luftmengen zu unbehaglich hohen Einblasgeschwindigkeiten führen. Um die thermische Behaglichkeit zu erhöhen, kann die solar erhitzte Warmluft in Hohlräumen der Decke oder Wand im geschlossenen Kreislauf geführt werden (sogenannte Hypokausten) und der Raum über Strahlungswärme beheizt werden.

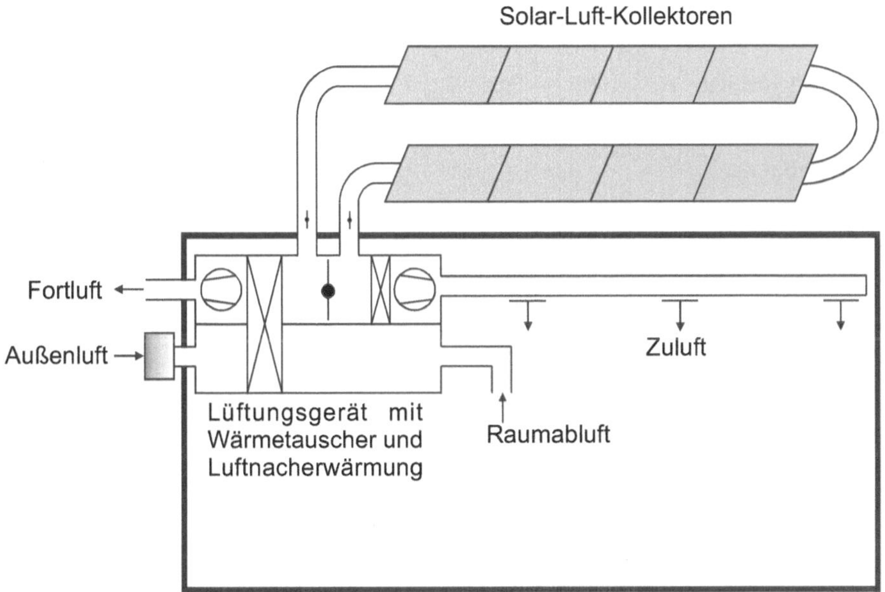

Bild 3-49: Kombination von Luftkollektoren mit Wärmerückgewinnungsanlagen.

Kombination mit Wärmerückgewinnungsanlagen

Die Kombination eines Luftkollektorsystems mit einer Wärmerückgewinnung aus der Raumabluft reduziert die effektiv möglichen Heizenergieeinsparungen durch den Luftkollektor. Bei der Frischluftvorwärmung konkurrieren Luftkollektor und Wärmerückgewinnungssystem, wobei das Einsparpotenzial insgesamt beschränkt ist. Bei vorgeschaltetem Luftkollektor sind lediglich Einsparungen von 25-60 kWh pro Quadratmeter Luftkollektor möglich.

Energetisch günstiger ist die Nacherhitzung der durch die Wärmerückgewinnung vorgewärmten Luft durch das Luftkollektorsystem. Im Niedrigenergiehaus lassen sich so zwischen 60 und 110 kWh Heizenergie pro Quadratmeter Luftkollektorfläche einsparen.

3.2.2 Berechnung der thermischen Nutzleistung von solaren Luftkollektoren

3.2.2.1 Temperaturabhängige Stoffeigenschaften von Luft

In solaren Lufterhitzern treten Temperaturerhöhungen in Strömungsrichtung von üblicherweise 10-60 K auf, senkrecht zur Strömungsrichtung zwischen Absorber und Rückwand je nach Wärmeaustauschfläche etwa 30 K (unberippt) bis 10 K (berippt).

Die Funktionen zur Berechnung der kinematischen Viskosität, der Wärmeleitfähigkeit, der spezifischen Wärmekapazität und der Dichte des Fluids sind Polynomanpassungen an die im VDI-Wärmeatlas tabellierten Zahlenwerte von trockener Luft bei konstantem Druck ($p = 10^5$ Pa) im Temperaturbereich von 273 bis 373 K. Die Stoffgrößen werden als Funktion der mittleren Fluidtemperatur $T_{\mathrm{f,m}}$ [K] berechnet.

Kinematische Viskosität:
$$\nu = \left(0.09485 \left(T_{\mathrm{f,m}} - 273.15\right) + 13.278\right) \times 10^{-6} \quad [\mathrm{m^2/s}] \quad (3.112)$$

Wärmeleitfähigkeit:
$$\lambda = \left(0.02795\left(T_{\mathrm{f,m}} - 273.15\right) + 24.558\right) \times 10^{-3} \, [\mathrm{W/mK}] \quad (3.113)$$

Spezifische Wärmekapazität:
$$c_{\mathrm{p}} = 1006 + 0.05\left(T_{\mathrm{f,m}} - 273.15\right) \quad [\mathrm{J/kgK}] \quad (3.114)$$

Die Dichte ρ [kg/m^3] und der Wärmeausdehnungskoeffizient β' [K^{-1}] werden aus den idealen Gasgleichungen ermittelt.

$$\rho = \frac{p}{R \, T_{\mathrm{f,m}}} = \frac{10^5 \, \mathrm{N/m^2}}{287.1 \, \mathrm{J/kgK} \times T_{\mathrm{f,m}}} = \frac{348.3}{T_{\mathrm{f,m}}} \tag{3.115}$$

$$\beta' = \frac{1}{T_{\mathrm{f,m}}} \tag{3.116}$$

3.2.2.2 Energiebilanz und Kollektorwirkungsgradfaktor

Die Berechnung der thermischen und optischen Eigenschaften der transparenten Abdeckung eines Luftkollektors mit unterströmtem Absorber folgt der bereits beschriebenen Methode für Wasserkollektoren, da die Geometrie von Verglasung, stehender Luftschicht und Absorber identisch ist. Die Wärmeübertragung zwischen Absorber und Fluid erfolgt jedoch nicht mehr in der Absorberebene, sondern senkrecht dazu. Der geometrieabhängige Kollektorwirkungsgradfaktor kann somit aus einer stationären Energiebilanz von drei Temperaturknoten hergeleitet werden.

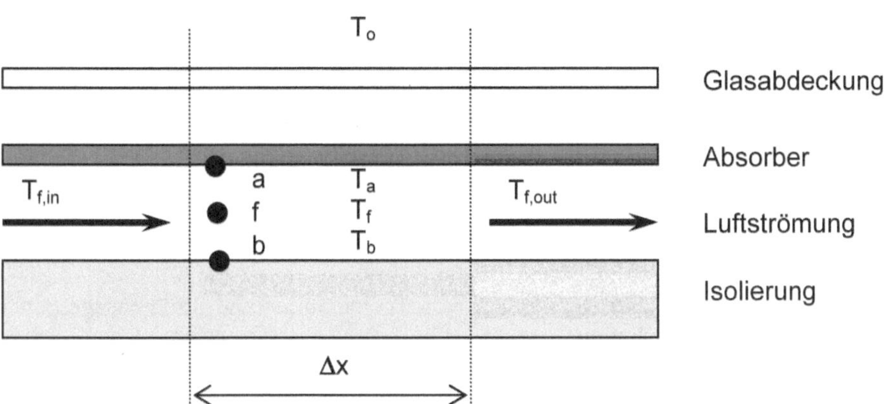

Bild 3-50: Bezeichnung der Knoten und Temperaturen beim solaren Lufterhitzer mit unterströmtem Absorber (Absorberbreite B).

Am Knoten a des Absorbers wird die mit dem Transmissionskoeffizienten τ durchgelassene Einstrahlung G vom Absorberblech mit dem Absorptionskoeffizienten α absorbiert. Die Wärmeverluste durch die transparente Abdeckung gegen Umgebungstemperatur T_0 werden über den Wärmedurchgangskoeffizient U_f berechnet. An das Wärmeträgerfluid mit Temperatur T_f wird konvektiv Wärme übertragen mit dem Wärmeübergangskoeffizienten $h_{c,a-f}$ und mit der Rückwand des Strömungskanals mit Temperatur T_b wird durch den Strahlungswärmeübergangskoeffizent $h_{r,a-b}$ Wärme ausgetauscht.

$$G(\tau\alpha) - U_f(T_a - T_0) - h_{c,a-f}(T_a - T_f) - h_{r,a-b}(T_a - T_b) = 0 \qquad (3.117)$$

Am Knoten f des Wärmeträgerfluids wird über die Kollektorbreite B und die Weglänge Δx in Strömungsrichtung die Nutzleistung $\dot{Q}_n$ erzeugt, die sich aus den vom Absorber (mit $h_{c,a-f}$) und von der Rückseite (mit $h_{c,b-f}$) konvektiv übertragenen Wärmemengen zusammensetzt.

$$\dot{Q}_n - h_{c,a-f}B\Delta x(T_a - T_f) - h_{c,b-f}B\Delta x(T_b - T_f) = 0 \qquad (3.118)$$

Am Knoten b der Rückwand des Strömungskanals wird vom Absorberblech über den Strahlungsübergangskoeffizienten $h_{r,b-a}$ Wärme zugestrahlt und gleichzeitig konvektiv Wärme an das Fluid übertragen. Über die Kollektorrückseite mit Wärmedurchgangskoeffizient U_b entstehen Wärmeverluste gegen Umgebungsluft.

$$h_{r,b-a}(T_a - T_b) - h_{c,b-E}(T_b - T_f) - U_b(T_b - T_0) = 0 \qquad (3.119)$$

Gleichung (3.117) und (3.119) werden nach Absorber- und Rückwandtemperatur T_a und T_b als Funktion der Fluid- und Umgebungstemperatur T_f und T_0 aufgelöst und diese in die Nutzleistungsgleichung (3.118) eingesetzt. Somit erhält man eine Bestimmungsgleichung für die Nutzleistung $\dot{Q}_n$, die nur noch von der Fluid- und Umgebungstemperatur abhängt,

$$\dot{Q}_n = AF'(G(\tau\alpha) - U_t(T_f - T_o)) \qquad (3.120)$$

wobei der Kollektorwirkungsgradfaktor F' gegeben ist durch:

$$F' = \left(1 + \frac{U_t}{h_{c,a-f} + \left(\dfrac{1}{h_{c,b-f}} + \dfrac{1}{h_{r,a-b}}\right)^{-1}}\right)^{-1} \qquad (3.121)$$

und U_t die Summe der Wärmedurchgangskoeffizienten über Vorder-, Rück- und Seitenflächen darstellt.

Die funktionale Abhängigkeit aller Kenngrößen von Temperaturen und Strömungsgeschwindigkeiten wird im Folgenden diskutiert.

3.2.2.3 Konvektiver Wärmeübergang in Luftkollektoren

Der Kollektorwirkungsgradfaktor wird entscheidend von den konvektiven Wärmeübergangskoeffizienten bestimmt. Diese variieren je nach Strömungsgeschwindigkeit (laminare oder turbulente Strömung) sowie Berippung des Absorbers über einen weiten Wertebereich von etwa 5 bis 50 W/m² K.

Die Größenordnung des konvektiven Wärmeübergangskoeffizienten bestimmt den möglichen thermischen Wirkungsgrad und ist ein entscheidendes Kriterium für die Auswahl eines Luftkollektortyps, seien es durchströmte Absorber, hinterlüftete Absorber (beispielsweise PV-Module) mit planparalleler Spaltgeometrie oder berippte Luftkollektoren mit sehr geringen Spaltabmessungen von wenigen Zentimetern.

In aktiven Solarenergiesystemen wird der Wärmeträger Luft durch Ventilatoren bewegt, sodass die Betrachtung erzwungener Strömung Vorrang hat. In hinterlüfteten Fassadensystemen mit großen Spalttiefen zwischen 0.1-1 m sind die Strömungsgeschwindigkeiten jedoch oft so gering, dass der Auftriebsterm nicht vernachlässigbar ist und auch ein Anteil freier Konvektion berechnet werden muss.

Bei solchen Systemen mit großem Abstand zwischen den kanalbegrenzenden Flächen (Doppelfassade) ergeben Wärmeübergangsrechnungen für getrennt angeströmte einzelne Platten bessere Ergebnisse als für Spaltgeometrien. Freie Konvektion zwischen planparallelen Platten dominiert zudem den Wärmewiderstand transparenter Kollektorabdeckungen, mit denen kommerzielle Luftkollektoren gegen Außenluft thermisch isoliert werden. Die Berechnung der konvektiven Wärmeübergangskoeffizienten in der stehenden Luftschicht zwischen Absorber und Glasabdeckung wird aus Kapitel 3.1 (Warmwasserkollektoren) übernommen.

Den aktiven Solarsystemen gemeinsam ist die asymmetrische Beheizung des Luftkanals: Die solarstrahlungsabsorbierende Absorberseite ist deutlich wärmer als die wärmegedämmte Rückseite, die den Luftkanal entweder gegen Außenluft oder bei Warmfassaden gegen Raumluft abschließt.

Der konvektive Wärmeübergangskoeffizient h_c ist direkt proportional zur dimensionslosen Nußeltzahl Nu, die sowohl von den Stoffeigenschaften des Fluids als auch von Reibungs- und Trägheitskräften abhängt. Für die gängigen Geometrien sowie Temperatur- und Strömungsverhältnisse sind in der Literatur eine Vielzahl von experimentell ermittelten Korrelationen für Nußeltzahlen Nu vorhanden, die eine Berechnung des konvektiven Wärmeübergangskoeffizienten über die Wärmeleitfähigkeit des Fluids λ [W/mK] und eine geometrieabhängige charakteristische Länge L [m] ermöglichen.

$$h_c = \frac{Nu\,\lambda}{L} \tag{3.122}$$

Für den üblichen Fall des Luftkollektorbetriebs mit ventilatorgetriebener erzwungener Strömung im laminaren oder turbulenten Bereich ist die charakteristische Länge L durch den hydraulischen Durchmesser des Strömungskanals d_h gegeben, definiert als das Verhältnis aus vierfachem Kanalquerschnitt A zu Umfang U. Für einen rechteckigen Kanal mit Höhe (=Plattenabstand) H und Breite W ergibt sich:

$$d_h = \frac{4A}{U} = \frac{4WH}{2(W+H)} = \frac{2WH}{(W+H)} \approx 2H \quad f\ddot{u}r\,\frac{H}{W} \approx 1 \tag{3.123}$$

Die Typen konvektiver Wärmeübertragung bei Luftkollektorsystemen mit jeweils einer Beispielanwendung sind in folgendem Schema verdeutlicht.

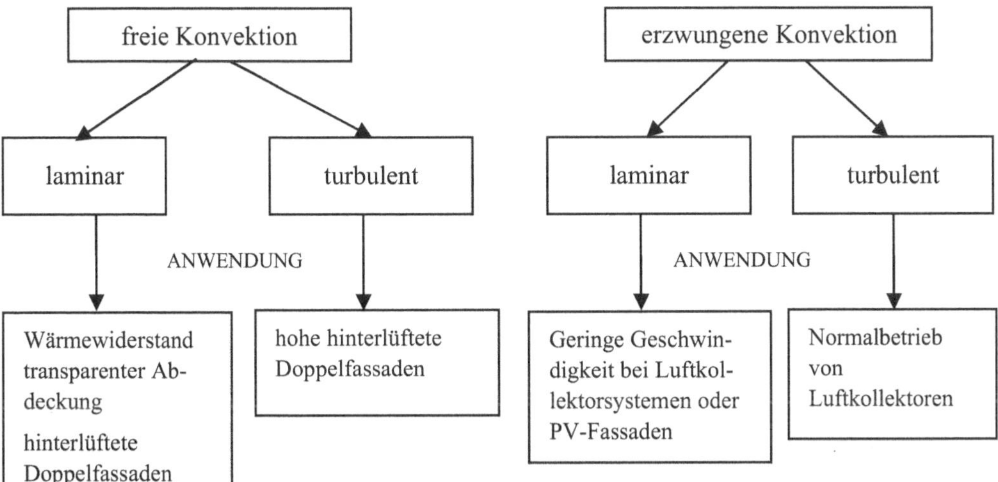

Bild 3-51: Konvektionsmechanismen bei Luftkollektoren.

Im Folgenden sollen nur klassische Luftkollektorkonfigurationen mit planparallelen Platten bzw. berippten Absorbern analysiert werden, deren Wärmeübergang von erzwungener Konvektion (laminar oder turbulent) dominiert ist.

Laminare Strömung

Für laminare erzwungene Strömung in Luftkanälen mit einseitiger Beheizung sind in der Literatur eine Reihe von Nußeltkorrelationen zu finden. Generell sind die Nußeltzahlen bei einer voll entwickelten laminaren Strömung konstant, wobei bei der Randbedingung konstanter Wärmestrom ein Wert von $Nu=5.4$ verwendet werden kann. Im Einlaufbereich des Strömungskanals sind die Nußeltzahlen jedoch deutlich höher und werden in Abhängigkeit vom Strömungsweg x mit Funktionen des Types

$$Nu = c_0 + c_1 \left(\frac{x}{d_h\,\mathrm{Re}\,\mathrm{Pr}}\right)^{-c_2} \tag{3.124}$$

approximiert.

Die thermische Einlauflänge x_{th} ist definiert als die Länge, innerhalb derer die Nußeltzahl auf das 1.05-fache der voll entwickelten Strömung abgesunken ist. Generell sind die Einlauflängen bei laminarer Strömung sehr groß.

$$x_{th} = x_{th}^* \operatorname{Re} \operatorname{Pr} d_h \qquad (3.125)$$

Der Faktor x_{th}^* liegt nach (Merkel/Eiglmeier, 1999) je nach Randbedingung zwischen 0.0335 und 0.053. Die Reynoldszahl $\operatorname{Re} = \mathrm{v}\, d_h\, / \, \nu$ ist proportional zur Strömungsgeschwindigkeit v, die Prandtlzahl $\operatorname{Pr} = \nu c_p \rho\, /\, \lambda$ von den temperaturabhängigen Stoffeigenschaften des Fluids.

Beispiel 10:

Berechnung der thermischen Einlauflänge für einen Luftkollektorkanal mit 0.0275 m hydraulischem Durchmesser und einer Durchströmgeschwindigkeit v von 1 m/s bei mittlerer Fluidtemperatur von 40 °C. Für die Randbedingung eines sich sowohl thermisch als auch hydrodynamisch entwickelnden Einlaufs ist $x_{th}^* = 0.053$.

dynamische Viskosität ν [m²/s]	1.707×10^{-5}
Wärmeleitfähigkeit λ [W/mK]	0.02568
Wärmekapazität c_p [J/kgK]	1008
Dichte ρ [kg/m³]	1.1123
Re [–]	1610
Pr [–]	0.7455

Daraus ergibt sich eine thermische Einlauflänge x_{th} von 1.68 m.

Die Konstanten der Nußeltkorrelation (3.94) c_0, c_1 und c_2 werden von Shah und London (1978) in Abhängigkeit des dimensionslosen Strömungswegs $x^* = x/(Re\ Pr\ d_h)$ angegeben. In den Untersuchungen von Altfeld (1985) zu flachen berippten Lufterhitzern wird als Parameter das Verhältnis aus Strömungskanalbreite W zur Kanalhöhe H verwendet. Als Randbedingung wird ein konstanter Wärmestrom in Strömungsrichtung und konstante Temperatur in Umfangsrichtung, d. h. entlang der Rippe, angenommen und die kritische Reynoldszahl für den Übergang von laminarer zu turbulenter Strömung mit 3100 angesetzt.

Eine erweiterte Gleichung von Merker und Eiglmeier ist ebenfalls in den Vergleich der Nußeltkorrelationen aufgenommen, die in folgendem Diagramm dargestellt sind. Die Mittelwerte der Nußeltzahlen integriert von 0.1 bis 2.5 m sind in der Legende angegeben und differieren kaum.

Tabelle 3-11: Koeffizienten für Nußeltkorrelationen.

Parameter	c_0	c_1	c_2	*Referenz*
$x^* \leq 0.00325$	0	0.5895	0.5	Shah und London
$0.00325 < x^* \leq 0.045$	0	2.614	0.24	Shah und London
$x^* > 0.045$	5.39	0	–	Shah und London
W/H = 0.5	4.11	0.0777	0.8212	Altfeld
W/H = 1.0	3.6	0.1028	0.7782	Altfeld

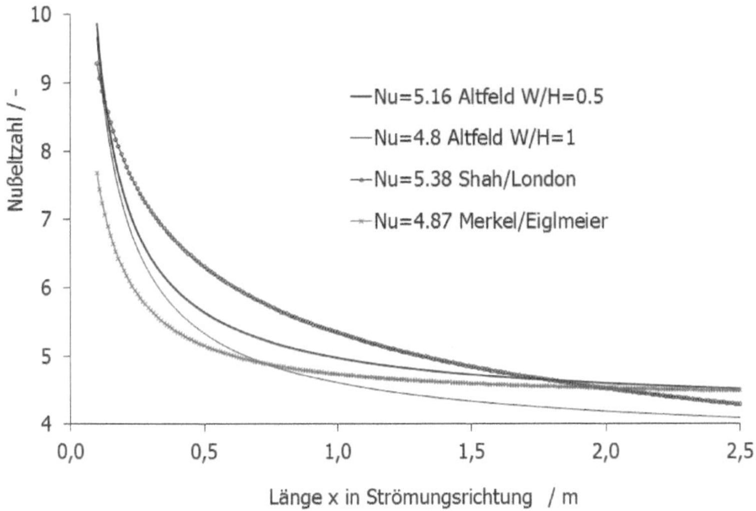

Bild 3-52: Nußeltzahlen als Funktion des Abstandes x vom Einlauf in einen Luftkollektor für laminare Strömung.

Da für die Berechnung des konvektiven Wärmeübergangs für den Wirkungsgradfaktor F' lediglich die mittlere Nußeltzahl über die Kollektorlänge benötigt wird und sich die Mittelwerte der verschiedenen Korrelationen kaum unterscheiden, wird empfohlen, für eine Korrelation das Integral zu berechnen und direkt die mittlere Nußeltzahl als Funktion der Kollektorlänge zu bestimmen.

Wird beispielsweise die Korrelation von Altfeld verwendet mit:

$$\text{W/H=0.5} \qquad Nu = 4.11 + 0.0777 \left(\frac{x}{d_\text{h} \, \text{Re} \, \text{Pr}} \right)^{-0.8212} \tag{3.126}$$

so kann der Mittelwert direkt aus dem Integral berechnet werden:

$$Nu_\text{m} = \frac{\int\limits_{L_0}^{L_\text{k}} Nu(x)\,dx}{L_\text{k} - L_0} = 4.11 + \frac{0.4345}{\left(d_\text{h} \, \text{Re} \, \text{Pr}\right)^{-0.8212} \left(L_\text{k} - L_0\right)} \left(L_\text{k}^{\,0.1788} - L_0^{\,0.1788} \right) \tag{3.127}$$

Da die Nußeltzahlen für $x \to 0$ unendlich groß werden, sollte für die Berechnung der mittleren Nußeltzahl beispielsweise erst ab $L_0 = 0.1$ m integriert werden.

Beispiel 11:

Berechnung der mittleren Nußeltzahl für einen Kollektor mit Strömungskanallänge von 2.5 m für den Kollektor aus Beispiel bei 1 m/s Strömungsgeschwindigkeit.

Bei der Reynoldszahl von 1610 liegt laminare Strömung vor.

Die mittlere Nußeltzahl ergibt sich bei Integrationsgrenzen von 0.1 m und 2.5 m zu $Nu_\text{m} = 5.758$. Daraus wird ein mittlerer Wärmeübergangskoeffizient h_c von 5.38 W/m^2 K berechnet.

Erzwungene turbulente Strömung

Bei turbulenter Strömung ist der Einfluss des Einlaufbereiches geringer als bei laminarer Strömung. Auch der Einfluss der Randbedingungen und der Kanalgeometrie ist bei turbulenter Strömung gering.

Als allgemeine Gleichung für die Berechnung der Nußeltzahlen bei turbulenter Strömung kann die modifizierte Petukhovgleichung für Re > 3100 verwendet werden:

$$Nu = \frac{(\mathrm{Re}-1000)\,\mathrm{Pr}\,\dfrac{f}{8}}{1+12.7\sqrt{\dfrac{f}{8}}\left(\mathrm{Pr}^{2/3}-1\right)}\left(1+\left(\frac{d_\mathrm{h}}{L_\mathrm{k}}\right)^{2/3}\right) \tag{3.128}$$

wobei $f = (0.79\ln\mathrm{Re}-1.64)^{-2}$ als Druckverlustkoeffizient bezeichnet wird und der Term $1+\left(d_\mathrm{h}/L_\mathrm{k}\right)^{2/3}$ ein Korrekturterm für kurze Kanäle mit Kanallänge L_k ist.

Eine vereinfachte Nußeltkorrelation wird von Tan und Charters (1970) für asymmetrisch beheizte planparallele Platten und eine voll entwickelte turbulente Strömung angegeben, die ebenfalls einen Korrekturterm für kurze Kanäle enthält.

$$Nu = 0.0158\,\mathrm{Re}^{0.8}+\left(0.00181\,\mathrm{Re}+2.92\right)\exp\left(-0.03795\,L_\mathrm{k}/d_\mathrm{h}\right) \tag{3.129}$$

Beide Korrelationen ergeben ausreichend genaue Werte für die konvektiven Wärmeübergangskoeffizienten.

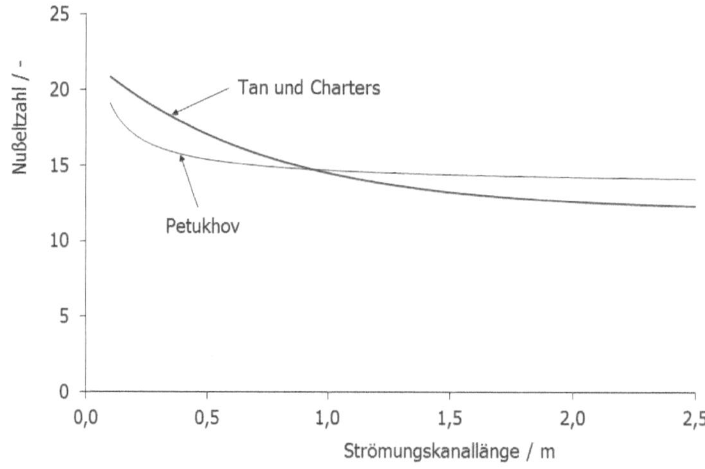

Bild 3-53: Nußeltkorrelationen für erzwungene Strömung.

Mit den obigen Nußeltkorrelationen lässt sich der Wärmeübergangskoeffizient berippter Absorber berechnen.

Beispiel 12:

Berechnung des konvektiven Wärmeübergangskoeffizienten h_c für den 2.5 m langen Kollektor aus Beispiel 10 bei einer Strömungsgeschwindigkeit von 2.5 m/s.

Die Reynoldszahl für den Strömungskanal mit 0.0275 m hydraulischem Durchmesser ist 4026. Daraus ergibt sich ein Druckverlustkoeffizient $f = 0.041$ und eine Nußeltzahl nach der Petukhov-Gleichung von 14.53. Der konvektive Wärmeübergangskoeffizient für turbulente Strömung ist 13.57 W/m² K, d. h. fast dreimal so hoch wie bei laminarer Strömung.

Rippenwirkungsgrad und Flächennormierung

Der bisher berechnete Wärmeübergangskoeffizient h_c bezieht sich auf die komplette Wärmeübertragungsfläche der Luftkanalumschließungsflächen A_g, die sich für jeden Strömungskanal aus Absorberunterseite und Kanalrückwand jeweils mit Breite W und den beiden seitlichen Rippenflächen mit Höhe H zusammensetzt. Für eine Einheitslänge in Strömungsrichtung ist die Gesamtfläche des Strömungskanals:

$$A_g = 2(W + H) \times 1 \tag{3.130}$$

Da der Flächenbezug für die Nutzleistungsberechnung die Absorberoberfläche ist, muss eine Flächennormierung für den konvektiven Wärmeübergangskoeffizient durchgeführt werden. Weiterhin wird über den sogenannten Rippenwirkungsgrad berücksichtigt, dass die Temperaturen der Rippen von der Absorbertemperatur ausgehend abfallen.

Der Rippenwirkungsgrad wird analog zur Temperaturverteilungsberechnung des Absorberblechs bei wasserdurchströmten Kollektoren hergeleitet unter den Annahmen eines idealen thermischen Kontakts der Rippe zur Absorberunterseite, eines konstanten konvektiven Wärmeübergangskoeffizienten und der Vernachlässigung von Wärmeabfuhr an der Rippenspitze.

$$\eta_{Ri} = \frac{\tanh(mH)}{mH} \tag{3.131}$$

mit:

$$m = \sqrt{\frac{h_c}{\lambda_{Ri}} \frac{U_{Ri}}{A_q}} \tag{3.132}$$

wobei h_c der auf die Gesamtfläche bezogene konvektive Wärmeübergangskoeffizient und λ_{Ri} die Wärmeleitfähigkeit des Blechs ist.

Das Verhältnis aus Umfang der Rippe U_{Ri} mit Rippendicke t zum Querschnitt der Rippe A_q ergibt sich aus:

$$\frac{U_{Ri}}{A_q} = \frac{2(H + t)}{H t} \tag{3.133}$$

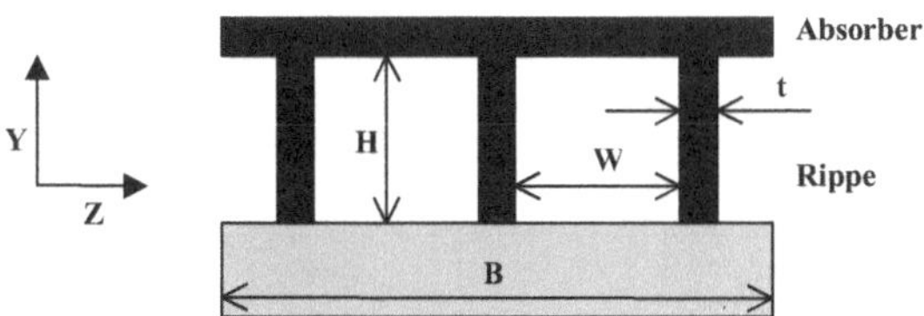

Bild 3-54: Geometrie eines berippten Absorbers.

Das Flächenverhältnis der wärmeübertragenden Rippenfläche $A_{Ri} = 2H \times 1$ zur gesamten Kanalumschließungsfläche A_g wird nach Altfeld mit β bezeichnet:

$$\beta = \frac{A_{\mathrm{Ri}}}{A_{\mathrm{g}}} = \frac{2H}{2(W+H)} = \frac{H}{(W+H)} \tag{3.134}$$

und das Verhältnis der Fläche zwischen den Rippen A_{W} zur Absorberoberfläche A mit γ:

$$\gamma = \frac{A_W}{A} = \frac{W}{W+t} \tag{3.135}$$

Der auf die Absorberoberfläche A bezogene Wärmestrom von Absorberunterseite und Rippe zum Wärmeträgerfluid $\dot{Q}_{\mathrm{a}}$ wird durch den gesuchten Wärmeübergangskoeffizient $h_{\mathrm{c,a-f}}$ beschrieben, der sich über den Rippenwirkungsgrad und die Flächenfaktoren aus dem bereits berechneten h_{c} ergibt:

$$\frac{\dot{Q}_{\mathrm{a}}}{A} = h_{\mathrm{c,a-f}}(T_{\mathrm{a}} - T_{\mathrm{f}}) \tag{3.136}$$

wobei

$$h_{\mathrm{c,a-f}} = \frac{\gamma}{1-\beta}\left(1 + \beta(2\eta_{\mathrm{Ri}} - 1)\right)h_{\mathrm{c}} \tag{3.137}$$

Für die Rückseite des Strömungskanals wird der konvektive Wärmeübergangskoeffizient um den Faktor γ reduziert, d. h. um den effektiv wärmeübertragenden Flächenanteil der Rückseite.

$$h_{\mathrm{c,b-f}} = \gamma h_{\mathrm{c}} \tag{3.138}$$

Die beiden Wärmeübergangskoeffizienten $h_{\mathrm{c,a-f}}$ und $h_{\mathrm{c,b-f}}$ können in die Bestimmungsgleichungen des Kollektorwirkungsgradfaktors eingesetzt werden.

Beispiel 13:

Berechnung der konvektiven Wärmeübergangskoeffizienten $h_{\mathrm{c,a-f}}$ und $h_{\mathrm{c,b-f}}$ des bereits betrachteten unterströmten berippten Luftkollektors bei Strömungsgeschwindigkeiten von 1 m/s bzw. 2.5 m/s.

Für die Berechnung der Flächenfaktoren β und γ wird die genaue Geometrie des Strömungskanals benötigt:

Rippenhöhe H des Kanals: 0.028 m
Rippendicke t: 0.0014 m
Rippenabstand (=Kanalbreite) W: 0.027 m
Wärmeleitfähigkeit des Rippenblechs λ_{Ri}:   238 W/mK
$\Rightarrow \beta = 0.5091$, $\gamma = 0.9507$, $U_{\mathrm{Ri}}/(\lambda_{\mathrm{Ri}} A_{\mathrm{q}}) = 6.3$

Strömungsgeschwindigkeit (m/s)	h_{c} [W/m² K]	m	Rippenwirkungsgrad η_{Ri}	$h_{\mathrm{c,a-f}}$ W/m² K	$h_{\mathrm{c,b-f}}$ W/m² K
1	5.38	5.82	0.991	15.6	*5.1*
2.5	13.57	9.25	0.978	39.1	12.9

3.2.2.4 Thermischer Wirkungsgrad von Luftkollektoren

Mit den oben bestimmten konvektiven Wärmeübergangskoeffizienten, dem Wärmeübergangskoeffizienten für Strahlung h_r und dem Wärmedurchgangskoeffizienten U_t zwischen Absorber und Umgebung kann der Wirkungsgradfaktor F' nach Gleichung (3.121) berechnet werden.

Der Wärmeübergangskoeffizient für Strahlung wird unter der vereinfachten Annahme berechnet, dass sich die Absorber- und Spaltrückwand wie unendlich ausgedehnte planparallele Flächen beschreiben lassen und die Rippen nicht berücksichtigt werden. Aufgrund der geringen Emissivitäten der Blechkanalumschließungsflächen $(\varepsilon_a, \varepsilon_b = 0.04{-}0.1)$ und des geringen Temperaturunterschiedes zwischen den Oberflächen von typisch 5 K ergeben diese Annahmen genügend genaue Ergebnisse (T_a und T_b in Kelvin).

$$h_r = \frac{\sigma}{\dfrac{1}{\varepsilon_a} + \dfrac{1}{\varepsilon_b} - 1}\left(T_a^2 + T_b^2\right)\left(T_a + T_b\right) \tag{3.139}$$

Der Wärmedurchgangskoeffizient U_t wird wie beim thermischen Flachkollektor vereinfacht als Summe der Vorder-, Seiten- und Rückwandverluste, d. h. vom Temperaturknoten des Absorbers zur Umgebung, berechnet, wobei die Seiten- und Rückwandverluste U_s und U_b temperaturunabhängig sind und konstant gesetzt werden können.

$$U_t = U_f + U_b + U_s \tag{3.140}$$

Der Wärmedurchgangskoeffizient durch die transparente Abdeckung berücksichtigt Windeinflüsse ($h_{c,w}$) und Strahlungsverluste gegen den Himmel ($h_{g\text{-}H}$) und wird wie bei den thermischen Flachkollektoren iterativ als Funktion der Scheibentemperatur T_g berechnet.

$$U_f = \frac{1}{\dfrac{1}{h_{c,a-g} + h_{r,a-g}} + \dfrac{1}{h_{c,w} + h_{r,g-H}}} \tag{3.141}$$

Da alle Wärmeübergangskoeffizienten temperaturabhängig sind, müssen zunächst Temperaturen für alle Oberflächen sowie die mittlere Fluidtemperatur vorgegeben werden. Mit dem Anfangstemperaturfeld werden dann alle Koeffizienten berechnet, der Kollektorwirkungsgradfaktor F' bestimmt und die Nutzleistung als Funktion der Fluideingangstemperatur berechnet:

$$\dot{Q}_n = AF_R\left(G(\tau\alpha) - U_t\left(T_{f,in} - T_o\right)\right) \tag{3.142}$$

mit

$$F_R = \frac{\dot{m}c_p}{AU_t}\left(1 - \exp\left(-\frac{U_t F' A}{\dot{m}c_p}\right)\right)$$

Aus der Nutzleistung werden dann die mittleren Temperaturen für Absorber T_a, Strömungskanalrückwand T_b, Fluid T_f und Glasabdeckung T_g analog zu wasserdurchströmten Kollektoren berechnet.

$$\overline{T}_a = T_{f,in} + \frac{\dot{Q}_n}{AU_t F_R}\left(1 - F_R\right)$$

$$\overline{T}_\mathrm{f} = T_\mathrm{f,in} + \frac{\dot{Q}_\mathrm{n}\left(1 - \dfrac{F_\mathrm{R}}{F'}\right)}{A\,F_\mathrm{R}U_\mathrm{t}}$$

$$T_\mathrm{g} = T_\mathrm{a} - \frac{U_\mathrm{f}\left(T_\mathrm{a} - T_\mathrm{o}\right)}{\left(h_\mathrm{c,a-g} + h_\mathrm{r,a-g}\right)}$$

Die Temperatur der Strömungskanalrückwand wird durch Auflösen der Energiebilanzgleichung (3.119) berechnet.

$$T_\mathrm{b} = \frac{h_\mathrm{c,b-f}T_\mathrm{f} + U_\mathrm{b}T_\mathrm{o} - h_\mathrm{r,b-a}T_\mathrm{a}}{h_\mathrm{c,b-f} + U_\mathrm{b} - h_\mathrm{r,b-a}} \tag{3.143}$$

wobei für T_f die mittlere Fluidtemperatur eingesetzt wird.

Mit diesen Temperaturen werden im nächsten Iterationsschritt neue Wärmeübergangskoeffizienten berechnet. Die Iteration wird solange durchgeführt, bis die Änderung des Temperaturfeldes vernachlässigbar klein wird.

Beispiel 14:

Berechnung der Nutzleistung, der Austrittstemperaturen und des thermischen Wirkungsgrades für einen fassadenintegrierten Luftkollektor bei 800 W/m² Einstrahlung und 10°C Umgebungstemperatur. Die Umgebungstemperatur ist gleich der Eintrittstemperatur $T_\mathrm{f,in}$ in den Kollektor. Die Luftkanalgeometrie entspricht den bereits gerechneten Beispielen mit einer Kollektorlänge von 2.5 m und der Wärmedurchgangskoeffizient der Rückseite U_b ist konstant 0.65 W/m² K (Seitenverluste werden vernachlässigt).

Tabelle 3-12: Ergebnistabelle für Luftkollektorwirkungsgrade.

Nr	Randbedingung	U_t [W/m² K]	F' [–]	F_R [–]	$\dot{Q}_\mathrm{n}/A$ [W/m²]	$\overline{T}_\mathrm{a}$ [K]	$\overline{T}_\mathrm{f}$ [K]	$T_\mathrm{f,out}$ [K]	η [–]
1	v = 1 m/s (v_wind=3 m/s), ε_a = 0.9	6.6	0.70	0.59	375	49.9	26.0	40.2	0.47
2	v =1 m/s (v_wind=3 m/s), ε_a = 0.1	4.2	0.79	0.69	442	56.9	28.8	46.0	0.55
3	v = 2.5 m/s (v_wind=3 m/s), ε_a = 0.9	6.2	0.87	0.80	514	30.3	18.3	26.1	0.64
4	v = 2.5 m/s (v_wind=1 m/s), ε_a = 0.9	5.4	0.89	0.82	528	30.8	18.5	26.6	0.66
5	v = 2.5 m/s (v_wind=1 m/s), ε_a = 0.1	3.55	0.92	0.88	562	32.1	19.9	27.7	0.70

Aus den Ergebnissen ist deutlich der Wirkungsgradanstieg beim Umschlag der Strömung aus dem laminaren (Nr.1,2) in den turbulenten Bereich (Nr. 3–5) ersichtlich. Die ersten beiden Simulationen im laminaren Strömungsbereich unterscheiden sich durch den Emissionskoeffizienten des Absorbers ε_a, der im Fall der selektiven Beschichtung bei 0.1 und beim schwarzen Absorber bei 0.9 liegt. Durch die selektive Beschichtung sinkt der Wärmedurchgangskoeffizient von 6.6 auf 4.2 W/m² K und der Wirkungsgrad steigt um 17 %. Bei höheren Strömungsgeschwindigkeiten von 2.5 m/s wurde der Einfluss der äußeren Windgeschwindigkeit untersucht. Eine Reduzierung von 3 m/s auf 1 m/s führt zu einer Reduktion des U_t-Wertes um 0.8 W/m² K

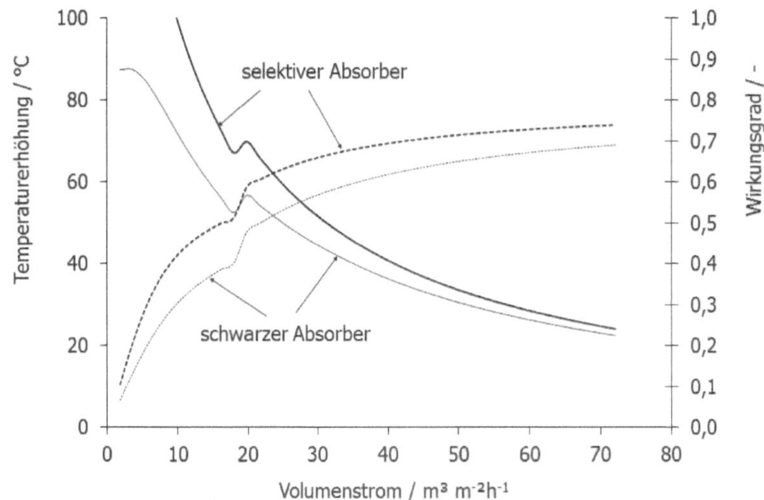

Bild 5-55: Temperaturerhöhung (durchgezogene Linien) und Wirkungsgrad (gestrichelte Linien) eines Luftkollektors.

und einer Wirkungsgradverbesserung von 3 %. Die selektive Beschichtung bringt weitere 6 % Wirkungsgradverbesserung.

Die Randbedingungen für diese Temperaturerhöhungs- bzw. Wirkungsgradberechnungen als Funktion des spezifischen Volumenstroms (in m^3/h pro m^2 Kollektorfläche) sind: Einstrahlung von 800 W/m^2, 10°C Umgebungstemperatur und 3 m/s Windgeschwindigkeit.

3.2.3 Auslegung des Luftkreislaufes

Der Luftvolumenstrom des Kollektors ist abhängig von der gewünschten Anwendung. Während bei reiner Frischluftvorwärmung hohe Volumenströme >60 m^3/m^2 h mit gutem thermischen Wirkungsgrad vorteilhaft sind, erfordern Direktheizungs- oder Hypokaustenanwendungen hohe Temperaturerhöhungen und damit niedrige spezifische Volumenströme (20-40 m^3/m^2 h).

Bei Direktheizungsanwendungen muss die durch den flächenspezifischen Volumenstrom festgelegte Austrittstemperatur aus Behaglichkeitsgründen begrenzt werden, und zwar im Wohnungsbau auf 45°C, in Industrieanwendungen auf maximal 60°C. Die Temperaturbegrenzung kann entweder durch eine Volumenstromregelung oder durch Beimischung von Kaltluft erfolgen.

3.2.3.1 Kollektordruckverluste

Für die Verschaltung der Kollektoren bietet es sich an, möglichst lange Kollektorreihen zu wählen, um die Verbindungskanäle und damit die Anlagenkosten zu reduzieren. Gleichzeitig wird durch die Reihenschaltung bei gegebenem Gesamtvolumenstrom $\dot{V}$ die Strömungsgeschwindigkeit v in den Luftkanälen und damit der konvektive Wärmeübergang erhöht, da die durchströmte Kanalquerschnittsfläche A_q klein ist.

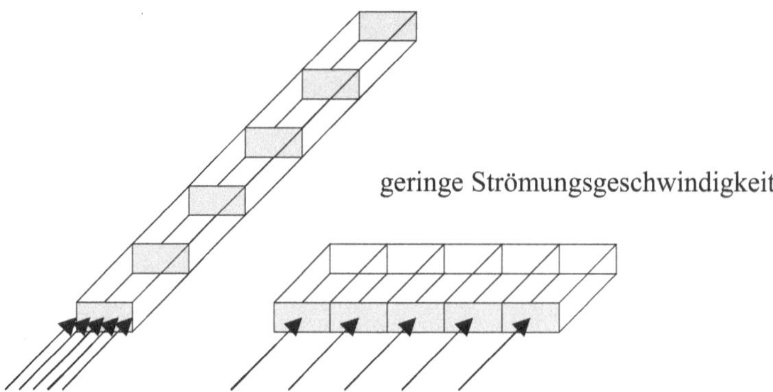

Bild 3-56: Reihen- bzw. Parallelschaltung von Kollektoren.

$$v = \frac{\dot{V}}{A_q} \tag{3.144}$$

Begrenzend für die Anzahl der in Reihe geschalteten Kollektoren ist der Druckverlust durch Reibung Δp_R , der bei laminarer Strömung linear, bei turbulenter Strömung quadratisch mit der Strömungsgeschwindigkeit ansteigt. Der Reibungsdruckverlust wird aus der Reibungszahl λ, der Länge l, dem hydraulischen Durchmesser d_h sowie dem dynamischen Druck $\rho/2v^2$ berechnet.

$$\Delta p_R = \frac{\lambda l}{d_h}\frac{\rho}{2}v^2 \tag{3.145}$$

Die Reibungszahl λ ist bei laminarer Strömung umgekehrt proportional zur Reynoldszahl Re, sodass sich der lineare Zusammenhang zwischen Druckverlust und Strömungsgeschwindigkeit ergibt.

$$\lambda = \frac{64}{\text{Re}} = \frac{64v}{v\,d_h} \tag{3.146}$$

Bei turbulenter Strömung ist die Reibungszahl von der Rauigkeit der Wand abhängig. Die Blechkanäle eines kommerziellen Luftkollektors haben beispielsweise eine verzinkten Stahlrohren vergleichbare absolute Rauigkeit von $\varepsilon = 0.15$ mm. Die Rohrreibungszahl wird iterativ als Funktion der Rauigkeit und Reynoldszahl sowohl für hydraulisch glatte als auch raue Rohre bestimmt:

$$\frac{1}{\sqrt{\lambda}} = -2\log\left(\frac{2.51}{\text{Re}\sqrt{\lambda}} + \frac{\varepsilon}{3.72d_h}\right) \tag{3.147}$$

Beispiel 15:

Berechnung des Druckverlustes des obigen Luftkollektors mit $d_h = 0.027$ m bei Strömungsgeschwindigkeiten von 1 m/s, 2.5 m/s und 5 m/s bei einer mittleren Lufttemperatur von 40°C.

Geschwindigkeit v [m/s]	Reynoldszahl Re [-]	Rohrreibungszahl λ [-]	Druckverlust Δp_R [Pa/m]
1	1583	0.04	0.82
2.5	3957	0.045	5.8
5	7914	0.038	19.6

3.2.3.2 Luftkanalsystem

Im Luftkanalsystem müssen neben den Rohrreibungsverlusten auch Druckverluste durch Einzelwiderstände Δp_Z berücksichtigt werden, die durch Querschnitts- und Richtungsänderungen sowie durch Abzweigungen im Kanalsystem entstehen. Diese Strömungswiderstände werden bei turbulenter Strömung vor allem durch Wirbelbildung verursacht und sind dem Quadrat der mittleren Strömungsgeschwindigkeit proportional. Der dimensionslose Widerstandsbeiwert ζ ist in heizungs- und klimatechnischen Handbüchern für alle gängigen Bauteile tabelliert und variiert über einen weiten Wertebereich von etwa 10^{-2} (stetige Verengungen oder Erweiterungen) bis 10 (Rückschlagklappen, Verzweigungen etc.) (Recknagel, 2011).

$$\Delta p_Z = \zeta \rho \frac{v^2}{2} \tag{3.148}$$

Die Abmessungen der Einbauten sowie der Luftkanäle ergeben sich aus Richtwerten für Strömungsgeschwindigkeiten, die aufgrund schalltechnischer Probleme sowie zu hohen Druckverlusten nicht überschritten werden sollten:

Tabelle 3-13: Richtwerte für Strömungsgeschwindigkeiten.

Leitungstyp	Geschwindigkeit
Kleinanlagen im Wohnungsbau bis 500 m³/h, Leitungen hinter Ventilen	3-4 m/s
Mittlere Anlagen, Verbindungsleitungen und Luftverteilkanäle	4-8 m/s
Großanlagen und Sammelkanäle	8 m/s

Bei gegebenem Volumenstrom und vorgegebener maximaler Geschwindigkeit berechnen sich die Kanalquerschnittsfläche und der Rohrdurchmesser nach $A_q = \pi d^2 / 4 = \dot{V} / v$. Typische Verteilungen von Druckverlusten bei größeren Anlagen mit kurzen Verteilrohren im Gebäude liegen bei knapp 50 % im Kollektorfeld selbst, 15 % in den Sammelkanälen und 35 % im Gebäude.

Nach der Festlegung des Gesamtvolumenstroms sowie der Druckverlustberechnung des Strangs mit den höchsten Verlusten (Hauptstrang) kann der elektrische Leistungsbedarf des Ventilators bestimmt werden. Dieser ist proportional zu Volumenstrom und Druckverlust und hängt vom Ventilator- und Motorwirkungsgrad ab.

$$P_{el} = \frac{\dot{V} \Delta p}{\eta} \tag{3.149}$$

Tabelle 3.14: Richtwerte für Ventilatorwirkungsgrade (Firma Grammer KG Amberg, „Planungs-unterlagen Luftkollektoren")

Luftvolumenstrom (m^3/h)	Ventilatorwirkungsgrad η_V [-]	Motorwirkungsgrad η_M [-]	Gesamtwirkungsgrad η [-]
bis 300	0.4–0.5	0.8	0.32–0.4
400–1000	0.6–0.7	0.8	0.48–0.56
2000–5000	0.7–0.8	0.8	0.56–0.64
6000–10000	bis 0.85	0.82	bis 0.7

Die vom Ventilator erzeugte Gesamtdruckdifferenz wird in dem anschließenden Kanalsystem durch Reibung und Einzelwiderstände aufgebraucht. Bei parallelen Luftsträngen müssen Kanalquerschnitte und Einbauten so dimensioniert werden, dass der Druckverlust gleich hoch wie im Hauptstrang ist. Wird diese Grundforderung der Berechnung nicht eingehalten, so stellen sich bei Betrieb der Anlage die Volumenströme so ein, dass die Forderung gleicher Druckverluste erfüllt wird – Kanalsysteme sind daher selbstregulierend. Diese selbsttätige Änderung der Volumenströme hat zur Folge, dass in ungenau berechneten Kanalsystemen in den einzelnen parallelen Strängen nicht die Auslegungsvolumenströme fließen und der geänderte Gesamtvolumenstrom zu Leistungsänderungen von zentralen Wäschern, Lufterhitzern o. Ä. führen kann.

Literatur

Altfeld, K. „Exergetische Optimierung flacher solarer Lufterhitzer", VDI Fortschrittsbereichte Reihe 6, Nr.175, VDI Verlag 1985

Bauer, D., Heidemann, W., Marx, R., Nußbicker-Lux, J., Ochs, F., Panthalookaran, V., Raab, S. (2009). Solar unterstützte Nahwärme und Langzeit-Wärmespeicher, Forschungsbericht zum BMU Vorhaben 0329607 J

Croy, R., Wirth, H.P., Peuser, F. (2000) „Jahreszeitlicher Verlauf von Zapfprofilen in verschiedenen Gebäudetypen", Tagungsband 10. Symposium thermische Solarenergie, Staffelstein 2000

Eicker, U., Huber, M. Wohnungslüftungsanlagen mit solarer Nachheizung in Niedrigenergiehäusern, Tagungsband achtes Symposium Thermische Solarenergie, Otti-Technologiekolleg 1998

Fink, C., Riva, R., Pertl, M., Wagner, W. (2006) OPTISOL – messtechnisch begleitete Demonstrationsprojekte für optimierte und standardisierte Solarsysteme im Mehrfamilienwohnungsbau, Endbericht AEE Gleisdorf

Furbo, S., Andersen, E., Knudsen, S., Kristian, N., Shah, L.V. (2005) Smart solar tanks for small solar domestic hot water systems, Solar Energy 78, pp269–279

Hahne, E. et al „Solare Nahwärme – ein Leitfaden für die Praxis", BINE Informationspaket 1998

Hollands, K. G. T., Unney, T. E., Raithby, G. D. and Konicek, L. 1976. Free convective heat transfer across inclined air layers, J. Heat Transfer, Trans.ASME. 98(2): 189–193.

ITW (1995)Test- und Entwicklungszentrum für Solaranlagen Stuttgart, Universität Stuttgart, „Tests '95"

Keilholz, Christian (2008) Thermische Solaranlagen – Typische Ausführungsfehler aus Sachverständigen-Sicht, Vortrag deutsches Bauzentrum München 11.7.2008

Kübler, R. Fisch, N. (1998) „Wärmespeicher", BINE Informationsdienst 1998

Lang, R. (2009) Potentiale der Effizienzsteigerung durch Kopplung von Solarthermie und Wärmepumpen, VDI Bericht 2074

Merker, G.P., Eiglmeier, C. „Fluid- und Wärmetransport, Wärmeübertragung", Teubner Verlag Stuttgart 1999

Nitsch, J. (2008) Leitstudie 2008 – Weiterentwicklung der Ausbaustrategie Erneuerbare Energien vor dem Hintergrund der aktuellen Klimaschutzziele Deutschlands und Europas.Untersuchung im Auftrag des Bundesministeriums für Umwelt, Naturschutz und Reaktorsicherheit Berlin.

Pauschinger, T. (1997) „Solaranlagen zur kombinierten Brauchwassererwärmung und Raumheizung", 7.Symposium thermische Solarenergie, Regensburg 1997

Peuser, F., Croy, R., Wirth,H. (2000) „Erfahrungen mit Regelungen für thermische Solaranlagen im Programm Solarthermie 2000, Teilprogramm 2, Tagungsband 10. Symposium thermische Solarenergie, Staffelstein 2000

Recknagel, Sprenger, Schramek „Taschenbuch für Heizung+Klimatechnik", Oldenbourg Verlag

Schmalfuß, H.G. (2000) „Innovative Pumpenentwicklung für Solaranlagen" 10.Symposium thermische Solarenergie Staffelstein 2000

Shah, R. K., London, A.C. Laminar flow forced convection in ducts, Advances in heat transfer, Academic Press New York 1978

Tan, H. M., Charters , W.W.S. An experimental investigation of forced convective heat transfer for fully developed turbulent flow in a rectangular duct with asymetric heating, Solar Energy, Vol 13 (1970)

VDI Wärmeatlas, VDI-Verlag Düsseldorf

Wesselak, V. Schabbach, T. (2009) Regenerative Energietechnik, Springer Verlag

4 Solares Kühlen

Bei hohen internen Lasten, fehlenden Nachtlüftungsmöglichkeiten, steigenden Außentemperaturen und vor allem gestiegenen Komfortansprüchen werden weltweit zunehmend mehr Klimaanlagen eingebaut – und das nicht nur im Verwaltungsbau. Für die Deckung des Klimatisierungs- und Kältebedarfs in Gebäuden stehen sowohl elektrisch als auch thermisch angetriebene Kältemaschinen zur Verfügung. Die konventionelle Kältetechnik wird durch Kompressionskältemaschinen dominiert: Jährlich werden alleine etwa 82 Millionen Raumklimageräte verkauft mit den Hauptmärkten in China und den USA (Jarn, 2009). Die Marktdurchdringung in Europa ist geringer (8.6 Millionen Einheiten 2008), weist jedoch eine hohe Wachstumsrate auf. Pro Tausend Einwohner sind in Deutschland 0.6 elektrische Klimageräte installiert, in Spanien 14 und in Italien 12 pro 1000 Einwohner (Rolles, 2004). Das entspricht einem Wachstum der klimatisierten Fläche in der EU von 3 m² pro Einwohner im Jahr 2000 auf 6 m²/Einwohner im Jahr 2020. Für Deutschland wird ein Wachstum vom 1.2 m²/Einwohner auf 3.8 m²/Einwohner erwartet.

Klimatechnik wird in Deutschland fast ausschließlich im kommerziellen Bereich eingesetzt. Der Anteil der klimatisierten Flächen liegt bei etwa 20 bis 30 Prozent in Büros, maximal je 30 Prozent in Shops und Hotelzimmern, je 5 Prozent in Supermärkten und Gaststätten/Restaurants, weniger als 5 Prozent in Krankenhauszimmern und 1 bis 2 Prozent in Altenheimen (Rolles, 2004).

Eine Studie von Jones Lang LaSalle (2007) ergab mit 47 % aller Büros in Deutschland höhere Anteile mit Klimatisierung. In den USA sind etwa 76 % der Büros aktiv gekühlt (EIA, 2000), in Japan werden fast 100 Prozent der Bürogebäude und 85 Prozent der Wohngebäude klimatisiert. In Europa werden bei neuen Bürobauten mittlerweile 90 % klimatisiert (AEA, 2005). In Deutschland fallen etwa 40.000 GWh Stromverbrauch alleine für die Klimatisierung von Bürogebäuden an (Nick-Leptin, 2005). Aufgrund der klimatischen Veränderungen in Europa sowie dem allgemeinen Trend zu mehr Komfort erwartet die IEA einen Zuwachs an gekühlten Gebäudeflächen von 65 Millionen m²/Jahr bis zum Jahr 2020 in Europa oder 12.7 Prozent/Jahr. Die höchsten Zuwachsraten mit bis zu 50 Prozent werden in Italien und Spanien erwartet, Deutschland liegt dagegen eher im mittleren Bereich.

Der Klimawandel in Deutschland wird in diesem Jahrhundert je nach Emissionsszenario mittlere Jahrestemperaturanstiege zwischen 2.5 und 3.5 °C verursachen. Weiterhin werden signifikante regionale Unterschiede vorhergesagt, mit Temperaturanstiegen bis zu 4.5 °C in Süddeutschland und 2.5 °C in Norddeutschland. So werden beispielsweise am Standort Freiburg eine Verdopplung der heißen Tage (Maximaltemperaturen > 30 °C) von derzeit 12 Tagen auf 24 sowie der Tropennächte (nächtliche Minimaltemperatur > 20 °C) von derzeit 5 auf das Dreifache vorhergesagt.

Eine Untersuchung für den Wohnungsbau aus dem Jahr 2001 ergab Stückzahlen im Bereich Einfamilienhäuser und Eigentumswohnungen von knapp 50 000 fest installierten Klimageräten sowie weiteren etwa 146 000 mobilen Geräten. Durch Wohnungs- bzw. Hausmieter wurden weitere 70 000 mobile Geräte installiert, also insgesamt 266 000 Geräte in Deutschland (Rolles, 2004).

Absorptionskältemaschinen mittlerer und großer Leistung mit vergleichsweise geringen Stückzahlen von weltweit knapp 10 000 Anlagen pro Jahr werden zu 85 % in Asien hergestellt, in Deutschland werden derzeit etwa 100 Anlagen jährlich installiert. Insgesamt laufen in Deutschland etwa 3 000 Absorptionskältemaschinen mit einer Kälteleistung von rund 1 200

MW. Der Anteil von Absorptionskältemaschinen weltweit liegt bei etwa 8 %, in Deutschland bei etwa 1 % der Stückzahlen (Lamers et al, 2008).

Solare Kühlanwendungen sind am Anfang der Markteinführung. Mehrere hundert Systeme sind weltweit installiert, viele davon wurden in den letzten Jahren fertiggestellt. In ganz Australien sind etwa zehn solare Kühlprojekte installiert, die meisten davon mit Parabolrinnenkollektoren. Auf den Kanarischen Inseln gibt es elf solare Kühlprojekte, zwei auf Kreta, jeweils eine auf Cyprus und Sizilien (Rugginenti, Castaldo, 2009). Auch in China sind nur wenige solare Kühlprojekte installiert. Dagegen sind in Ländern mit großen Solarthermiemärkten trotz eher geringem Kühlbedarf mehr Anlagen zu verzeichnen, z. B. zwanzig Anlagen vorwiegend im Bürobereich in Österreich oder dreißig Anlagen in Italien. Neben zwei offen Sorptionsanlagen und zwei Adsorptionsanlagen sind die meisten Anlagen in Italien Absorptionskältemaschinen.

Die größte Barriere für die Verbreitung solarer Kühlung sind die noch hohen Kosten bei gleichzeitig niedrigen Strompreisen.

Gleichzeitig werden alleine in China jährlich mehrere Millionen Quadratmeter Solarkollektorfläche installiert (2006 insgesamt 18 Millionen Quadratmeter). Von den in Europa jährlich etwa 2.8 Millionen umgesetzten Quadratmetern wird mehr als ein Drittel in Deutschland installiert, was einer thermischen Leistung von 660 MW entspricht (Estif, 2008). 67 % dieser Kollektoren werden von deutschen Herstellern produziert. In den USA dagegen werden trotz hoher Zuwachsraten bisher nur etwa 150 000 m^2 jährlich installiert, vorrangig für die Warmwasserbereitung, nur 1 % für solare Kühlanwendungen und 7.5 % für Kombisysteme mit Heizungsunterstützung (EIA, 2008).

Nichts liegt näher, als die elektrischen Kompressionskältemaschinen mit ihrer sommerlichen Stromnetzbelastung durch thermische Kälte zu ersetzen. Und nicht nur Solarenergie, sondern auch Abwärme von Biomasse-Blockheizkraftwerken, Stirlingmotoren und Mikrogasturbinen bieten umweltfreundliche Alternativen zur strombetriebenen Kühlung.

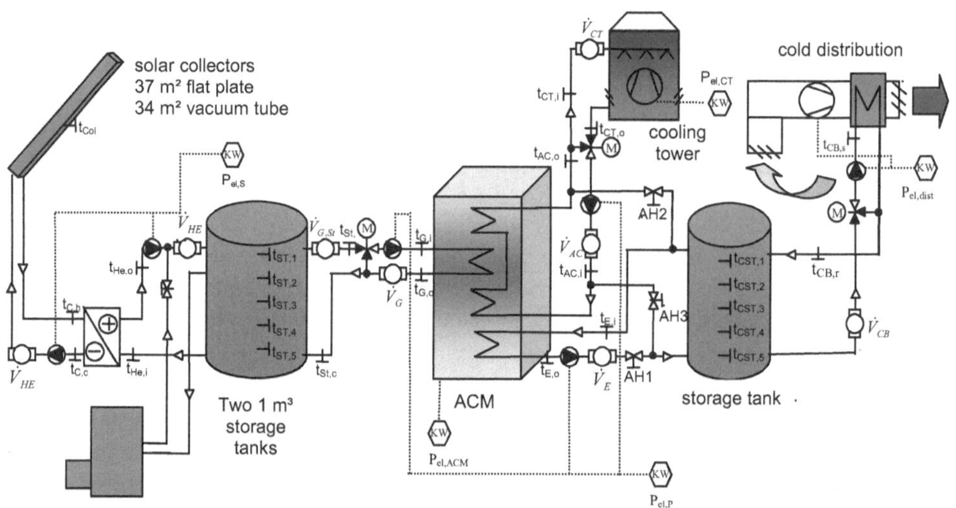

Bild 4-1: Systemschema einer solaren Kühlanlage mit Flach- und Vakuumröhrenkollektoren der SolarNet AG, die wahlweise zu Testzwecken auf eine 15-kW-Absorptionskältemaschine geschaltet werden können. Die Kälteverteilung erfolgt über Umluftkühler, sowohl auf der Heiß- als auch der Kaltseite sind Speicher vorhanden.

Solare Technologien am Gebäude können photovoltaisch (PV) erzeugten Strom für Kompressionskältemaschinen liefern oder solarthermisch erzeugte Wärme für Absorptions- bzw. Adsorptionskältemaschinen bereitstellen. Die Kopplung eines Photovoltaikgenerators an eine Kompressionskältemaschine stellt keine besonderen Planungsanforderungen, da Zusatzenergie über das elektrische Stromnetz stets verfügbar ist. Über den mittleren sommerlichen Strombedarf von deutschen Verwaltungsbauten zur Klimatisierung zwischen etwa 5 und 20 kWh/m^2 kann die erforderliche Fläche eines Photovoltaikgenerators abgeschätzt werden: bei einer jährlichen PV-Stromerzeugung von etwa 120 kWh/m^2 a kann pro Quadratmeter PV der Kühlenergiebedarf von 6–24 m^2 Bürofläche gedeckt werden. Für 1 000 m^2 Nutzfläche sind 40–160 m^2 PV-Fläche für die Klimatisierung erforderlich, dazu kommt der Strombedarf für Beleuchtung und Geräte.

Alternativ werden Verfahren der thermischen Kühlung mit Niedertemperaturwärme eingesetzt, welche Solarenergie, aber auch Abwärme nutzen können.

Markt dominierend sind Absorptionskältetechniken mit den Stoffpaaren Wasser-Lithiumbromid (LiBr) bzw. Ammoniak-Wasser, welche über einen geschlossenen Kreisprozess Kälte erzeugen.

4.1 Technologien

4.1.1 Funktionsprinzip

Die Funktionsprinzipien der geschlossenen Kreisprozesse wie Kompression, Absorption oder Adsorption ähneln einander: In allen Fällen wird ein Kältemittel (z. B. Wasser, Ammoniak, CO_2) bei niedrigem Druck und niedrigen Temperaturen verdampft. Die dabei aufgenommene Wärme wird auch als Nutzkälte bezeichnet. Um das Kältemittel wieder bei Umgebungs- oder Kühlturmtemperaturen zu verflüssigen, muss der Druck erhöht werden. Dies geschieht bei der Kompression durch mechanische Verdichtung, bei der Absorption erfolgt die Druckerhöhung durch Lösen des gasförmigen Kältemittels in einer Flüssigkeit mit anschließender Erhitzung und bei der Adsorption erfolgt der Prozess durch Anlagerung des Kältemittels an einem Feststoff, ebenfalls mit anschließendem Aufheizen und Austreiben des Kältemittels bei hohem Druck.

Die Temperaturniveaus am Verdampfer, also an der Kaltseite, und am Kondensator/Absorber, also an der Kühlwasserseite, bestimmen dabei die erforderliche Generatortemperatur. Je höher die Verdampfertemperatur ist, desto niedriger kann die Heiztemperatur sein. Ebenso machen möglichst niedrige Kühlwassertemperaturen den Antrieb einer thermischen Kältemaschine mit geringen Heiztemperaturen möglich. Die Verdampfertemperatur kann bei Ammoniak-Kältemaschinen bis auf -60 °C gesenkt werden, sodass industrielle Kälteprozesse möglich sind. Wird Wasser als Kältemittel verwendet, ist die Verdampfertemperatur auf Temperaturen oberhalb des Gefrierpunktes von mindestens 4 bis 5 °C beschränkt. Die Antriebstemperaturen für die Austreibung liegen je nach Temperaturbereich für Kalt- und Kühlwasser zwischen 70 und 130 °C.

Wird Ammoniak als Kältemittel verwendet, entsteht bei Verdampfertemperaturen von +5 °C bereits ein hoher Dampfdruck von 4.85×10^5 Pa. Um das Kältemittel bei Kondensatortemperaturen von 40 °C zu verflüssigen, muss der Ammoniakdruck im Generator auf knapp $15 \cdot 10^5$ Pa gebracht werden, d. h. konstruktiv müssen Ammoniak-Absorptionskältemaschinen für hohe Systemdrücke ausgelegt sein. Das Kältemittel Wasser dagegen verdampft bei +5 °C mit extrem geringem Dampfdruck von 872 Pa und kondensiert bei +40 °C bei 7375 Pa, sodass eine LiBr-Wasser-Absorptionskältemaschine unter Vakuum betrieben werden muss. Während die konstruktiven Anforderungen deutlich geringer sind, müssen bei dem geringen Wasserdampfdruck sehr hohe Volumenströme für die Erzeugung der Kälteleistung umgewälzt und große Querschnitte zur Reduzierung der Druckverluste verwendet werden. Bei einer 100 kW Kältemaschine müssen stündlich 145 kg Wasser verdampft werden, was bei dem geringen Systemdruck unter 1000 Pa einem Volumenstrom von 21300 m^3/h entspricht. Dagegen müssten für die gleiche Kälteleistung 286 kg Ammoniak verdampft werden, was bei dem hohen Verdampferdruck von knapp $5 \cdot 10^5$ Pa einem Volumenstrom von nur 80 m^3/h entspricht.

Bei der Adsorptionstechnik wird das Kältemittel Wasser an einem Festkörper wie Silikagel unter Freisetzung von Bindungswärme physikalisch adsorbiert. Die Bindungswärme sinkt bei steigender Anlagerung von Wassermolekülen gegen null, sodass nur noch Verdampfungswärme abgeführt werden muss. Die Desorption des angelagerten Wassers und die Druckerzeugung für die Kondensation erfolgt bereits bei niedrigen Antriebstemperaturen von 60–70 °C, sodass diese Technologie besonders für den Einsatz von Solarenergie geeignet ist. Von geschlossenen Adsorptionskältemaschinen wird durch den Kreisprozess ebenfalls Kaltwasser von minimal 5–6 °C erzeugt.

Offene Sorptionsanlagen verwenden die Zuluft direkt als Kälteträger. Die physikalische Adsorption von Wasser an Silikagel oder Absorption in der Salzlösung Lithiumchlorid dient in diesem Prozess zur Trocknung der Luft. Gekühlt wird anschließend mit einer direkten Verdunstungsbefeuchtung der getrockneten und über einen Wärmetauscher vorgekühlten Luft. Die thermische Antriebsenergie ist zur Regeneration des Sorptionsmittels, d. h. zur Desorption des adsorbierten Wassers erforderlich. Mit offener Adsorption lassen sich prozessbedingt Lufttemperaturen nicht unter 16 °C erreichen, sodass der Einsatzbereich auf die Klimatisierung beschränkt ist. Die Antriebstemperaturen können auch bei diesem Verfahren sehr niedrig (60–70 °C) gewählt werden.

4.1.2 Leistungszahlen

Einstufige Absorptionskältemaschinen erzeugen etwa 0.6–0.7 kW Kälte pro kW eingesetzter Heizleistung (Leistungszahl 0.6–0.7). Bei Wasser/Lithiumbromid-Absorptionsanlagen sind zweistufige Austreiber mit einem Hochtemperaturteil für die direkte Erdgasbeheizung und Nutzung der Kondensationswärme für einen Niedertemperaturgenerator auf dem Markt verfügbar. Die Leistungszahl steigt bei einem zweistufigen Prozess auf 1.1–1.3. Mit Ammoniak-Wasser Absorptionskältemaschinen ist ein zweistufiger Prozess aufgrund der extrem hohen Systemdrücke schwer zu realisieren, sodass die Leistungszahlen auf etwa 0.6 beschränkt bleiben. Die Leistungszahlen geschlossener Adsorptionskältemaschinen hängen von der verfügbaren Kühlwassertemperatur ab und können ebenfalls Werte zwischen 0.6–0.7 erreichen. Bei der offenen sorptionsgestützten Klimatisierung beeinflusst der Luftzustand der Außenluft die möglichen Leistungszahlen. Bei trockener Außenluft kann die Klimaanlage rein über die Verdunstungskühlung betrieben werden, sodass keine thermische Energie erforderlich ist und die Leistungszahl gegen unendlich geht. Bei sehr feuchter Außenluft kann das Trocknungspotenzial des Sorptionsmaterials nicht ausreichen und eine konventionelle Kühlung muss nachgeschaltet werden. Typische mittlere Leistungszahlen liegen zwischen 0.5 und 1.0.

Zum Anlagenvergleich kann die eingesetzte Primärenergie pro kW Kälteleistung betrachtet werden (primary energy resource factor nach Europäischer Norm prEN 15316-4-5). Bei elektrischen Kompressionskältemaschinen mit einer typischen Leistungszahl von 3.0 und bei einem Stromwirkungsgrad von etwa 35 % liegt der Primärenergiefaktor bei etwa 1.0. Um 1 kW Kälte mit einer einstufigen thermischen Anlage mit diesem Primärenergiefaktor zu erzeugen, kann demnach maximal 1 kW Primärenergie für die Heizwärme verwendet werden. Der Rest der insgesamt erforderlichen Heizwärme (1 kW Kälte dividiert durch die Leistungszahl von 0.7 ergibt 1.42 kW Heizleistung), also 0.42 kW, muss primärenergieneutral erzeugt werden. Da vor allem bei großen Leistungen moderne Kompressionskälteanlagen deutlich bessere Leistungszahlen als 3.0 erzielen (Turboverdichter sogar bis zu 9.0), müssen somit sehr hohe solare Deckungsgrade erreicht werden, um nennenswerte Primärenergieeinsparungen zu erzielen. Als Richtwert sollten 80 % der Heizwärme solar oder durch Abwärme erzeugt und nachgekühlt statt nachgeheizt werden.

Neben dem Primärenergiefaktor für die reine Kältetechnik ist in den letzten Jahren zunehmend der Stromverbrauch für die Nebenverbraucher wie Pumpen, Kühlturm etc. in den Fokus geraten. Bezogen auf die erzeugte Kälteenergie liegen die heutigen elektrischen Leistungszahlen für die Hilfsenergie oft nur um die 3.0, maximal bei etwa 5-6. Machbar sind jedoch durchaus elektrische Leistungszahlen von thermischer Kältetechnik über 10, wenn konsequent alle Druckverluste reduziert werden und die Regelstrategien für den Kühlturmbetrieb optimiert werden.

Tabelle 4.1: Übersicht über solarthermisch beheizbare Kälte- und Klimatisierungsverfahren. Kostenübersicht teilweise aus einer neuen EU Studie des Programms Intelligent Energy for Europe (Lamers et al; 2008).

Technologie	Absorptionskälte Wasser-Lithiumbromid	Absorptionskälte Ammoniak-Wasser	Geschlossene Adsorption H_2O-Silikagel	Offene sorptionsgestützte Klimatisierung
Kältemittel	H_2O	NH_3	H_2O	–
Sorptionsmittel	LiBr	H_2O	Silikagel	Silikagel / LiCl
Kälteträger	Wasser	Wasser-Glykol	Wasser	Luft
Kältetemperaturbereich	6–20 °C	-60 ° bis +20 °C	6–20 °C	16–20 °C
Heiztemperaturbereich	70–110 °C	80–140 °C	55–100 °C	55–100 °C
Kühlwassertemperatur	25–40 °C	25–50 °C	25–35 °C	nicht erforderlich
Kälteleistungsbereich pro Einheit	10–12000 kW	5–10.000 kW	5–350 kW	6–300 kW
Leistungszahlen [-]	0.6–0.8	0.5–0.7	0.6–0.7	0.5–1.0
Investitionskosten Maschine pro kW Kälteleistung	1200–200 €/kW	1250–400 €/kW	1500–350 €/kW	1500–2000 €/kW (ca. 6000 €/ 1000 m³/h)

4.2 Trends und Grenzen

4.2.1 Absorptionskälte

Im kleinen Leistungsbereich unter 20 kW sind nur wenige Absorber marktverfügbar. Thermisch betriebene Absorptionstechnik wird jedoch zunehmend als Alternative zu elektrischen Wärmepumpen gesehen und kann vor allem im Wärmepumpenbetrieb die nächste Generation von effizienten Heizsystemen darstellen. Bei Leistungszahlen von 1.5 und mehr im Wärmepumpenbetrieb wird die derzeitig vorherrschende Brennwerttechnik deutlich im Wirkungsgrad übertroffen. Absorptionstechnik auf Ammoniak-Wasserbasis ermöglicht im Wärmepumpenbetrieb bei Temperaturen unter 0 °C die Wärmeaufnahme und mit einem relativ hohen Temperaturhub die Wärmeabgabe bei über 45 °C. Solche Maschinen eignen sich bei sommerlicher Kühlung auch für trockene Luftkühlung mit Kondensatortemperaturen über 40 °C. Hohe Temperaturhübe erfordern jedoch hohe Antriebstemperaturen auf der Generatorseite. Einige neue Projekte mit luftgekühlten Ammoniak-Wassermaschinen werden daher mit konzentrierenden Kollektoren mit Antriebstemperaturen von über 150 °C ausgeführt. Eine Reihe von Solartechnikherstellern oder Systementwicklern stellen mittlerweile Komplettpakete für die solare Kühlung bereit. Eine integrierte Regelung vereinfacht das Zusammenspiel von thermischer Solaranlage und Kältemaschine und vermeidet so Funktionsfehler.

Fresnel- oder Parabolrinnenkollektoren werden vermehrt auch mit zweistufigen Lithiumbromid-Wasser Kältemaschinen kombiniert, um hohe Leistungszahlen auszunutzen. In mehreren australischen Projekten wurde ein neuer Leichtbau-Parabolrinnenkollektor eingesetzt, um Shopping Zentren, Kinos oder ähnliche Gebäude zu klimatisieren. Fresnel-Kollektoren nutzen begrenzte Dachflächen optimal aus und bieten geringe Windlasten durch die in schmale drehbare Streifen aufgeteilten Spiegel.

Bild 4-2: Parabolrinnenkollektoren der Firma Solera Sunpower. (Foto: Dr. Uli Jakob)

Zweistufige Absorptionskältemaschinen mit Parabolrinnenkollektoren werden beispielsweise seit Frühjahr 2004 im Hotel „Iberotel Sarigerme Park" der TUI-Gruppe im türkischen Dalaman betrieben. Die Amortisationszeiten werden mit 4 bis 5 Jahren angegeben.

Weitere Leistungszahlsteigerungen sind mit mittlerweile marktverfügbaren dreistufigen Absorptionskältemaschinen möglich. Mit Dampf betriebene dreistufige Anlagen liefern Kälteleistungen um 500 kW, mit Leistungszahlen bei Volllast zwischen etwa 1.6 und 2.1 je nach Kühlwassertemperatur.

Einstufige Absorptionskältemaschinen werden mit Leistungen zwischen etwa 5 kW und mehreren Megawatt eingesetzt. Die Antriebstemperaturen liegen zwischen 75 und 95 °C.

4

Bild 4-3:
Einstufige wassergekühlte LiBr-Wasser-Kältemaschine für Kälteleistungen im Megawatt-Bereich.
(Foto: Dr. Uli Jakob)

4.2.2 Adsorptionskälte

Mehrere deutsche Firmen produzieren mittlerweile kleine Adsorptionskältemaschinen mit etwa 5 bis 15 kW Kälteleistung. Die Anlagen können mit trockener Rückkühlung gefahren werden, wobei für Spitzenlasten eine zusätzliche Sprühfunktion eingebaut wurde. Durch vollständige Abtrocknung der Lamellen soll Legionellenbildung vermieden werden bei gleichzeitig sparsamem Wassereinsatz. Für den Standort Spanien wird mit einem Jahreswasserbedarf von 4 m^3 gerechnet.

Adsorptionskältemaschinen kleiner Leistung sind auch mit Zeolith als Adsorptionsmaterial verfügbar. Anlagen sind einerseits für sehr geringe Heiztemperaturen mit 55-65 °C, andererseits für höhere Antriebstemperaturen, dafür aber hohe Rückkühltemperaturen bis 42 °C ausgelegt und bieten daher sehr interessante Anwendungsbereiche.

Größere Adsorptionsanlagen japanischer Hersteller laufen in verschiedenen Demonstrationsanlagen in zuverlässigem Betrieb. Mittlere thermische Leistungszahlen von 43 % eines 70-kW-Adsorbers wurden am Uniklinikum Freiburg gemessen, wobei der solare Deckungsgrad der 171-m^2-Vakuumröhrenanlage aufgrund langer Laufzeiten nachts nur 28 % jährlich erreicht (Wiemken et al, 2005). In Esslingen werden seit 2008 drei Adsorptionskältemaschinen mit je

350 kW Kälteleistung detailliert vermessen. Die Antriebsenergie wird durch eine Vakuumröhrenanlage mit 1330 m^2 Kollektorfläche sowie durch Abwärme bereitgestellt. Die durchschnittlichen monatlichen Leistungszahlen der Anlage liegen zwischen 0.37 und 0.53. Für den Kühlturmbetrieb und Pumpenstrom der Anlage ergibt sich eine elektrische Leistungszahl zwischen 2.7 und 3.5.

4.2.3 Offene sorptionsgestützte Klimatisierung

Anlagen mit einer zweistufigen sorptionsgestützten Klimatisierung mit einer hohen Entfeuchtungsleistung und höheren COPs werden derzeit für feuchte Klimagebiete entwickelt (Dai, 2007). Beim Einsatz von zwei Sorptionsrädern wurden Leistungszahlen von 1.0 bei 80 °C Regenerationstemperatur und extrem feuchten Außenluftbedingungen erreicht (35 °C Außentemperatur mit 23 g/kg Feuchte). Durch die Verbindung von Silicagel mit flüssigen Sorptionsmitteln wie Lithiumchlorid kann die Entfeuchtungsleistung bei gleichen Regenerationstemperaturen um 20–30 % erhöht werden (Wang, 2009).

In 2007 wurde von der Shanghaier Jiao Tong Universität eine 10 kW Anlage gebaut, die ebenfalls thermische COP's um 1.0 erreicht. Der elektrische COP für Ventilatoren, Pumpen und sonstige Verbraucher beträgt 8.3. Das System mit zwei Sorptionsrotoren ermöglicht bei hoher Außenlufttemperatur und -feuchte von 35 °C and 23.2 g kg^{-1} Zuluftbedingungen von 25 °C und 17.1 g kg^{-1}. Für ein rein luftbasiertes 5 kW solar betriebenes Sorptionssystem werden in China Kosten von nur 1000 Euro pro kW geschätzt.

4.2.4 Flüssigsorption

Flüssige Sorbentien werden in offenen Systemen zur Trocknung von Luft eingesetzt, um anschließend einen Kühleffekt über Verdunstungskühlung zu erreichen. Sie bieten den Vorteil einer kontinuierlichen Lufttrocknung mit der Möglichkeit der gleichzeitigen Abfuhr von Wärme. So kann der Trocknungsprozess im Gegensatz zur offenen Sorption nahezu isotherm erfolgen.

Mittlere thermische Leistungszahlen von knapp 1.2 wurden in einem kommerziellen Flüssigsorptionssystem erzielt. 2006 wurde ein 350 kW großes Flüssigsorptionssystem zur Lufttrocknung in Singapur installiert, das auf den Entwicklungsarbeiten am ZAE Bayern basiert. Mit insgesamt 13.000 m^3 h^{-1} Luftvolumenstrom konnte bei Außentemperaturen von 33 °C und 21 g/kg Feuchte eine Entfeuchtungsleistung von mehr als 10 g/kg erreicht werden. Auch in den USA werden Flüssigsorptionssysteme mit besonders geringen Durchflussmengen entwickelt und derzeit im Feldtest geprüft (Lowenstein, 2006).

4.3 Wirtschaftlichkeits- und Qualitätskriterien

In einer Vielzahl von ausgeführten Demonstrationsprojekten in Deutschland und Europa werden zunehmend Betriebserfahrungen gesammelt, die zur Verbesserung der Regelstrategien führen und die Planung der Anlagen erleichtern. Bei sorgfältiger Planung, Ausführung und Anlagenüberwachung können schon heute solarthermische Kühlanlagen mit Contractingmodellen finanziert werden. Die Systemkosten solar thermischer Kühlung liegen bei Anlagen kleiner Leistung heute bei etwa 4000 € pro kW installierter Leistung. Innerhalb der nächsten Jahre wird erwartet, dass der Preis auf etwa 3000 € pro kW sinkt.

Bei Einbeziehung aller Kosten (inklusive des Raumbedarfs Technik, Inbetriebnahme, Monitoring, Planung) wurden an einem 2009 in Frankreich errichteten System mit 35 kW Kälteleistung und 90 m^2 Röhrenkollektoren Kosten von 5346 €/kW dokumentiert, bei einem kleineren Adsorptionskältesystem mit 7.5 kW Kälteleistung 8267 €/kW (Mugnier, 2010).

In einem der ersten solaren Kühlprojekte eines Niedrigenergie Gebäudes in Shanghai/China wurde bei geringeren Kollektorkosten ein spezifischer Preis von 1750 € pro kW erreicht (Wisions, 2007). Anlagen sehr großer Leistung im Megawattbereich wie beispielsweise bei der Firma Festo erreichen Gesamtinvestitionskosten von nur 1300 € pro kW Kälte. Neben der solarthermisch bereitgestellten Wärme mit nur geringem Deckungsgrad wird hier jedoch vorhandene Abwärme genutzt.

Besonders bei niedrigen Stromkosten (z. B. 8–10 Eurocents/kWh in Australien) und geringen Kosten von konventionellen Systemen (etwa 300 Euro pro kW) existieren hohe Marktbarrieren für die Einführung solarer Kühlsysteme.

Mithilfe der Simulationsumgebung INSEL wurde der Einfluss des Gebäudes auf die Dimensionierung und Wirtschaftlichkeit von solaren Kühlsystemen mit Absorptionskältetechnik detailliert untersucht (www.insel.eu). Für den Standort Madrid ergeben sich beispielsweise bei geringen internen Lasten von 4 W m^{-2} insgesamt 913 Volllaststunden, für dasselbe Gebäude in Stuttgart ergeben sich lediglich 313 Volllaststunden. Erst bei deutlich höheren internen Lasten von z. B. 20 W m^{-2} steigen die Volllaststunden auf knapp 2.000 (in Madrid). Ändert sich die Gebäudeorientierung von Süd nach Ost oder West, verschieben sich die Peaks der maximalen Kühllast. Der Gesamtenergiebedarf für die Kühlung sinkt leicht bei Ost oder Westorientierung.

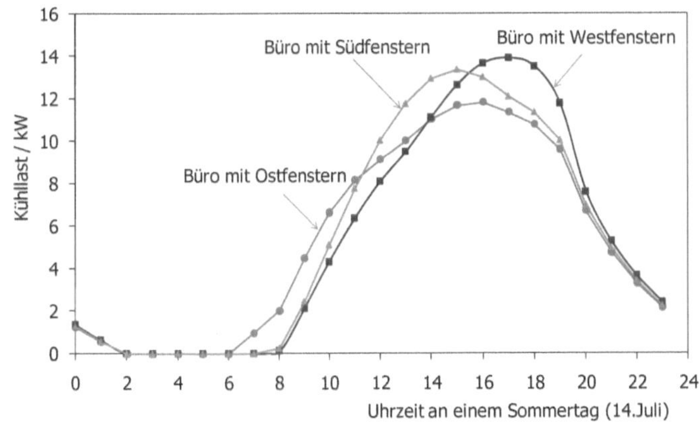

Bild 4-4: Verlauf der Kühllast an einem Sommertag für ein Büro mit 425 m^2 bei verschiedener Gebäudeorientierung (Standort Madrid).

Obwohl alle Gebäudevarianten mit einer Kältemaschine gleicher Spitzenkühlung ausgestattet werden müssten, hängt die Größe der erforderlichen Kollektorfläche stark vom Verlauf der Kühllasten sowie von der gewählten Regelstrategie ab: Für den gleichen Standort wird eine größere Kollektorfläche für einen größeren Kühlenergiebedarf benötigt. Bei deutlich geringerem Kühlenergiebedarf z. B. am Standort Stuttgart sinkt entsprechend die erforderliche Kollektorfläche, allerdings auch der erzielte Solarertrag.

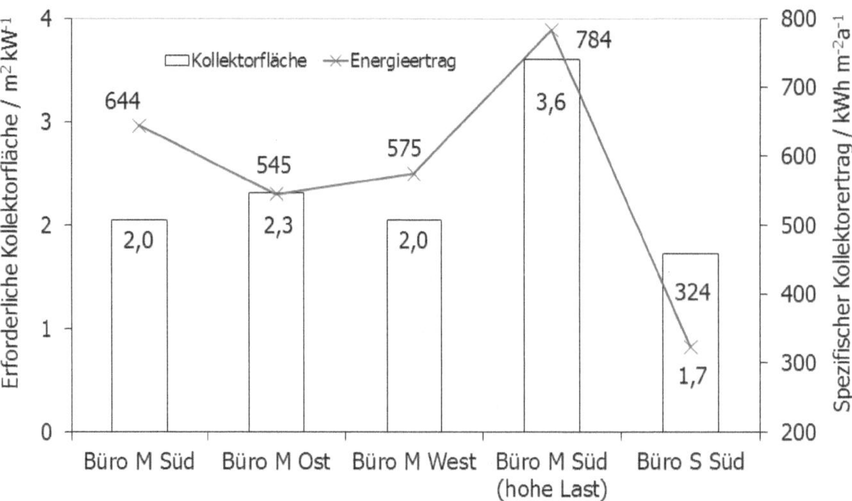

Bild 4-5: Erforderliche Kollektorflächen und spezifischer Energieertrag für die Standorte Madrid (M) und Stuttgart (S) mit geringen und hohen internen Lasten und verschiedener Gebäudeorientierung.

Die Kosten für die Kälteerzeugung werden durch die Investitions- und Installationskosten von Kollektoranlage und Absorptionskältemaschinen dominiert (jeweils etwa 40 % der Gesamtkosten). Bei längeren Anlagenlaufzeiten sinken die auf die Kälteenergiemenge bezogenen Kosten deutlich ab (auf unter 200 Euro pro MWh am Standort Madrid). Die hohen Kältegestehungskosten für den Standort Stuttgart sind also der geringen Auslastung der Maschine geschuldet und können bei Mehrfachnutzung der solarthermischen Anlage (für Heizung oder Warmwassererzeugung) sinken. Bei großen solaren Kühlsystemen und gewerblicher Nutzung lassen sich bereits heute mit Solarthermie sehr niedrige Wärmepreise unter 30 € pro MWh erzielen. Die Gesamtkosten für die solare Kälte können dann bei möglichst reduziertem Stromverbrauch und hohen Volllaststunden in den Bereich konventioneller Kälte mit 100 bis 150 € pro MWh kommen.

Um solare Kühlung energetisch mit elektrischen Systemen vergleichen zu können, müssen alle Hilfsenergieverbraucher (vor allem Kühlturmventilatoren und Umwälzpumpen) berücksichtigt werden. Untersuchungen an einer 15-kW-Kältemaschine zeigen, dass bei fehlender Ventilator Volumenstrom-Regelung des Kühlturms die primärenergetischen Vorteile der solaren Kühlung gegenüber guten elektrischen Systemen verschwinden. Essenziell sind daher hohe solare Deckungsgrade (über 80 %) und gute Regelungsstrategien der Hilfsaggregate.

Die solaren Deckungsgrade variieren bei gegebener Kollektorfläche um fast 20 Prozentpunkte mit dementsprechender Änderung des Hilfsenergiebedarfs. Der gesamte elektrische COP inklusive aller Verteilkreisläufe liegt für eine gute elektrische Kompressionskältemaschine mit einem Maschinen-COP von 4.0 bei insgesamt 3.0. Für die thermischen Systeme können elektrische COPs bis 11.0 erreicht werden, falls ein Nasskühlturm mit drehzahlgeregelten Ventilatoren sowie ein massenstromgeregelter Kollektorkreis verwendet wird.

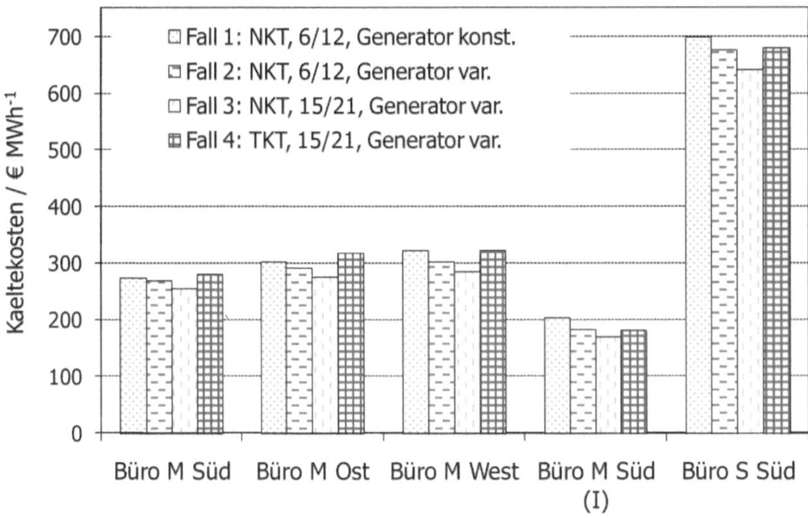

Bild 4-6: Kältekosten für Büros am Standort Madrid (M) und Stuttgart (S) für Büros mit niedrigen (Standardfall) bzw. hohen internen Lasten (mit I gekennzeichnet), unterschiedlicher Orientierung und mit verschiedenen Kontrollstrategien sowie Systemkonfigurationen: Nasskühlturm (NKT), Kälteverteilung auf 6/12 °C bzw. 15/21 °C sowie konstanter oder variabler Generatortemperatur.

Wird der Stromverbrauch primärenergetisch bewertet und die Nachheiz-Hilfsenergie für die thermische Kühlung dazu addiert, ergibt sich der Gesamtprimärenergieverbrauch für die unterschiedlichen Technologien. Um energetische Vorteile gegenüber der Kompressionskälte zu erzielen, muss der solare Deckungsgrad mindestens 70 %, besser 80 % betragen und die Pumpkreisläufe müssen optimal geregelt sein. Im Fall eines Trockenkühlturms sind überhaupt nur dann energetische Vorteile zu erzielen, wenn der Kühlturmventilator volumenstromgeregelt ist. Bei einem sehr guten thermischen Kühlsystem mit optimierter Regelung lassen sich knapp 50 % Primärenergie einsparen.

4.4 Sorptionsgestützte Klimatisierung

4.4.1 Einführung in die Technologie

Die sorptionsgestützte Klimatisierung (SGK) ist eine ausgereifte Technologie zur Gebäudeklimatisierung und bietet sich aufgrund der geringen Temperaturanforderungen von etwa 60-80 °C besonders für den Einsatz thermischer Solarenergie an.

Die auch als „desiccant cooling (DEC oder DCS)" bekannte Technologie basiert auf dem Prinzip der adiabaten Außenluftentfeuchtung durch ein Adsorptionsmittel wie Silikagel oder Lithiumchlorid. Nach einer Vorkühlung der getrockneten Frischluft mit maximal befeuchteter Raumabluft gelingt es, mit einer anschließenden Verdunstungskühlung auf die gewünschten Zulufttemperaturen von 16-18 °C zu kommen. Der SGK-Prozess kann mit langsam rotierenden Sorptionsrädern kontinuierlich betrieben werden, wobei die im Sorptionsmittel aufgenommene Außenluftfeuchte durch Zufuhr von Solar- oder Abwärme an die erhitzte Abluft abgegeben wird.

Prozessbedingt kann mit offener Sorptionstechnik kein Wasserkreislauf mit den üblichen Vorlauftemperaturen von 6-10 °C gekühlt werden. Der Kälteträger bei der offenen Sorption ist die befeuchtete Luft, die direkt in den Raum eingeblasen wird.

Aufgrund der beschränkten Entfeuchtungsleistung der verwendeten Sorptionsmittel von etwa 6 g Wasser pro Kilogramm trockener Luft müssen SGK-Anlagen in sehr feuchten Klimazonen mit Kompressions- oder Absorptionskältemaschinen gekoppelt werden, um die direkte Zuluftbefeuchtung umgehen zu können.

Sorptionsanlagen werden auch rein zur Entfeuchtung der Außenluft verwendet, wodurch die sehr energieaufwendige Taupunktunterschreitung einer Kompressionskältemaschine entfällt. Die Abführung von sensibler Wärme im Raum kann dann durch Flächenkühlung (meist Kühldecken) erfolgen.

Als luftgeführtes System mit einer Kühllastabfuhr allein durch gekühlte Außenluft bietet sich der Einsatz insbesondere dann an, wenn im Gebäude ein hoher Frischluftbedarf vorhanden ist. Im Winter kann die Sorptionsanlage mit Sorptionsrad und Wärmetauscher als hocheffiziente Wärmerückgewinnungsanlage und die thermische Solaranlage zur Heizungsunterstützung eingesetzt werden.

Thermische Solarenergie oder Abwärme wird zur Erwärmung der Regenerationsluft verwendet. Bei geschlossener Abluftführung wird die Abluft nach dem Wärmerückgewinner durch den thermischen Kollektor erwärmt, nach der Erhitzung durch das Sorptionsrad geführt und als Fortluft ausgeblasen.

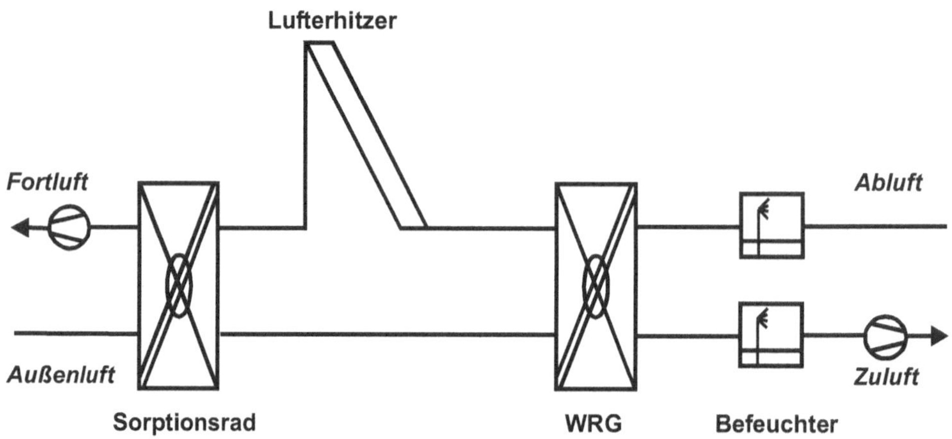

Bild 4-7: Offene Sorption mit geschlossener Abluftführung.

Bei offener Abluftführung wird die Raumabluft nach dem Wärmerückgewinner als Fortluft ausgeblasen. Im Kollektor wird Außenluft angesaugt, diese auf Regenerationstemperatur erwärmt und nach dem Sorptionsrad nach außen geblasen. Diese Variante wird meist aus praktischen Gründen gewählt, wenn entweder die Raumabluft zu stark belastet ist oder aber die

Luftführungsmöglichkeiten räumlich beengt sind, da hier eine Luftleitung vom Gerät zum Kollektor eingespart wird. Allerdings werden nun abluftseitig zwei Ventilatoren benötigt und als energetischer Nachteil liegt die Außenlufttemperatur als Eingangstemperatur in den Kollektor niedriger als die Temperatur nach dem Wärmerückgewinner.

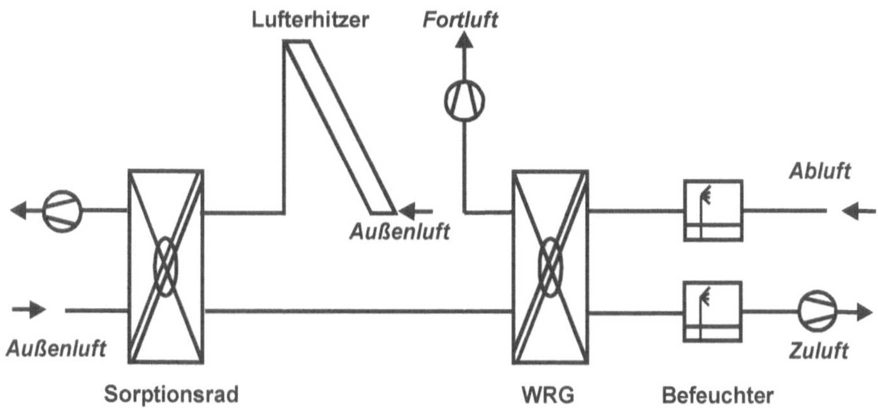

Bild 4-8: Offene Sorption mit offener Abluftführung.

Wird eine sorptionsgestützte Klimaanlage im Umluftbetrieb gefahren, muss die gesamte Regenerationsseite mit Außenluft versorgt werden, die zunächst befeuchtet wird und zur Vorkühlung dient, anschließend erwärmt und zur Regeneration verwendet wird. Aus der Raumabluft wird typisch 80 % als Umluft gefahren und 20 % Frischluft zugemischt. Dieses Luftgemisch wird entfeuchtet, vorgekühlt und zu Kühlzwecken wieder befeuchtet.

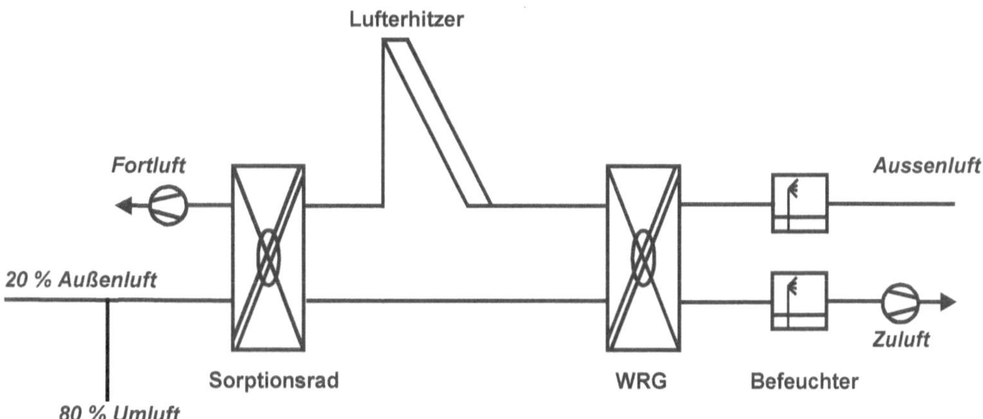

Bild 4-9: Umluftbetrieb einer sorptionsgestützten Klimaanlage.

Die Prozessschritte in den Komponenten Sorptionsrad, Wärmerückgewinner, Zu- und Abluftbefeuchter sowie Regenerationslufterhitzer lassen sich gut im Enthalpie-Feuchte-Diagramm
(Mollier-Diagramm) nachvollziehen.

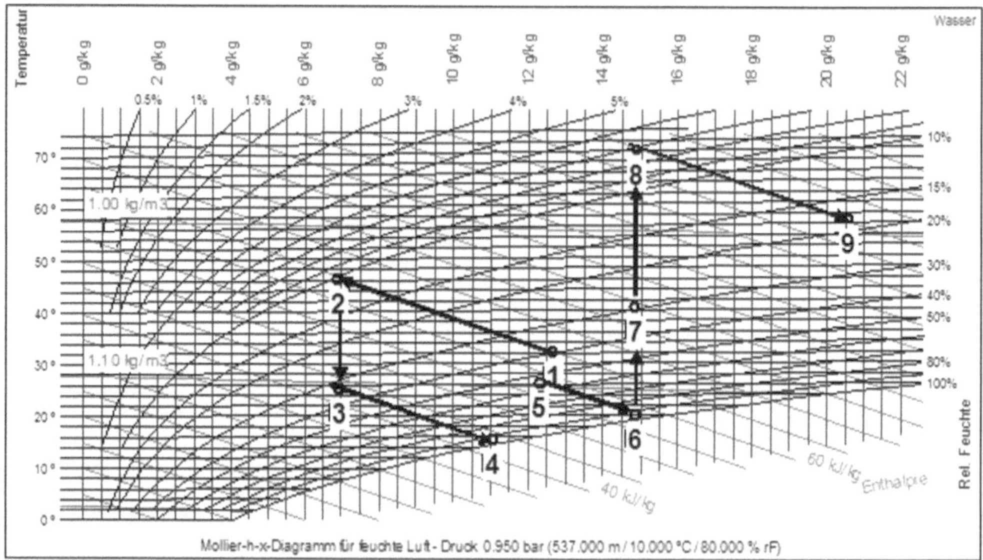

Bild 4-10:   Prozessschritte einer sorptionsgestützten Klimatisierung als Frischluftanlage im
Enthalpie-absolute Feuchte (hx)-Diagramm.

Typische Temperatur- und Feuchteverhältnisse bei der Auslegungsbedingung 32 °C Außenlufttemperatur und 40 % relativer Feuchte sind im Anlagenschema dargestellt:

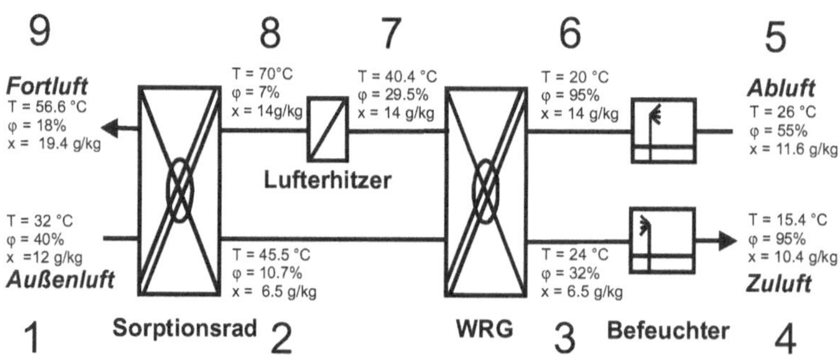

Bild 4-11: Temperatur- und Feuchteverhältnisse an einer sorptionsgestützten Klimaanlage für
Normauslegungsbedingungen von 32 °C und 40 % relativer Feuchte.

Die Außenluft (1) wird im Sorptionsrad getrocknet (2), im Wärmerückgewinner mit der zusätzlich befeuchteten kühlen Raumabluft vorgekühlt (3) und anschließend durch Verdunstungskühlung auf den gewünschten Zuluftzustand (4) gebracht.

Die Raumabluft (5) wird durch Verdunstungskühlung maximal befeuchtet (6) und im Wärmerückgewinner durch die trockene Zuluft erwärmt (7). Im Regenerationslufterhitzer wird die Abluft auf die erforderliche Regenerationstemperatur gebracht (8), nimmt dann im Sorptionsrad das zuluftseitig adsorbierte Wasser auf und wird als warme und feuchte Fortluft nach außen abgegeben (9).

Die niedrigen Zulufttemperaturen in obigem Beispiel werden nur mit sehr hohen Rückwärmzahlen der Wärmetauscher (hier 80 %), hohem Entfeuchtungswirkungsgrad (hier 80 %) sowie hohen Befeuchtungswirkungsgraden der Befeuchter (hier 95 %) erreicht. Diese werden in realen Anlagen selten erreicht. Messungen der Autorin aus zwei Demonstrationsprojekten in Deutschland (Althengstett) und Spanien (Mataró) zeigten, dass vor allem die Rückwärmzahlen oft niedriger liegen als vom Hersteller angegeben. Damit ergeben sich bei gleichen Randbedingungen dann Zulufttemperaturen von 19.7 °C.

Tabelle 4-2: Gemessene Komponentenkennwerte von Sorptionsanlagen in Spanien, Deutschland und China

	Mataro/ Spanien	Althengstett/ Deutschland	Shanghai/ China
Entfeuchtungswirkungsgrad	80	80	88
Befeuchtungswirkungsgrad	86	85	82
Rückwärmzahl	68	62	68

4.4.2 Kopplung mit thermischen Solarkollektoren

Aufgrund der niedrigen Regenerationslufttemperaturen für die Entfeuchtung des Sorptionsrades (2-3 g/kg Entfeuchtungsleistung bereits bei 45 °C) sind Solarkollektoren besonders für diese Klimatisierungstechnik geeignet. Sowohl mit luftgeführten als auch mit wasserdurchströmten Flachkollektoren lassen sich problemlos Temperaturen von 70 °C erreichen. Luftkollektoren lassen sich einfach großflächig in die Gebäudehülle integrieren, da Leckagen unproblematisch sind und keine Frostschutzsicherung erforderlich ist.

Solare Luftkollektoren werden direkt mit Außenluft oder mit vorerwärmter Abluft nach dem Wärmerückgewinner durchströmt und erhitzen diese auf die geforderte Regenerationstemperatur. Schwankungen in der Regenerationslufttemperatur aufgrund wechselnder solarer Einstrahlung werden durch ein Nachheizsystem oder durch die Speichermassen des klimatisierten Raumes ausgeglichen.

Bei dem Einsatz von wassergeführten thermischen Kollektoren wird die Solarwärme über einen Luft-Wasser-Wärmetauscher an die Abluft übertragen. Neben der direkten Erwärmung der Abluft werden hier Pufferspeicher eingesetzt, um die Solarwärme zwischenzuspeichern.

Bei einer erforderlichen Luftaustrittstemperatur von 70 °C (d. h. etwa 40 °C Temperaturdifferenz zur Umgebung im Sommer) werden bei voller Einstrahlung (1000 W/m^2) mit Luftkollektoren Wirkungsgrade von etwa 60 % erreicht, bei selektiv beschichteten Absorbern sogar 70 %. Die Luftkollektoren werden dabei mit flächenbezogenen Volumenströmen von 35-40 m^3/m^2 h durchströmt.

Wassergeführte Kollektoren, die heute fast ausschließlich selektiv beschichtete Absorber verwenden, benötigen etwa 10 K höhere Fluidaustrittstemperaturen, um über den Luft-Wasser-

Wärmetauscher dieselbe Regenerationstemperatur von 70 °C zu erreichen. Der Wirkungsgrad eines Flachkollektors ist bei diesen Temperaturen mit dem eines Luftkollektors vergleichbar.

Aus diesen Wirkungsgraden und typischen Leistungszahlen von SGK-Anlagen von 0.9 lässt sich der minimale Kollektorflächenbedarf abschätzen. Bei voller Einstrahlung werden etwa 600 W/m^2 Kollektornutzenergie und damit 540 W/m^2 Kälteleistung erzeugt. Pro kW Kälteleistung sind minimal 1.85 m^2 Kollektorfläche erforderlich. Mit einem Kilowatt Kälteleistung können in einem typischen Verwaltungsbau mit 50 W/m^2 anfallender Kühllast etwa 20 m^2 Bürofläche klimatisiert werden.

Für die Erzeugung der erforderlichen Regenerationswärme können auch Kombinationen von hinterlüfteten Photovoltaikfassaden und solaren Luftkollektoren verwendet werden. Solche Energiefassaden liefern neben der thermischen Energie jährlich etwa 80 kWh/m^2 elektrische Energie.

4.4.3 Kosten

Generell liegt der Investitionsaufwand für die Kältemaschine in einer Klimaanlage nur bei etwa 30 % der Gesamtkosten. Beim Kostenvergleich zwischen Kompressionskältemaschinen und sorptionsgestützten Klimaanlagen dürfen daher nicht die reinen Gerätekosten verglichen werden, da bei der luftgeführten Sorptionsanlage bereits Entfeuchtungs-, Befeuchtungs- und Wärmerückgewinnungsfunktionen sowie Zu- und Abluftventilatoren integriert sind. Die SGK-Gerätekosten selbst teilen sich zu je einem Drittel in Komponenten, Gerätebaukosten und Regelung auf.

Bei einer typischen Kostenverteilung für eine ausgeführte Anlage mit 100 m^2 solaren Luftkollektoren und einer Luftleistung von 18.000 m^3/h mit Gesamtkosten von 185.000€ ist zu erkennen, dass die SGK Gerätekosten heute noch deutlich den Gesamtpreis dominieren.

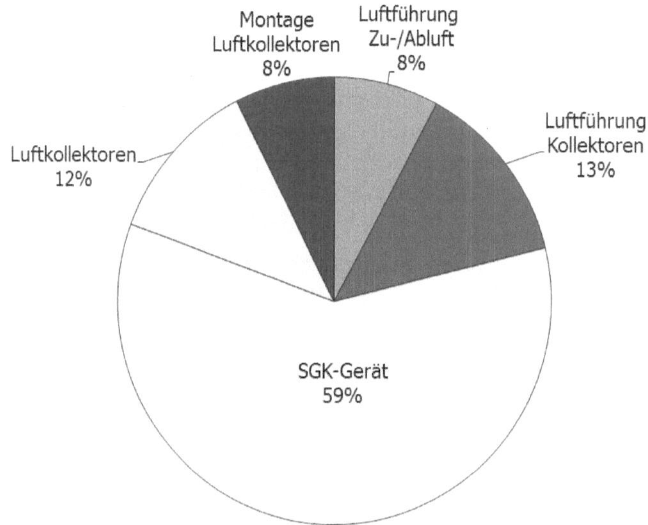

Bild 4-12: Kostenverteilung einer solaren sorptionsgestützten Klimaanlage (18.000 m^3/h) für eine Fabrikationshalle.

4.4.4 Physikalische und technologische Grundlagen der sorptionsgestützten Klimatisierung

4.4.4.1 Technologie Sorptionsräder

Kontinuierlich betriebene Adsorptionsluftentfeuchter sind langsam rotierende, hygroskopische Speichermassen, die auf der einen Seite von feuchter Außenluft und auf der anderen Seite von erhitzter Regenerationsluft durchströmt werden.

Als feste Sorptionsmaterialien werden vor allem Silikagel und hygroskopische Salze wie Lithiumchlorid verwendet, die in kontinuierlich arbeitenden Anlagen auf ein rotierendes Trägermaterial aufgebracht oder als Festbettschüttung für diskontinuierliche Betriebsweisen eingesetzt werden. Als Trägermaterial für Silikagelrotoren werden Glas- oder Keramikfasern, für LiCl eine Zellulosematrix eingesetzt. Typische Entfeuchtungsleistungen bei Regenerationstemperaturen von 70 °C liegen nach Angaben der Hersteller bei etwa 4-6 g/kg trockene Luft.

Um eine optimale Entfeuchtungsleistung zu erhalten, muss die Drehzahl des Sorptionsrades auf die Regenerationslufttemperatur und die jeweiligen Feuchtebedingungen angepasst werden. Zu hohe Regenerationstemperaturen erwärmen das rotierende Sorptionsrad nach erfolgter Desorption so stark, dass das Sorptionsmaterial zuluftseitig zunächst kaum Feuchte aufnehmen kann, sondern erst abgekühlt werden muss (sogenannte Wärmehemmung).

Bild 4-13: Sorptionsrotoren mit Silikagelbeschichtung

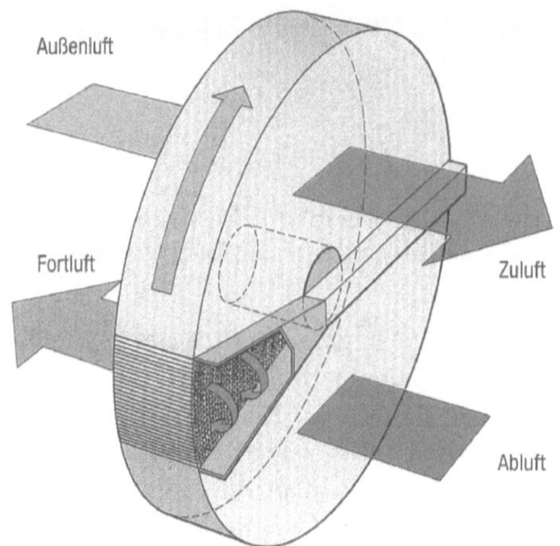

Bild 4-14:
Schematische Darstellung eines Sorptionsrotors mit Spülzone.

Die Trennung zwischen Regenerationsluft und Außenluft wird durch anliegende Dichtleisten gewährleistet, die jedoch einen minimalen Spalt zwischen Dichtung und Sorptionsrotor lassen. Durch Umlenkung eines kleinen Teils der getrockneten Außenluft in den Regenerationsluftstrom wird die typisch mit 3–5 % in der Speichermasse verbleibende Fortluft bis auf 0.5 % ausgespült und zusätzlich die Wärmehemmung durch Abkühlung der Speichermasse reduziert.

Für den Winterbetrieb wird die Sorptionsraddrehzahl vom Entfeuchtungsbetrieb mit 10–15 Umdrehungen pro Stunde auf Enthalpierückgewinnung mit Drehzahlen von 10 min^{-1} umgestellt.

4.4.4.2 Luftzustandsberechnungen

Bei der Berechnung des Sorptionsprozesses sind für jeden Prozessschritt die Temperatur- und Feuchteverhältnisse zu ermitteln. Dafür müssen die funktionalen Zusammenhänge zwischen absoluter und relativer Feuchte x bzw. φ, Temperatur T und Gesamtdruck p bestimmt werden: $x(\varphi,T,p)$ oder $\varphi(x,T,p)$. Für die Energiebilanzen werden die Enthalpien $h(x,T)$, d. h. die Wärmemengen bei konstantem Druck p bilanziert.

Der Wasserdampfgehalt der Luft beschreibt das Massenverhältnis des Wasserdampfes m_D zur trockenen Luft m_L.

$$x = \frac{m_\mathrm{D}}{m_\mathrm{L}} \quad \left[\frac{\mathrm{kg}}{\mathrm{kg}}\right] \tag{4.1}$$

Für die Berechnung des Adsorptionsprozesses muss für jeden Wert der absoluten Feuchte und Enthalpie eine neue Temperatur und relative Feuchte berechnet werden.

Die relative Feuchte φ ist dabei definiert als Verhältnis des Wasserdampfpartialdrucks p_D [Pa] und des temperaturabhängigen Sättigungsdampfdruckes $p_\mathrm{s}(T)$ [Pa].

$$\varphi = \frac{p_D}{p_\mathrm{s}(T)} \tag{4.2}$$

Werden Wasserdampf mit Druck p_D und trockene Luft mit Druck p_L als ideale Gase betrachtet, addieren sich nach dem Dalton'schen Gesetz die Partialdrücke zum Gesamtdruck p.

$$p = p_L + p_D \tag{4.3}$$

Über die idealen Gasgleichungen lässt sich dann der Wasserdampfgehalt der Luft als Funktion des Gesamtdruckes sowie des Wasserdampfpartialdrucks berechnen.

$$p_D V = \frac{m_D}{M_D} RT$$

$$p_L V = (p - p_D) V = \frac{m_L}{M_L} RT \tag{4.4}$$

Daraus ergibt sich für den absoluten Wassergehalt der Luft mit der Molmasse von Wasserdampf $M_D = 18 \times 10^{-3}$ kg/mol und der mittleren Molmasse der Luft $M_L = 28.97 \times 10^{-3}$ kg/mol:

$$x = \frac{m_D}{m_L} = \frac{M_D}{M_L} \frac{p_D}{p - p_D} = 0.622 \frac{p_D}{p - p_D} = 0.622 \frac{\varphi p_s}{p - \varphi p_s} \left[\frac{\text{kg}}{\text{kg}}\right] \tag{4.5}$$

Umgekehrt lässt sich die relative Feuchte φ als Funktion des Sättigungsdampfdrucks, des Gesamtdrucks und des absoluten Wasserdampfgehalts (in kg Wasserdampf/kg trockene Luft) berechnen:

$$\varphi = \frac{x}{x + 0.622} \frac{p}{p_s(T)} \tag{4.6}$$

Der temperaturabhängige Sättigungsdampfdruck von Wasser $p_s(T)$ wird mit der Clausius-Clapeyron'schen Gleichung berechnet, welche den Gleichgewichtszustand zwischen Flüssigkeit und Dampf beschreibt.

$$\frac{dp_s}{p_s} = \frac{h_V(T)}{RT^2} dT \tag{4.7}$$

Die Lösung hängt von der gewählten Näherung für die Temperaturabhängigkeit der Verdampfungsenthalpie $h_V(T)$ ab. Diese beschreibt die Enthalpiedifferenz von Dampf h_D und Flüssigkeit h_{fl}.

$$h_V(T) = h_D(T) - h_{fl}(T) \tag{4.8}$$

Die Abnahme der Verdampfungsenthalpie $h_V(T)$ [kJ/kg] mit der Temperatur T [°C] ergibt sich aus folgenden Näherungsgleichungen (Glück, 1991):

$$h_D(T) = 2501.482 + 1.789736\,T + 8.957546 \times 10^{-4} T^2 - 1.300254 \times 10^{-5} T^3 \tag{4.9}$$

$$h_{fl}(T) = -2.25 \times 10^{-2} + 4.2063437\,T - 6.014696 \times 10^{-4} T^2 + 4.381537 \times 10^{-6} T^3 \tag{4.10}$$

Für den Bereich 10 °C<T<200 °C ist der Fehler dieser Näherung kleiner als 0.04 %.

Der Sättigungsdampfdruck $p_s(T)$ wird dann für den Bereich 0 °C<T<100 °C mit einem Fehler kleiner 0.02 % angenähert (T in [°C], p in [Pa]):

$$p_s(T) = 611 \exp\left(\begin{array}{l} -1.91275 \cdot 10^{-4} + 7.258 \cdot 10^{-2} T - 2.939 \cdot 10^{-4} T^2 \\ +9.841 \cdot 10^{-7} T^3 - 1.92 \times 10^{-9} T^4 \end{array}\right) \tag{4.11}$$

Die Dichte der feuchten Luft hängt vom Gesamtdruck p [Pa], dem Wasserdampfdruck p_D [Pa] sowie der Temperatur T [K] ab:

$$\rho_{\mathrm{L}} = \frac{m_{\mathrm{L}} + m_{\mathrm{D}}}{V} = 10^{-4}\left(34.8\frac{p}{T} - 13.2\frac{p_{\mathrm{D}}}{T}\right) \quad \left[\frac{\mathrm{kg_{Gemisch}}}{\mathrm{m}^3}\right] \tag{4.12}$$

Die Enthalpie des Luft-Wasserdampfgemischs h [kJ/kg] setzt sich aus der sensiblen Wärme der trockenen Luft $c_L T$ und des Wasserdampfes $x c_D T$ sowie der Verdampfungsenthalpie des Wassers $x h_V(T)$ zusammen, wobei die temperaturabhängige Verdampfungsenthalpie nach Gleichung (4.9) meist deutlich die Enthalpiemenge dominiert. Die Enthalpie wird bei $T=0$ °C auf null gesetzt.

$$h = h_{\mathrm{L}} + x h_{\mathrm{D}} = (c_{\mathrm{L}} + x c_{\mathrm{D}})T + x h_{\mathrm{V}}(T) \tag{4.13}$$

mit

Wärmekapazität von Wasserdampf c_{D}:   1.875 kJ/kg K

Wärmekapazität trockener Luft c_{L}:   1.004 kJ/kg K

4.4.4.3 *Entfeuchtungspotenzial von Sorptionsmaterialien*

Die Wasserdampfaufnahme und -abgabe des Sorptionsmaterials wird durch die entsprechende Sorptionsisotherme beschrieben.

Bei geringen Temperaturen nehmen die hygroskopischen Sorptionsmaterialien auch bei niedrigem Wasserdampfpartialdruck der durchströmenden Außenluft hohe Wasserdampfmengen auf. Die höchsten Entfeuchtungsleistungen bei niedrigen Außenluftfeuchten werden mit einigen Zeolitharten erreicht, die jedoch Regenerationstemperaturen von 150-200 °C erfordern und daher für den Solarbetrieb kaum geeignet sind. Entscheidender für die sorptionsgestützte Klimatisierung ist die Wasserdampfaufnahme bei mittleren bis hohen Luftfeuchten der Außenluft, bei welchen Silikagel pro Kilogramm 0.2-0.3 kg Wasserdampf aufnehmen kann (Maximalbeladung 0.5 kg/kg). Die Wasserdampfaufnahme von mit Lithiumchlorid getränktem Zellulosematerial hängt stark vom Tränkungsgrad ab und kann höhere Werte als Silikagel erreichen.

Bei hohen Temperaturen sinkt die Wasserdampfaufnahmefähigkeit und es kommt zur Regeneration des Sorptionsmaterials.

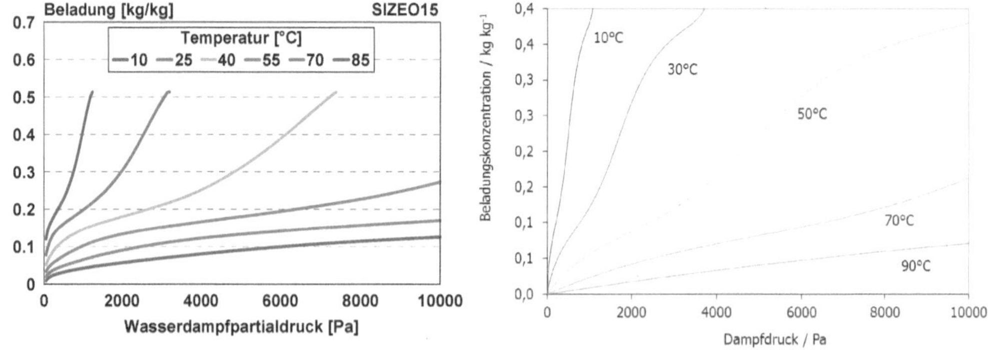

Bild 4-15:   Gemessene Beladekonzentration von kommerziellem Silikagel SIZEO15 (Henning,1999) und berechnete Sorptionsisothermen von Silikagel (rechts).

Wird die Beladung als Funktion der relativen Feuchte dargestellt, d. h. eine Koordinatentransformation der x-Achse durchgeführt, fallen die Sorptionsisothermen fast zusammen. Ein hoher Wasserdampfpartialdruck bei hohen Temperaturen entspricht einer trotzdem geringen relativen Feuchte und die Beladung ist gering. Ein niedriger Partialdruck bei niedriger Temperatur entspricht einer hohen relativen Feuchte und der zugehörige hohe Beladungswert verschiebt sich nach rechts.

Die minimale Beladung liegt auch bei sehr geringen relativen Feuchten von etwa 5 % bei etwa 0.1 kg Wasser pro Kilogramm Silikagel. Dieser minimale Beladungswert wird durch die relative Feuchte der Regenerationsluft festgelegt und kann von der zu trocknenden Außenluft nicht unterschritten werden.

4

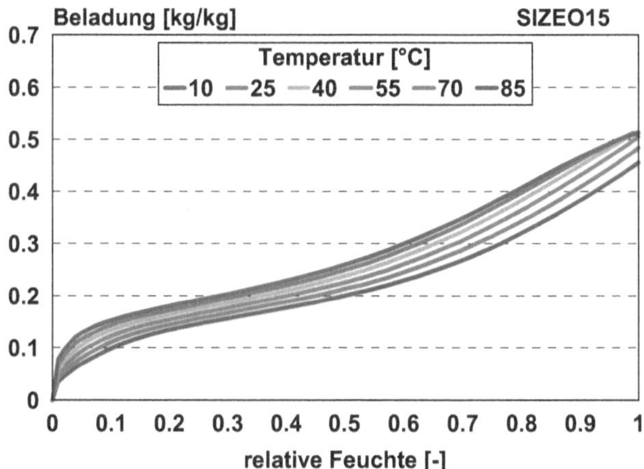

Bild 4-16: Gemessene Sorptionsisothermen als Funktion der relativen Feuchte nach [4.15].

Wird in einem einfachen Entfeuchtungsmodell angenommen, dass die Sorptionsisothermen dargestellt als Funktion der relativen Feuchte zusammenfallen, kann bei gegebenem Beladungswert die Außenluftfeuchte minimal bis auf die Regenerationsluftfeuchte abgesenkt werden. Eine genaue Kenntnis des funktionalen Verlaufs der Sorptionsisothermen ist dann nicht erforderlich.

Für den Endzustand der getrockneten Luft ist in dem einfachen Modell die relative Feuchte – nämlich die Regenerationsluftfeuchte - sowie die Enthalpie (Enthalpie der Außenluft bei isenthalper Entfeuchtung) bekannt. Obwohl beide von Temperatur und absoluter Feuchte abhängen, lassen sich die Gleichungen nicht analytisch lösen und der Endzustand muss iteriert werden. Dafür wird der Wasserdampfgehalt der Außenluft x_{au} solange reduziert, bis der Endzustand der gegebenen Feuchtebedingung der Regenerationsluft entspricht. Zur Kontrolle werden nach jedem Entfeuchtungsschritt die neuen Temperatur- und relativen Feuchtewerte bestimmt, bis Zuluftfeuchte und Regenerationsluftfeuchte übereinstimmen.

Da sich in dem rotierenden Sorptionsrad keine stationären Zustände einstellen und die Sorptionsisothermen nicht genau zusammenfallen, wird dieser Minimalwert der Zuluftfeuchte mit Wasserdampfgehalt $x_{zu,ideal}$ in der Praxis nicht erreicht. Die nichtideale Entfeuchtung auf einen effektiven Zuluftfeuchtewert $x_{zu,eff}$ wird durch den Entfeuchtungswirkungsgrad η_{Entf} berücksichtigt, der typisch bei etwa 80 % liegt.

$$\eta_{\text{Entf}} = \frac{x_{\text{au}} - x_{\text{zu,eff}}}{x_{au} - x_{\text{zu,ideal}}}$$

$$x_{\text{zu,eff}} = x_{\text{au}} - \eta_{\text{Entf}}\left(x_{\text{au}} - x_{\text{zu,ideal}}\right) \quad \left[\frac{\text{g}}{\text{kg}}\right] \tag{4.14}$$

Neben dem Entfeuchtungswirkungsgrad können auch Abweichungen der Sorptionsradparameter von den Nennbedingungen mit Korrekturfaktoren berücksichtigt werden. Von Heinrich (1999) wurden detaillierte Untersuchungen zu Korrekturfaktoren von LiCl Sorptionsrotoren durchgeführt. Die wichtigsten Einflussparameter auf das Entfeuchtungsverhalten sind Rotordrehzahl, Luftgeschwindigkeit und das Volumenstromverhältnis zwischen Regenerationsluft und Außenluft. Für Rotordrehzahlen unter der Nenndrehzahl von $n = 22$ h^{-1} sinkt die Entfeuchtungsleistung stetig bis auf etwa 80 % bei $n = 7$ h^{-1} (Korrektur k_1). Eine Reduktion der Luftanströmgeschwindigkeit (bei gleichem Volumenstromverhältnis) von Nenngeschwindigkeit $v = 2.5$ m/s auf 1.5 m/s führt zu einer Erhöhung der Entfeuchtungsleistung um bis zu 15 % (Korrektur k_2). Wird nur die Regenerationsluftgeschwindigkeit abgesenkt bei Prozessluft-Nenngeschwindigkeit, steigt ebenfalls die Entfeuchtungsleistung um bis zu 20 % (bei Volumenstromreduzierung auf 60 %) (Korrektur k_3). Unter Berücksichtigung dieser Korrekturen ergibt sich somit der effektive Zuluftwassergehalt $x_{\text{zu,eff}}$:

$$x_{\text{zu,eff}} = x_{\text{au}} - \eta_{\text{Entf}} k_1 k_2 k_3 \left(x_{\text{au}} - x_{\text{zu,ideal}}\right) \quad \left[\frac{\text{g}}{\text{kg}}\right] \tag{4.15}$$

Generell empfiehlt sich demnach, möglichst große Sorptionsrotoren mit großen Querschnittsflächen einzusetzen, damit bei gegebenem Volumenstrom die Strömungsgeschwindigkeiten gering bleiben und die Entfeuchtungsleistung hoch wird.

4.4.4.4 Berechnung der Sorptionsisothermen und Isosteren von Silikagel

Für eine genauere Betrachtung des Sorptionsverhaltens wird zunächst die Beladekonzentration C des Sorptionsmaterials als Funktion der relativen Feuchte für eine konstante Temperatur bestimmt: $C|_{\text{T}=\text{const}} = f(\varphi)$.

In der Brunauer-Emmett-Teller Theorie wird die Wasserdampfaufnahmefähigkeit von Silikagel durch Anlagerung von Wasserdampf in mehrmolekularen Schichten beschrieben. Für die 40 °C Isotherme gibt Kast (1988) folgende Näherung für die Beladekonzentration C_0 an:

$$\frac{C_0}{C_{\text{m}}} = \frac{\varphi}{1-\varphi} + \frac{2(b-1)\varphi + 2(b-1)^2\varphi^2 + \left(Nb^2 + Nh - N^2b^2\right)\varphi^N \ldots}{2(1 + 2(b-1)\varphi + (b-1)^2\varphi^2 + \left(b^2 + h - 2b - Nb^2\right)\varphi^N \ldots}$$

$$\frac{\ldots + \left(2b + N^2b^2 + 2Nb - 2b^2 - Nb^2 - 2h - 2Nh\right)\varphi^{N+1} + \left(Nh + 2h\right)\varphi^{N+2}}{\ldots + \left(Nb^2 + 2b - 2b^2 - 2h\right)\varphi^{N+1} + h\varphi^{N+2}))} \tag{4.16}$$

mit den Koeffizienten $C_{\text{m}} = 0.11$, $b = 11$, $N = 7.2$, $h = 19000$ für das Stoffpaar Silikagel-Wasser. Die Gleichung ist gültig bis zu einer Maximalbeladung von $C_{\text{max}} = 0.4$ kg/kg.

Die Umrechnung der Sorptionsisothermen auf andere Temperaturen erfolgt über eine Analyse des Dampfdrucks über dem Sorbens bei gegebener Beladekonzentration C. Wird der Adsorptionsprozess wie ein Phasenübergang betrachtet, kann der Dampfdruck über dem Sorptionsmaterial und daraus die relative Feuchte aus der Clausius-Clapeyron'schen Gleichung berechnet werden, die normalerweise den Gleichgewichtszustand zwischen Dampfdruck und Fluid eines Einphasensystems als Funktion der Temperatur beschreibt.

Die Adsorptionswärme h_{ads} als Summe von Bindungs- (h_b) und Verdampfungsenthalpie (h_v) entspricht dabei der Enthalpiedifferenz zwischen Dampf und Fluid im Einphasensystem. Die Bindungsenthalpie nimmt mit steigender Beladekonzentration C ab, die Verdampfungswärme von Wasser sinkt mit steigender Temperatur.

$$h_{ads}(C,T) = h_b(C) + h_v(T) \qquad (4.17)$$

Die Adsorptionswärme und die Bindungswärme als Differenz von Adsorptions- und Verdampfungswärme können nach (Otten, 1989) durch quadratische Funktionen der Beladekonzentration angenähert werden. Bis zu einer Beladekonzentration $C = 0.1934$ kg/kg gilt:

$$h_{ads} = h_b + h_v = h_o\left(1 + aC + bC^2\right)$$
$$h_b = h_{ads} - h_v = h_o\left(1 + aC + bC^2\right) - h_v \qquad (4.18)$$

mit den Konstanten a=-2.34, b=6.05 und h_o=3172 kJ/kg für Silikagel. Die Verdampfungswärme h_v von Wasser wird für die Berechnung der Bindungsenthalpie konstant mit 2453 kJ/kg (20 °C) gewählt. Oberhalb einer Beladekonzentration C=0.1934 kg/kg wird die Bindungsenthalpie h_b=0 gesetzt und die Adsorptionsenthalpie ist gleich der Verdampfungsenthalpie h_v. Bei C=0, d. h. vollkommen trockenem Material, beträgt die Bindungsenthalpie 719 kJ/kg.

Andere Autoren (Gassel, 1998, Henning, 1994) geben Näherungsformeln mit deutlich höheren Bindungsenthalpien an, die bei Beladung Null zwischen 1000 und 2000 kJ/kg liegen. Nach Gassel kann die Bindungsenthalpie mit der einfachen linearen Gleichung

$$h_b = 1000\,\frac{kJ}{kg} - C \times 4000\,\frac{kJ}{kg} \quad \text{berechnet werden.}$$

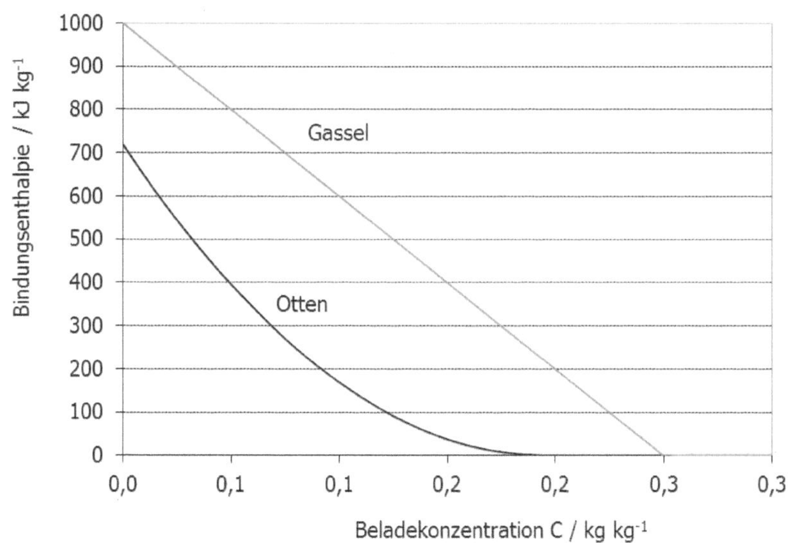

Bild 4-17: Bindungsenthalpie von Wasserdampf an Silikagel als lineare bzw. quadratische Funktion der Beladekonzentration C.

Nur bei hohen Beladekonzentrationen und Bindungsenthalpie null ist die Zustandsänderung der Luft isenthalp. Bei geringer Konzentration ist die Erwärmung der Außenluft durch den Entfeuchtungsprozess durch die Aufnahme der Bindungswärme größer als bei einer rein isenthalpen Zustandsänderung.

Für den Wasserdampfpartialdruck p_D über dem Sorbens gilt nun nach Clausius-Clapeyron:

$$\frac{dp_D}{dT} = \frac{h_{ads}(C,T)}{R_D T^2} p_D \Leftrightarrow \frac{d\ln p_D}{d(1/T)} = \frac{-h_{ads}(C,T)}{R_D} \tag{4.19}$$

mit $R_D = 461\ J/kgK$ als spezifische Gaskonstante von Wasserdampf.

Wird der Dampfdruck p_D logarithmisch gegen die inverse Temperatur $1/T$ aufgetragen, so ergibt sich aus der Steigung die Adsorptionswärme für eine gegebene Beladekonzentration. Die beladungsabhängigen Dampfdruckkurven werden als Isosteren (C = const) bezeichnet. Je geringer die Beladekonzentration des Silikagels, desto niedriger ist der Dampfdruck über dem Sorbens bei gegebener Temperatur. Für das vollständig gesättigte Sorbens ist die Bindungsenthalpie null und man erhält die bekannte Clausius-Gleichung für den Sättigungsdampfdruck von Wasser als Funktion der Temperatur.

$$\frac{dp_s}{dT} = \frac{h_v}{R_D T^2} p_s \tag{4.20}$$

Die Integration der Clausiusgleichung über ein Temperaturintervall T_1 bis T_2 ermöglicht die Berechnung der Isosteren, wenn der Druck p_1 bei der Temperatur T_1 bekannt ist. Zur Vereinfachung des Integrals wird die Adsorptionsenthalpie als temperaturunabhängig angenommen.

$$\int_{p_{D1}}^{p_{D2}} \frac{dp_D}{p_D} = \int_{T_1}^{T_2} \frac{h_{ads}(C)}{R_D T^2} dT$$

$$\ln\left(\frac{p_{D2}}{p_{D1}}\right) = \frac{h_{ads}(C)}{R_D}\left(\frac{1}{T_1} - \frac{1}{T_2}\right) \tag{4.21}$$

$$p_{D2} = p_{D1} \exp\left(\frac{h_{ads}(C)}{R_D}\left(\frac{1}{T_1} - \frac{1}{T_2}\right)\right)$$

Aus der bekannten 40 °C Isothermen kann der Dampfdruck p_{D1} als noch unbekannter Parameter der Isosterengleichung für jede Beladekonzentration bestimmt werden: Für eine vorgegebene Beladekonzentration C_0 wird aus Gleichung (4.16) iterativ die relative Feuchte φ_0 der 40 °C Isothermen (d. h. $T_1 = 313$ K) bestimmt. Aus der relativen Feuchte berechnet sich dann der Dampfdruck p_{D1} zu $p_{D1} = \varphi_0 \times p_s(40°C)$. Für die Beladekonzentration $C = C_0$ sind dann die Konstanten der Dampfdruckgleichung p_{D1} und T_1 bekannt.

Beispiel 1:

Berechnung der Isosterenparameter von Wasserdampf über Silikagel bei einer Beladekonzentration $C = 0.1$ kg/kg.

Für $C = 0.1$ kg/kg ist die Adsorptionswärme $h_{ads} = 2622$ kJ/kg. Die relative Feuchte bei $C_0 = 0.1$ kg/kg liegt bei 18.75 %. Daraus ergibt sich der Dampfdruck p_{D1} zu

$$p_{D1} = \varphi_0 \times p_s(40°C) = 0.1875 \times 7384 Pa = 1384.5 Pa\ ,$$

Sodass sich die komplette Isostere mit folgender Gleichung berechnen lässt:

$$p_D = 1384.5 \exp\left(\frac{2622}{0.461}\left(\frac{1}{313} - \frac{1}{T}\right)\right)$$

Die beiden Clausiusgleichungen für reines Wasser und Wasser-Silikagel werden bei gleicher Temperatur T durcheinander dividiert, um aus dem Verhältnis des Dampfdruckes p_D zum Sättigungsdampfdruck p_S die relative Feuchte und letztendlich den funktionellen Zusammenhang von relativer Feuchte und Beladekonzentration bestimmen zu können.

$$\frac{dp_S}{p_S} = \frac{h_V}{h_{ads}}\frac{dp_D}{p_D} \tag{4.22}$$

Gleichung (4.22) wird integriert:

$$\int_{p_{S,0}}^{p_S} \frac{dp_S}{p_S} = \int_{p_{D,0}}^{p_D} \frac{h_V}{h_{ads}}\frac{dp_D}{p_D}$$

$$\frac{p_S}{p_{S,0}} = \left(\frac{p_D}{p_{D,0}}\right)^{\frac{h_V}{h_{ads}}} = \left(\frac{\varphi p_S}{p_{D,0}}\right)^{\frac{h_V}{h_{ads}}} \tag{4.23}$$

und nach der relativen Feuchte φ aufgelöst:

$$\varphi = \frac{p_{D,0}}{\frac{h_{ads}}{p_{S,0}^{h_V}}}\frac{p_S^{\frac{h_b+h_V}{h_V}}}{p_S} = \text{const}\; p_S^{\frac{h_b(C)}{h_V(T)}} \tag{4.24}$$

Diese Gleichung liefert den gesuchten Zusammenhang der Sorptionsisothermen zwischen relativer Feuchte, Temperatur (über den Sättigungsdampfdruck p_S) und Beladekonzentration C (über die Bindungsenthalpie h_b).

Bei gleicher Beladung, d. h. gleicher Bindungsenthalpie h_b, kann somit von einer einzigen bekannten Sorptionsisothermen (mit Temperatur T_0) auf andere Temperaturen umgerechnet werden. Zur Vereinfachung wird die Verdampfungswärme temperaturunabhängig angesetzt.

$$\frac{\varphi_o}{\varphi} = \frac{p_S(T_0)^{\frac{h_b(C_0)}{h_V(T_0)}}}{p_S(T)^{\frac{h_b(C_0)}{h_V(T)}}} \approx \left(\frac{p_S(T_0)}{p_S(T)}\right)^{\frac{h_b(C_0)}{h_V}} \tag{4.25}$$

Für jede relative Feuchte φ_0 der bekannten 40 °C-Sorptionsisothermen $C_0(\varphi_0)$ aus Gleichung (4.16) kann die zugehörige relative Feuchte φ bei der Temperatur T bestimmt werden, die der Beladekonzentration $C=C_0$ entspricht und man erhält die Wertepaare (C_0, φ).

$$\varphi = \varphi_0 \times \left(\frac{p_S(T)}{p_S(T_0)}\right)^{\frac{h_b(C_0(\varphi_0))}{h_V}} \tag{4.26}$$

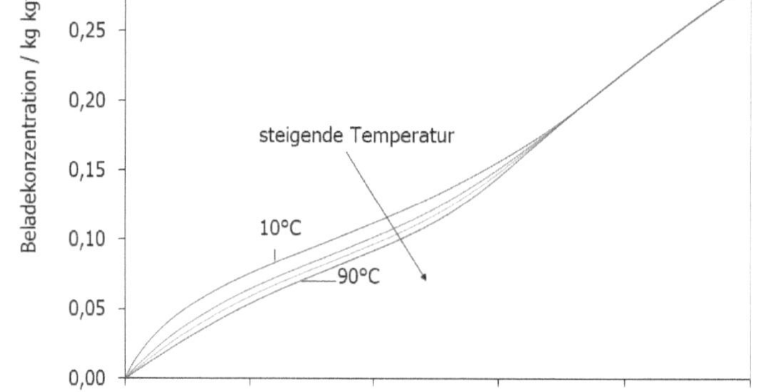

Bild 4-18: Sorptionsisothermen als Funktion der relativen Feuchte für Temperaturen zwischen 10 °C und 90 °C berechnet aus der bekannten 40 °C Isothermen.

Sobald die Bindungsenthalpie null wird, d. h. für Beladekonzentrationen größer 0.1934 kg/kg, fallen alle Isothermen genau zusammen.

In der Praxis stellt sich meistens das Problem, dass für eine gegebene Feuchte φ die zugehörige Beladekonzentration C bestimmt werden muss. So gibt beispielsweise die Regenerationsluftfeuchte φ_{reg} die minimale Beladekonzentration vor, auf welche schließlich die Außenluft entfeuchtet werden kann. Um diese Konzentration zu bestimmen, muss nun Gleichung (4.26) nach der relativen Feuchte φ_0 aufgelöst werden, für welche aus der 40 °C Isothermen die Beladekonzentration C_0 bekannt ist.

$$\varphi_0 = \varphi \times \left(\frac{p_s(T_0)}{p_s(T)} \right)^{\frac{h_b(C_0(\varphi_0))}{h_v}} \tag{4.27}$$

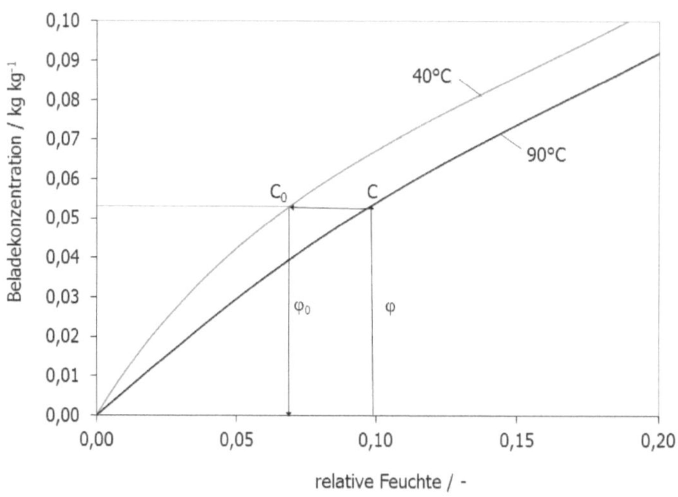

Bild 4-19: Bestimmung der Beladekonzentration C für eine gegebene Feuchte φ über die bekannte Sorptionsisotherme bei 40 °C, indem bei gleicher Beladung $C_0 = C$ die relative Feuchte φ_0 bestimmt wird.

Da die Beladekonzentration C_0 von φ_o abhängt, erhält man eine implizite Gleichung, die iterativ gelöst werden muss. Nach Ende der Iteration ist die Beladekonzentration $C = C_0$ bekannt, die sich bei der gegebenen relativen Feuchte φ und Temperatur T einstellt.

Mit dem erweiterten Modell wird also für die Bestimmung der Entfeuchtungsleistung eines Sorptionsrotors die relative Feuchte φ_{reg} der Regenerationsluft vorgegeben. Über das Iterationsverfahren aus Gleichung (4.27) wird die Beladekonzentration C_{reg} des regenerierten Sorptionsmaterials bestimmt. Wird jetzt die Außenluft sukzessive entfeuchtet, wird für jede neue Temperatur und relative Feuchte φ_{au} der getrockneten Außenluft nach dem Entfeuchtungsschritt die zugehörige Beladekonzentration bestimmt, bis C_{au} gleich C_{reg} ist.

4.4.4.5 Beispielrechnung der Entfeuchtungsleistung eines Sorptionsrotors (einfaches Modell)

Die klimatechnischen Auslegungsbedingungen liegen üblich bei Außenluftzuständen von 32 °C, 40 % relativer Luftfeuchte bzw. 12 g/kg Wasserdampf bei einem Gesamtdruck von $1.013 \cdot 10^5$ Pa. Im Folgenden sollen die Luftzustände der getrockneten Außenluft berechnet werden, wenn die Regenerationsluft 70 °C beträgt und 14 g/kg Wasserdampf enthält. Zunächst wird die relative Feuchte φ der Regenerationsluft bei 70 °C nach Gleichung (4.6) mit dem Sättigungsdampfdruck p_S aus Gleichung (4.11) berechnet, die den unteren Grenzwert der zu entfeuchtenden Zuluft festlegt.

$$\varphi = \frac{14 \cdot 10^{-3} \frac{\text{kg}}{\text{kg}}}{14 \cdot 10^{-3} \frac{\text{kg}}{\text{kg}} + 0.622 \frac{\text{kg}}{\text{kg}}} \cdot \frac{101300 \, Pa}{31158 \, Pa} = 0.07$$

Die Enthalpie der Regenerationsluft nach Gleichung (4.13) mit der Verdampfungsenthalpie nach Gleichung (4.8) ist gegeben durch:

$$h_{\text{Reg}} = \left(1.004 \frac{\text{kJ}}{\text{kgK}} + 14 \cdot 10^{-3} \frac{\text{kg}}{\text{kg}} \cdot 1.875 \frac{\text{kJ}}{\text{kgK}}\right) 70°C + 14 \cdot 10^{-3} \frac{\text{kg}}{\text{kg}} \cdot 2334 \frac{\text{kJ}}{\text{kg}} = 104.8 \frac{\text{kJ}}{\text{kg}}$$

Der Wert ist nicht weiter für die Berechnung des Zuluftzustandes notwendig.

Die Enthalpie der Außenluft legt bei isenthalper Entfeuchtung die Temperatur der Luft nach der Entfeuchtung fest.

$$h_{\text{au}} = \left(1.004 \frac{\text{kJ}}{\text{kgK}} + 12 \cdot 10^{-3} \frac{\text{kg}}{\text{kg}} \cdot 1.875 \frac{\text{kJ}}{\text{kgK}}\right) 32°C + 12 \cdot 10^{-3} \frac{\text{kg}}{\text{kg}} \cdot 2425 \frac{\text{kJ}}{\text{kg}} = 62 \frac{\text{kJ}}{\text{kg}}$$

Die iterative Berechnung der Außenlufttrocknung wird mit schneller Konvergenz mit dem Regula falsi Algorithmus gelöst.

Dabei wird der anfängliche Wassergehalt $x_{\text{au},0}$ der Außenluft (relative Feuchte $\varphi_{\text{au},0}$) im ersten Iterationsschritt beispielsweise um 50 % reduziert und über die gegebene gleichbleibende Enthalpie bei dem neuen Wassergehalt x_1 die Temperatur T_1 und neue relative Feuchte φ_1 berechnet. Bei obigem Außenluftzustand von 32 °C, 12 g/kg Wasserdampfgehalt wird im ersten Schritt um 6 g/kg entfeuchtet. Die Temperatur der getrockneten Außenluft berechnet sich nach Gleichung (4.13) zu 46.7 °C. Über den Sättigungsdampfdruck nach Gleichung (4.11) von $p_S = 10445 \, Pa$ erhält man die relative Feuchte φ_1 bei 6 g/kg Wasserdampfgehalt nach Gleichung (4.6) zu 9.3 %. Die Verdampfungsenthalpie wird während der Iteration konstant gehalten. Die relative Feuchte φ_1 liegt oberhalb der Regenerationsluftfeuchte von 7 %, sodass weiter entfeuchtet werden muss.

Zur Bestimmung des nächsten Wassergehalts x_2 wird das Verhältnis der Feuchtedifferenz $\varphi_{\mathrm{au},0} - \varphi_1$ zur Wassergehaltdifferenz $x_{\mathrm{au},0} - x_1$ des ersten Entfeuchtungsschrittes (d. h. die Steigung der Feuchtefunktion) dem Verhältnis der Feuchtedifferenz zwischen Außenluft und Regenerationsluft $\varphi_{\mathrm{au},0} - \varphi_{\mathrm{reg}}$ zur Wassergehaltdifferenz $x_{\mathrm{au},0} - x_2$ gleichgesetzt. Der neue Wassergehalt x_2 wird also näherungsweise der absoluten Feuchte des Endzustandes gleichgesetzt.

$$\frac{\varphi_{\mathrm{au},0} - \varphi_1}{x_{\mathrm{au},0} - x_1} = \frac{\varphi_{\mathrm{au},0} - \varphi_{\mathrm{reg}}}{x_{\mathrm{au},0} - x_2} \tag{4.28}$$

Daraus ergibt sich der neue Wassergehalt des nächsten Iterationsschrittes x_2.

$$x_2 = x_{\mathrm{au},0} - \left(\varphi_{\mathrm{au},0} - \varphi_{\mathrm{reg}}\right)\frac{x_{\mathrm{au},0} - x_1}{\varphi_{\mathrm{au},0} - \varphi_1}$$

$$x_2 = 12 \cdot 10^{-3}\,\frac{\mathrm{kg}}{\mathrm{kg}} - (0.4 - 0.07)\frac{12 \cdot 10^{-3}\,\frac{\mathrm{kg}}{\mathrm{kg}} - 6 \times 10^{-3}\,\frac{\mathrm{kg}}{\mathrm{kg}}}{0.4 - 0.093} = 5.55 \cdot 10^{-3}\,\frac{\mathrm{kg}}{\mathrm{kg}} \tag{4.29}$$

Allgemein gilt

$$x_\mathrm{n} = x_{\mathrm{n}-1} - \left(\varphi_{\mathrm{n}-1} - \varphi_{\mathrm{reg}}\right)\frac{x_{\mathrm{n}-2} - x_{\mathrm{n}-1}}{\varphi_{\mathrm{n}-2} - \varphi_{\mathrm{n}-1}} \tag{4.30}$$

Für den neuen Wassergehalt $x_2{=}5.55\ g/kg$ wird über die neue Temperatur $T_2{=}47.8\ °C$ die neue relative Feuchte $\varphi_2{=}0.081$ erhalten, die immer noch über der begrenzenden Regenerationsluftfeuchte φ_{reg} liegt. Als nächster Wassergehalt ergibt sich x_3:

$$x_3 = 5.55 \cdot 10^{-3}\,\frac{\mathrm{kg}}{\mathrm{kg}} - (0.081 - 0.07)\frac{6 \cdot 10^{-3}\,\frac{\mathrm{kg}}{\mathrm{kg}} - 5.55 \cdot 10^{-3}\,\frac{\mathrm{kg}}{\mathrm{kg}}}{0.093 - 0.081} = 5.14 \cdot 10^{-3}\,\frac{\mathrm{kg}}{\mathrm{kg}}$$

Der Wassergehalt x_3 von 5.14 g/kg entspricht einer relativen Feuchte von 7.1 % bei einer Austrittstemperatur von 48.8 °C, d. h. bereits im zweiten Iterationsschritt ist die Feuchte des Regenerationsluftzustandes nahezu erreicht.

Der Wert der Regenerationsluftfeuchte ist mit 7 % fest vorgegeben und gibt den Endzustand der zu trocknenden Außenluft vor. Zur besseren Veranschaulichung des Regula Falsi Algorithmus wurde im ersten Entfeuchtungsschritt lediglich um 3 g/kg entfeuchtet. Trotzdem ist beim zweiten Iterationsschritt die Endfeuchte nahezu erreicht.

Der Endwert der Iteration ist x_∞ = 5.1 g/kg, d. h. vom Anfangswert x_{au} = 12 g/kg ist die Außenluft um 6.9 g/kg entfeuchtet worden.

Die nichtideale Entfeuchtung wird jetzt mittels des Entfeuchtungswirkungsgrades berücksichtigt, der mit 80 % angesetzt wird. Nach Gleichung (4.14) ist die Restfeuchte dann 6.5 g/kg und die zugehörige Temperatur der getrockneten Außenluft liegt bei 45.5 °C. Die zugehörige relative Feuchte ist 10.6 %.

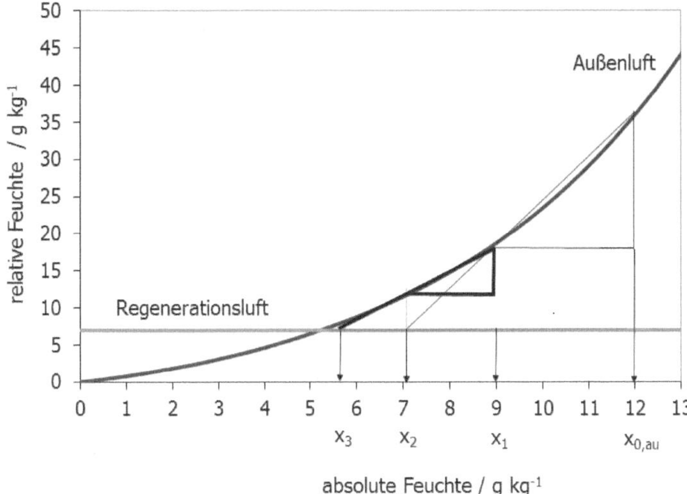

Bild 4-20: Relative Feuchte als Funktion der absoluten Feuchte bei konstanter Enthalpie der Außenluft von 62 kJ/kg für die Berechnung der Entfeuchtung.

Der Zustand der Regenerationsluft nach der Wasserdampfaufnahme im Sorptionsrad berechnet sich analog. Die insgesamt vom Silikagel aufgenommene Feuchte von ideal 6.9 g/kg (nicht-ideal 5.5 g/kg) wird jetzt bei isenthalper Befeuchtung der Regenerationsluft abgegeben. Die absolute Feuchte steigt von 14 g/kg auf 20.9 g/kg (bzw. 19.5 g/kg).

Temperatur der feuchten Fortluft: 53.7 °C   (56.9 °C)

Relative Feuchte: 22 %   (17.9 %)

4.4.4.6 Charakteristische Kennwerte von Sorptionsrädern

Neben dem Entfeuchtungswirkungsgrad als wesentlicher Qualitätskennwert sind folgende Kennwerte für die Charakterisierung von Sorptionsrotoren wichtig:

- Die Entfeuchtungsrate (Δx) als ein Effizienz-Kennwert
- Die spezifische Regenerationswärme für die Entfeuchtung als ein Energieeffizienz Kriterium (RSHI=regeneration specific heat input)
- Die Enthalpieänderung (Δh) der Prozessluft als ein Kennwert für die thermische Qualität

Die Entfeuchtungsleistung (Δx) ist definiert als die Wasserdampfmenge, die der Prozessluft durch die Adsorption entzogen wird (in g Wasserdampf pro kg Luft). Die spezifische Regenerationswärme wird aus dem Verhältnis der erforderlichen Wärmemenge für die Erwärmung der Regenerationsluft zur Entfeuchtungsenergie der Prozessluft berechnet.

$$RSHI = \frac{\Delta \dot{Q}_{reg-aussen}}{\Delta x \cdot \dot{m}_{Prozess}} = \frac{c_{p,L} \cdot \left(T_{reg} - T_0\right)}{\Delta x} \cdot \frac{\dot{m}_{reg}}{\dot{m}_{process}} \left[\frac{kJ}{g}\right] \tag{4.31}$$

Die Enthalpieänderung der Luft während der Entfeuchtung ist ein weiteres wichtiges Qualitätsmerkmal. Durch die Wärmeübertragung des Sorptionsrotors kann die Enthalpie der Luft während der Entfeuchtung zunehmen, was zu einer unerwünschten Temperaturerhöhung führt.

Eigene Labormessungen an kleinen Sorptionsrotoren (90 cm Durchmesser) ergaben bei typischen Entfeuchtungsleistungen von 4 g/kg und Entfeuchtungswirkungsgraden von 60 % eine spezifische Regenerationswärme von etwa 6 kJ/g und Enthalpieänderungen zwischen 0 und 8 kJ/kg (steigend mit steigender Rotationsgeschwindigkeit (Schürger, 2007)). Panares et al. (2010) haben Entfeuchtungswirkungsgrade von 69 % an einem kleinen Silikagelrotor gemessen (630 mm Durchmesser).

4.4.5 Technologie Wärmerückgewinnung

In sorptionsgestützten Klimaanlagen werden vorwiegend regenerative rotierende Wärmerückgewinner eingesetzt. Diese erzielen in Abhängigkeit von der Anströmgeschwindigkeit sehr gute Temperaturwirkungsgrade zwischen 70 und 90 %. Als Wärmespeicher wird oft wellenförmiges Aluminiumblech verwendet, welches zu Wärmetauscherrädern bis zu 5 m Durchmesser gewickelt wird. Der Volumenstrombereich liegt zwischen 1 000 und 150 000 m³/h bei Druckverlusten von 50 bis knapp 200 Pa. Im Teillastbetrieb steigt die Rückwärmzahl durch die verringerten Anströmgeschwindigkeiten bzw. Volumenströme an, d. h. leicht überdimensionierte Wärmetauscher führen zu besseren Anlagenwirkungsgraden. Die Rotationsgeschwindigkeit der Wärmerückgewinnungsräder liegt zwischen 5 und 15 Umdrehungen pro Minute, wobei eine Erhöhung des Speichermassenstroms zu einer Verbesserung der Rückwärmzahl führt.

Die hygroskopischen Sorptionsräder selber werden im Winter ebenfalls zur Wärmerückgewinnung verwendet und erreichen bei entsprechender Drehzahlerhöhung ähnliche Rückwärmzahlen wie die nicht hygroskopisch beschichteten Speichermassen. Bei typischen Luftanströmgeschwindigkeiten von 3 m/s und einem Zuluft- zu Abluftverhältnis von 1 werden je nach Bautiefe des Sorptionsrotors Wirkungsgrade der Wärmerückgewinnung zwischen 75 und 85 % erreicht. Da das Modell für den rotierenden Regenerativ-Wärmeübertrager auf den Grundlagen eines Kreuzstromwärmetauscher basiert, wird zunächst die Berechnung von Rekuperatoren (Trennwand-Wärmetauschern) durchgeführt.

4.4.5.1 Rekuperatoren

In einem Rekuperator wird Wärme vom wärmeren Stoffstrom (mit Massenstrom $\dot{m}_1$ und Wärmekapazität c_1) konvektiv mit Wärmeübergangskoeffizient h_{c1} an die Trennwand und nach Wärmeleitung durch das Trennwandmaterial konvektiv mit h_{c2} an den kälteren Stoffstrom (mit Massenstrom $\dot{m}_2$ und Wärmekapazität c_2) übertragen.

Für eine hohe Übertragungsleistung eines Wärmetauschers ist ein möglichst hoher Wärmedurchgangskoeffizient U erforderlich. Der Wärmedurchgangskoeffizient wird vor allem durch die konvektiven Übergangswiderstände dominiert. Der Wärmedurchlasswiderstand $R = s / \lambda$ des Plattenmaterials selber (mit Plattendicke s [m] und Wärmeleitfähigkeit der Platte λ [W/mK]) ist normalerweise vernachlässigbar. Der Wärmedurchgangskoeffizient eines Rekuperators mit einer ebenen Trennwandfläche ist gegeben durch

$$U = \left(\frac{1}{h_{c1}} + R + \frac{1}{h_{c2}} \right)^{-1} \tag{4.32}$$

Der Anteil der Strahlung zum Wärmeübergang kann aufgrund der annähernd gleichen Temperaturen der einzelnen Trennwandflächen vernachlässigt werden.

Der Wärmeübergangskoeffizient durch Konvektion h_c wird in der Praxis mit Hilfe von Modellversuchen ermittelt. Diese Versuchsergebnisse lassen sich dann auf andere, geometrisch und hydrodynamisch ähnliche Wärmeübergangsverhältnisse übertragen.

$$h_c = \frac{\mathrm{Nu}\left(\mathrm{Re},\mathrm{Pr}\right)\lambda}{L} \tag{4.33}$$

Nu: Nußeltzahl [–]
λ: Wärmeleitfähigkeit des strömenden Fluids [W/mK]

Die charakteristische Länge L ist von der jeweiligen Geometrie des Wärmetauschers abhängig. Die wichtigsten Nußeltkorrelationen als Funktion der Reynolds- und Prandtl-Zahlen (Re,Pr), der Baulänge des Wärme übertragenden Spalts/Rohres/Kanals l und der charakteristischen Länge L sind in folgender Tabelle zusammengefasst. Die Berechnung der Stoffeigenschaften von Luft sowie der Reynolds- und Prandtl-Zahlen sind in Kapitel 3.2 (solare Luftkollektoren) zu finden.

Tabelle 4-3: Relevante Nußeltkorrelationen für Wärmetauscherberechnungen.

Geometrische Form	Strömung	Nußelt-Korrelation	Charakteristische Länge	Quelle
Spalt/ Kanal	Laminar (Re<2300)	$Nu = \left[7.541^3 + 1.841 \cdot \sqrt[3]{\mathrm{Re}\cdot\mathrm{Pr}\cdot\dfrac{L}{l} + \left(\dfrac{2}{1+22\cdot\mathrm{Pr}}\right)^{1/6}\cdot\left(\mathrm{Re}\cdot\mathrm{Pr}\cdot\dfrac{L}{l}\right)^{0,5}}\right]^{1/3}$	$L = 2\cdot h$	Al-Amouri
	Turbulent (Re>8000)	$Nu = 0.116\cdot\left(\mathrm{Re}^{2/3} - 125\right)\cdot\mathrm{Pr}^{1/3}\left[1+\left(\dfrac{L}{l}\right)^{2/3}\right]$	$L = \dfrac{4\cdot A_{\mathrm{frei}}}{U}$	Gregorig
Rohr	Laminar (Re<2320)	$Nu = \left(49.0 + 4.17\cdot\mathrm{Re}\cdot\mathrm{Pr}\cdot\dfrac{L}{l}\right)^{1/3}$	$L = d_i$	Hering
$Nu = 0,116$ $Nu = 0,116$	Turbulent (Re>2320)	$Nu = 0.116\cdot\left(\mathrm{Re}^{2/3} - 125\right)\cdot\mathrm{Pr}^{1/3}\cdot\left[1+\left(\dfrac{L}{l}\right)^{2/3}\right]$	$L = d_i$	Gregorig

h: Abstand zwischen Wärme übertragenden Flächen (Spalt/Kanal)

d_i: Innendurchmesser des Rohrs

Die vom wärmeren Stoffstrom abgegebene Wärmemenge $\dot{Q}$ wird unter Vernachlässigung von seitlichen Wärmeverlusten vom kälteren Wärmestrom komplett aufgenommen und wird aus der Übertragungsleistung des Wärmetauschers berechnet. Diese ergibt sich aus dem Produkt der Flächenelemente dA, dem Wärmedurchgangskoeffizienten U sowie der lokal variierenden Temperaturdifferenz T_1-T_2 zwischen den beiden Stoffströmen.

$$\dot{Q} = U \times \left(T_1(x,y) - T_2(x,y)\right)dA = \dot{m}_1 c_1\left(T_{1,\mathrm{ein}} - T_{1,\mathrm{aus}}\right) = \dot{m}_2 c_2\left(T_{2,\mathrm{aus}} - T_{2,\mathrm{ein}}\right) \tag{4.34}$$

Normalerweise sind nur die Eintrittstemperaturen des warmen und kalten Stoffstroms in den Wärmetauscher bekannt, beispielsweise in der Sorptionsanlage die Temperatur der warmen getrockneten Zuluft ($T_{1,\mathrm{ein}}$) und die Temperatur der gekühlten Raumabluft ($T_{2,\mathrm{ein}}$). Für die Berechnung der übertragenen Wärme als Funktion der Eintrittstemperaturen wird die Rückwärmzahl Φ eingeführt, die auch als Betriebscharakteristik bekannt ist und als Verhältnis der tatsächlich übertragenen Leistung zur maximalen Leistung definiert ist.

$$\dot{Q} = \dot{m}_1 c_1 \left(T_{1,\text{ein}} - T_{2,\text{ein}} \right) \, \Phi = \dot{m}_1 c_1 \left(T_{1,\text{ein}} - T_{1,\text{aus}} \right) = \dot{m}_2 c_2 \left(T_{2,\text{aus}} - T_{2,\text{ein}} \right)$$

$$\Phi = \frac{\dot{m}_1 c_1 \left(T_{1,\text{ein}} - T_{1,\text{aus}} \right)}{\dot{m}_1 c_1 \left(T_{1,\text{ein}} - T_{2,\text{ein}} \right)} = \frac{\dot{m}_2 c_2 \left(T_{2,\text{aus}} - T_{2,\text{ein}} \right)}{\dot{m}_1 c_1 \left(T_{1,\text{ein}} - T_{2,\text{ein}} \right)} \tag{4.35}$$

Nur bei gleichen Wärmekapazitätsströmen der beiden Seiten $\dot{m}_1 c_1 = \dot{m}_2 c_2$ sind die durch die Rückwärmzahl definierten Temperaturverhältnisse der Zu- und Abluftseite gleich.

$$\Phi = \frac{\left(T_{1,\text{ein}} - T_{1,\text{aus}} \right)}{\left(T_{1,\text{ein}} - T_{2,\text{ein}} \right)} = \frac{\left(T_{2,\text{aus}} - T_{2,\text{ein}} \right)}{\left(T_{1,\text{ein}} - T_{2,\text{ein}} \right)} \tag{4.36}$$

Die Rückwärmzahlen der wichtigsten Rekuperatoren (Gleich-, Gegen- und Kreuzstromwärmetauscher) sind funktional von dem Verhältnis aus Wärmeübertragungsleistung UA und Wärmekapazitätsstrom $\dot{C} = \dot{m} c$ abhängig, welches auch als NTU (number of transfer units) bezeichnet wird.

$$NTU = \frac{UA}{\dot{C}} \tag{4.37}$$

Die Rückwärmzahl für einen *Gegenstromwärmetauscher* mit dem Wärmekapazitätsstrom $\dot{C}_1 < \dot{C}_2$ ist gegeben durch (Bosnjakovic, 1951):

$$\Phi = \frac{1 - e^{-\left(1 - \frac{\dot{C}_1}{\dot{C}_2} \right) \frac{UA}{\dot{C}_1}}}{1 - \frac{\dot{C}_1}{\dot{C}_2} e^{-\left(1 - \frac{\dot{C}_1}{\dot{C}_2} \right) \frac{UA}{\dot{C}_1}}} \tag{4.38}$$

Bei gleichen Massenströmen auf Warm- und Kaltseite liegt die Rückwärmzahl bei einem hohen Verhältnis von Übertragungsleistung UA zum Wärmekapazitätsstrom (>4) bei höchstens 0.8. Die Rückwärmzahl ergibt sich für $\dot{C}_1 = \dot{C}_2$ zu

$$\Phi = \frac{\dfrac{UA}{\dot{C}_1}}{1 + \dfrac{UA}{\dot{C}_1}} \tag{4.39}$$

Die Betriebscharakteristik verbessert sich bei ungleichen Wärmekapazitätsströmen.

Gleichstromwärmetauscher:

$$\Phi = \frac{1 - e^{-\left(1 + \frac{\dot{C}_1}{\dot{C}_2} \right) \frac{UA}{\dot{C}_1}}}{1 + \dfrac{\dot{C}_1}{\dot{C}_2}} \tag{4.40}$$

In Kreuzstromwärmetauschern verlaufen die Strömungsrichtungen der beiden Fluide senkrecht zueinander. Die Rückwärmzahl erhält man durch eine unendliche Reihe, die von $UA / \dot{C}$ abhängt.

Reiner Kreuzstrom – Plattenwärmetauscher $(\dot{C}_1 < \dot{C}_2)$:

$$\Phi = \frac{1}{\dfrac{UA}{\dot{C}_2}} \sum_{n=0}^{\infty} \left(1 - \exp\left(-\frac{UA}{\dot{C}_1}\right) \sum_{p=0}^{n} \frac{\left(\dfrac{UA}{\dot{C}_1}\right)^n}{p!}\right) \times \left(1 - \exp\left(-\frac{UA}{\dot{C}_2}\right) \sum_{p=0}^{n} \frac{\left(\dfrac{UA}{\dot{C}_2}\right)^n}{p!}\right) \qquad (4.41)$$

In der unendlichen Reihe reicht es aus, die Terme n=0 bis n=5 zu berechnen.

Ein reiner Kreuzstromwärmetauscher ist dadurch definiert, dass keine seitliche Durchmischung der einzelnen Stromfäden des Fluids möglich ist, und tritt in der Praxis bei Wärmeübertragern auf, deren Wärme übertragende Fläche aus ebenen oder gewellten Platten besteht (Plattenwärmetauscher). Typische Spaltbreiten für einen Plattenwärmetauscher liegen zwischen 5-10 mm.

Wird in einem Rohrwärmeübertrager das Fluid in den Rohren senkrecht von einem anderen Fluid über den ganzen Querschnitt umströmt, kann eine Durchmischung der Stromfäden des äußeren Fluids quer zur Strömungsrichtung auftreten und es liegt ein sogenannter einseitig gerührter Kreuzstromwärmetauscher vor. Je größer die Anzahl der Rohrreihen ist, um so stärker ist die Annäherung an den reinen Kreuzstrom.

Einseitig gerührter Kreuzstrom: Rohrbündelwärmetauscher:

Strom $\dot{C}_1$ bleibt ungemischt, Strom $\dot{C}_2$ gerührt (mit $\dot{C}_1 < \dot{C}_2$)

$$\Phi = \frac{1 - \exp\left(-\dfrac{\dot{C}_1}{\dot{C}_2}\left(1 - e^{-\frac{UA}{\dot{C}_1}}\right)\right)}{\dfrac{\dot{C}_1}{\dot{C}_2}} \qquad (4.42)$$

Strom $\dot{C}_2$ bleibt ungemischt, Strom $\dot{C}_1$ gerührt

$$\Phi = 1 - \exp\left(-\frac{\dot{C}_2}{\dot{C}_1}\left(1 - e^{-\frac{UA}{\dot{C}_2}}\right)\right) \qquad (4.43)$$

Beispiel 2:

Berechnung der Rückwärmzahl eines Gegenstrom-Plattenwärmetauschers für eine Sorptionsanlage mit je 20 000 m³/h Zuluft- und Abluftvolumenstrom.

	Geometrie		
$H =$	1.5	[m]	Höhe des Rekuperators
$B =$	1.5	[m]	Breite des Rekuperators
$l =$	1.5	[m]	Länge der Kanäle
$n =$	250	[-]	Anzahl der Platten
$s_{Pl} =$	0.0002	[m]	Dicke der einzelnen Platten
$\lambda_{Pl} =$	229	[W/mK]	Wärmeleitfähigkeit der Rekuperatormaterials
$d_{Sp} =$	0.0058	[m]	Spaltweite (Abstand der einzelnen Platten)

$A_{Sp} =$	1.09	[m²]	Freier Querschnitt des Rekuperators (eine Richtung)
$A_{Pl} =$	2.25	[m²]	Fläche der einzelnen Platten (LängexBreite)
$A_{frei} =$	0.009	[m²]	Freier Strömungsquerschnitt (ein Kanal)
$d_h =$	0.012	[m]	hydraulischer Durchmesser
$L =$	0.012	[m]	charakteristische Länge
$A_{WÜ} =$	562.50	[m²]	wärmeübertragende Fläche

Warmluft: Kaltluft:

$V/t =$	5.56	5.56	[m³/s]	Volumenstrom
$T =$	45.50	20.00	[°C]	Temperatur

$\lambda_{Luft} =$	0.0258	0.0251	[W/m K]	Wärmeleitfähigkeit Luft
$\rho_{Luft} =$	1.0933	1.1884	[kg/m³]	Dichte Luft
$c_{p,Luft} =$	1008,3	1007.0	[J/kg K]	Wärmekapazität Luft
$\upsilon_{Luft} =$	1.76 E-05	1.52 E-05	[m²/s]	kinematische Viskosität Luft

$w_{Sp} =$	5.11	5.11	[m/s]	mittlere Spaltgeschwindigkeit

Pr =	0.751	0.723	[-]	Prandtlzahl
Re =	3345	3878	[-]	Reynoldszahl
Nu =	10.805	13.176	[-]	Nusseltzahl

hc =	24.25	28.75	[W/m² K]	Wärmeübergangskoeffizient

$U =$	13.16	[W/m² K]	Wärmedurchgangskoeffizient

$C_1 =$	6128.87	[W/K]	kleinerer Wärmekapazitätsstrom
$C_2 =$	6653.58	[W/K]	größerer Wärmekapazitätstrom

$\phi =$	**0.56**	[-]	Rückwärmzahl

$T_{1,ein} =$	45.50	[°C]	$T_{1,aus} =$	31,25	[°C]
$T_{2,aus} =$	33.13	[°C]	$T_{2,ein} =$	20,00	[°C]

4.4.5.2 Regenerativ-Wärmeübertrager

Der Wärmeübertragungsgrad eines Regenerativ-Wärmeübertragers hängt von der Anströmgeschwindigkeit v_L der Luft sowie der Drehzahl des Rades n ab. Wie bei den Rekuperatoren steigt die Rückwärmzahl mit steigendem Verhältnis $UA / \dot{C}$, d. h. bei gegebener Übertragungsleistung mit sinkender Anströmgeschwindigkeit.

Die Modellbildung für einen rotierenden Wärmetauscher basiert auf der Wärmeübertragung von Kreuzstromwärmetauschern. Die Speichermasse wird dabei als Platte simuliert, die beidseitig von Luft umströmt wird und sich senkrecht zur Luftströmungsrichtung – daher Kreuzstrom – bewegt. Nach der Wärmeaufnahme in der Warmphase bewegt sich die Speichermasse des Rades in den Kaltluftteil und gibt dort die aufgenommene Wärme wieder ab. Mit diesem Modell erhält man iterativ den stationären Temperaturverlauf. Die Rückwärmzahl wird um so besser, je größer der Speichermassenstrom, d. h. die Drehzahl des Rades ist.

Für die Berechnung der örtlichen Temperaturverläufe im Regenerator und der Austrittstemperaturen der Luft wird zwischen Luftstrom und senkrecht dazu fließendem Speichermassenstrom eine fiktive Trennwand eingeführt, über welche die Wärmeübertragung stattfindet. Die Trennwand liegt demnach in der Ebene der dünnen Strömungskanäle des Regenerators und ist durch die Bautiefe des Regenerators begrenzt.

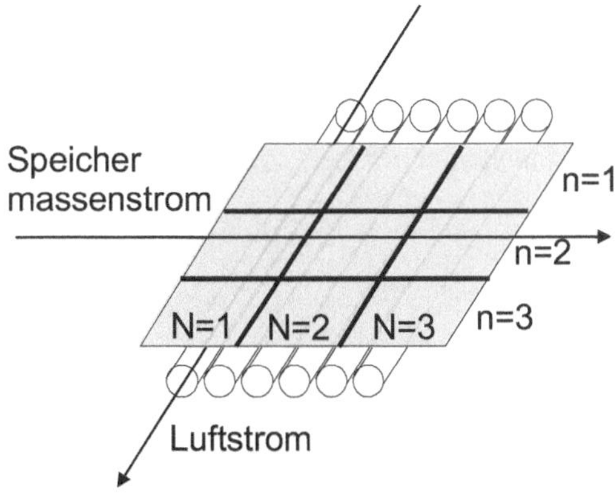

Bild 4-21: Fiktive Trennwandfläche zwischen Luftstrom und dem Speichermassenstrom, der durch die Masse der Kanalwände gegeben ist.

Die Trennwandfläche wird zur Berechnung des Temperaturprofils auf der Eintrittsseite des Luftstromes in N Teile und auf der Eintrittsseite des Speichermassenstroms in n Teile unterteilt. Die Fläche eines Trennwandelementes ergibt sich aus der Gesamtfläche $A_g/(Nn)$.

Der durch ein Trennwandelement übertragene Wärmestrom $\dot{Q}$ ergibt sich dann aus dem Wärmekapazitätsstrom der Luft $\dot{C}_L = \rho\dot{V} c_{p,L}$ pro Segment N und der Temperaturdifferenz zwischen Elementeintritt $T_{L,1}$ und Austritt $T_{L,2}$ bzw. aus dem Wärmekapazitätsstrom der Speichermasse $\dot{C}_S$ pro Segment n und der zugehörigen Temperaturdifferenz $T_{S,2}-T_{S,1}$.

$$\dot{Q} = \frac{\dot{C}_L}{N}(T_{L,1} - T_{L,2}) = \frac{\dot{C}_S}{n}(T_{S,2} - T_{S,1}) \tag{4.44}$$

Die Wärmeabgabe der Luft bzw. die Wärmeaufnahme der Speichermasse in der Warmphase ist gleich dem konvektiven Wärmestrom zwischen der mittleren Lufttemperatur und der mittleren Speichermassentemperatur des jeweiligen Elementes.

Für ein Trennwandelement mit der Fläche $A_g/(Nn)$ und einem Wärmeübergangskoeffizienten zwischen Luft und Speichermasse h_c ergibt sich somit:

$$\dot{Q} = h_c \frac{A_g}{Nn}\left(\frac{T_{L,1} + T_{L,2}}{2} - \frac{T_{S,1} + T_{S,2}}{2}\right) \tag{4.45}$$

Aus den Gleichungen (4.44) und (4.45) folgt für die Austrittstemperaturen:

$$T_{\mathrm{L},2} = T_{\mathrm{L},1} - E_{\mathrm{w}}\left(T_{\mathrm{L},1} - T_{\mathrm{S},1}\right)$$
$$T_{\mathrm{S},2} = T_{\mathrm{S},1} + F_{\mathrm{w}}\left(T_{\mathrm{L},1} - T_{\mathrm{S},1}\right)$$

(4.46)

E_{w} und F_{w} sind Abkürzungen für folgende Ausdrücke:

$$E_{\mathrm{w}} = \frac{\dfrac{h_{\mathrm{c}} A_{\mathrm{g}}}{\dot{C}_{\mathrm{L}}}\dfrac{1}{n}}{1 + \dfrac{1}{2}\left(1 + \dfrac{\dot{C}_{\mathrm{L}}}{\dot{C}_{\mathrm{S}}}\dfrac{n}{N}\right)\dfrac{h_{\mathrm{c}} A_{\mathrm{g}}}{\dot{C}_{\mathrm{L}}}\dfrac{1}{n}}$$

$$F_{\mathrm{w}} = E_{\mathrm{w}}\frac{\dot{C}_{\mathrm{L}}}{\dot{C}_{\mathrm{S}}}\frac{n}{N}$$

(4.47)

Die Berechnung der Kaltphase erfolgt analog. Da die Luftvolumenströme der Zu- und Abluft nicht gleich sein müssen, kann sich der Wärmekapazitätsstrom der Luft sowie der konvektive Wärmeübergangskoeffizient kaltseitig ändern.

Vorgehen bei der Berechnung:

Die Rechnung soll mit der Warmphase beginnen.

Als erstes Trennwandelement (1,1) wird das kalte Speichermassenelement ($N = 1$) gewählt, welches als erstes mit dem eintretenden warmen Luftstrom ($n = 1$) in Berührung kommt. Das zweite Trennwandelement ($N = 1, n = 2$) liegt dann in Strömungsrichtung der sich abkühlenden Warmluft. Je nach Anzahl der Unterteilungen n werden zunächst alle Temperaturen $T_{1,n}$ der Speichermassenelemente $N = 1$ berechnet. Als nächstes wird der zweite Luftströmungskanal $N = 2$ mit allen Unterteilungen n berechnet. So ergibt sich beispielsweise für N und n von 1 bis 3 folgende Berechnungsreihenfolge:

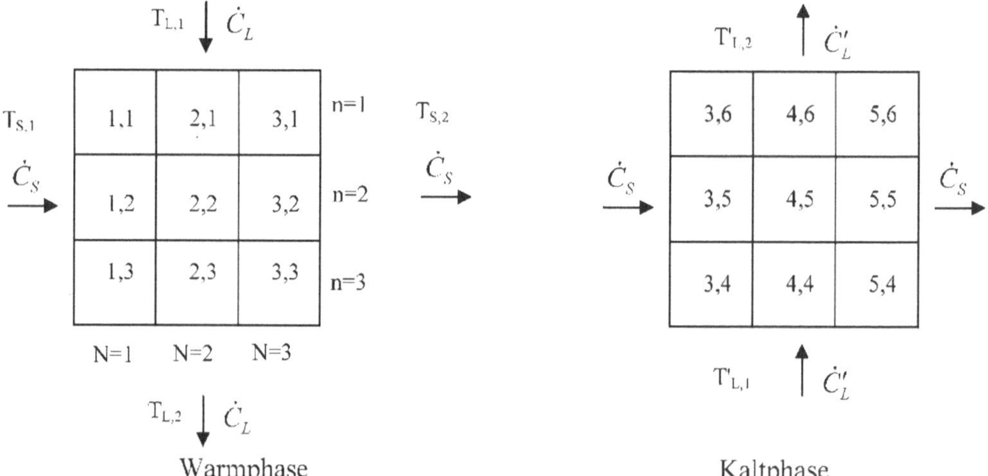

Das hiermit ermittelte Temperaturprofil des Speichermassenstroms am Austritt aus der Warmperiode ist gleich dem Eintrittsprofil in die Kaltperiode.

Mit dem Temperaturprofil des Speichermassenstroms am Austritt aus der Kaltphase beginnt die Berechnung der Warmphase wieder von vorne, bis sich das Austrittstemperaturprofil des Speichermassenstroms nicht mehr ändert und die übertragenen Wärmemengen gleich sind:

$$\dot{Q} = \dot{Q}'$$
$$\dot{C}_{\mathrm{L}}\left(T_{\mathrm{L},1} - T_{\mathrm{L},2}\right) = \dot{C}_{\mathrm{L}}'\left(T_{\mathrm{L},2}' - T_{\mathrm{L},1}'\right) \tag{4.48}$$

Die Betriebscharakteristik lässt sich mit den berechneten Mittelwerten der Austrittstemperaturen der beiden Gasströme berechnen.

Stellt der wärmere Gasstrom den kleineren Wärmekapazitätsstrom dar, dann gilt:

$$\Phi = \frac{\overline{T}_1 - \overline{T}_2}{\overline{T}_1 - \overline{T}_1'} \tag{4.49}$$

Stellt der kältere Gasstrom den kleineren Wärmekapazitätsstrom dar, dann gilt:

$$\Phi = \frac{\overline{T}_2' - \overline{T}_1'}{\overline{T}_1 - \overline{T}_1'} \tag{4.50}$$

Beispiel 3:

Berechnung der Rückwärmzahl eines Regenerators mit einem Raddurchmesser von 90.5 cm, einem Volumenstrom von 3000 m³/h.

Regenerator

$U =$	10	[min⁻¹]	Anzahl der Umdrehungen pro min
$l =$	0.3	[m]	Bautiefe des Rades
$D =$	0.905	[m]	Durchmesser des Rades
$m =$	40	[kg]	Masse der rotierenden Speichermasse
$\mathrm{Verh}_{\mathrm{warm/kalt}} =$	50 %	[%]	Flächenanteil des Warmluftsektors

Matrix

$d_{\mathrm{i}} =$	0.0019	[m]	Innendurchmesser der einzelnen Kapillaren (entspricht hydraulischem Durchmesser)
$\mathrm{Verh}_{\mathrm{frei}} =$	91 %	[%]	Flächenanteil des freien (offenen) Querschnitts im Verhältnis zum angeströmten Querschnitt
$A_{\mathrm{wü}} =$	366.3	[m²]	Wärmeübertragende Gesamtoberfläche des Regenerators (Innere Oberfläche)
$c_{\mathrm{s}} =$	870	[J/kg K]	spezifische Wärmekapazität der Speichermasse
$A_{\mathrm{frei}} =$	0.2911	[m²]	Freier Querschnitt

Warmluft: **Kaltluft:**

λ_{Luft} =   0.0279   0.0260   [W/m K]   Wärmeleitfähigkeit

ρ_{Luft} =   1.0938   1.1890   [kg/m^3]   Dichte des durch den Regenerator strömenden Gases

$c_{\text{p,Luft}}$ =   1008.3   1007.0   [J/kg K]   Wärmekapazität

ν_{Luft} =   1.76 E-05   1.52 E-05 [m^2/s]   kinematische Viskosität

V/t =   0.83   0.83   [m^3/s]   Volumen-
                                             strom

T =   45.50   20.00   [°C]   Tempera-
                                             tur

$\text{Verh}_{\text{Rohr}}$ = 2.86   2.86   [m/s]   Mittlere Spaltgeschwindigkeit

Pr =   0.696   0.698   [-]

Re =   309   358   [-]

Nu =   3.796   3.817   [-]

α =   55.69   52.27   [W/m^2 K]   Wärmeübergangskoeffizient

A_{g} =   183.15   183.15   [m^2]   Wärmeübertragungsfläche

C_{Lu} =   918.66   997.35   [W/K]   Wärmekapazitätsstrom der Luft

C_{S} =   5800.00   [W/K]   Wärmekapazitätsstrom der Speichermasse

$T_{\text{Luft,mittel}}$ = 23.39   40.36   [°C]   66   Rechenvorgänge

Φ =   **0.87**   **[-]**   **Rückwärmzahl**

T_{L1} =   45.50   [°C] T_{L2} =   23,39

T_{L2}' =   40.36   [°C] T_{L1}' =   20,00

4.4.6 Technologie Befeuchter

Um den für die sorptionsgestützte Klimatisierung wesentlichen Verdunstungskühleffekt zu erzielen, können nur Befeuchtungssysteme verwendet werden, die keinen Dampf, sondern Wasser in die Luft einbringen. Die Auswahl des Befeuchtungssystems ist sowohl von der am Standort vorhandenen Wasserqualität als auch von Investitionskosten, Befeuchterbaulängen und Druckverlusten abhängig. Während Düsenbefeuchtersysteme sehr gute Befeuchtungswirkungsgrade bei geringen Druckverlusten aufweisen (95-100 % bei Druckverlusten um 50 Pa), sind die Investitionskosten sowie die Baulängen deutlich höher als bei einfachen Rieselbefeuchtern. Diese kommen bereits mit knapp 60 cm Baulänge aus und erreichen Befeuchtungswirkungsgrade über 90 %, wobei die Druckverluste laut Herstellerangaben zwischen 50 und 150 Pa variieren.

Bild 4-22:
Verdunstungsbefeuchter der Firma Munters
mit einer GLASdec Matrix
(Abbildung: www.munters.de)

Für die Modellierung eines Verdunstungsbefeuchters hat (Pietruschka, 2010) ein einfaches numerisches Modell entwickelt, welches die Befeuchtereigenschaften hervorragend abbildet.

Dazu wird die Kontaktmatrix in finite Elemente unterteilt.

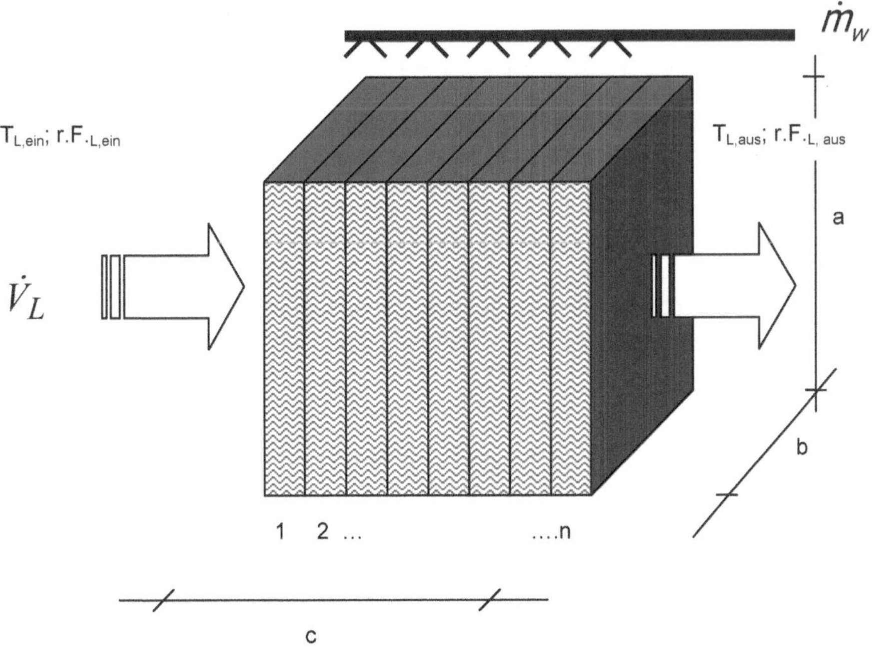

Bild 4-23: Unterteilung des Kontaktmatrix in finite Differenzen.

Die Masse des in der Kontaktmatrix gespeicherten Wassers ist normalerweise deutlich niedriger als die durch den Befeuchter geförderte Luftmenge. Zur Modellvereinfachung wird daher angenommen, dass die Wassertemperatur gleich der durch die Verdunstungsbefeuchtung abgekühlten Lufttemperatur ist. Weiterhin wird die Wassermasse und Wärmekapazität der Matrix in der Energiebilanz vernachlässigt.

Die Energiebilanz beschreibt die Abkühlung der Luft durch die Verdunstung des Wassers:

$$\dot{Q}_{L,i} = h_{V,i} \cdot \dot{m}_{w,V,i}$$

$$\dot{m}_{L,i} \cdot \left(\begin{array}{l} c_{p,L}\left(T_{L,ein,i} - T_{L,aus,i}\right) \\ + c_{p,D}\left(T_{L,ein,i} \cdot x_{L,ein} - T_{L,aus,i} \cdot x_{L,aus}\right) \end{array} \right) = h_V \cdot \dot{m}_{w,V,i} \tag{4.51}$$

Die Massenbilanz beschreibt die Zunahme des Wassergehaltes der Luft durch die Verdunstung:

$$\dot{m}_{L,i} \cdot \Delta x_{L,i} = \dot{m}_{w,V,i}$$

$$\Delta x_{L,i} = x_{L,aus} - x_{L,ein} \tag{4.52}$$

Der Wassermassenstrom $\dot{m}_{w,V,i}$ in Gleichung (4.51) wird durch die Massenbilanz in Gleichung (4.52) ersetzt. Damit ergibt sich

$$\left(\begin{array}{l} c_{p,L}\left(T_{L,ein,i} - T_{L,aus,i}\right) \\ + c_{p,D}\left(T_{L,ein,i} \cdot x_{L,ein,i} - T_{L,aus,i} \cdot x_{L,aus,i}\right) \end{array} \right) = h_V \cdot \Delta x_{L,i} \tag{4.53}$$

$$T_{L,aus,i} = T_{L,ein,i}\left(\frac{c_{p,L} + c_{p,D} \cdot x_{L,ein,i}}{c_{p,L} + c_{p,D} \cdot x_{L,aus,i}} \right) + \frac{h_V \cdot \Delta x_{L,i}}{c_{p,L} + c_{p,D} \cdot x_{L,aus,i}} \tag{4.54}$$

Der verdunstete Wasser-Massenstrom (in kg/s) ist proportional zur Dampfdruckdifferenz des Wasserfilms und der Luft und hängt vom Massenübergangskoeffizient β, der Oberflächenbenetzung ε und der Fläche A_{eff} ab.

$$\dot{m}_{w,V} = A_{eff}\,\varepsilon\,\frac{\beta \cdot M}{R_m T}\left(p_{H_2O}\left(T_{L,ein}\right) - p_{S,H_2O}\left(T_{W,ein}\right)\right) \tag{4.55}$$

Der Massenübergangskoeffizient β (in m/s) ist proportional zum konvektiven Wärmeübergangskoeffizient, der durch die Strömungseigenschaften in der Kontaktmatrix bestimmt ist.

$$\beta_A = \frac{h_c}{c_{P,a}\rho_a}\left(\frac{a_a}{\delta_a}\right)^{-(1-n)} \tag{4.56}$$

Der Wärmeübergangskoeffizient $h_{c,A}$ wird aus der Nußeltzahl, der Wärmeleitfähigkeit und der charakteristischen Länge L berechnet. Dabei wird die Kontaktmatrix durch rechteckige Kanäle beschrieben, sodass L dem doppelten Spaltabstand entspricht.

$$h_{c,a} = \frac{Nu \cdot \lambda}{L}$$

$$Nu = \left(7{,}541^3 + 1{,}841 \cdot \sqrt[3]{Re \cdot Pr \cdot \frac{L}{l} + \left(\frac{2}{1 + 22 \cdot Pr}\right)^{1/6} \cdot \left(Re \cdot Pr \cdot \frac{L}{l}\right)^{0,5}} \right)^{1/3}$$

Die Systemträgheit ist im Wesentlichen durch die Wasserspeicherung in der Kontaktmatrix bestimmt. Beim Anlaufen wird eine gewisse Zeit benötigt, bis die Matrix vollständig benetzt ist und beim Abschalten der Befeuchter wird das gespeicherte Wasser weiter verdunstet, wobei der Befeuchtungswirkungsgrad langsam abnimmt.

Der Trocknungsvorgang kann bis zu einer Stunde dauern. Um dieses im Modell zu berücksichtigen, wird die gespeicherte Wassermenge $m_{\mathrm{w}}(t)$ aus dem umgewälzten Wassermassenstrom $\dot{m}_{w,pump}$ und der Verdunstungsrate berechnet. Zu Beginn der Befeuchtung bei trockener Matrix ist die gespeicherte Wassermenge Null ($m_{\mathrm{w}}(t) = 0$). Durch den Pumpenmassenstrom erhöht sich dann die gespeicherte Wassermenge.

$$m_{\mathrm{w}}(t) = m_{\mathrm{w}}(t-1) + \left(\dot{m}_{\mathrm{w,pump}} - \dot{m}_{\mathrm{w,V}}\right) \cdot \Delta t \tag{4.57}$$

Die gespeicherte Wassermenge wird dabei auf einen typabhängigen Maximalwert begrenzt. Der Wasserspeichereffekt wird dabei Segmentweise berechnet. Die Reduzierung der Befeuchtung bei nicht vollständig benetzter Matrix wird durch die Reduzierung der verfügbaren Fläche berücksichtigt.

$$A_{\mathrm{eff}} = A \cdot \left(\frac{m_{\mathrm{w}}(t)}{m_{\mathrm{w,max}}}\right) \tag{4.58}$$

In diesem Modell werden keine Diffusionsprozesse innerhalb der Matrixstruktur berücksichtigt, sodass der Trocknungsprozess im Modell etwas schneller als in der Realität abläuft. Insgesamt stimmen Messungen und Rechnungen jedoch sehr gut überein.

4.4.7 Auslegungsgrenzen und klimatische Randbedingungen

4.4.7.1 Anforderungen an Raumtemperaturen und -feuchten

Mit den beschriebenen Modellen für Sorptionsrad, Wärmerückgewinner und Befeuchter lassen sich die erreichbaren Zuluftzustände für verschiedene Außenluftzustände berechnen. Damit können sowohl die Einsatzgrenzen einer reinen Verdunstungsbefeuchtung als auch der Sorptionstechnik bestimmt werden. Bei sehr hohen Außenluftfeuchten müssen Verfahrenskombinationen mit Kälteanlagen zur Zuluftkühlung untersucht werden. Nach der für die Raumlufttechnik relevanten DIN 1946 wird bei hohen Außenlufttemperaturen im Sommer und bei nur kurzzeitig auftretenden hohen thermischen Lasten ein Anstieg der empfundenen Temperatur bis auf 27 °C zugelassen. Die obere Grenze des Feuchtegehalts wird mit 11.5 g/kg oder aber maximal 65 % relative Feuchte angesetzt. Bei einer üblichen Auslegungstemperatur von 26 °C (entspricht dem Raumabluftzustand) ergeben 11.5 g/kg absolute Feuchte eine relative Luftfeuchte von 55 %.

Für die Zuluftkonditionierung gilt als weitere Vorgabe, dass der Temperaturunterschied zwischen Zu- und Raumluft wegen Zugerscheinungen $\Delta T = 10$ K nicht unterschreiten darf. Wird die Raumtemperatur aus Energiespargründen mit 26 °C an die obere Grenze des Behaglichkeitsfeldes gelegt, ergibt sich somit eine minimale Zulufttemperatur von 16 °C.

Die Zuluftfeuchte hängt von den abzuführenden Feuchtelasten des Raumes ab.

Muss nicht entfeuchtet werden, kann die Zuluft auf den Raumabluftzustand von 11.5 g/kg befeuchtet werden, was bei 95-prozentiger Befeuchtung einer Zulufttemperatur von 17 °C entspricht. Vom Außenluftzustand mit 32 °C, 12 g/kg Feuchte, müssen dann nur 0.5 g/kg Feuchte abgeführt werden – eine energetisch günstige Zustandsänderung (siehe Abschnitt Energiebilanzen Fall 1). Bei der Klimatisierung von Verwaltungsbauten wird zur Abfuhr von Feuchtelasten mit 8.45 g/kg Zuluftfeuchte gerechnet, ein entsprechend energieaufwendiger Prozess (Fall 2).

4.4.7.2 Regenerationstemperatur und -feuchte

Weiterhin muss eine Regenerationstemperatur festgelegt werden, welche die Entfeuchtungsgrenze der Außenluft bestimmt. Bei hohen sommerlichen Außentemperaturen über 30 °C ist eine Temperaturerhöhung auf 70 °C selbst mit Luftkollektoren bei gutem Wirkungsgrad möglich.

Die relative Feuchte der Regenerationsluft hängt von der Prozessführung ab: wird der Kollektor von Raumabluft durchströmt, ist die Feuchte durch die Abluftfeuchte plus die Verdunstungsbefeuchtung der Abluft gegeben.

Aus baulichen Gründen wird jedoch oft eine Außenluftansaugung für den Kollektor gewählt (wesentlich geringere Leitungskosten). Die absolute Feuchte der Regenerationsluft ist dann gleich der Außenluftfeuchte.

4.4.7.3 Berechnung des Zuluftzustands bei unterschiedlichen klimatischen Randbedingungen

Um die Einsatzmöglichkeiten offener sorptionsgestützter Klimaanlagen zu evaluieren, müssen erreichbare Zulufttemperaturen mit den Anforderungen an den Raumluftzustand verglichen werden. Die Temperaturen sollen im Folgenden für den klimatechnisch üblichen Auslegungszustand von 32 °C, 40 % Feuchte -ein gemäßigtes Klima- sowie ein feuchtes Klima mit 35 °C, 50 % Feuchte für eine Sorptionsanlage mit geschlossener Abluftführung berechnet werden.

Die Vorgehensweise für die Berechnung der Luftzustände ist nachfolgend zusammengestellt:

1. Vorgabe des Außenluftzustandes: Temperatur und Feuchte
2. Vorgabe des Raumabluftzustandes: zulässige Temperatur und Feuchte
3. Festlegung der Regenerationslufttemperatur
4. Berechnung der Abluftfeuchte nach dem Verdunstungsbefeuchter als Funktion des Befeuchtungswirkungsgrades (aus Herstellerangaben)
5. Bestimmung der Regenerationsluftfeuchte: gleich der Abluftfeuchte bei geschlossenen Systemen oder gleich Außenluftfeuchte bei offener Ansaugung
6. Iterative Berechnung des Zuluftzustandes (Temperatur und Feuchte) nach der sorptiven Entfeuchtung als Funktion der relativen Feuchte der Regenerationsluft unter Berücksichtigung eines Entfeuchtungswirkungsgrades
7. Berechnung der Zulufttemperatur nach dem Wärmerückgewinner als Funktion der Rückwärmzahl
8. Berechnung der Zulufttemperatur und Feuchte nach dem Verdunstungsbefeuchter als Funktion des Befeuchtungswirkungsgrades
9. Kontrolle der Raumluftfeuchte und eventuell Reduzierung der Zuluftbefeuchtung

Für zwei Außenluftzustände soll beispielhaft der Prozess durchgerechnet werden.

Die vom Planer vorzugebenden Parameter wie Befeuchtungs-, Entfeuchtungs-, Wärmerück-gewinnungsgrad etc. sind kursiv gedruckt.

1. Vorgabe Außenluftzustand

Zustand A: 32 °C, 40 % relative Feuchte (12 g/kg);

Zustand B: 35 °C, 50 % relative Feuchte (17.8 g/kg)

2. Vorgabe Raumabluftzustand: *26 °C, 11.5 g/kg (55 %)*

3. Vorgabe Regenerationstemperatur: *70 °C*

4. Berechnung der Abluftfeuchte

Befeuchtungswirkungsgrad: *95 %*

Gleiche Bedingungen für Zustände A und B:

Bei einer vorgegebenen maximalen Befeuchtung von 95 % kann die Raumabluft mit 2.4 g/kg befeuchtet werden. Die Befeuchtung verläuft adiabat und die Temperatur nach der Befeuchtung kann aus der Enthalpie der Abluft berechnet werden (54.9 kJ/kg). Für den Wasserdampfgehalt nach der Befeuchtung von 11.6 g/kg+2.4 g/kg = 14 g/kg ergibt sich als neue Temperatur 20 °C.

5. Bestimmung der Regenerationsluftfeuchte

Die relative Feuchte der Regenerationsluft mit 70 °C, 14 g/kg beträgt 7 %. Die relative Feuchte der Regenerationsluft ist bei geschlossener Luftführung unabhängig vom Außenluftzustand. Würde Außenluft angesaugt, ergibt sich für den Zustand A mit 12 g/kg Wasserdampfgehalt eine relative Feuchte von 6 % und für den Zustand B mit 18 g/kg von 9.1 %.

6. Iterative Berechnung des Zuluftzustandes nach der Trocknung

Entfeuchtungswirkungsgrad: *80 %*

Zustand A:

Die relative Feuchte der Regenerationsluft gibt die maximale Entfeuchtung vor: Um die Zuluft ideal auf 7 % relative Feuchte zu bringen, werden 6.9 g/kg aus der Außenluft adsorbiert. Die effektive Entfeuchtungsleistung liegt bei 5.5 g/kg und die Temperatur bei 45.5 °C, sodass sich eine relative Feuchte der getrockneten Zuluft von 10.6 % ergibt.

Zustand B:

Die effektive Entfeuchtungsleistung liegt bei 7.6 g/kg (Restfeuchte 10.2 g/kg) bei einer Temperatur von 54 °C.

7. Berechnung der Zulufttemperatur nach dem Wärmerückgewinner

Wärmerückgewinnungsgrad: *80 %*

Zustand A: Die Zulufttemperatur nach dem Wärmerückgewinner liegt bei 25.1 °C.

Zustand B: Zulufttemperatur   26.8 °C.

8. Berechnung der Zulufttemperatur und Feuchte nach dem Befeuchter

Befeuchtungswirkungsgrad: *95 %*

Zustand A: Bei einer Befeuchtung der getrockneten, vorgekühlten Zuluft auf 95 % kann ein Zuluftzustand von 15.4 °C und 10.4 g/kg Feuchte erreicht werden.

Zustand B: Der Zuluftzustand bei Befeuchtung um 3 g/kg ist 19.2 °C und 13.2 g/kg Feuchte.

9. Kontrolle der Raumluftfeuchte bei gegebenen Zuluftzuständen

Zustand A:

Die errechneten 10.4 g/kg absolute Feuchte werden auf die gewünschte Raumlufttemperatur von 26 °C bezogen und ergeben eine relative Feuchte von 50 %, liegen also unter dem Grenzwert von 55 %.

Zustand B:

Die relative Feuchte der Zuluft bezogen auf Raumtemperatur ist 63 %, also höher als der gewünschte Maximalwert von 55 %. Eine Erhöhung der Regenerationslufttemperatur auf 80 °C würde den Zuluftzustand auf 18.3 °C und 12.5 g/kg Feuchte verbessern, was jedoch immer noch über dem Feuchtegrenzwert für den Raumluftzustand liegt. Erst wenn die direkte Befeuchtung der Zuluft reduziert wird, kann die Feuchtebedingung eingehalten werden. Allerdings liegen dann die Zulufttemperaturen so hoch, dass die Kühlung unzureichend ist: Bei 80 °C Regenerationslufttemperatur ergibt sich für den Raumzustand mit 55 % Feuchte eine Zulufttemperatur von 20.6 °C. Für solche feuchten Klimata ist es unbedingt erforderlich, die Zuluft trocken zu kühlen.

4.4.7.4 Grenzen und Einsatzmöglichkeiten der offenen Sorption

Die sorptionsgestützte Klimatisierung bietet sich demnach in gemäßigten und warmen Klimaten mit nicht zu hohen Luftfeuchten an (unter 15 g pro kg trockene Luft). Nur in extrem trockenen Klimata lässt sich die gewünschte Klimatisierung auch ohne Sorptionsrad über eine reine Verdunstungskühlung erzielen.

Unter typischen Auslegungsbedingungen von 32 °C, 40 % relativer Feuchte lassen sich mit einer sorptionsgestützten Anlage mit 6 g/kg Entfeuchtungsleistung im Idealfall Zuluftzustände unter 15 °C und 9.5 g/kg Feuchtegehalt, ohne sorptive Trocknung dagegen nur knapp 20 °C und 13 g/kg erreichen. Dieser Feuchtegehalt liegt bereits deutlich über dem zulässigen Zuluftwert von maximal 11.6 g/kg. Reale Sorptionsanlagen mit Befeuchterwirkungsgraden unter 95 % und Rückwärmzahlen des Wärmerückgewinners zwischen 70 und 75 % erreichen unter obigen Auslegungsbedingungen Zuluftzustände von etwa 17–19 °C.

In einem Mittelmeerklima mit mittleren monatlichen Maximaltemperaturen von 36 °C und 13 g/kg Feuchtegehalt kann ohne Trocknung der Luft nur ein Zuluftzustand von 20 °C und 14 g/kg Feuchtegehalt erreicht werden. Der Einsatz eines Sorptionsrades ermöglicht dagegen Zuluftzustände von 16 °C und knapp 11 g/kg.

Bei der Regelung der Anlage müssen die unterschiedlichen Außenluftzustände unbedingt berücksichtigt werden, um maximale Energieeffizienz zu erreichen. Bei Beginn des Kühlbetriebs wird zunächst nur der Wärmerückgewinner und Abluftbefeuchter eingeschaltet, erst bei höheren Kühllasten werden Sorptionsrad, Regenerationslufterhitzer und Zuluftbefeuchter eingesetzt.

4.4.8 Energiebilanz sorptionsgestützter Klimatisierung

4.4.8.1 Nutzbare Kälteleistung offener Sorption

Sorptionsgestützte Klimaanlagen werden mit reinem Frischluftbetrieb gefahren. Die Kälteleistung $\dot{Q}_{K\"alte}$ wird daher aus der Enthalpiedifferenz zwischen Außenluftzustand h_{au} und Zuluftzustand h_{zu} berechnet. Die abführbare Kühllast $\dot{Q}_{Kühl}$ dagegen ist durch den Enthalpieunterschied zwischen Zuluft h_{zu} und Raumabluft h_{ab} gegeben, wobei die Raumablufttemperatur meist mehrere Kelvin unter Außenlufttemperatur liegt. Welcher Anteil der produzierten Kälteleistung nutzbar ist, hängt insbesondere von der geforderten Entfeuchtungsleistung sowie von dem erforderlichen Frischluftvolumenstrom ab, der auch von konventionellen Klimaanlagen vom Außenluftzustand heruntergekühlt werden muss.

$$\dot{Q}_{Kälte} = \rho\dot{V}\left(h_{au} - h_{zu}\right)$$
$$= \rho\dot{V}\left(\left(c_L + x_{au}\,c_D\right)T_{au} + x_{au}\,h_V - \left(\left(c_L + x_{zu}\,c_D\right)T_{zu} + x_{zu}\,h_V\right)\right) \quad (4.59)$$

$$\dot{Q}_{Kühl} = \rho\dot{V}\left(h_{ab} - h_{zu}\right)$$
$$= \rho\dot{V}\left(\left(c_L + x_{ab}\,c_D\right)T_{ab} + x_{ab}\,h_V - \left(\left(c_L + x_{zu}\,c_D\right)T_{zu} + x_{zu}\,h_V\right)\right) \quad (4.60)$$

4

Für die drei wichtigsten Anwendungsfälle der sorptionsgestützten Klimatisierung kann nach Gleichung (4.59) die Kälteleistung und nach Gleichung (4.60) die Kühlleistung pro 1000 m³/h Volumenstrom bestimmt werden:

- Reine Kühlung der Außenluft mit minimaler Entfeuchtung auf 11.5 g/kg.
- Kühlung der Außenluft auf 16 °C Zulufttemperatur mit Entfeuchtung auf 8.5 g/kg.
- Reine Entfeuchtung der Raumluft auf 8.5 g/kg ohne zusätzliche Kühlung, d. h. Zulufttemperatur gleich 26 °C.

Die Enthalpie der Außenluft liegt dabei bei Auslegungsbedingung von 32 °C und 40 % relativer Feuchte (12 g/kg) konstant bei 62 kJ/kg, die Enthalpie der Raumabluft mit 26 °C, 55 % relativer Feuchte (11.5 g/kg) bei 54.9 kJ/kg.

Fall 1- reine Kühlung mit minimaler Entfeuchtung:

Bei der Feuchtevorgabe von 11.5 g/kg ist bei 95-prozentiger Befeuchtung eine minimale Zulufttemperatur von 17 °C möglich.

Der Enthalpieunterschied zwischen Außenluft und Zuluft beträgt

$$h_{au} - h_{zu} = 62 - 45.7 = 16.3 \; \left[kJ/\,kg\right]$$

Daraus ergibt sich eine Kälteleistung für 1000 m³/h Volumenstrom

$$\rho\dot{V}\left(h_{au} - h_{zu}\right) = 1.18\;kg/\,m^3 \times 1000\;m^3\,/\,3600\,s \times 16.3 \times 10^3\;J/\,kg = 5343\;W$$

Mit dem Volumenstrom von 1000 m³/h kann jedoch nur eine sensible Kühllast von 3 kW abgeführt werden.

$$\rho\dot{V}\left(h_{ab} - h_{zu}\right) = 1.19\;kg/\,m^3 \times 1000\;m^3\,/\,3600\,s \times \left(54.9 - 45.7\right)kJ/\,kg = 3041\;W$$

Soll also nur sensible Kühllast abgeführt werden, ohne dass ein Frischluftbedarf besteht, muss die Sorptionsanlage 1.8-mal mehr Kälte produzieren als Kühlleistung benötigt wird - eine energetisch ungünstige Anwendung.

Fall 2 – Kühlung mit Entfeuchtung:

Müssen Feuchtelasten des Raumes abgeführt werden (hier beispielsweise 3 g/kg von 11.5 g/kg auf 8.5 g/kg), wird der Energieaufwand für die Klimatisierung deutlich höher. Bei der hohen Lufttrocknungsleistung des Sorptionsrades muss jetzt die Zulufttemperatur auf einen Minimalwert beschränkt werden, da die übliche 95-prozentige Befeuchtung Zulufttemperaturen weit unter 16 °C erzeugen würde.

Der Enthalpieunterschied steigt auf

$$h_{au} - h_{zu} = 62 - 37.3 = 24.7 \quad [\text{kJ/ kg}]$$

und damit die Kälteleistung auf 8.1 kW pro 1000 m^3/h Volumenstrom.

Die Kühllast des Raumes besteht nun aus sensibler Wärme und Latentwärme der Entfeuchtung und die Enthalpiedifferenz ist

$$h_{ab} - h_{zu} = 54.9 - 37.3 = 17.6 \quad [\text{kJ/ kg}]$$

Die Kälteleistung ist noch 1.4-mal höher als die Kühlleistung von 5.8 kW, sodass auch hier ein hoher Frischluftbedarf eine günstige Ausgangslage für die offene Sorption bietet.

Fall 3 – reine Entfeuchtung:

Für die Entfeuchtung der Raumluft auf 8.5 g/kg, d. h. um 3 g/kg, ohne Kühlung muss die Außenluft mit 32 °C und 12 g/kg um 3.5 g/kg entfeuchtet werden.

$$h_{au} - h_{zu} = 62 - 47.3 = 14.7 \quad [\text{kJ/ kg}]$$

Die erforderliche Kälteleistung pro 1000 m^3/h Luftvolumenstrom liegt bei 4.9 kW.

Würde die Entfeuchtung im Umluftbetrieb durchgeführt, d. h. keine Frischluft, sondern Raumabluft verwendet, wäre die Enthalpiedifferenz reduziert auf

$$h_{ab} - h_{zu} = 54.9 - 47.3 = 7.6 \quad [\text{kJ/ kg}].$$

Die abführbare Kühllast liegt bei 2.5 kW.

Die verschiedenen energetischen Aufwendungen ausgehend von dem konstanten Außenluftzustand sind in der folgenden Tabelle zusammengefasst. Der Außenluftzustand ist mit 32 °C, 40 % relativer Feuchte und einer Enthalpie von 62 kJ/kg gegeben.

Tabelle 4-4: Kälte- und Kühlleistung offener sorptionsgestützter Klimatisierung bei unterschiedlichen Anwendungen.

Fall	Zuluftzustand: Temperatur und Feuchte	Enthalpie Zuluft (kJ/kg))	Enthalpiedifferenz Außenluft-Zuluft (kJ/kg)	Kälteleistung pro 1000 m³/h (kW)	Enthalpiedifferenz Raumabluft-Zuluft (kJ/kg)	Abführbare Kühllast pro 1000 m³/h (kW)
1	17 °C 11.5 g/kg	45.7	16.3	5.3	9.2	3
2	16 °C 8.5 g/kg	37.3	24.7	8.1	17.6	5.8
3	26 °C 8.5 g/kg	47.3	14.7	4.9	7.6	2.5

Ein optimales Einsatzfeld für die sorptionsgestützte Klimatisierung liegt bei Anwendungen mit hohem Frischluftbedarf. Bei hohen Raumkühllasten mit geringem Frischluftbedarf und notwendiger Entfeuchtung der Raumluft bietet sich eine Kombination von Sorptionsanlagen mit

Kühldecken an, um die Entfeuchtung von der Lastabfuhr zu trennen. Aus dem Verhältnis von Kälte- bzw. Kühlleistung und Regenerationswärme lassen sich im Folgenden die Leistungszahlen der offenen Sorption bestimmen.

4.4.8.2 Leistungszahlen und Primärenergieverbrauch

Um eine Kilowattstunde Kälte zur Verfügung zu stellen, benötigen Kompressionskältemaschinen mit einer Leistungszahl (COP) von 3 insgesamt 0.33 kWh elektrische Energie. Die Leistungszahl ist allgemein definiert als das Verhältnis von erzeugter Kälteleistung zu zugeführter Leistung, entweder elektrische Leistung oder auch Wärme.

$$COP = \frac{\dot{Q}_{\text{Kälte}}}{\dot{Q}_{\text{zugeführt}}} \tag{4.61}$$

Bei einem durchschnittlichen Bereitstellungswirkungsgrad der Stromerzeugung η_{Um} von 35 % müssen für 0.33 kWh elektrische Energie 0.95 kWh Primärenergie aufgewendet werden. Der Primärenergienutzungsgrad (PEN) als Verhältnis von erzeugter Kälteleistung zur eingesetzten Primärenergie ergibt sich aus dem Produkt aus COP und Bereitstellungswirkungsgrad des jeweiligen Energieträgers.

$$PEN = \frac{\dot{Q}_{\text{Kälte}}}{\dot{Q}_{\text{Primärenergie}}} = COP \cdot \eta_{\text{Um}} \tag{4.62}$$

Bei elektrischen Kompressionskälteanlagen liegt der *PEN* bei 3 × 0.35=1.05. Werden Kompressionskältemaschinen in einer Vollklimaanlage betrieben, ist eine Nachheizung nach der Entfeuchtung durch Taupunktunterschreitung notwendig und der mittlere Primärenergienutzungsgrad sinkt auf 0.6, d. h. für eine kWh Kälte werden 1.7 kWh Primärenergie gebraucht.

Bei sorptionsgestützten Klimaanlagen muss sowohl thermische Energie für die Regeneration als auch elektrische Energie für Ventilatoren und Hilfsaggregate wie Befeuchter-Pumpen und Radantriebe bereitgestellt werden.

Zunächst soll der rein thermische COP betrachtet werden, d. h. das Verhältnis aus erzeugter Kälteleistung bzw. Kühlleistung zur erforderlichen Regenerationswärme.

$$COP = \frac{\dot{Q}_{\text{Kälte/Kühl}}}{\dot{Q}_{\text{Regeneration}}} = \frac{h_{\text{au/ab}} - h_{\text{zu}}}{h_{\text{reg}} - h_{\text{WT/au}}} \tag{4.63}$$

Wird als Bezugsgröße die Kälteleistung gewählt, muss die Enthalpiedifferenz zwischen Außen- und Zuluft, bei Kühlleistungsangaben die Differenz zwischen Abluft und Zuluft gewählt werden. Die Regenerationsleistung im Nenner wird als Enthalpiedifferenz zwischen Eintritt in den (solaren) Regenerationslufterhitzer und Austritt aus dem Erhitzer berechnet. Bei geschlossener Abluftführung ist der Eintrittszustand der Zustand der Abluft nach Befeuchtung und Wärmetauscher (h_{WT}), bei offener Abluftführung wird Außenluft verwendet mit Enthalpie h_{au}. Die Enthalpie nach der Erhitzung hängt von der für die jeweilige Anwendung erforderlichen Regenerationstemperatur ab. Als Beispiel sollen für eine geschlossene Abluftführung die jeweiligen Leistungszahlen für die drei Anwendungsfälle der offenen Sorption berechnet werden. Als Randbedingung wird ein Außenluftzustand mit 32 °C und 40 % relativer Feuchte gewählt. Vorgabe ist der gewünschte Raumluftzustand (Kühlung mit oder ohne Trocknung), die Regenerationstemperatur wird als Funktion der bereitzustellenden Zuluft berechnet.

Tabelle 4-5: Leistungszahlen offener sorptionsgestützter Klimatisierung bei geschlossener Abluftführung.

Fall	Temperatur und Feuchte Zuluft	Temperatur Regeneration (°C)	Enthalpie Regeneration (kJ/kg)	Enthalpie Abluft nach Wärmetauscher (kJ/kg)	Enthalpieerhöhung Regenerations-lufterhitzung (kJ/kg)	COP Kälte (-)	COP Kühllast (-)
1	17 °C 11.5 g/kg	53.3	88	70.9	17.1	0.93	0.53
2	16 °C 8.5 g/kg	95.1	129.7	79.2	50.5	0.48	0.35
3	26 °C 8.5 g/kg	48.3	83.1	69.3	13.8	1.05	0.55

Mit sinkender Regenerationstemperatur wird weniger entfeuchtet und die erforderliche Heizleistung sinkt. Bei sehr geringen Außenluftfeuchten kann alleine mit der energieneutralen Verdunstungskühlung klimatisiert werden, sodass die thermische Leistungszahl im Extremfall ohne Entfeuchtung unendlich wird.

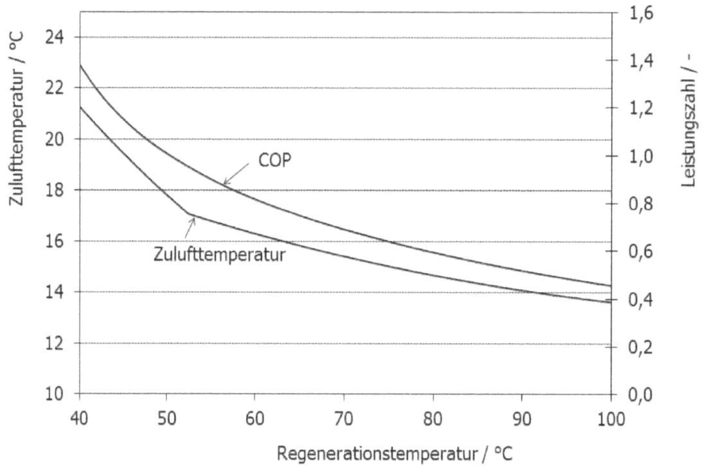

Bild 4-24: Zulufttemperaturen und Kälteleistungszahlen (COP) als Funktion der Regenerationslufttemperatur bei konstanten Außenluftbedingungen von 32 °C, 40 % relativer Feuchte.

Bei konstantem Außenluftzustand von 32 °C, 40 % steigt die Leistungszahl ($COP_{thermisch}$) ebenfalls mit sinkender Regenerationstemperatur. Durch die geringere Entfeuchtung steigen jedoch auch die Zulufttemperaturen an. Sinkt die Regenerationstemperatur unter 52 °C, wird sowenig entfeuchtet, dass im Zuluftbefeuchter aufgrund der maximal zulässigen Raumluftfeuchte nicht mehr auf 95 % befeuchtet werden kann, was einen deutlichen Anstieg der Zulufttemperaturen zur Folge hat.

Obwohl energetisch sehr interessant, ist eine reine Verdunstungskühlung auf trockene Außenluftzustände begrenzt und nur für eine begrenzte Betriebsstundenzahl möglich. Durch den Einsatz von thermischer Solarenergie kann jedoch die Regenerationswärme bei vollem Sorptionsbetrieb ebenfalls primärenergieneutral hergestellt werden.

Für eine Gesamtenergiebilanz müssen die zusätzlichen Druckverluste durch das Sorptionsrad, Wärmerückgewinner und Befeuchter und die damit verbundene elektrische Leistungserhöhung berücksichtigt werden. Bei einer typischen Anströmgeschwindigkeit von 3 m/s ergeben sich in der Sorptionsanlage Druckverluste im Sorptionsrad und Wärmerückgewinner von jeweils etwa 150-200 Pa, im Befeuchter je nach Bauart zwischen 100 und 250 Pa. Die Summe aus zu- und abluftseitigen Druckverlusten liegt zwischen 800 und 1300 Pa. Für ein 100 m^2 großes Luftkollektorfeld als Regenerationslufterhitzer ist mit Druckverlusten von etwa 250 Pa zu rechnen.

Aus den Gesamtdruckverlusten Δp berechnet sich die elektrische Leistungsaufnahme P_{el} der Ventilatoren als Funktion des Ventilatorwirkungsgrades η. Bei einem Wirkungsgrad eines großen Ventilators von 70 % ergibt sich damit ein elektrischer Leistungsbedarf von 417-615 W pro 1000 m^3/h Luftvolumenstrom bei Gesamtdruckverlusten zwischen 1050 und 1550 Pa. Dazu kommen noch etwa 100 W pro 1000 m^3/h für elektrische Antriebe der Komponenten (Umwälzpumpen, Radantrieb etc.).

$$P_{el} = \frac{\dot{V}\Delta p}{\eta} = \frac{1000\,m^3\,/\,3600\,s \cdot 1050\,Pa}{0.7} = 417\,W \tag{4.64}$$

Insgesamt ergeben sich somit elektrische Anschlusswerte von etwa 500–700 W pro 1000 m^3/h Volumenstrom, d. h. etwa 1.4–2 kW Primärenergiebedarf. Damit kann je nach Anwendung eine Kälteleistung zwischen 4.9–8.1 kW erzeugt werden, d. h., der elektrische Primärenergienutzungsgrad liegt zwischen 2.4–5.8. In diesem Wert sind die Druckverluste sowohl für die Wärmerückgewinnungs- als auch die Befeuchtungsfunktion enthalten, die auch bei konventioneller Kälteerzeugung durch Kompressionskälteanlagen als Teil einer Vollklimaanlage berücksichtigt werden müssen.

Wird die thermische Heizleistung entweder primärenergieneutral über Solarenergie bereitgestellt oder Abwärme genutzt, ist der SGK-Prozess den elektrischen Kompressionskälteanlagen primärenergetisch deutlich überlegen.

4.5 Geschlossene Adsorptionskälte

4.5.1 Technologie und Einsatzbereiche

Adsorption beschreibt die Anlagerung von Gasen an einer Festkörperoberfläche, beispielsweise des Kältemitteldampfes Wasser an Silikagel. Die Van-der-Waals Kräfte sind geringer als die Bindungskräfte eines Gases, welche in einer Flüssigkeit absorbiert wird und dabei kovalente oder ionische Bindungen eingeht. Dadurch ist die freiwerdende Adsorptionswärme mit 20-80 kJ/mol geringer als Absorptionswärme, die meist über 100 kJ/mol liegt. Die Adsorptionsenthalpie liegt in derselben Größenordnung wie die Kondensationsenthalpie.

Geschlossene Adsorptionskältemaschinen arbeiten analog zur offenen sorptionsgestützten Klimatisierung mit dem Stoffpaar Silikagel/Wasser, wobei das Kältemittel Wasser im geschlossenen Kreislauf geführt wird. Bei niedrigem Druck wird der Umgebung durch Verdampfung des Wassers Wärme entzogen (d. h. Nutzkälte erzeugt). Die Verdichtung des Wasserdampfs auf den für die Verflüssigung erforderlichen Druck im Kondensator erfolgt durch einen thermischen Kompressor: Der Wasserdampf wird zunächst an Silikagel adsorbiert (Absaugfunktion) und anschließend durch Wärmezufuhr desorbiert und auf den erforderlichen

Druck gebracht. Durch den geschlossenen Kältemittelumlauf wird Kaltwasser mit 5–15 °C Vorlauftemperatur erzeugt, welches dann in geringen Leitungsquerschnitten im Gebäude verteilt werden kann – ein wesentlicher Vorteil gegenüber rein luftgeführten Systemen mit großen Luftleitungen. Kühldecken mit hohen Kältevorlauftemperaturen um 15 °C können aufgrund des geringen Temperaturhubs mit Leistungszahlen bis zu 0.7 betrieben werden. Mittlerweile sind neben den Adsorptionsanlagen großer Leistung auch einige Adsorptionskältemaschinen unterhalb 10 kW Leistung marktverfügbar. Aufgrund der geringeren Stückzahlen sind die Investitionskosten höher als für Absorptionskältemaschinen. Adsorptionskältemaschinen werden meist für geringere Antriebstemperaturen ausgelegt als Absorptionskältemaschinen.

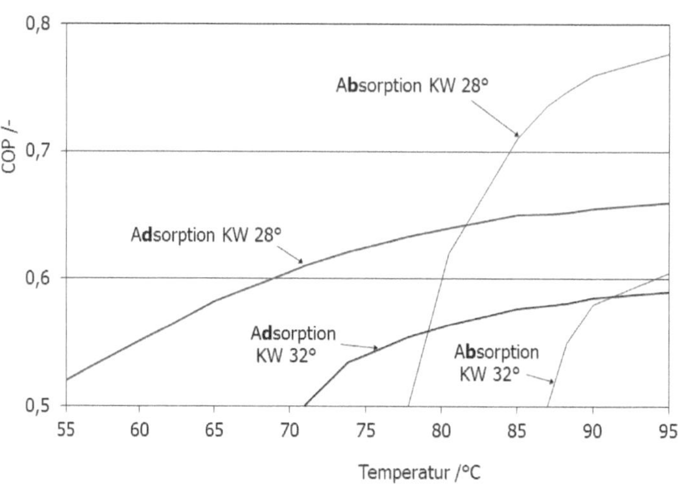

Bild 4.25: Leistungszahlen geschlossener Ad- und Absorptionskältemaschinen (Gassel, 2000).

Für die Auslegung müssen die Temperaturrandbedingungen für den Heizwasserkreis (Vor- und Rücklauftemperatur), den Kühlkreis (Vor- und Rücklauf) sowie den Kaltwasserkreis bekannt sein. Generell ist es günstig, die Kältemaschine mit möglichst hohen Kaltwassertemperaturen zu betreiben, da pro Kelvin Temperaturerhöhung die Leistung um etwa 8 % steigt.

Für hohe Leistungszahlen sind niedrige Kühlwassertemperaturen, die über ein Rückkühlwerk erzeugt werden, von besonderer Bedeutung. Um eine Verschmutzung des Kühlwasserkreises zu vermeiden, können geschlossene Kühltürme oder offene Kühltürme mit Wärmetauscher verwendet werden. Im Rückkühlsystem ist im Gegensatz zu LiBr-Wasser-Absorptionsanlagen keine untere Temperaturbegrenzung erforderlich, da keine Kristallisation des Sorbens eintreten kann. Bei zu niedrigen Temperaturen im Verdampfer (unter 4 °C) wird der untere Verdampferbereich durch den Heizwasserkreis erwärmt, um ein Vereisen des Verdampferwärmetauschers zu vermeiden.

Zwischen Adsorption des Kältemittels Wasser und Desorption vom Sorptionsmaterial Silikagel wird zyklisch zwischen zwei Betriebskammern geschaltet, damit quasi-stationäre Betriebsbedingungen erreicht werden. Die Adsorptionsanlage wird über die Zyklendauer als Funktion der Kaltwassereintrittstemperatur am Verdampfer gesteuert: Bei zu hohen Eintrittstemperaturen wird der Adsorptionsprozess beendet und auf die Kammer mit trockenem Sorptionsmaterial umgeschaltet. Durch die höheren Kältemittel-Volumenströme in diese Kammer steigt die Kälteleistung. Sinkt die Kaltwasserrücklauftemperatur unter einen Sollwert ab, wird der Zyklus verlängert, die Adsorptionsgeschwindigkeit sinkt mit zunehmender Sättigung des Sorptionsmaterials und die Kälteleistung fällt ab.

Vor Inbetriebnahme werden die vier Prozesskammern (Verdampfer, Kondensator und zwei Sorptionskammern) mit einer kleinen Vakuumpumpe auf einen Betriebsdruck von etwa 1000 Pa evakuiert. Die Pumpe wird regelmäßig alle 60 Betriebsstunden zum Abzug von desorbierten Gasen aus den Materialien bzw. von Leckluft aus den Armaturen kurz betrieben.

Bei der Planung ist die zeitlich variierende Kältevorlauftemperatur zu berücksichtigen, die während eines Zyklus um ca. ±3 K um den Sollwert schwankt. Ein Kältespeicher von etwa 1/40 des stündlichen Kältevolumenstroms puffert die Schwankungen effektiv ab.

4.5.2 Kosten

Die Investitionskosten einer thermisch betriebenen Adsorptionskältemaschine liegen deutlich höher als die Kosten für einen konventionellen luftgekühlten Kaltwassersatz. Für eine 350-kW-Anlage muss mit Investitionskosten von etwa 160.000 Euro gerechnet werden. Bei einer hohen Nutzungsdauer (6000 Jahresvollbenutzungsstunden) und sehr geringen Wärmekosten (0.01 Euro/kWh) kann jedoch nach Angaben der Hersteller durch die geringen Betriebskosten ein wirtschaftlicher Betrieb erreicht werden (GBU, 1998).

4.5.3 Funktionsprinzip

Eine Adsorptionskältemaschine besteht aus zwei mit Silikagel gefüllten Kammern, die wechselweise zur Wasserdampfadsorption und -desorption genutzt werden und einen quasikontinuierlichen Prozess ermöglichen. Die Adsorptionswärme bzw. die notwendige Heizwärme für die Desorption wird durch Wärmetauscher ab- bzw. zugeführt, deren Rippen für einen guten thermischen Kontakt dicht mit Silikagel umpackt sind.

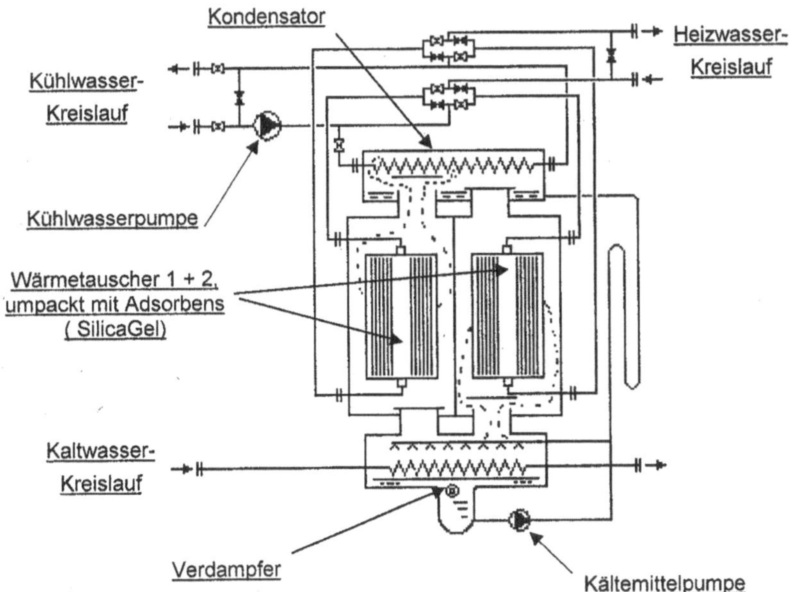

Bild 4.26: Aufbau einer Adsorptionskältemaschine (Produktunterlagen Firma Mycom).

Die zwei Adsorberkammern beinhalten Wärmetauscher, die mit dem Adsorptionsmaterial Silikagel umgeben sind, sodass Adsorptionswärme abgeführt und Heizwärme zur Desorption zugeführt werden kann. Die Kältemittelpumpe pumpt lediglich nicht verdampftes Wasser zurück in die Sprühdüsen des Verdampfers. Alle weiteren Pumpen für den Kaltwasserkreislauf sowie Kühl- und Heizkreis der Kältemaschine sind extern angebracht. Jede Silikagelkammer wird über zwei ansteuerbare Ventilklappen entweder mit dem Verdampfer oder Kondensator verbunden. Der Prozess besteht aus zwei Arbeitstakten sowie einer kurzen Umschaltphase zwischen den beiden Takten.

In Arbeitstakt 1 ist die untere Ventilklappe einer der beiden Silikagelkammern zum Verdampfer hin geöffnet (in der Abbildung rechts) und der im Verdampfer produzierte Wasserdampf wird an dem trockenen und vorgekühlten Silikagel adsorbiert. Die obere Ventilklappe zum Kondensator dieser Kammer ist geschlossen. Die Beladung erfolgt bei geringem Verdampferdruck (z. B. 1000 Pa bei 5 °C) und die freiwerdende Adsorptionsenthalpie wird durch das Kühlwasser abgeführt. Die mögliche Wasserdampfbeladung des Silikagels steigt mit sinkender Kühlwassertemperatur $T_{\text{kühl,in}}$, die somit den Endpunkt der Adsorption festlegt.

In der zweiten Kammer (in der Abbildung links) ist während des ersten Arbeitstaktes die Ventilklappe zum Verdampfer hin geschlossen und die Klappe zum Kondensator hin geöffnet. Durch Wärmezufuhr wird der im vorigen Arbeitstakt angelagerte Wasserdampf ausgetrieben und bei Kondensatordruck verflüssigt.

In Arbeitstakt 2 werden die Ventilklappen genau gegenläufig betrieben. Der adsorbierte Wasserdampf der ersten Kammer wird jetzt durch Wärmezufuhr in den Kondensator ausgetrieben (Ventilklappe zum Kondensator geöffnet, zum Verdampfer geschlossen), in der zweiten Kammer wird das getrocknete Silikagel zur Adsorption von Wasserdampf aus dem Verdampfer verwendet.

Zwischen den beiden Arbeitstakten findet eine Umschaltphase zur Wärmerückgewinnung von etwa 20 Sekunden Dauer statt, in welcher beide Kammern in Reihe von Kühl- bzw. Heizwasser durchströmt werden. Das Heizwasser dient zur Vorwärmung der Adsorptionskammer des vorhergehenden Arbeitstaktes, das Kühlwasser kühlt die bisherige heiße Desorptionskammer vor. Ein typischer Zyklus dauert 400 Sekunden, sodass inklusive Umschaltphase ein Takt von 7 Minuten gegeben ist.

4.5.4 Energiebilanzen und Druckverhältnisse

Die Prozessschritte einer geschlossenen Adsorptionskältemaschine lassen sich im Isosterendiagramm verdeutlichen, in welchem der Wasserdampfdruck p_{D} logarithmisch als Funktion der inversen Temperatur $1/T$ [K^{-1}] aufgetragen ist. Die Diagramme ergeben sich aus der bereits bei offenen Sorptionsanlagen diskutierten Clausiusgleichung der Adsorption von Wasserdampf an Silikagel.

$$p_{\text{D}} = p_{\text{D1}}(C)\exp\left(\frac{h_{\text{ads}}(C)}{R_{\text{D}}}\left(\frac{1}{T_1} - \frac{1}{T}\right)\right) \tag{4.65}$$

Die Parameter der Clausiusgleichung p_{D1} (Dampfdruck bei der Temperatur T_1) sowie die Adsorptionsenthalpie h_{ads} sind abhängig von der Beladekonzentration C und werden aus der Sorptionsisothermen bei 40 °C iterativ berechnet (d. h. bei $T_1 = 313$ K).

Tabelle 4-6: Adsorptionsenthalpie und Dampfdruck p_{D1} als Funktion der Beladekonzentration von Wasser an Silikagel [kg_{H2O}/kg_{sor}].

Beladekonzentration C [kg_{H2O}/kg_{sor}]	Adsorptionsenthalpie h_{ads} [kJ/kg]	Dampfdruck p_{D1} bei 40 °C [Pa]
0.05	2849	465
0.10	2622	1392
0.15	2490	2185
0.20	2453	2738
0.25	2453	3259
0.30	2453	3879
0.35	2453	4896
0.40	2453	6445

Die Adsorptionsenthalpie ergibt sich aus der Summe von konzentrationsabhängiger Bindungs-enthalpie und temperaturunabhängig angenommener Verdampfungsenthalpie bei 20 °C. Der Dampfdruck des Kältemittels Wasser ($C = 1$) wird am genausten mit der Sättigungsdampf-druckformel für Wasser aus Kapitel 4.4 berechnet.

Der Dampfdruck über dem Sorptionsmaterial steigt mit der Temperatur und der Beladekonzen-tration. Im Isosterendiagramm ist daher die Gerade höchsten Drucks der Sättigungsdampf-druck von Wasser mit maximaler Beladekonzentration C=1. Auf dieser Sättigungsdampf-druckkurve liegen die Zustandspunkte 1 und 2 des geschlossenen Adsorptionsprozesses: Das reine Kältemittel Wasser wird im Verdampfer eingesprüht, dort bei niedrigem Druck ver-dampft (1), über den thermischen Adsorptions-/Desorptionsprozess verdichtet und schließlich im Kondensator bei höherem Druck (2) verflüssigt. Je höher die Verdampfertemperatur, desto höher der Dampfdruck des Zustandspunktes 1, welcher das Niederdruckniveau des Adsorp-tionskälteprozesses festlegt.

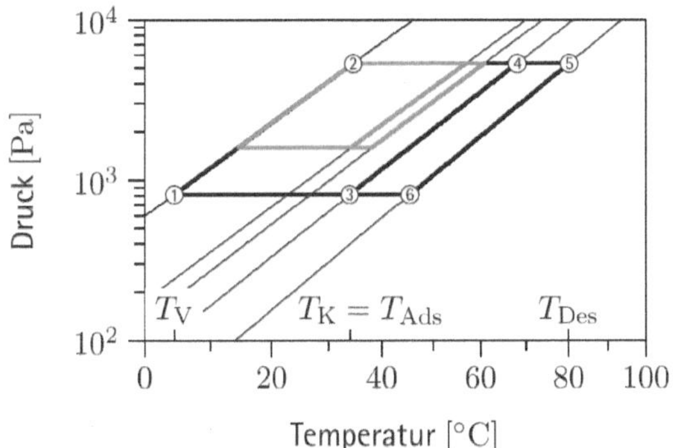

Bild 4-27: Wasserdampfdruck über Silikagel als Funktion der Beladekonzentration C (Isosteren).

Eingezeichnet sind zwei Prozesse mit sehr niedriger (4 °C) Verdampfertemperatur für Kalt-wassererzeugung und mit höherer Verdampfertemperatur (14 °C) für Kühldeckenanwendun-gen. Das Hochdruckniveau (Zustandspunkte 2,4 und 5) ist durch die Temperatur des Kondensators T_K festgelegt, die aufgrund eines gemeinsamen Kühlkreislaufes auch der Temperatur des Adsorbers T_{ads} entspricht. Die maximale Prozesstemperatur ist die Desorptionstemperatur T_{des}, bei welcher das Kältemittel aus dem Silikagel ausgetrieben wird (Zustandspunkt 5). Aus dem Prozessvergleich ist ersichtlich, dass bei niedrigen Verdampfertemperaturen (nummerierter Prozess) hohe Desorptionstemperaturen erforderlich sind (hier 80 °C), während bei hohen Verdampfertemperaturen Desorptionstemperaturen unter 60 °C ausreichen.

Die Druckverhältnisse und Energiebilanzen werden zunächst für Verdampfer und Kondensator dargestellt und anschließend der Kreisprozess der Adsorption und Desorption des Wasserdampfes an Silikagel analysiert.

4.5.4.1 Verdampfer

Im Verdampfer herrscht der von der Auslegungstemperatur des Kaltwassersatzes abhängige Sättigungsdampfdruck p_V (Zustandspunkt 1 auf der ln p-1/T Kurve für reines Wasser). Da der Kaltwassersatz über einen Wärmetauscher im Verdampfer gekühlt wird, müssen die Temperaturen im Verdampfer etwa 2-5 K unter der Kaltwasservorlauftemperatur liegen.

Die umlaufende Kaltwassermenge $\dot{m}_k$ ergibt sich aus der gewünschten Kälteleistung der Maschine. Die Verdampfungsenthalpie des Kältemittels Wasser wird dem Kaltwassersatz mit Rücklauftemperatur $T_{k,RL}$ am Verdampfereintritt und Vorlauftemperatur $T_{k,VL}$ am Austritt sowie dem flüssigen, noch warmen Kältemittel aus dem Kondensator entzogen. Die Austrittstemperatur aus dem Kondensator T_K liegt je nach Wärmetauscherdimensionierung des Kühlwasserkreises etwa 5 K über der Kühlwasserrücklauftemperatur. Der Massenstrom des Kältemittels Wasser $\dot{m}_V$ wird aus der aufzubringenden Kälteleistung des Verdampfers berechnet.

Die Leistungsbilanz des Verdampfers lautet demnach:

$$\dot{m}_V \left(h_D - h_{fl} \right) = \dot{m}_k c_p \left(T_{k,RL} - T_{k,VL} \right) + \dot{m}_V c_p \left(T_K - T_V \right) \tag{4.66}$$

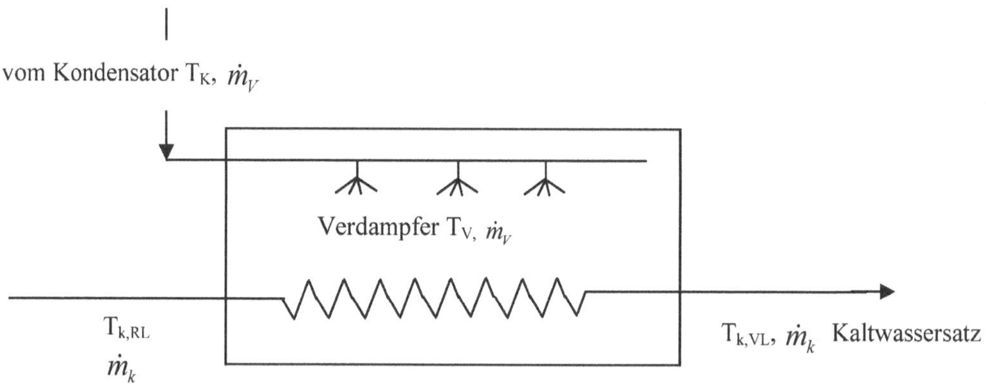

Bild 4.28: Temperaturen und Massenströme am Verdampfer.

Beispiel 5:

Eine Adsorptionskältemaschine soll mit 200 kW Kälteleistung bei einer Kühlwasservorlauftemperatur von 29 °C (Rücklauf 33 °C) betrieben werden und die hierfür erforderlichen Kaltwasser- und Verdampfungsmassenströme sowie die Verdampfungswärme berechnet werden. Der Kaltwassersatz soll 6 °C Vorlauftemperatur und 12 °C Rücklauftemperatur aufweisen. Im Verdampfer muss bei einer Temperaturdifferenz am Wärmetauscher von 2 K eine Temperatur von 4 °C erzeugt werden.

Zur Vereinfachung wird in allen Kreisläufen mit den Stoffwerten von reinem Wasser gerechnet.

Der Kaltwassermassenstrom ergibt sich aus:

$$\dot{m}_k = \frac{\dot{Q}_{\text{kälte}}}{c_p\left(T_{k,\text{RL}} - T_{k,\text{VL}}\right)} = \frac{200\,\text{kW}}{4.190\,\dfrac{\text{kJ}}{\text{kgK}}\,6\,\text{K}} = 7.955\,\frac{\text{kg}}{\text{s}} = 28.6\,\frac{\text{m}^3}{\text{h}}.$$

Die Austrittstemperatur aus dem Kondensator liegt bei einer Kühlwasserrücklauftemperatur von 33 °C und einer Temperaturdifferenz über dem Wärmetauscher von 5 K bei 38 °C.

Der Verdampfungsmassenstrom wird dann durch Auflösung von Gleichung (4.66) berechnet. Die Verdampfungsenthalpie von Wasser bei 4 °C beträgt 2492 kJ/kg.

$$\dot{m}_v = \frac{\dot{m}_k c_p\left(T_{k,\text{RL}} - T_{k,\text{VL}}\right)}{\left(h_D - h_{Fl}\right) - c_p\left(T_K - T_V\right)} = \frac{7.955\,\dfrac{\text{kg}}{\text{s}}\,4.190\,\dfrac{\text{kJ}}{\text{kgK}}\,6\,\text{K}}{2492\,\dfrac{\text{kJ}}{\text{kg}} - 4.19\,\dfrac{\text{kJ}}{\text{kgK}}(38-4)\,\text{K}} = 0.086\,\frac{\text{kg}}{\text{s}}$$

Für die Abkühlung des noch warmen Kondensatorwassers müssen demnach

$$\dot{m}_v c_p\left(T_K - T_V\right) = 0.086\,\frac{\text{kg}}{\text{s}}\,4.19\,\frac{\text{kJ}}{\text{kgK}}(38-4)\,\text{K} = 11.6\,\text{kW}$$ Kälteleistung aufgewendet werden, die

zusätzlich zu den 200 kW Kälteleistung für die Kaltwassererzeugung vom Verdampfer erzeugt werden müssen.

4.5.4.2 Kondensator

Im Kondensator (Zustandspunkt 2) wird das desorbierte Kältemittel Wasser bei hohem Druck kondensiert und die Verdampfungswärme muss über einen Kühlwasserkreis mit Massenstrom $\dot{m}_{\text{kühl},1}$ abgeführt werden. Die niedrigste erreichbare Kondensatortemperatur T_K liegt bei Kühlwasservorlauftemperatur $T_{\text{kühl,VL}}$ plus der am Wärmetauscher erforderlichen Temperaturdifferenz ΔT_{WT} von typisch 5 K.

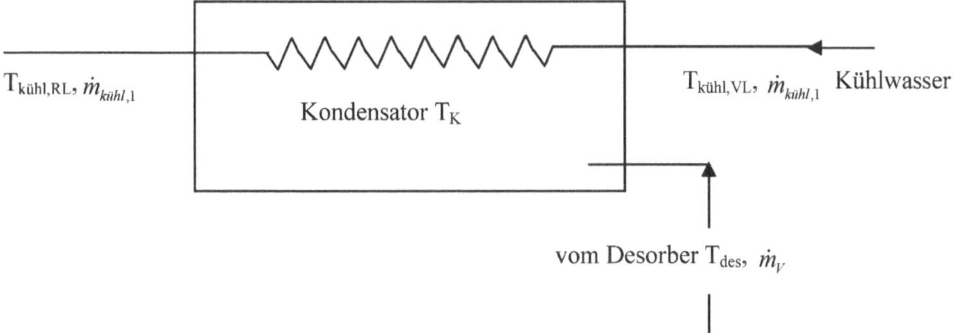

Bild 4-29: Temperaturen und Massenströme am Kondensator.

Das Druckniveau im Kondensator bestimmt den Umschaltpunkt der Desorption: Sobald in der Aufheizphase der für die Kondensation erforderliche Druck erreicht ist, wird das Ventil zwischen Desorptionskammer und Kondensator geöffnet und bis zur Desorptionsendtemperatur T_{des} bei konstantem Druck weitergeheizt, um das Kältemittel zu desorbieren. Je niedriger die Kühlwasservorlauftemperatur $T_{\mathrm{kühl,VL}}$ ist, desto geringer ist der erforderliche Druck im Kondensator.

Vom Kühlwasser muss die Verdampfungsenthalpie sowie die sensible Wärme des auf Desorptionstemperatur aufgeheizten Wasserdampfes abgeführt werden. Das Kühlwasser mit Massenstrom $\dot{m}_{kühl,1}$ wird dabei auf die Temperatur $T_{\mathrm{kühl,RL}}$ aufgeheizt. Typische Temperaturspreizungen des Kühlwassers liegen bei 4 K.

$$\dot{m}_{kühl,1} c_{\mathrm{p}}\left(T_{\mathrm{kühl,RL}} - T_{\mathrm{kühl,VL}}\right) = \dot{m}_{\mathrm{v}}\left(h_{\mathrm{D}} - h_{\mathrm{fl}}\right) + \dot{m}_{\mathrm{v}} c_{\mathrm{p}}\left(T_{\mathrm{des}} - T_{\mathrm{kühl,VL}} + \Delta T_{\mathrm{WT}}\right) \quad (4.67)$$

Beispiel 6:

Berechnung des notwendigen Kühlwassermassenstroms für obige Kältemaschine für eine Desorptionsendtemperatur T_{des} von 90 °C.

Die abzuführende Verdampfungswärme als Summe aus Kaltwassersatzkühlung und Kondensatvorkühlung nach Beispiel 6 beträgt 211.6 kW. Für die Abkühlung des desorbierten Wasserdampfs auf Kondensatortemperatur muss die sensible Wärme $0.086\,\dfrac{\mathrm{kg}}{\mathrm{s}}\,4.19\,\dfrac{\mathrm{kJ}}{\mathrm{kgK}}(90 - 29 + 5)\,K = 23.8\,\mathrm{kW}$

abgeführt werden.

Aus der gesamten abzuführenden Leistung von 235.4 kW ergibt sich der erforderliche Kühlwassermassenstrom bei einer Temperaturspreizung von 4 K zu $\dot{m}_{kühl,1} = \dfrac{235.4\,\mathrm{kW}}{4.19\,\dfrac{\mathrm{kJ}}{\mathrm{kgK}}4\,\mathrm{K}} = 14.0\,\dfrac{\mathrm{kg}}{\mathrm{s}} = 50.6\,\dfrac{\mathrm{m}^3}{\mathrm{h}}$.

Das Druckniveau im Kondensator bei einer Kondensatortemperatur von 34 °C liegt bei 5324 Pa. Dieser Druck muss durch Aufheizen des Sorptionsmaterials während des Desorptionsprozesses erzeugt werden.

4.5.4.3 Adsorptionsprozess

Im Adsorber stellt sich beim idealen Prozess derselbe Druck wie im Verdampfer ein (Zustandspunkt 3). Das Beladeniveau des Silikagels (die Isostere) wird durch die Temperatur des Adsorbermaterials T_{ads} vorgegeben, die minimal bei Kühlwassereintrittstemperatur (plus Wärmetauschertemperaturdifferenz ΔT_{WT}) liegt. Der Zustandspunkt ergibt sich somit aus dem Schnittpunkt von Verdampferdrucklinie und Kühlwassertemperatur. Je niedriger die Kühlwassertemperatur, desto mehr Wasserdampf kann adsorbiert werden.

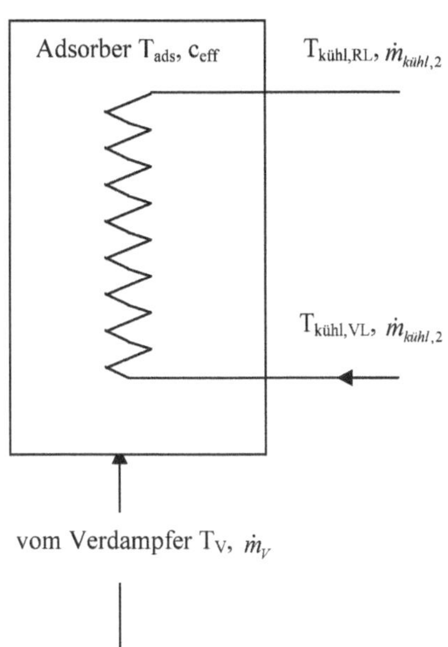

Bild 4-30:
Temperaturen und Massenströme im Adsorber.

Das Druckniveau im Adsorber wird durch den Dampfdruck im Verdampfer festgelegt, welcher für das Kältemittel Wasser sehr niedrig liegt. Bei 4 °C Verdampfertemperatur beträgt der Dampfdruck p_V beispielsweise nur 813 Pa. Bei diesem Druck wird das Sorptionsmaterial beladen, wobei die Beladekonzentration aus den Sorptionsisothermen für Silikagel bestimmt wird. Dazu wird die relative Feuchte im Adsorber berechnet, die sich aus dem Verhältnis von Verdampferdruck und Sättigungsdampfdruck bei Adsorbertemperatur ergibt.

$$\varphi_{ads} = \frac{p_V}{p_s\left(T_{ads}\right)} \tag{4.68}$$

Aus der relativen Feuchte wird dann die Beladekonzentration nach dem Verfahren aus Kapitel 4.1, d. h. über die Umrechnung auf die bekannte 40 °C Sorptionsisotherme, ermittelt.

Beispiel 7:

Berechnung der Beladekonzentration im Adsorber bei einer Kühlwassertemperatur von 29 °C, einer Temperaturdifferenz am Wärmetauscher von 5 K und somit einer Adsorbertemperatur von 34 °C bei einer Verdampfertemperatur von 4 °C.

Der Sättigungsdampfdruck im Verdampfer bei 4 °C beträgt 813 Pa. Bezogen auf den Sättigungsdampfdruck im Adsorber bei 34 °C von 5324 Pa ergibt sich eine relative Feuchte von 15.3 %. Die Beladekonzentration liegt dann bei 0.09 kg/kg, also sehr niedrig.

Werden aufgrund eines geringen Verdampferdrucks oder hoher Kühlwassertemperaturen nur niedrige Beladekonzentrationen erreicht, ist eine große Masse an Sorptionsmaterial erforderlich, um den umlaufenden Verdampfungsvolumenstrom aufnehmen zu können. Die Adsorptionsmaschinen werden dann entsprechend groß und schwer. Die erforderliche Sorptionsmasse lässt sich allerdings erst berechnen, wenn die Beladekonzentration nach der Desorption bekannt ist. Die Differenz der Beladekonzentrationen wird als Entgasungsbreite bezeichnet und gibt an, welche Wasserdampfmenge pro kg Sorptionsmaterial effektiv adsorbiert werden kann.

Günstig für eine hohe Entgasungsbreite sind hohe Verdampfertemperaturen (und somit hohe Dampfdrücke) sowie niedrige Adsorbertemperaturen (und somit hohe relative Feuchten im Adsorber). Den Zusammenhang zwischen Beladekonzentration und Verdampfertemperatur bei verschiedenen Adsorbertemperaturen zeigt die folgende Abbildung.

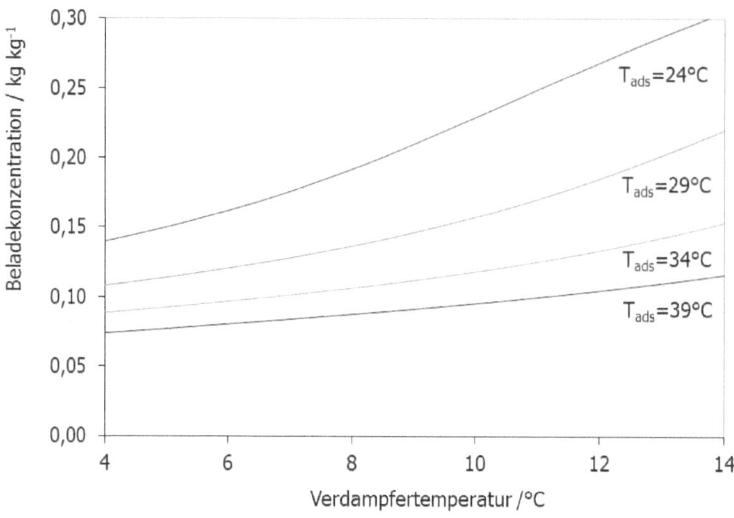

Bild 4-31: Beladekonzentration als Funktion der Verdampfertemperatur mit der Adsorbertemperatur als Parameter.

Im realen Prozess muss ein Differenzdruck zwischen Verdampfer und Adsorber bestehen, um die Druckverluste zwischen den beiden Kammern bei den erforderlichen Volumenströmen zu kompensieren. Die Beladekonzentration am Ende des Adsorptionsprozesses liegt daher niedriger als der dem Dampfdruck im Verdampfer entsprechende Wert.

Die Adsorptionswärme wird über das Kühlwasser $\dot{m}_{\text{kühl},2} c_\text{p} \left(T_{\text{kühl,RL}} - T_{\text{kühl,VL}} \right)$ sowie über die Erwärmung des kalten Wasserdampfes aus dem Verdampfer auf Silikageltemperatur $\dot{m}_\text{v} c_\text{p} \left(T_\text{ads} - T_\text{V} \right)$ abgeführt. Zusätzlich muss noch die Restwärme des vorangegangenen Desorptionsschrittes abgeführt werden, die nach der Umschaltung und Vorkühlung verbleibt. Die Silikageltemperatur nimmt am Ende des Adsorptionsprozesses die Temperatur des Kühlwassers (plus der Temperaturdifferenz des Wärmetauschers ΔT_{WT}) an. Die effektive Wärmekapazität c_p^{eff} umfasst sowohl die Wärmekapazität des Sorptionsmaterials c_p^{sor} (von etwa 1.0 kJ/kgK) als auch des auf die Sorptionsmasse m_{sor} bezogenen Wärmetauschers c_p^{hx} (z. B. 0.385 kJ/kgK) für Kupfer).

$$\dot{m}_{\text{kühl},2} c_\text{p} \left(T_{\text{kühl,RL}} - T_{\text{kühl,VL}} \right) + \dot{m}_\text{v} c_\text{p} \left(T_\text{ads}(t) - T_\text{V} \right)$$

$$= \dot{m}_\text{v} h_{\text{ads}} + c_\text{p}^{\text{eff}} m_{\text{sor}} \frac{T_\text{ads}(t) - T_{\text{Kühl,VL}} + \Delta T_{\text{WT}}}{\Delta t} \tag{4.69}$$

$$\text{mit } c_\text{p}^{\text{eff}} = c_\text{p}^{\text{sor}} + \frac{m_{\text{hx}}}{m_{\text{sor}}} c_\text{p}^{\text{hx}}$$

Bei einem typischen Massenverhältnis Wärmetauscher zu Sorbens von etwa 2.0 ergibt sich eine effektive Wärmekapazität von $c_\text{p}^{\text{eff}} = 1 \frac{\text{kJ}}{\text{kg}} + 2 \times 0.385 \frac{\text{kJ}}{\text{kg}} = 1.77 \frac{\text{kJ}}{\text{kg}}$.

Beispiel 8:

Berechnung des erforderlichen Kühlwassermassenstroms des Adsorbers für obige Kältemaschine für stationäre Bedingungen, d. h. nach Erreichen der Adsorptionsendtemperatur T_{ads} (= Kühlwassereintrittstemperatur +5 K, hier 29 °C + 5 °C = 34 °C). Bei stationären Bedingungen ist der letzte Term von Gleichung (4.60), nämlich der Temperaturanstieg des Adsorbermaterials mit der Zeit, Null, sodass die effektive Wärmekapazität nicht bekannt sein muss.

Die Adsorptionswärme beträgt bei der geringen Beladekonzentration von knapp 0.1 kg/kg 2650 kJ/kg. Die Austrittstemperatur aus dem Verdampfer wird der Kaltwasserrücklauftemperatur von 12 °C gleichgesetzt. Der Kühlwassermassenstrom beträgt

$$\dot{m}_{\text{kühl},2} = \frac{0.086\,\dfrac{\text{kg}}{\text{s}}\left(2650\,\dfrac{\text{kJ}}{\text{kg}} - 4.19\,\dfrac{\text{kJ}}{\text{kgK}}(34-12)\,\text{K}\right)}{4.19\,\dfrac{\text{kJ}}{\text{kgK}}(33-29)\,\text{K}} = 13.2\,\frac{\text{kg}}{\text{s}} = 47.4\,\frac{\text{m}^3}{\text{h}}$$

4.5.4.4 Aufheizphase

Nach Ende der Adsorption werden beide Ventilklappen der Adsorptionskammer geschlossen und von der Endtemperatur der Adsorption T_{ads} solange aufgeheizt, bis der Dampfdruck des Kondensators bei zunächst konstanter Beladekonzentration erreicht ist (Zustandsänderung 3 nach 4). Die Beladekonzentration ist durch den Adsorptionsprozess und somit durch Verdampfer- und Kühlwassertemperatur vorgegeben.

$$\dot{m}_{\text{Heiz}}c_p\left(T_{\text{Heiz,VL}} - T_{\text{Heiz,RL}}\right) = \left(m_{\text{sor}}c_p^{\text{eff}} + m_{\text{H}_2\text{O}}c_p\right)\left(T_H(t) - T_{ads}\right)/\Delta t \qquad (4.70)$$

Die Endtemperatur T_H der Aufheizphase bei konstanter Beladung ergibt sich aus der Kondensatortemperatur: je höher diese liegt, desto höher ist der erforderliche Druck zur Verflüssigung des Kältemittels und desto höhere Temperaturen müssen während der Aufheizphase und anschließenden Desorptionsphase erzeugt werden.

Beispiel 9:

Berechnung der Endtemperatur der Aufheizphase T_H bei einer Kondensatortemperatur von 34 °C (Kühlwasser 29 °C + ΔT_{WT} = 5 K) sowie einer Verdampfertemperatur von 4 °C.

Die Kondensatortemperatur legt das Druckniveau fest: Um bei 34 °C Wasser verflüssigen zu können, muss der Dampfdruck 5324 Pa betragen. Die Verdampfertemperatur legt die Beladekonzentration des Adsorbers bei gegebener Adsorbertemperatur (hier 34 °C) fest, die nach Beispiel bei 0.09 kg/kg liegt. Für diese Isostere kann nun mit den Clausius-Parametern aus Tabelle 4-6 die Temperatur ermittelt werden, für welche bei der berechneten Beladekonzentration der Dampfdruck über dem Sorbens dem Kondensatordruck entspricht.

$$p_D = 1392\,Pa \times \exp\left(\frac{2622\,\text{kJ/kg}}{0.461\,\text{kJ/kgK}}\left(\frac{1}{313K} - \frac{1}{T}\right)\right) = p_K = 5324\,Pa$$

$$\Rightarrow T = T_H = 338K$$

Bei 65 °C wird das Ventil zwischen Silikagelkammer und Kondensator geöffnet und die Verflüssigung des Kältemittels beginnt. Damit nun bei abnehmender Beladekonzentration weiterhin der erforderliche Dampfdruck erzeugt wird, muss die Temperatur bis zur Desorptionsendtemperatur erhöht werden.

4.5.4.5 Desorptionsprozess

Bei konstantem Kondensatordruck wird nun die Ventilklappe des Desorbers zum Kondensator hin geöffnet und durch Temperaturerhöhung von der Aufheiztemperatur T_H bis zur Desorptionsendtemperatur T_{des} Wasserdampf ausgetrieben ($4 \rightarrow 5$). Die Isostere der minimalen Beladekonzentration ergibt sich aus dem Schnittpunkt des Kondensatordrucks und der vorgegebenen Desorptionsendtemperatur.

Ziel des Desorptionsprozesses ist es, die Beladekonzentration des Sorptionsmaterials möglichst weit zu reduzieren, um große Entgasungsbreiten zu erhalten. Um niedrige Beladekonzentrationen zu erreichen, muss die relative Feuchte im Desorber möglichst gering sein. Diese ergibt sich aus dem Verhältnis aus dem Dampfdruck im Desorber, der gleich dem Kondensatordruck ist, und dem Sättigungsdampfdruck bei der Desorptionstemperatur T_{des}:

$$\varphi_{des} = \frac{p_K}{p_s\left(T_{des}\right)}$$

Bei niedrigen Kühlwassertemperaturen sind die Kondensatortemperaturen und der Dampfdruck p_K niedrig und es stellt sich eine geringe relative Feuchte im Desorber ein, der eine tiefe Entladung des Sorptionsmaterials ermöglicht. Effektiver ist jedoch eine hohe Desorptionstemperatur, da der Sättigungsdruck exponentiell mit der Temperatur steigt und eine Temperaturerhöhung im Desorber schneller zur Reduzierung der relativen Feuchte führt als eine Absenkung der Kühlwassertemperatur um die gleiche Temperaturdifferenz.

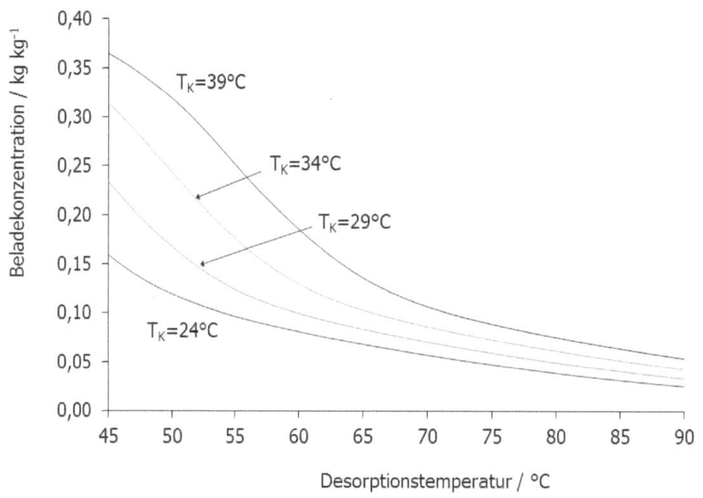

Bild 4-32: Beladekonzentration am Ende der Desorption als Funktion der Desorptionstemperatur bei verschiedenen Kondensatortemperaturen.

Wird nun eine Desorptionstemperatur T_{des} festgelegt, kann die Entgasungsbreite des Adsorptions-/Desorptionsprozesses berechnet und die Masse sowie effektive Wärmekapazität des Sorptionsmaterials bestimmt werden. Aus dem Diagramm wird deutlich, dass selbst bei hohen Desorptionsendtemperaturen und niedrigen Kondensatortemperaturen eine Beladekonzentration deutlich unter 0.1 kg/kg nur schwer zu erreichen ist. Für eine Kondensatortemperatur von 34 °C ergibt sich als minimale Beladekonzentration ein Wert von 0.06 kg/kg bei T_{des}=80 °C. Im realen Prozess muss der Dampfdruck im Desorber etwas höher liegen als im Kondensator, um die Druckverluste an den Klappen zwischen den Kammern zu kompensieren, d. h., die Desorbertemperaturen liegen etwas höher als beim idealen Prozessverlauf.

Soll die Adsorptionsmaschine mit sehr niedrigen Verdampfertemperaturen betrieben werden (beispielsweise 4 °C), so ist die Entgasungsbreite E als Konzentrationsdifferenz zwischen Adsorption C_{ads} und Desorption C_{des} entsprechend gering.

Beispiel 10:

Berechnung der Entgasungsbreite bei T_{des}=80 °C, T_{ads}=34 °C, T_K=34 °C und T_V=4 °C.

Die Beladekonzentration am Endpunkt der Adsorption und einem Dampfdruck von 813 Pa bei 4 °C beträgt 0.09 kg/kg (siehe Beispiel 7). Am Endpunkt der Desorption (T_{des}=80 °C) ist die Beladekonzentration 0.06 kg/kg. Die Entgasungsbreite E=0.09 kg/kg-0.06 kg/kg=0.03 kg/kg liegt somit sehr niedrig.

Die erforderliche Sorptionsmasse m_{sor} kann aus dem umlaufenden Verdampfungsmassenstrom $\dot{m}_V$, der Entgasungsbreite E und der Arbeitstaktdauer t_Z berechnet werden.

$$m_{sor} = \frac{\dot{m}_V t_Z}{C_{ads} - C_{des}} \tag{4.71}$$

Beispiel 11:

Berechnung der Sorbensmasse für die obige Kältemaschine bei einer Arbeitstaktdauer t_Z von 200 s.

Während 200 s werden in der 200 kW Kältemaschine mit Verdampfungsmassenstrom von 0.086 kg/s insgesamt 17.2 kg Wasser adsorbiert. Die Sorbensmasse bei der Entgasungsbreite von 0.03 kg/kg beträgt 573 kg:

$$m_{sor} = \frac{0.086\,kg_{H_2O}/s \times 200\,s}{0.09\,kg_{H_2O}/kg_{sor} - 0.06\,kg_{H_2O}/kg_{sor}} = 573\,kg_{sor}$$

Mit den bekannten Massen und Wärmekapazitäten des Sorbensmaterials und adsorbierten Wassers lässt sich die erforderliche Heizleistung für den Desorptionsprozess berechnen. Die Heizleistung wird zum einen für die Bereitstellung der Desorptionswärme $\dot{m}_v h_{ads}$ sowie zur Erwärmung der Massen von der Aufheizendtemperatur T_H auf Desorptionsendtemperatur T_{des} verwendet.

$$\dot{m}_{heiz} c_p \left(T_{Heiz,VL} - T_{Heiz,RL} \right) = \dot{m}_v h_{ads} + \left(m_{sor} c_p^{eff} + m_{H_2O} c_p \right)\left(T_{des}(t) - T_H \right) / \Delta t \tag{4.72}$$

Beispiel 12:

Berechnung der Heizleistung für den Desorptionsprozess bei einer effektiven Wärmekapazität von 1.77 kJ/kgK und einer Aufheizdauer von 200 Sekunden.

$$\dot{Q}_{heiz} = \underbrace{0.086\,\frac{kg}{s}\,2622\,\frac{kJ}{kg}}_{225.5\,kW} + \underbrace{\left(573\,kg \times 1.77\,\frac{kJ}{kgK} + 17.2\,kg \times 4.19\,\frac{kJ}{kgK} \right)(80-65)\,K \times \frac{1}{200\,s}}_{81.5\,kW} = 307\,kW$$

Bei einer Temperaturspreizung von 10 K ergibt sich daraus ein Massenstrom von

$$\dot{m}_{heiz} = 7.3\,\frac{kg}{s} = 26.4\,\frac{m^3}{h}.$$

4.5.4.6 Abkühlphase

Nach Abschluss der Desorption werden alle Ventilklappen geschlossen und durch Umschalten des Heizwasserkreises auf Kühlwasserbetrieb die Silikagelkammer bei konstanter niedriger Beladung solange gekühlt, bis bei der Temperatur T_{Ka} der Verdampferdruck erreicht wird (Zustandsänderung 5 nach 6). Die Energiebilanz entspricht der Aufheizphase.

$$\dot{m}_{\text{kühl}}c_p\left(T_{\text{kühl,RL}} - T_{\text{kühl,VL}}\right) = \left(m_{\text{sor}}c_p^{\text{eff}} + m_{\text{H}_2\text{O}}c_p\right)\left(T_{\text{des}} - T_{\text{Ka}}(t)\right) / \Delta t \tag{4.73}$$

4.5.5 Leistungszahlen

Die Leistungszahl der geschlossenen Adsorptionskältemaschine kann aus den Leistungsbilanzen der diskutierten Prozessschritte berechnet werden.

Die Leistungszahl ist definiert als das Verhältnis von erzeugter Kälteleistung $\dot{Q}_{k\ddot{a}lte}$ (bzw. im Zyklus produzierter Energie $Q_{\text{kälte}}$) im Verdampfer zur erforderlichen Heizleistung $\dot{Q}_{heiz}$ für den Aufheizprozess und die Desorption selber (Zustandsänderungen Z3→Z4 und Z4→Z5). Da während des Umschaltvorgangs aus dem Abkühlprozess (Z5→Z6) Wärme für die Erwärmung rückgewonnen wird (mit Wärmerückgewinnungsgrad η), kann die Heizleistung um diesen Betrag verringert werden.

$$COP = \frac{\dot{Q}_{\text{kälte}}}{\dot{Q}_{\text{heiz}}} = \frac{Q_{\text{kälte}}}{Q_{\text{heiz}}} = \frac{Q_{\text{kälte}}}{\underbrace{Q_{3\to4}}_{\text{Aufheizung}} + \underbrace{Q_{4\to5}}_{\text{Desorption}} - \eta\,\underbrace{Q_{5\to6}}_{\text{Abkühlung}}} \tag{4.74}$$

Für die bisher betrachtete Kältemaschine ergibt sich beispielsweise für ein kg verdampftes Kältemittel folgende Leistungszahl:

Die Nutzkälte ergibt sich aus der Verdampfungsenthalpie des Kältemittels Wasser: $Q_{\text{kälte}} = h_v\left(T_v = 4°C\right) = 2492\,\text{kJ}$.

Während der Aufheizphase wird von Adsorbertemperatur T_{ads} auf die dem Kondensatordruck entsprechende Aufheiztemperatur T_H geheizt. Die Masse des Sorbensmaterials pro Kilogramm verdampftem Wasser ergibt sich aus dem Kehrwert der Entgasungsbreite und liegt bei $33.3\,\text{kg}_{\text{sor}}$.

$$Q_{3\to4} = \left(m_{\text{Sor}}c_p^{\text{eff}} + m_{\text{H}_2\text{O}}c_p\right)\left(T_H - T_{\text{ads}}\right)$$

$$= (\underbrace{\frac{1\,\text{kg}_{\text{H}_2\text{O}}}{0.09\,\dfrac{\text{kg}_{\text{H}_2\text{O}}}{\text{kg}_{\text{sor}}} - 0.06\,\dfrac{\text{kg}_{\text{H}_2\text{O}}}{\text{kg}_{\text{sor}}}}}_{33.3\,\text{kg}} \times 1.77\,\frac{\text{kJ}}{\text{kgK}} + 1\,\text{kg}_{\text{H}_2\text{O}} \times 4.19\,\frac{\text{kJ}}{\text{kgK}})(65 - 34)\,\text{K} = 1957\,\text{kJ}$$

Für die weitere Aufheizung auf Desorptionsendtemperatur wird eine Energiemenge von

$$Q_{4\to5} = h_{\text{ads}} + \left(m_{\text{Sor}}c_p^{\text{eff}} + m_{\text{H}_2\text{O}}c_p\right)\left(T_{\text{des}} - T_H\right) = 2622\,\text{kJ} + 61.3\,\frac{\text{kJ}}{\text{K}}\,(80 - 65)\,\text{K} = 3541\,\text{kJ}$$

benötigt.

Die in der Abkühlphase abgegebene Wärmemenge entspricht der Wärmemenge während der Aufheizphase: $Q_{5\to6} = Q_{3\to4}$

Diese Wärmemenge kann mit einem Wärmerückgewinnungsgrad η zurückgewonnen werden, der hier bei 70 % liegen soll.

Damit ergibt sich eine Leistungszahl für das gerechnete Beispiel von

$$COP = \frac{2492\,\frac{kJ}{kg}}{1957\,\frac{kJ}{kg} + 3541\,\frac{kJ}{kg} - 0.7 \times 1957\,\frac{kJ}{kg}} = 0.6 \,.$$

Bessere Leistungszahlen werden erreicht, wenn die Betriebsbedingungen weniger extrem sind: Bei höheren zulässigen Kaltwassertemperaturen kann die Adsorptionsmaschine mit höheren Verdampfertemperaturen gefahren werden. Damit steigt die Beladekonzentration im Adsorber und bei höheren Entgasungsbreiten kann die Desorptionstemperatur gesenkt werden. Alternativ kann die Sorbensmasse erhöht werden und der umlaufende Kältemittelmassenstrom bei geringen Entgasungsbreiten adsorbiert und desorbiert werden. Die Maschinen werden dann jedoch sehr groß und schwer und für kurze Arbeitstaktzeiten muss die angeschlossene Heizleistung sehr hoch sein.

4.6 Absorptionskältetechnik

Absorptionskältemaschinen verdichten das verdampfte Kältemittel durch einen sogenannten thermischen Verdichter. Hierbei wird das Kältemittel in einer Lösung absorbiert, die anschließend in einen Austreiber gepumpt wird. Dort wird durch Beheizung das Kältemittel bei hohem Druck wieder ausgetrieben und kann anschließend kondensiert und wieder verdampft werden.

Die hauptsächlich eingesetzten Arbeitsstoffpaare sind Ammoniak-Wasser und Wasser-LiBr, wobei Ammoniak bzw. Wasser als Kältemittel und Wasser bzw. LiBr als Lösungsmittel verwendet werden. Die thermodynamischen Eigenschaften des Kältemittels legen den möglichen Temperaturbereich der Maschinen fest: Während Ammoniak bei 10^5 Pa Druck bereits bei -33 °C siedet und somit für Kälteerzeugung und Klimatisierung verwendet werden kann, ist das Kältemittel Wasser auf die reine Klimatisierung mit Verdampfertemperaturen über 0 °C beschränkt. In LiBr-Wasser Anlagen ist der extrem geringe Kältemitteldruck von etwa 10^3 Pa bei +5 °C günstig für geringe Pumpenleistung und wenig aufwendige Konstruktionen. Allerdings darf in LiBr-Systemen die Kältemittelkonzentration in der Lösung nicht zu stark absinken, da sonst eine Kristallisation des Lösungsmittels eintritt. Aufgrund der schlechteren Löslichkeit von Wasser in LiBr sind Absorber und Kondensator meist wassergekühlt.

Ein Vorteil der Wasser-LiBr Systeme liegt im hohen Siedepunktabstand von Kältemittel und Lösungsmittel, sodass beim Austreiben des Kältemittels aus der Lösung reiner Kältemitteldampf entsteht. Der Siedepunktabstand zwischen Ammoniak und Wasser liegt dagegen nur bei 133 K, sodass beim Austreiben immer Wasserdampf produziert wird, der in einer Rektifiziersäule wieder abgeschieden werden muss.

Kältemaschinen großer Leistung werden heute hauptsächlich mit LiBr-Technik ausgeführt. Ein wesentlicher Grund ist der zunehmende Einsatz gasbetriebener zweistufiger Absorptionsmaschinen (double-lift), in denen zunächst Kältemittel bei hohen Temperaturen ausgetrieben und die Kondensationswärme zum weiteren Austreiben bei niedrigeren Temperaturen und Drücken genutzt wird. Mit solchen Maschinen werden Leistungszahlen von 1.1–1.3 erzielt, während einstufige Anlagen auf etwa 0.7 beschränkt sind. Mittlerweile sind erste dreistufige Anlagen auf LiBr Wasser Basis verfügbar mit Leistungszahlen bis zu 1.9. Diese Anlagen werden mit 250 °C Dampf mit einem Druck von 3.9 MPa betrieben.

Mehrstufige Anlagen lassen sich mit Ammoniakkältemittel aufgrund der sehr hohen Systemdrücke technisch nicht realisieren. Bei Solarenergiebetrieb sind jedoch zweistufige Kältemaschinen nur mit konzentrierenden thermischen Kollektoren zu betreiben, die sich für Gebäudeintegration schlecht eignen. Da die Kosten solarbetriebener zweistufiger Kältemaschinen aufgrund der hohen Kollektor- und Speicherkosten trotz der besseren Leistungszahl kaum unter einer einstufigen Anlage liegen, werden schwerpunktmäßig einstufige Anlagen betrachtet (Grossmann, 1999).

4.6.1 Der Absorptionskälteprozess und seine Komponenten

Absorptionskältemaschinen unterscheiden sich von elektrisch angetriebenen Kompressionskälteanlagen durch den Ersatz des mechanischen Kompressors mit einem thermischen Kompressor. Der Kompressor hat die Funktion, das verdampfte Kältemittel auf einen so hohen Druck zu bringen, dass es bei Umgebungstemperatur kondensiert und im Kreisprozess als Flüssigkeit wieder dem Verdampfer zugeführt werden kann. In einer Absorptionskältemaschine wird der Verdichterprozess durch Absorption des verdampften Kältemittels in einem Lösungsmittel (Wasser oder LiBr) und anschließendes Auskochen im Generator bei hohem Druck ersetzt.

Die kältemittelarme Lösung aus dem Generator wird zurück in den Absorber gepumpt, wo sie wieder Kältemitteldampf aus dem Verdampfer aufnehmen kann. Durch das Umwälzen von flüssigem Sorptionsmittel kann ein kontinuierlicher Kälteprozess aufrechterhalten werden - ein wesentlicher Vorteil zur Adsorptionstechnologie mit diskontinuierlicher Kältemitteladsorption an dem Festkörper Silikagel.

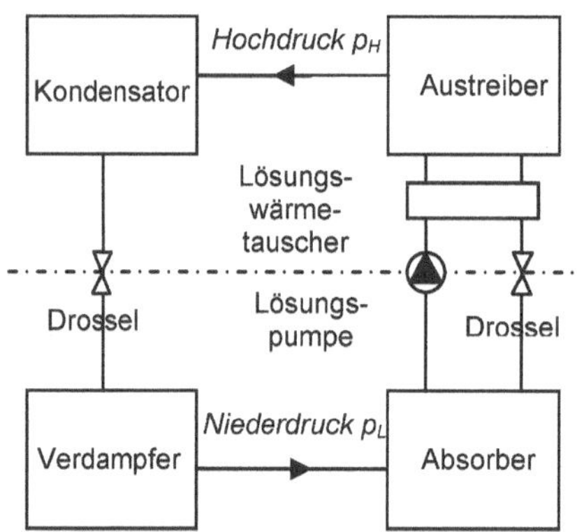

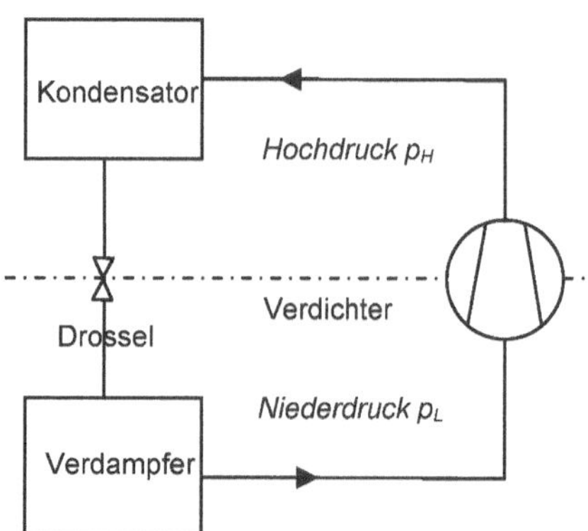

Bild 4-33: Komponenten der Absorptionskältemaschine im Vergleich zu einer elektrischen Kompressionskältemaschine.

Über die Darstellung der Komponenten im Isosterendiagramm (mit der Lösungskonzentration ξ als Parameter) lassen sich die einzelnen Prozessschritte nachvollziehen. Auf der Hochdruckseite mit Druck p_H befinden sich Kondensator und Austreiber, auf der Niederdruckseite mit Druckniveau p_L Verdampfer und Absorber. Im Verdampfer und Kondensator ist die Kältemittelkonzentration 100 %, was einer Lösungskonzentration von $\xi = 1.0$ entspricht. Die geringste Kältemittelkonzentration in der Lösung wird im Austreiber erzeugt (rechte Isostere).

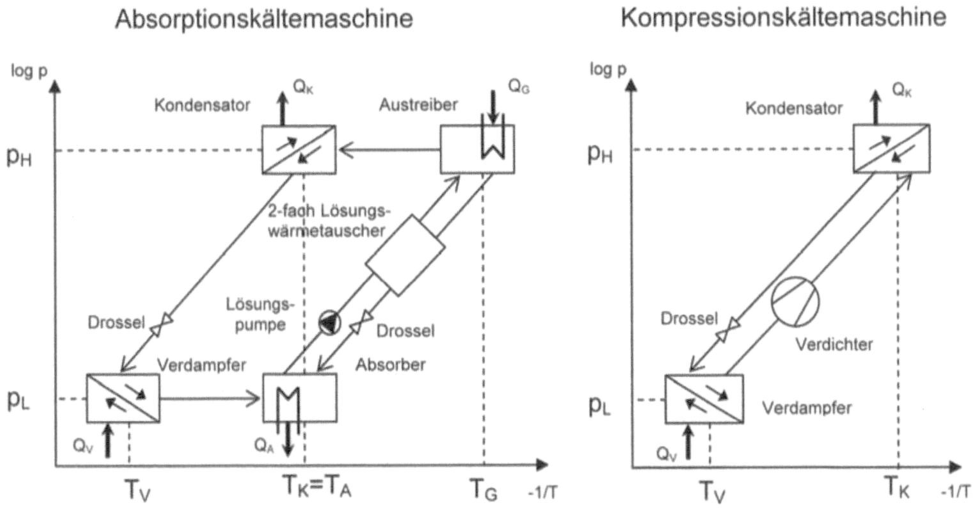

Bild 4-34: Darstellung des Absorptions- und Kompressionskälteprozesses im log p – 1/T Diagramm.

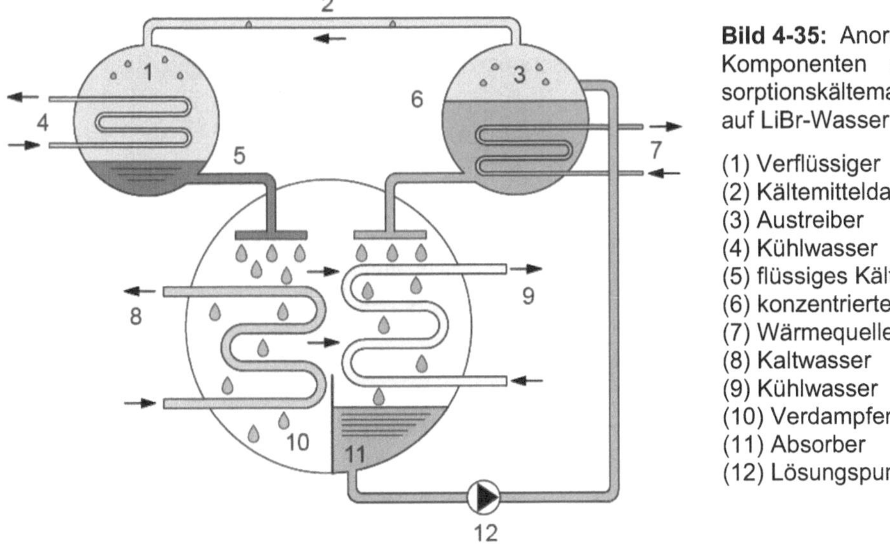

Bild 4-35: Anordnung der Komponenten einer Absorptionskältemaschine auf LiBr-Wasser Basis

(1) Verflüssiger
(2) Kältemitteldampf
(3) Austreiber
(4) Kühlwasser
(5) flüssiges Kältemittel
(6) konzentrierte Lösung
(7) Wärmequelle
(8) Kaltwasser
(9) Kühlwasser
(10) Verdampfer
(11) Absorber
(12) Lösungspumpe

Die Anordnung der Komponenten in einer Absorptionskältemaschine ist durch das gemeinsame Druckniveau von Austreiber und Kondensator einerseits sowie Verdampfer und Absorber andererseits vorgegeben. Austreiber und Verflüssiger befinden sich in einer oberen gemeinsamen Kammer, Verdampfer und Absorber sind im unteren Bereich der Maschine angeordnet.

Zweistufiger Absorptionskälteprozess

Bei einem zweistufigen Absorptionsprozess werden zwei Generatoren auf unterschiedlichen Temperaturniveaus betrieben. Der Hochtemperaturgenerator mit Prozesstemperaturen um 150 °C erzeugt Kältemitteldampf auf hohem Druckniveau. Dieser Kältemitteldampf kondensiert bei Temperaturen, die ausreichend sind, um einen zweiten Generator zu betreiben.

Das Druckniveau und damit die Temperatur im zweiten Generator müssen genügend hoch liegen, um im zweiten luft- oder wassergekühlten Kondensator eine Kondensation zu erreichen. Durch die Nutzung der Kondensationswärme kann die Leistungszahl von etwa 0.7 für einstufige Prozesse bis auf 1.3 deutlich verbessert werden.

4.6.1.1 Verdampfer und Kondensator

Verdampfer und Kondensator sind konventionelle Bauteile, deren Wärmeaufnahme bzw. -abgabe entweder durch Luft oder einen Flüssigkeitskreislauf erfolgt.

Soll das Kältemittel im Kondensator selbst bei hohen Umgebungstemperaturen noch kondensieren, muss der Dampfdruck entsprechend hoch liegen. Die freiwerdende Kondensationswärme wird bei Wärmepumpenanwendungen für Heizzwecke genutzt, bei Kälteprozessen an die Umgebung abgeführt. Bevor das kondensierte Kältemittel in den Verdampfer eintritt, muss der Druck auf den niedrigen Verdampferdruck reduziert werden. Dieses wird üblicherweise durch ein Drosselventil realisiert. Nur in Diffusions-Absorptionskältemaschinen sorgt ein Hilfsgas wie H_2 oder He für den Druckausgleich zwischen Hoch- und Niederdruckseite.

Das Kältemittel verdampft nur, weil durch die ständige Absaugung des Kompressors bzw. durch die Absorption im Lösungsmittel der Druck im Verdampfer heruntergesetzt wird. Erst wenn die zum jeweiligen Dampfdruck gehörende Sättigungstemperatur unter Umgebungstemperatur liegt, kann Wärme aus der Umgebung aufgenommen werden, d. h. eine Kühlung stattfinden. Das Fördervolumen des Kompressors bzw. Absorbers wird so geregelt, dass der Verdampferdruck konstant bleibt.

4.6.1.2 Absorber

In den Absorber fließt die kältemittelarme Lösung aus dem Austreiber zurück. Der im Verdampfer entstandene Kältemitteldampf wird dort in Abhängigkeit von der Absorbertemperatur und Lösungsmittelkonzentration absorbiert. Verdampfer und Absorber sind auf dem gleichen Kältemitteldruckniveau. Bei geringen Verdampfertemperaturen und dementsprechend geringen Dampfdrücken darf die Absorbertemperatur und die Konzentration ζ des Kältemittels in der Lösung nicht zu hoch werden, da sonst keine Absorption mehr stattfindet.

Die kältemittelarme Lösung im Absorber muss das im Verdampfer erzeugte Kältemittel ständig aufnehmen, da sonst der Verdampferdruck ansteigen würde. Durch die Kältemittelabsorption steigt die Konzentration des Kältemitteldampfes in der Lösung an. Die Konzentrationsänderung zwischen reicher und armer Lösung ζ_r und ζ_a wird als Entgasungsbreite bezeichnet. Sie beträgt im System NH_3/H_2O üblicherweise zwischen 10 und 25 %, im System $H_2O/LiBr$ etwa

4–6 %. Die erforderlichen Lösungsmittelmassenströme werden aus einer Massenbilanz am Absorber ermittelt.

Der Massenstrom der reichen Lösung $\dot{m}_r$ setzt sich aus der Summe des zugeführten Kältemitteldampfes $\dot{m}_D$ und der aus dem Generator zurückgepumpten armen Lösung $\dot{m}_a$ zusammen:

$$\dot{m}_r = \dot{m}_D + \dot{m}_a \tag{4.75}$$

Die zugehörigen Kältemittelmassenströme hängen von der Konzentration des Kältemittels in der reichen und armen Lösung ξ_r und ξ_a sowie der Konzentration des Kältemittels im gasförmigen Zustand, d. h. der Reinheit des Dampfes ξ_D, ab.

$$\dot{m}_r\xi_r = \dot{m}_D\xi_D + \dot{m}_a\xi_a \tag{4.76}$$

Das Massenstromverhältnis zwischen reicher Lösung und Kältemitteldampf wird auch als spezifisches Rücklaufverhältnis f bezeichnet und liegt sowohl bei Ammoniakanlagen als auch bei LiBr-Wasser Maschinen zwischen 10 und 25.

$$f = \frac{\dot{m}_r}{\dot{m}_D} = \frac{\xi_D - \xi_a}{\xi_r - \xi_a} \tag{4.77}$$

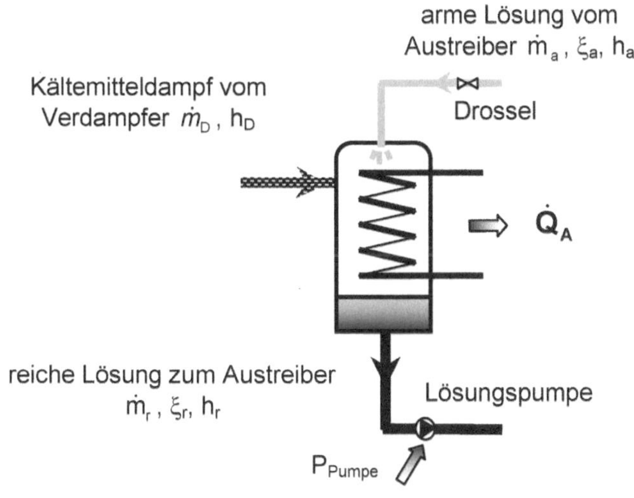

Bild 4-36: Massenbilanzen am Absorber. Im Absorber wird die Lösungswärme $\dot{Q}_A$ frei.

4.6.1.3 Generator

Im Generator wird das absorbierte Kältemittel durch Erhitzung der kältemittelreichen Lösung wieder ausgetrieben. Die konventionelle Beheizung durch Gas oder andere fossile Energieträger kann durch thermische Solarenergie ersetzt werden. Entscheidend für den Betrieb mit Solarenergie ist das erforderliche Temperaturniveau im Generator, das bei ungünstigen Randbedingungen, insbesondere geringer Lösungsmittelkonzentration, deutlich über 100 °C liegen kann. Obwohl heutige Vakuumkollektoren solche Temperaturniveaus durchaus mit akzeptablem Wirkungsgrad bereitstellen können, ist die Solarnutzung bei geringeren Temperaturen vorteilhafter. Die physikalischen Grundlagen für die Bestimmung der erforderlichen Temperaturen und Leistungszahlen werden im Folgenden diskutiert.

4.6.2 Energiebilanzen und Leistungszahlen einer Absorptionskältemaschine

Nach dem ersten Hauptsatz der Thermodynamik - dem Energieerhaltungssatz - gilt, dass die aufgenommene Wärmeleistung im Verdampfer und im Generator gleich der abgegebenen Wärme im Kondensator und Absorber sein muss.

$$\dot{Q}_V + \dot{Q}_G = \dot{Q}_K + \dot{Q}_A \qquad (4.78)$$

Die Leistungszahl ist als Verhältnis der Nutzkälte $\dot{Q}_V$ (aufgenommene Wärmeleistung aus dem Kühlraum) zur zugeführten Generatorleistung definiert.

$$COP_{th} = \frac{\dot{Q}_V}{\dot{Q}_G} \qquad (4.79)$$

Während der erste Hauptsatz jegliche Energieumwandlung zulässt, beschränkt der zweite Hauptsatz der Thermodynamik die möglichen Energiewandlungsprozesse. Energieformen wie mechanische Nutzarbeit, elektrische Energie, kinetische und potenzielle Energie können bei reversiblen Prozessen vollständig ineinander umgewandelt werden sowie in nur beschränkt umwandelbare Energien wie innere Energie, Enthalpie oder Wärme transformiert werden. Diese vollständig umwandelbaren Energien werden mit Exergie bezeichnet.

Dagegen sind Wärmeströme, die bei einer bestimmten Temperatur T zu- oder abgeführt werden, grundsätzlich mit einem Entropiestrom verbunden.

$$\dot{S}_Q = \frac{\dot{Q}}{T} \qquad (4.80)$$

Diese Entropie bleibt meist nicht erhalten, sondern vergrößert sich bei allen irreversiblen Prozessen. Die Entropiebilanzgleichung hat einen Quellterm bzw. eine Entropieerzeugungsrate $\dot{S}_{irr}$, die minimal Null bei reversiblen Prozessen, sonst größer null ist.

Im stationären Fall entspricht die Summe aller dem System zu- oder abgeführten Entropiemengen dieser Entropieerzeugungsrate.

$$\frac{dS}{dT} = \sum_i \frac{\dot{Q}_i}{T} + \dot{S}_{irr} = 0 \qquad (4.81)$$

$$\dot{S}_{irr} = -\sum_i \frac{\dot{Q}_i}{T} \geq 0$$

Wird also einem System Wärme bei einer hohen Temperatur zugeführt (positives Vorzeichen und kleiner Entropiestrom), muss demnach eine Mindestmenge Wärme bei einer niedrigeren Temperatur abgeführt werden, damit die Entropieproduktion null oder größer Null wird.

Wärme ist damit nicht unbegrenzt in Entropiefreie Arbeit (= Exergie) umwandelbar, ein Teil wird als sogenannte Anergie an die Umgebung abgegeben. Aus dieser Anergie kann keine Arbeit mehr erzeugt werden.

Der erste Hauptsatz der Thermodynamik kann so formuliert werden, dass die Summe aus Exergie und Anergie bei jedem Prozess konstant bleibt. Der zweite Hauptsatz besagt, dass bei jedem irreversiblen Prozess Exergie in Anergie umgewandelt wird und die Umwandlung von Anergie in Exergie unmöglich ist.

Auch bei der Exergiebilanz gibt es also einen Quellterm, nämlich den Exergieverlustterm $\dot{E}_{\mathrm{Ver}}$, der minimal null bei reversiblen Prozessen oder größer null bei irreversiblen Prozessen wird. Im stationären Fall ergibt sich:

$$\sum_i \dot{E}_{\mathrm{i,ein}} = \sum_i \dot{E}_{\mathrm{i,aus}} + \dot{E}_{\mathrm{Ver}} \quad \text{mit} \quad \dot{E}_{\mathrm{Ver}} \geq 0 \tag{4.82}$$

Die Berechnung der Exergie erfolgt nun durch die Kombination von erstem und zweiten Hauptsatz.

Wird beispielsweise Wärme bei einem hohen Temperaturniveau T aufgenommen und bei Umgebungstemperatur T_0 abgegeben, kann damit mechanische Arbeit W erzeugt werden. Der erste Hauptsatz lautet:

$$\dot{Q} + \dot{Q}_0 + W = 0$$

Die Entropiebilanzgleichung für diesen Prozess ergibt

$$\frac{\dot{Q}}{T} + \frac{\dot{Q}_0}{T_0} + \dot{S}_{\mathrm{irr}} = 0$$

Der Wärmestrom $\dot{Q}_0$ wird eliminiert, indem er aus der Entropiebilanzgleichung berechnet und in die Energiebilanz eingesetzt wird.

$$\dot{Q}_0 = -\dot{Q}\frac{T_0}{T} - T_0 \dot{S}_{\mathrm{irr}}$$

$$-W = \dot{Q}\left(1 - \frac{T_0}{T}\right) - T_0 \dot{S}_{\mathrm{irr}}$$

In einem reversiblen Prozess ($\dot{S}_{\mathrm{irr}} = 0$) ist demnach die maximal gewinnbare Arbeit aus dem Wärmestrom durch den Carnotwirkungsgrad beschränkt, der umso höher ist, je größer die Temperaturdifferenz zwischen der heißen Wärme aufnehmenden Seite und der niedrigen wärmeabgebenden Seite ist.

$$\eta_{\mathrm{C}} = 1 - \frac{T_0}{T} \tag{4.83}$$

Der maximale Arbeitsanteil eines Wärmestroms wird als Exergie bezeichnet.

$$\dot{E} = \dot{Q}\left(1 - \frac{T_0}{T}\right) \tag{4.84}$$

Dieser Anteil wird aus den Temperaturdifferenzen zur Umgebungstemperatur T_0 berechnet, bei der die Wärme als reine Anergie an die Umgebung abgegeben wird.

In einer Absorptionskältemaschine sind z. B. die Abwärme des Kondensators und Absorbers reine Anergie.

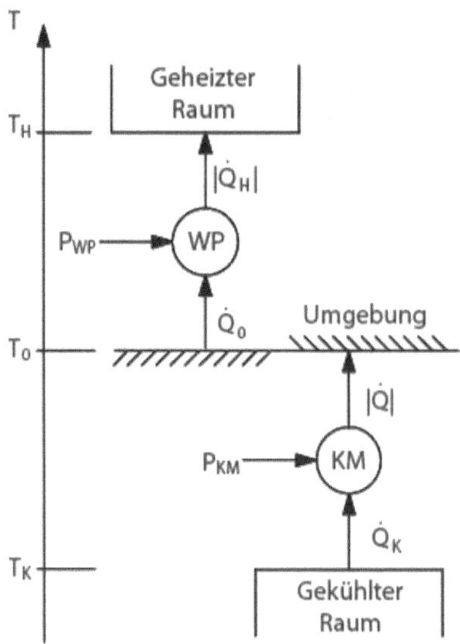

Bild 4-37: Temperaturniveaus und Leistungsbilanzen einer Wärmepumpe und Kältemaschine

Zunächst soll nun die erforderliche Exergie berechnet werden, die für Heiz- oder Kühlaufgaben minimal notwendig ist.

Im Heizfall fließt ein Wärmestrom von der höheren Raumtemperatur T_H zur niedrigen Umgebungstemperatur T_0. Die dadurch verlorene Exergie $\dot{E}_{Ver}$ muss ständig ersetzt werden, d. h. dem Raum zugeführt werden. Das kann im besten Fall durch eine reversible Wärmepumpe erfolgen, die genau diese Exergie bereitstellt und den restlichen Wärmestrom für die Heizung aus Anergie, also Umgebungswärme nimmt.

Im Falle der Wärmepumpe ist die zugeführte Exergie die mechanische (oder thermische) Antriebsleistung der Wärmepumpe, welche die Wärmeverluste kompensiert. Da aus der Umgebung nur Anergie aufgenommen wird, ist die abgeführte Exergie gleich null. Die zugeführte Exergie ist also der durch den Carnotwirkungsgrad berechnete Anteil der Heizwärme:

$$\dot{E}_{ein} = \dot{E}_{Ver} = \dot{Q}_H\left(1 - \frac{T_0}{T_H}\right) = \dot{Q}_H\,\eta_C$$

Der restliche Anteil der Heizwärme ist die aus der Umgebung aufgenommene Anergie $\dot{B}$.

$$\dot{B} = \dot{Q}_H - \dot{E}_{ein} = \dot{Q}_H\left(1 - \left(1 - \frac{T_0}{T_H}\right)\right) = \dot{Q}_H\,\frac{T_0}{T_H} \tag{4.85}$$

Bei Kühlaufgaben liegt die Temperatur des zu kühlenden Raums T_K unter der Umgebungstemperatur. Von der Umgebungstemperatur fließt ein Wärmestrom durch die nicht ideal gedämmten Wände des Kühlraums und verliert dabei Exergie, die von der Kältemaschine aufgebracht werden muss.

$$\dot{E} = \dot{Q}_{K}\left(1 - \frac{T_0}{T_K}\right) \tag{4.86}$$

Der Carnotwirkungsgrad wird negativ, d. h. wenn der Wärmestrom mit positivem Vorzeichen in den Kühlraum fließt, wird der Exergiestrom negativ – der Kühlraum verliert Exergie.

Oder umgekehrt betrachtet: Wenn beim Kühlen dem Raum ein Wärmestrom, nämlich genau die Kälteleistung $\dot{Q}_K$ entzogen wird (mit negativem Vorzeichen), muss Exergie (positiv) zugeführt werden.

Der Anergieanteil ergibt sich wie vorher aus

$$\dot{B} = \frac{T_0}{T_K}\dot{Q}_K$$

Die Anergie ist größer als die eigentliche negative Kälteleistung, nämlich genau um den Anteil des Exergieverlustes durch den irreversiblen Wärmeübergang in der Wand.

Da die entzogene Kälteleistung bei Umgebungstemperatur abgegeben wird, also komplett aus Anergie besteht, ergibt die Exergiebilanz

$$\dot{E}_{ein} = \dot{E}_{Ver} = \dot{Q}_K\left(1 - \frac{T_0}{T_K}\right) = \dot{Q}_K \, \eta_C$$

Bei einer elektrischen, verlustfreien Kompressionskältemaschine besteht die eintretende Exergie aus der elektrischen Antriebsleistung.

Die Leistungszahl als Verhältnis aus Nutzkälte zur Antriebsleistung ergibt sich damit zu

$$COP_{rev} = \left|\frac{\dot{Q}_K}{P_{el}}\right| = \left|\frac{\dot{Q}_K}{\dot{Q}_K\left(1 - \frac{T_0}{T_K}\right)}\right| = \frac{T_K}{T_0 - T_K} \tag{4.87}$$

Bei einer thermischen Kältemaschine wird der elektrische Kompressor durch einen sogenannten thermischen Kompressor ersetzt, der zwischen einer hohen Generatortemperatur T_G und der Umgebungstemperatur T_0 arbeitet.

Bei einem reversiblen Prozess würde die im Generator zugeführte Exergie genau ausreichen, um die erforderliche Exergie für den Kühlraum zu decken.

$$\dot{Q}_G\left(1 - \frac{T_0}{T_G}\right) = \left|\dot{Q}_K\left(1 - \frac{T_0}{T_K}\right)\right| = \left|\dot{Q}_K\right|\frac{T_0 - T_K}{T_K} \tag{4.88}$$

Daraus ergibt sich die Leistungszahl des idealen thermisch angetriebenen Kälteprozesses zu

$$COP = \frac{\left|\dot{Q}_K\right|}{\dot{Q}_G} = \frac{\left(1 - \frac{T_0}{T_G}\right)}{\left(\frac{T_0 - T_K}{T_K}\right)} = \frac{T_K}{T_0 - T_K}\frac{T_G - T_0}{T_G} \tag{4.89}$$

Gute Leistungszahlen ergeben sich insbesondere dann, wenn die Kondensator- und Absorbertemperaturen niedrig gehalten werden können, da zum einen der Temperaturhub der Wärmekraftmaschine zwischen Absorber und Generator steigt und zum anderen die Temperaturdifferenz zwischen Verdampfer und Kondensator für einen effizienten Kältemaschinenkreisprozess gering bleibt.

Die reale Leistungszahl ergibt sich dann aus dem Produkt von idealer Leistungszahl und dem exergetischen Wirkungsgrad.

$$COP_{\mathrm{real}} = COP_{\mathrm{Carnot}} \times \zeta \tag{4.90}$$

Der exergetische Wirkungsgrad ist als das Verhältnis der minimal erforderlichen Exergie für den Kälteprozess (kann auch als nützlicher Exergiestrom bezeichnet werden) zur gesamten aufgewendeten Exergie definiert.

$$\zeta = \frac{\text{nützliche Exergieströme}}{\text{aufgewendete Exergieströme}} = \frac{\dot{E}_{\mathrm{min}}}{\dot{E}_{\mathrm{real}}} \tag{4.91}$$

Reale elektrische Kältemaschinen bzw. Wärmepumpen haben exergetische Wirkungsgrade von etwa 50 %.

Für eine vollständige Bewertung der Leistungszahlen sollte die aufgewendete Energie für den Prozess primärenergetisch bewertet werden.

Der Primärenergie COP ergibt sich aus dem primärenergetischen Wirkungsgrad des gewählten Energieträgers. Für Strom liegt dieser Wirkungsgrad heute bei etwa 37 %, für Wärme bei etwa 90 %.

$$COP_{\mathrm{primär}} = COP_{\mathrm{Carnot}} \times \zeta \times \eta_{\mathrm{primär}} \tag{4.92}$$

Das gleiche Ergebnis wird durch die Betrachtung von Energie- und Entropiebilanzen erhalten.

Da ein idealer Prozess reversibel abläuft, muss nach dem zweiten Hauptsatz die Entropie konstant bleiben. Die Reduktion der Entropie im Kondensator entspricht der Entropieerhöhung im Verdampfer und die Entropieabnahme im Absorber entspricht der Entropiezunahme im Generator.

$$\frac{\dot{Q}_{\mathrm{K}}}{T_{\mathrm{K}}} = \frac{\dot{Q}_{\mathrm{V}}}{T_{\mathrm{V}}} \tag{4.93}$$

$$\frac{\dot{Q}_{\mathrm{A}}}{T_{\mathrm{A}}} = \frac{\dot{Q}_{\mathrm{G}}}{T_{\mathrm{G}}} \tag{4.94}$$

Die Leistungszahl (COP) für die Kälteerzeugung bzw. den Heizfall lässt sich durch Umformung obiger Gleichungen zusammen mit der Energiebilanzgleichung wieder als Temperaturverhältnis darstellen:

$$COP_{\mathrm{Kälte}} = \frac{\dot{Q}_{\mathrm{V}}}{\dot{Q}_{\mathrm{G}}} = \frac{T_{\mathrm{G}} - T_{\mathrm{A}}}{T_{\mathrm{G}}} \frac{T_{\mathrm{V}}}{T_{\mathrm{K}} - T_{\mathrm{V}}}$$

$$COP_{\mathrm{Heiz}} = \frac{\dot{Q}_{\mathrm{A}} + \dot{Q}_{\mathrm{K}}}{\dot{Q}_{\mathrm{G}}} = 1 + \frac{T_{\mathrm{G}} - T_{\mathrm{A}}}{T_{\mathrm{G}}} \times \frac{T_{\mathrm{V}}}{T_{\mathrm{K}} - T_{\mathrm{V}}} = 1 + COP_{\mathrm{Kälte}} \tag{4.95}$$

Beispiel 13:

Berechnung der idealen Leistungszahlen für eine Absorptionskältemaschine mit folgenden Temperaturverhältnissen:

Temperaturen [°C]	Beispiel 1	Beispiel 2	Beispiel 3	Beispiel 4	Beispiel 5
Verdampfer T_V	−10	−10	+5	+5	+5
Kondensator T_K	30	50	50	30	50
Absorber T_A	30	50	50	30	50
Generator T_G	140	140	140	100	100
$COP_{Kälte}$	1.75	0.95	1.34	2.09	0.83
COP_{Heiz}	2.75	1.95	2.34	3.09	1.83

Beispiel 14:

Einer Absorptionskältemaschine wird im Austreiber 100 kW Heizleistung von 90 °C zugeführt. Sie nimmt dabei 70 kW Kälteleistung aus dem Kühlraum bei 6 °C auf und gibt die Abwärme bei 30 °C an die Umgebung ab. Aus diesen Angaben soll der Exergieverluststrom berechnet werden sowie die maximale Kälteleistung bei einem reversiblen Prozess.

Die Exergie des Generators wird über den Carnotwirkungsgrad berechnet.

$$\dot{E}_G = \dot{Q}_G \left(1 - \frac{T_0}{T_G}\right) = 100 \text{ kW} \left(1 - \frac{303 \text{ K}}{363 \text{ K}}\right) = 16 \text{ kW}$$

Um aus dem Kühlraum Wärme abzuführen, muss Exergie zugeführt werden:

$$\dot{E}_K = \dot{Q}_K \left(1 - \frac{T_0}{T_V}\right) = 70 \text{ kW} \left(1 - \frac{303 \text{ K}}{279 \text{ K}}\right) = -6 \text{ kW}$$

Der Exergieverluststrom ergibt sich aus der Exergiebilanzgleichung. Dabei ist die austretende Exergie null, da die Abwärme bei Umgebungstemperatur abgegeben wird.

$$\sum_i \dot{E}_{i,ein} = \dot{E}_G + \dot{E}_K = \dot{E}_{Ver} = 10 \text{ kW}$$

Von der zugeführten Exergie von 16 kW gehen demnach 10 kW verloren!

Würde die Kältemaschine reversibel arbeiten, könnte der komplette zugeführte Exergiestrom für die Kälteerzeugung genutzt werden.

$$\dot{Q}_G \left(1 - \frac{T_0}{T_G}\right) = \left| \dot{Q}_{K,rev} \left(1 - \frac{T_0}{T_V}\right) \right|$$

Die reversible maximale Kälteleistung wäre damit

$$\dot{Q}_{K,rev} = \dot{Q}_G \frac{T_G - T_0}{T_G} \times \frac{T_V}{T_0 - T_V} = 1.9 \, \dot{Q}_G = 190 \text{ kW}$$

also 2.7 mal höher als die tatsächliche Kälteleistung.

Die reversible Leistungszahl ist

$$COP_{Kälte,rev} = \frac{T_V}{T_0 - T_V} \frac{T_G - T_0}{T_G} = \frac{279 \text{ K}}{303 \text{ K} - 279 \text{ K}} \frac{363 \text{ K} - 279 \text{ K}}{303 \text{ K}} = 2.3$$

Das Verhältnis der minimal erforderlichen Exergie für die Kühlung zur tatsächlich aufgewendeten Exergie der Generatorwärme entspricht dem Exergiewirkungsgrad. Er liegt bei 37.5 %, sodass sich die reale Leistungszahl zu 0.7 ergibt.

$$\zeta = \frac{|\dot{E}_K|}{\dot{E}_G} = \frac{6\ \text{kW}}{16\ \text{kW}} = 0.375$$

Beispiel 15:

Vergleichend zur Absorptionskälte soll der exergetische Wirkungsgrad einer elektrischen Kompressions-kältemaschine bestimmt werden, welche bei gleichen Temperaturrandbedingungen des obigen Beispiels arbeitet (6 °C Kaltwasser- und 30 °C Kühlwassertemperatur). Für die Kälteleistung von 70 kW wird bei einer Leistungszahl von 3.0 eine elektrische Leistung von 23.3 kW aufgenommen.

Für die erforderliche Exergie von 6 kW, um den Kühlraum auf 6 °C zu halten, werden 23.3 kW an Exergie über die elektrische Leistung zugeführt. Der exergetische Wirkungsgrad liegt bei 25.7 % und damit niedriger als bei der Absorptionskältemaschine. Die reversible Leistungszahl ist jedoch

$$COP_{\text{Kälte,rev}} = \frac{T_V}{T_K - T_V} = \frac{279\ \text{K}}{303\ \text{K} - 279\ \text{K}} = 11.62$$

und damit deutlich höher als bei der Absorptionskältemaschine. Der reale COP ist höher als bei der Absorptionskältemaschine. Der primärenergetisch bewertete COP liegt bei

$$COP_{\text{primär}} = COP_{\text{Carnot}} \times \zeta \times \eta_{\text{primär}} = 11.62 \times 0.257 \times 0.37 = 1.1$$

Im Vergleich dazu ist der Primärenergie COP der thermischen Kühlung

$$COP_{\text{primär}} = 2.3 \times 0.375 \times 0.9 = 0.78$$

4.6.3 Physikalische Grundlagen des Absorptionsprozesses

4.6.3.1 Dampfdruckkurven von Arbeitsstoffpaaren und Druckniveaus der Kältemaschine

Im thermischen Gleichgewicht stellt sich über einer reinen Flüssigkeit ein Sättigungsdampf-druck p_s ein, der allein von der Temperatur abhängt. In Abhängigkeit von der Verdampfungs-enthalpie des reinen Arbeitsstoffes ergibt sich nach Clausius-Clapeyron ein exponentieller Anstieg des Sättigungsdruckes mit dem negativen Kehrwert der Temperatur $-1/T$. Für reines Ammoniak wird als Näherungslösung von Bourseau die logarithmische Funktion

$$\log_{10} p_s = a - \frac{b}{T} \tag{4.96}$$

mit den Koeffizienten $a = 10.018$ und $b = 1204.3$ für Drücke bis 25×10^5 Pa angegeben (T in Kelvin) (Burseau und Bugarel, 1986).

Das Niederdruckniveau p_L der Kältemaschine wird durch den Sättigungsdampfdruck bei der angestrebten Verdampfertemperatur festgelegt.

Beispiel 16:

Dampfdruck von NH_3 bei Verdampfertemperaturen T_V von -10 °C und +5 °C sowie bei Kondensatortemperaturen T_K von +30 °C und 50 °C.

Komponente	Temperatur [K]	Dampfdruck NH_3 [Pa]
Verdampfer	263	2.76×10^5
Verdampfer	278	4.88×10^5
Kondensator	303	11.1×10^5
Kondensator	323	19.6×10^5

Aufgrund der hohen Dampfdrücke von Ammoniak sind die Volumenströme des verdampften Kältemittels trotz höherer Dampfmassenströme deutlich niedriger als die Volumenströme des Wasserdampfs in LiBr-Anlagen. Aus den Druckniveaus im Verdampfer p_V und dem Dampfmassenstrom $\dot{m}_D$ lässt sich über die Gasgleichung der Dampfvolumenstrom $\dot{V}_D$ bei gegebener Temperatur [K] berechnen: $p_V \dot{V}_D = \dot{m}_D R_s T$.

Die spezifischen Gaskonstanten R_s von Wasserdampf und Ammoniak werden über die Molmasse M aus der allgemeinen Gaskonstante $R = 8.314$ J/mol K berechnet: $R_s = R/M$ und liegen mit Molmassen von 18 g/mol für Wasser und 17 g/mol für NH_3 bei $R_s(H_2O) = 462$ J/kgK bzw. $R_s(NH_3) = 489$ J/kgK.

Das Temperaturniveau des Kondensators legt das Hochdruckniveau p_H in der Absorptionskältemaschine fest: Soll das ausgetriebene Kältemittel auch bei hohen Umgebungstemperaturen in einem luftgekühlten Kondensator verflüssigt werden, steigt das Druckniveau der Anlage stark an (typisch $p_H > 15 \times 10^5$ Pa für Ammoniakkältemaschinen).

Das Funktionsprinzip des thermischen Kompressors beruht darauf, dass der Dampfdruck des reinen Kältemittels absinkt, wenn es in einer höher siedenden Flüssigkeit absorbiert wird: Während reines Ammoniak bei +5 °C bereits einen Dampfdruck von knapp 5×10^5 Pa erzeugt, erreicht es über einer Lösung mit 50 % Wasseranteil bei gleicher Temperatur nur noch einen Dampfdruck von 1.3×10^5 Pa - das Absorptionsmittel erfüllt die Absaugfunktion des Kompressors.

Umgekehrt müssen im Austreiber hohe Temperaturen erzeugt werden, um das Ammoniak wieder aus der Lösung auszutreiben. Je geringer die Ammoniakkonzentration in der reichen Lösung, desto höher ist die erforderliche Generatortemperatur, um den Dampfdruck für die Verflüssigung zu erzeugen.

In Abhängigkeit von der Kältemittelkonzentration ξ in der Lösung werden die Koeffizienten a und b der Clausius-Clapeyron'schen Dampfdruckgleichung modifiziert. Für das Stoffpaar Ammoniak-Wasser gilt:

$$\log_{10} p = a - b / T$$
$$a = 10.44 - 1.767\xi + 0.9823\xi^2 + 0.3627\xi^3 \tag{4.97}$$
$$b = 2013.8 - 2155.7\xi + 1540.9\xi^2 - 194.7\xi^3$$

Aus der Dampfdruckkurve des reinen Kältemittels lassen sich somit Hoch- und Niederdruckniveau p_H und p_L mit Kondensator- und Verdampfertemperatur T_V und T_K festlegen. Auf der Niederdruckseite wird die maximale Lösungskonzentration, bei der noch absorbiert werden kann, durch die Absorbertemperatur T_A bestimmt: Wird der Absorber bei niedrigen Temperaturen rückgekühlt, kann bei höheren Lösungskonzentrationen absorbiert werden. Die Generatortemperatur T_G auf der Hochdruckseite legt die minimale Lösungskonzentration fest und bestimmt so die Entgasungsbreite als Konzentrationsdifferenz zwischen reicher Lösung im Absorber und armer Lösung im Generator.

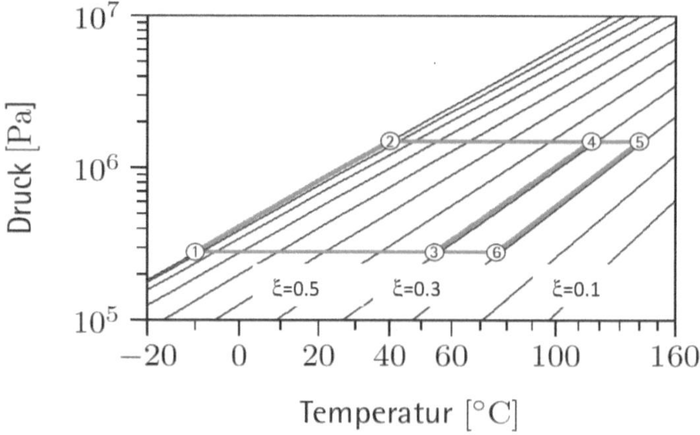

Bild 4-38: Dampfdruckkurven über Ammoniak-Wasser Lösungen im logp-1/T Diagramm.

Die Lösungskonzentration variiert in 10 % Schritten von 0.1 bis 1 (reines Ammoniak entspricht $\xi=1$, linke Kurve). Der Prozess läuft über den Verdampfer (Zustandspunkt 1), Kondensator (2), die Absorption des Kältemittels in der Lösung (3), den Eintritt der reichen Lösung in den Generator (4), die arme Lösung am Ende des Austreiberprozesses (5) sowie die über den Lösungswärmetauscher abgekühlte arme Lösung vor dem Wiedereintritt in den Absorber (6). Die Generatortemperatur kann für gegebene Lösungskonzentrationen aus der modifizierten Clausiusgleichung berechnet werden:

$$T = \left(\frac{1}{b(\xi)} \times \left(a(\xi) - \log_{10} p \right) \right)^{-1} \tag{4.98}$$

Die maximale Generatortemperatur ergibt sich, wenn aus der Lösung bereits Kältemitteldampf ausgetrieben wurde, d. h. am Ende des Austreiberprozesses. Der Kältemitteldampf im Austreiber steht dann im Gleichgewicht mit der den Generator verlassenden, an Kältemittel armen Lösung.

Beispiel 17:

Berechnung der erforderlichen Generatortemperaturen, um einen Dampfdruck von 20×10^5 Pa zu erzeugen, wenn die Konzentration der den Generator verlassenden armen Lösung ξ_a bei 0.2, 0.35 und 0.5 liegt.

Lösungskonzentration ξ_a [–]	Generatortemperatur T_G [°C]
0.2	156
0.35	120.6
0.5	92.5

Hohe Lösungskonzentrationen sind demnach günstig, um die erforderliche Generatortemperatur zu senken und an den Solarbetrieb anzupassen. Hohe Lösungskonzentrationen bedeuten auf der anderen Seite jedoch auch hohe Dampfdrücke im Absorber und damit eine Einschränkung der Pumpwirkung des Absorbers: wenn die Verdampfertemperaturen sehr niedrig liegen sollen, d. h. geringe Dampfdrücke erzeugen, muss die Lösungskonzentration dementsprechend gering sein, um bei gegebener Absorbertemperatur den Verdampferdruck zu halten.

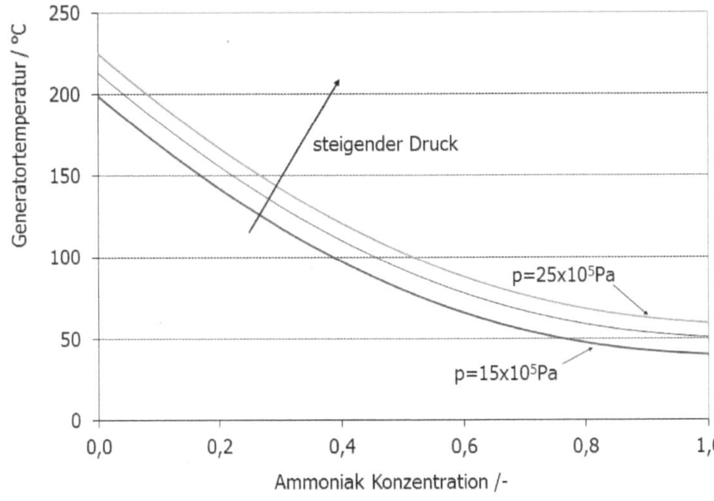

Bild 4-39: Erforderliche Generatortemperatur als Funktion der Konzentration des Kältemittels Ammoniak in der Lösung.

Das Druckniveau ist durch die Kondensatortemperatur vorgegeben und variiert hier in 5×10^5 Pa Schritten. Mit steigendem Kondensatordruck steigen auch die erforderlichen Generatortemperaturen.

Beispiel 18:

In einem auf 40 °C kühlbaren Absorber soll bei –10 °C Verdampfertemperatur der Kältemitteldampf noch aufgenommen werden können. Die maximale Lösungskonzentration wird durch Auflösung der modifizierten Clausiusgleichung nach ξ bestimmt.

Dampfdruck bei -10 °C: $\qquad$ 2.75×10^5 Pa

Maximale Lösungskonzentration: $\qquad$ $\xi = 0.38$

Der Absorptionskälteprozess von Wasser-LiBr Anlagen läuft bei sehr geringen absoluten Druckniveaus unter 5000 Pa zwischen Hoch- und Niederdruckniveau des Kondensators und Verdampfers ab. Die minimale Lösungskonzentration ist auf 35 % beschränkt, da sonst eine Kristallisation des Lösungsmittels LiBr auftritt.

4.6.3.2 Verdampfungsenthalpie von Absorptionskältemitteln

Die Verdampfungsenthalpie h_V (d. h. die aufnehmbare Wärmemenge bei konstantem Druck) des Kältemittels Wasser liegt fast doppelt so hoch wie h_V von Ammoniak- beispielsweise bei einer Verdampfertemperatur von +5 °C bei 2489 kJ/kg (Wasser) gegenüber 1258 kJ/kg (Ammoniak). Die Verdampfungsenthalpie h_V ergibt sich aus der Enthalpiedifferenz zwischen Dampf und Flüssigkeit und ist temperaturabhängig ($h_V = h_D - h_{fl}$). Für Wasserdampf werden die bereits angegebenen Näherungsgleichungen aus Kapitel 4.1.-Sorptionstechnik verwendet.

Die spezifische Verdampfungsenthalpie von reinem Ammoniak wird mit Näherungsformeln für den Hoch- und Niedrigdruckbereich berechnet (Sodha et al, 1983) (Temperatur T in [°C]). Die Gleichungen für den Hochdruckbereich werden in der Literatur erst ab 1.723×10^6 Pa angegeben, können jedoch mit hinreichender Genauigkeit bis zur oberen Grenze des Niederdruckbereiches von 5.52×10^5 Pa angewendet werden.

Hochdruckbereich: $5.52 \times 10^5 < p \le 2.413 \times 10^6$ Pa

$$h_{fl} = 6.7702 + 4.7182\,T \tag{4.99}$$

$$h_D = 1290.28542 + 19.4669 \times 10^{-9}(1.8T + 32)^4 \tag{4.100}$$

Niederdruckbereich: 3.45×10^5 Pa $< p \le 5.52 \times 10^5$ Pa

$$h_{fl} = -1.4356 + 4.5705\,T \tag{4.101}$$

$$h_D = 1234.944 + (1.8T + 32)$$
$$\times \left(0.9672 + (1.8T + 32)\left(-11.5081 \times 10^{-6}(1.8T + 32) + 3.4775 \times 10^{-3}\right)\right) \tag{4.102}$$

Beispiel 19:

Berechnung des Kältemittelmassenstroms $\dot{m}_D$ von Ammoniak bzw. Wasser für eine Kälteleistung des Verdampfers $\dot{Q}_V$ von 100 kW und einer Verdampfertemperatur von 5 °C:

$$\dot{m}_D = \frac{\dot{Q}_V}{h_D - h_{fl}}$$

Im Verdampfer wird das Kältemittel im Niederdruckbereich verdampft. Für Wasser ergibt sich bei einer Verdampfungsenthalpie $h_V = 2510$ kJ/kg -21 kJ/kg = 2489 kJ/kg ein Massenstrom von 0.04 kg/s = 144.6 kg/h.

Für Ammoniak mit einer Verdampfungsenthalpie $h_V = 1279$ kJ/kg -21 kJ/kg = 1258 kJ/kg ergibt sich ein Massenstrom von 0.079 kg/s = 286 kg/h.

Beispiel 20:

Berechnung des Rücklaufverhältnisses und des erforderlichen Lösungsmittelumlaufs für eine Verdampferleistung von 100 kW, wenn die arme Lösung mit einer Konzentration von $\xi_a = 0.3$ aus dem Generator kommt und die Entgasungsbreite auf 10 % beschränkt ist.

Das Rücklaufverhältnis f ist lediglich eine Funktion der Entgasungsbreite. Unter Annahme reinen Kältemitteldampfes ($\xi_D = 1$) $\uparrow$ ergibt sich ein Rücklaufverhältnis $f = \dfrac{1 - 0.3}{0.4 - 0.3} = 7$, d. h., es muss die 7-fache Menge an Lösungsmittel im Verhältnis zum Kältemitteldampf umgewälzt werden.

Für Wasser als Kältemittel ist der LiBr-Lösungsmassenstrom somit 70×144.6 kg/h=1012 kg/h.

Für Ammoniak als Kältemittel müssen 7×286 kg/h = 2003 kg/h umgewälzt werden.

Beispiel 21:

Berechnung des Volumenstroms des Kältemitteldampfes im Verdampfer von Wasser und Ammoniak aus Beispiel 19 für 100 kW Verdampferkälteleistung.

Das Druckniveau bei 5 °C Verdampfertemperatur liegt nach Gleichung (4.96) bei 4.88×10^5 Pa für Ammoniak und bei 872 Pa für Wasser.

Wasser: aus dem Massenstrom von 145 kg/h bzw. 0.04 kg/s ergibt sich aufgrund des sehr niedrigen Verdampferdrucks ein sehr hoher Volumenstrom von

$$\dot{V}_\mathrm{D} = \frac{\dot{m}_\mathrm{D} R_\mathrm{s} T}{p_\mathrm{V}} = \frac{0.04\,\frac{\mathrm{kg}}{\mathrm{s}}\,462\,\frac{\mathrm{J}}{\mathrm{kgK}}\,278\,\mathrm{K}}{872\,Pa} = 5.9\,\frac{\mathrm{m}^3}{\mathrm{s}} = 21298\,\frac{\mathrm{m}^3}{\mathrm{h}}$$

Ammoniak: aus dem fast doppelt so hohen Massenstrom von 286 kg/h ergibt sich aufgrund des sehr hohen Verdampferdrucks von 4.85×10^5 Pa ein Volumenstrom von nur 80 m³/h.

4.6.3.3 Eigenschaften von Lithium-Bromid-Wasserlösungen

Für den Dampfdruck und die Enthalpie von reinem Wasser können die in Kapitel 4.4.4.2 beschriebenen Gleichungen von (Glück, 1991) verwendet werden.

Eine weitere Korrelation von (Mc Neely 1979) kann verwendet werden, um aus einem gegebenen Wasserdampfdruck über der Lösung sowie der Lösungskonzentration die Temperatur der Lösung zu berechnen.

$$t_\mathrm{LiBr}(\xi, p_\mathrm{s}) = \sum_{i=0}^{4} a_i \xi_i^i + \left(\sum_{i=0}^{4} b_i \xi_i^i\right) \cdot t(p_\mathrm{s}) \tag{4.103}$$

Tabelle 4-7: Koeffizienten für die Berechnung der Temperatur einer wässrigen Wasser-Lithiumbromidlösung

i	a_i	b_i
1	1.6634856×10^1	$-6.8242821 \times 10^{-2}$
2	-5.5338169×10^2	5.8736190×10^0
3	1.1228336×10^4	-1.0278186×10^2
4	-1.1028390×10^5	9.3032374×10^2
5	6.2109464×10^5	-4.8223940×10^3
6	-2.1112567×10^6	1.5189038×10^4
7	4.3851901×10^6	-2.9412863×10^4
8	-5.4098115×10^6	3.4100528×10^4
9	3.6266742×10^6	-2.1671480×10^4
10	-1.0153059×10^6	5.7995604×10^4

Die Enthalpie einer wässrigen Lithiumbromid Lösung werden nach den empirischen Gleichungen von (Mc Neely 1979) berechnet:

$$h_{\mathrm{LiBr}+\mathrm{H}_2\mathrm{O}}(t, \xi) = \xi h_\mathrm{LiBr}(t) + (1 - \xi) \cdot h_{\mathrm{H}_2\mathrm{O}}(t) + \Delta h(t, \xi) \tag{4.104}$$

$$h_\mathrm{LiBr}(t) = \sum_{i=0}^{4} a_i \cdot t_i \tag{4.105}$$

$$\Delta h = \xi(1 - \xi) \sum_{i=0}^{4} \sum_{j=0}^{3} b_{ij} \cdot (2\xi - 1)^i \cdot t^i \tag{4.106}$$

Tabelle 4-8: Koeffizienten für die Enthalpieberechnungen nach Mc Neely

i	a_i	b_{i0}	b_{i1}	b_{i2}	b_{i3}
0	508.668	−1021.61	+36.8773	−0.186051	−7.51277 10^{-6}
1	−18.6241	− 533.308	+40.2847	−0.191198	0.0
2	+9.85946 $\times 10^{-2}$	+483.62	+39.9142	−0.199213	0.0
3	− 2.50979 $\times 10^{-5}$	+1155.13	+33.3572	−0.178258	0.0
4	+4.15801 $\times 10^{-8}$	+640.622	+13.1032	−0.077510	0.0

4.6.3.4 *Kältemitteldampfkonzentration bei Ammoniak-Wasser-Systemen*

Wenn die Siedepunkte von Kältemittel und Lösung nicht weit auseinanderliegen (wie bei den Ammoniak-Wasser-Systemen), wird im Generator ein nicht unerheblicher Anteil des Lösungsmittels mitverdampft (bei LiBr-Anlagen kein Problem). Je geringer die Kältemittelkonzentration der reichen Lösung, desto höhere Generatortemperaturen sind erforderlich und desto mehr Lösungsmittel verdampft. Durch dieses Mitverdampfen entstehen zwei Probleme: Zum einen kann wasserhaltiges Kältemittel nicht mehr vollständig verdampft werden und zum anderen wird eine erhebliche Energiemenge für die Wasserverdampfung aufgewendet, welche die Leistungszahl reduziert. Die Reinheit des im Generator verdampften Ammoniaks wird durch die Dampfkonzentration ξ_D charakterisiert, wobei $\xi_D = 1$ reines Kältemittel darstellt. Je höher die Kältemittelkonzentration in der flüssigen Lösung ξ_{fl} ist, desto höher ist auch die Konzentration des Kältemittels im Dampf. Die Dampfkonzentration hängt neben der Kältemittelkonzentration in der Lösung von der Temperatur bzw. dem für die Verflüssigung im Kondensator erforderlichen Gesamtdruck p ab: Bei hohen Temperaturen und Drücken wird mehr Lösungsmittel mitverdampft und die Dampfreinheit sinkt.

Für die Berechnung der Dampfreinheit (und anschließend der Enthalpie) wird für eine bessere Kurvenanpassung in zwei Druckbereiche unterschieden (Sodha et al, 1983): der Niederdruckbereich bis 5.52×10^5 Pa und der Hochdruckbereich für $p > 5.52 \times 10^5$ Pa.

$$\xi_D = 1.0 - (1.0 - \xi_{fl})^R \tag{4.107}$$

Der Parameter R für den Hochdruckbereich $p > 5.52 \times 10^5$ Pa ist

$$R = 7.1588 - 0.6171 \times 10^{-8}\, p + (((((10.7490\xi_{fl} - 17.8690)\xi_{fl}$$
$$+ 4.0297)\xi_{fl} - 1.3086)\xi_{fl} + 0.3715 \times 10^{-8}\, p)\xi_{fl} \tag{4.108}$$

und für den Niederdruckbereich $p \leq 5.52 \times 10^5$ Pa:

$$R = (((((108.485\xi_{fl} - 229.009)\xi_{fl} + 155.247)\xi_{fl} - 41.0442)$$
$$\xi_{fl})\xi_{fl} + 11.2925 - 4.532 \times 10^{-8}\, p + 3.0934 \times 10^{-8}\, p\xi_{fl}^2 \tag{4.109}$$

Ist nicht der Druck p, sondern die Temperatur vorgegeben, wird der Druck zunächst nach der modifizierten Clausiusgleichung (4.97) bestimmt.

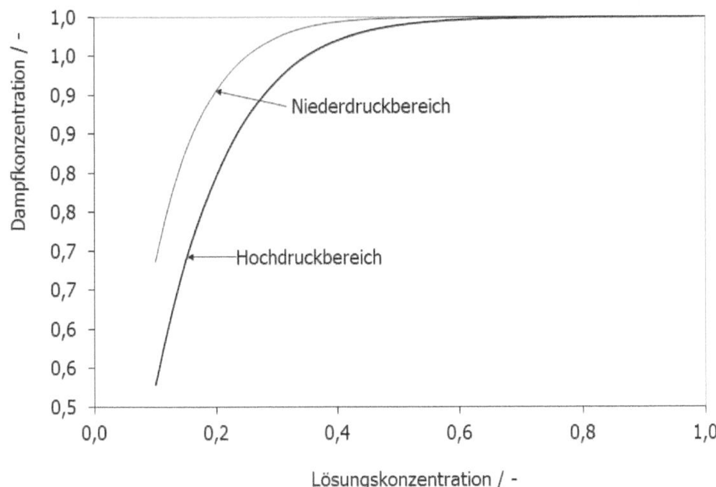

Bild 4-40: Dampfkonzentration als Funktion der Lösungskonzentration.

Die Druckkurven im Niederdruckbereich (hier dargestellt in 0.5×10^5 Pa Schritten von 0.5-5×10^5 Pa) fallen zusammen, ebenso die Druckkurven im Hochdruckbereich (hier von 10-20×10^5 Pa in 10^5 Pa Schritten).

Mit Gleichung (4.107) kann die Gleichgewichtskonzentration zwischen der Lösung und dem Dampf berechnet werden. Sehr geringe Lösungskonzentrationen, die bei hohen Generatortemperaturen erzeugt werden und die für sehr niedrige Verdampfertemperaturen erforderlich sind, stehen im Gleichgewicht mit unreinem Dampf, aus dem hohe Anteile an Lösungsmittel noch auskondensiert werden müssen.

Beispiel 21:

Berechnung der Gleichgewichtskonzentration zwischen Flüssigkeit und Dampf bei 20×10^5 Pa Gesamtdruck für Lösungskonzentration von 0.2 und 0.5.

Lösungskonzentration [–]	Dampfkonzentration [–]
0.2	0.795
0.5	0.989

Die höheren Lösungskonzentrationen führen direkt zu einer höheren Reinheit des Dampfes und somit zu geringeren Rektifikationswärmeverlusten.

4.6.3.5 Reale Leistungszahlen und Enthalpiebilanzen

Bei einem idealen Absorptionskälteprozess können nach Beispiel 13 durchaus Leistungszahlen über 1 auftreten. In einer realen Kältemaschine treten jedoch bei der Absorption des Kältemittels in der Lösung irreversible Prozesse auf. Die realen Leistungszahlen hängen weiterhin davon ab, ob die freiwerdenden Wärmemengen im Absorber, Kondensator und Rektifikator zurückgewonnen und dem Prozess wieder zugeführt werden können.

Für die Berechnung der realen Leistungszahlen müssen die Enthalpien der Flüssigkeit (Lösungsmittel+absorbiertes Kältemittel) sowie des Dampfes (Kältemittel plus mitverdampftes

Lösungsmittel) für die verschiedenen Gleichgewichtskonzentrationen im Absorber und Generator bekannt sein. Für reines Ammoniak im Verdampfer und Kondensator werden die Enthalpien nach den Gleichungen (4.99)–(4.102) berechnet. Die Enthalpie der Lösung hängt von der Kältemittelkonzentration in der Lösung ξ_{fl} sowie von der Temperatur bzw. dem Druck ab. In den folgenden Näherungsgleichungen wird wieder zwischen Hoch- und Niederdruckbereich unterschieden.

Für den Hochdruckbereich mit $p > 5.52 \times 10^5$ Pa wird die Enthalpie h_{fl} in kJ/kg mit der Temperatur T in °C folgendermaßen berechnet:

$$h_{fl} = -94.7974 + 4.7182T + (((((1306.7740\xi_{fl} - 4487.8637)\xi_{fl} + 5450.0471)\xi_{fl} - 1926.7160)\xi_{fl} - 240.6738)\xi_{fl} \tag{4.110}$$

Für den Niederdruckbereich $\leq 5.52 \times 10^5$ Pa gilt:

$$h_{fl} = -51.7296 + 4.5705T + (((-1526.79\xi_{fl} + 3160.60)\xi_{fl} - 1158.988)\xi_{fl} - 424.528)\xi_{fl} \tag{4.111}$$

Für die Kurvenanpassung der Dampfenthalpie wird im Hochdruckbereich zusätzlich zwischen niedrigen und hohen Lösungskonzentrationen unterschieden. Die Dampfenthalpie hängt neben der Temperatur (bzw. Druck) von der Dampfreinheit ξ_D ab, welche nach Gleichung (4.34) berechnet wird.

Für den Hochdruckbereich mit $p > 5.52 \times 10^5$ Pa und niedriger Lösungskonzentration zwischen $0.1 \leq \xi_{fl} \leq 0.36$ ist die Dampfenthalpie gegeben durch:

$$\begin{aligned} h_D = {} & 2506.6744 + 19.4669 \times 10^{-9}(1.8T + 32)^4 + (((-3122.7354\xi_D + 6871.3435)\xi_D \\ & - 5780.3107)\xi_D + 910.2483)\xi_D + (((-8.7804 \times 10^{-5}(1.8T + 32) \\ & + 0.0634)(1.8T + 32) - 13.8220)(1.8T + 32))(1 - \xi_D) \\ & + 1.2714(1.8T + 32)(1 - \xi_D)^2 \end{aligned} \tag{4.112}$$

Für $\xi_{fl} > 0.36$:

$$\begin{aligned} h_D = {} & 2113.2189 + 19.4669 \times 10^{-9}(1.8T + 32)^4 + (((0.1599\,XVT + 4.8363)XVT \\ & + 57.7705)XVT + 336.3805)XVT + (((-8.7804 \times 10^{-5}(1.8T + 32) \\ & + 0.0634)(1.8T + 32) - 13.8220)(1.8T + 32))(1 - \xi_D) \\ & + 1.2714(1.8T + 32)(1 - \xi_D)^2 \end{aligned} \tag{4.113}$$

mit

$$XVT = \ln(1 - \xi_D) \quad \text{für} \quad \xi_D < 0.99996$$
$$XVT = \ln(0.00004) \quad \text{für} \quad \xi_D \geq 0.99996$$

Die Enthalpiegleichungen im Niederdruckbereich gelten für den gesamten Konzentrationsbereich der Flüssigkeit:

Für $p < 5.52 \times 10^5$ Pa ist die Dampfenthalpie gegeben durch:

$$\begin{aligned} h_D = {} & 1234.944 + ((-11.5081 \times 10^{-6}(1.8T + 32) + 3.4775 \times 10^{-3})(1.8T + 32) \\ & + 0.9672)(1.8T + 32) + (((9.4324 \times 10^{-5}(1.8T + 32) \\ & - 0.0675)(1.8T + 32) + 15.7951)(1.8T + 32))(1 - \xi_D) \end{aligned} \tag{4.114}$$

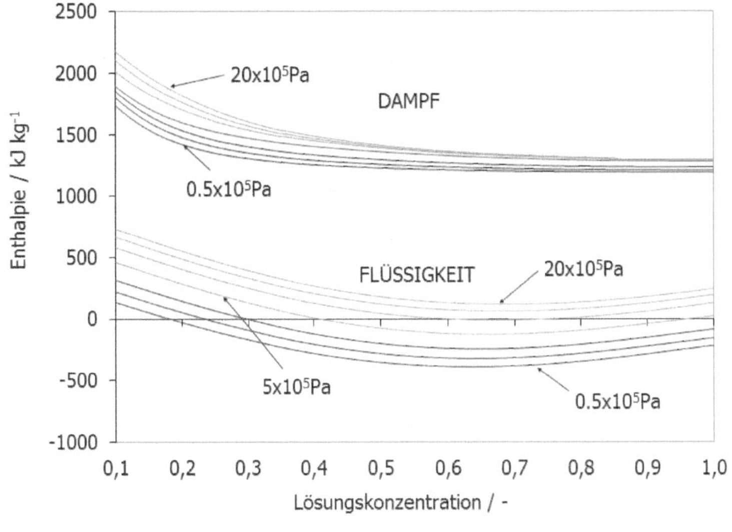

Bild 4-41:
Enthalpie von Ammoniak-Wassergemischen im flüssigen und dampfförmigen Zustand als Funktion der Lösungskonzentration.

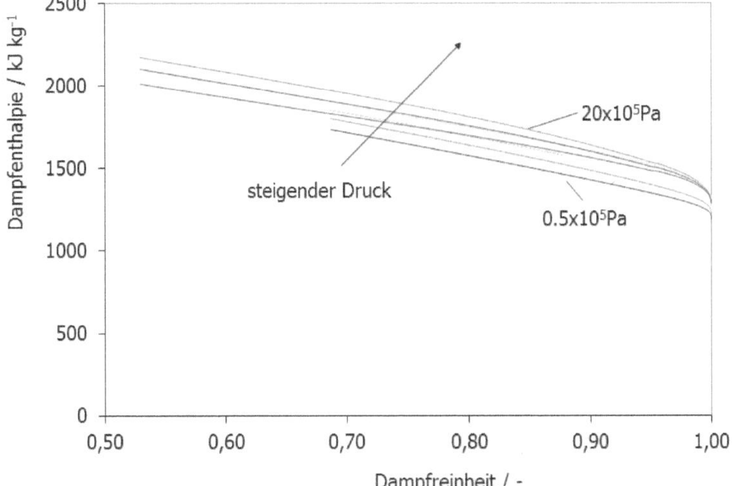

Bild 4-42:
Enthalpie des Dampfes als Funktion der Dampfkonzentration (=Dampfreinheit) des Kältemittels Ammoniak. Das Druckniveau steigt von 0.5×10^5 Pa über 1,2,5,10 bis 20×10^5 Pa.

In den dargestellten Kurven steigt der Parameter Druck von 0.5×10^5 Pa über 1×10^5 Pa, 2×10^5 Pa, 5×10^5 Pa, 10×10^5 Pa, 15×10^5 Pa bis 20×10^5 Pa. Aus dem Enthalpiediagramm als Funktion der Lösungskonzentration ist zwar die Enthalpie des Dampfes bekannt, welcher mit der Lösung im Gleichgewicht steht, jedoch ist nicht ersichtlich, welche Kältemittelkonzentration im Dampf enthalten ist. Um diese zu bestimmen, wird die Dampfenthalpie nicht über der Lösungskonzentration, sondern über der Dampfkonzentration aufgetragen.

Werden beide Enhalpiediagramme kombiniert, lässt sich bei gleichem Druck und gleicher Dampfenthalpie die Dampfreiheit bestimmen, die sich für eine gegebene Lösungskonzentration im Gleichgewicht ergibt.

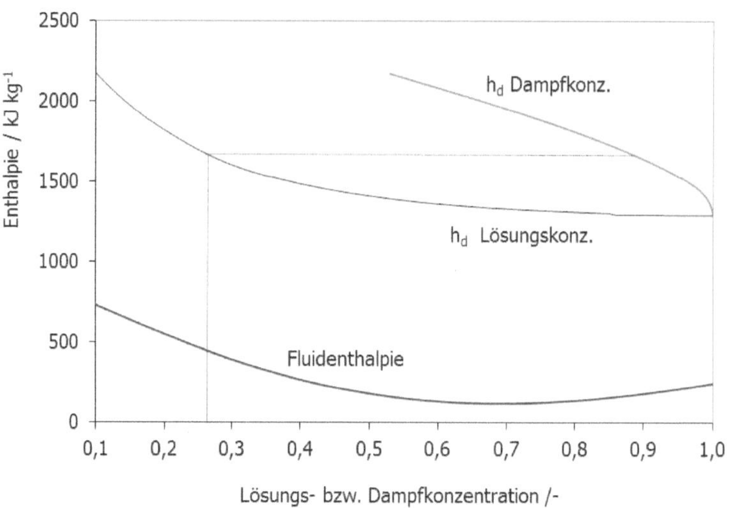

Bild 4-43: Kombiniertes Enthalpiediagramm für die Fluid- und die Dampfenthalpie h_D als Funktion der Lösungskonzentration bzw. der Dampfkonzentration des Kältemittels.

Für die eingezeichnete Lösungskonzentration von 20 % wird die Dampfenthalpie als Funktion der Lösungskonzentration zu 1820 kJ/kg bestimmt (für einen Gesamtdruck von 20 × 10⁵ Pa). Diese Dampfenthalpie ergibt sich auch bei einer Dampfkonzentration von 79.5 %, sodass die Lösung mit genau dieser Dampfkonzentration im Gleichgewicht steht.

Aus den Enthalpiedifferenzen zwischen Dampf und Fluid kann für jede Komponente des Absorptionsprozesses die umgesetzte Energiemenge berechnet werden.

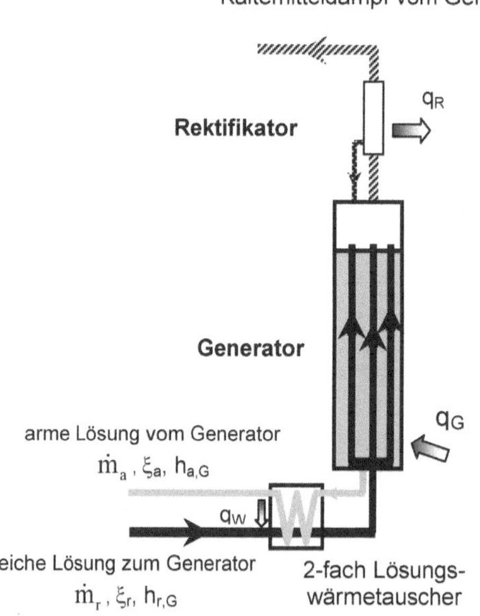

Bild 4-44: Energiebilanzen des Generators mit Rektifikator und Wärmetauscher zwischen heisser armer Lösung und kalter reicher Lösung.

Für die Berechnung der Leistungszahl ist eine Betrachtung der Energieströme im Generator ausreichend, da nur dort Antriebsenergie zugeführt werden muss. Die dem Generator zuzuführende Wärme enthält neben der Enthalpie des ausgetriebenen Dampfes auch die bei jedem

Lösungsmittelumlauf freiwerdende Absorptionswärme. Die Leistungszahl in einem einstufigen Absorptionsprozess liegt daher immer unter 1.0, bei kommerziellen Maschinen typisch zwischen 0.5 und 0.8.

Dem Generator wird die durch einen Wärmetauscher vorgewärmte reiche Lösung aus dem Absorber zugeführt (spezifische Enthalpie $h_{r,G}$). Die auf den Dampfmassenstrom bezogene spezifische Heizenergie des Generators wird mit q_G bezeichnet. Aus dem Generator wird Wärme abgeführt durch den ausgetriebenen Dampf (h_D), der vor dem Austritt zunächst in einer Rektifiziersäule von noch vorhandenem Lösungsmittel befreit werden muss. Die bei dieser Kondensation freiwerdende Rektifikationswärme (q_R) zählt zur abgeführten Wärme. Weiterhin wird durch den Abfluss der heißen armen Lösung ($h_{a,G}$) Wärme aus dem Generator abgeführt.

Die auf den Dampfmassenstrom $\dot{m}_D$ bezogene Energiebilanz lautet also:

$$\frac{\dot{m}_r}{\dot{m}_D} h_{r,G} + q_G = q_R + h_D + \frac{\dot{m}_a}{\dot{m}_D} h_{a,G} \tag{4.115}$$

Unter Verwendung des spezifischen Rücklaufverhältnisses $f = \dfrac{\dot{m}_r}{\dot{m}_D}$ folgt:

$$\begin{aligned}
q_G &= q_R + h_D + f\left(h_{a,G} - h_{r,G}\right) - h_{a,G} \\
&= q_R + h_D + \left(\xi_D - \xi_a\right)\frac{h_{a,G} - h_{r,G}}{\xi_r - \xi_a} - h_{a,G}
\end{aligned} \tag{4.116}$$

Anstatt der Enthalpiedifferenz zwischen $h_{a,G}$ und $h_{r,G}$ direkt am Generatoraus- und -eintritt kann auch die Enthalpiedifferenz der armen und reichen Lösung am Absorberein- und -austritt $h_{a,A}$ und $h_{r,A}$ verwendet werden.

$$q_G = q_R + h_D + \left(\xi_D - \xi_a\right)\frac{h_{a,A} - h_{r,A}}{\xi_r - \xi_a} - h_{a,A} \tag{4.117}$$

Rektifikationswärme q_R

Die Rektifikationswärmeverluste hängen davon ab, mit welcher Ammoniakkonzentration das ausgetriebene Gas den Generator verlässt, d. h. welcher Gleichgewichtszustand zwischen Lösung und Dampf vorhanden ist. Der den Rektifikator verlassende möglichst reine Dampfmassenstrom $\dot{m}_D$ ist der im Generator erzeugte Dampfmassenstrom $\dot{m}_D^l$ minus der im Rektifikator kondensierten Flüssigkeitsmenge $\dot{m}_{fl}$:

$$\dot{m}_D = \dot{m}_D^l - \dot{m}_{fl} \tag{4.118}$$

mit der Ammoniakkonzentration

$$\dot{m}_D \xi_D = \dot{m}_D^l \xi_D^l - \dot{m}_{fl} \xi_{fl} \tag{4.119}$$

Daraus ergibt sich für die Massenströme

$$\dot{m}_D^l = \dot{m}_D \frac{\xi_D - \xi_{fl}}{\xi_D^l - \xi_{fl}} \tag{4.120}$$

Je geringer die ursprüngliche Ammoniakdampfkonzentration ξ_D^l im Generator, desto höher wird der auskondensierende Flüssigkeitsmassenstrom $\dot{m}_{fl}$ und die Rektifikationswärme.

$$\dot{m}_{fl} = \dot{m}_D \frac{\xi_D - \xi_D^l}{\xi_D^l - \xi_{fl}} \tag{4.121}$$

Die aus der Rektifiziersäule abgeführte Energiemenge q_R bezogen auf den reinen Dampfmassenstrom $\dot{m}_D$ ergibt sich demnach aus der Differenz zwischen anfänglicher Dampfenthalpie $\dot{m}_D^l h_D^l$ und reinem Dampf $\dot{m}_D h_D$ sowie kondensierter Flüssigkeitsenthalpie $\dot{m}_{fl} h_{fl}$.

$$q_R = \frac{1}{\dot{m}_D}\left(\dot{m}_D^l h_D^l - \dot{m}_{fl} h_{fl} - \dot{m}_D h_D\right) \Leftrightarrow$$

$$q_R + h_D = \frac{\xi_D - \xi_{fl}}{\xi_D^l - \xi_{fl}} h_D^l - \frac{\xi_D - \xi_D^l}{\xi_D^l - \xi_{fl}} h_{fl} \tag{4.122}$$

$$= \frac{\xi_D - \xi_{fl}}{\xi_D^l - \xi_{fl}}\left(h_D^l - h_{fl}\right) + h_{fl}$$

Zu der Enthalpie der Flüssigkeit h_{fl} addiert sich demnach die Enthalpie, die sich aus der Steigung $\dfrac{h_D^l - h_{fl}}{\xi_D^l - \xi_{fl}}$ multipliziert mit der Konzentrationsdifferenz des reinen Dampfes zur Flüssigkeit $\xi_D - \xi_{fl}$ ergibt. Aus dem kombinierten Enthalpie-Konzentrationsdiagramm lässt sich die Enthalpie des reinen Dampfes sowie die Rektifikationswärme ablesen.

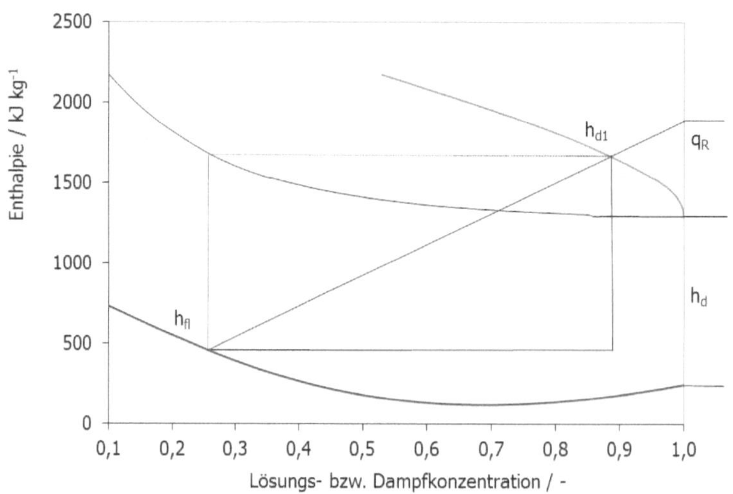

Bild 4-45: Bestimmung der Rektifikationswärme q_R bei einer Lösungskonzentration von 20 % und einer anfänglichen Dampfkonzentration von 79.5 % bei 20×10^5 Pa.

Aus der Steigung der Enthalpiedifferenz als Funktion der Konzentrationsdifferenz ergibt sich bei einer Dampfkonzentration von 1.0, d. h. purem Ammoniak, die Summe von Dampf- und Rektifikationsenthalpie q_R.

Beispiel 22:

Berechnung der Rektifikationswärme nach Gleichung (4.122) für die beiden Lösungskonzentrationen 0.2 und 0.5 bei 20×10^5 Pa Gesamtdruck, wenn der austretende Dampf eine NH_3-Konzentration von 100 % haben soll.

Lösungskonzentration [–]	ξ_{D1} [-]	h_{D1} [kJ/kg]	h_{fl} [kJ/kg]	h_D [kJ/kg]	q_R [kJ/kg]
0.2	0.795	1820	553	1290	966
0.5	0.989	1410	181	1290	148

Bei geringen Lösungskonzentrationen ist es wesentlich wichtiger, die Rektifikationswärme dem Prozess wieder zuzuführen als bei hohen Konzentrationen mit hoher Anfangsreinheit des Dampfes.

Die notwendige Temperatur im Rektifikator ergibt sich aus der gewünschten Reinheit des Dampfes. Der reine Dampf steht im Gleichgewicht mit einer Flüssigkeit, deren Temperatur umso niedriger liegen muss, je reiner der Dampf sein soll.

Absorptionswärme

Zur Vervollständigung der Energiebilanz des Generators nach Gleichung (4.44) muss noch die Absorberbilanz $\left(\xi_D - \xi_a \right) \dfrac{h_{a,A} - h_{r,A}}{\xi_r - \xi_a} - h_{a,A} = h_\Lambda$ erstellt werden, die sich aus der Enthalpiedifferenz zwischen armer und reicher Lösung am Absorberein- und -austritt ergibt und in der Literatur auch mit h_Λ bezeichnet wird. Für die Berechnung reicht die Angabe der Entgasungsbreite $\xi_r - \xi_a$ sowie der gewünschten Dampfreinheit ξ_D aus. Die Enthalpie der Lösung wird für das Niederdruckniveau im Absorber nach Gleichung (4.111) berechnet.

Beispiel 23:

Bestimmung der Enthalpie h_Λ für Entgasungsbreiten

$\xi_r - \xi_a$ = 0.25-0.20 bzw. 0.52-0.5

bei einem Niederdruckniveau von 5×10^5 Pa..

ξ_r [–]	ξ_a [–]	h_r [kJ/kg]	h_a [kJ/kg]	h_Λ [kJ/kg]
0.25	0.20	206	286	994
0.52	0.50	–85.7	–73.7	373.7

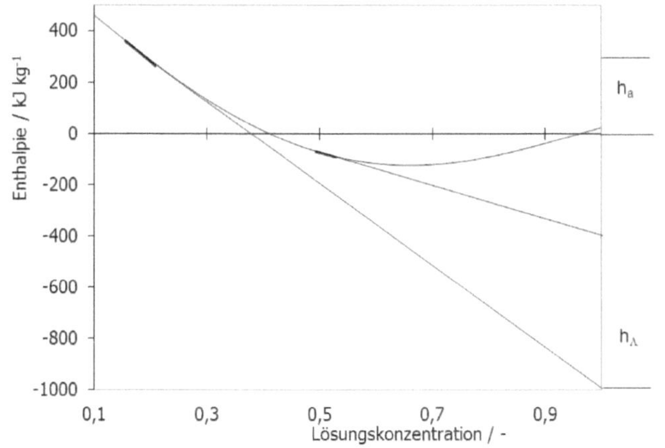

Bild 4-46:
Enthalpie h_Λ der niedrigen und hohen Lösungskonzentration.

Leistungszahl

Unter Berücksichtigung der Rektifikationswärme q_R, der Dampfenthalpie des reinen Dampfes h_D sowie der Enthalpiebilanz am Absorber kann jetzt für unterschiedliche Verdampfertemperaturen und Druckniveaus die Leistungszahl der Absorptionskältemaschine berechnet werden. Die Lösungskonzentration im Absorber wird dem Verdampferdruckniveau angepasst, d. h., sie liegt so hoch, dass bei Verdampferdruck noch Kältemittel absorbiert werden kann. Sollen niedrige Verdampfertemperaturen erreicht werden, wird die Lösungskonzentration abgesenkt. Mit 20-prozentiger armer Lösung kann noch bei einem Druckniveau unter 10^5 Pa absorbiert werden, d. h. bei einer Verdampfertemperatur von $-30\,°C$. Um den Absorptionsprozess zu beschleunigen, wird der Dampfdruck über der Lösung im Absorber höher als der Gleichgewichtsdampfdruck gewählt. Im folgenden Beispiel wird daher der Absorptionsprozess bei einer Verdampfertemperatur von $-10\,°C$ betrachtet (entspricht einem Druckniveau von 2.75×10^5 Pa) und die Lösung bis auf 20 % Kältemittelkonzentration entgast. Alternativ dazu wird ein Prozess mit höherer Verdampfertemperatur von $+5\,°C$ analysiert, welcher höhere Lösungskonzentrationen ermöglicht.

Tabelle 4-9: Randbedingungen für zwei Absorptionsprozesse mit niedriger und hoher Verdampfertemperatur.

Nr.	ξ_a [-]	ξ_r [-]	Verdampfer-temperatur T_V [°C]	Verdampfungs-enthalpie h_V [kJ/kg]	Dampfdruck auf der Niederdruckseite [Pa]
1	0.2	0.25	- 10	1296	2.75×10^5
2	0.5	0.52	+ 5	1258	4.85×10^5

Tabelle 4-10: Enthalpien und Leistungszahlen von zwei Absorptionsprozessen.

Nr.	Rektifikations-wärme [kJ/kg]	Enthalpie des reinen Dampfes h_D [kJ/kg]	Absorptions-enthalpie h_A [kJ/kg]	Generatorwärme [kJ/kg]	COP [-]
1	966	1290	994	966+1290+994=3250	0.4
2	148	1290	374	148+1290+374=1812	0.69

Die Leistungszahlen lassen sich verbessern, wenn sowohl die Rektifikationswärme als auch die Absorptionswärme im Prozess zurückgewonnen und genutzt werden. Die Nutzbarkeit der entstehenden Wärme hängt dabei vom Temperaturniveau der freiwerdenden Wärme ab. Die im Rektifikator bei hohen Temperaturen freiwerdende Wärme kann beispielsweise zur Vorwärmung der aus dem Absorber fließenden kalten reichen Lösung verwendet werden. Die im Absorber freiwerdende Wärme entsteht besonders bei hohen Lösungsmittelkonzentrationen bei niedrigen Temperaturen und wird oft ungenutzt an die Umgebung abgegeben. Bei einstufigen Absorptionskälteanlagen lassen sich somit reale Leistungszahlen von etwa 0.5–0.7 erreichen.

4.6.4 Statisches Absorptionskältemodell

Die oben beschriebenen Modellgleichungen basieren auf Maschinen internen Temperatur- und Enthalpiegleichungen. Für die Simulation einer realen Absorptionskältemaschine sind jedoch nur die externen, wasserbasierten Kreisläufe mit ihren Eintrittstemperaturen und Massenströmen bekannt. Mit den Wärmeübertragungseigenschaften der Wärmetauscher müssen daraus die internen Temperaturverhältnisse berechnet werden. Diese Methodik wird im Folgenden am

Beispiel einer LiBr-Wasser Absorptionskältemaschine vorgestellt, die keinen Rektifikator benötigt. Die Modellbeschreibung folgt im wesentlich dem Ansatz von (Ziegler, 1998), der eine sogenannte charakteristische Gleichung für Absorptionskältemaschinen entwickelte.

Interne Temperaturen werden nun mit Großbuchstaben T gekennzeichnet, externe Temperaturen mit Kleinbuchstaben t.

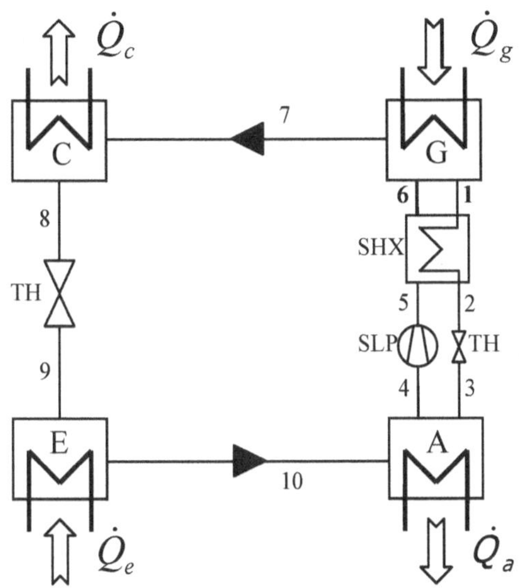

Bild 4-47: Systemschema mit Zustandspunkten und externen Wärmeströmen in Generator (G), Kondensator (C), Verdampfer (E) und Absorber (A).

Verdampfer

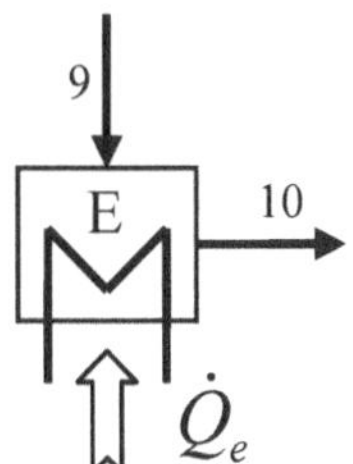

Bild 4-48: Aufgenommener Wärmestrom und Zustandspunkte im Verdampfer

Die Kälteleistung wird im Verdampfer zwischen der mittleren externen Temperatur im Kältekreis und der internen Temperatur berechnet und entspricht der Enthalpieänderung des Kältemittels multipliziert mit dem internen Kältemittelmassenstrom.

$$\dot{Q}_e = (\bar{t}_e - T_e)UA_e = \dot{m}_V \, q_e \tag{4.123}$$

$$q_e = h_{10} - h_9 \tag{4.124}$$

Absorber

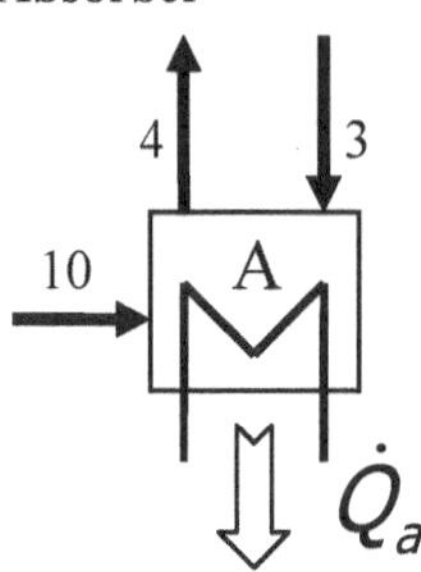

Bild 4-49: Abgegebene Absorptionswärme und Zustandspunkte im Absorber

Im Absorber entspricht die übertragene Wärmeleistung zwischen externem Kühlkreis und interner Temperatur $UA(T_A - \overline{t_a})$ der durch die Absorption von Kältemittel entstandenen Enthalpie (Zustandspunkt 10) plus der aus dem Generator zugeführten armen Lösung (3) abzüglich der wieder dem Generator rückgeführten reichen Lösung (4).

$$\dot{Q}_a = (T_a - \overline{t_a})UA_a = \dot{m}_V\, h_{10} - \dot{m}_r\, h_4 + (\dot{m}_r - \dot{m}_V)h_3$$
$$= \dot{m}_V(h_{10} - h_3) + \dot{m}_r(h_3 - h_4) = \dot{Q}_e\, A_E + \dot{Q}_{ax} \tag{4.125}$$

Der Wärmeverlust durch den nicht idealen Lösungswärmetauscher wird mit $\dot{Q}_{ax}$ bezeichnet.

$$\dot{Q}_{ax} = \dot{m}_r(h_3 - h_4) \tag{4.126}$$

Der Faktor A_E beschreibt die Enthalpiedifferenz zwischen Kältemitteldampf h_{10} und armer Lösung h_3 normiert mit q_e.

$$A_E = \frac{(h_{10} - h_3)}{q_e} \tag{4.127}$$

Generator

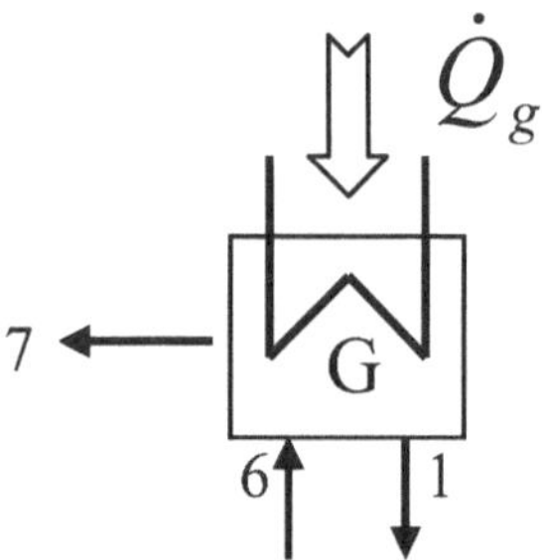

Bild 4-50: Zugeführte Generatorwärme und Zustandspunkte im Generator

Die benötigte Heizleistung wird aus der Enthalpiedifferenz zwischen erhitzter austretender Lösung h_1 und zugeführter armer Lösung (6) berechnet zuzüglich der Enthalpie des verdampften Kältemittels (7).

$$\dot{Q}_g = \left(\bar{t}_g - T_g\right)UA_g = \dot{m}_V\, h_7 + \left(\dot{m}_r - \dot{m}_V\right)h_1 - m_r\, h_6$$
$$= \dot{m}_V\left(h_7 - h_1\right) + \dot{m}_r\left(h_1 - h_6\right) = \dot{Q}_e\, G_E + \dot{Q}_{gx} \tag{4.128}$$

$\dot{Q}_{gx}$ bezeichnet wieder die Verluste im Lösungswärmetauscher:

$$\dot{Q}_{gx} = \dot{m}_r\left(h_1 - h_6\right) \tag{4.129}$$

Der Faktor G_E gibt die normierten Enthalpiedifferenzen zwischen austretendem Kältemittel-dampf und armer Lösung an:

$$G_E = \frac{\left(h_7 - h_1\right)}{q_e} \tag{4.130}$$

4

Kondensator:

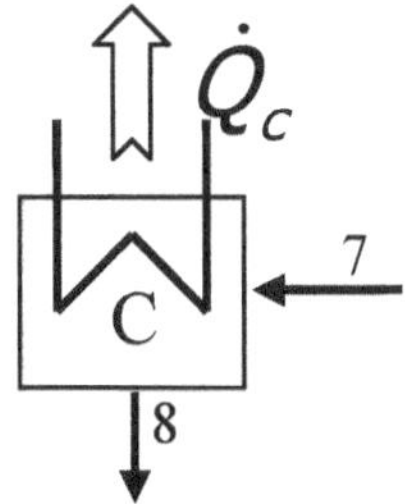

Bild 4-51: Abgegebene Kondensationswärme und Zustandspunkte im Kondensator.

Die Wärmeübertragung im Kondensator entspricht der frei werdenden Kondensationswärme des Kältemittels.

$$\dot{Q}_c = \left(T_c - \bar{t}_c\right)UA_c = \dot{m}_V\left(h_7 - h_8\right) = \dot{Q}_e\,\frac{h_7 - h_8}{q_e} = \dot{Q}_e\, C_E \tag{4.131}$$

Mit

$$C_E = \frac{h_7 - h_8}{q_e} \tag{4.132}$$

Mit der Einführung der Faktoren A_E, C_E und G_E sowie der Lösungswärmetauscher Verluste können jetzt alle Wärmeübertragungsgleichungen als Funktion der Verdampferleistung ausgedrückt werden.

$$\dot{Q}_e = UA_e\left(\bar{t}_e - T_e\right) \tag{4.133}$$

$$\dot{Q}_e\, C_E = UA_c\left(T_c - \bar{t}_c\right) \tag{4.134}$$

$$\dot{Q}_e\, A_E - \dot{Q}_{ax} = UA_a\left(T_a - \bar{t}_a\right) \tag{4.135}$$

$$\dot{Q}_e\, G_E - \dot{Q}_{gx} = UA_g\left(\bar{t}_g - T_g\right) \tag{4.136}$$

Eine weitere Gleichung für die internen Temperaturen ist durch das Lösungsfeld gegeben, welches die Steigung der Isosteren im log p über 1/T Diagramm beschreibt.

Das Steigungsverhältnis wird durch den sogenannten Dühring Faktor B beschrieben, der für Wasser/Lithiumbromid Stoffpaare zwischen 1.1 und 1.2 liegt (Albers, et al., 2003; Kohlenbach, et al., 2004).

$$\left(T_c - T_e\right)B = T_g - T_a \tag{4.137}$$

Werden nun die internen Temperaturen aus Gleichungen (4.134) bis (4.170)eliminiert und in Gleichung (4.138) eingesetzt, ergibt sich folgende Lösung für die mittleren externen Temperaturen.

$$\bar{t}_c - \bar{t}_e + \dot{Q}_c\left(\frac{C_E}{UA_c} + \frac{1}{UA_e}\right)B = \bar{t}_g - \bar{t}_a - \dot{Q}_c\left(\frac{G_E}{UA_g} + \frac{A_E}{UA_a}\right) - \frac{\dot{Q}_{gx}}{UA_g} - \frac{\dot{Q}_{ax}}{UA_a} \tag{4.138}$$

Die externen Temperaturdifferenzen zwischen Generator und Absorber sowie Kondensator und Verdampfer werden als so genannte doppelte charakteristische Temperaturdifferenz definiert.

$$\Delta\Delta t = \left(\bar{t}_g - \bar{t}_a\right) - \left(\bar{t}_c - \bar{t}_e\right)B \tag{4.139}$$

Die durch den Lösungswärmetauscher verursachten Verluste werden mit $\Delta\Delta t_{\min,E}$ bezeichnet.

$$\Delta\Delta t_{\min, E} = \frac{\dot{Q}_{gx}}{UA_g} + \frac{\dot{Q}_{ax}}{UA_a} \tag{4.140}$$

Durch Zusammenfassung aller weiterer Faktoren in die Steigung s_E ergibt sich eine einfache lineare Gleichung, die in erster Näherung mit konstanten Faktoren $\Delta\Delta t_{\min,E}$ und s_E zur Berechnung der Kälteleistung von Absorptionsmaschinen genutzt werden kann.

$$s_E = \left[\left(\frac{C_E}{UA_c} + \frac{1}{UA_e}\right)B + \left(\frac{G_E}{UA_g} + \frac{A_E}{UA_a}\right)\right]^{-1} \tag{4.141}$$

$$\dot{Q}_E = s_E\left(\Delta\Delta t - \Delta\Delta t_{\min, E}\right) \tag{4.142}$$

Wird die mittlere Temperatur vereinfacht als Mittelwerte zwischen Ein- und Auslasstemperatur berechnet, können die mittleren Temperaturen durch die Eintrittstemperaturen ersetzt werden.

$$\bar{t}_i = \frac{\left(t_{i,in} + t_{i,out}\right)}{2}$$
$$t_{out,i} = 2\bar{t}_i - t_{in} \tag{4.143}$$

Beispielsweise ergibt sich für die Verdampfergleichung nach (4.134) folgende Gleichung, aus welcher die mittleren externen Temperaturen eliminiert werden kann.

$$s_E\left(\bar{t}_G - \bar{t}_A - B\cdot\bar{t}_C + B\cdot\bar{t}_E - \Delta\Delta t_{\min, E}\right) = 2\dot{m}_E c_{H_2O}\left(-\bar{t}_E + t_{E,in}\right) \tag{4.144}$$

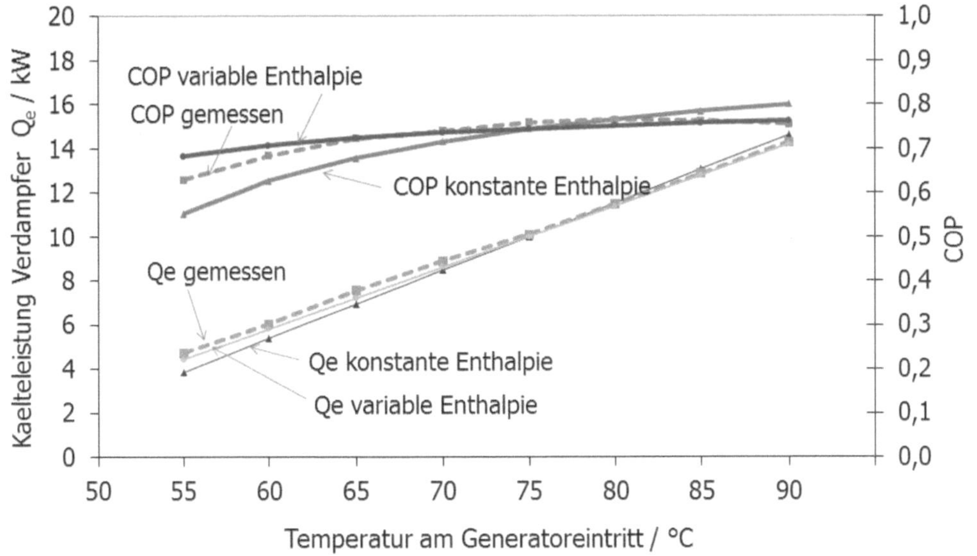

Bild 4-52: Vergleich von Kälteleistungen und Leistungszahlen einer 10 kW Libr/H_2O Kältemaschine bei konstanten Enthalpien und durch Iterationen angepassten Enthalpien.

Durch eine Iteration kann die Genauigkeit der Gleichung bei sich ändernden externen Temperaturen verbessert werden. Hierzu werden nach der Berechnung aller Faktoren sowie der Kälteleistung die internen Temperaturen mit den Gleichungen (4.133) bis (4.136) neu berechnet und damit alle Enthalpien neu bestimmt.

4.6.5 Parameter Identifikation für das statische Absorptionskältemaschinen Modell

Das Problem mit der charakteristischen Gleichung ist, dass für die meisten kommerziellen Absorptionskältemaschinen die Wärmeübertragungsleistungen UA, der Lösungsmassenstrom sowie die Rückwärmzahl des Lösungswärmetauschers nicht bekannt sind.

Ein einfaches Parameter-Identifikationsverfahren ermöglicht die Bestimmung dieser Kennwerte als Funktion der externen Eintrittstemperaturen von Verdampfer-, Rückkühl- und Austreiberkreislauf sowie der Kälteleistung der Maschine. Die Parameter des Modells sind die Temperaturdifferenzen wischen externer und interner mittlerer Temperatur am Verdampfer, Absorber, Austreiber und Kondensator, die Rückwärmzahl des Lösungswärmetauschers sowie die Entgasungsbreite. Weitere drei Parameter sind durch die externen Temperaturdifferenzen zwischen Eintritt und Austritt am Kaltwasser-, Kühlwasser- und Heizkreislauf gegeben.

Zunächst werden unter Annahme eines linearen Temperaturverlaufs die mittleren Temperaturen in den externen Kreisen berechnet. Für die Rückkühlung von Absorber und Kondensator sind bei Reihenschaltung der Komponenten üblicherweise nur die Eintrittstemperatur in den Absorber und die Austrittstemperatur des Kondensators bekannt. In einer ersten Näherung wird die Temperaturerhöhung von Absorber und Kondensator Kühlkreis als gleich angenommen.

$$\overline{t}_a = \left(t_{a,in} + \frac{\Delta t_{ac}}{4} \right) \tag{4.145}$$

$$\overline{t}_c = \left(t_{a,in} + \frac{\Delta t_{ac}}{2} + t_{c,out} \right) \times 0.5 \tag{4.146}$$

Mit der mittleren externen Temperatur und der als Parameter gegebenen Temperaturdifferenz zwischen externer und interner Temperatur wird die mittlere interne Temperatur jeder Komponente berechnet. Bei gegebenen internen Temperaturen und Rückwärmzahl des Lösungswärmetauschers können dann alle internen Enthalpien und Lösungskonzentrationen berechnet werden. Der Kältemittelmassenstrom wird aus der gegebenen Kälteleistung und der Enthalpiedifferenz zwischen Kältemitteldampf und Flüssigkeit bestimmt.

$$\dot{m}_{H_2O} = \frac{\dot{Q}_e}{h_{10} - h_9} \tag{4.147}$$

Mit dem Kältemittelmassenstrom und der Entgasungsbreite kann der Massenstrom der reichen Lösung berechnet werden:

$$\dot{m}_{rs} = \frac{X_{weak}}{X_{weak} - X_{rich}} \dot{m}_{H_2O} \tag{4.148}$$

Die Wärmeübertragungsleistungen der einzelnen Komponenten werden dann wie folgt bestimmt:

$$UA_e = \frac{\dot{Q}_e}{\overline{t}_e - T_e} \tag{4.149}$$

$$UA_a = \frac{h_3 \left(\dot{m}_{rs} - \dot{m}_{H_2O} \right) + h_{10}\dot{m}_{H_2O} - h_4\dot{m}_{rs}}{T_a - \overline{t}_a} \tag{4.150}$$

$$UA_c = \frac{\left(h_7 - h_8 \right)\dot{m}_{H_2O}}{T_c - \overline{t}_c} \tag{4.151}$$

$$UA_g = \frac{h_1 \left(\dot{m}_{rs} - \dot{m}_{H_2O} \right) + h_7\dot{m}_{H_2O} - h_6\dot{m}_{rs}}{\overline{t}_g - T_g} \tag{4.152}$$

Als nächstes werden die Kennwerte C_E, G_E und A_E sowie die Verlustkoeffizienten $\dot{Q}_{gx}$ und $\dot{Q}_{ax}$ berechnet. Damit können dann die Rückkühlleistungen am Kondensator und Absorber sowie die Heizleistung am Generator bestimmt werden.

$$\dot{Q}_c = \dot{Q}_e \, C_E$$

$$\dot{Q}_a = \dot{Q}_e \, A_E - \dot{Q}_{ax}$$

$$\dot{Q}_g = \dot{Q}_e \, G_E - \dot{Q}_{gx}$$

Nun kann die neue externe Austrittstemperatur am Absorber berechnet werden:

$$t_{a,out} = \frac{UA_a T_a + UA_c T_c - \dot{Q}_a - \dot{Q}_c - \dfrac{UA_a t_{a,in} - UA_c t_{c,out}}{2}}{\dfrac{UA_a + UA_c}{2}} \qquad (4.153)$$

Aus den berechneten Leistungen und externen Temperaturdifferenzen können dann alle externen Massenströme bestimmt werden.

$$\dot{m}_g = \frac{\dot{Q}_g}{c_{H_2O}\left(t_{g,in} - t_{g,out}\right)} \qquad (4.154)$$

$$\dot{m}_a = \frac{\dot{Q}_a}{c_{H_2O}\left(t_{a,out} - t_{a,in}\right)} \qquad (4.155)$$

$$\dot{m}_c = \frac{\dot{Q}_c}{c_{H_2O}\left(t_{c,out} - t_{a,out}\right)} \qquad (4.156)$$

$$\dot{m}_e = \frac{\dot{Q}_e}{c_{H_2O}\left(t_{e,in} - t_{e,out}\right)} \qquad (4.157)$$

In einem Iterationsprozess werden die externen Absorber und Kondensatortemperaturen dann leicht erhöht und die Massenströme neu berechnet. Die Iteration ist beendet, wenn der Absorbermassenstrom dem Kondensatormassenstrom entspricht.

Das Modell liefert alle UA Werte der Wärmeübertrager sowie die mittleren internen Temperaturen jeder Komponente, den Dühring Parameter, den Massenstrom der reichen Lösung sowie die drei externen Massenströme am Verdampfer, Absorber/Kondensator und Austreiber.

Die angenommenen Temperaturdifferenzen zwischen externem und internem Kreislauf werden nun iteriert, bis der Dühring Parameter nahe 1.2 ist und die externen Massenströme den Herstellerangaben entsprechen.

4.6.6 Absorptionstechnik und Solaranlagen

Das im Generator erforderliche Temperaturniveau ergibt sich wie bereits dargestellt aus den Betriebsbedingungen von Kondensator und Absorber (wasser- oder luftgekühlt) sowie den Verdampfungstemperaturen bzw. der Lösungskonzentration der Anlage. Die Solaranlage stellt meist über einen Wärmetauscher ein Temperaturniveau bereit, welches typisch zwischen 70 und 100 °C liegt. Auch eine direkte Beheizung des Austreibers ohne Wärmeübertrager ist möglich, um das Temperaturniveau möglichst niedrig zu halten. Die Wärmespeicherung ist aufgrund der hohen Temperaturdifferenz zur Umgebung Verlust behaftet und eine exzellente Speicherdämmung ist Voraussetzung für einen Prozess mit hoher Gesamteffizienz. Weiterhin kann Kaltwasser gespeichert werden, welches aufgrund der geringeren Temperaturdifferenz zur Umgebung mit geringeren Verlusten verbunden ist, zumal bereits umgewandelte Energie gespeichert wird. Die Speicherkapazität ist allerdings aufgrund des geringen nutzbaren Temperaturbereichs von wenigen Kelvin (maximal 10 K bei Kühldeckenanwendung) begrenzt. Interessant sind Konzepte zur Speicherung von kondensiertem Kältemittel in der Kältemaschine selbst, welches dann bei fehlender solarer Einstrahlung verdampft werden kann.

Mit dem gegebenen Temperaturniveau des Solarkreises werden der Wirkungsgrad der Solaranlage und die flächenbezogene Leistung bestimmt. Über die reale Leistungszahl des Kälteprozesses lässt sich bei gegebener Kühllast die erforderliche Fläche der Solaranlage abschätzen. Eine genaue Dimensionierung kann jedoch nur über eine Simulation des Gesamtenergieertrages bei gegebener Kühllastverteilung erfolgen. Hierzu müssen Simulationsprogramme verwendet werden, z. B. die Simulationsumgebung INSEL (www.insel.eu).

Das Pufferspeichervolumen auf der Primärseite oder der Kaltwasserseite sollte für eine Kurzzeitenergiespeicherung von 1-3 Tagen ausgelegt werden.

4 Literatur

Al-Amouri, A, „Aufbau einer Wärmeübertragerdatei zur Charakterisierung und Auswahl von Wärmeübertragern", Diss. 1994, TU Dresden

Albers, J., Ziegler, F., Analysis of the part load behaviour of sorption chillers with thermally driven solution pumps, ISBN: 2-913149-32-4, in: Proceedings of the 21 st IIR International Congress of Refrigeration, International Institute of Refrigeration (IIR), Washington D.C., USA, August 17–22, 2003.

Albring, V. Technische Beratung Ab- und Adsorptionskältemaschinen, Alsbach-Hähnlein, „Produktunterlagen Mycom-Adsorber: Technik und Daten"

Austrian Energy Agency (AEA), 2005: Klimatisierung, Kühlung und Klimaschutz: Technologien, Wirtschaftlichkeit und CO2 Reduktionspotentiale. Authors: Simader, G. R. & Rakos, C., Österreichische Energieagentur, Wien.

Bales, C., Bolin, G., Nordlander, S., Settenwall, F. (2005) Solar driven chemical heat pump with integral storage – the thermo-chemical accumulator, International Conference Solar Air conditioning, Staffelstein 2005.

Bosnjakovic, F, Vilicic, M, Slipcevic, B, „Einheitliche Berechnung von Rekuperatoren", VDI-Forschungsheft 432, Band 17, 1951

Bourseau, Bugarel, Réfrigération par cycle à absorption-diffusion" Int.J.Refrig. Vol.9, S.206, 1986

Cassimatis, N. „Absorption Coolers" in Handbook of HVAC Design, McGraw-Hill Verlag, 1996

Dai, Y., Ge, T., Li, Y., Wang, R. (2007)

Development of a novel two-stage solar desiccant cooling system driven by solar air collector, Proceedings 2 nd international solar air conditioning conference Tarragona

EERAC – Energy Efficiency of Room Air-Conditioners (1999). Study for the Directorate-General for Energy (DGXVII) of the Commission of the European Communities

Energetic and economical performance of solar powered absorption cooling systems

Energy Information Administration (2000): Commercial Buildings Energy Consumption Survey 1999, http://www.eia.doe.gov

Energy Information Administration (2008) , Office of Coal, Nuclear, Electric and Alternate Fuels, U.S. Department of Energy, Washington, DC 20585, Report on Solar Thermal Collector Manufacturing Activities 2007

ESTIF Report (2008) Solar Thermal Markets in Europe, Trends and Market Statistics 2007, European Solar Thermal Industry Foundation, June 2008

EU project SACE (2001) Solar Air Conditioning in Europe, final report, NNE5/2001/00025, http://www.ocp.tudelft.nl/ev/res/sace.htm 2001

Final Report – May 1999. Contract DGXVII4.1031/D/97.026, Co-ordinator: Jérôme ADNOT, ARMINES, France

FINAL REPORT Prepared for: Energy Efficiency and Renewable Energy, U.S. Department of Energy, Washington, DC and Oak Ridge National Laboratory, Oak Ridge, TN. Prepared by: Resource Dynamics Corporation August 2002

Gassel Programmauszug TRNSYS Type 107 1998

Gassel, A. „Betriebserfahrungen mit einer solar beheizten Adsorptionskältemaschine", Dresdner Kolloquium Solare Klimatisierung, ILK Dresden 2000

GBU mbH, Bensheim, „Hinweise zur Planung und Einsatzvorbereitung der Adsorptionskältemaschine" 1998

Glück, B. „Zustands- und Stoffwerte (Wasser, Dampf, Luft), Verbrennungsrechnung", Verlag für Bauwesen Berlin 1991

Gregorig, R, „Wärmeaustauscher", Band 4, 1959, Verlag H. R. Sauerländer & Co. Frankfurt am Main

Grossman, G., (2002) Solar-powered systems for cooling, dehumidification and air-conditioning. Solar Energy Journal, vol. 72, pp. 53-62

Grossmann, G. „Solar powered systems for cooling, dehumidification and air conditioning" in Proceedings of the ISES Solar World Congress, Israel 1999

Heinrich, J. „Energieeinsparung durch sorptionsgestützte lufttechnische Anlagen", C.F. Müller Verlag 1999

Hellmann H. M. and Grossman G., 'Improved property data correlations of absorption fluids for computer simulation of heat pump cycles', ASHRAE Trans., Vol. 102, Part 1, pp. 980-997, 1996.

Henning, H. M., (2004), Solar-Assisted Air-Conditioning in Buildings, A Handbook for

Henning, H. M., „Regenerierung von Adsorbentien mit solar erzeugter Prozeßwärme", Fortschrittsberichte VDI Reihe 3, Nr.350, VDI Verlag 1994

Hering, E., Martin, R.; Stohrer, M., „Physik für Ingenieure", 6. Auflage 1997, Springer Verlag, Berlin

HVAC Systems", PhD Thesis, de Montfort University Leicester, 2010

Integrated Energy Systems (IES) for Buildings: A Market Assessment (2002)

JARN (2009), Japan air-conditioning, heating & refrigeration news. Special Edition May 25, 2009. JARN Ltd., Tokyo, Japan.

Jones Lang LaSalle (2008), Büronebenkostenanalyse OSCAR 2006. http://www.joneslanglasalle.com ,

Kast, W. „Adsorption aus der Gasphase", VCH Verlagsgesellschaft Weinheim 1988

Kohlenbach, P. "Solar cooling with absorption chillers: Control strategies and transient chiller performance", Dissertation Technische Universität Berlin, 2006

Lamers, P., Thamling, N. (2008) Technology Report, Berliner Energieagentur GmbH, EU Project Summerheat, Intelligent Energy for Europe, Contract EIE-06-194, http://www.eu-summerheat.net

Lazzarin, R.M. „experimental report on the reliability of ammonia-water absorption chillers", International Journal of Refrigeration", Vol.19, N0.4, S.247, 1996

Lowenstein, A., Slayzak, S., Kozubal, E. (2006) A zero carry over liquid desiccant air conditioner for solar applications, ASME/SOLAR06 July 8-13, 2006; Denver, CO, USA , ISEC2006-99079

McNeely L.A., 'Thermodynamic properties of aqueous solutions of lithium bromide', ASHRAE Trans., pp. 413-428, 1979.

Mugnier, Daniel (2010) Solar cooling system design and installation experiences, Solar Air Conditioning Seminar, June 8 th, Munich, Germany

Nick-Leptin, J. (2005). Political framework for research and development in the field of renewable energies, International Conference Solar Air conditioning, Staffelstein 2005.

Nowakowski, G., Busby, R. (2001) Advances in Natural Gas Cooling, Ashrae Journal.

Otten, W. „Simulationsverfahren für die nichtisotherme Ad- und Desorption im Festbett auf der Basis der Stoffdaten des Einzelkorns am Beispiel der Lösungsmitteladsorption", Fortschrittsberichte VDI Reihe 3 Nr.186, Düsseldorf, VDI Verlag 1989

Panaras, G. E. Mathioulakis, V. Belessiotis, N. Kyriakis (2010). Theoretical and experimental investigation of the performance of a desiccant air-conditioning system Renewable Energy 35, pp 1368–1375

Paulußen, S., Braunschweig, N., Mittelbach, W. A novel compact adsorption chiller in the range of 10 kW cooling power, International Conference Solar Air conditioning, Staffelstein 2005.

Peters, R., and Keller, J. U. , Solvation model for VLE in the system H2 O-LiBr from 5 to 76 wt %. Fluid Phase Equilibria 94, pp. 129-147, 1994.

Pietruschka, D., Model based control optimization of renewable energy based HVAC systems, PhD Thesis, de Montfort University Leicester, 2010

Rolles, W. (2004) Daikin, Es gibt viel zu kühlen – packen wir´s an, CCI.Print 2/2004, pp 18–19

Rugginetti, S., Castaldo, S. (2009) Removal of non-technical barriers to solar cooling technology across southern European Islands. 3 rd International Conference Solar Air Conditioning, Palermo, 2009

Schirp, W. „Die DAWP macht weiter von sich reden", Wärmetechnik 4/1993, S.225

Schürger, U. (2007) Investigation Into Solar Powered Adsorption Cooling Systems - Adsorption Technology and System Analysis, PhD Thesis, De Montfort University

Sodha, M. S., Mathur, S. S., Macik, M. A. S., Kaushik, S. C.,Reviews of Renewable Energy Resources, Wiley Eastern Limited – New Delhi, First Edition 1983

Sparber, W., A. Napolitano, P. Melograno (2007)

Wang, R.Z. (2007). Solar Air Conditioning Researches and Demonstrations in China, Proceedings of Second Solar Air conditioning conference, Tarragona

Wang, R.Z., Ge, T.S., Chen, C.J., Ma, Q., Xiong, Z.Q. (2009). Solar sorption cooling systems for residential applications: Options and guidelines, International Journal of refrigeration 32 (2009), pp 638-660

Wiemken, E., Henning, H.-M. (2005) Solar Assisted Cooling at the University Hospital Klinikum Freiburg, International Conference Solar Air conditioning, Staffelstein

WISIONS (2007) Solar cooling – using the sun for Climatisation, III. Issue 2007, Publisher: Wuppertal Institute for Climate, Environment and Energy, www.wisions.net

Ziegler, F., Sorptionswärmepumpen, Forschungsberichte des Deutschen Kälte und Klimatechnischen Vereins Nr. 57, Stuttgart, ISBN 3-932715-60-8, 1998.

4

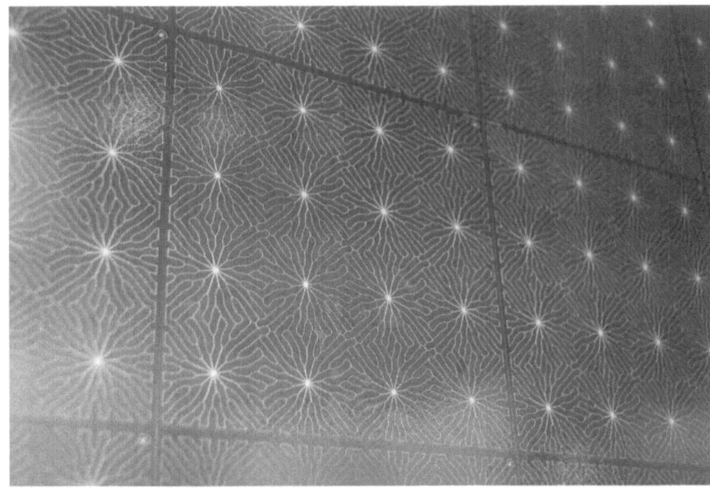

5 Netzgekoppelte Photovoltaiksysteme

Mit Photovoltaik (PV) wird die direkte Umsetzung kurzwelliger solarer Einstrahlung in elektrische Energie bezeichnet.

Der heutige Markt wird noch durch Halbleitersolarzellen auf der Basis von kristallinem Silizium dominiert, jedoch werden zunehmend Großanlagen mit kostengünstigen Dünnschichtmodulen aus Cadmium-Tellurid (CdTe), amorphem Silizium (a-Si), Kupfer-Indium-Selenid (CIS) gebaut. In den nächsten Jahren wird erwartet, dass der Marktanteil von derzeit etwa 15 % auf 30 % steigt. Neue Technologien aus Kunststoffen oder organischen Materialien sind in der Entwicklung.

Solarmodule als Gleichstromproduzenten werden in Anlagen vom Kilowatt bis zum Megawatt Leistungsbereich meist an das 230-V-Niederspannungsnetz angekoppelt. Die dafür erforderlichen Wechselrichter sind für einen weiten Eingangsspannungs- und Leistungsbereich mit Wirkungsgraden über 95 % auf dem Markt verfügbar.

Die Erzeugung findet künftig auf sämtlichen Spannungsebenen statt und erfordert ein Ebenen übergreifendes Netzmanagement. Die zunehmende Einspeisung von Photovoltaikkraftwerken im Multi-Megawattbereich führt dazu, dass ähnlich wie für die Windenergie im Hochspannungsnetz zunehmend auch von Photovoltaikanlagen Kraftwerkseigenschaften gefordert werden. Das betrifft die Regelung von Wirkleistung, die Bereitstellung von Blindleistung im Fehlerfall und der Verbleib am Netz bei bestimmten Fehlercharakteristiken (fault ride through). Die Erzeugungsanlagen sollen sowohl an der langsamen, statischen Spannungsstützung als auch an der dynamischen Spannungshaltung bei Netzeinbrüchen beteiligt werden. Nach der

---

[1]   Foto: Eric Duminil

2009 in Kraft getretenen Mittelspannungsrichtlinie müssen Anlagen über 100 kW Spitzenleistung zur Netzstabilisierung beitragen und entsprechend zertifiziert sein.

Seit dem Jahr 2000 wird die photovoltaisch erzeugte Leistung in Deutschland über das Erneuerbare Energiengesetz kostendeckend vergütet. Die gezahlte Vergütung wird auf alle Stromkunden umgelegt. Das in Deutschland entwickelte und sehr erfolgreiche Gesetz wird mittlerweile in vielen europäischen Staaten angewendet. Seit 2009 wird bei PV-Anlagen bis zu einer installierten Leistung von 30 kW_p der Eigenverbrauch höher vergütet als die Netzeinspeisung.

Durch die Wirtschaftlichkeit der Photovoltaiktechnik ist der Markt rasant gewachsen und heute werden jährlich allein in Deutschland Anlagen mit einer Gesamtleistung von mehreren Gigawatt installiert. Mit 6578 GWh deckt die Photovoltaik in 2009 1.1 % des Gesamtstromverbrauchs in Deutschland.

In Europa soll die photovoltaische Stromerzeugung von 1 % auf 12 % in 2020 gesteigert werden.

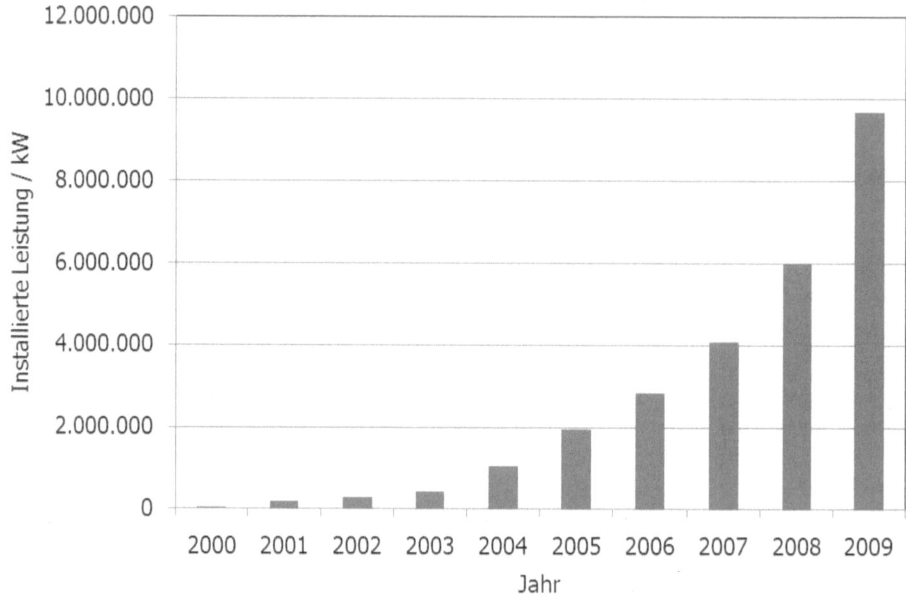

Bild 5-1: Kumulierte installierte Photovoltaikleistung in Deutschland (PHOTON Europe GmbH 2010)

Photovoltaikanlagen zeichnen sich durch einen äußerst modularen Aufbau aus, da prinzipiell jedes Modul mit einem Wechselrichter gekoppelt als Wechselstromerzeuger agieren kann. Durch die Verkapselung der extrem dünnen Halbleiterzellen in einem Glas-Glas oder Glas/Kunststoffverbund eignen sich Photovoltaikmodule besonders für die Gebäudeintegration, da die üblichen Konstruktionen von Verglasungen übernommen werden können. Lediglich die Kabelführung unterscheidet ein Photovoltaikmodul vom Einsatz einer konventionellen Verglasung. Die für die Systemtechnik erforderlichen Komponenten wie Leistungsschalter, Sicherungen und Wechselrichter können an beliebiger Stelle im Gebäude platziert werden (auch im Außenbereich) und stellen nur geringe Anforderungen an Technikraumbedarf.

Bild 5-2: Polykristalline Solarmodule im Solar Decathlon Gebäude der Hochschule für Technik (Foto: Jan Cremers)

Die nahezu beliebigen Abmessungen und Bauformen von Photovoltaikmodulen, die wählbare Modulfarbgestaltung sowie die Möglichkeit einer Teiltransparenz eröffnen besondere architektonische Gestaltungsmöglichkeiten insbesondere im Fassadenbereich. Die thermischen Aspekte der Gebäudeintegration von Photovoltaik werden gesondert in Kapitel 6 betrachtet.

5.1 Aufbau netzgekoppelter Anlagen

Eine netzgekoppelte Photovoltaikanlage besteht aus Solargenerator, Wechselrichter sowie Schalt- und Sicherungseinrichtungen. Der Solargenerator setzt sich modular aus PV-Modulen mit Modulleistungen von etwa 100 bis 250 Watt zusammen. Großmodule können bis zu 600 W erreichen. Die Spannung liegt je nach Modultyp zwischen etwa 24 und 55 Volt, die Stromstärke zwischen 5 und 9 Ampere.

Die Verschaltung der PV-Module richtet sich nach dem geplanten Gleichspannungsniveau der Anlage. Im Schutzkleinspannungsbereich unter 120 V_{DC} sind die Anlagen berührungssicher. An die PV-Module werden dann geringere Anforderungen an die elektrische Schutzklasse gestellt (Schutzklasse III nach IEC 61730). Dieses ist insbesondere für Sondermodule im Gebäudeintegrationsbereich interessant, bei denen geringe Stückzahlen die Zertifizierungskosten nicht rechtfertigen. Zur Reduzierung der Stromstärken und für den Einsatz trafoloser Wechselrichter werden aber meist höhere DC Spannungsbereiche von mehreren hundert Volt gewählt.

Die Anschlussleitungen der in Reihe geschalteten Module werden in einem PV-Verteilerkasten, der einen Überspannungsschutz und eventuell Strangdioden enthält, zu parallelen Strängen zusammengefasst. Von dort führt die Gleichstromhauptleitung zum Wechselrichter. Wird pro Strang ein eigener Wechselrichter eingesetzt, entfällt der Verteilerkasten – ein Konzept, welches auch bei sehr großen Anlagen realisiert werden kann (z. B. wurde die 1 MW gebäudeintegrierte Solaranlage in Herne mit 569 Wechselrichtern mit jeweils 1.5 kW Leistung gebaut).

Ein DC-Leistungsschalter vor dem Wechselrichter ermöglicht die Trennung der Anlage für Wartungsarbeiten am Wechselrichter, ist jedoch für die sichere Funktion der PV-Anlage nicht erforderlich. Die Überwachung der Netzspannung und die Freischaltung der PV-Anlage bei Netzabschaltung sind meist im Wechselrichter integriert, die PV-Anlage muss jedoch auch manuell nach dem Wechselrichter vom Netz freischaltbar sein. Bis zu 4.6 kW Leistung wird meist einphasig in das öffentliche Netz eingespeist, bei größeren Leistungen werden dreiphasige Wechselrichter verwendet.

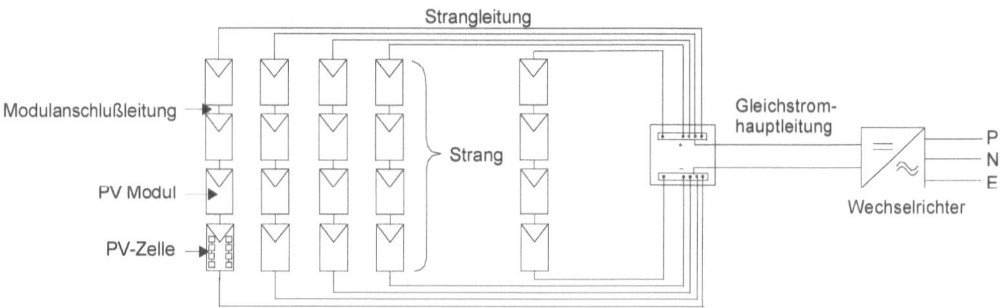

Bild 5-3: Netzgekoppelte Photovoltaikanlage mit gemeinsamem Wechselrichter für alle Modulstränge.

Der Wechselrichter wandelt den photovoltaisch erzeugten Gleichstrom in Wechselstrom um, der in gebäudeintegrierten Anlagen in das 230-V-Niederspannungs-Hausnetz eingespeist wird. Modulintegrierte Kleinwechselrichter erhöhen die Modularität der PV-Systeme und ermöglichen die gewohnte Wechselstromverkabelung, sind jedoch Material aufwändiger in der Produktion und haben bei sehr kleinen Leistungen eher niedrige Wirkungsgrade.

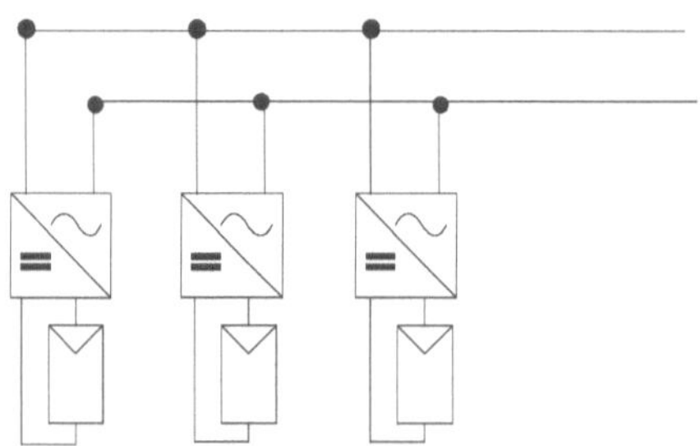

Bild 5-4: Modulwechselrichter mit einem Wechselrichter pro Modul.

Strangwechselrichter werden heute vielfach eingesetzt, um die Gleichstromverschaltung zu vereinfachen und die einzelnen Modulstränge voneinander zu entkoppeln. Die DC-Eingangsspannungen liegen aufgrund der Serienverschaltung aller Module im Strang deutlich über der früher üblichen Schutzkleinspannung. Eine Vielzahl von Geräten sind marktverfügbar mit exzellenten Umwandlungswirkungsgraden bis 98 %. Der Weltrekord mit schnell schaltenden Siliziumkarbid Bauelementen liegt bei 99.03 % (Pressemitteilung Fraunhofer ISE, 2009).

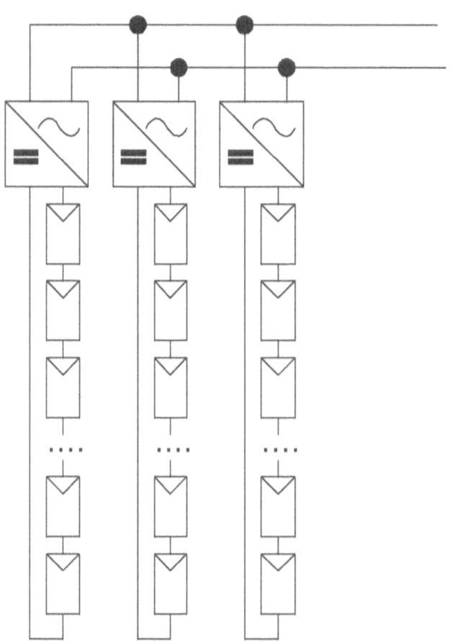

Bild 5-5: PV-Anlage mit Strangwechselrichtern.

Um Material und Kosten zu senken sowie Gewicht und Größe der Wechselrichter zu reduzieren, werden heute meist transformatorlose Wechselrichter eingesetzt, deren Leistungsschalter einen sinusförmigen Strom von einem über der Netzspannung liegenden Gleichspannungsniveau bereitstellen.

5.2 Solarzellentechnologien

Der heutige Solarzellenmarkt ist mit mehr als 80 % Marktanteil weiterhin durch kristalline Siliziumtechnologien dominiert. Während die besten Laborzellen kleiner Abmessungen (2 cm × 2 cm) Wirkungsgrade von knapp 25 % erreichen, liegt der weltweit höchste Modulwirkungsgrad bei knapp 23 %. Auf dem Markt erhältlich sind monokristalline Module in der Massenproduktion zwischen 13 und 19.5 % Wirkungsgrad und polykristalline Module zwischen 11 und 14 % Wirkungsgrad.

Bild 5-6: Monokristalline Zellen in einem Glasverbund

Dünnschichtzellen auf Basis von amorphem Silizium werden sowohl für Konsumerprodukte kleiner Leistung als auch als Leistungsmodule für Kraftwerks- oder Gebäudeanwendungen hergestellt. Durch die Verwendung von extrem dünnen Doppel- oder Dreifachdioden kann das Problem der lichtinduzierten Wirkungsgraddegradation reduziert werden. Amorphe Silizium-zellen werden sowohl auf flexible Metallsubstrate als auch auf beschichtete Gläser aufgebracht und erreichen als einfache *pin* Zellen stabilisierte Wirkungsgrade zwischen 5 und 8 %. Die Kombination von amorphen/mikrokristallinen Zellen als Tandemstruktur ist eine weit entwickelte Fertigungstechnik und liefert stabilisierte Wirkungsgrade von 8–10 %, im Labor bis 13 %.

Dünnschichttechnologien auf Cadmiumtellurid (CdTe) Basis werden heute sehr kostengünstig für große PV Kraftwerke eingesetzt und erreichen in der Massenproduktion 7-10 % Wirkungsgrad. Kupfer-Indium-DiSelenid Module (CIS oder CIGS mit Gallium) können heute mit 9-12 % Wirkungsgrad eingesetzt werden. Noch in der Entwicklung bzw. Pilotfertigung sind organische Solarzellen mit 5 % Laborwirkungsgrad oder Farbstoffzellen mit 11 % Laborwirkungsgrad und 3-5 % in der Pilotfertigung.

5.3 Modultechnologie

Standardmodule werden durch Polymerschichten oder Gießharz zwischen Vorderverglasung und rückseitigem Substrat (entweder Glas oder eine Kunststoff-Aluminium-Material-kombination) verkapselt. Das am weitesten verbreitete Verkapselungsmaterial ist ein Kopolymer aus Ethylen und Vinyl Acetat (EVA), welches beidseitig zwischen Zelle und Substrat gelegt und nach Evakuierung in einem Vakuumlaminator (zur Vermeidung von Luftblasen) durch Erhitzen auf 140-160°C polymerisiert wird. Durch Zugabe von Stabilisatormaterialien kann die Degradierung des Polymers durch UV-Strahlung weitestgehend verhindert werden. Zunehmend werden Dünnschichtmodule oder kristalline Doppelglasmodule auch mit Polyvinylbutyral (PVB) verkapselt (DGS Leitfaden, 2010). Spezial- oder Großmodule werden oft mit flüssigen Elastomeren wie Gießharzen (TPU, Acrylate) oder thermoplastischen Silikonen mit elastomeren Eigenschaften (TPSE) hergestellt. Module können über 12 m^2 Fläche aufweisen.

Die äußere Verglasung eines PV-Moduls besteht aus eisenarmem Glas, das für ausreichende mechanische Stabilität entweder thermisch (3-4 mm Glasstärke) oder chemisch (2 mm Glasstärke) vorgespannt wird. Eisenoxidarmes Weißglas transmittiert bis zu 96 % der Einstrahlung. Als rückseitiges Glassubstrat wird bei Glas-Glasmodulen meist Sicherheitsglas verwendet.

Rahmenlose Module werden mit Profilsystemen befestigt oder als Structural Glazing System auf eine Rahmenkonstruktion geklebt. Module mit Aluminiumrahmen werden vorwiegend für Aufdachmontage oder vorgehängte Kaltfassaden verwendet.

Neben den Bauglaskonstruktionen mit Photovoltaik sind eine Vielzahl von photovoltaischen Dachziegelsystemen verfügbar, in welchen eine spezielle Kunststoffrahmenkonstruktion die Dachziegelfunktionen wie Schlagregendichtigkeit und Regenablauf übernimmt sowie eine Auflage auf Dachlatten und der Anschluss an benachbarte Standardziegel einfach möglich ist.

5.4 Gebäudeintegration und Kosten

Bei Photovoltaikanlagen kleiner und mittlerer Leistung nehmen die Materialkosten in Form von Modulen, Wechselrichtern und Verkabelung 85 % gegenüber 15 % Installationskosten ein, bei Großanlagen kann der Installationsanteil auf 8 % sinken.

Die Module dominieren weiterhin die Gesamtkosten mit etwa 50-60 %, gefolgt vom Wechselrichter mit etwa 10-15 % und der Verkabelung samt Schutzelementen, Zählern etc. Seit Beginn der 80 er Jahre sind die Systemkosten um 80 % gefallen und betragen heute in Deutschland netto etwa 3000 € pro kW für kleine und mittlere Anlagen.

Bei Großkraftwerken liegen die Modulpreise 2010 zwischen 1600 € pro kW (CdTe) bis 1800 €/kW (kristalline Module chinesischer Hersteller), die Systemkosten mit monokristallinen Modulen bei etwa 2500 €/kW und bei CdTe-Anlagen unter 2400 €/kW. Bis 2013 können die CdTe-Systemkosten auf 1800 €/kW sinken, kristalline Silizium-Anlagen auf 2000 €/kW.

Die Dominanz der PV-Modulkosten steigt bei anspruchsvollen Gebäudeintegrationslösungen eher an, da oft Spezialmodule mit besonderen Teiltransparenz- oder Farbeigenschaften und keinen Standardabmessungen gewählt werden. Die Investitionskosten für gebäudeintegrierte Lösungen sind derzeit noch rund 20 bis 30 % höher als bei Aufdachanlagen. Die Investitionskosten werden mit etwa 750 €/m^2 für eine PV-Fassade (inklusive Montage) angegeben und liegen damit etwa 7 % höher als die einer Steinfassade und rund 20 % höher als die einer Glasoder Keramikfassade (www.solarfassade.info). Im Vergleich zu einer Fassade aus poliertem Stein sind die Investitionskosten einer PV-Fassade etwa 60 % niedriger.

Eine Untersuchung von 30 deutschen Fassadenanlagen zeigt jedoch sehr stark projektabhängige Kosten zwischen 8000 und 20000 €/kW, wobei die Module samt Befestigung 67 % der Gesamtkosten ausmachen, der Wechselrichter nur 6.7 % (Energieagentur NRW, 2008).

Aufgrund der hohen Kosten liegt der Marktanteil gebäudeintegrierter Photovoltaik in Europa bei nur 2 %, wird jedoch vielfach durch höhere Einspeisevergütungen zunehmend gefördert. Das Beispiel der bereits 1994 errichteten hinterlüfteten *Structural Glazing* Konstruktion einer öffentlichen Bibliothek in Mataró/Spanien verdeutlicht die Kostenstruktur auch im Vergleich mit anderen Fassadenkonstruktionen.

Die Kostenverteilung der hinterlüfteten PV-Fassade umfasst 2.5 m^2 große Glas-Glas Spezialmodule, die auf eine Aluminiumprofilkonstruktion mit rückseitiger Doppelverglasung geklebt sind, die DC-Feldverkabelung, den Wechselrichter und die Sicherungstechnik mit Netzanschluss mit quadratmeterbezogenen Gesamtkosten von 1167 €/m^2.

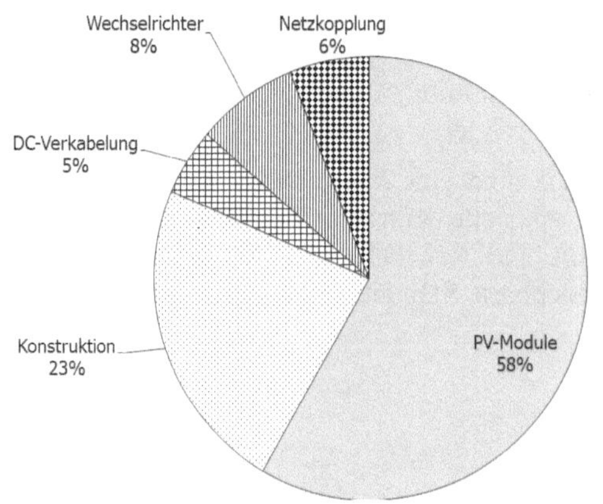

Bild 5-7:
Kostenverteilung einer 245 m^2 PV Warmfassade in Prozent der Gesamtkosten von 1167 €/m^2.

Zusätzlich zu der hinterlüfteten Fassade sind auf dem Gebäude 325 m^2 PV-Dachsheds mit 50 W rahmenlosen Standardmodulen integriert. Die Sheds sind ebenfalls hinterlüftet und als Structural Glazing Konstruktion auf die Profile geklebt, allerdings ist die rückseitige Doppelverglasung durch ein gedämmtes Paneel ersetzt. Die Gesamtkosten der Dachshedkonstruktion liegen bei 1051 €/m^2, wobei auch hier die PV-Module die Kosten dominieren. Zum Vergleich ist die Kostenstruktur einer konventionellen Vorhangfassade mit laminiertem Glas (6 + 6 mm) sowie einer Kaltfassade mit PV-Standardmodulen dargestellt (Angaben der Photovoltaikfassadenfirma TFM-Barcelona). Die flächenbezogenen Systemtechnikkosten liegen bei Standardmodulen aufgrund höherer elektrischer Wirkungsgrade etwas höher als bei den Fassadenspezialmodulen.

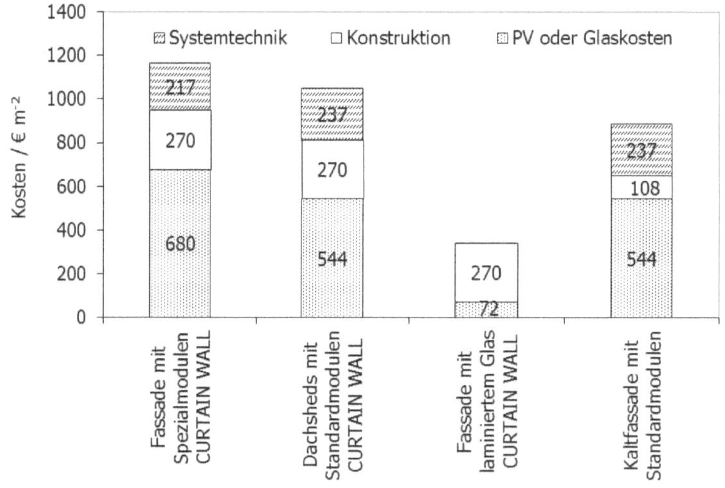

Bild 5-8: Kostenverteilung verschiedener Fassadensysteme mit und ohne Photovoltaikmodule.

5.5 Energieproduktion und Performance Ratio von PV-Systemen

Der Energieertrag eines photovoltaischen Systems wird in kWh eingespeister elektrischer Energie angegeben und auf die installierte Spitzenmodulleistung („peak power" in kW_p) bei Standardtestbedingungen (STC), d. h. 1000 W/m^2 Einstrahlung und 25°C Modultemperatur, bezogen. Gemessene Erträge netzgekoppelter Anlagen unter deutschen Klimabedingungen liegen jährlich bei etwa 800-1050 kWh/kW$_p$.

Um eine einstrahlungsunabhängige Kennzahl einer PV-Anlage ausweisen zu können, wird der spezifische AC-Energieertrag Y_f (engl.: Final yield) innerhalb eines Zeitraums auf den theoretisch möglichen Ertrag ohne Anlagen- und Systemverluste bezogen. Der sogenannte Performance Ratio ist im IEC-Standard 61724 definiert.

Die spezifischen Anlagenverluste L_c (capture losses) umfassen Abweichungen des Generatornutzungsgrades vom Modulwirkungsgrad, geringere Modulleistung und Mismatchverluste sowie Verschattungsverluste, die Systemverluste L_s beinhalten die ohmschen Verluste der DC Komponenten sowie den Wechselrichterumwandlungsverluste.

Der Performance Ratio PR ist der Quotient aus dem realen Energieertrag Y_f und dem theoretischen Ertrag Y_r. Der PR ist ein weitgehend vom Standort (Einstrahlung) unabhängiges Maß zur Qualitätsbeurteilung von netzgekoppelten PV-Anlagen.

$$PR = \frac{Y_f}{Y_f + L_c + L_s} \tag{5.1}$$

Unter Berücksichtigung der verbesserten Umwandlungswirkungsgrade von neueren Wechselrichtern ergeben sich heute PR-Jahreswerte bis fast 90 %, verglichen mit früher üblichen 60-80 %. Der Performance Ratio kann einfach berechnet werden, indem die gemessenen AC Leistungen $P_{AC,gemessen}$ bei Einstrahlungen $G_{gemessen}$ über den gewünschten Zeitraum mit der möglichen DC Leistung bei STC Bedingungen $P_{DC,STC}$ verglichen wird. Der PR ist somit ein Verhältnis von Wirkungsgraden.

$$PR = \frac{\int_{t_1}^{t_2} P_{AC,gemessen}}{P_{DC,STC}} \frac{G_{STC}}{\int_{t_1}^{t_2} G_{gemessen}} \tag{5.2}$$

Der weite Wertebereich und die Höhe der Verluste machen eine genauere Verlustanalyse und Leistungsüberwachung von PV-Anlagen wünschenswert.

Dazu bietet sich eine Unterteilung des Performance Ratios in PV-Modulverluste, DC-Verschaltungsverluste und schließlich AC-Umwandlungsverluste an. Analog zum Performance Ratio wird die tatsächlich erzeugte DC Modul- bzw. Generatorleistung auf die Typenschildleistung bei Standardtestbedingungen bezogen und einstrahlungskorrigiert.

Das „Modul Ratio" MR ist definiert durch:

$$MR = \frac{P_{Modul\text{-}DC,gemessen}}{P_{Modul\text{-}DC,STC}} \frac{G_{STC}}{G_{gemessen}} \tag{5.3}$$

und beinhaltet die Leistungsverluste des Moduls durch Temperaturen oberhalb 25°C, Abweichung von der Typenschildleistung und eventueller Verschattung einzelner Zellen im Modul.

Das „Array Ratio" AR beinhaltet sowohl die Modulverluste als auch Leistungsverluste durch die DC-Verkabelung des Generators und Anpassungsverluste durch Verschaltung nicht identischer Module.

$$AR = \frac{P_{\text{Generator-DC,gemessen}}}{P_{\text{Generator-DC,STC}}} \frac{G_{\text{STC}}}{G_{\text{gemessen}}} \tag{5.4}$$

Das „Performance Ratio" PR enthält schließlich noch die Verluste des Wechselrichters durch die Umwandlung des Gleichstroms in Wechselstrom.

5.5.1 Energierückzahlzeiten

Der Einsatz von Photovoltaikanlagen ist energiewirtschaftlich nur dann sinnvoll, wenn der energetische Aufwand für die Herstellung der Gesamtanlage deutlich unter der während der Lebensdauer produzierten Energiemenge liegt.

Die Energierückzahlzeit von Photovoltaikanlagen ist durch den Energieaufwand für die Zellproduktion dominiert. Der Primärenergieaufwand zur Herstellung von einem kW installierter Photovoltaikleistung – je nach Modulwirkungsgrad etwa 6-8 m^2 Fläche – liegt bei etwa 2500 kWh/kW$_\text{p}$ (Palz und Zibetta, 1991). Bei einer Energieproduktion von 800 kWh/kW$_\text{p}$ liegt die Energieamortisationszeit bei 3.2 Jahren. Auf einer südorientierten Fassade mit einer Energieproduktion von 72 % des Maximalertrages erhöht sich die Energieamortisationszeit auf 4.5 Jahre.

Eine neuere Lebenszyklusuntersuchung des Energy Research Centres aus den Niederlanden ermittelt Energierücklaufzeiten zwischen 1.7 und 4.6 Jahren, abhängig vor allem von der Technologie des PV Moduls. Neben dem Modul bestimmt der Rahmentyp und der Wechselrichter/Verkabelung/Montagesystem die Amortisationszeiten, wobei das Modul selbst etwa 90 % des gesamten Systemenergieinhalts dominiert (Wild-Scholten und Alsema, 2006).

Die Herstellergarantien für PV-Module liegen mittlerweile bei 10-20 Jahren, die Lebensdauer kann mit > 25 Jahren angesetzt werden. Eine sehr lange Lebensdauer der PV-Module ist möglich, da die Modulverkapselungen die Zellen von schädlichen Umwelteinflüssen, insbesondere Feuchtigkeit, dauerhaft abschließen. Erste industrielle Tests zum Recycling von Solarzellen aus Modulen haben gezeigt, dass die Solarzellen selber auch nach 20 Jahren keine Degradation aufweisen und mit sehr geringen Leistungseinbußen wieder zu neuen Modulen verkapselt werden können.

5.6 Physikalische Grundlagen der Solarstromerzeugung

In Photovoltaikzellen wird solare Einstrahlung direkt in elektrische Energie umgewandelt. Die kurzwellige Einstrahlung wird von der Solarzelle absorbiert und erzeugt freie elektrische Ladungsträger im Leitungs- und Valenzband, die durch Diffusionsvorgänge getrennt und über äußere metallische Kontakte einem Stromkreis zugeführt werden.

Geeignete Materialien auf Halbleiterbasis für Solarzellen weisen energetische Bandlücken zwischen Valenz- und Leitungsband auf, die an die solare Einstrahlung angepasst sind. Dabei muss ein Kompromiss zwischen hoher Stromerzeugung bei einer kleinen Bandlücke, bei der auch langwellige solare Einstrahlung absorbiert wird, und hoher Spannungserzeugung bei großen Bandlücken gefunden werden. Die höchsten Wirkungsgrade lassen sich mit Bandabständen zwischen 1.3 und 1.5 eV erzielen (z. B. Indiumphosphid 1.27 eV, Galliumarsenid 1.35 eV oder Cadmiumtellurid 1.44 eV). Das derzeit am häufigsten verwendete kristalline Silizium hat mit 1.124 eV einen eher niedrigen Bandabstand.

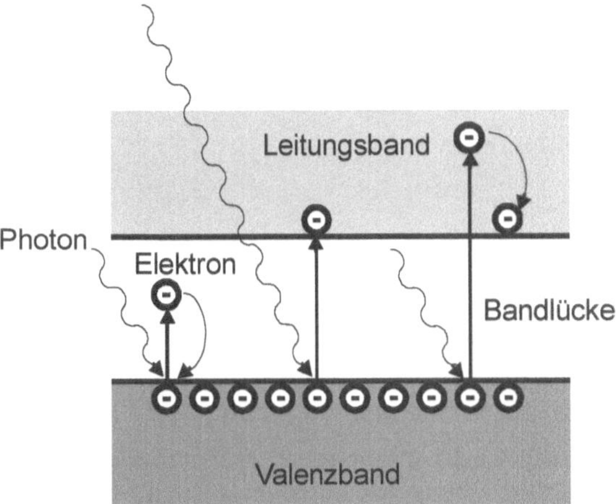

Bild 5-9: Bandlücken und Ladungsträgererzeugung in einer Photovoltaikzelle.

Die Begrenzung des theoretisch maximalen Wirkungsgrades einer Solarzelle auf 44 % ist hauptsächlich durch die Breite des solaren Spektrums verursacht. Ab einer durch den Bandabstand vorgegebenen Energie werden Elektronen aus dem Valenz- in das Leitungsband gehoben. Höherenergetische Photonen des Solarspektrums werden ebenfalls absorbiert, setzen jedoch die überschüssige Energie relativ zur Bandlücke in thermische Energie um. Weiterhin wird stets ein Teil der langwelligen solaren Einstrahlung im Infraroten nicht absorbiert.

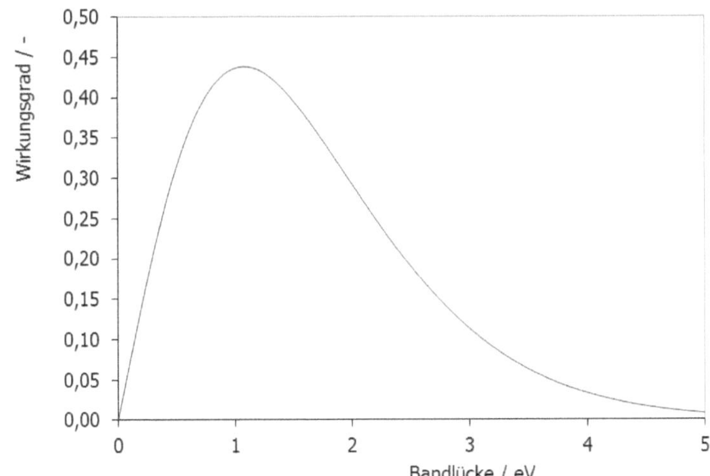

Bild 5-10: Theoretisch mögliche Wirkungsgrade von Solarzellen.

Beispiel 1:

Berechnung der maximalen Wellenlänge des solaren Spektrums, welche von folgenden Solarzellenmaterialien noch absorbiert wird: kristallines Silizium mit einer Bandlücke E_{gap} von 1.124 eV, CdTe mit E_{gap}=1.5 eV und amorphes Silizium mit E_{gap}=1.7 eV.

Die Umrechnung der Bandlückenenergie E_{gap} in die Wellenlänge λ über die Planck'sche Gleichung ergibt die größte Wellenlänge der noch absorbierten Strahlung:

$$E_{gap} = h\nu = \frac{hc}{\lambda} \quad [J]$$

mit $h = 6.626 \times 10^{-34}\,Js,\quad c = 2.99792 \times 10^8\,\frac{m}{s},\quad q = 1.6021 \times 10^{-19}\,As$

$$\Rightarrow E_{gap} = \frac{1.24 \times 10^{-6}}{\lambda}\,[eV] \quad \text{mit}\quad \lambda[m]$$

Photonen größerer Wellenlänge liegen unterhalb der Bandlückenenergie und können nicht absorbiert werden. Kristallines Silizium absorbiert demnach bis $\lambda < 1.1 \times 10^{-6}$ m, CdTe bis $\lambda < 0.826 \times 10^{-6}$ m und amorphes Silizium aufgrund der hohen Bandlücke nur im Sichtbaren bis 0.729×10^{-6} m.

Die komplette Infrarotstrahlung des Sonnenlichtes wird von amorphem Silizium nicht absorbiert und ist für die niedrigen Wirkungsgrade dieses Materials mitverantwortlich. Durch die Beimischung von Germanium kann die Bandlücke von amorphem Silizium allerdings deutlich reduziert werden.

Das elektrische Feld in der Raumladungszone wird durch die Dotierung des Halbleitermaterials mit Fremdatomen erzeugt. Wird das vierwertige Silizium mit fünfwertigem Phosphor dotiert, entstehen freie Elektronenladungsträger (negativ- oder n-Dotierung). Ist dann die andere Seite des Siliziumwafers mit dreiwertigen Boratomen dotiert (positiv oder p-Dotierung), entsteht dort ein Elektronenmangel. Die freien Elektronen diffundieren in das p-dotierte Gebiet und bauen so ein elektrisches Feld auf. Der Feldstrom kompensiert genau den Diffusionsstrom: Der p-dotierte Teil weist jetzt in der Grenzschicht einen Elektronenüberschuss auf und ist negativ, der n-dotierte Teil hat einen Elektronenmangel und ist positiv geladen. Die durch Photonenabsorption erzeugten freien Elektron-Lochpaare, d. h. der Photostrom, fließt analog zu diesen Konzentrationsgradienten genau in Gegenrichtung zu dem Durchlassstrom einer p/n Diode.

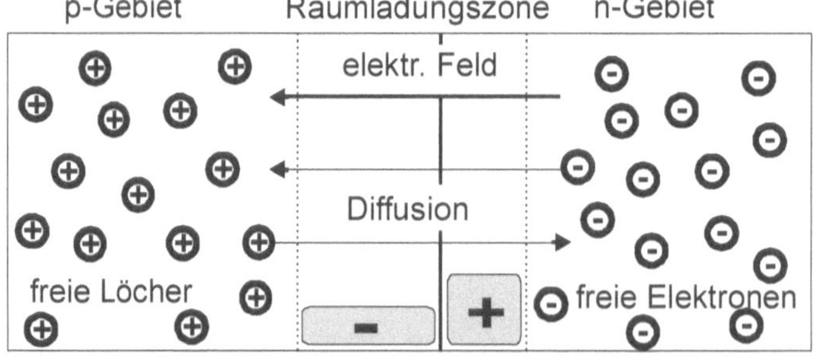

Bild 5-11: elektrisches Feld und Bewegung der Ladungsträger.

Der erzeugte Photostrom ist also immer ein Gleichstrom. Bei der heute in Gebäuden dominierenden Wechselstromtechnik muss zwischen Solargenerator und elektrischem Verbraucher ein Wechselrichter zur Umsetzung von Gleich- in Wechselstrom geschaltet werden.

5.7 Strom-Spannungs-Kennlinien

Photovoltaikzellen sind Photostromgeneratoren, deren elektrische Charakteristik durch die Überlagerung einer Diodenkennlinie und einem in guter Näherung spannungsunabhängigen Photostrom bestimmt ist. Durch Serienwiderstände des Materials und der metallischen Kontakte wird die von der Photodiode erzeugte Spannung reduziert, durch endliche Parallelwiderstände fließt ein Teil des erzeugten Fotostroms ab. Der im äußeren Stromkreis nutzbare Strom ergibt sich aus dem Fotostrom minus den Dioden- und Shuntverlusten. Die an der Photodiode intern anliegende Spannung erhält man aus der gemessenen äußeren Spannung plus dem Spannungsabfall über den Serienwiderständen.

5.7.1 Kennwerte und Wirkungsgrad

Bei offenem äußeren Stromkreis (Gesamtstrom $I = 0$) wird die maximale Spannung generiert, die als Leerlaufspannung V_{oc} bezeichnet wird (V_{oc}: open circuit voltage). Bei kurzgeschlossenem Stromkreis (Spannung $V = 0$) erhält man den Kurzschlussstrom I_{sc} (short circuit current).

Die elektrische Leistung P der Solarzelle wird durch das Produkt aus Strom und Spannung berechnet.

$$P = I \times V \quad [W] \tag{5.5}$$

Die Leistungskurve weist ein scharfes Maximum in der Nähe der Leerlaufspannung auf, welches als Maximum-Power-Point bezeichnet wird (MPP).

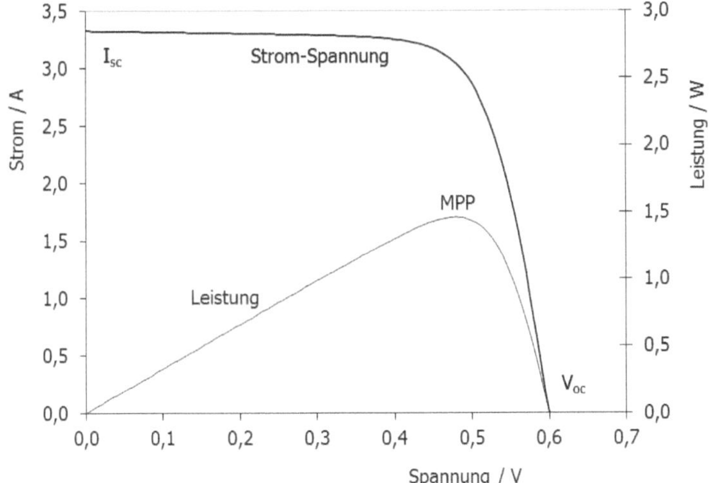

Bild 5-12: Strom-Spannungskennlinie (fett) und Leistungskurve (dünn) einer einzelnen monokristallinen Solarzelle mit 100 cm^2 Fläche.

Alle Kennlinien wurden mit der Simulationsumgebung INSEL (Schumacher, 1991, www.insel.eu) berechnet.

Der Wirkungsgrad einer Solarzelle berechnet sich aus dem Verhältnis von flächenbezogener erzeugter Leistung am MPP-Punkt und der solaren Einstrahlung G.

$$\eta = \frac{P_{\mathrm{MPP}}}{A \times G} \tag{5.6}$$

Je nach gewähltem Bezug für die Fläche A werden der Zellwirkungsgrad bzw. der Modulwirkungsgrad berechnet.

5.7.2 Kurvenanpassungen an die Strom-Spannungskennlinie

Eine exzellente Kurvenanpassung an gemessene Strom-Spannungskurven einer kristallinen Solarzelle wird aus der mathematischen Beschreibung eines Ersatzschaltbildes erhalten, welches durch die Parallelschaltung von zwei Dioden mit den Diodensättigungsströmen I_{01} und I_{02} sowie den Diodenfaktoren n_1 und n_2 charakterisiert ist – das sogenannte Zweidiodenmodell. Im Ersatzschaltbild erzeugt eine Stromquelle einen einstrahlungsabhängigen Photostrom I_{ph}, von welchem ein Teil an den Dioden durch Ladungsträgerrekombination abfließt. Der Stromverlust durch geringen Widerstand an den Kanten der Solarzelle wird durch den Parallelwiderstand R_{p} charakterisiert, der zu den Dioden und der Stromquelle parallel liegt. Wird die Spannung an den Klemmen der Solarzelle – d. h. beim Verbraucher – mit V bezeichnet, so liegt an allen parallel liegenden Komponenten die etwas höhere Spannung $V + IR_{\mathrm{s}}$ an. R_{s} ist der Serienwiderstand der Solarzelle, über den ein Spannungsverlust proportional zum Strom I entsteht.

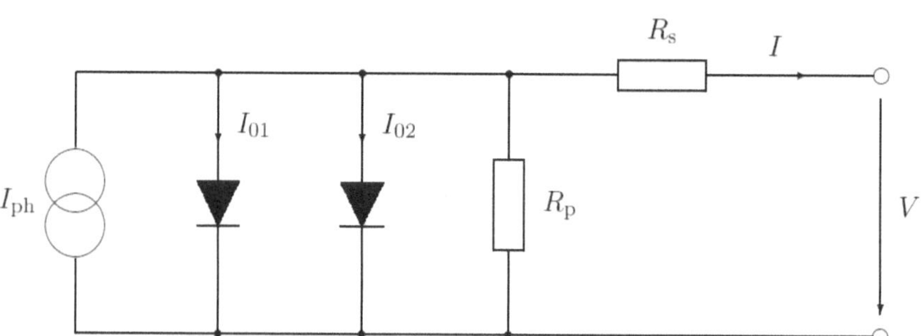

Bild 5-13: Ersatzschaltbild einer Solarzelle im Zweidiodenmodell.

Das Zweidiodenmodell wird durch eine implizite Gleichung des Stroms dargestellt, die sich nur iterativ lösen lässt.

$$I = I_{\mathrm{ph}} - I_{01}\left(\exp\left(\frac{q(V + IR_{\mathrm{s}})}{n_1 kT}\right) - 1\right) - I_{02}\left(\exp\left(\frac{q(V + IR_{\mathrm{s}})}{n_2 kT}\right) - 1\right) - \frac{V + IR_{\mathrm{s}}}{R_{\mathrm{p}}} \tag{5.7}$$

n_1, n_2 Diodenfaktoren [–]
I_{01} Sättigungsstrom aus Basis (p-Silizium) und Emitter (n-Silizium) [A]

I_{02} Sättigungsstrom in der Raumladungszone [A]
I_{ph} Photostrom der Solarzelle [A]
R_s Serienwiderstand [Ω]
R_p Parallelwiderstand [Ω]
k Boltzmann-Konstante [1.38046×10^{-23} J/K]
q Elementarladung [1.602×10^{-19} C]
T Temperatur [K]

Diodenfaktoren und Sättigungsströme

Die zwei Diodengleichungen mit den Sättigungsströmen I_{01} und I_{02} sowie den Diodenfaktoren n_1 und n_2 beschreiben Diffusions- und Rekombinationseigenschaften der Ladungsträger im Material selbst (Index 1) sowie in der Raumladungszone (Index 2). Photogenerierte Ladungsträger müssen zunächst in die Region des elektrischen Feldes diffundieren, um dort durch den Konzentrationsgradienten getrennt zu werden. Verlieren sie während der Diffusion ihre Energie, indem sie wieder direkt in das Valenzband zurückfallen oder über Störstellen in der Bandlücke rekombinieren, steigen die Sättigungsströme und der nutzbare Photostrom wird reduziert.

Der Sättigungsstrom I_{01} hängt von dem Diffusionskoeffizienten sowie der Lebensdauer der photogenerierten Ladungsträger außerhalb der Raumladungszone ab. Aus der exponentiellen Abhängigkeit der Ladungsträgerkonzentration von der Spannung ergibt sich der Diodenfaktor $n_1 = 1$.

Die Temperaturabhängigkeit des Sättigungsstroms I_{01} ist nichtlinear.

$$I_{01} = C_{01}T^3 \exp\left(-\frac{E_{gap}}{kT}\right) \tag{5.8}$$

mit

C_{01}: Temperaturkoeffizient aus Parameteranpassung (AK^{-3})
E_{gap}: Bandlücke (J oder eV), z. B. kristallines Silizium:
$1.124 \, \text{eV} = 1.6 \times 10^{-19} \times 1.124 J = 1.8 \times 10^{-19} J$

Die zweite Diode beschreibt die Rekombination von Ladungsträgern in der Raumladungszone. Der Sättigungsstrom I_{02} steigt mit der Ladungsträgerdichte und mit der Rekombinationsrate. Der Diodenfaktor $n_2 = 2$ kann über die Rekombination von Ladungsträgern an Störstellen in der Mitte der Bandlücke hergeleitet werden.

Die Temperaturabhängigkeit von I_{02} ist durch folgende Gleichung gegeben:

$$I_{02} = C_{02}T^{5/2} \exp\left(-\frac{E_{gap}}{2kT}\right) \tag{5.9}$$

Die Werte der Temperaturkoeffizienten werden aus der Parameteranpassung an Strom-Spannungskennlinien gewonnen. Der Wertebereich für eine Zelle mit 100 cm^2 Fläche liegt typisch für C_{01} zwischen 150-180 AK^{-3}, für C_{02} bei $1.3\text{-}1.7 \times 10^{-2}$ $AK^{-5/2}$.

Serienwiderstand

Der Serienwiderstand R_s setzt sich aus dem Innenwiderstand der Solarzelle, den Widerständen der Zuleitungen und der Kontakte zusammen. Da mit stärkerer Bestrahlung der Zelle die

Stromdichte im Inneren zunimmt, steigen auch die Leistungsverluste am Serienwiderstand. Der flächenbezogene Serienwiderstand $r_{s,Zelle}$ einer industriell gefertigten Solarzelle mit 100 cm² Fläche liegt typisch bei 10^{-4} bis 10^{-5} Ωm^2, etwa zur Hälfte verursacht durch die vorderseitige Metallisierung und der Rest durch den Zellwiderstand sowie die sonstigen Kontaktwiderstände. Der gesamte Serienwiderstand eines Solarmoduls ergibt sich aus dem flächenbezogenen Zellwiderstand $r_{s,Zelle}$ [Ωm^2] multipliziert mit der Anzahl der in Reihe geschalteten Zellen n_s. Den oft als Absolutwert angegebenen Serienwiderstand $R_{s,ges}$ [Ω] erhält man durch:

$$R_{s,ges} = \frac{r_{s,Zelle} \times n_s}{A_{Zelle}} \quad [\Omega]$$

$$r_{s,ges} = r_{s,Zelle} \times n_s = R_{s,ges} A_{Zelle} \quad \Omega m^2$$

(5.10)

Der Serienwiderstand beeinflusst insbesondere die Steigung der Strom-Spannungskennlinie in der Nähe der Leerlaufspannung und kann vereinfacht aus der Steigung der Kennlinie bei der Leerlaufspannung V_{oc} bestimmt werden.

$$R_s \approx \frac{dV}{dI}\bigg|_{V=V_{oc}}$$

(5.11)

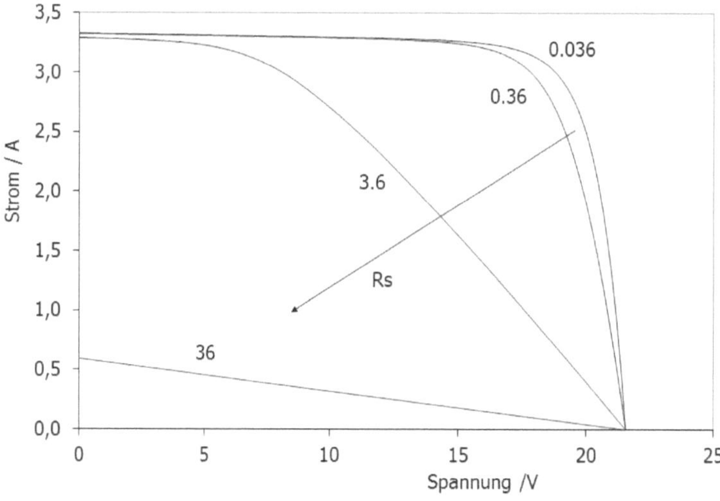

Bild 5-14: Einfluss des Serienwiderstands [Ω] auf die Strom-Spannungskennlinie eines Moduls mit 36 Zellen.

Mit steigendem Serienwiderstand sinkt die Steigung in der Nähe der Leerlaufspannung und die Strom-Spannungskurven flachen ab. Ein Modulserienwiderstand von 0.036Ω entspricht bei 36 Zellen in Reihe einem Zellwiderstand von $10^{-5}\Omega m^2$, 36Ω entsprechen einem Zellwiderstand von $10^{-2}\Omega m^2$.

Parallelwiderstand

Der Parallel- oder Shuntwiderstand R_p repräsentiert den Verluststrom, der hauptsächlich in der p/n-Schicht der Diode und entlang der Kanten verloren geht. Bei einer Reihenschaltung von Zellen addieren sich die reziproken Widerstände, d. h. für n parallel geschaltete Zellstränge und gleichen Shuntwiderständen für jede Zelle ($R_{p,1} = R_{p,2} = .. = R_{p,n_p}$) ergibt sich der Gesamtwiderstand wie folgt:

$$\frac{1}{R_{p,ges}} = \frac{1}{R_{p,1}} + \frac{1}{R_{p,2}} + \dots + \frac{1}{R_{p,n_p}} = \frac{n_p}{R_{p,Zelle}}$$

$$R_{p,ges}\,[\Omega] = \frac{R_{p,Zelle}\,[\Omega]}{n_p} = \frac{r_{p,Zelle}\,[\Omega m^2]}{A_{Zelle}\,[m^2] \times n_p} \qquad (5.12)$$

$$r_{p,ges}\,[\Omega m^2] = \frac{r_{p,Zelle}\,[\Omega m^2]}{n_p} = R_{p,ges}\,[\Omega]\,A_{Zelle}\,[m^2]$$

Typische Werte kommerzieller Siliziumzellen liegen zwischen 0.1 und 10 Ωm^2. Die Modulhersteller geben oft einen Absolutwert in Ω für den Parallelwiderstand an.

Der Parallelwiderstand beeinflusst die Steigung der Strom-Spannungskennlinie im Bereich des Kurzschlussstroms und kann näherungsweise aus der Steigung der Kennlinie am Punkt des Kurzschlussstroms bestimmt werden.

$$R_p \approx \left.\frac{dV}{dI}\right|_{V=0} \qquad (5.13)$$

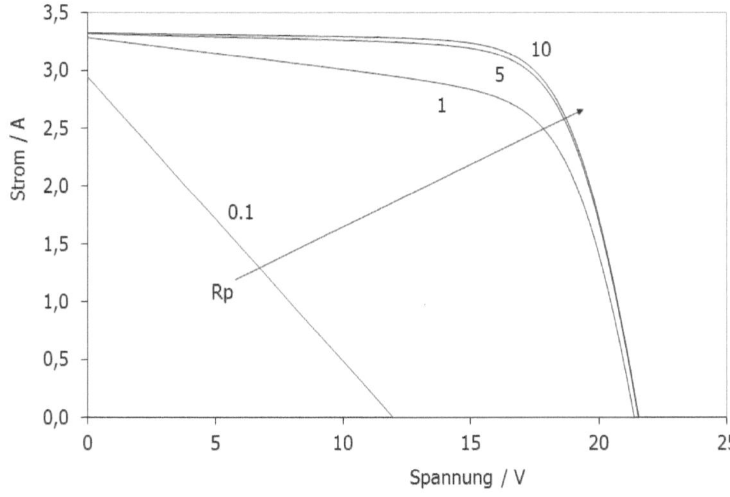

Bild 5-15: Einfluss des Parallelwiderstands [Ω] auf die Strom-Spannungskennlinie für ein Modul mit 36 Zellen in Reihe.

Bei einer Zellfläche von 100 cm^2 entspricht ein Modulwiderstand von 0.1Ω einem Zellwiderstand von $10^{-3}\Omega m^2$, 10Ω entsprechen einem Zellwiderstand von $10^{-1}\Omega m^2$.

Beispiel 2:

Auf dem Datenblatt eines Großmoduls mit 3 parallelen Strängen von je 54 Zellen (100 cm^2 Fläche) ist ein Serienwiderstand von 0.3 Ω und ein Shuntwiderstand von 150 Ω angegeben. Aus diesen Werten sollen die flächenbezogenen Zellwiderstände berechnet werden.

Serienwiderstand:

$$r_{s,Zelle}\,[\Omega m^2] = \frac{R_{s,ges}\,[\Omega] \times A_{Zelle}\,[m^2]}{n_s} = \frac{0.3\Omega \times 10^{-2} m^2}{54} = 5.55 \times 10^{-5}\Omega m^2$$

Der flächenbezogene Gesamtwiderstand des Moduls ergibt sich aus dem Produkt des Zellenwiderstandes und der Anzahl der Zellen in Reihe und liegt bei 3×10^{-3} Ωm^2.

Parallelwiderstand:

$$R_{p,ges}\left[\Omega\right] = 150\Omega = \frac{r_{p,Zelle}\left[\Omega\text{m}^2\right]}{A_{Zelle}\left[\text{m}^2\right] \times n_p}$$

$$r_{p,Zelle}\left[\Omega\text{m}^2\right] = 150\Omega \times 10^{-2}\,\text{m}^2 \times 3 = 4.5\Omega\text{m}^2$$

$$r_{p,ges}\left[\Omega\text{m}^2\right] = R_{p,ges}\left[\Omega\right] A_{Zelle}\left[\text{m}^2\right] = \frac{r_{p,Zelle}\left[\Omega\text{m}^2\right]}{n_p} = 1.5\Omega\text{m}^2$$

Photostrom

Der Photostrom einer Solarzelle hängt neben den wellenlängenabhängigen Absorptionskoeffizienten von den Diffusions- und Rekombinationseigenschaften des Materials ab. Mit genügender Genauigkeit kann der Photostrom als linear von der Einstrahlung und Temperatur abhängig angenähert werden.

$$I_{Ph} = I_{ph,STC}\frac{G}{G_{STC}}\left(1 + \alpha_I\left(T_{PV} - T_{PV,STC}\right)\right) \tag{5.14}$$

G_{STC}: Einstrahlung bei Standardtestbedingungen (1000 W/m^2)

$T_{PV,STC}$: Modultemperatur bei Standardtestbedingungen (25°C)

In den Datenblättern der Modulhersteller wird der Temperaturkoeffizient des Stromes in Prozent pro Kelvin oder in absoluten Einheiten [AK^{-1}] angegeben. Der Temperaturkoeffizient α_I ist meist sehr klein und positiv (etwa 0.03–0.04 % des Kurzschlussstroms pro Kelvin). Bei Vernachlässigung des sehr kleinen Diodenstroms kann der Photostrom dem Kurzschlussstrom I_{SC} gleichgesetzt werden.

Sowohl die Diodenströme als auch der Fotostrom sind temperaturabhängig. Dies führt insbesondere bei Dünnschichttechnologien zu nicht konstanten Temperaturkoeffizienten der MPP-Leistung. Die Temperaturkoeffizienten sind abhängig vom absoluten Einstrahlungs- und Temperaturniveau. Für eine schnelle Abschätzung sind Temperaturkoeffizienten der Leistung jedoch nützlich. Nach Herstellerangaben variieren Temperaturkoeffizienten der Leistung zwischen –0.3 und –0.5 % pro Kelvin für kristalline Technologien, zwischen -0.19 und -0.24 %/K für amorphes Silizium, -0.25 % pro Kelvin für CdTe und -0.3 und -0.36 % pro Kelvin für CIS.

5.7.2.1 Parameteranpassung aus Moduldatenblättern

Ein weiteres Modell zur Beschreibung von Strom-Spannungskennlinien mit ebenfalls sechs freien Parametern ist das sogenannte Eindioden-Modell. Hier wird nach der Shockley Theorie die Rekombination in der Raumladungszone vernachlässigt, sodass der zweite Dioden Term entfällt. Die Strom-Spannungskennlinie vereinfacht sich dadurch auf folgende implizite Gleichung:

$$I = I_{ph} - I_s\left(\exp\left(\frac{q(V + IR_s)}{n_s kT}\right) - 1\right) - \frac{V + IR_s}{R_p} \tag{5.15}$$

Diese Gleichung enthält sechs freie Parameter. In den Datenblättern der Modulhersteller werden üblicherweise drei Betriebspunkte auf der Kennlinie (Kurzschlussstrom bei V=0, Leerlaufspannung für I=0, sowie die MPP-Werte I_{MPP}, V_{MPP}) sowie die Temperaturkoeffizienten der Spannung α_V und des Stroms α_I angegeben. Die sechste Gleichung ergibt sich aus der Tatsache, dass der MPP-Punkt die maximale Leistung des Moduls beschreibt, d. h. die Ableitung der Leistung nach der Spannung am MPP-Punkt ist null.

$$dP / dV \mid_{V=V_m} = 0$$

Um numerische Probleme bei der Berechnung des Fotostroms durch den exponentiellen Term zu vermeiden, werden ab jetzt alle Ströme auf die jeweiligen Zellflächen normiert, also mit Stromdichten i gerechnet.

Die Strom-Spannungsgleichung für die Parameteranpassung ist dann gegeben durch

$$i = i_{ph} - i_s \left(\exp\left(\frac{q(V + ir_s)}{n_s kT} \right) - 1 \right) - \frac{V + ir_s}{r_p} \tag{5.16}$$

Die Stromdichte ist gegeben durch

$$i_{ph} = (c_{ph} + c_t T)G \tag{5.17}$$

und der Sättigungsstrom der Shockley-Diode durch

$$i_s = c_s T^3 \exp\left(-\frac{E_g}{kT} \right) \tag{5.19}$$

Die sechs zu bestimmenden freien Parameter sind die Einstrahlungs- und Temperaturabhängigkeit des Fotostroms c_{ph}, c_t, der Shockley Diodenfaktor n_s, der Koeffizient des Sättigungsstroms c_s sowie die Serien- und Parallelwiderstände r_s und r_p.

Parameter 1 und 2:

Unter Vernachlässigung des Serienwiderstandes kann der Fotostrom dem Kurzschlussstrom bei $V = 0$ gleich gesetzt werden. Für N_p parallele Zellen und eine Zellfläche A_c ergibt sich

$$i_{ph} \approx \frac{I_{sc}}{N_p A_c} = (c_{ph} + c_t T_{STC}) \, G_{STC} \tag{5.19}$$

Die ersten beiden Parameter des Fotostroms ergeben sich damit direkt aus dem Kurzschlussstrom des Datenblatts sowie dem Temperaturkoeffizienten α_I nach Gleichung (5.14). Wird eine Temperaturänderung von 1 K angenommen, ergibt sich nämlich

$$(c_{ph} + c_t(T_{STC} + 1)) \; G_{STC} = \frac{I_{sc} + \alpha_I}{N_p A_c} \tag{5.20}$$

Wird Gleichung (5.19) von Gleichung (5.20) abgezogen, erhält man den Temperaturkoeffizient c_t.

$$c_t = \frac{\alpha_I}{N_p A_c G_{STC}} \tag{5.21}$$

Wird dieses Ergebnis in Gleichung (5.19) eingefügt, ergibt sich der Einstrahlungskoeffizient des Fotostroms c_{ph}.

$$c_{\mathrm{ph}} = \frac{1}{G_{\mathrm{STC}}} \left(\frac{I_{\mathrm{sc,STC}} - \alpha_{\mathrm{I}} T_{\mathrm{STC}}}{N_{\mathrm{p}} A_{\mathrm{c}}} \right) \tag{5.22}$$

Parameter 3:

Den Shockley Diodenfaktor n_{s} erhält man aus der Diodengleichung und der Temperaturabhängigkeit der Spannung α_{V}. Wegen der numerischen Sensitivität der Exponentialfunktion empfiehlt es sich, die Gleichung für eine einzelne Zelle zu berechnen, d. h. die Spannung jeweils durch die Anzahl der in Reihe geschalteten Zellen N_{s} zu teilen.

$$V_{\mathrm{oc}} = \frac{V_{\mathrm{oc,STC}} + \alpha_{\mathrm{V}}(T - T_{\mathrm{STC}})}{N_{\mathrm{s}}}$$

Im Punkt der Leerlaufspannung ist der Strom gleich null, sodass

$$0 = i_{\mathrm{ph}} - i_{\mathrm{s}} \left(\exp\left(\frac{q V_{\mathrm{oc}}}{n_{\mathrm{s}} k T} \right) - 1 \right) - \frac{V_{\mathrm{oc}}}{r_{\mathrm{p}}} \tag{5.23}$$

Bei den heute üblichen großen Parallelwiderständen kann der letzte Term vernachlässigt werden. Der exponentielle Term ist viel größer als eins, sodass der abzuziehende Sättigungsstrom ebenfalls vernachlässigbar ist (kT/q ist etwa 25 mV bei Raumtemperatur, während die Leerlaufspannung einer Zelle bei etwa 0.5 V liegt). Damit ergibt sich

$$V_{\mathrm{oc}} = \frac{n_{\mathrm{s}} k T}{q} \left(\ln(i_{\mathrm{ph}}) - \ln(i_{\mathrm{s}}) \right)$$

Mit $dV_{\mathrm{oc}} / dT = \alpha_{\mathrm{V}} / N_{\mathrm{s}}$ und der Differenzialregel $(uv)' = u'v + uv'$ ergibt sich

$$\alpha_{\mathrm{v}} := \alpha_{\mathrm{V}} / N_{\mathrm{s}} = \frac{n_{\mathrm{s}} k}{q} \left(\ln(i_{\mathrm{ph}}) - \ln(i_{\mathrm{s}}) + T\left(\frac{1}{i_{\mathrm{ph}}} \frac{di_{\mathrm{ph}}}{dT} - \frac{1}{i_{\mathrm{s}}} \frac{di_{\mathrm{s}}}{dT} \right) \right)$$

Mit

$$\frac{di_{\mathrm{ph}}}{dT} = c_{\mathrm{t}} G$$

und

$$\frac{di_{\mathrm{s}}}{dT} = 3 c_{\mathrm{s}} T^2 \exp\left(-\frac{E_{\mathrm{g}}}{kT} \right) + c_{\mathrm{s}} T^3 \exp\left(-\frac{E_{\mathrm{g}}}{kT} \right) \frac{E_{\mathrm{g}}}{kT^2} = i_{\mathrm{s}} \left(\frac{3}{T} + \frac{E_{\mathrm{g}}}{kT^2} \right)$$

ergibt sich somit

$$\alpha_{\mathrm{v}} = \frac{V_{\mathrm{oc}}}{T} + \frac{n_{\mathrm{s}} k}{q} \left(\frac{T c_{\mathrm{t}} G}{i_{\mathrm{ph}}} - 3 - \frac{E_{\mathrm{g}}}{kT} \right)$$

und als Ergebnis

$$n_{\mathrm{s}} = \frac{q\left(\alpha_{\mathrm{v}} - \frac{V_{\mathrm{oc}}}{T} \right)}{k\left(\frac{T c_{\mathrm{t}} G}{i_{\mathrm{ph}}} - 3 - \frac{E_{\mathrm{g}}}{kT} \right)} \tag{5.24}$$

Parameter 4:

Die Gleichung der Leerlaufspannung (5.23) ergibt unmittelbar den Koeffizient des Sättigungsstroms nach Gleichung (5.18).

$$c_\mathrm{s} = \left(i_\mathrm{ph} - \frac{V_\mathrm{oc}}{r_\mathrm{p}}\right)\left(T^3 \exp\left(-\frac{E_\mathrm{g}}{kT}\right)\left(\exp\left(\frac{qV_\mathrm{oc}}{n_\mathrm{s}kT}\right) - 1\right)\right)^{-1} \tag{5.25}$$

Da der Parallelwiderstand r_p noch nicht bekannt ist, wird er zunächst mit einem Wert von $0.1\ \mathrm{m}^2$ angenommen, sodass c_s berechnet werden kann. In weiteren Iterationen wird dann c_s neu berechnet.

Parameter 5:

Die Leistungsdichte p ($\mathrm{W\ m}^{-2}$) ergibt sich aus Strom-Spannungskennlinie nach Gleichung (5.16)

$$p = i_\mathrm{ph}V - i_\mathrm{s}V\left(\exp\left(\frac{q(V + ir_\mathrm{s})}{n_\mathrm{s}kT}\right) - 1\right) - \frac{V^2 + iVr_\mathrm{s}}{r_\mathrm{p}}$$

Aus der ersten Ableitung der Leistung am MPP-Punkt folgt:

$$\left.\frac{dp}{dV}\right|_{V_\mathrm{m}} = 0 = i_\mathrm{ph} - i_\mathrm{s}\left(\exp\left(\frac{q(V_\mathrm{m} + i_\mathrm{m}r_\mathrm{s})}{n_\mathrm{s}kT}\right) - 1\right)$$

$$- i_\mathrm{s}V_\mathrm{m}\frac{q}{n_\mathrm{s}kT}\left(\exp\left(\frac{q(V_\mathrm{m} + i_\mathrm{m}r_\mathrm{s})}{n_\mathrm{s}kT}\right) - 1\right) - \frac{2V_\mathrm{m} + i_\mathrm{m}r_\mathrm{s}}{r_\mathrm{p}}$$

Da diese Gleichung gleich null ist, kann sie von jeder beliebigen Gleichung subtrahiert werden, z. B. von der Stromgleichung am MPP-Punkt:

$$i_\mathrm{m} = i_\mathrm{ph} - i_\mathrm{s}\left(\exp\left(\frac{q(V_\mathrm{m} + i_\mathrm{m}r_\mathrm{s})}{n_\mathrm{s}kT}\right) - 1\right) - \frac{V_\mathrm{m} + i_\mathrm{m}r_\mathrm{s}}{r_\mathrm{p}}$$

Damit ergibt sich

$$i_\mathrm{m} = \frac{i_\mathrm{s}qV_\mathrm{m}}{n_\mathrm{s}kT}\left(\exp\left(\frac{q(V_\mathrm{m} + i_\mathrm{m}r_\mathrm{s})}{n_\mathrm{s}kT}\right) - 1\right) + \frac{V_\mathrm{m}}{r_\mathrm{p}}$$

und damit für den Serienwiderstand:

$$r_\mathrm{s} = \frac{n_\mathrm{s}kT}{i_\mathrm{m}q}\ln\left(1 + \frac{n_\mathrm{s}kT}{i_\mathrm{s}qV_\mathrm{m}}\left(i_\mathrm{m} - \frac{V_\mathrm{m}}{r_\mathrm{p}}\right)\right) - \frac{V_\mathrm{m}}{i_\mathrm{m}} \tag{5.26}$$

Die MPP-Spannung V_m ist hier für eine einzelne Zelle angegeben!

Parameter 6:

Sind nun alle anderen Parameter bekannt, kann der Serienwiderstand aus der Strom-Spannungsgleichung am MPP-Punkt direkt berechnet werden.

$$r_{\mathrm{p}} = \frac{V_{\mathrm{m}} + i_{\mathrm{m}} r_{\mathrm{s}}}{i_{\mathrm{ph}} - i_{\mathrm{s}} \left(\exp\left(\frac{q(V_{\mathrm{m}} + i_{\mathrm{m}} r_{\mathrm{s}})}{n_{\mathrm{s}} k T} \right) - 1 \right) - i_{\mathrm{m}}} \tag{5.27}$$

Abschließend muss nur noch der Shockley Parameter ein oder mehrmals iteriert werden.

Beispiel 3:

Die sechs Parameter des Eindiodenmodells sollen für ein Modul mit folgenden Kennwerten ermittelt werden:

Tabelle 5-1: Datenblattangaben eines BP 485 Moduls

Nennleistung P_{n} / W	85
MPP Strom I_{m} / A	4.9
MPP Spannung V_{m} / V	17.4
Kurzschlussstrom I_{sc} / A	5.48
Leerlaufspannung V_{oc} / V	22.0
Temperaturkoeffizient des Stroms α_{i} / mA K^{-1}	3.51
Temperaturkoeffizient der Spannung α_{V} / mV K^{-1}	−80
NOCT /°C	47 ± 2
Zellfläche A_{c} /m^2	0.015625
Anzahl der Zellen in Reihe N_{s}	36
Anzahl der parallelen Zellen N_{p}	1
Modulfläche / m^2	0.649
Gewicht/kg	7.7
Schottky Bypassdioden (9 A, 45 V)	2

Parameter 1 und 2: Der Einstrahlungskoeffizient des Fotostroms ist

$$c_{\mathrm{ph}} = \frac{1}{1000\,\mathrm{W\,m^{-2}}} \frac{5.48\,A - 0.00351\,A\,K^{-1} \cdot 298.15\,\mathrm{K}}{1 \cdot 0.015625\,\mathrm{m^2}} = 0.2837\,\mathrm{V^{-1}}$$

und der Temperaturkoeffizient

$$c_{\mathrm{t}} = \frac{0.00351\,\mathrm{A\,K^{-1}}}{1 \cdot 0.015625\,\mathrm{m^2} \cdot 1000\,\mathrm{W\,m^{-2}}} = 0.2246 \times 10^{-3}\,\mathrm{V^{-1}\,K^{-1}}$$

Parameter 3: Der Shockley Diodenfaktor wird aus Gleichung (5.24) bestimmt. Dabei ist der Zähler

$$1.602 \times 10^{-19}\,\mathrm{A\,s} \left(-\frac{0.08\,\mathrm{V\,K^{-1}}}{36} - \frac{22\,\mathrm{V}}{36 \cdot 298.15\,\mathrm{K}} \right) = -6.844 \times 10^{-22}\,\mathrm{J\,K^{-1}}$$

und der Nenner

$$1.381 \times 10^{-23}\,\mathrm{J\,K^{-1}} \left(\frac{298.15\,\mathrm{K} \cdot 0.22464 \times 10^{-3}\,\mathrm{V^{-1}\,K^{-1}} \cdot 1000\,\mathrm{W\,m^{-2}}}{5.48\,\mathrm{A} / 0.015625\,\mathrm{m^2}} \right.$$

$$\left. -3 - \frac{1.602 \times 10^{-19}\,\mathrm{A\,s} \cdot 1.12\,\mathrm{V}}{1.381 \times 10^{-23}\,\mathrm{J\,K^{-1}} \cdot 298.15\,\mathrm{K}} \right) = -6.406 \times 10^{-22}\,\mathrm{J\,K^{-1}}$$

sodass

$$n_s = \frac{-6.844}{-6.406} = 1.068$$

Parameter 4:

Der Koeffizient c_s des Sättigungsstroms wird aus folgenden Termen berechnet.

$$T^3 \exp\left(-\frac{E_g}{kT}\right) = 298.15^3\,\mathrm{K}^3 \cdot \exp\left(-\frac{1.602\times10^{-19}\,\mathrm{As}\cdot1.12\,\mathrm{V}}{1.381\times10^{-23}\,\mathrm{JK}^{-1}\cdot298.15\,\mathrm{K}}\right)$$

$$= 3.15\times10^{-12}\,\mathrm{K}^3$$

und

$$\exp\left(\frac{qV_{oc}}{n_s kT}\right) - 1 = \exp\left(\frac{1.602\times10^{-19}\,\mathrm{As}\cdot22\,\mathrm{V}\,/\,36}{1.068\cdot1.381\times10^{-23}\,\mathrm{JK}^{-1}\cdot298.15\,\mathrm{K}}\right) - 1$$

$$= 4.663\times10^9$$

sodass

$$c_s = \left(\frac{5.48\,\mathrm{A}}{0.015625\,\mathrm{m}^2} - \frac{22\,\mathrm{V}\,/\,36}{0.1\,\Omega\mathrm{m}^2}\right)\frac{1}{3.15\times10^{-12}\,\mathrm{K}^3\cdot4.663\times10^9}$$

$$= (350.72 - 0.6111\,/\,r_p)\cdot68.081 = 23461\,\mathrm{A\,m}^{-2}\,\mathrm{K}^{-3}$$

Parameter 5:

Der Serienwiderstand ergibt sich aus

$$\frac{n_s kT}{q} = \frac{1.068\cdot1.381\times10^{-23}\,\mathrm{JK}^{-1}\cdot298.15\,\mathrm{K}}{1.602\times10^{-19}\,\mathrm{As}} = 27.450\times10^{-3}\,\mathrm{V}$$

und

$$i_s = 23461\,\mathrm{A\,m}^{-2}\,\mathrm{K}^{-3}\cdot298.15^3\,\mathrm{K}^3\exp\left(\frac{-1.602\times10^{-19}\,\mathrm{As}\cdot1.12\,\mathrm{V}}{1.381\times10^{-23}\,\mathrm{JK}^{-1}\cdot298.15\,\mathrm{K}}\right)$$

$$= c_s\cdot3.1498\times10^{-12} = 7.390\times10^{-8}\,\mathrm{A\,m}^{-2}$$

sodass

$$r_s = \frac{27.450\times10^{-3}\,\mathrm{V}}{4.9\,\mathrm{A}\,/\,0.015625\,\mathrm{m}^2}\,\ln\left(1 + \frac{27.450\times10^{-3}\,\mathrm{V}}{7.390\times10^{-8}\,\mathrm{A\,m}^{-2}\cdot17.4\,\mathrm{V}\,/\,36}\right.$$

$$\left.\left(4.9\,\mathrm{A}\,/\,0.015625\,\mathrm{m}^2 - \frac{17.4\,\mathrm{V}\,/\,36}{0.1\,\Omega\mathrm{m}^2}\right)\right) - \frac{17.4\,\mathrm{V}\,/\,36}{4.9\,\mathrm{A}\,/\,0.015625\,\mathrm{m}^2}$$

$$= 8.7532\times10^{-5}\cdot\ln\left(1 + \frac{5.6793\times10^{-2}}{i_s}\left(313.6 - \frac{0.4833}{r_p}\right)\right)$$

$$- 1.5412\times10^{-3} = 1.468\times10^{-4}\,\Omega\mathrm{m}^2$$

Parameter 6:

Der Parallelwiderstand wird berechnet mit

$$V_\mathrm{m} + i_\mathrm{m}r_\mathrm{s} = 17.4\,\mathrm{V}\,/\,36 + 1.468 \times 10^{-4}\,\Omega\mathrm{m}^2 \cdot 4.9\,\mathrm{A}\,/\,0.015625\,\mathrm{m}^2$$
$$= 0.5294\,\mathrm{V}$$

und

$$i_\mathrm{s}\left(\exp\left(\frac{q(V_\mathrm{m} + i_\mathrm{m}r_\mathrm{s})}{n_\mathrm{s}kT}\right) - 1\right)$$

$$= 7.390 \times 10^{-8}\,\mathrm{A\,m}^{-2} \cdot \left(\exp\left(\frac{0.5294\,\mathrm{V}}{27.450 \times 10^{-3}\,\mathrm{V}}\right) - 1\right)$$

$$= 17.556\,\mathrm{A\,m}^{-2}$$

sodass

$$r_\mathrm{p} = \frac{0.5294\,\mathrm{V}}{5.48\,\mathrm{A}\,/\,0.015625\,\mathrm{m}^2 - 17.556\,\mathrm{A\,m}^{-2} - 4.9\,\mathrm{A}\,/\,0.015625\,\mathrm{m}^2}$$

$$= 0.0271\,\Omega\mathrm{m}^2$$

Die erste Iteration ergibt

$$c_\mathrm{s} = (350.72 - 0.6111\,/\,0.0271) \cdot 68.081 = 22342\,\mathrm{A\,m}^{-2}\,\mathrm{K}^{-3}$$

$$i_\mathrm{s} = 22342 \cdot 3.1498 \times 10^{-12} = 7.037 \times 10^{-8}\,\mathrm{A\,m}^{-2}$$

$$r_\mathrm{s} = 8.7532 \times 10^{-5} \cdot \ln(1 + 8.0706 \times 10^5 \cdot 295.76) - 1.5412 \times 10^{-3}$$
$$= 1.473 \times 10^{-4}\,\Omega\mathrm{m}^2$$

$$V_\mathrm{m} + i_\mathrm{m}r_\mathrm{s} = 313.6 \cdot 0.4833 + 1.473 \times 10^{-4} = 0.5295\,\mathrm{V}$$

$$i_\mathrm{s}\left(\exp\left(\frac{q(V_\mathrm{m} + i_\mathrm{m}r_\mathrm{s})}{n_\mathrm{s}kT}\right) - 1\right)$$

$$= 7.037 \times 10^{-8}\,\mathrm{A\,m}^{-2} \cdot \left(\exp\left(\frac{0.5295\,\mathrm{V}}{27.450 \times 10^{-3}\,\mathrm{V}}\right) - 1\right)$$

$$= 16.779\,\mathrm{A\,m}^{-2}$$

und

$$r_\mathrm{p} = \frac{0.5295\,\mathrm{V}}{350.72 - 16.779 - 313.6} = 0.0260\,\Omega\mathrm{m}^2$$

Also bereits sehr nah an dem ersten Wert von $0.0271\ \Omega\,\mathrm{m}^2$.

Die Ergebnisse sind in folgender Tabelle zusammengefasst.

Tabelle 5-2: Parameter des Eindiodenmodells des BP485 Moduls.

Einstrahlungskoeffizient des Stroms c_{ph} / V^{-1}	0.2837
Temperaturkoeffizient des Stroms c_t / $V^{-1}\,K^{-1}$	0.2246×10^{-3}
Shockley Dioden Faktor n_s	1.068
Shockley Dioden Sättigungskoeffizient c_s / A m$^{-2}\,K^{-3}$	22 342
Serienwiderstand r_s / Ωm^2	1.473×10^{-4}
Parallelwiderstand r_p / Ωm^2	0.026

Mit den Kennwerten können nun Strom-Spannungskennlinien bei verschiedenen Einstrahlungen und Temperaturen erzeugt werden.

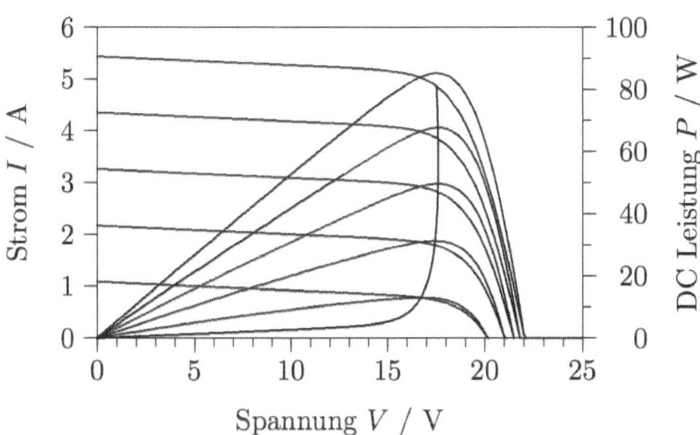

Bild 5-16: Mit den Kennwerten berechnete Strom-Spannungskennlinien und MPP Leistungen bei einer festen Modultemperatur von 25°C und Einstrahlungswerten von 200, 400, 600, 800 und 1000 W m^{-2}.Die exponentielle Kurve zeigt die Lage der MPP-Punkte für die verschiedenen Kennlinien.

Weiterhin können die berechneten Modulparameter mit den Datenblattangaben verglichen werden.

Tabelle 5-3: Vergleich der berechneten und aus dem Datenblatt entnommenen Modulkennwerte des BP 485 Moduls.

Kennwert	Berechnet	Datenblatt
Nennleistung P_n / W	85.43	85.0
MPP Spannung V_n / V	17.54	17.4
MPP Strom I_n / A	4.87	4.9
Kurzschlussstrom I_{sc} / A	5.44	5.48
Leerlaufspannung V_{oc} / V	22.04	22.0

Mit dem Parameteridentifikationverfahren können nun automatisiert die Kennwerte aller marktverfügbaren Module ermittelt werden. Diese Methode ist in der Simulationsumgebung INSEL implementiert (www.insel.eu). Als Beispiel ist die Streuung der Serienwiderstände der Zellen von 2000 marktverfügbaren Modulen dargestellt.

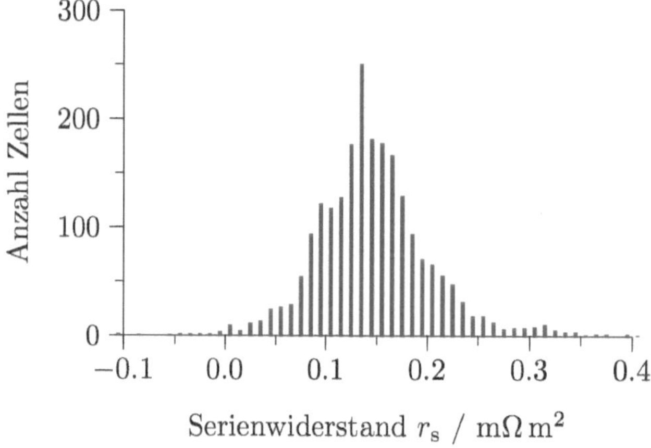

Bild 5-17: Streuung der Serienwiderstände von 2000 Modulen aus der Photon-Datenbank.

Parameterbestimmung durch Kurvenanpassung an gemessene Kennwerte

Eine Anpassung der 6 unbekannten Parameter an gemessene Kennlinien bietet eine höhere Genauigkeit, insbesondere wenn die Kennlinien bei verschiedenen Einstrahlungen und Temperaturen vorliegen. Dazu muss die Fehlerfunktion der gemessenen Ströme bei gegebener Spannung, Einstrahlung und Temperatur und der simulierten Ströme minimiert werden.

$$\Phi = \sqrt{\sum_{i=1}^{N} \left(I_{i,\text{mess}} - I_{i,\text{simuliert}}\right)^2} \tag{5.28}$$

Mit wenig mathematischem Aufwand, d. h. einer linearen Regression, lassen sich direkt die Parameter $I_{\text{ph,STC}}$ und α_I aus der linearen Einstrahlungs- und Temperaturabhängigkeit des Kurzschlussstroms berechnen. Der restliche Parametersatz kann z. B. über Gradienten-, Raster- oder genetische Verfahren bestimmt werden (Pukrop, 1997).

Beispiel 4:

Berechnung der Parameter $I_{\text{ph,STC}}$ und α_I eines Siemens M55 Moduls aus folgender Messwerttabelle.

Einstrahlung G [W/m²]	Temperatur Modul T_{PV} [°C]	Kurzschlussstrom I_{SC} [A]
220	30	0.74
510	41	1.72
850	54	2.88
1000	60	3.40

Um eine lineare Regression der Temperaturabhängigkeit des Kurzschlussstroms nach Gleichung (5.14) durchführen zu können, muss die Einstrahlung G aus der Gleichung eliminiert werden, damit nur noch die Temperaturdifferenz zu Standardtestbedingungen als unabhängiger Parameter verbleibt. Der Kurzschlussstrom wird daher durch die Einstrahlung geteilt und die Regression für I_{SC}/G gegen T_{PV}-$T_{PV,STC}$ durchgeführt.

Strom/Einstrahlung AW^{-1} m^2	Temperaturdifferenz T_{PV}-$T_{PV,STC}$ [K]
3.364×10^{-3}	5
3.373×10^{-3}	16
3.388×10^{-3}	29
3.400×10^{-3}	35

$$\frac{I_{Ph}}{G} = \frac{I_{STC}}{G_{STC}} + \frac{I_{STC}}{G_{STC}}\alpha_I (T - T_0)$$

Die lineare Regression ergibt als Achsenabschnitt $I_{ph,STC}/G_{STC} = 0.0034$ AW^{-1} m^2, d. h. einen Kurzschlussstrom $I_{ph,STC}$ von 3.4 A, und als Steigung $I_{ph,STC}/G_{STC}\alpha_I = 1 \times 10^{-6}$ AW^{-1} m^2 K^{-1}, d. h. $\alpha_I = 3 \ x10^{-4} \ K^{-1}$ (+0.03 %/K).

Nur durch Vereinfachung, d. h. Linearisierung der Ein- oder Zweidiodenmodellgleichung lassen sich alle sechs Parameter über die Fehlerquadratminimierung berechnen. Die Strom-Spannungskennlinie, beschrieben beispielsweise durch die 2 Dioden Modellgleichung, lässt sich jedoch nicht linearisieren, da der Serienwiderstand sowohl im Exponentialterm der Shockley- und Rekombinationsdiode als auch in dem linearen Term des Parallelwiderstandes vorkommt.

$$i = i_{ph} - i_s\left(\exp\left(\frac{q(V + ir_s)}{kT}\right) - 1\right)$$
$$-i_r\left(\exp\left(\frac{q(V + ir_s)}{2kT}\right) - 1\right) - \frac{V + ir_s}{r_p} \tag{5.29}$$

Eine Linearisierung ist nur dann möglich, wenn der Serienwiderstand als bekannt angenommen wird. Dann kann Gleichung (5.29) umgeformt werden in

$$c_s a_1(V,T,i,r_s) + c_r a_2(V,T,i,r_s) + \frac{1}{r_p} a_3(V,T,i,r_s) = b \tag{5.30}$$

mit

$$a_1 = T^3 \exp\left(\frac{-E_g}{kT}\right)\left(\exp\left(\frac{q(V + ir_s)}{kT}\right) - 1\right)$$

$$a_2 = T^{5/2} \exp\left(\frac{-E_g}{2kT}\right)\left(\exp\left(\frac{q(V + ir_s)}{2kT}\right) - 1\right)$$

$$a_3 = V + ir_s$$
$$b = i_{ph} - i$$

Ist ein Datensatz von N Datentupeln (G_j, T_j, V_j, i_j), $j = 1, \ldots N$ aus gemessenen I-V Kennlinien gegeben, so kann eine $3 \times N$ Matrix gebildet werden.

$$A = \begin{pmatrix} a_{1,1} & a_{2,1} & a_{3,1} \\ a_{1,2} & a_{2,2} & a_{3,2} \\ \vdots & \vdots & \vdots \\ a_{1,N} & a_{2,N} & a_{3,N} \end{pmatrix}$$

Die drei unbekannten Parameter c_s, c_r und r_p können dann als Vektor ausgedrückt werden. $x = (c_s, c_r, 1/r_p)^T$ und die rechte Seite der Gleichung ist ebenfalls ein Vektor $b = (b_1, b_2, \ldots b_N)^T$. In Matrixschreibweise ergibt sich das überbestimmte Gleichungssystem, welches nach dem gesuchten Vektor x aufgelöst wird.

$$Ax = b$$

Die beste Lösung für x ist diejenige, welche die quadratische Fehlersumme minimiert.

$$\chi^2 = \sum_{j=1}^{N} \left(\sum_{i=1}^{3} a_{i,j} x_i - b_j \right)^2$$

Mithilfe eines genetischen Algorithmus wird der Serienwiderstand solange variiert, bis die Lösung gefunden ist.

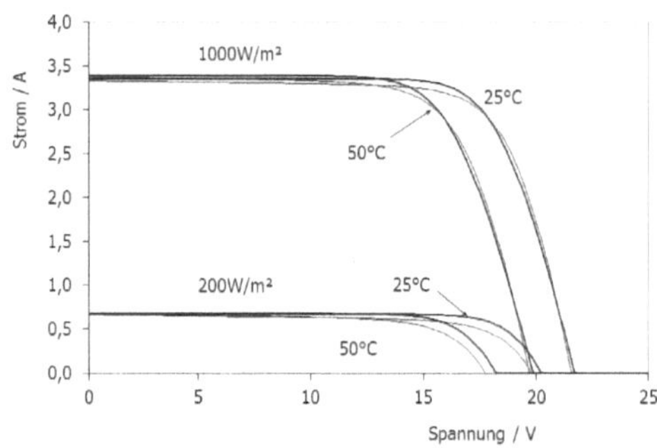
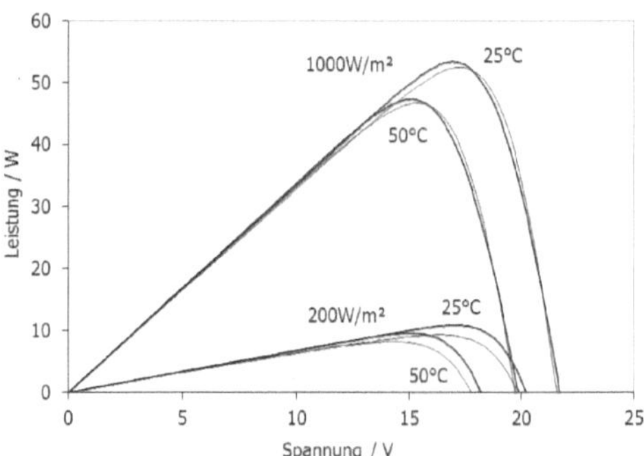

Bild 5-18: Vergleich der Strom-Spannungs- und der Leistungskennlinie eines SM55 Moduls nach dem Parameteridentifikationsverfahren (fette Kurven) sowie nach dem Zweidiodenmodell (dünne Kurven).

Werden die Strom-Spannungs- bzw. Leistungskennlinien eines Siemens SM55 Moduls mit Kennwerten aus dem Parameteridentifikationsverfahren mit den genauen Berechnungen des Zwei-Diodenmodells verglichen, so zeigt sich generell eine gute Übereinstimmung der Kennlinien. Das Eindiodenmodell überschätzt die Leistung um 0.6-1.4 W, was bei hohen Einstrahlungen 1.5 %, bei niedrigen Einstrahlungen 15 % ausmacht.

5.7.3 Kennlinienmodelle für Dünnschichtmodule

Bei einigen Dünnschichtmodulen sinkt der Wirkungsgrad aufgrund geringerer Ladungsträgermobilität und höheren Innenwiderständen bei hohen Einstrahlungen. Da die Nennleistung bei STC Bedingungen, also hoher Einstrahlung gemessen wird, steigt bei geringen Einstrahlungen der Wirkungsgrad an – das Schwachlichtverhalten ist also beispielsweise bei amorphen Silizium Modulen besser als bei kristallinen Silizium Modulen: Bei kristallinen Modulen kann der Wirkungsgrad bei 10 % der maximalen Einstrahlung (also 100 W m^{-2}) um etwa 5 Prozent sinken, bei amorphem Silizium sieht man dagegen keine Wirkungsgradeinbußen. Bei CdTe ist das Schwachlichtverhalten schlechter als bei kristallinen Modulen: Bei 10 % der Einstrahlung sinkt der Wirkungsgrad mehr als 10 Prozent unter den Nominalwirkungsgrad.

Der Temperatureffekt von Dünnschichtzellen ist eher geringer als bei kristallinen Modulen.

Durch die oft schmalbandige Absorption (vor allem bei amorphen Siliziumzellen) ist der Einfluss des Spektrums auf den Fotostrom höher als bei breitbandigeren Absorbern wie kristallines Silizium oder CIS. Bei reinem Diffuslicht, also sehr hohem Blauanteil im Spektrum, ist die Leistung bis zu 20 % höher als bei einem AM1.5 Spektrum.

Um das Schwachlichtverhalten beispielsweise von amorphen Siliziummodulen korrekt abbilden zu können, ist weder das Ein- noch das Zweidiodenmodell geeignet.

Hierzu sind mehr als sechs freie Parameter notwendig. Hier ist besonders die Spannungsabhängigkeit des Kurzschlussstroms zu berücksichtigen, die durch einen freien Parameter m sowie die interne Spannung V_{bi} parametriert werden kann.

$$
\begin{aligned}
i_{ph}{}^+ &= i_{ph}\left(1 - \left(m(V_{bi} - (V + ir_s))\right)^{-1}\right) \\
&= \left(c_g + c_t T\right)G\left(1 - \frac{1}{m(V_{bi} - (V + ir_s))}\right)
\end{aligned}
\tag{5.31}
$$

Um sowohl einfache amorphe pin Zellen als auch Tandem Zellen aus amorphem und mikrokristallinem Material über den kompletten Einstrahlungs- und Temperaturbereich abbilden zu können, sind als weitere freie Parameter die Bandlücke E_{gap} sowie die Temperaturabhängigkeit des Diodenstroms zu fitten, die bei Tandemzellen die Eigenschaften zweier Zelltypen enthalten.

Der Diodenterm enthält dann vier freie Parameter: c_0, c_1, E_{gap} und n.

$$
i_0 = c_0 T^{c1} \exp\left(-\frac{E_{gap}}{nkT}\right)
\tag{5.32}
$$

Insgesamt hat das Modell 10 freie Parameter.

Für den Kennlinienfit wird ein Simplex Algorithmus nach Melder-Nead verwendet.

Als Beispiel wurden gemessene Kennlinien eines amorphen/mikrokristallinen Tandemmoduls bei Einstrahlungen von 50, 100, 200, 300.. 1000 W/m^2 mit drei Temperaturniveaus von 10, 25 und 40 °C mit dem erweiterten Modell gefittet.

Die Datenblattangaben für das Tandemmodul sind:

Tabelle 5-4: Kenndaten des Tandemmoduls

Kennwert	Datenblattangabe
Nennleistung P_n / W	128
MPP Spannung V_n / V	45.4
MPP Strom I_n / A	2.82
Kurzschlussstrom I_{sc} / A	3.45
Leerlaufspannung V_{oc} / V	59.8
Temperaturkoeffizient Kurzschlussstrom / % K^{-1}	0.07
Temperaturkoeffizient Leerlaufspannung / % K^{-1}	−0.24

Bild 5-19 zeigt die sehr gute Übereinstimmung zwischen gemessenen und berechneten Kennlinien.

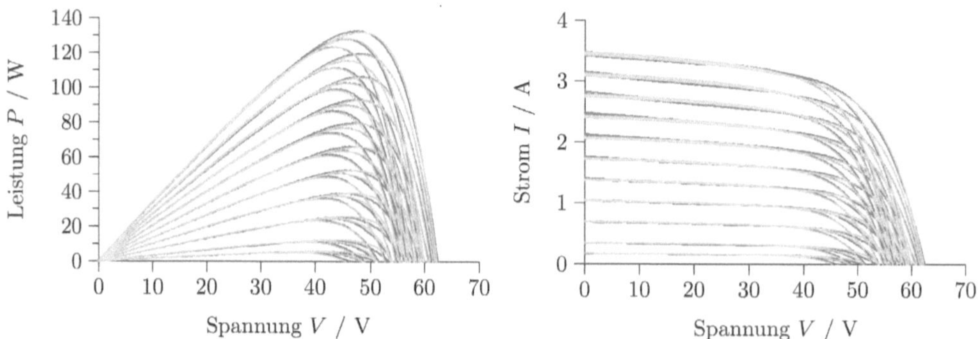

Bild 5-19: gemessene und berechnete Strom Spannungskennlinien und Leistungen eines amorphen/mikrokristallinen Tandem Moduls

5.7.3.1 Einfaches explizites Modell für Anlagenauslegung

Die aus der Parameteridentifikation erhaltene Kennlinie lässt sich selbst bei unendlich angenommenem Parallelwiderstand nur iterativ lösen. Erst durch die Vernachlässigung des Serienwiderstands erhält man aus Gleichung (5.15) einen einfachen expliziten Zusammenhang zwischen Strom und Spannung, der schnelle Anlagenauslegungen ermöglicht.

$$i = i_{ph} - i_s \left(\exp\left(\frac{qV}{n_s kT} \right) - 1 \right) \tag{5.33}$$

Von den vier Parametern c_t, c_{ph}, n_s und c_s können der Temperatur- und Einstrahlungskoeffizient des Photostrom direkt aus Gleichung (5.21) und (5.22) ermittelt werden. Der Temperaturkoeffizient des Sättigungsstroms c_s und der Diodenfaktor n_s lassen sich nach drei unterschiedlichen Methoden bestimmen:

1. Zur Parameterbestimmung werden die Temperaturabhängigkeit des Stroms α_I und die Kurzschlussstromgleichung für die Photostromkennwerte c_t und c_{ph}, der Temperaturkoeffizient der Spannung α_V für den Diodenfaktor n_s sowie der Betriebspunkt der Kennlinie

bei Leerlaufspannung für den Temperaturkoeffizient des Sättigungsstroms c_S nach Gleichung (5.25) verwendet. Die Parameter werden nach der obigen Identifikationsmethode berechnet, wobei der Serienwiderstand auf Null und der Parallelwiderstand auf Unendlich gesetzt wird. In diesem Fall wird die MPP-Bedingung nicht benutzt und die MPP-Leistung wird bei allen Einstrahlungen überschätzt. Dafür stimmen die Temperaturabhängigkeit der Leistung sowie die Leerlaufspannung gut mit realen Kennlinien überein.

2. Wie oben werden α_V (für den Diodenparameter n_S) und α_I sowie die Kurzschlussstromgleichung (für die Photostromkoeffizienten) benutzt, jedoch wird der Sättigungsstrom i_S und somit c_S nicht mehr aus der Leerlaufspannungsbedingung, sondern am MPP-Punkt berechnet:

$$i_S = \frac{i_{ph} - i_{MPP}}{\exp\left(\dfrac{qV_{MPP}}{n_S kT}\right) - 1} \tag{5.34}$$

Diese Bedingung ergibt wesentlich bessere Übereinstimmung für die Leistungswerte, allerdings stimmt die Leerlaufspannung nicht mit der realen Kennlinie überein.

3. Alternativ können die Parameter aus drei Betriebspunkten (bei Kurzschlussstrom, Leerlaufspannung und MPP- Bedingung) sowie der Temperaturabhängigkeit des Stroms bestimmt werden. Hier wird jedoch die Bedingung der signifikanten Temperaturabhängigkeit der Spannung nicht genutzt.

Der Koeffizient des Sättigungsstroms wird dabei aus der Leerlaufspannungsbedingung berechnet.

$$i_S = i_{ph}\left(\exp\left(\frac{qV_{oc}}{n_S kT}\right) - 1\right)^{-1}$$

Den Diodenparameter n_S erhält man dann aus der MPP-Bedingung. Um die Gleichung analytisch lösen zu können, wird der Subtrahent -1 gegenüber dem Exponentialterm in der Gleichung des Sättigungsstroms vernachlässigt.

$$i_{MPP} = i_{ph} - \frac{i_{ph}}{\exp\left(\dfrac{qV_{oc}}{n_S kT}\right)}\exp\left(\frac{qV_{MPP}}{n_S kT}\right)$$

$$\Rightarrow n_S = \frac{q\left(V_{MPP} - V_{oc}\right)}{kT \ln\left(1 - \dfrac{i_{MPP}}{i_{ph}}\right)} \tag{5.35}$$

Die Verwendung der MPP-Bedingung ergibt korrekte Leistungen bei 25°C. Bei anderen Einstrahlungen und vor allem anderen Modultemperaturen wird die Leistung jedoch mit Fehlern größer 20 % berechnet, so dass diese Berechnungsmethode nicht empfehlenswert ist.

Im Folgenden wird der Vergleich der Kennlinienberechnung nach dem genauen Zweidiodenmodell mit Serien- und Parallelwiderstand und den drei Methoden der Parameteridentifizierung nach dem einfachen expliziten Modell durchgeführt. Dafür wurden Kennlinien und Leistungskurven bei 1000 W/m^2 Einstrahlung und einer Modultemperatur von 50°C berechnet. Methode 1 überschätzt die MPP-Leistung deutlich, wobei die Leerlaufspannung dem Zweidiodenwert ähnelt. Methode 3 unterschätzt die Leistung und berechnet das Spannungsniveau mit großem Fehler. Die zweite Methode nutzt sowohl die Temperaturabhängigkeit der Spannung als auch die MPP-Bedingung und ergibt mit Abstand die beste Kurvenanpassung. Bei 1000 W/m^2 Einstrahlung und 50°C Modultemperatur ergeben sich folgende Leistungskurven für ein Standardmodul (berechnet aus den Herstellerangaben nach den einfachen expliziten Modellen und dem Zweidiodenmodell):

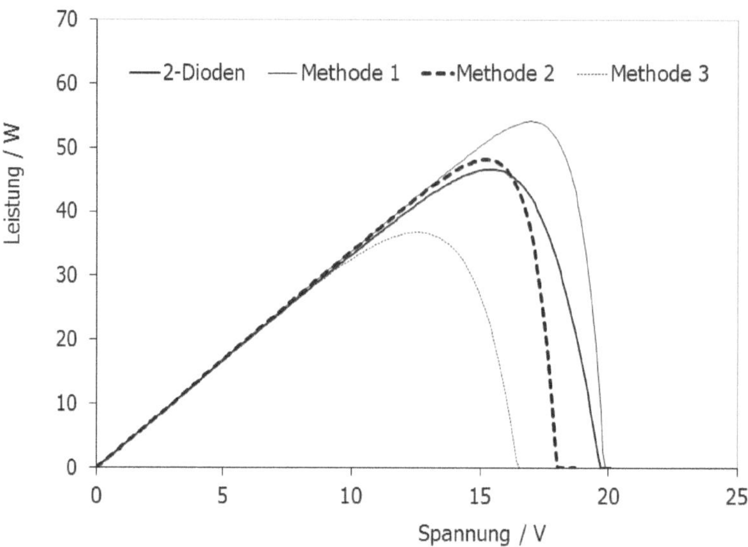

Bild 5-20: Vergleich der Leistungskurven eines SM55 Moduls.

5.7.4 Kennlinienaddition und Generatorverschaltung

Zur Berechnung der Strom-Spannungs-Charakteristik eines Photovoltaik-Generators sind die Kennlinien der einzelnen Module zu addieren. Dabei addieren sich in der seriellen Verschaltung die Spannungsbeiträge V_{ij} der Module i des betreffenden Stranges j bei einem gemeinsamen Strom. Da die Ströme durch jedes Modul bei serieller Verschaltung gleich sind, ist der Strom durch den Kurzschlussstrom des schlechtesten Moduls begrenzt (Ausnahme Verschattungsfall mit Bypassdioden).

Bei paralleler Verschaltung der Stränge ergibt sich die Generatorkennlinie durch Addition der jeweiligen Strangströme I_j zu einer vorgegebenen Spannung, die zwischen null und der Strangspannung liegt.

Beispiel 5:

Berechnung von PV-Generatorstrom und -spannung im MPP-Punkt für eine Anlage mit 36 Modulen von 53 W MPP-Leistung (17.4 V MPP-Spannung), die in 9 Stränge mit je 4 reihengeschalteten Modulen aufgeteilt ist.

Serielle Verschaltung:

Für die 4 reihengeschalteten Module werden die MPP-Spannungen bei gleichem Strom (I_{MPP} = 53 W/ 17.4 V=3.05 A) addiert.

$$V_{MPP,Strang} = V_{MPP,Modul1} + V_{MPP,Modul2} + .. + V_{MPP,Modul4} = 69.6\,V$$

Parallele Verschaltung:

Für die 9 parallel geschalteten Stränge addieren sich die Strangströme (jeweils 3.05 A) bei gleicher Spannung ($V_{MPP,Strang}$ = 69.6 V).

$$I_{MPP,Generator} = I_{MPP,Strang1} + I_{MPP,Strang2} + ... + I_{MPP,Strang9} = 27.45\,A$$

Die Anlage hat somit einen MPP-Betriebspunkt bei Standardtestbedingungen von 69.6 V und 27.45 A, d. h. eine DC-Leistung von 1910 W.

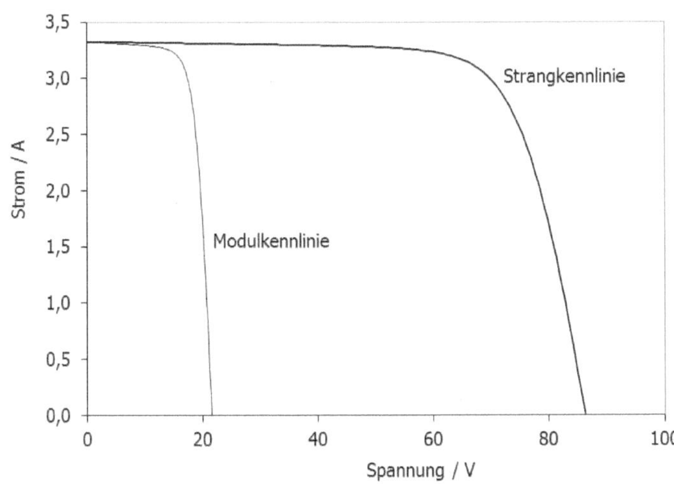

Bild 5-21: Kennlinie eines einzelnen Moduls mit 36 Zellen in Reihe und Addition von 4 reihenverschalteten Modulkennlinien zur Strangkennlinie.

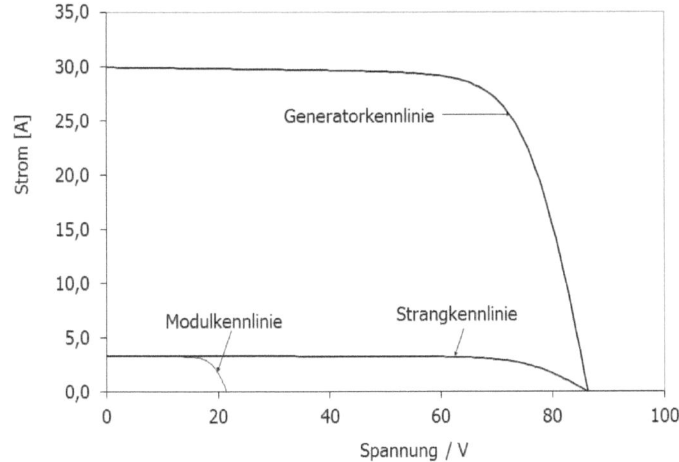

Bild 5-22: Addition von 9 parallel geschalteten PV Strän-gen mit je 4 Modulen in Reihe zur Generatorkennlinie.

5.8 Bypassdioden und Rückwärtskennlinien von Solarzellen

Werden einzelne Zellen eines Moduls abgeschattet, erzeugen diese einen geringeren Fotostrom als die unverschatteten Zellen. Da bei einer Reihenschaltung gleiche Ströme durch alle Zellen fließen, begrenzt – ausgehend vom Strom null bei Leerlaufspannung – zunächst der geringe Fotostrom der verschatteten Zellen den Gesamtstrom. Die von den unverschatteten Zellen produzierten hohen Fotoströme können nur im Rückwärtsspannungsbereich der verschatteten Zellen durchgelassen werden, wobei die verschatteten Zellen Leistung aufnehmen.

Je nach Anzahl der weiteren in Reihe geschalteten Zellen kann die Rückwärtsspannung so hoch werden, dass die Durchbruchspannung in der abgeschatteten Zelle erreicht wird und irreversible Schäden verursacht werden.

Die Durchbruchspannung V_{Br} bezeichnet das Rückwärtsspannungsniveau einer Diode, bei welcher statt der äußerst geringen Sperrströme ein exponentieller Stromanstieg („Lawinendurchbruch" mit Exponent m) zu verzeichnen ist, und liegt bei kommerziellen Solarzellen zwischen -10 und -30 V. Die Leistungsdissipation in der abgeschatteten Zelle kann lokal so hoch werden, dass Zelle und Plastikverkapselung beschädigt werden.

Die Kennlinie einer Solarzelle im Rückwärtsspannungsbereich wird durch einen Erweiterungsterm im Ein- oder Zweidiodenmodell beschrieben:

$$
I = I_{\mathrm{ph}} - I_0 \left(\exp\left(\frac{q(V + IR_s)}{nkT} \right) - 1 \right) - \frac{V + IR_{\mathrm{s}}}{R_{\mathrm{p}}} \left(1 + \left(\frac{a}{1 - \dfrac{V + IR_{\mathrm{s}}}{V_{\mathrm{Br}}}} \right)^m \right)
\tag{5.36}
$$

mit a als empirischem Fitparameter.

Die Parameter für die Kennlinienbeschreibung im Rückwärtsspannungsbereich streuen sehr stark und sind kein Bestandteil der üblichen Datenblattangaben.

Als Beispiel liegt bei einer polykristallinen Zelle die gemessene Durchbruchspannung V_{Br} bei -15 V, der Exponent m bei 3.7 und der Fitparameter a bei 0.1. Der sich aus diesen Werten ergebende Stromverlauf im Rückwärtsspannungsbereich ist sehr steil: So wird der maximale Fotostrom unverschatteter Zellen eines Standardmoduls von 3.3 A bereits bei -8.3 V durchgelassen, was – wie sich zeigen wird – den üblichen Einsatz einer Bypassdiode pro 18 Zellen fragwürdig macht.

Zunächst soll eine Modulkennlinie ohne externe Bypassdioden konstruiert werden, um die Problematik der Leistungsaufnahme der verschatteten Zellen sowie der überproportionalen Leistungsverluste des Gesamtmoduls aufzuzeigen. Von den insgesamt 36 reihengeschalteten Zellen des Moduls soll eine Zelle verschattet sein mit einer verbleibenden diffusen Einstrahlung von 200 W/m², alle anderen Zellen werden mit 1000 W/m² bestrahlt. Aus der Kennlinie der abgeschatteten Zelle sowie der bereits aufsummierten Kennlinie der 35 unverschatteten Zellen kann die Modulkennlinie konstruiert werden.

Bei einem Gesamtstrom I = 0 addieren sich wie gehabt die Leerlaufspannung der verschatteten Zelle und der unverschatteten Zelle zu einer Gesamtspannung, die sich nicht von einem unverschatteten Modul unterscheidet. Wird nun der Gesamtstrom langsam erhöht, bleiben bis zum Kurzschlussstrom der verschatteten Zelle alle Zellen im positiven Spannungsbereich. Höhere

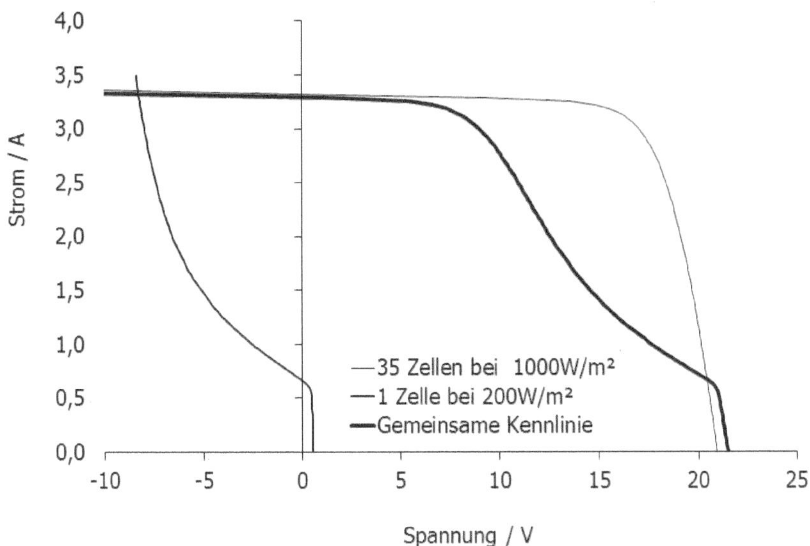

Bild 5-23: Konstruktion einer Modulkennlinie mit einer verschatteten Zelle (200 W/m²) und 35 unverschatteten Zellen in Serie.

Ströme als ihren Kurzschlussstrom kann die verschattete Zelle nur bei negativen Spannungen durchlassen, wobei sich die Gesamtspannung stetig reduziert. Bei einer Gesamtspannung V_{ges}=0 ist die verschattete Zelle am stärksten negativ polarisiert (hier –8.3 V), während die unverschatteten Zellen weiterhin positive Spannungen (nämlich +8.3 V) aufweisen. Die Leistungsaufnahme der einen verschatteten Zelle ergibt sich aus dem Produkt von Strom und Spannung und liegt bei –8.3 V × 3.3 A = 27.4 W. Die Leistungsverluste des Gesamtmoduls durch eine einzige abgeschattete Zelle liegen bei 47 %! Wenn die Rückwärtskennlinie der Solarzelle nicht so stark ansteigen würde („bessere" Diode), würde die gemeinsame Kennlinie noch stärker abflachen.

Um die hohen negativen Spannungen und die Leistungsaufnahme zu reduzieren, werden parallel zu den Fotozellen Bypassdioden mit umgekehrter Stromdurchlassrichtung geschaltet, im Idealfall eine Bypassdiode pro Solarzelle. Werden nun bei gleichen Spannungen die Ströme addiert, ändert sich für positive Spannungen die Kennlinie bis auf den äußerst kleinen Sperrstrom der Diode kaum. Sobald die abgeschattete Zelle jedoch Werte von etwa –0.5 V bis –0.7 V annimmt, schaltet die Bypassdiode durch und der Strom steigt exponentiell an.

Wird diese gemeinsame Kennlinie in Reihe mit den 35 nicht abgeschatteten Solarzellen geschaltet, erkennt man die äußerst geringen Leistungseinbußen des Moduls, da nur noch sehr geringe negative Spannungen an der abgeschatteten Zelle auftreten. Das Konzept von zellintegrierten, in die Solarzelle eindiffundierten Bypassdioden hat sich jedoch aus technologischen Gründen bisher noch nicht durchsetzen können. Eine Herausführung aller Zellanschlussleitungen für die Anbringung externer Bypassdioden ist zu aufwendig und kostspielig. Als Kompromiss hat sich die Verwendung von einer Bypassdiode pro 18 Zellen durchgesetzt, d. h. bei einem 36 Zellen Standardmodul müssen insgesamt drei Zellanschlussleitungen in die externe Anschlussdose herausgeführt werden.

Für die Situation „eine Bypassdiode pro 18 Zellen" wird im Folgenden eine Modulkennlinie mit 36 Zellen konstruiert, von denen eine Zelle abgeschattet ist.

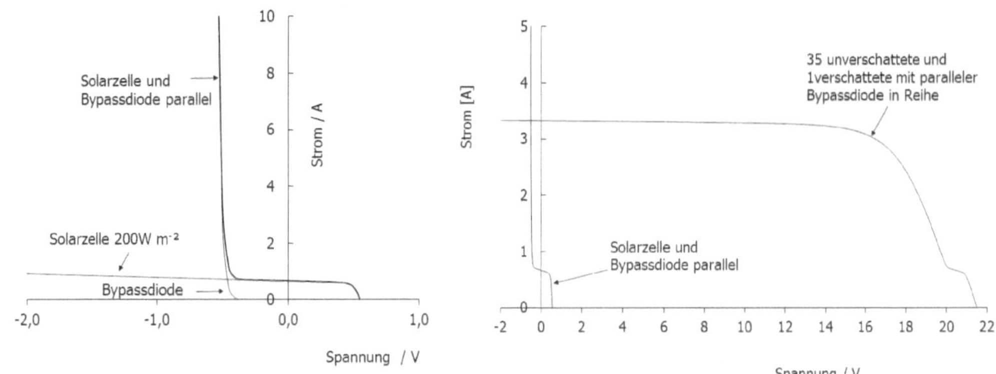

Bild 5-24: Parallelschaltung einer Solarzelle mit einer Bypassdiode (links) und Reihenschaltung von 35 unverschatteten Zellen mit der verschatteten Zelle mit paralleler Bypassdiode.

Zunächst wird der aus 18 Zellen bestehende Zellstrang mit der abgeschatteten Zelle und der parallelen Bypassdiode betrachtet. Die Kennlinie im positiven Spannungsbereich wird durch die Rückwärtskennlinie der verschatteten Zelle dominiert (analog zu Bild 1-21). Für eine Gesamtspannung von null liegt an der verschatteten Zelle eine hohe negative Spannung von − 8.3 V an. Die parallele Bypassdiode würde erst bei einer geringen negativen Gesamtspannung durchschalten, beeinflusst also die Zellstrangkennlinie nicht.

Wird die verschattete Zelle in Reihe mit dem verbleibenden unverschatteten Zellstrang geschaltet, ergibt sich eine gemeinsame Kennlinie, die unterhalb der halben Gesamtspannung die vollen Stromwerte der unverschatteten Zellen annimmt. Der verschattete Zellstrang geht dann in den Rückwärtsspannungsbereich und entweder schaltet die Bypassdiode durch oder aber der Rückwärtsstrom ist bereits so hoch, dass der Fotostrom durchgelassen wird.

Bei der hier simulierten steilen Rückwärtskennlinie schaltet die Bypassdiode nicht: Bei halber Gesamtspannung liegen an dem verschatteten Zellstrang 0 V an (+8.3 V von den unverschatteten 17 Zellen und −8.3 V an der verschatteten Zelle) und der volle Strom der unverschatteten Zellen wird durchgelassen. Nur bei flacheren Rückwärtskennlinien trägt die Bypassdiode zur Begrenzung der Leistungsaufnahme der verschatteten Zellen bei.

Erst wenn eine sehr flache Rückwärtskennlinie angenommen wird (hier mit Durchbruchspannung von −25 V), schaltet die Bypassdiode unterhalb der Knicks in der Kennlinie.

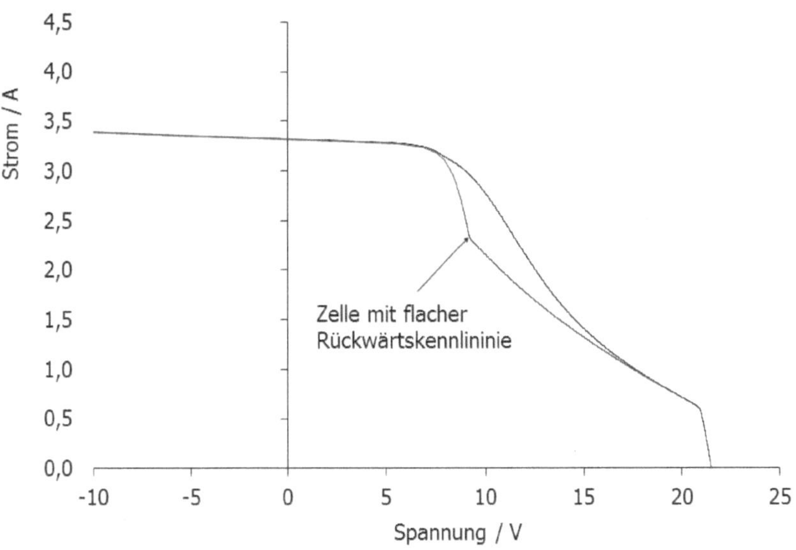

Bild 5-25: Modulkennlinie mit Verschattung einer einzelnen Zelle mit einer Bypassdiode pro 18 Zellen.

5.9 Einfaches Temperaturmodell für PV-Module

Bei hoher Einstrahlung liegt die PV-Modultemperatur auch bei niedrigen Umgebungstemperaturen meist oberhalb der STC-Temperatur von 25°C. Die elektrische Leistung P_{MPP} eines PV-Moduls nimmt linear mit der Modultemperatur ab, wobei die prozentuale Abnahme aus der Summe der Spannungs- und Stromkoeffizienten berechnet werden kann.

$$\frac{\alpha_{\mathrm{P}}}{P_{\mathrm{MPP}}} = \frac{\left.\dfrac{d(VI)}{dT}\right|_{\mathrm{MPP}}}{P_{\mathrm{MPP}}} = \frac{\dfrac{dV}{dT}I_{\mathrm{MPP}} + \dfrac{dI}{dT}V_{\mathrm{MPP}}}{V_{\mathrm{MPP}}I_{\mathrm{MPP}}} = \frac{\alpha_{\mathrm{V}}}{V_{\mathrm{MPP}}} + \frac{\alpha_{\mathrm{I}}}{I_{\mathrm{MPP}}} \tag{5.37}$$

Bei durchschnittlichen Leistungsverlustkoeffizienten von 0.3-0.4 % pro Kelvin ist bei üblichen Modultemperaturen von 50°C mit einer Leistungsabnahme von immerhin 7.5-10 % zu rechnen, was zumindest ein einfaches Modell für die Bestimmung der Modultemperatur erforderlich macht. Das Modell gilt zunächst nur für den einfachsten Fall frei aufgeständerter Module, für welche einfache Annahmen für den konvektiven Wärmetransport als auch den Strahlungsaustausch mit Himmel und Boden gemacht werden können.

Das thermische Verhalten bei speziellen Gebäudeintegrationslösungen (Doppelglasverbund, Dachintegration etc.) und damit verbundene Leistungsabnahmen wird in Kapitel 6 betrachtet.

Im stationären Fall ergibt sich als einfache Energiebilanz, dass die absorbierte Solarstrahlung $\dot{Q}_{\mathrm{G}}$ minus der elektrischen Leistung P_{el} und den thermischen Verlusten durch Strahlung $\dot{Q}_{\mathrm{S}}$ und Konvektion $\dot{Q}_{\mathrm{K}}$ gleich null sein muss.

$$\dot{Q}_{\mathrm{G}} - P_{\mathrm{el}} - \dot{Q}_{\mathrm{S}} - \dot{Q}_{\mathrm{K}} = 0 \tag{5.38}$$

Die absorbierte Solarstrahlung ist ein Produkt aus PV-Modulfläche A, Einstrahlung G und dem effektiven Absorptionskoeffizient α, der sowohl den Strahlendurchgang durch die Glasabdeckung als auch die Absorption des Solarzellenmaterials beinhaltet. Für diesen Absorptionskoeffizienten können Werte zwischen 0.7-0.9 verwendet werden.

$$h_\mathrm{r} = \sigma\varepsilon\left(T_\mathrm{PV}^2 + T_0^2\right)\left(T_\mathrm{PV} + T_0\right) \tag{5.39}$$

Für den langwelligen Strahlungsaustausch zwischen Modulvorderseite und Himmel sowie Modulrückseite und Boden wird jeweils vereinfacht eine Temperaturdifferenz zwischen Modul und Umgebungstemperatur T_0 sowie ein vereinfachter Formfaktor zwischen Modulfläche und unendlich großer Umschließungsfläche angenommen, sodass

$$\dot{Q}_\mathrm{S} = 2h_\mathrm{r} A\left(T_\mathrm{PV} - T_0\right) \tag{5.40}$$

mit

$$h_\mathrm{r} = \sigma\varepsilon\left(T_\mathrm{PV}^2 + T_0^2\right)\left(T_\mathrm{PV} + T_0\right) \tag{5.41}$$

wobei für den Emissionskoeffizienten von Glas $\varepsilon = 0.88$ angenommen wird und σ die Stefan-Boltzmannkonstante bezeichnet ($\sigma = 5.6697\times10^{-8}$ Wm^{-2} K^{-4}). Die Temperaturen sind in Kelvin einzusetzen.

Der konvektive Wärmestrom ist an der Modulvorderseite durch erzwungene Konvektion durch Windkräfte ($h_\mathrm{c,w}$ als Funktion der Windgeschwindigkeit v_w), an der Modulrückseite je nach Einbausituation eher durch freie laminare oder turbulente Konvektion ($h_\mathrm{c,frei}$ als Funktion der Temperaturdifferenz Modul zur Umgebung) dominiert. Vereinfacht wird für Vorder- und Rückseite ein gemeinsamer Wärmeübergangskoeffizient h_c für freie und erzwungene Konvektion gebildet:

$$h_\mathrm{c} = \sqrt[3]{h_\mathrm{c,w}^3 + h_\mathrm{c,frei}^3} \tag{5.42}$$

mit den einfachen Näherungen

$$h_\mathrm{c,w} = 4.214 + 3.575\, v_\mathrm{w}$$
$$h_\mathrm{c,frei} = 1.78\left(T_\mathrm{PV} - T_0\right)^{1/3} \tag{5.43}$$

Der Wärmestrom durch Konvektion ist dann gegeben durch:

$$\dot{Q}_\mathrm{K} = 2h_\mathrm{c} A\left(T_\mathrm{PV} - T_0\right) \tag{5.44}$$

Die komplette Energiebilanz wird somit beschrieben durch

$$\alpha GA - P_\mathrm{el} - h_\mathrm{r} A\left(T_\mathrm{PV} - T_0\right) - h_\mathrm{c} A\left(T_\mathrm{PV} - T_0\right) = 0$$
$$\Rightarrow T_\mathrm{PV} = \frac{\left(\alpha - \eta_\mathrm{el}\left(T_\mathrm{PV}\right)\right)G}{h_\mathrm{r}\left(T_\mathrm{PV}\right) + h_\mathrm{c}\left(T_\mathrm{PV}\right)} - T_0 \tag{5.45}$$

wobei die elektrische Leistung $P_\mathrm{el} = \eta_\mathrm{el} GA$ eingesetzt wurde. Da sowohl die Wärmeübergangskoeffizienten als auch die elektrische Leistung von der Modultemperatur abhängig sind, muss Gleichung (5.45) iterativ gelöst werden.

Beispiel 6:

Berechnung der PV-Modultemperatur und elektrischen Leistungsverluste bei 800 W/m^2 Einstrahlung, 10°C Umgebungstemperatur und einer Windgeschwindigkeit von 3 m/s. Der elektrische Wirkungsgrad bei Standardtestbedingungen ist 12 % und der Temperaturkoeffizient der Leistung 0.4 %/K. Die optische Absorption des Moduls wird mit 80 % angesetzt.

Erste Iteration: Annahme einer Modultemperatur von 50°C und Berechnung von h_r, h_c, η_{el}.

h_r=5.57 W/m^2 K

$h_{c,w}$=14.9 W/m^2 K

$h_{c,frei}$=6.09 W/m^2 K

h_c=15.23 W/m^2 K

η_{el}=10.8 %

Daraus Berechnung der neuen Modultemperatur:

T_{PV} =36°C

Zweite Iteration: Wärmeübergänge und elektrische Leistung bei 36°C:

h_r=5.18 W/m^2 K

$h_{c,w}$=14.9 W/m^2 K

$h_{c,frei}$=5.27 W/m^2 K

h_c=15.11 W/m^2 K

η_{el}=11.47 %

Modultemperatur nach der zweiten Iteration:

T_{PV}=37°C

Dritte Iteration.

h_r=5.21 W/m^2 K

$h_{c,w}$=14.9 W/m^2 K

$h_{c,frei}$=5.34 W/m^2 K

h_c=15.31 W/m^2 K

η_{el}=11.42 %

Modultemperatur nach der dritten Iteration: T_{PV}=36.7°C

Der elektrische Wirkungsgrad beträgt 11.44 %, d. h. die Leistungsreduktion gegenüber der STC-Bedingung 4.7 %.

5.10 Systemtechnik

Die photovoltaische Systemtechnik umfasst gleichstromseitig die Verschaltung der PV-Module zum PV-Generator, die Dimensionierung der Gleichstromhauptleitung und der zugehörigen Sicherheitstechnik (Blitzschutz und Fehlerstromerkennung) sowie die Ankopplung des Generators über einen Wechselrichter an das öffentliche Niederspannungsnetz.

5.10.1 DC-Verschaltung

5.10.1.1 Leitungsdimensionierung

Die Gleichstromhauptleitung leitet den gesamten Generatorstrom von den parallel geschalteten Strängen bis zum Wechselrichter. Die auf die Nennleistung bezogenen prozentualen DC-Leistungsverluste p_R durch den ohmschen Widerstand R sollten unter 1 % liegen. Der Widerstand R wird aus dem Produkt des spezifischen Leiterwiderstands von Kupfer $\lambda = 0.0178$ $\Omega\text{mm}^2/\text{m}$, der gesamten Leitungslänge $2\,l$ sowie dem Kabelquerschnitt A_q (mm^2) berechnet.

$$R = \frac{\lambda 2 l}{A_q}$$

Für eine einfache Leitungslänge zwischen PV-Abzweig und Wechselrichter l(m) ergibt sich somit der Kabelquerschnitt A_q aus dem zulässigen DC-Leistungsabfall ΔP_{DC} über den Widerstand R bezogen auf die DC-Leistung bei Nennspannung V_N(V) und Nennstrom I_N (A):

$$p_R = \frac{\Delta P_{DC}}{P_{DC}} = \frac{I_N^2 R}{P_{DC}} = \frac{P_{DC}^2}{V_N^2}\frac{R}{P_{DC}} = \frac{P_{DC}}{V_N^2}\frac{\lambda 2 l}{A_q}$$

$$A_q = \frac{2 l \,\lambda\, P_{DC}}{p_R\, V_N^2} \tag{5.46}$$

Beispiel 7:

Berechnung des Kabelquerschnitts einer 2-kW-Anlage mit Nennspannungsniveau von *60* V_{DC} bzw. *240* V_{DC} für eine Hauptleitungslänge zwischen Dach und Keller von *l*= 10 m. Der zulässige Leistungsverlust p_R soll bei 1 % liegen.

$$60\,\text{V}: \quad A_q = \frac{2 l\,\lambda\, P_{DC}}{p_R\, V_{Nenn}^2} = \frac{2 \times 10 \times 0.0178 \times 2000}{0.01 \times 60^2} = 19.8\ \text{mm}^2$$

$$240\,\text{V}: \quad A_q = \frac{2 \times 10 \times 0.0178 \times 2000}{0.01 \times 240^2} = 1.2\ \text{mm}^2$$

Selbst bei der relativ geringen Leistung von 2 kW sind die Kabelquerschnitte der DC Leitungen für die kleine Systemspannung sehr groß!

5.10.1.2 Systemspannung und elektrische Sicherheit

Bleibt die PV-Leerlaufspannung unter 120 V_{DC} und wird ein Wechselrichter mit einem isolierenden Transformator verwendet, erfüllt die PV-Anlage die Schutzklasse III nach VDE 0100/IEC 364 und zusätzliche Maßnahmen für den Personenschutz entfallen. Bei höheren DC-Spannungen müssen die Module die Schutzklasse II erfüllen, d. h. mit einer Spannung von 2000 V plus der vierfachen Leerlaufspannung gegen Isolierungsfehler getestet werden. Zusätzlich müssen die Modulanschlussleitungen kurz- und erdschlusssicher verlegt werden, was am einfachsten durch getrennte positive und negative Leitungen mit doppelter Isolierung realisiert werden kann.

5.10.1.3 Strangdioden und Kurzschlusssicherung

Bei Kurzschlüssen oder abschattungsbedingten geringen Spannungen innerhalb eines Stranges kann bei Parallelschaltung aus anderen Strängen ein hoher Strom in diesen Strang fließen, für den die Modulanschlussleitungen nicht ausgelegt sind. Dieser Fehlerstrom fließt entgegen der Stromrichtung des Fotostroms und kann daher durch eine Strangdiode, die in Reihe zu den Modulen eines Strangs geschaltet ist, abgeblockt werden. Der Spannungsabfall über die Strangdiode von etwa 1 V führt jedoch zu einem ständigen Leistungsverlust und die Überprüfung der Diodenfunktion ist wartungsintensiv. In den letzten Jahren wurde daher zunehmend die Notwendigkeit des Einsatzes einer solchen Strangdiode und die Höhe der tatsächlich möglichen Fehlerströme diskutiert.

Bei Teilabschattungen innerhalb eines Stranges kann zwar der Strom drastisch reduziert werden, die Spannung bleibt jedoch auch bei geringer Einstrahlung nahezu unverändert. Im MPP-Punkt trägt daher auch der verschattete Strang einen kleineren Beitrag zum Gesamtstrom bei und es fließen keine Fehlerströme. Die gemeinsame Kennlinie für 4 parallel geschaltete Stränge mit je 4 Modulen in Reihe ist für einen verschatteten Strang mit einer Einstrahlung von 200 W/m^2 und 3 unverschattete Stränge mit 1000 W/m^2 dargestellt. Der abgeschattete Strang wird zunächst im Bereich positiver Leistung betrieben, erst in der Nähe der Leerlaufspannung der gemeinsamen Kennlinie treten geringe negative Ströme auf.

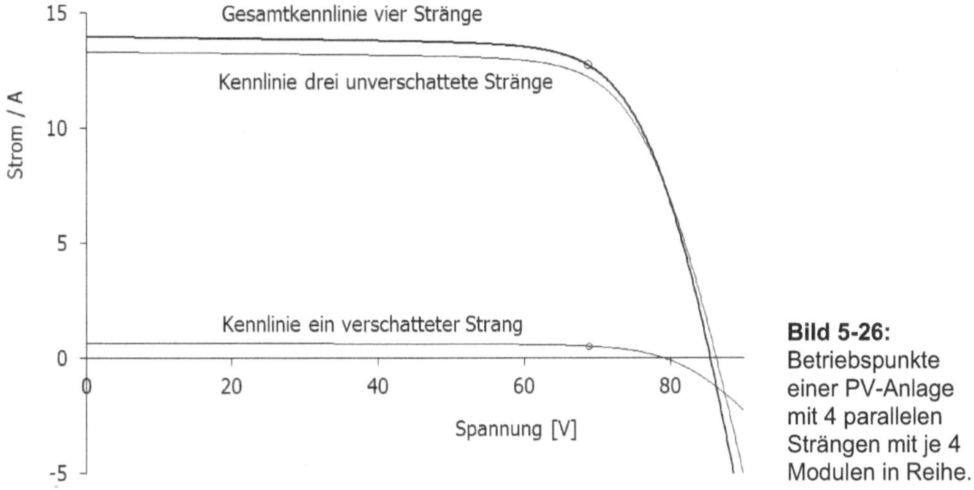

Bild 5-26: Betriebspunkte einer PV-Anlage mit 4 parallelen Strängen mit je 4 Modulen in Reihe.

Kritischer als Verschattungen sind Kurzschlüsse innerhalb eines Strangs. PV Generatoren werden üblich potenzialfrei betrieben, d. h. weder das positive noch negative Spannungsniveau ist mit Masse verbunden und der Wechselrichter verfügt über eine galvanische Trennung vom Netz. Ein einfacher Kurzschluss verursacht daher zunächst keinen Fehlerstrom, da lediglich das Potenzialniveau an der Kurzschlussstelle auf Masse gezogen wird. Erst ein zweiter Kurzschluss innerhalb eines Strangs kann ein oder mehrere Module kurzschließen, sodass die MPP- und Leerlaufspannung des Strangs jetzt signifikant sinkt.

Wird nun das Generatorfeld bei höheren Spannungen als die Leerlaufspannung des teilweise kurzgeschlossenen Stranges betrieben, werden die nicht kurzgeschlossenen Module in Vorwärtsspannung betrieben und nehmen Leistung auf. Die Ströme können dabei sehr hoch werden. Beispielsweise sollen in einem Generator aus vier Strängen mit je 4 Modulen in Reihe in einem Strang 2 Module kurzgeschlossen werden. Im MPP-Punkt wird auch der Strang mit den Kurzschlüssen im Bereich positiver Leistungen betrieben, allerdings nimmt der Kurzschlussstrang in der Nähe der Leerlaufspannung Leistung auf (bei 1000 W/m^2 Einstrahlung etwa -15 A bei 60 V für ein Standardmodul).

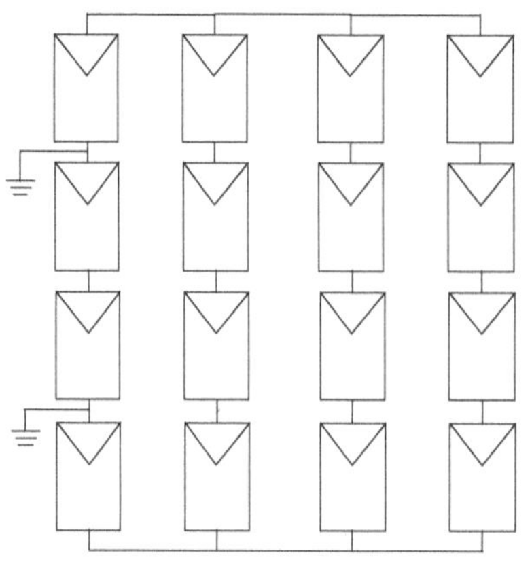

Bild 5-27:
Doppelter Kurzschluss in einem Modulstrang.

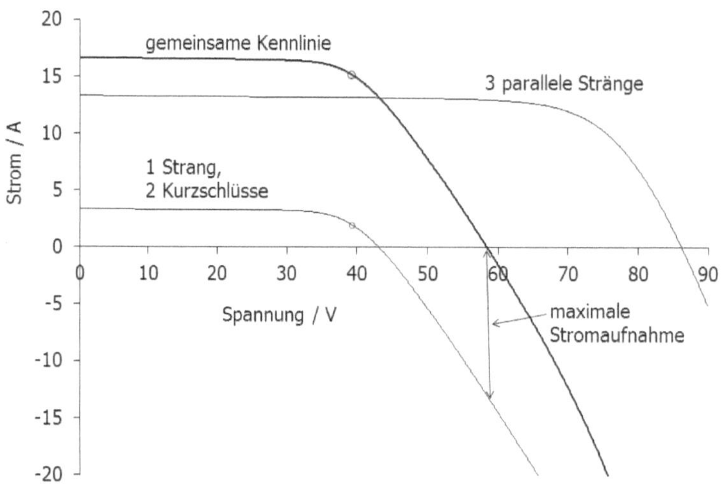

Bild 5-28:
Kennlinien eines Generators mit 2 Kurzschlüssen in einem Strang.

Das Risiko eines doppelten Kurzschlusses ist jedoch bei kurz- und erdschlusssicherer Verlegung (einzeladrige Kabel der Schutzklasse II) vernachlässigbar gering. Eine Isolationsüberwachung kann zudem frühzeitig einen einfachen Kurzschluss detektieren, sodass eine rechtzeitige Fehlerbehebung ohne Konsequenzen möglich ist.

Schutz vor hohen Fehlerströmen kann auch durch Sicherungen gewährleistet werden, die aufgrund geringerer Leistungsabfälle den Strangdioden vorzuziehen sind.

Nach Empfehlung des Energieversorgers RWE kann bei Anlagen bis knapp 5 kW Leistung auf Strangdioden und Sicherungen ganz verzichtet werden (Hotopp, 1998). Die komplette Leistung kann zudem an beliebiger Stelle in eine Phase des Hausnetzes eingespeist werden, sodass eine sehr vereinfachte und kostengünstige Installation ermöglicht wird. Auch im Bereich des Blitzschutzes haben neue Untersuchungen der RWE gezeigt, dass die Erdung der metallischen

Konstruktion der PV-Dachhalterung den indirekten Blitzschutz eher verschlechtert. Der übliche Überspannungsschutz mit Varistoren kann auf der DC-Seite des Wechselrichters angebracht werden.

5.10.2 Wechselrichter

5.10.2.1 Funktionsprinzip

Im Wechselrichter wird durch steuerbare Leistungselektronik-Halbleiterschalter der photovoltaisch erzeugte Gleichstrom periodisch zwischen zwei Leitern kommutiert und die Spannung über Transformatoren auf die Netzspannung transformiert.

Im einfachsten Fall wird pro Periode der 50-Hz-Schwingung der positive Photostrom während der halben Schwingungsperiode auf die eine Anschlussleitung des Transformators geschaltet und während der zweiten Schwingungshälfte auf die andere Leitung, sodass eine Rechteckwechselspannung entsteht. Allerdings hat eine Rechteckspannung einen derart hohen Oberschwingungsgehalt, dass Störungen an elektrischen Geräten auftauchen können und bei höherer Wechselrichterleistung die maximal zulässigen Oberschwingungsströme im öffentlichen Niederspannungsnetz (nach DIN EN 61000-3-2) überschritten werden. Den geringsten Oberschwingungsgehalt des einzuspeisenden Stroms erhält man durch eine hochfrequente Kommutierung der Gleichspannung, in welcher die Pulsweite des Schaltvorgangs so variiert wird, dass nach Glättung des Stroms ein weitgehend sinusförmiger Verlauf entsteht – ein heute als Pulsweitenmodulation bekanntes weitverbreitetes Wechselrichterkonzept.

Neben den einzuhaltenden Maximalwerten der Oberschwingungsströme wird die Güte der erzeugten Wechselspannung durch den Klirrfaktor k beschrieben, der als Verhältnis der Effektivwerte der Spannungsoberschwingungen zu den Effektivwerten der Grund- und Oberschwingungen definiert ist.

$$k = \sqrt{\frac{\sum_{n=2}^{\infty} V_n^2}{\sum_{n=1}^{\infty} V_n^2}} \tag{5.47}$$

Übliche Klirrfaktoren liegen zwischen 1.5 und 5 %. Ein weiterer Gütefaktor ist der Leistungsfaktor L, der als Verhältnis von Ausgangswirkleistung zu Ausgangsscheinleistung definiert ist und somit ein Maß für die Blindleistung eines Wechselrichters ist.

$$L = \frac{P_{AC,Wirk}}{P_{AC,Schein}} \tag{5.48}$$

Der Leistungsfaktor sollte möglichst nahe an 1 liegen.

Neben dem im weiteren zu diskutierenden Anpassungswirkungsgrad sowie dem Umwandlungswirkungsgrad eines Wechselrichters sollten bei der Produktauswahl die Gütefaktoren Oberschwingungsgehalt, Leistungsfaktor und elektromagnetische Verträglichkeit (EMV) berücksichtigt werden.

5.10.2.2 Elektrische Sicherheit und Netzüberwachung

Bei Netzabschaltung müssen dezentral einspeisende Photovoltaiksysteme direkt vom Netz getrennt werden, um Personengefährdung oder weitere Netzfehler sicher zu vermeiden. Ein Netzausfall wird durch Unter- bzw. Überspannungsrelais oder eine Frequenzüberwachung erkannt, die im Wechselrichter integriert sind. Eine sogenannte Inselbildung, in welcher Photovoltaikanlage trotz Netzausfall Leistung erzeugen, die gleichzeitig von Verbrauchern abgenommen wird, kann bei dieser passiven Netzüberwachung trotzdem auftreten. Eine sicherere Lösung sind aktive Netzüberwachungsmethoden, bei welchen kleine Störungen wie Spannungsimpulse oder Frequenzabweichungen auf das Netz gegeben werden. Bei der Frequenzabweichung versucht der Wechselrichter ständig, die Einspeisefrequenz zu ändern und wird bei jedem Nulldurchgang der Netzspannung wieder mit der Netzfrequenz synchronisiert. Bei Netzausfall steigt oder sinkt dagegen die Frequenz stetig, bis sie außerhalb eines vorgegebenen Bandes liegt und der Wechselrichter abschaltet. Die durch Änderungen des Spannungsniveaus oder der Phase hervorgerufenen Stromänderungen werden bei Netzausfall durch eine Feedbackschleife so verstärkt, dass der Wechselrichter den Netzausfall erkennt.

5.10.2.3 Wechselrichterwirkungsgrade

MPP-Tracking und Anpassungswirkungsgrad

Neben der Wechselstromerzeugung hat ein Wechselrichter die Funktion, den Gleichstrom-PV-Generator im Punkt maximaler Leistung zu betreiben, d. h., der effektive Eingangswiderstand muss ständig dem einstrahlungs- und temperaturabhängigen Leistungspunkt angepasst werden. Die MPP-Regelung basiert oft auf dem periodischen Durchfahren einer Spannungsrampe, bis die gemessene Leistung das Optimum erreicht hat.

Der Anpassungswirkungsgrad η_{an} ist definiert als das Verhältnis aus tatsächlicher Leistung bei gegebener MPP-Regelung und der maximal möglichen DC-Leistung bei idealem MPP-Betrieb und kann bei modernen Wechselrichtern bei 99 % liegen. Einstrahlungsgewichtete jährliche Anpassungswirkungsgrade liegen zwischen 97 und 99 % (Knaupp, 1993).

$$\eta_{an} = \frac{P_{DC,real}}{P_{DC,ideal}} \tag{5.49}$$

Der prognostizierte Energieertrag einer Photovoltaikanlage muss um diesen Energieverlust reduziert werden.

Umwandlungswirkungsgrad

Die wichtigste Kenngröße eines Wechselrichters ist der Umwandlungswirkungsgrad, welcher durch das Verhältnis von AC-Ausgangsleistung zu DC-Eingangsleistung definiert ist. Die Ausgangsleistung P_{AC} ergibt sich aus der Differenz zwischen DC-Eingangsleistung P_{DC} und Verlustleistung P_V.

$$\eta = \frac{P_{AC}}{P_{DC}} = \frac{P_{DC} - P_V}{P_{DC}} \tag{5.50}$$

Die Verlustleistung setzt sich aus den leistungsunabhängigen Leerlaufverlusten (interne Stromversorgung und Magnetisierungsverluste p_{eigen}), den linear von der Ausgangsleistung abhängigen Verlusten in den Halbleiterschaltern v_{schalt} und den quadratisch mit der AC-

Leistung ansteigenden ohmschen Leitungsverlusten r_{ohm} zusammen und kann mit guter Genauigkeit durch ein Polynom zweiter Ordnung dargestellt werden.

Um eine einheitenlose Darstellung der Koeffizienten zu erhalten, werden alle Absolutleistungen auf die DC-Nennleistung des Wechselrichters bezogen.

$$p_V = \frac{P_V}{P_{Nenn}} = \frac{P_{eigen}}{P_{Nenn}} + v_{schalt}\frac{P_{AC}}{P_{Nenn}} + r_{ohm}\left(\frac{P_{AC}}{P_{Nenn}}\right)^2 = p_{eigen} + v_{schalt}\,p_{AC} + r_{ohm}\,p_{AC}^2$$

$$(5.51)$$

Die Verlustleistung wird als Funktion der AC-Ausgangsleistung p_{AC} dargestellt, da für eine positive DC-Eingangsleistung $p_{DC}=p_{eigen}$ zunächst die Eigenverluste des Wechselrichters gedeckt werden (d. h. $p_V=p_{eigen}$) und noch keinerlei Schalt- oder ohmsche Verluste auftreten. Der Wirkungsgrad und damit die Ausgangsleistung muss null sein.

$$\eta = \frac{(P_{DC} - P_V)\,/\,P_{Nenn}}{P_{DC}\,/\,P_{Nenn}} = \frac{p_{AC}}{p_{DC}} = \frac{p_{DC} - (p_{eigen} + v_{schalt}\,p_{AC} + r_{ohm}\,p_{AC}^2)}{p_{DC}} \qquad (5.52)$$

Mit dieser Beschreibung der Verlustleistung treten jedoch im Wirkungsgradterm sowohl Eingangs- als auch Ausgangsleistungen auf. Ziel muss sein, den Wirkungsgrad des Wechselrichters als Funktion der vom PV-Generator gelieferten Eingangsleistung zu berechnen.

p_{AC} wird daher durch $\eta\,p_{DC}$ ersetzt und Gleichung (5.52) nach η aufgelöst.

$$\eta = 1 - \frac{p_{eigen}}{p_{DC}} - v_{schalt}\,\eta - r_{ohm}\,\eta^2 p_{DC}$$

$$\Rightarrow \eta = \frac{1 + v_{schalt}}{2r_{ohm}p_{DC}} \pm \sqrt{\frac{(1 + v_{schalt})^2}{(2r_{ohm}p_{DC})^2} + \frac{p_{DC} - p_{eigen}}{r_{ohm}p_{DC}^2}}$$

$$(5.53)$$

Nur der positive Term der quadratischen Gleichung liefert physikalisch sinnvolle Werte. Die drei Verlustkoeffizienten p_{eigen}, v_{schalt} und r_{ohm} können aus drei von den meisten Herstellern in technischen Datenblättern gegebenen Wirkungsgradwerten η_1, η_2 und η_3 für Leistungen von beispielsweise $p_1=10\,\%$, $p_2=50\,\%$ und $p_3=100\,\%$ der Nennleistung berechnet werden. Die algebraische Umformung der drei Gleichungen für die drei Unbekannten ergibt (Schmidt und Sauer, 1996):

$$p_{eigen} = \frac{p_1 p_2 p_3 \left(\eta_1^2 p_1 (\eta_2 - \eta_3) + \eta_1\left(\eta_3^2 p_3 - \eta_2^2 p_2\right) + \eta_2\eta_3(\eta_2 p_2 - \eta_3 p_3)\right)}{\eta_1^2 p_1^2 - \eta_1 p_1(\eta_2 p_2 + \eta_3 p_3) + \eta_2\eta_3 p_2 p_3(\eta_2 p_2 - \eta_3 p_3)} \qquad (5.54)$$

$$v_{schalt} = \frac{\begin{array}{c}\eta_1^2 p_1^2(\eta_2 p_2 - \eta_3 p_3 - p_2 - p_3) + \eta_1 p_1\left(\eta_3^2 p_3^2 - \eta_2^2 p_2^2\right) + ... \\ ...\eta_2^2 p_2^2(\eta_3 p_3 + p_1 - p_3) - \eta_2\eta_3^2 p_2 p_3^2 + \eta_3^2 p_3^2(p_2 - p_1)\end{array}}{(\eta_1 p_1 - \eta_2 p_2)(\eta_1 p_1 - \eta_3 p_3)(\eta_3 p_3 - \eta_2 p_2)} \qquad (5.55)$$

$$r_{ohm} = \frac{\eta_1 p_1(p_2 - p_3) + \eta_2 p_2(p_3 - p_1) + \eta_3 p_3(p_1 - p_2)}{\eta_1^2 p_1^2 - \eta_1 p_1(\eta_2 p_2 + \eta_3 p_3) + \eta_2\eta_3 p_2 p_3(\eta_3 p_3 - \eta_2 p_2)} \qquad (5.56)$$

Beispiel 8:

Berechnung der Wechselrichterkennwerte für zwei kommerzielle Wechselrichter mit folgenden Herstellerangaben:

Wechselrichter	SMA 1800	NEG 1400
η_1: P_{dc}/P_{nenn}=0.1	79.4	83.0
η_2: P_{dc}/P_{nenn}=0.5	89.9	91.9
η_3: P_{dc}/P_{nenn}=1.0	88.9	89.8

Die nach Gleichung (5.54), (5.55) und (5.56) berechneten Kennwerte ergeben sich zu:

Wechselrichter	SMA 1800	NEG 1400
p_{eigen}	0.016575	0.015505
v_{Schalt}	0.045513	0.010553
r_{ohm}	0.067941	0.095879

Mit diesen drei Kennwerten lässt sich nach Gleichung (5.52) der Wirkungsgrad als Funktion der normierten Leistung p_{DC} berechnen.

Bei kleinen DC-Eingangsleistungen wird der Wirkungsgrad durch den Eigenverbrauch der Leistungselektronik dominiert, bei hohen Eingangsleistungen sind ohmsche Verluste für den Wirkungsgradabfall verantwortlich. Der maximale Wechselrichterwirkungsgrad liegt daher oft bei etwa halber Nennleistung.

Bei DC-Eingangsleistungen oberhalb der Nennleistung des Wechselrichters hängt der Wirkungsgrad vom Überlastverhalten des Wechselrichters ab. Viele Wechselrichter können kurzzeitig mit Überlast gefahren werden und regeln erst bei Überhitzung der Elektronik aus dem MPP-Punkt heraus. In einer einfachen Näherung wird im Überlastfall, d. h. $p_{DC} > 1$, die AC-Ausgangsleistung konstant auf dem Niveau der Nennleistungsbedingung $p_{DC}=1$ gehalten:

$$p_{AC}\big|_{p_{DC}>1} = \left(p_{DC}\eta\right)\big|_{p_{DC}=1} = \eta\big|_{p_{DC}=1} = const \tag{5.57}$$

Der Umwandlungswirkungsgrad sinkt somit mit steigender Überlast stark ab.

$$\eta\big|_{p_{DC}>1} = \frac{p_{AC}\big|_{p_{DC}=1}}{p_{DC}} = \frac{\eta\big|_{p_{DC}=1}}{p_{DC}} \tag{5.58}$$

Die folgenden Wirkungsgradkennlinien der 2 Wechselrichter sind bis zur DC-Nennleistung ($p_{DC} = 1$) mit den Parametern aus Beispiel 8, oberhalb der Nennleistung mit Gleichung (5.58) berechnet worden.

Um einen standardisierten Vergleich zwischen Wechselrichtern zu ermöglichen, wurde der sogenannte Euro-Wirkungsgrad eingeführt, der die Teillastwirkungsgrade mit „durchschnittlichen Strahlungsverhältnissen in Mitteleuropa" gewichtet.

$$\eta = 0.03\eta_{p_{DC}=5\%} + 0.06\eta_{p_{DC}=10\%} + 0.13\eta_{p_{DC}=20\%} + 0.1\eta_{p_{DC}=30\%}$$
$$+ 0.48\eta_{p_{DC}=50\%} + 0.2\eta_{p_{DC}=100\%} \tag{5.59}$$

Der Eurowirkungsgrad kann allerdings weder den Einfluss der Modulorientierung mit verschiedenen Strahlungsverhältnissen noch eine unterschiedliche Leistungsauslegung von PV-Generator und Wechselrichter berücksichtigen. Für die Bestimmung eines realen Jahreswirkungsgrades des Wechselrichters müssen diese Einflüsse analysiert werden. Heutige Wechselrichter weisen Eurowirkungsgrade von 96–97 % auf.

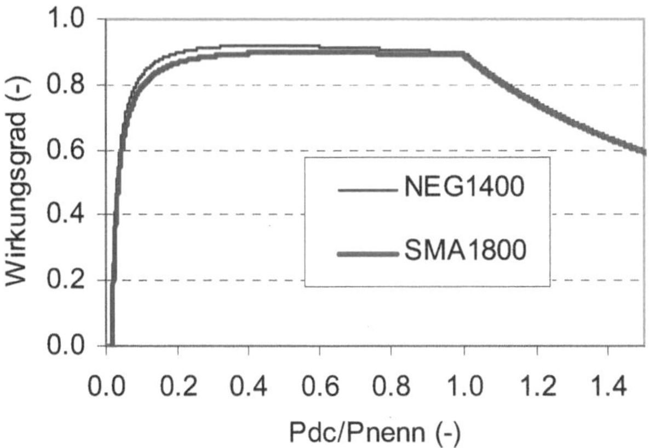

Bild 5-29: Umwandlungswirkungsgrad von 2 kommerziellen Wechselrichtern als Funktion der auf Nennleistung normierten DC-Eingangsleistung.

5.10.2.4 Leistungsdimensionierung von Wechselrichtern

Um den Jahreswirkungsgrad eines Wechselrichters zu bestimmen, muss bekannt sein, mit welcher energetisch gewichteten Häufigkeit der PV-Generator bestimmte relative DC-Leistungen p_{DC} erzeugt. Dann ergeben die unterschiedlichen Teillastwirkungsgrade des Wechselrichters multipliziert mit der energetisch gewichteten Häufigkeit und normiert auf die gesamte DC-Jahresenergie den Jahreswirkungsgrad.

Da Einstrahlungen über 900 W/m^2 unter deutschen Klimaverhältnissen selten auftreten und die Modultemperatur gerade bei hohen Einstrahlungswerten meist deutlich über 25°C liegt und somit Leistungsverluste verursacht, ist es selbst bei geneigten Süddächern nicht erforderlich, den Wechselrichter auf die Leistung des PV-Generators bei Standardtestbedingungen auszulegen. Auf im Gebäudeintegrationsbereich oft vorkommenden Südfassaden spielen Einstrahlungswerte größer 700 W/m^2 energetisch keine Rolle, sodass ein auf PV-Generatornennleistung ausgelegter Wechselrichter deutlich überdimensioniert ist. Da eine Unterdimensionierung des Wechselrichters die Anlagenkosten reduziert, soll im Folgenden berechnet werden, wie stark die Nennleistung ohne große Wirkungsgradverluste für gegebene Modulorientierung reduziert werden kann.

Für die Leistungsdimensionierung eines Wechselrichters für eine netzgekoppelte PV-Anlage wird folgendes Verfahren vorgeschlagen:

1. Zunächst wird die energetisch gewichtete Häufigkeit der Einstrahlung für die jeweilige Modulorientierung bestimmt. Dazu werden Stundenwerte der Einstrahlung in Einstrahlungsklassen mit mittlerer Einstrahlung G_i und Klassenbreite ΔG_i sortiert, die absolute Häufigkeit der Einstrahlung pro Klasse in Stunden pro Jahr bestimmt ($n_{h,i}$) und schließlich die Häufigkeit mit dem mittleren Einstrahlungswert der jeweiligen Klasse energetisch gewichtet. Somit erhält

man die jährlich auf die Fläche eingestrahlte Energie in kWh/m² in jedem Einstrahlungsintervall ΔG_i. Es genügt, die Einstrahlung von 0-1000 W/m² in 10 Klassen mit 100 W/m²
Klassenbreite zu unterteilen.

2. Die eingestrahlte Energie pro Einstrahlungsintervall $G_i n_{h,i}$ wird dann über den Wirkungsgrad des PV-Generators η_{PV} und die Generatorfläche A_{PV} in elektrische Energie $P_{DC} n_{h,i}$ umgerechnet, wobei sich die Häufigkeitsverteilung nicht ändert.

$$P_{DC,i} n_{h,i} = \eta_{PV} G_i n_{h,i} A_{PV} \quad [\text{kWh}] \tag{5.60}$$

Mit genügender Genauigkeit für den Wechselrichterjahreswirkungsgrad kann der Einfluss der
Modultemperatur vernachlässigt werden.

3. Für einen Wechselrichter mit gegebener Nennleistung P_{Nenn} wird dann für jede Einstrahlungsklasse die normierte DC-Eingangsleistung $p_{DC,i}=P_{DC,i}/P_{Nenn}$ bestimmt und der Wechselrichterwirkungsgrad $\eta_{WR}(p_{DC,i})$ nach Gleichung (5.52) berechnet. Somit erhält man die AC-
Energie:

$$P_{AC,i} n_{h,i} = P_{DC,i} n_{h,i}\, \eta_{WR}\left(p_{Dc,i}\right) \tag{5.61}$$

4. Der mittlere Jahreswirkungsgrad des Wechselrichters ergibt sich dann aus den aufsummierten AC-Energiemengen geteilt durch die Summe der DC-Energie.

$$\eta_{WR,Jahr} = \frac{\displaystyle\sum_{i=1}^{n} \eta_{WR,i} P_{DC,i} n_{h,i}}{\displaystyle\sum_{i=1}^{n} P_{DC,i} n_{h,i}} = \frac{\displaystyle\sum_{i=1}^{n} P_{AC,i} n_{h,i}}{\displaystyle\sum_{i=1}^{n} P_{DC,i} n_{h,i}} \tag{5.62}$$

Als Beispiel soll für eine Südfassade und ein Süddach mit 45° Neigung der mittlere Jahreswirkungsgrad eines SMA1800 Wechselrichters für einen PV-Generator mit 1.8 kW Nennleistung
(12 % Wirkungsgrad und 15 m² Fläche) am Standort Stuttgart berechnet werden und mit dem
Eurowirkungsgrad verglichen werden.

Zunächst wird die energetisch gewichtete Häufigkeitsverteilung aus einer stündlichen Zeitreihe
der Einstrahlung berechnet. Obwohl die niedrigen Einstrahlungswerte am häufigsten vorkom-

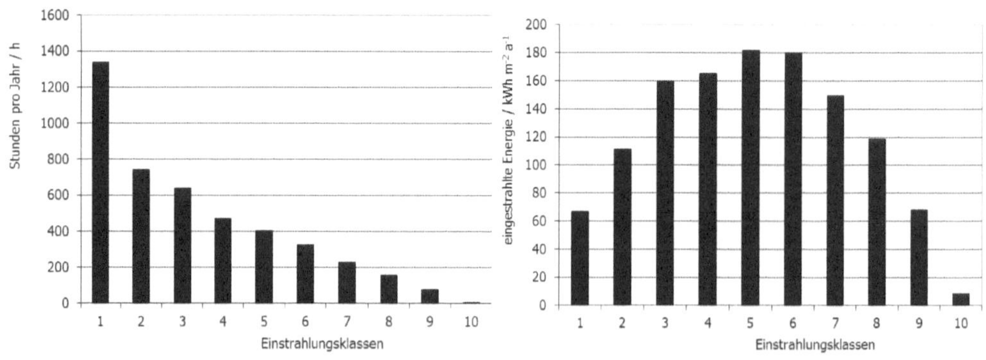

Bild 5-30: Häufigkeit der Einstrahlung $n_{h,i}$ und energetisch gewichtete Einstrahlung für ein
Süddach mit 45° Neigungswinkel am Standort Stuttgart.

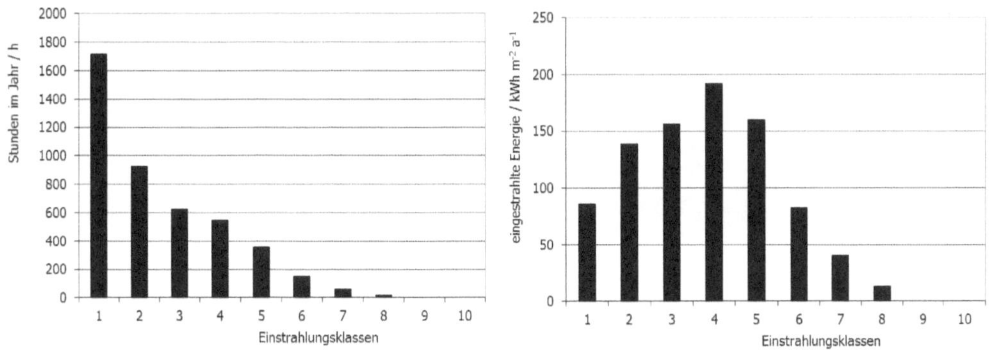

Bild 5-31: Energetisch gewichtete Einstrahlung für eine Südfassade mit 100 W/m² breiten Einstrahlungsklassen.

men, liegen die energetisch relevantesten Einstrahlungsintervalle im mittleren Einstrahlungsbereich zwischen 400-600 W/m² (Süddach) bzw. bei 300-400 W/m² (Südfassade).

Im zweiten Schritt wird die PV-Energie über den konstanten Wirkungsgrad von 12 % und die Fläche von 15 m² pro Einstrahlungsklasse berechnet. Beispielsweise ergibt sich für die am Süddach energetisch relevanteste Klasse Nr.4 von 400-500 W/m², d. h. einer mittleren Einstrahlung von 450 W/m², mit 404 h absoluter Häufigkeit eine DC-Energie von

$$P_{DC} n_{h,4} = G_4 n_{h,4} \eta_{PV} A_{PV} = 0.45 \frac{kW}{m^2} \times 404\,h \times 0.12 \times 15\,m^2 = 327\,kWh$$

Aus den DC-Energien wird die mittlere PV-Leistung für jede Klasse berechnet, auf die Wechselrichternennleistung bezogen und über den Wechselrichterwirkungsgrad in AC-Energie umgerechnet.

Für obige Klasse 4 des Süddachs ist die mittlere PV-Leistung gegeben durch 327 kWh/404 h=0.63 kW, d. h. bezogen auf den Wechselrichter mit 1800 W Leistung ergibt sich eine relative p_{DC}-Leistung von 0.35. Der zugehörige Wirkungsgrad bei dieser Teillast liegt bei 0.88, sodass die AC-Energie dieser Klasse gegeben ist durch

$$P_{AC} n_{h,4} = 327\,kWh \times 0.88 = 266\,kWh$$

Der mittlere Jahreswirkungsgrad ergibt sich aus der Summe der AC-Energie geteilt durch die aufsummierte DC-Energie und liegt für das Süddach bei 87.5 %, für die Südfassade bei 85.9 %. Der Eurowirkungsgrad liegt unabhängig von der Orientierung bei 86 %.

Wird jetzt die Wechselrichternennleistung in einem beliebigen Verhältnis zur PV-Generatorleistung gewählt, kann mit diesem Verfahren der mittlere Jahreswirkungsgrad berechnet werden, wobei sich lediglich Schritt 3 und 4 ändern.

Für Südfassade, Süddach und eine horizontale PV-Generatororientierung wurde die Wechselrichternennleistung von 30 % der PV-Generatorleistung, also extremer Unterdimensionierung, bis auf 200 % der PV-Generatorleistung, d. h. starker Überdimensionierung, variiert. Die Wirkungsgradkennlinie des Wechselrichters berücksichtigt den Überlastfall durch Begrenzung der Ausgangsleistung mittels Herausregelung aus dem MPP-Punkt. Die Ergebnisse zeigen, dass die optimale Dimensionierung des Wechselrichters für Modulneigungswinkel zwischen horizontaler Fläche und 45° für ein Süddach bei 80 % der PV-Nennleistung liegt (Jahreswirkungsgrad von 88 %, Standort Stuttgart).

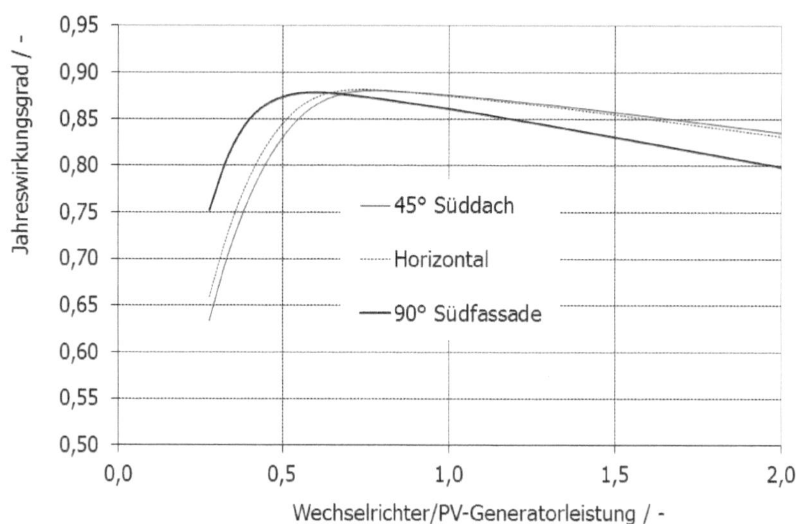

Bild 5-32: Jahreswirkungsgrade eines Wechselrichters als Funktion der Leistungsverhältnisse von Wechselrichter und PV-Generator.

Für eine Südfassade liegt die optimale Dimensionierung bei 60 % der PV-Generatorleistung (88 % Jahreswirkungsgrad). Ebenfalls ersichtlich sind die relativ flachen Maxima insbesondere im Überlastbereich, d. h., eine Überdimensionierung ist unkritisch, während eine Unterdimensionierung unterhalb des Optimums zu relativ starken Leistungseinbußen führt.

Aufgrund der deutlich besseren Teillastwirkungsgrade moderner Wechselrichter verschiebt sich die Auslegung von Wechselrichtern gegenüber der PV-Generatorleistung mehr und mehr zu 1:1 Verhältnissen, d. h., die Unterdimensionierung nimmt ab. Bei einer Schrägdachanlage am Standort Freiburg kann die Solargeneratorleistung ca. 15 % größer als die Nennleistung des Wechselrichters sein, bei freier Aufständerung mit guter Belüftung sind ca. 10 % ein guter Richtwert (Burger, 2005).

Literatur

Bruno Burger, Auslegung und Dimensionierung von Wechselrichtern für netzgekoppelte PV-Anlagen, Tagungsband Staffelstein Photovoltaiktagung 2005

DGS Leitfaden photovoltaische Anlagen, 2010, ISBN 978 3 00 030330 2

EnergieAgentur NRW, 2008, Broschüre Photovoltaik in der Gebäudegestaltung"

R. Hotopp , „Most simplified grid-connected photovoltaic roofs and maximum density in their integration into a low voltage grid", Proceedings of the 2 nd World conference of photovoltaic solar energy conversion, Vienna 1998, p.2729

W. Knaupp, ZSW Stuttgart, „Untersuchungen zur photovoltaischen Anlagentechnik im Rahmen des Photovoltaik-Testgeländes Widderstall", Abschlussbericht BMBF, FKZ 032 9048 A, 1993

D. Pukrop „Zur Modellierung großflächiger Photovoltaik-Generatoren" Shaker Verlag 1997

Schmidt, H., Sauer, D.U. „Wechselrichter-Wirkungsgrade", Sonnenenergie 4, p.43-47, 1996

J.Schumacher „Digitale Simulation regenerativer elektrischer Energieversorgungssysteme", Dissertation Universität Oldenburg 1991

Wild-Scholten, M., Alsema, E., Energetische Bewertung von PV-Modulen Erneuerbare Energien 9/2006

6 Thermische Analyse gebäudeintegrierter Solarkomponenten

Die Substitution klassischer Baumaterialien durch aktive Solarkomponenten stellt eine besonders interessante multifunktionale Nutzung von Solartechnik im Gebäude dar.

Neben der Produktion von Strom oder an ein Fluid übertragener Wärme treten bei der Gebäudeintegration Wärmeströme auf, die durch Wärmedurchgangskoeffizienten und Gesamtenergiedurchlassgrade zu beschreiben sind. Am Beispiel hinterlüfteter Doppelfassaden mit Photovoltaik soll eine Methodik zur thermischen Charakterisierung entwickelt werden, die Heizenergie- und Kühllastberechnungen eines Gebäudes mit integrierten Solarkomponenten ermöglicht. Weiterhin wird eine neue Anwendung von photovoltaisch-thermischen Kollektoren zur Erzeugung von Kühlenergie im Sommer diskutiert.

Die bisherige thermische Analyse von aktiven Solarkomponenten (Luft- und Wasserkollektoren sowie Photovoltaik) basierte auf der Annahme einer thermischen Trennung vom Gebäude, d. h., die Wärmeverluste des Solarstrahlungsabsorbers wurden beidseitig gegen die Umgebungslufttemperatur T_o berechnet. Bei gebäudeintegrierten Solarkomponenten, insbesondere Warmfassaden, ist die Annahme eines von Außenluft umgebenden Solarelementes nicht mehr zutreffend. Während die thermischen Flachkollektoren meistens ausreichende rückseitige Wärmeisolierung aufweisen (mit Dämmstärken > 6 cm), sind beispielsweise teiltransparente Photovoltaikmodule oft aus architektonischen Gründen nur mit weiteren Verglasungen vom Raum (mit Raumlufttemperatur T_i) getrennt.

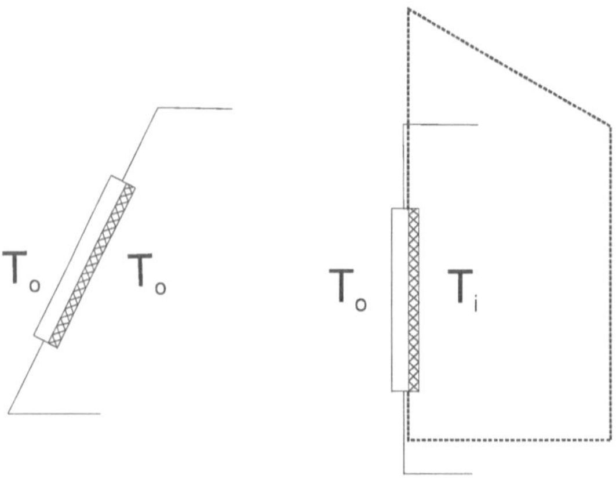

Bild 6-1:
Frei aufgeständerter und gebäudeintegrierter Kollektor.

Durch diese thermische Kopplung entstehen Wärmegewinne für den Raum, die im Winter zur Heizenergiedeckung beitragen, im Sommer jedoch Überhitzungsprobleme verursachen können.

Bei Photovoltaikmodulen im Isolierglasverbund sind vor allem die Oberflächentemperaturen des Moduls (zur Bestimmung der elektrischen Leistung) sowie der raumseitigen Verglasung (zur Bestimmung des effektiven g-Wertes) von Interesse.

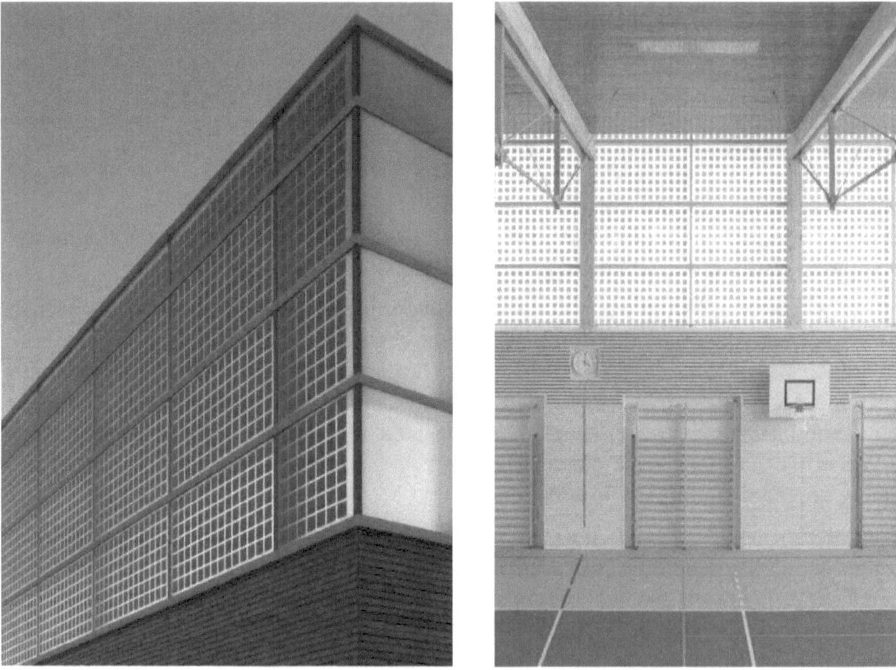

Bild 6-2: Außen- und Innenansicht einer semitransparenten Photovoltaikfassade in Isolierglas-
ausführung (Fotos: Firma Grammer).

Bei hinterlüfteten PV-Doppelfassaden kann die von den Modulen abgegebene Wärme als thermische Nutzenergie zur Vorwärmung von Außenluft dienen. Gleichzeitig können Transmissionswärmeverluste des Raumes über die erwärmte Spaltluft rückgewonnen werden.

Bild 6-3: Hinterlüftete Photovoltaikfassade an einer öffentlichen Bibliothek in Mataró.

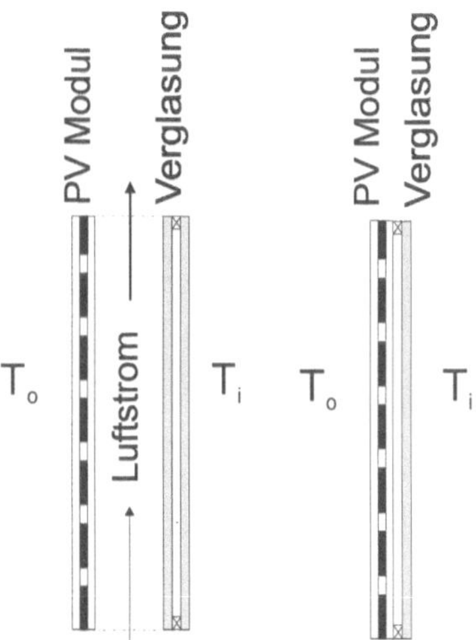

Bild 6-4: PV-Modul in einer hinterlüfteten Doppelfassade mit raumseitiger Doppelverglasung und PV-Modul integriert in einem Isolierglasverbund.

Zunächst wird ein Überblick über typische Temperaturverhältnisse von gebäudeintegrierten Solarkomponenten – hauptsächlich Photovoltaikmodule – in verschiedenen Gebäudeintegrationsvarianten gegeben. Die aus Messdaten gewonnenen empirischen Gleichungen ermöglichen eine schnelle Analyse des Temperatureinflusses auf den jährlichen elektrischen Wirkungsgrad sowie auf das thermische Verhalten des Gebäudes. Anschließend wird ein detaillierteres thermisches Modell einer hinterlüfteten Photovoltaikfassade entwickelt, welches Wärmeströme und Temperaturverhältnisse auch in konventionellen Doppelfassaden beschreibt. Mit dem Modell lassen sich die monatlichen thermischen Energiegewinne einer PV-Doppelfassade berechnen.

6.1 Empirisches thermisches Modell gebäudeintegrierter Photovoltaik

Solarmodule sind allgemein durch hohe optische Absorptionskoeffizienten im Bereich der kurzwelligen Solarstrahlung charakterisiert. Bei stromerzeugenden Photovoltaikmodulen wird allerdings nur ein kleiner Teil der absorbierten Einstrahlung – etwa 10-15 % - in elektrische Energie umgesetzt, hauptsächlich wird aber Wärme erzeugt. Die erzeugte Wärme kann zur Heizung und aktiven Kühlung von Gebäuden genutzt werden, reduziert aber durch die Modultemperaturerhöhung die elektrische Leistung des PV-Generators. Entscheidend für die Temperaturniveaus sind bei gegebener solarer Einstrahlung die konvektiven Wärmeübergangsmechanismen auf der Vorder- und Rückseite des Moduls, die hauptsächlich von der Windgeschwindigkeit abhängen.

Durch die Einbausituation wird vor allem der konvektive und Strahlungswärmeübergang der Modulrückseite beeinflusst. Für eine detaillierte Berechnung der Temperaturen müssen die jeweils relevanten Nußeltkorrelationen bestimmt werden, die von Geometrie, Wärmestromdichte, Turbulenzgrad etc. abhängen.

Für eine überschlägige Abschätzung der Temperaturverhältnisse ist es ausreichend, für verschiedene Einbausituationen aus Messungen abgeleitete lineare Regressionen von Übertemperaturen gegen die Einstrahlung zu verwenden. Die linearen Zusammenhänge zwischen Modultemperatur und Einstrahlung vernachlässigen zwar die starke Streuung der Messwerte insbesondere durch Windeinflüsse, führen jedoch zu einer genügend genauen Abschätzung der elektrischen Leistungsverluste als auch der mittleren Übertemperatur bei gegebener Einstrahlung. Von Sauer (1994) wurde ein thermisches Modell entwickelt, an gebäudeintegrierten Komponenten validiert und für die 12 deutschen Testreferenzjahre Regressionsanalysen für verschiedene Einbausituationen durchgeführt, die alle relevanten Integrationsmöglichkeiten umfassen:

Tabelle 6-1: Einbausituationen von gebäudeintegrierten Solarelementen.

Nr	Modulmontage	Hinterlüftung
1	Freistehendes Modul	Optimal hinterlüftet
2	Dachmontiertes Modul, großer Abstand Modul-Dachhaut	Optimal hinterlüftet
3	Dach, mittlerer Abstand	Gute Hinterlüftung
4	Dach, geringer Abstand	Eingeschränkte Hinterlüftung
5	Dach integriert	Ohne Hinterlüftung
6	Fassade	Gute Hinterlüftung
7	Fassade	Eingeschränkte Hinterlüftung
8	Fassade	Ohne Hinterlüftung

Die Steigung der Regressionsgeraden ergibt den Anstieg der Temperaturdifferenz zwischen Modul und Umgebung $\Delta T = T_{\text{Modul}}\text{-}T_0$ pro W/m^2 Einstrahlungserhöhung ΔG an. Daraus lässt sich dann zum Vergleich der Einbausituationen die Übertemperatur bei 1000 W/m^2 Einstrahlung berechnen.

$$\left(T_{\text{Modul}} - T_0\right)\big|_{1000 \text{ W/m}^2} = \frac{\Delta T}{\Delta G} \times 1000 \frac{\text{W}}{\text{m}^2} \tag{6.1}$$

Die Steigung variiert im Mittel der Testreferenzjahre von minimal 0.019 K/(W/m^2) für ein freistehendes Modul bis zu 0.052 K/(W/m^2) für eine nicht hinterlüftete Fassade, sodass sich bei 1000 W/m^2 Einstrahlung Modultemperaturen von 19-52 K über der Umgebungstemperatur einstellen.

Die mittleren Übertemperaturen bei 1000 W/m^2 Einstrahlung sind zusammen mit den Minima und Maxima der 12 Testreferenzjahre für alle 8 Einbausituationen dargestellt. Daraus lassen sich die Regressionskoeffizienten für jede Einbausituation ablesen. Die Schwankungen für eine gegebene Einbausituation sind durch unterschiedliche Windgeschwindigkeiten an den Standorten verursacht. Daneben sind die relativen elektrischen Leistungsverluste im Vergleich zum freistehenden Modul dargestellt. In der ungünstigsten Variante - der nicht hinterlüfteten Fassade - werden jährlich allein wegen Temperatureffekten 7.5-10 % weniger elektrische Energie als beim freistehenden Modul erzeugt. Die elektrischen Energieverluste sind relativ zu der jährlich erzeugten Energie eines freistehenden Moduls berechnet.

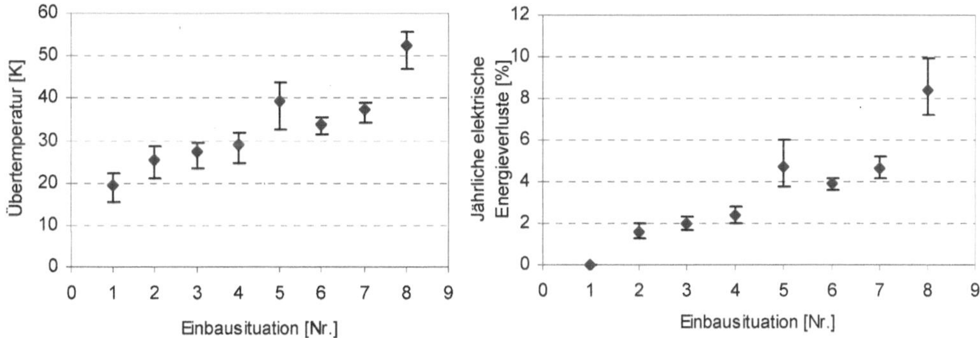

Bild 6-5: Übertemperatur und elektrische Energieverluste eines PV-Moduls in verschiedenen Gebäudeintegrationslösungen.

6.2 Energiebilanz und stationäres thermisches Modell von Doppelfassaden

Während die empirischen Regressionsgleichungen für gebäudeintegrierte Photovoltaikelemente ausreichende Genauigkeit für die Modultemperaturberechnung und elektrische Leistungsanalyse bieten, muss für die Analyse des effektiven Wärmedurchgangs und einer thermischen Nutzung der Modulabwärme ein genaueres Modell erstellt werden. Dieses Modell muss unterschiedliche Temperaturen als Randbedingung der integrierten Solarkomponente zulassen (Umgebungstemperatur und Raumtemperatur) und die Wärmeströme vom absorbierenden Solarelement bzw. vom Raum in einen Hinterlüftungsspalt berücksichtigen.

Allgemein werden für die Berechnung der Temperaturen Energiebilanzen für jeden Temperaturknoten aufgestellt und das so erzeugte Gleichungssystem gelöst. Da die meisten Solarkomponenten nur über geringe thermische Massen verfügen, ist eine stationäre Energiebilanz ausreichend genau. Die Berechnungsmethodik, die sich auf unterschiedliche Einbausituationen verallgemeinern lässt, wird am Beispiel einer hinterlüfteten Photovoltaik-Warmfassade vorgestellt (Vollmer, 1999).

Der Aufbau der Fassade entspricht einer typischen Doppelfassadenkonstruktion, wobei das Photovoltaikmodul die äußere Schale darstellt, welche mit Außenluft hinterlüftet wird. Die Hinterlüftung kann durch freie Konvektion oder ventilatorgetrieben erfolgen. Der Hinterlüftungsspalt weist bei Doppelfassaden Abmessungen von etwa 0.1 m – 1 m auf, sodass im Gegensatz zu kommerziellen Luftkollektoren generell geringe Strömungsgeschwindigkeiten zu erwarten sind. Die Spaltabmessungen und Strömungsgeschwindigkeiten beeinflussen insbesondere den konvektiven Wärmeübergang im Luftspalt und somit den thermischen Wirkungsgrad, der im Allgemeinen weitaus geringer ist als bei turbulent durchströmten Luftkollektoren.

Für die Energiebilanz werden drei Temperaturknoten berücksichtigt: Knoten a für den Absorber (hier das PV-Modul), Knoten f für das Fluid (hier Luft) und Knoten b für die spaltabschließende Verglasung zum Raum. Aufgrund der geringen Dicke der PV-Laminate von typisch 4 mm + 6 mm Glas wird nur ein Temperaturknoten für das Photovoltaikmodul verwendet.

Für die drei Temperaturknoten wird eine stationäre Energiebilanz aufgestellt.

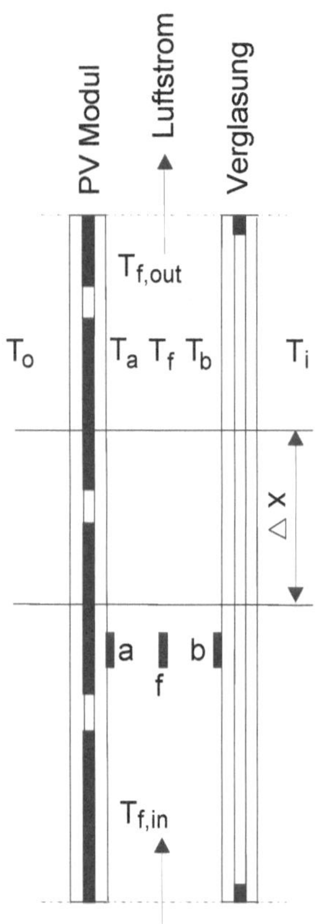

T_o: Umgebungstemperatur [°C]
T_a: Absorber (=PV Modul) Temperatur [°C]
T_f: Fluid Temperatur [°C]
T_b: Glastemperatur zum Spalt hin [°C]
T_i: Raumtemperatur [°C]
h_c: konvektiver Wärmeübergangskoeffizient [W/m² K]
h_r: Strahlungswärmeübergangskoeffizient [W/m² K]
α_{PV}: Effektiver Absorptionskoeffizient PV-Zellen [-]
τ_{PV}: Effektiver Transmissionskoeffizient PV-Modul [-]
α_b: Absorptionskoeffizient der Rückseite (Verglasung) [-]
U_b: U-Wert zwischen Spaltrückseite und Raum [W/m² K]
U_f: U-Wert zwischen PV-Modul und Umgebung [W/m² K]
c: Wärmekapazität Luft [J/kgK]
ρ: Dichte von Luft [kg/m³]
$\dot{V}$: Volumenstrom [m³/s]
L: Spalthöhe [m]

Bild 6-6:
Temperaturknoten und Bezeichnungen einer gebäudeintegrierten hinterlüfteten Photovoltaikfassade

Knoten a: Das PV-Modul als thermischer Absorber absorbiert die solare Einstrahlung G mit dem effektiven Absorptionskoeffizienten α_{PV}, welcher Absorption der Solarzelle sowie Reflexionsverluste und Transmissionsgrad der PV-Glasvorderscheibe beinhaltet und typisch bei 80 % liegt. Die Wärmeverluste vom Absorber teilen sich in einen Wärmestrom an die Umgebung über den vorderen Wärmedurchgangskoeffizienten U_f, einen konvektiven Wärmestrom an die Spaltluft mit Wärmeübergangskoeffizient h_{ca} sowie in einen Strahlungsaustausch mit der Spaltrückseite mit Wärmeübergangskoeffizient h_r auf. Die elektrische Leistung $\dot{Q}_{el}$ wird in der Bilanz von der absorbierten Einstrahlung abgezogen.

$$G\alpha_{PV} - U_f(T_a - T_o) - h_{ca}(T_a - T_f) - h_r(T_a - T_b) - \dot{Q}_{el} = 0 \tag{6.2}$$

Knoten f: Durch den konvektiven Wärmeübergang von den beiden Spaltumschließungsflächen (Absorber und Spaltrückseite) mit Temperaturen T_a und T_b und Breite b wird die Fluidtemperatur über die Weglänge dx erhöht.

$$c\rho\dot{V}\frac{dT_f}{dx} = h_{ca}b(T_a - T_f) + h_{cb}b(T_b - T_f) \tag{6.3}$$

Für die Spaltbreite b wird im Folgenden die Einheitslänge $b = 1$ m verwendet.

Knoten b: Die durch das PV-Modul mit dem Transmissionskoeffizienten τ_{PV} transmittierte solare Einstrahlung wird mit dem Absorptionskoeffizienten der rückseitigen Verglasung α_b absorbiert. Die Wärmeverluste setzen sich aus dem Strahlungsaustausch mit dem PV-Modul, dem konvektiven Wärmeübergang an das Fluid mit Wärmeübergangskoeffizient h_{cb} sowie den Verlusten zum Raum mit Wärmedurchgangskoeffizient U_b zusammen.

$$G(\tau_{PV}\alpha_b) - h_r(T_b - T_a) - h_{cb}(T_b - T_f) - U_b(T_b - T_i) = 0 \tag{6.4}$$

Der Wärmedurchgangskoeffizient der Vorderseite U_f berechnet sich wie gewohnt aus dem Wärmewiderstand des PV-Moduls mit Schichtdicke s_{PV} [m] und Wärmeleitfähigkeit λ_{PV} [W/mK] sowie dem äußeren Wärmeübergangskoeffzienten h_a [W/m^2 K]. Der U-Wert der Rückseite U_b setzt sich aus dem Wärmewiderstand der Spaltrückseite R_b [m^2 K/W] (z. B. 0.3 m^2 K/W für eine nicht beschichtete Doppelverglasung) und dem inneren Wärmeübergangswiderstand zwischen Oberfläche und Raum $1/h_i$ zusammen:

$$U_f = \cfrac{1}{\cfrac{s_{PV}}{\lambda_{PV}} + \cfrac{1}{h_a}} \tag{6.5}$$

$$U_b = \cfrac{1}{R_b + \cfrac{1}{h_i}} \tag{6.6}$$

Gleichung (6.2) und (6.4) werden verwendet, um die Absorbertemperatur T_a und die Glastemperatur T_b als Funktion von T_f, T_i und T_o darzustellen und dann in Gleichung (6.3) einzusetzen.

$$T_a = \frac{(B\alpha_{PV} + h_r\tau_{PV}\alpha_b)G + h_r U_b T_i + B U_f T_o + (B h_{ca} + h_r h_{cb})T_f - B\dot{Q}_{el}}{AB - h_r^2} \tag{6.7}$$

$$T_b = \frac{(A\tau_{PV}\alpha_b + h_r\alpha_{PV})G + A U_b T_i + h_r U_f T_o + (A h_{cb} + h_r h_{ca})T_f - h_r\dot{Q}_{el}}{AB - h_r^2} \tag{6.8}$$

Daraus ergibt sich eine Differentialgleichung für die Fluidtemperatur T_f, die durch Trennung der Variablen gelöst werden kann.

$$c\rho\dot{V}\frac{dT_f}{dx} = D_1 T_i + D_2 T_o - D_3 \dot{Q}_{el} + D_4 G - D_5 T_f \tag{6.9}$$

Die allgemeine Lösung ist

$$T_f(x) = \frac{1}{D_5}\left(D_1 T_i + D_2 T_o - D_3 \dot{Q}_{el} + D_4 G - Ce^{-Zx}\right) \tag{6.10}$$

wobei die Integrationskonstante C von der Randbedingung abhängt und die Konstanten D_1 bis D_5 gegeben sind durch

$$D_1 = \frac{h_{ca}h_r U_b + h_{cb}AU_b}{AB - h_r^2} \qquad D_2 = \frac{h_{cb}h_r U_f + h_{ca}BU_f}{AB - h_r^2}$$

$$D_3 = \frac{h_{ca}B + h_{cb}h_r}{AB - h_r^2} \qquad D_4 = \frac{h_{ca}h_r \tau_{PV}\alpha_b + h_{ca}B\alpha_{PV} + h_{cb}h_r\alpha_{PV} + h_{cb}A\tau_{PV}\alpha_b}{AB - h_r^2}$$

$$D_5 = h_{ca} + h_{cb} - \frac{\left(2h_{ca}h_{cb}h_r + h_{ca}^2 B + h_{cb}^2 A\right)}{AB - h_r^2}$$

wobei $\quad A = U_f + h_{ca} + h_r \quad B = U_b + h_{cb} + h_r \quad$ und $\quad Z = \dfrac{D_5}{c\rho\dot{V}}$

Die Integrationskonstante C ergibt sich aus der Randbedingung am Spalteinlass – hier Umgebungstemperatur T_o:

Randbedingung: bei $x = 0$　$T_f = T_o$

$$C = D_1 T_i + (D_2 - D_5)\, T_o - D_3 \dot{Q}_{el} + D_4 G \tag{6.11}$$

Damit ergibt sich die spezielle Lösung

$$T_f(x) = \left(1 - e^{-Zx}\right)\frac{D_1 T_i + D_2 T_o - D_3 \dot{Q}_{el} + D_4 G}{D_5} + T_o e^{-Zx} \tag{6.12}$$

Die mittlere Fluidtemperatur des gesamten Strömungskanals erhält man, indem man Gleichung (6.12) über die gesamte Spaltlänge L integriert.

$$\begin{aligned}
\bar{T}_f &= \frac{1}{L}\int_0^L T_f(x)\,dx \\[2mm]
&= \frac{D_1 T_i + D_2 T_o - D_3 \dot{Q}_{el} + D_4 G}{D_5}\left(1 + \frac{1}{LZ}\left(e^{-ZL} - 1\right)\right) + \frac{T_o}{LZ}\left(1 - e^{-ZL}\right)
\end{aligned} \tag{6.13}$$

Mit der mittleren Fluidtemperatur lassen sich nach Gleichung (6.7) und (6.8) auch die mittleren Absorber- und Rückseitentemperaturen des Spalts berechnen.

Die Koeffizienten D_1 bis D_5 hängen von den Wärmeübergangskoeffizienten für Konvektion und Strahlung im Spalt sowie von den Wärmedurchgangskoeffizienten zur Umgebung bzw. zum Innenraum ab. Da diese wiederum temperaturabhängig sind, lassen sich die Spalttemperaturen nur iterativ bestimmen.

Bevor aus den Temperaturen die effektiven Wärmedurchgangskoeffizienten (U und g-Werte) ermittelt werden, sollen kurz die erforderlichen Wärmeübergangskoeffizienten und relevanten Nußeltkorrelationen für den Wärmeübergang in Doppelfassaden mit großen Spaltabmessungen betrachtet werden.

6.2.1 Wärmeübergangskoeffizienten Innenraum und Fassadenluftspalt

Der Wärmeübergangskoeffizient innen h_i ist von der Raumgeometrie, dem Heizsystem, der Lüftungsart und anderen Parametern abhängig. Für die meisten Anwendungsfälle ist die Annahme eines konstanten Wärmeübergangskoeffizienten hinreichend genau. Nach Euronorm EN 832 kann ein mittlerer Wärmeübergangswiderstand innen $1/h_i = 0.13 \ \mathrm{m^2\,K/W}$ verwendet werden.

Die konvektiven Wärmeübergangskoeffizienten im Luftspalt h_{ca} und h_{cb} hängen von der Fassadengeometrie sowie von der Strömungsart (frei oder erzwungen) ab. Bei Doppelfassadengeometrien mit Spaltabmessungen über 10 cm sind die Strömungsgeschwindigkeiten im Allgemeinen gering (unter 0.5 m/s), sodass der freie Konvektionsanteil auch bei ventilatorgetriebener Hinterlüftung nicht vernachlässigt werden kann.

Die Reynoldszahl setzt sich bei Mischkonvektionsbedingungen aus einem freien und erzwungenen Konvektionsanteil zusammen.

$$\mathrm{Re} = \sqrt{\mathrm{Re}_{frei}^2 + \mathrm{Re}_{erzw}^2} \tag{6.14}$$

Der freie Konvektionsanteil entsteht durch den temperaturinduzierten Dichteunterschied über die Spalthöhe L.

$$\mathrm{Re}_{frei} = \sqrt{\frac{Gr}{2.5}} \tag{6.15}$$

$$Gr = \frac{g\beta' L^3 \left| \left(\overline{T}_f - \overline{T}_{a,b} \right) \right|}{\nu^2} \tag{6.16}$$

Die Graßhofzahl wird über die mittlere Fluidtemperatur des Luftspaltes $\overline{T}_f$ nach Gleichung (6.13) und die mittlere Oberflächentemperatur der PV-Seite $\overline{T}_a$ bzw. der Spaltrückseite $\overline{T}_b$ mit g als Erdbeschleunigung und β' als Temperaturausdehnungskoeffizient berechnet. Die Reynoldszahl für erzwungene Strömung ist direkt proportional zur Strömungsgeschwindigkeit v.

$$\mathrm{Re}_{erzw} = \frac{\mathrm{v}L}{\nu} \tag{6.17}$$

Bei den üblichen großen Abständen zwischen den Spaltumschließungsflächen einer Doppelfassade ergibt die Annahme einzeln angeströmter Platten eine bessere Übereinstimmung mit experimentellen Ergebnissen als eine Kanalgeometrie aus planparallelen Platten. Die charakteristische Länge L ist dann durch die Länge des Luftkanals, d. h. die Fassadenhöhe gegeben und nicht mehr durch den doppelten Abstand paralleler Platten.

Bei der längs angeströmten Platte kann die Grenzschichtströmung an der unteren Plattenkante laminar beginnen und nach einer bestimmten Lauflänge turbulent werden, wobei der Umschlagpunkt etwa bei $\mathrm{Re} = 2\times10^5$ liegt. Die mittlere Nußeltzahl wird aus einem laminaren und turbulenten Anteil gebildet.

$$Nu = \sqrt{Nu_{\text{lam}}^2 + Nu_{\text{turb}}^2} \qquad (6.18)$$

Für Prandtlzahlen zwischen $0.6 < \text{Pr} < 10$ ergibt die Integration über die lokalen Nußeltzahlen den laminaren Anteil:

$$Nu_{\text{lam}} = 0.664\sqrt{\text{Re}}\,\sqrt[3]{\text{Pr}} \qquad (6.19)$$

Der turbulente Anteil wird aus einer empirischen Korrelation berechnet, die aus numerischer Integration der Grenzschichtgleichung hergeleitet ist:

$$Nu_{\text{turb}} = \frac{0.037\,\text{Re}^{0.8}\,\text{Pr}}{1 + 2.443\,\text{Re}^{-0.1}\left(\text{Pr}^{\frac{2}{3}} - 1\right)} \qquad (6.20)$$

wobei $\text{Pr} = \dfrac{v c_{\text{p}} \rho}{\lambda}$.

Aus der mittleren Nußeltzahl ergeben sich dann die Wärmeübergangskoeffizienten wie gehabt mit $h_{\text{c}} = \dfrac{Nu\,\lambda}{L}$.

Beispiel 1:

Berechnung der 2 konvektiven und des Strahlungswärmeübergangskoeffizienten einer 6.5 m hohen hinterlüfteten PV-Fassade mit 14 cm Spalttiefe für PV-Modultemperaturen von 50°C und rückseitiger Spalttemperatur (z. B. Verglasung) von 30°C. Die Strömungsgeschwindigkeit der Spaltluft beträgt 0.3 m/s, die Fluidtemperatur 40°C.

Die Stoffwerte für die linke, warme PV-Seite werden mit der mittleren Temperatur zwischen Oberfläche und Spaltluft berechnet, d. h. hier 45°C, für die rechte Seite analog aus der Oberflächentemperatur der Verglasung sowie der mittleren Spaltlufttemperatur (d. h. 35°C).

Stoffwerte der Spaltluft:

mittlere Temperatur von	45°C (PV)	35°C (Glas)
kinematische Viskosität v:	17.546×10^{-6} m²/s	16.60×10^{-6}
Wärmeleitfähigkeit Luft λ:	0.02758 W/mK	0.02554
Dichte ρ:	1.095 kg/m³	1.130
Wärmekapazität c_{p}:	1008.25 J/kgK	1007.75
Wärmeausdehnungskoeffizient β:	0.00314 K⁻¹	0.0032

Re_{erzw}:	111 134	117 486
Gr:	2.8×10^{11}	3.123×10^{11}
Re_{frei}:	334 329	353 435
Pr:	0.75	0.74
Re:	352 316	372 450
Nu_{turb}:	863	894
Nu_{lam}:	325	332
Nu:	922	954

Daraus ergeben sich die Wärmeübergangskoeffizienten $h_{\text{ca}} = 3.66$ W/m² K, $h_{cb} = 3.75$ W/m² K und $h_{\text{r}} = 3.07$ W/m² K.

Sind die Temperaturen nicht vorgegeben, müssen Wärmeübergangskoeffizienten und Temperaturen iterativ bestimmt werden: Zunächst werden Temperaturen an den Spaltumschließungsflächen vorgegeben, damit die Wärmeübergangskoeffizienten berechnet und anschließend die mittleren Temperaturen neu berechnet werden können. Mit den neuen Temperaturen werden wiederum Wärmeübergangskoeffizienten berechnet usw.

Beispiel 1:

Berechnung der mittleren Temperaturen und Luftaustrittstemperatur einer 6.5 m hohen, 1 m breiten und 0.14 m tiefen hinterlüfteten Photovoltaikfassade unter folgenden Randbedingungen:

Einstrahlung auf die Fassade	G	=	800 W/m^2
Umgebungstemperatur	T_o	=	10°C
Raumlufttemperatur	T_i	=	20°C
Windgeschwindigkeit	v_w	=	3 m/s
Strömungsgeschwindigkeit im Spalt	v	=	0.3 m/s
Absorptionskoeffizient des PV-Moduls	α_PV	=	0.8
Transmissionskoeffizient des PV-Moduls	τ_PV	=	0.1
Absorptionskoeffizient der rückseitigen Verglasung	α_b	=	0.05
Schichtdicke PV-Modul	s_PV	=	0.01 m
Wärmeleitfähigkeit PV-Modul	λ_PV	=	0.8 W/mK
Wärmedurchlasswiderstand rückseitige Verglasung	R_b	=	0.18 m^{2}K/W
Wärmeübergangskoeffizient innen	h_i	=	8 W/m^{2}K
Elektrischer Wirkungsgrad	η_el	=	0.12
Emissionskoeffizienten	ε	=	0.88

Lösung:

Als Anfangswerte werden die Temperaturen aus Beispiel 1 verwendet, sodass sich die Wärmeübergangskoeffizienten des ersten Beispiels ergeben. Mit diesen Wärmeübergangskoeffizienten wird die mittlere Fluidtemperatur berechnet und diese wieder in die Gleichungen der Wärmeübergangskoeffizienten eingesetzt. Nach vier Iterationen ist der Fehler der Temperaturen kleiner als 0.1°C und die Koeffizienten sind:

Wärmeübergangskoeffizient Absorber-Fluid	h_ca	=	5.1 W/m^{2}K
Wärmeübergangskoeffizient Verglasung-Fluid	h_cb	=	3.5 W/m^{2}K
Wärmeübergangskoeffizient für Strahlung	h_r	=	2.9 W/m^{2}K

Damit ergibt sich eine mittlere Fluidtemperatur $\overline{T}_\mathrm{f}$ = 19.6°C.

Wird die mittlere Fluidtemperatur in die Gleichungen (6.7) und (6.8) eingesetzt, so ergeben sich für die

mittlere PV-Modultemperatur	$\overline{T}_\mathrm{a}$	=	40.9°C
Verglasungstemperatur spaltseitig	$\overline{T}_\mathrm{b}$	=	26.5°C
Die Fluidaustrittstemperatur nach 6.5 m Höhe beträgt	$T_\mathrm{f,out}$	=	27.2°C,

d. h., die PV-Fassade hat die Umgebungsluft um 17.2°C erwärmt.

Die Temperaturprofile über der Fassadenhöhe für obige Randbedingungen verdeutlichen den Temperaturanstieg des Fluids und der Spaltumschließungsflächen. Auch die raumseitige Oberflächentemperatur der rückseitigen Verglasung wird trotz niedriger Außentemperaturen von 10°C leicht über Raumtemperatur angehoben. Die Randbedingungen sind mit 800 W/m^2 Einstrahlung, 3 m/s Windgeschwindigkeit, 10°C Außenlufttemperatur, 20°C Raumlufttemperatur und einer Strömungsgeschwindigkeit im Spalt von 0.3 m/s gegeben.

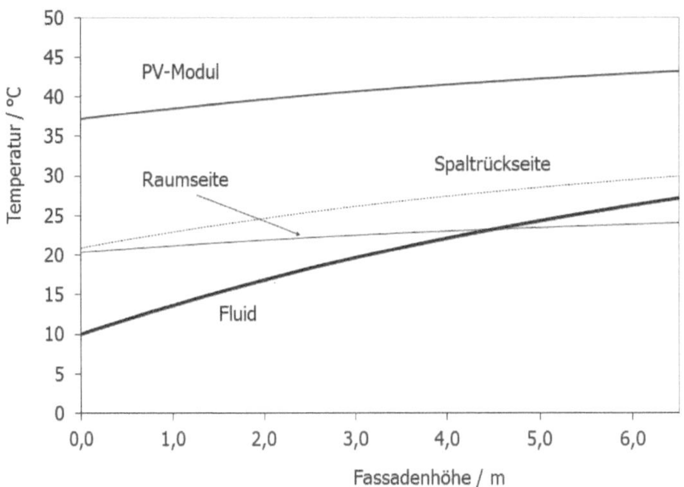

Bild 6-7: Temperaturerhöhung der eintretenden Umgebungsluft durch eine hinterlüftete PV-Fassade

6.3 Bauteilkennwerte gebäudeintegrierter Solarkomponenten (U- und g-Werte)

Um den Einfluss gebäudeintegrierter Solarkomponenten auf das thermische Verhalten des Gebäudes zu ermitteln, bietet sich die Verwendung der üblichen Bauteilkennwerte wie Wärmedurchgangskoeffizient U und Gesamtenergiedurchlassgrad g an. Diese Kennwerte sind bei konventionellen Bauteilen konstant. Da jedoch die Energieströme und Temperaturniveaus absorbierender Solarelemente stark einstrahlungs- und umgebungstemperaturabhängig sind, müssen U- und g-Werte zeitabhängig ermittelt werden.

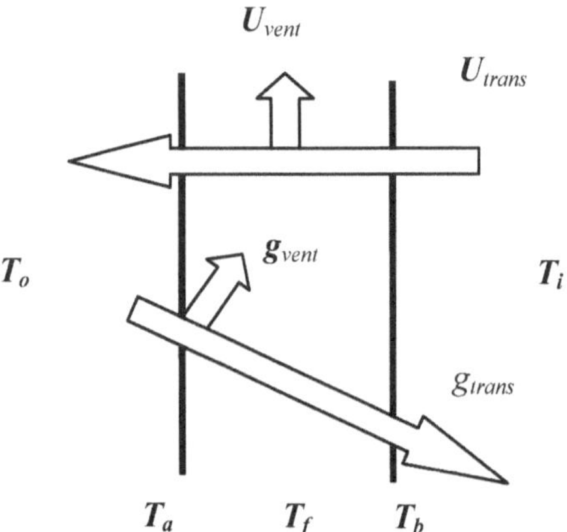

Bild 6-8:
Kennwerte für die thermische Charakterisierung einer hinterlüfteten Fassade.

Da insbesondere auch Energiegewinne durch Warmluftnutzung hinterlüfteter Fassaden berücksichtigt werden sollen, werden die U und g-Werte in je zwei Komponenten aufgespalten, welche

Transmissions- und Ventilationswärmeströme unterscheiden (Bloem et al, 1997). Dabei charakterisiert U_{trans} die gesamten Wärmeverluste vom Innenraum, U_{vent} die Wärmeverluste von innen an den Luftspalt, die durch die Hinterlüftung zurückgewonnen werden können, g_{trans} die direkt in den Innenraum transmittierten Solarstrahlungsgewinne und g_{vent} die absorbierten Strahlungsgewinne, die zur Erwärmung des Luftvolumenstroms beitragen (Versluis et al, 1997).

Der Transmissionswärmestrom $\dot{Q}_{\text{trans}}$ beschreibt die effektiven Transmissionswärmeverluste vom Raum als Differenz von Wärmeverlusten und direkten solaren Gewinnen, berechnet analog zu dem Verfahren effektiver U-Werte von Fenstern. Der Ventilationswärmestrom $\dot{Q}_{\text{vent}}$ enthält den Teil der Transmissionswärmeverluste, die durch die Hinterlüftung zurückgewonnen werden können (bezogen auf die Temperaturdifferenz zwischen Raum und Umgebung) sowie die Wärmegewinne des Luftspaltes durch Absorption von Solarstrahlung.

$$\dot{Q}_{\text{trans}} = U_{\text{trans}}\left(T_{\text{i}} - T_{\text{o}}\right) - g_{\text{trans}}G \tag{6.21}$$

$$\dot{Q}_{\text{vent}} = U_{\text{vent}}\left(T_{\text{i}} - T_{\text{o}}\right) + g_{\text{vent}}G \tag{6.22}$$

Über den bekannten und von der mittleren Temperatur $\overline{T}_{\text{b}}$ aus berechneten Wärmedurchgangskoeffizienten der Rückseite U_{b} wird der Wärmedurchgangskoeffizient U_{trans} definiert, indem der Wärmestrom vom Raum $U_{\text{b}}(T_{\text{i}} - \overline{T}_{\text{b}})$ auf die Temperaturdifferenz zwischen Raum und Umgebung normiert wird.

$$U_{\text{b}}(T_{\text{i}} - \overline{T}_{\text{b}}) = U_{\text{trans}}(T_{\text{i}} - T_{\text{o}}) \tag{6.23}$$

$$U_{\text{trans}} = \frac{U_{\text{b}}(T_{\text{i}} - \overline{T}_{\text{b}})}{(T_{\text{i}} - T_{\text{o}})} \tag{6.24}$$

Der direkte Energiedurchlassgrad g_{trans} beinhaltet die optische Transmission der Fassade und setzt sich zusammen aus der Transmission des PV-Moduls und der rückseitigen Verglasung. Beispielsweise ergibt sich g_{trans} für eine Fassade mit 15 % Glasanteil des PV-Moduls sowie einer rückseitigen Doppelverglasung aus dem Produkt des Glasanteils von 15 %, der Einfachglas-PV-Modultransmission von etwa $\tau_{\text{PV-Glas}}$=90 % und der Transmission der Doppelverglasung von etwa $\tau_{\text{Spaltrückseite}}$= 80 %.

$$g_{\text{trans}} = \frac{A_{\text{Glas}}}{A_{\text{Modul}}} \tau_{\text{PV-Glas}} \tau_{\text{Spaltrückseite}} = 0.15 \times 0.9 \times 0.8 = 0.108 \tag{6.25}$$

Die Nutzenergie $\dot{Q}_{\text{vent}}$ der Lufterwärmung wird direkt aus den mittleren Oberflächentemperaturen der Spaltumschließungsflächen sowie der mittleren Fluidtemperatur berechnet.

$$\dot{Q}_{\text{vent}} = h_{\text{ca}}(\overline{T}_{\text{a}} - \overline{T}_{\text{f}}) + h_{\text{cb}}(\overline{T}_{\text{b}} - \overline{T}_{\text{f}}) \tag{6.26}$$

Werden die mittleren Temperaturen aus den Energiebilanzgleichungen eingesetzt, kann $\dot{Q}_{\text{vent}}$ als Funktion von Raum- und Umgebungstemperatur, Einstrahlung und abgeführter elektrischer Energie berechnet werden,

$$\dot{Q}_{\text{vent}} = \left(\frac{1 - e^{-\text{ZL}}}{\text{ZL}}\right)(T_{\text{i}}D_1 - T_{\text{o}}\,(D_5 - D_2)) + \left(\frac{1 - e^{-\text{ZL}}}{\text{ZL}}\right)\left(GD_4 - \dot{Q}_{\text{el}}D_3\right) \tag{6.27}$$

wobei L die Höhe der Fassade bezeichnet.

In Übereinstimmung mit Gleichung (6.22) wird $\dot{Q}_{\text{vent}}$ in einen nur temperaturabhängigen Term, beschrieben durch U_{vent}, sowie einen einstrahlungsabhängigen Term, charakterisiert durch g_{vent}, aufgeteilt. Da die elektrische Energie $\dot{Q}_{el}$ im wesentlichen einstrahlungsabhängig ist, wird diese in den g_{vent} Term integriert.

Die Normierung auf die Temperaturdifferenz zwischen Raum und Umgebung ergibt somit für U_{vent}:

$$U_{vent} = \frac{\left(\dfrac{1 - e^{-ZL}}{ZL}\right)\left(T_i D_1 - T_o\left(D_5 - D_2\right)\right)}{T_i - T_o} \tag{6.28}$$

Der einstrahlungsabhängige Term wird auf die Einstrahlung G normiert. Eine aus thermischer Sicht genügend genaue Näherung ergibt sich durch die Annahme eines konstanten elektrischen Wirkungsgrades η_{el} für das PV-Modul.

$$g_{vent} = \left(\frac{1 - e^{-ZL}}{ZL}\right)\left(D_4 - \frac{\dot{Q}_{el} D_3}{G}\right) = \left(\frac{1 - e^{-ZL}}{ZL}\right)\left(D_4 - \eta_{el} D_3\right) \tag{6.29}$$

Beispiel 2:

Berechnung der Bauteilkennwerte U_{trans}, U_{vent} und g_{vent} der Photovoltaik-Doppelfassade mit den Randbedingungen des letzten Beispiels.

$U_{trans} = -2.14 \text{ W/m}^2\text{ K}$
$U_{vent} = 1.07 \text{ W/m}^2\text{ K}$
$g_{vent} = 0.178$

Damit betragen die Ventilationsgewinne bei einer Einstrahlung von 800 W/m²

$$\dot{Q}_{vent} = U_{vent}\left(T_i - T_0\right) + g_{vent} G = \underbrace{1.07\frac{\text{W}}{\text{m}^2\text{K}}\left(20 - 10\right)K}_{10.7} + \underbrace{0.178 \times 800\frac{\text{W}}{\text{m}^2}}_{142.4} = 153.1\frac{\text{W}}{\text{m}^2}$$

Dominierend sind die Gewinne durch Absorption von Solarstrahlung bei einem solaren Wirkungsgrad g_{vent} von 17.8 %.

Da die rückseitige Verglasungstemperatur größer als die Raumtemperatur T_i ist, ist der Transmissionskoeffizient U_{trans} negativ und dem Raum werden effektiv Wärmegewinne zugeführt: $Q_{trans} = -97.4 \text{ W/m}^2$.

6.4 Warmluftnutzung von Photovoltaikfassaden

Mit der obigen Methode können stündliche U- und g-Werte berechnet und daraus stündliche Energiebilanzen für das Fassadensystem erstellt werden. Gewichtete Monatsmittelwerte können dann für Heizenergieberechnungen nach dem Monatsbilanzverfahren der EN832 verwendet werden. Die thermischen Gewinne der hinterlüfteten Fassade setzen sich aus den direkten solaren Gewinnen (beschrieben durch den konstanten g_{trans}-Wert), indirekten solaren Gewinnen durch Solarstrahlungsabsorption und Wärmetransfer an die Spaltluft (g_{vent}) sowie der rückgewonnenen Wärme aus dem Innenraum (U_{vent}) zusammen. Der einstrahlungsgewichtete $\overline{g}_{vent}$-Wert ist gegeben durch

$$\overline{g}_{\text{vent}} = \frac{\sum\limits_{j=1}^{\text{Stunden im Monat}} g_{\text{vent,j}} G_{\text{j}}}{\sum\limits_{j=1}^{\text{Stunden im Monat}} G_{\text{j}}} \tag{6.30}$$

Die Nutzenergie durch Wärmerückgewinnung wird durch den temperaturdifferenzgewichteten $\overline{U}_{\text{vent}}$-Wert berechnet.

$$\overline{U}_{\text{vent}} = \frac{\sum\limits_{j=1}^{\text{Stunden im Monat}} U_{\text{vent},j}\left(T_{\text{i}} - T_{\text{o,j}}\right)}{\sum\limits_{j=1}^{\text{Stunden im Monat}} \left(T_{\text{i}} - T_{\text{o,j}}\right)} \tag{6.31}$$

Der gesamte Transmissionswärmeverlust vom Raum wird durch einen mittleren Wärmedurchgangskoeffizienten $\overline{U}_{\text{trans}}$ ausgedrückt.

$$\overline{U}_{\text{trans}} = \frac{\sum\limits_{j=1}^{\text{Stunden im Monat}} U_{\text{trans,j}}\left(T_{\text{i}} - T_{\text{o,j}}\right)}{\sum\limits_{j=1}^{\text{Stunden im Monat}} \left(T_{\text{i}} - T_{\text{o,j}}\right)} \tag{6.32}$$

Da im Monatsbilanzverfahren nur solare Gewinne berücksichtigt werden, kann U_{vent} auch vom Gesamt-Transmissionswärmeverlustkoeffizienten U_{trans} abgezogen werden, so dass ein effektiver Transmissionswärmeverlust $U_{\text{trans,eff}} = U_{\text{trans}} - U_{\text{vent}}$ verbleibt.

Mit diesen Kennwerten kann der Beitrag hinterlüfteter Fassaden zur Gebäudeheizenergie berechnet und mit konventionellen Fassadensystemen verglichen werden.

Im Sommer wird die thermische Last der PV-Fassade für den Innenraum einfach aus der Summe von direktem solaren Gewinn sowie indirektem Gewinn durch den U_{trans}-Wert berechnet. Bei Einsatz aktiver solarer Kühlung wird die Nutzenergie wie gehabt aus der Temperaturerhöhung der Spaltluft über g_{vent} und U_{vent} berechnet.

Mit obigem Verfahren wurden monatliche Bauteilkennwerte für eine hinterlüftete PV-Fassade für ein mediterranes (Barcelona) sowie ein deutsches (Stuttgart) Klima berechnet. Die gesamten Ventilationsgewinne Q_{vent} ergeben sich aus der Summe der Ventilationsgewinne durch Einstrahlung und dem Wärmestrom des Raumes in den Luftspalt multipliziert mit der Anzahl der Stunden im Monat n_{h}. Die monatliche Einstrahlung G_{m} wird als aufsummierte Energiemenge in kWh/m^2 angegeben.

$$Q_{\text{vent}} = \overline{g}_{\text{vent}} G_{\text{m}} + \overline{U}_{\text{vent}}\left(\overline{T}_{\text{i}} - \overline{T}_{\text{o}}\right) n_{\text{h}} \tag{6.33}$$

Der mittlere Ventilations-g-Wert $\overline{g}_{\text{vent}}$ kann direkt als solarthermischer Wirkungsgrad der hinterlüfteten Fassade interpretiert werden.

Der monatliche Transmissionswärmeverlust Q_{trans} wird aus dem gesamten Wärmestrom vom Raum aus minus den direkten solaren Gewinnen berechnet.

$$Q_{\mathrm{trans}} = \bar{U}_{\mathrm{trans}}\left(\bar{T}_{\mathrm{i}} - \bar{T}_{\mathrm{o}}\right)n_{\mathrm{h}} - \bar{g}_{\mathrm{trans}}G_{\mathrm{m}} \tag{6.34}$$

Der g_{trans}-Wert berücksichtigt nur die optische Transmission des Verglasungssystems und liegt hier konstant bei 0.108.

Der thermische Wirkungsgrad bei der geringen Strömungsgeschwindigkeit von 0.3 m/s liegt bei 13 % im Mittel. Von den gesamten Transmissionswärmeverlusten in der Heizperiode von 50 kWh/m^2 können 40 kWh/m^2 durch die Rückführung der Spaltluft zurückgewonnen werden (Innenraumtemperatur konstant 20°C).

Tabelle 6-2: Klimatische Randbedingungen, Ventilationsgewinne und Transmissionswärmeverluste der hinterlüfteten Südfassade in Barcelona.

Monat	G_{m} [kWh/m^2]	T_{o} [°C]	n_{h} [–]	$\bar{g}_{\mathrm{vent}} =$ η_{th} [–]	$\bar{U}_{\mathrm{vent}}\left(\bar{T}_{\mathrm{i}} - \bar{T}_{\mathrm{o}}\right)n_{\mathrm{h}}$ [kWh/m^2]	$\bar{U}_{\mathrm{trans}}\left(\bar{T}_{\mathrm{i}} - \bar{T}_{\mathrm{o}}\right)n_{\mathrm{h}}$ [kWh/m^2]	Q_{trans} [kWh/m^2]	Q_{vent} [kWh/m^2]
Januar	82	9.75	744	0.142	8.05	11.00	2.16	19.67
Februar	88	9.95	672	0.130	7.03	9.30	-0.20	18.50
März	106	11.26	744	0.128	6.98	8.08	-3.37	20.58
April	94	12.92	720	0.124	5.18	5.78	-4.32	16.80
Mai	80	16.16	744	0.126	2.91	1.80	-6.88	13.02
Juni	80	20.06	720	0.122	0.17	-3.69	-12.32	9.90
Juli	88	23.65	744	0.118	-2.29	-9.06	-18.61	8.15
August	100	23.46	744	0.129	-2.20	-9.60	-20.36	10.64
September	108	21.26	720	0.134	-0.71	-6.84	-18.48	13.75
Oktober	107	17.01	744	0.130	2.26	-0.52	-12.12	16.25
November	90	12.70	720	0.137	5.42	6.16	-3.57	17.73
Dezember	84	10.75	744	0.146	7.10	9.25	0.12	19.45
Summe/ Mittelwert	1107	15.7	8760	0.13	40	22	-98	184

Am Standort Stuttgart liegt der thermische Wirkungsgrad mit 15 % im Mittel etwas höher. Trotz des hohen U-Wertes der nicht beschichteten Doppelverglasung von 4 W/m^2 K ist der Transmissionswärmeverlust des PV-Fassadensystems durch die thermischen Energiegewinne effektiv deutlich geringer und der reale U_{trans}-Wert variiert zwischen 1.5-1.8 W/m^2 K. Von den gesamten Transmissionswärmeverlusten der Heizperiode von 142 kWh pro m^2 Fassadensystem können 99 kWh/m^2 zurückgewonnen werden.

Mit der beschriebenen Methodik können verschiedene Fassadentypen energetisch verglichen werden. Die thermischen Gewinne hängen dabei stark von der thermischen Trennung der Spaltrückseite zum Gebäude hin ab. Wird die thermische Trennung verbessert, sinken die Transmissionswärmeverluste in den Spalt, aber damit auch die Ventilationswärmegewinne. Gleichzeitig wird jedoch die sommerliche Belastung des Raumes verringert, sodass sich immer eine möglichst gute thermische Trennung empfiehlt.

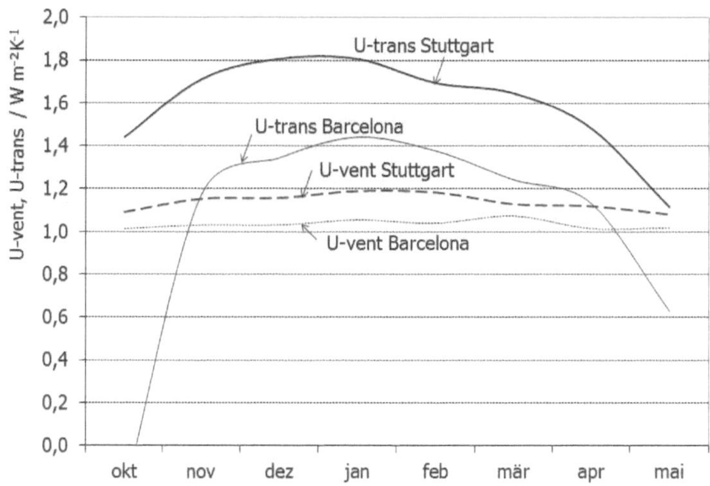

Bild 6-9: Mittlere monatliche Bauteilkennwerte der hinterlüfteten Photovoltaikfassade mit einer konventionellen Doppelverglasung als Spaltrückseite (U = 4 W/m^2 K) an den Standorten Stuttgart und Barcelona.

Während eine hinterlüftete PV-Fassade solare Ventilationsgewinne je nach Spaltrückseitenkonstruktion am Standort Stuttgart zwischen 83-93 kWh/m^2 produziert, betragen die solaren Ventilationsgewinne bei einer verglasten Doppelfassade nur 15 kWh/m^2 a. Die vom Raum rückgewonnene Wärme hängt nur von der Güte der thermischen Trennung zwischen Raum und Hinterlüftungsspalt ab und liegt für Doppelfassaden mit und ohne PV bei Verwendung von Wärmeschutzgläsern bei 27 kWh/m^2. Die direkten solaren Gewinne liegen bei vollverglasten Fassadentypen mit 250-285 kWh/m^2 sehr hoch und müssen unbedingt mit Verschattungsvorrichtungen kontrolliert werden. Bei handelsüblichen g-Werten von außen liegendem Sonnenschutz von etwa 20 % ist jedoch bei solchen Ganzglasfassaden mit Überhitzungsproblemen im Sommer zu rechnen.

6.5 Photovoltaisch-thermische Kollektoren zur Wärme- oder Kälteerzeugung

Gebäudeintegrierte Photovoltaik kann nicht nur zur kombinierten Strom- und Wärmeproduktion, sondern auch für Kühlzwecke genutzt werden. Hierzu wird die nächtliche langwellige Abstrahlung der Photovoltaik-Glasoberfläche gegen den Himmel genutzt, um ein Fluid abzukühlen, was unterhalb des PV Moduls zirkuliert.

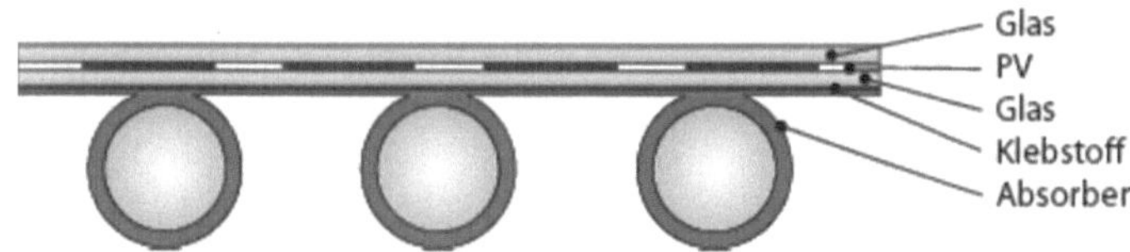

Bild 6-10: Aufbau eines PVT Kollektors zur Kälteerzeugung

Soll dagegen mit dem kombinierten Photovoltaisch-thermischen Kollektor (PVT-Kollektor) vorwiegend Wärme erzeugt werden, bietet es sich an, die Wärmeverluste durch eine zusätzliche stehende Luftschicht zu reduzieren. Dabei kann das Photovoltaikmodul entweder als äußere Abdeckung verwendet werden, wodurch allerdings der Strahlungseintrag auf den darunter liegenden Absorber stark reduziert wird, oder aber das Photovoltaikmodul als abgedeckter thermischer Absorber dienen, wodurch allerdings der Stromertrag um die Transmissionverluste der Glasabdeckung reduziert wird.

Bild 6-11: PVT Kollektor mit Glasabdeckung zur kombinierten Strom- und Wärmeproduktion.

Trotz zahlreicher Literatur über theoretische und experimentelle Anwendung von PVT-Kollektorsystemen sind wenige Anlagen marktverfügbar und die Betriebserfahrungen sind gering. Die Internationale Energieagentur IEA listet knapp über 50 PVT-Projekte in den letzten 25 Jahren auf, davon weniger als 20 wasserbasiert (Hansen, 2007). Die meisten dieser Projekte wurden in Europa, insbesondere in den Niederlanden und im Großbritannien umgesetzt. Daneben gibt es mehrere Projekte aus Thailand, bei dem großflächig angeordnete, amorphe Solarzellen in einem PVT-Wasser-Kollektor auf Krankenhäusern und Regierungsgebäuden installiert wurden (Jaikla et al, 2005).

Derzeit arbeiten einige Hersteller an der Produktion und Vermarktung unterschiedlicher PVT-Systeme, z. B. der israelische Hersteller Millenium Electric an einem unabgedeckten PVT-Kollektor mit kombiniertem Energiegewinn aus Strom, Wasser und Luft, der holländische Hersteller PVTwins mit einem nicht abgedeckten Hybridkollektor, die Menova Energie Gruppe aus Kanada mit einem konzentrierenden System namens PowerSpar etc.

Im Rahmen eines europäischen Studentenwettbewerbs Solar Decathlon 2010 wurde an der Hochschule für Technik Stuttgart ein PVT Kollektor zur Gebäudekühlung entwickelt und implementiert (Büttgenbach, 2010).

Leistungsberechnungen eines PVT Kollektors

Der Wärmeverluste vom Absorber gegen die Umgebung sowie die Kollektorwirkungsgrad- und Wärmeabfuhrfaktoren F′ und F_R werden nach den in Kapitel 3.2 beschriebenen Methoden berechnet. Die langwellige Abstrahlung gegen den Himmel ersetzt als Nutzkälteleistung die Wärmeleistung durch absorbierte Einstrahlung.

Für einen nicht abgedeckten PVT-Kollektor aus Bild 6-10 werden die Wärmeverluste vom Absorber über das verklebte PV-Modul nach vorne sowie über die Rückseite als parallel liegende Wärmewiderstände berechnet. Als erstes vereinfachtes Modell wird für PV Modul und den thermischen Absorber derselbe Temperaturknoten angenommen (Erell und Etzion, 2000).

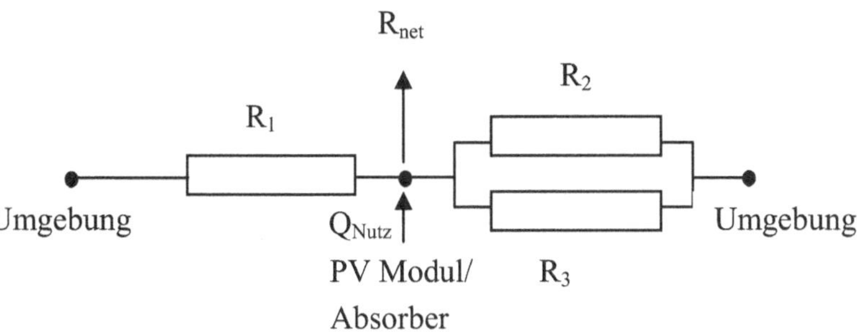

Bild 6-12: Thermische Widerstände für den nicht abgedeckten PVT-Kollektor.

Dabei sind:

R_1: Thermischer Widerstand durch freie und erzwungene Konvektion zwischen PV Modul und Umgebungsluft

R_2: Thermischer Widerstand durch langwellige Strahlung zwischen Absorber und Umgebung/Dach

R_3: Thermischer Widerstand durch freie Konvektion zwischen Absorberrückseite und Umgebung/Dach

Der Gesamtwiderstand der Vorder- und Rückseite ergibt sich für die parallelen Widerstände zu:

$$U_t = \frac{1}{R_f} + \frac{1}{R_b} \qquad (6.35)$$

Dabei besteht der Widerstand der Vorderseite alleine aus den konvektiven Widerständen – der langwellige Strahlungsaustausch wird als Nutzenergie später berechnet.

$$R_f = R_1$$

Der Widerstand der Rückseite wird aus den parallelen Widerständen berechnet:

$$R_b = \frac{R_2 R_3}{R_2 + R_3}$$

Zur Berechnung des Kollektorwirkungsgradfaktors F' muss zunächst der Kühlkörperwirkungsgrad F bestimmt werden, der vom Außendurchmesser des thermischen Kollektors und vom Abstand zwischen den Rohren sowie von der Absorberblechstärke und deren thermischen Eigenschaften abhängt. Mit dem bekannten F' kann dann der Wärmeabfuhrfaktor F_R berechnet werden.

$$F' = \frac{1/U_t}{W\left[\dfrac{1}{h_{fi}\pi D_i} + \dfrac{1}{\lambda_{kon,eff}} + \dfrac{1}{((W-D)F + D)U_t}\right]}$$

Im Unterschied zur solarthermischen Wärmenutzung der absorbierten Einstrahlung wird nun in der Nutzleistungsbilanz der langwellige Strahlungsaustausch R_{net} des PV Modules (Temperatur T_{PV}) mit dem Nachthimmel (Temperatur T_h) verwendet. Ist die Fluideintrittstemperatur höher als die Umgebungstemperatur T_o, wird auch konvektiv Nutzkälte produziert – der Wärmeverlustterm ist positiv.

$$\dot{Q}_n = AF_R \left(R_{net} + U_t \left(T_{f,in} - T_o \right) \right) \tag{6.30}$$

mit

$$R_{net} = h_r \left(T_{PV} - T_h \right)$$

und

$$h_r = \sigma \varepsilon_1 \left(T_{PV}^2 + T_h^2 \right) \left(T_{PV} + T_h \right)$$

Die Berechnung der Wärmedurchgangskoeffizienten sowie der Nutzleistung muss iterativ erfolgen, konvergiert jedoch bei sinnvoll gewählten Startwerten der Temperaturen schnell.

Eine genauere Berechnung ist möglich, wenn der Wärmewiderstand zwischen PV Modul und Absorber berücksichtigt wird.

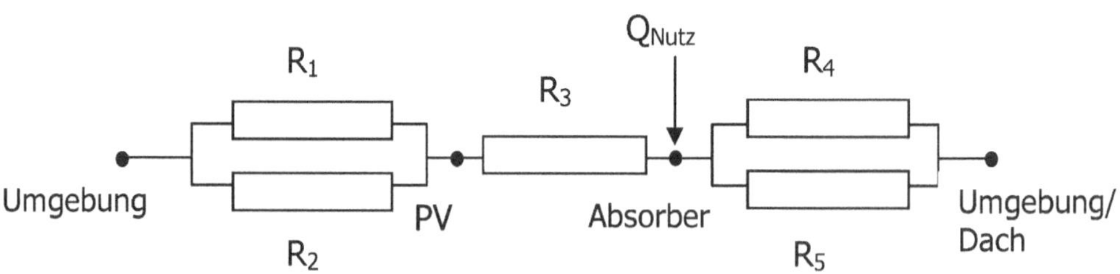

Bild 6-13: Thermisches Netzwerk bei Berücksichtigung des Wärmewiderstands zwischen PV Modul und Absorber.

Dabei sind:

R_1: Thermischer Widerstand für langwelligen Strahlungsaustausch mit dem Himmel

R_2: Thermischer Widerstand durch freie und erzwungene Konvektion zwischen PV Modul und Umgebungsluft

R_3: Thermischer Wärmeleitungswiderstand zwischen PV Modul, Kleber und Absorber

R_4: Thermischer Widerstand durch langwellige Strahlung zwischen Absorber und Umgebung/Dach

R_5: Thermischer Widerstand durch freie Konvektion zwischen Absorberrückseite und Umgebung

Die parallelen Wärmewiderstände für Strahlung und Konvektion R_1 und R_2 werden hierbei zwischen PV Modul und Umgebungstemperatur berechnet, d. h. der langwellige Strahlungsaustausch muss auf die Temperaturdifferenz zur Umgebung normiert werden.

$$h_r = \sigma \varepsilon_{PV} \frac{\left(T_{PV}^4 - T_h^4 \right)}{T_{PV} - T_0} \tag{6.31}$$

Bei PV Temperaturen, die nahe der Umgebungstemperatur liegen, geht der Wärmeübergangskoeffizient gegen unendlich. In dem Fall muss auf das erste Modell umgestellt werden.

Die Berechnung der konvektiven und langwelligen Strahlungswiderstände wurde bereits ausführlich in Kapitel 3.2 besprochen. Neu ist die Berechnung des thermischen Widerstandes R_3 des PV Moduls inklusive Verklebung mit dem Absorberblech.

Tabelle 6-3: Aufbau und thermische Eigenschaften eines Photovoltaikmoduls samt Klebstoffschicht.

Schicht	Dicke/mm	Wärmeleitfähigkeit / $W\ m^{-1}\ K^{-1}$
Glas	3	0.95
EVA	0.5	0.23
Antireflexschicht	$(0.06\text{-}0.1) \times 10^{-3}$	1.38
Silizium	0.25	148
EVA	0.5	0.23
Tedlar	0.1	0.36
Klebstoff Epoxy/Alu	0.1	0.85

Daraus ergibt sich ein Gesamtwiderstand $R_2 = 0.0079\ m^2\,K\ W^{-1}$. Der Gesamt-Wärmedurchgangskoeffizient kann dann iterativ berechnet werden (siehe Bild 6-15).

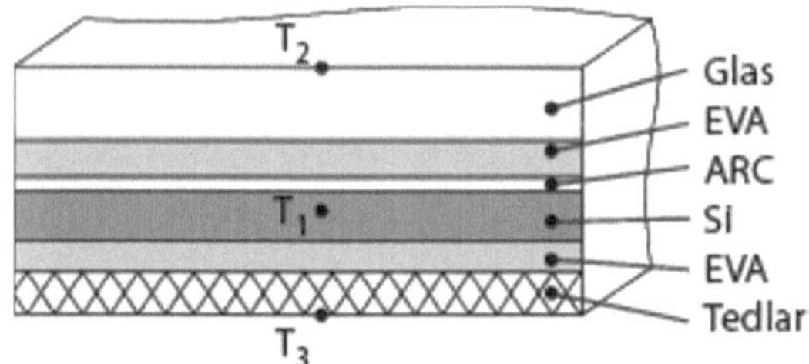

Bild 6-14: Aufbau eines Photovoltaikmoduls mit Glas/Tedlar Verbund.

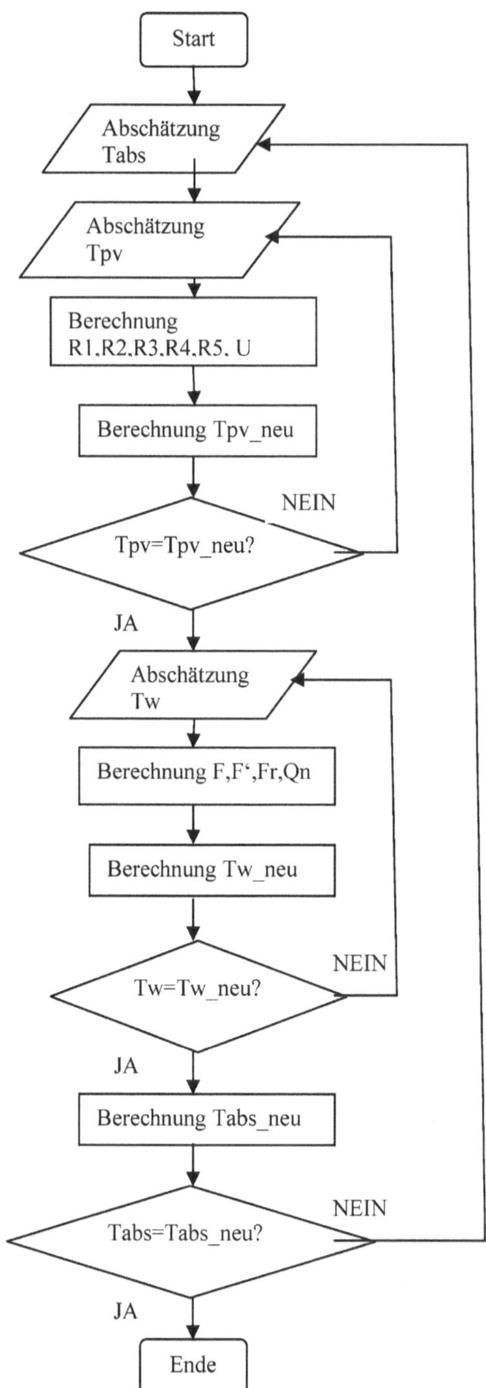

Bild 6-15: Flussdiagramm der iterativen Berechnung von Wärmewiderständen und Wirkungsgradfaktoren

Beispiel 3: Berechnung der thermischen Leistung eines 1-m^2-PVT Kollektors mit einem PV-Modul Aufbau nach Tabelle 6-3, mit einem 0.2 mm Aluminiumabsorber ($\lambda = 220$ W m^{-1} K^{-1}). Der Rohrabstand beträgt 8 cm, die Kupferrohre des PVT Absorbers haben 12 mm Außen- und 10 mm Innendurchmesser. Die Himmelstemperatur beträgt 5°C bei einer nächtlichen Außentemperatur von 20°C. Die Eintrittstemperatur des Wassers beträgt 25°C bei einem Massenstrom von 40 kg/m^2 h. Die Emissivität des Glas PV Moduls ist 0.85 und die Emissivität des Absorbers 0.02 bei einer Dachflächenemissivität von 0.85.

1. Modell mit gemeinsamem Temperaturknoten

$$
\begin{aligned}
R_1 &= 0.02986 \text{ m}^2 \text{ K W}^{-1} \\
R_2 &= 8.672 \text{ m}^2 \text{ K W}^{-1} \\
R_3 &= 0.4106 \text{ m}^2 \text{ K W}^{-1}
\end{aligned}
$$

$$
\begin{aligned}
T_{\text{PV}} &= 22.35°\text{C} \\
F &= 0.954 \\
F' &= 0.9083 \\
F_{\text{R}} &= 0.8597 \\
U_t &= 5.672 \text{ W m}^{-2} \text{ K}^{-1} \\
h_r &= 4.553 \text{ W m}^{-2} \text{ K}^{-1} \\
R_{\text{net}} &= 78.98 \text{ W m}^{-2} \\
Q_{\text{nutz}} &= 92.3 \text{ W m}^{-2}
\end{aligned}
$$

2. Modell mit unterschiedlichen Temperaturknoten zwischen PV und Absorber

$$
\begin{aligned}
R_1 &= 0.0238 \text{ m}^2 \text{ K W}^{-1} \\
R_2 &= 0.3252 \text{ m}^2 \text{ K W}^{-1} \\
R_3 &= 0.007679 \text{ m}^2 \text{ K W}^{-1} \\
R_4 &= 0.4106 \text{ m}^2 \text{ K W}^{-1} \\
R_5 &= 8.672 \text{ m}^2 \text{ K W}^{-1}
\end{aligned}
$$

$$
\begin{aligned}
T_{\text{PV}} &= 21.83°\text{C} \\
T_{\text{abs}} &= 22.46°\text{C}
\end{aligned}
$$

$$
\begin{aligned}
F &= 0.7708 \\
F' &= 0.6175 \\
F_{\text{R}} &= 0.4905 \\
U_t &= 36 \text{ W m}^{-2} \text{ K}^{-1} \\
h_r &= 42 \text{ W m}^{-2} \text{ K}^{-1} \\
Q_{\text{rad}} &= 76.4 \text{ W m}^{-2} \\
Q_{\text{nutz}} &= 88.24 \text{ W m}^{-2}
\end{aligned}
$$

Der im Rahmen des Solar Decathlon Projektes der Hochschule für Technik entwickelte PVT Kollektor wurde mit dem beschriebenen Berechnungsalgorithmus simuliert. Das PVT-Modul besteht aus monokristallinen Zellen in einer rahmenlosen Glaskonstruktion mit den Maßen 1.194 m × 2.324 m und einer elektrischen Leistung von 410 Wp pro Modul. Der elektrische Modulwirkungsgrad liegt bei 14.7 %. Insgesamt sind 38 m^2 PVT Kollektoren auf dem Dach horizontal liegend installiert.

Bild 6-16: Stuttgarter Solar Decathlon Gebäude mit PVT Dach.

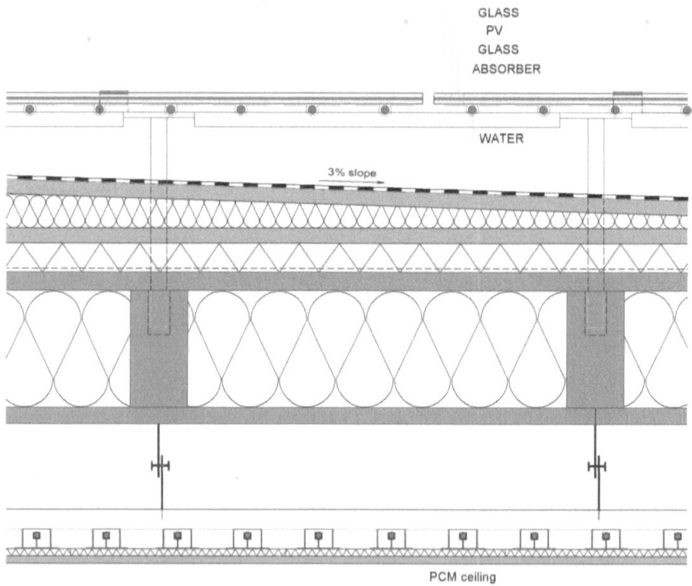

Bild 6-17: Dachkonstruktion des Stuttgarter Solar Decathlon Hauses mit PVT Kollektor.

Die Kollektoren werden nachts zur Kälteerzeugung mit einem Volumenstrom von 40 kg m^{-2} h^{-1} durchströmt, angetrieben durch eine elektrische Pumpe mit 85 W Leistung.

Bild 6-18: Konstruktion des PVT Kollektors

Zunächst wurden Messungen an einem Prototyp in Stuttgart durchgeführt, allerdings im November mit bereits geringen Außentemperaturen zwischen 5 und 15°C. Bei klarem Himmel wird eine Himmelstemperatur von bis zu -15°C berechnet. Bei einer langwelligen Strahlungsleistung zwischen 100 und 120 W/m^2 erfolgt eine Temperaturabsenkung um etwa 3 K.

Im Juni 2010 wurde das Gesamtsystem PVT und Speichertank am Standort Madrid vermessen. Mit nächtlichen Laufzeiten von 9-11 Stunden wurden durchschnittliche Kühlleistungen zwischen 38 und 65 W/m^2 erreicht mit sehr guten elektrischen Leistungszahlen zwischen 17 und 30.

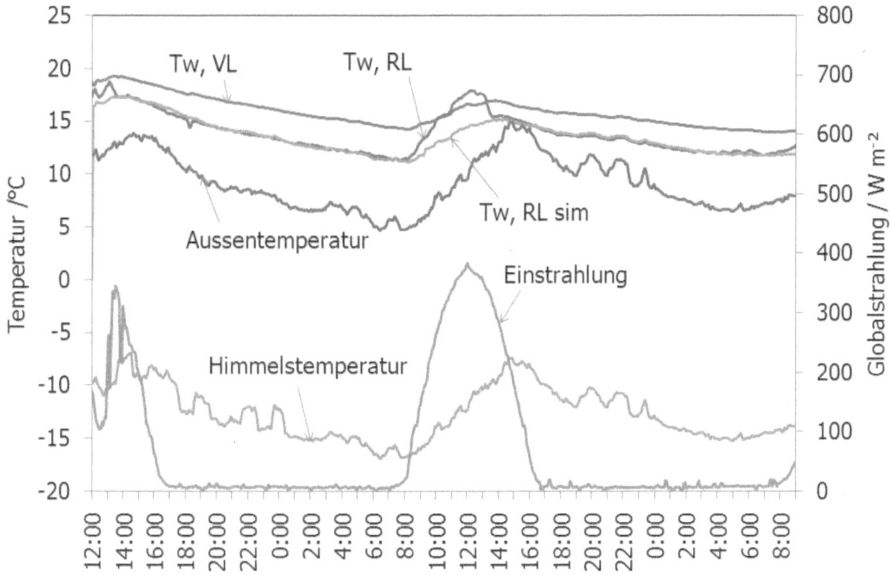

Bild 6-19: Gemessene und simulierte Temperaturen des PVT Kollektors am Standort Stuttgart im November.

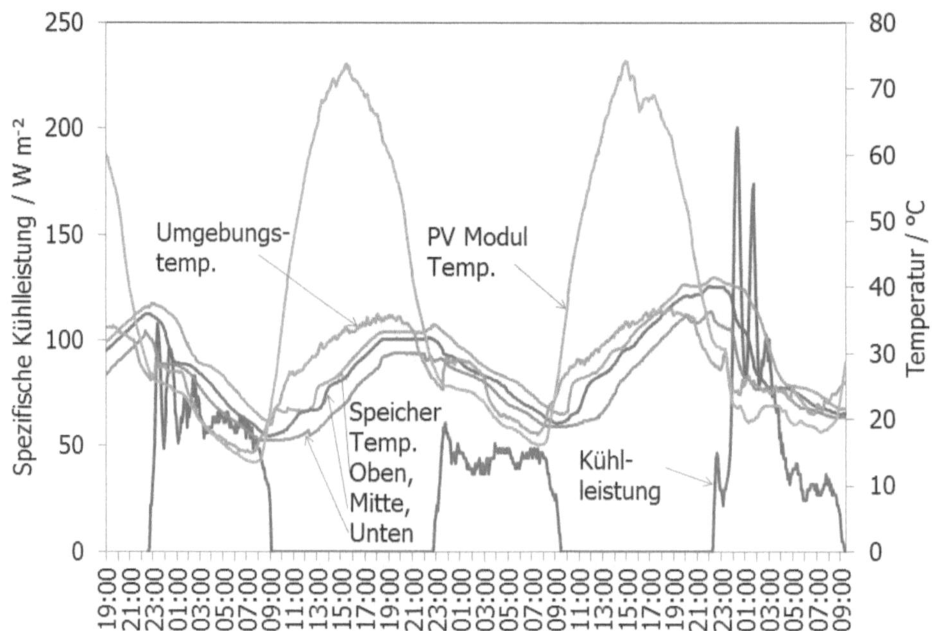

Bild 6-20: Gemessene Kühlleistungen, Modul- und Speichertemperaturen am Standort Madrid im Juni 2010.

Eine Übersicht über die Betriebsergebnisse während des Wettbewerbszeitraumes zeigt Tabelle 6-4.

Tabelle 6-4: Betriebsergebnisse für fünf Nächte im Juni 2010 in Madrid.

Datum	Gesamtenergie /kWh	Betriebsstunden /h	Mittlere Kühlleistung /W m⁻²	Pumpenenergie /kWh	COP_{el}
19-20.6.	23.7	9.5	65.6	0.81	29.3
21-22.6	13.4	9.2	38.5	0.78	17.2
22-23.6	24.6	10.6	61.1	0.90	27.3
23-24.6.	17.0	10.4	43.0	0.89	19.2
24-25.6.	25.7	10.8	62.4	0.92	27.9

Literatur

Bloem J.J, Zaaiman W., van Dijk D. (1997) Electric and thermal performance assessment of hybrid photovoltaic systems using the PasLink Test Facility. In Proceedings of the 14 th European Photovoltaic Solar Energy Conference, Barcelona

Büttgenbach, S. (2010), Nutzung der nächtlichen Abstrahlung zur Gebäudekühlung, Bachelorarbeit Studiengang Bauphysik, Hochschule für Technik Stuttgart

Erell, E., Etzion, Y. (2000) Radiative cooling of buildings with flat plate collectors, Building and Environment, Vol. 35, p. 297-305.

Hansen J, Sørensen H, Byström J, Collins M, Karlsson B. Market, modelling,testing and demonstration in the framework of IEA SHC Task 35 on PV/thermal solar systems. In: 22 nd European photovoltaic solar energy conference and exhibition, DE2–5, Milan, Italy; September 3–7, 2007.

Jaikla, S., Nualboonrueng, T., Sichanugrist, P. (2005), Amorphous-Silicon Photovoltaic/Thermal Solar Collector in Thailand, Photovoltaic Specialists Conference, 2005. Conference Record of the Thirty-first IEEE, pp 1687 - 1689

Merker, G.P., Eiglmeier, C. „Fluid- und Wärmetransport", Teubner Verlag 1999

Sauer, D.U. „Untersuchungen zum Einsatz und Entwicklung von Simulationsmodellen für die Auslegung von Photovoltaik-Systemen", Diplomarbeit TH Darmstadt, Institut für angewandte Physik

Vollmer, K. „Thermische Charakteristik und Energieertrag von hinterlüfteten PV-Fassaden" Diplomarbeit FH Stuttgart, Fachbereich Bauphysik 1999

6

7 Passive Solarenergienutzung

Die passive Solarenergienutzung liefert einen signifikanten Beitrag zur Energiebedarfsdeckung jedes Gebäudes, hauptsächlich durch die von Verglasungen transmittierte kurzwellige solare Einstrahlung, die Tageslicht zur Verfügung stellt und durch Absorption an Bauteilen in Wärme umgesetzt wird. Als passiv wird dabei die Form des Energietransports bezeichnet, der allein durch Wärmeleitung, Solar- und Wärmestrahlung und freie Konvektion stattfindet, d. h. nicht leitungsgebunden ist und ohne mechanische Hilfsenergie auskommt. Die solare Einstrahlung wird ohne Transportverluste von der Gebäudehülle oder internen Speichermassen absorbiert.

Neben Fenstern und der zugehörigen internen Speichermasse zählt auch die transparente Wärmedämmung (TWD) an einer wärmeleitenden Außenwand zu den Möglichkeiten passiver Nutzung. Trotz im Vergleich mit Fenstern geringerer Effizienz ermöglicht die transparente Wärmedämmung in Verbindung mit einem nachgeschalteten massiven Bauteil eine zeitliche Phasenverschiebung zwischen Einstrahlung und Wärmenutzung und reduziert so die Überhitzungsprobleme von großflächigen Verglasungen.

Unbeheizte Wintergärten zählen zu den klassischen Formen passiver Solarnutzung. Als Vorbauten reduzieren sie jedoch die direkte solare Einstrahlung durch dahinterliegende Fenster. Dadurch werden sowohl der Tageslicht- als auch der direkte Wärmeeintrag in die anschließenden beheizten Räume deutlich reduziert. Weiterhin führt die indirekte Beheizung verglaster Wintergärten durch anliegende Räume oft zu einer Erhöhung des Heizwärmebedarfs von Gebäuden. Nur bei sehr konsequenter Nutzung eines unbeheizten Wintergartens lassen sich tatsächlich Energiegewinne für das Gebäude erzielen.

7.1 Passive Solarnutzung durch Verglasungen

Verglasungen sind dadurch charakterisiert, dass sie für kurzwellige solare Einstrahlung bis etwa 2.5 µm hohe Transmissionsgrade aufweisen, für die von Bauteilen ausgehende langwellige Wärmestrahlung mit einem Intensitätsmaximum bei etwa 10 µm dagegen undurchlässig sind. Durch diese Transmission und Umsetzung der solaren Einstrahlung durch Absorption an Bauteilen in Wärme, deren Strahlungsanteil nicht durch die Verglasung transmittiert wird, entsteht der Treibhauseffekt.

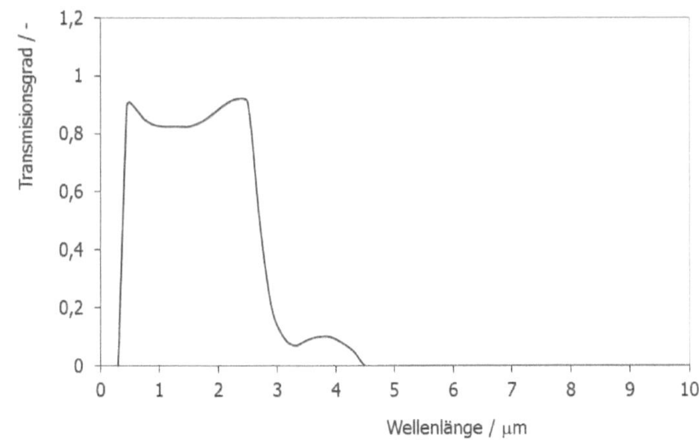

Bild 7-1:
Wellenlängenabhängiger Transmissionsgrad einer Einfachverglasung.

7.1.1 Gesamtenergiedurchlassgrad von Verglasungen

Neben der direkten Transmission der kurzwelligen Solarstrahlung mit Transmissionsgrad; *wird* ein Teil der Einstrahlung in den Scheiben absorbiert und verursacht durch die Scheibenerwärmung einen Wärmestrom, dessen raumseitiger Anteil zum Gesamtenergiedurchlassgrad (g-Wert) beiträgt. Der Absorptionskoeffzient einer Einfachverglasung kann bei Sonnenschutzverglasungen bis zu 30 % betragen. Der sekundäre Wärmeabgabegrad q_i wird nach DIN EN 410 als Verhältnis des raumseitigen Wärmestroms $\dot{Q}_i$ pro Quadratmeter Fensterfläche A_F zur auftreffenden Solarstrahlung G definiert und wird durch die Lösung von Wärmebilanzgleichungen berechnet, wobei für jede Verglasung eines Mehrscheibensystems der Transmissions-, Absorptions- und Reflexionsgrad bekannt sein muss. Der Gesamtenergiedurchlassgrad ergibt sich dann aus dem Verhältnis des Gesamtwärmestroms $\dot{Q}_{ges}/A_F$ in den Raum zur Einstrahlung:

$$g = \frac{\dot{Q}_{ges} / A_F}{G} = \frac{\tau G + \dot{Q}_i / A_F}{G} = \tau + q_i \tag{7.1}$$

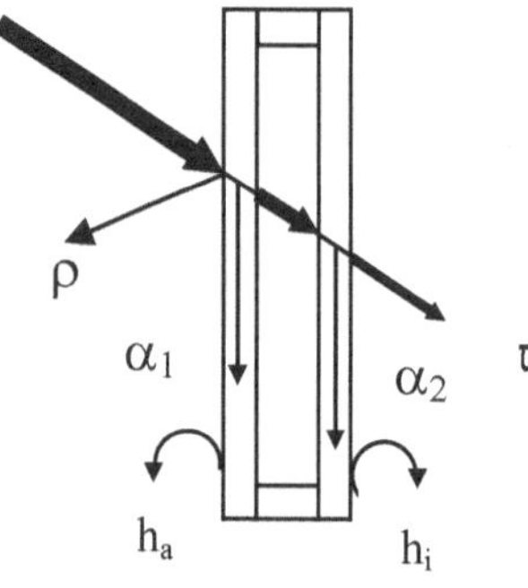

Bild 7-2:
Transmission τ, Reflexion ρ, Absorption α sowie Wärmeübergangskoeffizienten innen (h_i) und außen (h_a) einer Doppelverglasung.

Der Transmissionsgrad τ wird nach DIN EN 410 durch Integration der wellenlängenabhängigen Transmission über das Solarspektrum berechnet und liegt bei senkrechtem Einfall für ein unbeschichtetes einfaches Floatglas bei etwa 90 %, für ein Zwei-Scheibensystem bei etwa 80 %. Durch die heute übliche metallische Beschichtung der raumseitigen Scheibe in Wärmeschutzverglasungen sinkt der Transmissionsgrad deutlich, sodass der Gesamtenergiedurchlassgrad des Zwei-Scheibensystems selten über 65 % liegt. Der Absorptionsgrad α der kurzwelligen Solarstrahlung wird ebenfalls durch Integration über das Spektrum für jede Scheibe berechnet und Interreflexionen bei Mehrscheibensystemen berücksichtigt.

Die Lösungen der Wärmebilanzgleichungen für Einfach-, Doppel- und Dreifachverglasungen sind in DIN EN 410 angegeben. Am Beispiel einer Einfachverglasung soll eine Wärmebilanz erläutert werden: Die von der Scheibe mit Fläche A_F absorbierte Intensität αG wird in einen Wärmestrom nach innen $\dot{Q}_i/A_F$ und nach außen $\dot{Q}_a/A_F$ aufgeteilt.

$$\alpha G = \frac{\dot{Q}_i}{A_F} + \frac{\dot{Q}_a}{A_F} \tag{7.2}$$

Diese Wärmeströme können mithilfe der Gesamtwärmeübergangskoeffizienten h_i (Normwert 7.7 W/m^2 K) und h_a (Normwert 25 W/m^2 K) und der Temperaturdifferenz zwischen Scheibe T_s und Raumluft T_i bzw. Außenluft T_o berechnet werden.

$$\frac{\dot{Q}_i}{A_F} = h_i\left(T_s - T_i\right) \qquad \frac{\dot{Q}_a}{A_F} = h_a\left(T_s - T_o\right) \tag{7.3}$$

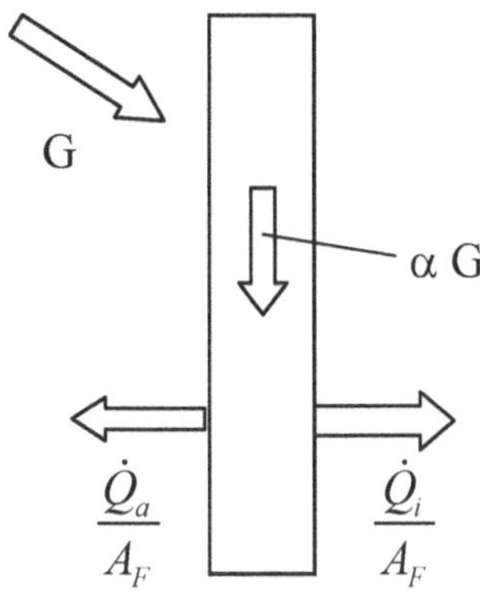

Bild 7-3:
Einstrahlung G, Absorption αG und sekundäre Wärmeströme nach außen und innen einer Einfachverglasung.

Aus der Wärmestrombilanz wird zunächst die Scheibentemperatur T_s bestimmt:

$$\alpha G = \left(h_i + h_a\right)T_s - h_i T_i - h_a T_o$$
$$\Rightarrow T_s = \frac{\alpha G + h_i T_i + h_a T_o}{h_i + h_a} \tag{7.4}$$

Mit dieser Scheibentemperatur T_s lässt sich der Wärmestrom nach innen berechnen:

$$\frac{\dot{Q}_i}{A_F} = h_i\left(T_s - T_i\right) = \frac{h_i}{h_i + h_a}\left(\alpha G - h_a\left(T_i - T_o\right)\right) = \underbrace{\frac{h_i}{h_i + h_a}\alpha G}_{\text{sekundäre Wärmeabgabe}} - \underbrace{\frac{1}{\dfrac{1}{h_i} + \dfrac{1}{h_a}}\left(T_i - T_o\right)}_{\text{Transmissionswärmeverluste}} \tag{7.5}$$

Da die Transmissionswärmeverluste der Verglasung separat über den U-Wert berechnet werden, wird für die Definition des sekundären Wärmeabgabegrades q_i die Raumtemperatur gleich der Außentemperatur gesetzt. Somit ergibt sich für q_i:

$$q_i = \frac{\dot{Q}_i\,/\,A_F}{G} = \alpha\frac{h_i}{h_i + h_a} \quad \text{für } T_i = T_o \tag{7.6}$$

Bei einer Doppelverglasung werden die Kennwerte entsprechend berechnet, wobei nun für die äußere Scheibe eine weitere Wärmebilanz erstellt werden muss. Bezeichnet man den Absorptionskoeffizienten für die äußere Scheibe mit α_1 und den für die innere Scheibe mit α_2, hängt der sekundäre Wärmeabgabegrad zusätzlich von den Schichtdicken s_1, s_2 und Wärmeleitfähigkeiten λ_1, λ_2 der beiden Scheiben sowie vom Wärmewiderstand R_{Luft} der stehenden Luftschicht zwischen den Scheiben ab:

$$q_i = \cfrac{\left(\cfrac{\alpha_1 + \alpha_2}{h_a} + \cfrac{\alpha_2}{\cfrac{s_1}{\lambda_1} + R_{\text{Luft}} + \cfrac{s_2}{\lambda_2}}\right)}{\cfrac{1}{h_i} + \cfrac{1}{h_a} + \cfrac{s_1}{\lambda_1} + R_{\text{Luft}} + \cfrac{s_2}{\lambda_2}} \tag{7.7}$$

Die durch die Verglasung in den Raum durchgelassene (transmittierte) Solarstrahlung $\dot{Q}_{\text{trans}}$ ergibt sich direkt aus dem Produkt von g-Wert und solarer Einstrahlung:

$$\dot{Q}_{\text{trans}} = g\,G \tag{7.8}$$

Da für die Tageslichtnutzung nur der sichtbare Teil des kurzwelligen Spektrums relevant ist (im Wellenlängenbereich von 380 bis 780 nm), wird vor allem im Bürobau zunehmend versucht, hohe sichtbare Transmissionsgrade zu erhalten bei insgesamt niedrigen g-Werten. Somit werden Kühllasten im Bürobau reduziert bei gleichzeitig hohem Tageslichtanteil.

7.1.2 Wärmedurchgangskoeffizienten von Fenstern

Von der transmittierten Leistung werden die Wärmeverluste durch das Fenster abgezogen, die durch den Wärmedurchgangskoeffizienten der Verglasung U_V bzw. des gesamten Fensters inklusive Rahmen U_F charakterisiert werden. Beschichtete und mit schweren Edelgasen gefüllte Doppelverglasungen erreichen einen minimalen U_V-Wert von 1.0 W/m^2 K, Dreifachverglasungen mit Kryptonfüllung bestenfalls einen U_V-Wert von 0.4 W/m^2 K. Bereits bei einem Verglasungs-U_V-Wert von 1.3 W/m^2 K erhöht ein Holz- oder Kunststoffrahmen den Fenster U_F-Wert geringfügig. Für Passivhauskonzepte müssen speziell gedämmte Hartschaumrahmen eingesetzt werden, damit die niedrigen Verglasungswerte von Dreifachverglasungen nicht durch den Rahmenanteil verschlechtert werden.

Die im Raum nutzbaren passiven solaren Gewinne $\dot{Q}_n$ ergeben sich aus der Bilanz von Verlusten und Gewinnen. Die Verluste werden aus dem U_F-Wert des Fensters mit Fläche A_F sowie der Temperaturdifferenz zwischen Raumluft T_i und Außenluft T_o berechnet:

$$\frac{\dot{Q}_n}{A_F} = U_F\left(T_i - T_o\right) - g\,G \tag{7.9}$$

Aus der Nutzleistungsbilanz kann ein effektiver U-Wert U_{eff} definiert werden, der für Monats- oder Jahresbilanzrechnungen mit mittleren Temperaturdifferenzen und Einstrahlungen oft verwendet wird.

$$U_{\text{eff}} = \frac{\dot{Q}_n}{A_F\left(T_i - T_o\right)} = U_F - g\,\frac{G}{T_i - T_o} \tag{7.10}$$

Über eine Heizperiode bilanziert stehen in Deutschland etwa 400 kWh/m^2 a solare Einstrahlung auf einer Südfassade zur Verfügung. Die mittlere Temperaturdifferenz zwischen innen und außen von etwa 17°C multipliziert mit der Anzahl der Tage in der Heizperiode ergibt die sogenannte Heizgradtagzahl, die im deutschen Mittel bei 3500 Kelvin-Tagen pro Jahr liegt. Die pro Quadratmeter Verglasungsfläche maximal nutzbare Energiemenge für eine 2-Scheiben-Wärmeschutzverglasung mit einem U_F-Wert von 1 W/m^2 K und g = 0.65 liegt somit bei:

$$\frac{Q_n}{A_F} = 0.65 \times 400 \times 10^3 \frac{Wh}{m^2 a} - 1.0 \frac{W}{m^2 K} \times 3500 \frac{K\,Tage}{a} \times 24 \frac{h}{Tag}$$

$$= 260 \frac{kWh}{m^2} - 84 \frac{kWh}{m^2} = 176 \frac{kWh}{m^2}$$

(7.11)

Die effektiv im Raum nutzbare Wärmemenge hängt allerdings stark von der Speicherfähigkeit der innenliegenden Bauteile ab, da hohe passiv solare Wärmegewinne leicht zur Überhitzung des Innenraumes führen können und somit nicht zur Heizwärmebedarfsdeckung beitragen. Eine detaillierte Analyse des dynamischen Speicherverhaltens von Bauteilen ist in Kapitel 7.3 zu finden.

In dem Monatsbilanzverfahren nach DIN V18599 zur Berechnung des Heizwärmebedarfs wird der Nutzungsgrad der durch Fenster transmittierten solaren Einstrahlung als Funktion des Verhältnisses der monatlichen Gewinne zu den Transmissions- und Lüftungswärmeverlusten angegeben. Für Niedrigenergiegebäude mit jährlichem Heizwärmebedarf zwischen 30 und 70 kWh/m² a ergibt sich bei wärmespeichernder schwerer Bauweise ein flaches Minimum des Heizwärmebedarfs für einen Fensterflächenanteil auf der Südfassade von etwa 25 %. In Verwaltungsgebäuden mit meist höheren internen Lasten sollte der Fensterflächenanteil zur Vermeidung sommerlicher Überhitzung eher noch niedriger gewählt werden. Bei leichter Bauweise mit geringer Speicherkapazität liegt der minimale Heizwärmebedarf bei 0-20 % Fensterflächenanteil.

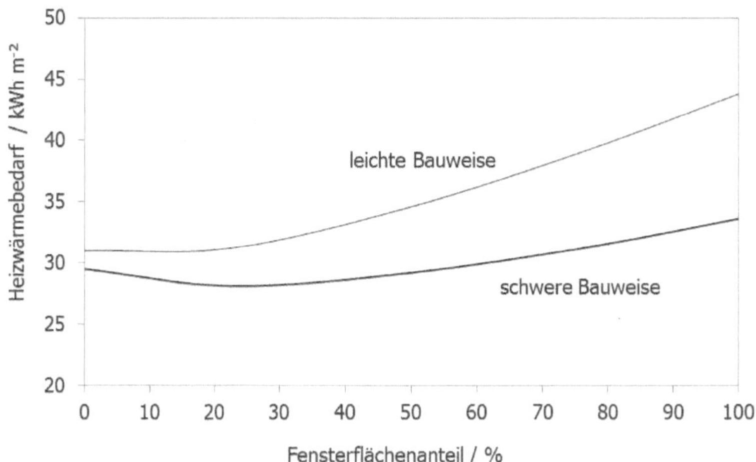

Bild 7-4: Einfluss des Fensterflächenanteils auf den Heizwärmebedarf eines Niedrigenergiegebäudes.

7.1.3 Neue Verglasungssysteme

Zur flexiblen Regelung des Gesamtenergiedurchlassgrades sind Verglasungssysteme verfügbar, die ihren Transparenzgrad temperaturabhängig (thermotrop) oder elektrisch angesteuert (elektrochrom) ändern.

Elektrochrome Dünnschichten, beispielsweise Wolframoxid, werden auf Glasscheiben mit leitfähigen Oxidschichten aufgedampft. Bei Anlagerung von Kationen (z. B. Li^+) aus der Gegenelektrode an das Wolframoxid durch ein äußeres elektrisches Feld sinkt der Transmissionsgrad wellenlängenabhängig auf 10-20 %. Die beiden Dünnschichtelektroden werden durch einen Polymerionenleiter verbunden. Ein dichter Randverbund ist für die Langzeitstabilität sehr wichtig. Bei den ersten kommerziell erhältlichen Gläsern mit einer maximalen Fläche von 0.9 m×2.0 m wird eine Reduzierung des Gesamtenergiedurchlassgrades von 44 % im hellen Zustand auf 15 % im dunklen Zustand erreicht (U-Wert = 1.6 W/m^2 K), bei Systemen mit niedrigerem U-Wert von 1.1 W/m^2 K sinkt der g-Wert von 36 % auf 12 % (Wittkopf, 1999).

Das Econtrol-Fenster der Firma Flabek erreicht im hellen Zustand eine Lichttransmission von T_L = 48 – 50 % mit einem g-Wert von 36 %. Im dunklen Zustand kann die Lichttransmission bis auf einen Wert von 15 % abgesenkt werden. Parallel dazu ändert sich der g-Wert auf 12 %. Zur Charakterisierung des dynamischen Verhaltens wird die dynamische Selektivität S* verwendet. S* ist definiert als der Quotient aus der visuellen Lichttransmission $T_{L/max}$ im hellen Zustand und der Gesamtenergietransmission g_{min} im dunklen Zustand. Die dynamische Selektivität S* ist von der Art der inneren Isolierglasscheibe abhängig, mit der das elektrochrome Laminat verbunden wird. Für die oben angegebenen Werte von T_L und g ergibt sich für das EControl-Fenster eine dynamische Selektivität von 4.

Gaschrome Systeme verwenden ebenfalls als einzufärbende Beschichtung Wolframoxid (WO_3). Während beim elektrochromen System zusätzlich dünne leitfähige Beschichtungen, ein polymerer Ionenleiter und eine Gegenelektrode notwendig sind, so kommt das gaschrome System ohne diese zusätzlichen Beschichtungen aus. Hier ist lediglich eine dünne Katalysatorschicht auf dem WO_3 notwendig. Wird ein solches Schichtsystem mit einem verdünnten Wasserstoffgas (etwa 2 Vol- % im Gemisch mit einem Edelgas) behandelt, so findet die Einfärbung von farblos nach blau statt. Zur Entfärbung wird Sauerstoff zugeführt (Jödicke, 2006).

Thermotrope Schichten sind Polymermischungen oder Hydrogele, die in einer homogenen Mischung zwischen zwei Glasscheiben eingebracht werden und mit ansteigender Temperatur die Lichtdurchlässigkeit um bis zu 75 % reduzieren (Hartwig, 2000).

7.2 Transparente Wärmedämmung (TWD)

Seit Beginn der achtziger Jahre sind mehrere 1000 m^2 transparent wärmegedämmte Fassadensysteme in Deutschland installiert worden. Gegenüber konventioneller Wärmedämmung von Gebäuden können transparent gedämmte Außenwände die auftreffende Solarstrahlung in weit höherem Maße nutzen. Das energetische Potenzial für den Einsatz solcher Solarsysteme ist hoch: Würde ein Fünftel aller existierenden Fassadenflächen mit transparenten Dämmsystemen belegt, ließen sich ca. 15 % der für Raumheizung benötigten Wärme decken (Braun et al, 1992). Die Technologie ist insbesondere für die Altbausanierung mit schweren, gut Wärme leitenden Wänden interessant (Eicker, 1996).

TWD-Platten können direkt mit der Außenwand verklebt werden, ein transparenter Putz dient dem Wetterschutz der Konstruktion. Durch den Verzicht auf aufwendige Rahmenkonstruktionen können die Kosten der bisher teuren Glasverbundkonstruktionen deutlich reduziert werden. Eine weitere Anwendung der transparenten Wärmedämmung ist die Tageslichtnutzung. Die Lichtstreuung und Lichtlenkung der Elemente kann zu einer gleichmäßigeren Ausleuchtung des Raumes genutzt werden, die recht guten Wärmedämmeigenschaften erlauben eine großflächige Belegung der Außenwände.

7.2.1 Funktionsprinzip

Trifft kurzwellige Solarstrahlung auf eine möglichst dunkle Außenwand, wird die Strahlung absorbiert und in Wärme umgesetzt. Die Außenoberfläche erwärmt sich, jedoch wird die entstandene Wärme vorwiegend an die Außenluft abgegeben. Nur ein geringer Teil der Wärme gelangt ins Gebäudeinnere. Wird eine transparente Dämmschicht vor der Wand befestigt, im einfachsten Fall eine Glasscheibe, wird die Wärmeabgabe nach außen reduziert.

Die Haupteinflussparameter auf die Höhe des Nutzwärmegewinns sind der Transmissionskoeffizient für Solarstrahlung und Wärmedurchgangskoeffizient der TWD einerseits und die Wärmeleitfähigkeit und Speicherfähigkeit der nachgeschalteten Wand andererseits. Durch die Wand wird eine Zeitverschiebung des Wärmestroms erzielt, sodass die maximalen Werte des solarbedingten Wärmestroms die Innenseite dann erreichen, wenn die direkten solaren Gewinne durch die Fenster schon abgenommen haben und die Außentemperaturen sinken. Daneben spielen die wärmetechnischen Eigenschaften des gesamten Gebäudes eine Rolle, vor allem die Wärmespeicherfähigkeit der Innenbauteile zur Vermeidung von Überhitzung.

Eine Außenwand, die selbst bei 10 cm Außendämmung noch Wärmeverluste von über 30 kWh pro Quadratmeter und Heizperiode aufweist, wird durch die transparente Wärmedämmung zum Solarkollektor und produziert etwa 50-100 kWh/m^2 Nutzwärme für das Gebäude.

Der Wärmedurchgangskoeffizient einer mit TWD gedämmten Außenwand ergibt sich wie üblich aus der Summe der Wärmewiderstände der existierenden Außenwand und der transparenten Dämmung,

$$U_{\text{Wand+TWD}} = \left(\frac{1}{h_a} + \frac{s_{\text{TWD}}}{\lambda_{\text{TWD}}} + \frac{s_{\text{Wand}}}{\lambda_{\text{Wand}}} + \frac{1}{h_i} \right)^{-1} \tag{7.12}$$

mit Schichtdicke s_{TWD} und Wärmeleitfähigkeit λ_{TWD} des transparenten Dämmmaterials, Schichtdicke s_{Wand} und Wärmeleitfähigkeit λ_{Wand} der Außenwand sowie den Wärmeübergangskoeffizienten innen h_i und außen h_a.

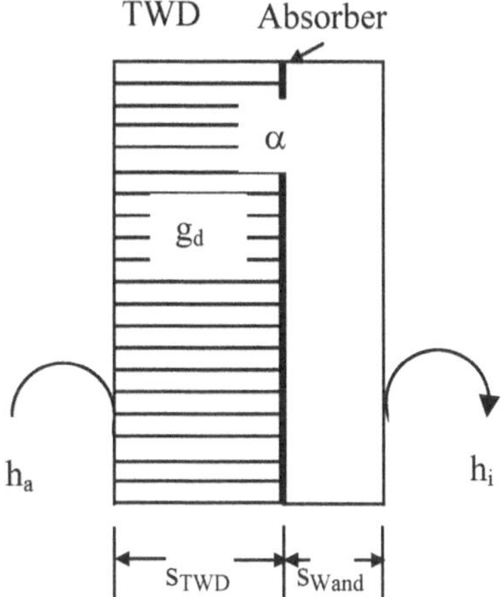

Bild 7-5:
Systemaufbau einer transparent gedämmten Wand.

Der Absorber ist durch den Absorptionskoeffizienten α gekennzeichnet, die transparente Dämmung durch den diffusen Gesamtenergiedurchlassgrad g_d.

Die U-Werte von 10 cm TWD liegen typisch bei etwa 0.8 W/m^2 K - niedriger als die besten doppelverglasten Wärmeschutzgläser, aber immer noch doppelt so hoch wie die Wärmedurchgangskoeffizienten von 10 cm konventionellem Dämmstoff mit U-Werten von 0.4 W/m^2 K. Genau wie bei der energetischen Beurteilung von Fenstern kann auch für transparente Wärmedämmung ein effektiver U-Wert als Differenz zwischen Verlusten und solaren Gewinnen mit Wirkungsgrad η_0 definiert werden.

$$U_{\text{eff}} \;=\; U_{\text{Wand}+\text{TWD}} - \eta_0 \, \frac{G}{T_{\text{i}} - T_{\text{o}}} \tag{7.13}$$

Solare Wirkungsgrade η_0 bis 50 % bei gleichzeitig niedrigem Wärmedurchgangskoeffizienten führen zu effektiven U-Werten, die bei günstiger Wandorientierung im Jahresmittel negativ sind, also Wärmegewinne für das Gebäude bedeuten. Messungen an einem 10 cm transparent gedämmten energieautarken Haus in Freiburg ergaben wöchentlich gemittelte effektive U-Werte zwischen 0 und -3.5 W/m^2 K.

Der solare Wirkungsgrad η_0 entspricht dem Gesamtenergiedurchlassgrad einer Verglasung und setzt sich aus dem g_{d}-Wert des transparenten Dämmmaterials, dem Absorptionsgrad des Absorbers α sowie dem Anteil des Wärmestroms nach innen zum Gesamtwärmestrom zusammen. Der Wärmestrom vom Absorber nach innen wird vom Temperaturknoten des Absorbers mit Temperatur T_{a} zur Raumlufttemperatur T_{i} über den Wärmedurchgangskoeffizienten der Wand $U_{\text{Wand}} = \left(\dfrac{s_{\text{Wand}}}{\lambda_{\text{Wand}}} + \dfrac{1}{h_{\text{i}}} \right)^{-1}$ berechnet:

$$\frac{\dot{Q}_{\text{i}}}{A} = U_{\text{Wand}} \left(T_{\text{a}} - T_{\text{i}} \right) \tag{7.14}$$

Der Gesamtwärmestrom ergibt sich aus der Summe des Wärmestroms nach innen (Gleichung (7.14)) und dem Wärmestrom vom Absorber aus nach außen $\dot{Q}_{\text{a}}$, der über den Wärmedurchgangskoeffizienten U_{TWD} des TWD-Materials berechnet wird: $U_{\text{TWD}} = \left(\dfrac{s_{\text{TWD}}}{\lambda_{\text{TWD}}} + \dfrac{1}{h_{\text{a}}} \right)^{-1}$.

$$\frac{\dot{Q}_{\text{a}}}{A} = U_{\text{TWD}} \left(T_{\text{a}} - T_{\text{o}} \right) \tag{7.15}$$

$$\eta_0 = \alpha g_{\text{d}} \, \frac{U_{\text{Wand}} \left(T_{\text{a}} - T_{\text{i}} \right)}{U_{\text{Wand}} \left(T_{\text{a}} - T_{\text{i}} \right) + U_{\text{TWD}} \left(T_{\text{a}} - T_{\text{o}} \right)} \tag{7.16}$$

Unter der Annahme gleicher Temperaturen innen und außen lässt sich ein konstanter solarer Wirkungsgrad definieren, der sich für Materialvergleiche und Abschätzungen des Energieertrags gut eignet.

$$\eta_0 = \alpha g_{\text{d}} \, \frac{U_{\text{Wand}}}{U_{\text{Wand}} + U_{\text{TWD}}} \tag{7.17}$$

Bei 5 cm TWD Kapillaren liegt der U_{TWD}-Wert bei 1.3 W/m^2 K bei einem g-Wert von 0.67, bei 10 cm bei 0.8 W/m^2 K und g = 0.64. Das Aerogelmaterial weist bei einer sehr geringen Schichtdicke von 2.4 cm einen U_{TWD}-Wert von 0.8 W/m^2 K bei einem g-Wert von 0.5 auf.

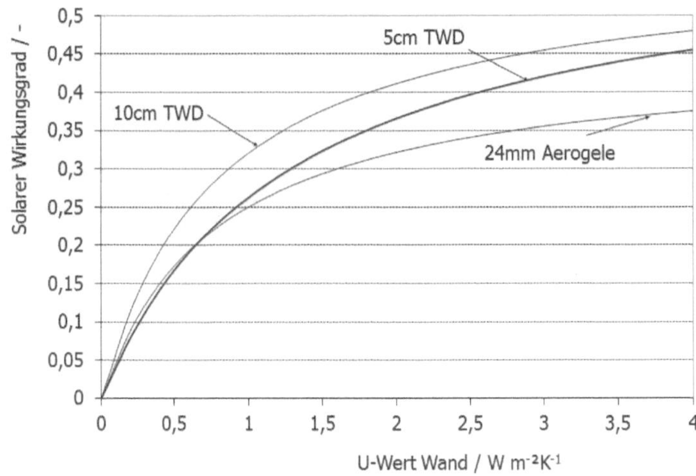

Bild 7-6: Solarer Wirkungsgrad als Funktion des Wärmedurchgangskoeffizienten der opaken Wand.

Für die optimale Nutzung der solaren Wärme muss sichergestellt werden, dass der transparent gedämmte Raum nicht überhitzt wird. Die konventionellen Fensterflächen bringen tagsüber bereits genügend hohe solare Gewinne in den Raum, zusätzliche Gewinne durch die TWD-Wand müssen zwischengespeichert werden, um dann in den Abendstunden sinnvoll genutzt zu werden. Die zeitliche Verschiebung zwischen Wärmeerzeugung am Absorber und maximalem Wärmestroms in den Raum steigt mit der Außenwanddicke und hängt weiterhin von der Rohdichte, Wärmekapazität und Wärmeleitfähigkeit der Wand ab. Mit einer 24 cm dicken Ziegel- oder Kalksandsteinwand werden Phasenverschiebungen von 6 bis 8 Stunden erreicht, bei betonierten Wänden sind kaum mehr als 5 Stunden möglich. Bei ausreichend starken Wandkonstruktionen ergeben sich typische Nutzungsgrade der durch die TWD-Wand erzeugten Wärme innerhalb der Kernmonate der Heizperiode von 100 %, in den Übergangsmonaten um die 30 % (Wagner, 1998).

Die hohen Absorbertemperaturen der Außenwand, die Spitzenwerte zwischen 70° und 80°C annehmen können, werden bei Wandstärken über 20 cm wirkungsvoll gedämpft und liegen an der Innenoberfläche selbst im Sommer selten höher als 30°C. Die Absorbertemperaturen liegen bei schweren und Wärme leitenden Bauteilen prinzipiell niedriger als bei leichten Wänden mit Rohdichten um 800 kg/m³. Die entstehende Wärme kann schnell in die schwere Außenwand eindringen und in den Innenraum abgeleitet werden. Die thermischen Spannungen sind daher entsprechend gering.

An einem Versuchshaus in Stuttgart wurden die thermischen Verformungen der Außenwand langfristig vermessen. Druckspannungen und leichtes Ausbeulen der Wand nach vorne durch den hohen Temperaturunterschied stellten kein Problem dar. Leichte Risse von circa 1 bis 2 mm im Putz entstanden durch das beschleunigte Austrocknen der Neubau-Mauerwerks-feuchte im Bereich des Absorbers, welche die Tragfähigkeit der Wand jedoch nicht beeinflussten. Bei Neubauten bietet es sich an, an den Rändern der TWD-Flächen definierte Fugen einzuplanen.

Der Einsatz von Verschattungssystemen wie Rollos oder Jalousien verhindert eine Erwärmung der Außenwand in der Übergangszeit und den Sommermonaten, ist jedoch konstruktiv und wartungstechnisch aufwendig. Konstruktive Verschattungen wie Balkone oder Dachüberstände müssen sehr sorgfältig geplant werden, um in der Übergangzeit die Sonneneinstrahlung nicht zu behindern. Der Verzicht auf Abschattungseinrichtungen ist möglich, wenn der Transmissionsgrad der transparenten Dämmung stark winkelabhängig ist, sodass bei hohem Sonnenstand im Sommer mit Einfallswinkeln über 60° auf die Südfassade weniger als 20 % der Einstrahlung auf die Absorberwand gelangt. Der Transmissionsgrad eines transparenten Wärmedämmverbundsystems sinkt beispielsweise von etwa 50 % bei senkrechtem Lichteinfall auf 15 % bei einem Höhenwinkel der Sonne von 60°.

Simulationsrechnungen für hochgedämmte Niedrigenergiehäuser haben gezeigt, dass selbst bei großflächiger Belegung der Südfassade mit einem TWD-Wärmedämmverbundsystem die sommerliche Überschusswärme durch Nachtlüftung abgeführt werden kann (Meyer, 1995). Die Anzahl der Stunden mit Raumtemperaturen über 26°C liegt weniger als 50 Stunden über dem Vergleichsgebäude mit konventioneller Dämmung und insgesamt unter 300 Stunden pro Jahr.

Kapillarmaterial mit Glasabdeckung weist dagegen bei Einfallswinkeln von 60° noch einen recht hohen Gesamtenergiedurchlassgrad von 35 % auf. Hier ist bei einer großflächigen Belegung der Fassade ein Sonnenschutz nicht zu vermeiden. Kann eine nächtliche Lüftung z. B. in Bürogebäuden nicht durchgeführt werden, sollte ebenfalls eine Verschattung der TWD-Flächen im Sommer vorgesehen werden.

Die Orientierung der transparent gedämmten Fassade ist sowohl für den Energiegewinn im Winter als auch für den Überhitzungsschutz im Sommer entscheidend. Geeignet sind Fassadenorientierungen zwischen Südost und Südwest. Auf eine Südfassade fällt mit etwa 400 kWh/m^2 doppelt soviel Energie in der Heizperiode wie auf eine Ost- oder Westfassade. Der niedrige winterliche Sonnenstand führt außerdem zu einer guten Lichttransmission durch das TWD-Material. Im Sommer dagegen bietet nur die Südfassade bei geringem Transmissionsgrad einen gewissen natürlichen Sonnenschutz.

7.2.2 Verwendete Materialien und Konstruktionen

TWD Kapillar- bzw. Wabenstrukturen werden aus dünnwandigen Kunststoffröhrchen zusammengesetzt und durch einen Hitzdrahtabschnitt verschweißt oder aus Extruderdüsen mit nahezu quadratischem Zellquerschnitt in beliebig breiten Streifen gefertigt. Der typische Zelldurchmesser liegt bei etwa 3 mm.

Zwei Polymertypen sind heute im Einsatz: Polymethylmethacrylate (PMMA) und Polycarbonate (PC). PMMA zeichnet sich durch einen hohen Transmissionsgrad und durch gute UV-Beständigkeit aus. Aufgrund der Sprödigkeit des Materials und dem sehr schlechten Brandverhalten (Klasse B3) wird PMMA zwischen Glasscheiben eingebunden. Dadurch wird eine recht aufwendige Pfosten-Riegelkonstruktion notwendig, die zu Systemkosten zwischen 400-750 €/m^2 führt. Die Kosten der 10 bis 12 cm starken transparenten Dämmung selbst liegen typisch bei etwa 50 €/m^2, erst die Verglasung und Befestigung mit etwa 250 €/m^2 sowie Verschattungselemente wie Rollos mit etwa 150 €/m^2 treiben die Kosten in die Höhe.

Polycarbonate sind mechanisch etwas stabiler und können auch ohne Glasabdeckung verarbeitet werden, sind jedoch nicht sehr UV beständig. Das Brandverhalten ist besser (Klasse B1) und das Material ist temperaturbeständig bis etwa 125°C. Polykarbonat-Materialien können in Wärmedämmverbundsystemen eingesetzt werden. Der Deckputz ist ein mit 2.5-3 mm Durchmesser Glaskugeln versetzter Acrylkleber, der fabrikseitig direkt auf das Kapillarmaterial aufgebracht wird. Zusätzliche UV-Absorber können ebenfalls in den Deckputz eingebracht werden. Solche Wärmedämmverbundsysteme können mit erheblich reduzierten Kosten um 150 €/m^2 gefertigt werden, da aufwendige Verglasungs- und Verschattungssysteme fehlen. Das Gewicht von Kapillarmaterialien liegt etwa bei 30 kg/m^3.

Kapillaren aus Glas werden ähnlich gefertigt wie die Polymerstrukturen, sind jedoch aufgrund der hohen Verarbeitungstemperaturen und der damit verbundenen verfahrenstechnischen Probleme in der Produktion aufwendig. Glaskapillaren sind wesentlich Temperatur- und UV-beständiger, aber ebenfalls mechanisch nicht sehr stabil. Vorteilhaft ist die Recyclingfähigkeit von Glas, die aber auch mit PMMA möglich ist. Polycarbonate dagegen sind nur mit hohem Energieaufwand und mit Qualitätseinbußen recycelbar.

Für Verglasungssysteme mit geringeren Dicken von 2-3 cm eignen sich Aerogele - hochporöse, offenporige Festkörper aus mehr als 90 % Luft und 10 % Silikat mit sehr geringer Wärmeleitfähigkeit (λ=0.02 W/mK). Aerogele werden aus Silikagel hergestellt und können als Schüttung leicht in den Hohlraum einer Doppelverglasung eingebracht werden. Aerogele sind nicht brennbar, leicht zu entsorgen und wiederzuverwerten. Der wesentliche Nachteil ist der etwa um die Hälfte niedrigere Lichttransmissionsgrad von granularem Aerogel verglichen mit Kapillarmaterialien. Problematisch ist die Wasserempfindlichkeit von Aerogelen. In den Randverbund einer Doppelverglasung eindringendes Wasser wird vom Aerogelmaterial aufgesaugt und die empfindliche Struktur durch die Kapillarkräfte zerbrochen.

Eine weitere kostengünstige Lösung ist der Einsatz von Stegplatten aus Polycarbonat, die bei mehrschichtigem Aufbau niedrige U-Werte, jedoch auch niedrigere Gesamtenergiedurchlassgrade als die Kapillarrohrsysteme aufweisen.

Konstruktionsprinzipien von TWD-Systemen

Transparente Wärmedämmsysteme werden hauptsächlich in zwei Konstruktionsarten eingesetzt:

1. als Pfosten-Riegel- oder Elementkonstruktion mit gerahmten TWD-Paneelelementen. Um die Verschmutzung der TWD-Materialien zu vermeiden, besteht der Außenverbund meist aus zwei hochtransparenten, eisenarmen ESG-Scheiben. Elementkonstruktionen zeichnen sich durch einen höheren werkseitigen Vorfertigungsgrad mit entsprechendem Kostenreduktionspotenzial aus, das äußere Erscheinungsbild ist oft von einer auf der Baustelle montierten Pfosten-Riegelkonstruktion nicht zu unterscheiden.

Abschattungseinrichtungen wie Rollos oder Jalousien werden bevorzugt zwischen äußerer Glasscheibe und dem TWD-Material eingebaut. Lamellensysteme können auch vor der Fassade eingesetzt werden und weisen bei den geringen Bewegungen zwischen offenem und geschlossenem sowie stets herabgelassenem Zustand eine hohe Betriebssicherheit auf.

2. als Wärmedämmverbundsystem mit rahmenloser Direktmontage. Die transparent verputzten Kapillarstrukturen werden mit einem Gewebe für den Putzanschluss des konventionellen Dämmmaterials geliefert und mit einem als Absorber dienenden schwarzen Kleber auf der Außenwand befestigt.

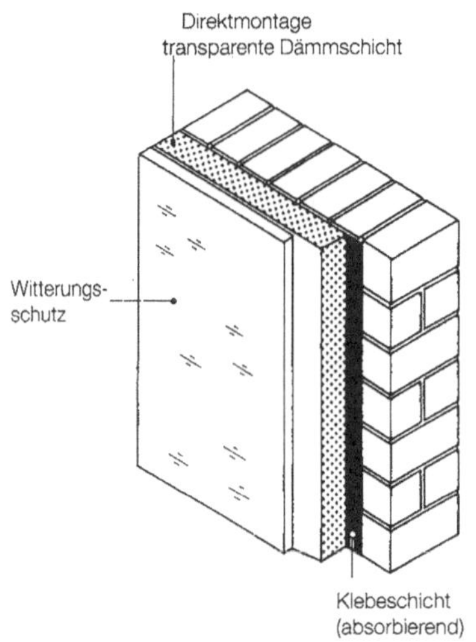

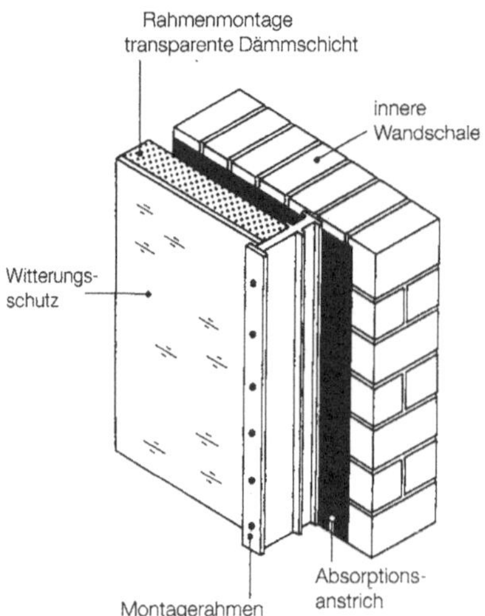

Bild 7-7: Konstruktionsmöglichkeiten von TWD-Systemen.

7.3 Wärmespeicherung von Innenbauteilen

Sowohl bei der passiven Solarnutzung durch Verglasungen als auch bei transparenten Wärme-
dämmsystemen ist die Wärmespeicherung von Innenbauteilen ausschlaggebend für die Höhe
der Nutzenergie. Nur wenn die solaren Gewinne nicht zur Überhitzung des Innenraums führen,
kann der Heizwärmeverbrauch reduziert werden.

Die Wärmespeicherkapazität von Bauteilen kann überschlägig aus der Speichermasse, der
Wärmekapazität sowie der möglichen Temperaturerhöhung der Speichermasse abgeschätzt
werden. So kann beispielsweise eine massive Betondecke mit einer Dicke d von 30 cm, einer
Wärmekapazität c von 1 kJ/kgK und einer Rohdichte ρ von 2100 kg/m^3 bei einer Temperaturerhöhung von 5°C eine Wärmemenge von 0.875 kWh pro Quadratmeter Fläche speichern.

$$\frac{Q}{A} = \rho \, d \, c \, \Delta T = 2100 \frac{kg}{m^3} \times 0.3\,m \times 1.0 \frac{kJ}{kgK} \times 5\,K = 3150 \frac{kJ}{m^2} = 0.875 \frac{kWh}{m^2} \qquad (7.18)$$

Diese Betrachtung setzt voraus, dass das Bauteil vollständig auf die der Berechnung zugrunde
liegenden Temperaturniveaus erwärmt bzw. abgekühlt wird. Dies würde sehr hohe Wärmeübergangskoeffizienten und hohe Wärmeleitfähigkeiten voraussetzen. In der Praxis ist dies
nicht der Fall. In welchem Umfang das Speichervermögen ausgenutzt werden kann, hängt
neben den Materialwerten im Wesentlichen von der Dauer einer Temperaturerhöhung ab.

Bestimmt man durch instationäre Berechnungsmethoden oder durch Messung die Wärmemenge Q pro Fläche A, die in einem gegebenen Zeitraum in die Wand fließt, so kann man daraus
eine wirksame Dicke d_{eff} der Wand berechnen, deren Speicherfähigkeit zu 100 % ausgenutzt
wird.

$$d_{\mathrm{eff}} = \frac{Q}{A \, c \rho \Delta T} \qquad (7.19)$$

Bei einer 3-stündigen Temperaturerhöhung kann eine Betonwand (mit A=1 m² Fläche) weitgehend unabhängig von ihrer Dicke ungefähr 33 Wh je 1 K Temperatursprung aufnehmen (bei beidseitiger Wärmeaufnahme). Dies entspricht einer wirksamen Dicke von ungefähr 5 cm. Bei 6-stündiger Temperaturerhöhung liegt dieser Wert bei ungefähr 9 cm.

Berechnet man schrittweise die Erwärmung eines Raumes, so kann für grobe Abschätzungen die in das Bauteil fließende Wärmemenge Q über den Wärmeübergangskoeffizienten h_i und die Temperaturdifferenz zwischen Bauteiloberfläche $T_{b,1}$ (zu Beginn eines Zeitschrittes Δt) und Raumluft T_i berechnet werden.

$$Q = h_i \, A \, \Delta t \left(T_i - T_{b,1} \right) \tag{7.20}$$

Nach dem Zeitschritt ergibt sich die neue Temperatur des Bauteils $T_{b,2}$ aus der gespeicherten Wärmemenge $Q_s = Q$:

$$T_{b,2} = T_{b,1} + \frac{Q_s}{A\, c\rho\, d_{eff}} \tag{7.21}$$

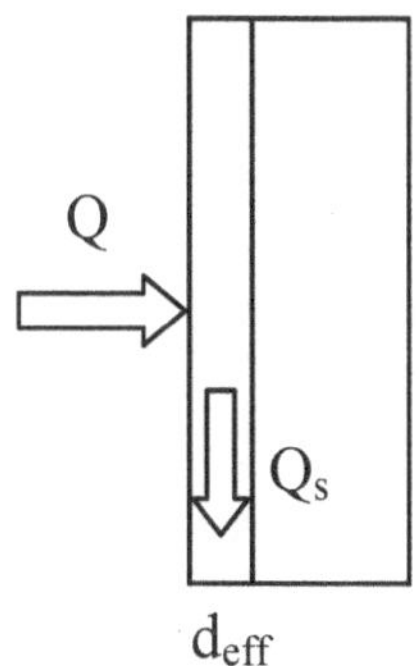

Bild 7-8:
In ein Bauteil fließende Wärmemenge und effektiv wirksame Speichermassendicke d_{eff}.

Dieser Vorgang wiederholt sich bei jedem Zeitschritt.

Für eine genauere Berechnung des zeitlich veränderlichen Temperaturprofils muss eine Energiebilanz für ein Volumenelement der Speichermasse erstellt werden, die zur klassischen Wärmeleitungsgleichung führt. Zur Vereinfachung sollen nur eindimensionale Temperaturprofile entwickelt werden, d. h. von der Luft über die Oberfläche bis in die Bauteiltiefe.

Für die passive Solarenergienutzung spielen folgende konkrete Randbedingungen eine Rolle:

- Das Speichervermögen von Bauteilen bei kurzzeitiger Temperaturschwankung im Raum hervorgerufen durch solare Einstrahlung oder Lufttemperaturänderung,
- Das Potenzial für Nachtkühlung durch Ausnutzung der periodischen Änderung der Lufttemperatur zwischen Tag und Nacht,
- Die Temperaturamplitude und Phasenverschiebung auf der Rauminnenseite einer transparent gedämmten Wand.

In allen Fällen wird Wärme nur über die Oberfläche des Bauteils zu- oder abgeführt. Im Bauteilinneren sind keine Wärmequellen vorhanden, sodass sich eine sehr einfache Energiebilanz für jedes Volumenelement ergibt:

Von einem eintretenden Wärmestrom $\dot{Q}_{ein}$ durch Wärmeleitung führt ein Teil zur Temperaturerhöhung in dem Volumenelement (Wärmespeicherung $\dot{Q}_{sp}$), der Rest wird durch Wärmeleitung in das nächste Element weitergeleitet.

$$\dot{Q}_{\mathrm{ein}} = \dot{Q}_{\mathrm{sp}} + \dot{Q}_{\mathrm{aus}} \tag{7.22}$$

Der durch die Fläche A eintretende Wärmestrom $\dot{Q}_{\mathrm{ein}}$ ist nach dem Fouriergesetz der Wärmeleitung proportional zum Temperaturgradienten an der Stelle x_0.

$$\dot{Q}_{\mathrm{ein}} = -\lambda\, A \frac{dT}{dx}\bigg|_{x_0}$$

Der austretende Wärmestrom $\dot{Q}_{\mathrm{aus}}$ an der Stelle $x_0 + dx$ ist bei konstanter Wärmeleitfähigkeit λ nur dann von $\dot{Q}_{\mathrm{ein}}$ verschieden, wenn der Temperaturgradient sich in dem Volumenelement geändert hat, z. B. bei teilweiser Wärmespeicherung in dem Element flacher geworden ist.

$$\dot{Q}_{\mathrm{aus}} = -\lambda A \frac{dT}{dx}\bigg|_{x_0 + dx}$$

Eine Taylor-Reihenentwicklung des Temperaturgradienten an der Stelle $x_0 + dx$ führt bei Vernachlässigung aller Glieder höherer Ordnung zu folgender Vereinfachung:

$$\dot{Q}_{\mathrm{aus}} = -\lambda A \left(\frac{dT}{dx}\bigg|_{x_0} + \frac{d}{dx}\left(\frac{dT}{dx}\bigg|_{x_0}\right) dx + \ldots \right)$$

$$\approx -\lambda A \left(\frac{dT}{dx}\bigg|_{x_0} + \frac{d^2T}{dx^2}\bigg|_{x_0} dx \right)$$

Die gespeicherte Wärmemenge $\dot{Q}_{\mathrm{sp}}$ im Volumenelement $dV = A\,dx$ ist gegeben durch

$$\dot{Q}_{\mathrm{sp}} = \rho\, dV\, c \frac{dT}{dt} \tag{7.23}$$

Aus der Energiebilanzgleichung (7.22) ergibt sich somit:

$$-\lambda\, A \frac{dT}{dx}\bigg|_{x_0} = \rho dV c \frac{dT}{dt} - \lambda\, A \frac{dT}{dx}\bigg|_{x_0} - \lambda A \frac{d^2T}{dx^2}\bigg|_{x_0} dx$$

$$\frac{\lambda}{\rho c} \frac{d^2T}{dx^2} = \frac{dT}{dt} \tag{7.24}$$

wobei $a = \dfrac{\lambda}{\rho c} \left[\dfrac{m^2}{s}\right]$ als Temperaturleitfähigkeit bezeichnet wird und zwischen $10^{-7}\ \mathrm{m^2/s}$ für Holz und $10^{-4}\ \mathrm{m^2/s}$ für Metalle liegt.

7.3.1 Bauteiltemperaturen bei Temperatursprüngen

Bei periodischen Randbedingungen oder bei Temperaturausgleichsvorgängen kann die Differenzialgleichung durch einen Produktansatz gelöst werden, wobei die eine Funktion nur von der Zeit, die andere nur vom Ort abhängig ist.

Wenn ein einseitiger Temperatursprung als Randbedingung vorgegeben ist, führt ein Ansatz mit dem Gaußschen Fehlerintegral (oder Errorfunktion $erf\,(z)$) zu einer allgemeineren Lösung als der Produktansatz, da die Anfangstemperaturverteilung $F(x)$ zum Zeitpunkt $t=0$ beliebige Werte annehmen kann. Temperatur- und Zeitfunktion sind jedoch nicht mehr getrennt.

$$T(x,t) = \frac{1}{\sqrt{\pi}}\frac{1}{\sqrt{4at}}\int\limits_{-\infty}^{+\infty} F(\xi)\exp\left(-\frac{(\xi-x)^2}{4at}\right)d\xi \tag{7.25}$$

Aus diesem allgemeinen Ansatz lassen sich einige Lösungen für einfache Randbedingungen analytisch darstellen. So soll für eine Bodenplatte bestehend aus Beton die Temperaturänderung in einer bestimmten Tiefe (als Hinweis für die Ausnutzung der Wärmespeicherung) sowie der durch die Oberfläche eintretende Wärmestrom $\dot{Q}_{\text{ein}}$ und die gespeicherte Wärme $\dot{Q}_{\text{sp}}$ in Abhängigkeit von der Dauer des Temperatursprungs an der Oberfläche untersucht werden. Die praktisch weitaus relevantere Situation eines Temperatursprungs der Raumluft, die erst über die Wärmeübergänge an die Bauteiloberfläche übertragen wird, ist in der mathematischen Herleitung sehr aufwendig und wird daher mit gegebenen Lösungen im Anschluss behandelt.

Die Temperaturverteilung für ein Bauteil mit konstanter Anfangstemperatur T_c und einem Temperatursprung an der Bauteiloberfläche auf null für $t > 0$ ist direkt aus dem Gaußschen Fehlerintegral berechenbar. Mit der Substitution

$$\eta = \frac{\xi - x}{\sqrt{4at}} \qquad d\xi = d\eta\sqrt{4at} \qquad F(\xi) = T_c$$

erhält man aus Gleichung (7.25):

$$\frac{T(x,t)}{T_c} = \frac{2}{\sqrt{\pi}}\int\limits_{0}^{z=\frac{x}{\sqrt{4at}}} \exp(-\eta^2)d\eta = erf\left(\frac{x}{\sqrt{4at}}\right) = erf(z) \tag{7.26}$$

Der Faktor 2 ergibt sich aus der Aufspaltung des Integrals aus Gleichung (7.25) in zwei Teile und der Symmetrie der Funktion $\exp(-\eta^2)$. Die Lösung gilt streng nur für einen halbunendlich ausgedehnten Körper, kann jedoch für kürzere Zeitspannen (wenige Stunden) auch für eine endlich ausgedehnte Wand verwendet werden.

Die Errorfunktion $erf(z)$ kann mit einem Fehler $< 2.5\times10^{-5}$ mit einer exponentiell gedämpften Polynomfunktion dritter Ordnung angenähert werden (Wong, 1997).

Mit der Hilfsgröße $p = \dfrac{1}{1 + 0.47047 \times z}$ lautet die Näherungsgleichung

$$erf(z) = 1 - \left(0.3480242 \times p - 0.0958798 \times p^2 + 0.7478556 \times p^3\right) \times \exp(-z^2) \tag{7.27}$$

Aus den Funktionswerten der Errorfunktion lässt sich direkt ermitteln, welche Temperatur $T(x,t)$ an beliebiger Stelle x und Zeit t herrscht. Soll dagegen das Eindringen eines gegebenen Temperaturverhältnisses $T(x,t)$ zur Anfangstemperatur T_c zur Zeit t bzw. Tiefe x bestimmt werden, muss Gleichung (7.27) iterativ nach z aufgelöst und x und t aus $z = x / \sqrt{4at}$ berechnet werden. Der funktionale Verlauf der Errorfunktion zum direkten Ablesen des z-Wertes aus dem Funktionswert $erf(z) = T(x,t)/T_c$ ist nachfolgend dargestellt.

Der Temperatursprung muss immer von der Anfangstemperatur T_{c0} auf die Sprungtemperatur $T_{sp} = 0\,°C$ erfolgen. Wenn dieses nicht der Fall ist ($T_{sp} \neq 0$), wird eine normierte Anfangstemperatur T_c aus der Temperaturdifferenz der Anfangstemperatur T_{c0} und der Sprungtemperatur T_{sp} berechnet: $T_c = T_{c0}\text{-}T_{sp}$. Bei den Berechnungen wird im Folgenden immer von einer normierten Anfangstemperatur T_c und einer Oberflächentemperatur von null ausgegangen.

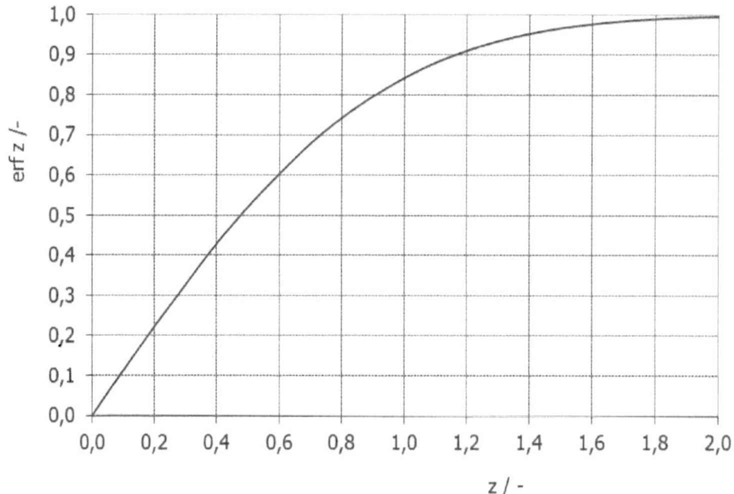

Bild 7-9: Errorfunktion erf (z) = $T(x,t)/T_c$ als Funktion von $z = x / \sqrt{4at}$.

Beispiel 1:

Auf einem 20°C warmen Beton- (bzw. Holz-) Fußboden tritt ein Oberflächentemperatursprung auf T_{sp}=+30°C auf. In welchem Zeitraum ist die Temperatur in 20 cm Tiefe um 5°C angestiegen?

Kennwerte der Bauteile:

	Wärmeleitfähigkeit λ [W/mK]	Dichte ρ [kg/m³]	Wärmekapazität c [kJ/kgK]	Temperaturleitfähigkeit a [m²/s]
Beton	1.28	2200	0.879	0.66×10^{-6}
Holz	0.2	700	2.4	0.12×10^{-6}

Um die Randbedingung auf einen Temperatursprung der Oberflächentemperatur auf 0°C anzupassen, wird die Anfangs-Fußbodentemperatur T_{c0}=20°C durch die normierte Anfangstemperatur T_c=T_{c0}-T_{sp}=20°C-30°C=-10°C ersetzt.

Ein Temperaturanstieg $T(x,t)$ um 5°C in 20 cm Bauteiltiefe entspricht damit einem Temperaturverhältnis

$$\frac{T\left(x = 0.2m,t\right)}{T_c} = \frac{-5°C}{-10°C} = 0.5 = erf\left(z\right)$$

Der iterativ berechnete oder aus Bild 7.8 abgelesene z-Wert ist $z = 0.477 = \dfrac{x}{\sqrt{4at}}$. Aus $t = \dfrac{x^2}{4a\,z^2}$ ergibt sich für die Betondecke eine Zeit für den Temperaturanstieg von 18.5 h, für die Holzdecke 111 h.

Wird das Temperaturverhältnis $T(x,t)/T_c = erf(z)$ als Funktion der Zeit dargestellt, lässt sich direkt erkennen, wie schnell sich ein Oberflächentemperatursprung in die Bauteiltiefe fortpflanzt. Für $x > 0$, d. h. in der Bauteiltiefe, ist die Temperatur bei $t = 0$ zunächst die konstante Anfangstemperatur T_c und das Temperaturverhältnis ist eins. Mit zunehmender Zeit nähert sich die Bauteiltemperatur der Oberflächentemperatur von null, d. h., das Temperaturverhältnis geht gegen null.

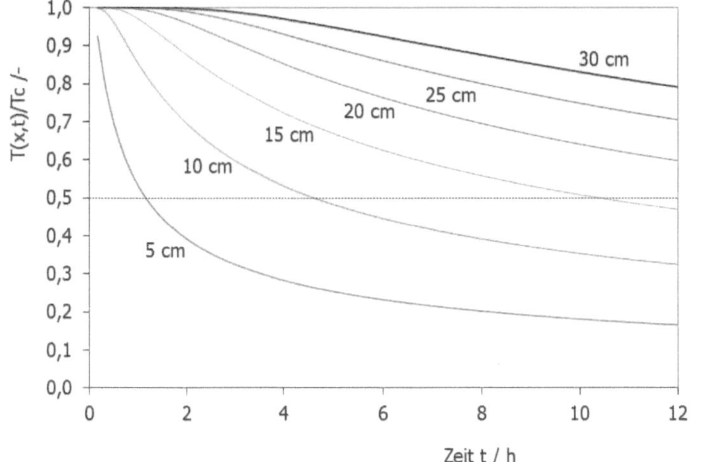

Bild 7-10:
Errorfunktion erf(z) = $T(x,t)/T_\mathrm{c}$ als Funktion der Zeit für einen Betonboden mit Temperaturleitfähigkeit a = 0.66×10^{-6} m²/s.

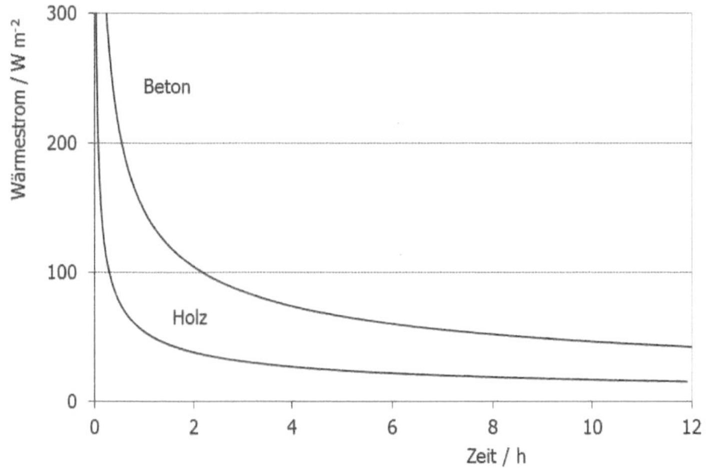

Bild 7-11:
Temperaturfeld im Bauteil Holz als Funktion der Zeit.

Nach 12 h liegt die Hälfte der Oberflächentemperaturerhöhung ($T(x,t)/T_\mathrm{c}$ = 0.5) bei einer Bauteiltiefe von 16 cm für den Betonboden, was auf die Begrenzung der effektiv nutzbaren Speicherkapazität hinweist. Erst bei Zeiten >>12 h nähert sich die Bauteiltemperatur dem Oberflächenwert von null an ($T(x,t)/T_\mathrm{c}\rightarrow 0$).

Für Holz mit einer kleineren Temperaturleitfähigkeit a setzt sich ein Oberflächentemperatursprung deutlich langsamer fort.

Nach 12 Stunden hat sich die Hälfte der Oberflächentemperaturerhöhung nur um etwa 7 cm fortgepflanzt. Für Bauteildicken größer 20 cm hat sich die Temperatur auch nach 12 h noch nicht geändert.

Der in die Oberfläche A ein- oder austretende Wärmestrom dQ/dt ist nach dem Fouriergesetz dem Temperaturgradienten an der Oberfläche proportional:

$$\frac{dQ}{dt} = -\lambda A \frac{dT}{dx}\bigg|_{x=0} = -\lambda\, A\, T_{\mathrm{c}}\, \frac{d}{dx}\, erf\left(\frac{x}{\sqrt{4at}}\right)\bigg|_{x=0}$$

$$= -\lambda\, A\, T_{\mathrm{c}}\, \frac{1}{\sqrt{4at}}\, \frac{2}{\sqrt{\pi}}\, \underbrace{\exp\left(-\frac{x^2}{4at}\right)}_{=1\ \ \text{für } x=0} = -\, A\, \underbrace{\sqrt{\lambda\rho c}}_{b}\, \sqrt{\frac{1}{\pi}}\, T_c\, \frac{1}{\sqrt{t}} \qquad (7.28)$$

Der Wärmestrom ist proportional zum sogenannten Wärmeeindringkoeffizienten $b = \sqrt{\lambda\rho c}$ und sinkt mit $1/\sqrt{t}$.

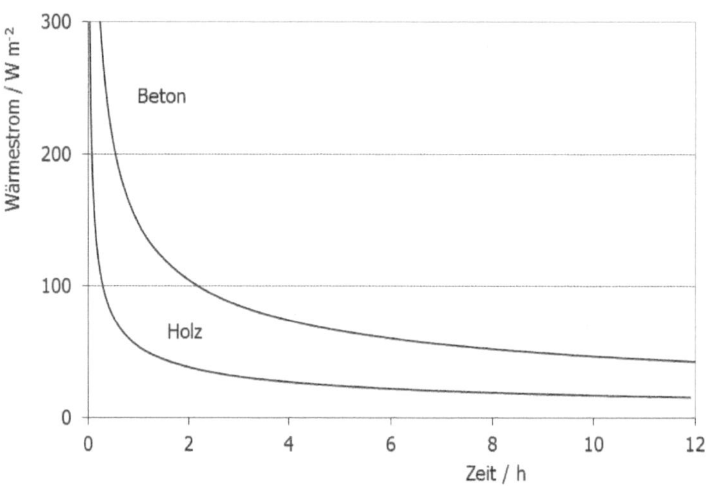

Bild 7-12:
Wärmestrom $\dot{Q}$ als Funktion der Zeit für einen Beton- und Holzboden bei einem 10-K-Temperatursprung.

Die Integration des Wärmestroms über die Zeit ergibt die insgesamt in das Bauteil eindringende Wärmemenge bei einem Oberflächentemperatursprung.

$$\frac{Q}{A} = \int \frac{dQ}{A} = \int\limits_{0}^{t_0}\left(-\sqrt{\frac{\lambda\rho c}{\pi}}\, T_{\mathrm{c}}\, \frac{1}{\sqrt{t}}\right) dt = -\frac{2}{\sqrt{\pi}}\, \underbrace{\sqrt{\lambda\rho c}}_{b}\, \sqrt{t_0}\, T_{\mathrm{c}} \qquad (7.29)$$

Da die Oberflächentemperatur für $t > 0$ per Definition auf 0°C gesetzt wurde, muss für T_{c} wieder die normierte Anfangstemperatur eingesetzt werden.

Beispiel 2:

Berechnung der in ein Bauteil eindringenden Wärmemenge bei einem Temperatursprung an der Oberfläche um 10 K für t_0=12 h für die beiden Fußböden aus Beispiel 1.

Der Wärmeeindringkoeffizient $b = \sqrt{\lambda\rho c}$ für Beton liegt bei 1.573 kJ/(m²K√s) , für Holz bei 0.579 kJ/(m²K√s) . Damit wird innerhalb von 12 h eine Wärmemenge von 3689 kJ/m² = 1.02 kWh/m² in die Betondecke und von 0.38 kWh/m² in die Holzdecke eingebracht.

Die in ein Bauteil geleitete Wärmemenge ist wie der Wärmestrom direkt proportional zum Wärmeeindringkoeffizienten b und zum Temperatursprung ΔT an der Oberfläche, steigt jedoch mit der Wurzel der Zeit.

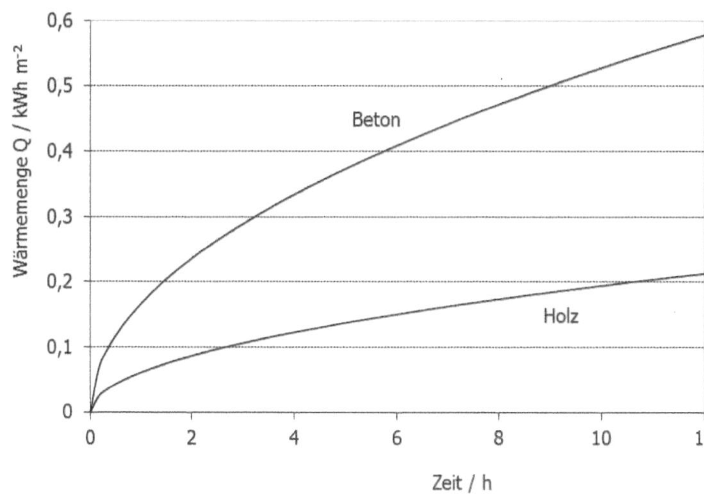

Bild 7-13:
In das Bauteil geleitete Wärmemenge bei einer Temperaturerhöhung an der Oberfläche um 10 K.

Meist sind jedoch nicht die Oberflächentemperaturen, sondern die Lufttemperaturen bekannt. Zwischen Luft- und Oberflächentemperaturänderung ergibt sich dann eine Phasenverschiebung sowie eine Dämpfung der Amplitude. Bei gegebener Lufttemperatur T_0 und gegebenem Wärmeübergangskoeffizienten h zwischen Luft und Oberfläche kann das Temperaturfeld $T(x,t)$ wie folgt berechnet werden (Gröber et al, 1988):

$$\frac{T(t,x)}{T_c} = erf\left(\frac{x}{\sqrt{4at}}\right) + \exp\left(at\left(\frac{h}{\lambda}\right)^2 + \frac{h}{\lambda}x\right)\left(1 - erf\left(\frac{x}{\sqrt{4at}} + \frac{h}{\lambda}\sqrt{at}\right)\right) \qquad (7.30)$$

An der Oberfläche x = 0 stellt sich daher folgende Temperatur ein:

$$T(t,x=0) = T_c \exp\left(at\left(\frac{h}{\lambda}\right)^2\right)\left(1 - erf\left(\frac{h}{\lambda}\sqrt{at}\right)\right) \qquad (7.31)$$

Beispiel 3:

Berechnung der Temperatur einer Betondecke an der Oberfläche und in 5 cm Tiefe nach $t = 1\ h$ und $t = 10\ h$ mit Kennwerten aus Beispiel 1, wenn nicht die Oberflächentemperatur, sondern die Lufttemperatur auf 30°C springt. Der Wärmeübergangskoeffizient h beträgt 8 W/m² K.

Zunächst wird die Oberflächentemperatur nach Gleichung (7.30) für $x = 0$ berechnet. Für $t = 1$ h ist die Temperatur an der Oberfläche:

$$T(t = 1h, x = 0) / T_c = 0.73$$

$$\text{mit } \exp\left(at\left(\frac{h}{\lambda}\right)^2\right) = \exp\left(\underbrace{0.66 \times 10^{-6}\ \frac{m^2}{s} \times 1h \times 3600\ \frac{s}{h} \times \left(\frac{8\ \frac{W}{m^2 K}}{1.28\ \frac{W}{mK}}\right)^2}_{0.0928}\right) = 1.097$$

$$\text{und } \quad erf\left(\frac{h}{\lambda}\sqrt{at}\right) = erf(0.304) = 0.33$$

Bei einem Lufttemperatursprung von 10 K beträgt das Verhältnis von Oberflächentemperatur zu Anfangskörpertemperatur T_c nach 1 h noch 73 %, d. h., bei der gewählten Randbedingung der Erwärmung hat die Oberflächentemperatur um $(1-0.73) \times 10\,K = 2.7\,K$ zugenommen. Nach t = 10 h liegt das Temperaturverhältnis bei 43.8 %. Die Oberflächentemperatur hat dann um 5.6 K zugenommen.

In 5 cm Tiefe ist nach t=1 h das Temperaturverhältnis 0.903, d. h., die Temperatur hat nur um 1 K zugenommen. Nach 10 h hat die Temperatur in 5 cm Tiefe um 4.33 K zugenommen.

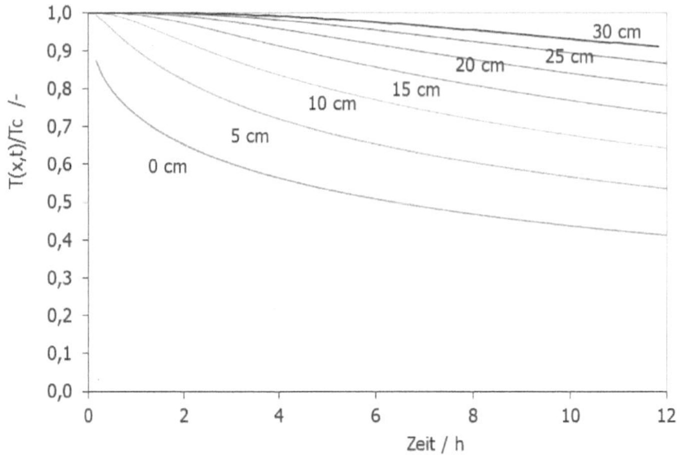

Bild 7-14:
Temperaturverhältnis als Funktion der Zeit bei gegebenem Temperatursprung der Luft für das Bauteil Beton.

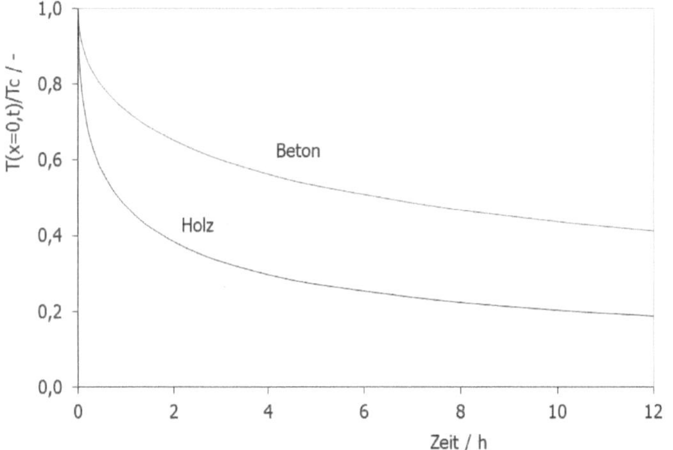

Bild 7-15:
Verhältnis der Oberflächentemperatur zur Anfangskörpertemperatur bei einem Lufttemperatursprung von 10 K.

Bei Lufttemperaturänderungen ist das Potenzial für die Wärmespeicherung bei begrenzter Zeitdauer des Temperatursprungs deutlich geringer als bei direkter Aufprägung des Temperatursprungs auf die Oberfläche. Nach 12 h hat die Oberfläche erst 60 % des Lufttemperatursprungs nachvollzogen, d. h., die effektive Speicherkapazität sinkt um 40 %.

Die Oberflächentemperaturänderung bei einem Lufttemperatursprung hängt im Wesentlichen vom Verhältnis des Wärmeübergangskoeffizienten h_i und der Wärmeleitfähigkeit λ des Bauteils ab. Bauteiloberflächen aus Materialien geringer Wärmeleitfähigkeit nehmen deutlich schneller die Lufttemperatur an (d. h. $T(x = 0,t)/T_c$ wird null) als gut Wärme leitende Bauteile.

In der Bauteiltiefe setzt sich dagegen ein Temperatursprung der Luft bei schlecht Wärme leitenden Materialien nur sehr langsam fort.

Die Wärmestromdichte in das Bauteil erhält man entweder aus:

$$\frac{\dot{Q}}{A} = h_i \left(T_0 - T_{x=0} \right) \quad \text{oder} \quad \frac{\dot{Q}}{A} = -\lambda \frac{\partial T}{\partial x}\bigg|_{x=0}$$

mit der gemeinsamen Lösung bei einem Lufttemperatursprung T_0 auf null:

$$\frac{\dot{Q}}{A} = -h_i T_c \exp\left(\left(\frac{h}{\lambda}\right)^2 at\right)\left(1 - erf\left(\left(\frac{h}{\lambda}\right)\sqrt{at}\right)\right) \tag{7.32}$$

Da die Temperaturdifferenz der Oberfläche $T(x = 0)$ und Luft T_0 (hier gleich null) bei der Betonoberfläche größer als bei der Holzoberfläche ist, treten dort die größeren Wärmeströme und gespeicherten Wärmemengen auf:

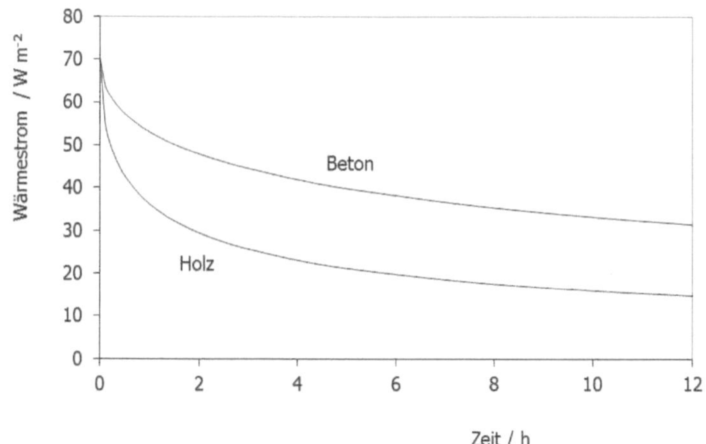

Bild 7-16: Wärmestrom in die Bauteile Holz bzw. Beton bei einem Lufttemperatursprung von 10 K.

Um die Wärmemenge Q je Flächeneinheit A zu berechnen, die bis zu dem Zeitpunkt t_1 in das Bauteil geflossen ist, muss die Wärmestromdichte $\dot{Q}/A$ über die Zeit integriert werden. Falls dafür überhaupt eine Lösung bekannt ist, dürfte diese sehr aufwendig sein. Es ist einfacher, die Wärmestromdichte in kleineren Zeitintervallen zu berechnen und danach zu summieren.

$$\frac{Q}{A} = \frac{1}{A}\int_0^{t_1} \dot{Q}\,dt \approx \frac{1}{A}\sum_1^n \dot{Q}_i \Delta t \quad \text{mit} \quad n = \frac{t_1}{\Delta t} \tag{7.33}$$

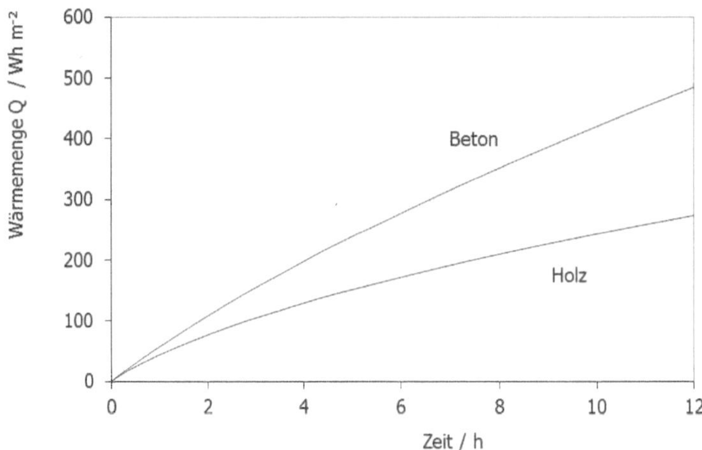

Bild 7-17:
In den Bauteilen gespeicherte Wärmemenge bei einem Lufttemperatursprung von 10 K.

7.3.2 Periodisch veränderliche Temperaturen

Neben Temperatursprüngen sind für die praktische Anwendung vor allem periodische Temperaturänderungen von Bedeutung, die durch das Außenklima verursacht werden.

Die Außenlufttemperatur T_0 und die auf eine fiktive Sonnenlufttemperatur umgerechnete Einstrahlung können als periodische Funktionen der Zeit t mit einer Schwingungsperiode t_0 von 24 h und einer Amplitude T_{am} angenähert werden.

Die analytische Lösung der Wärmeleitungsgleichung ist wie auch beim Temperatursprung einfacher für eine periodische Randbedingung an der Oberfläche. Zunächst sollen daher die Bauteiltemperaturen eines halbunendlich ausgedehnten Bauteils mit periodisch variierenden Oberflächentemperaturen $T_a(t)$ berechnet werden und erst anschließend auf die Randbedingung der Lufttemperatur verallgemeinert werden.

Bei einer Periodendauer t_0 und einer Amplitude T_{am} wird die Oberflächentemperatur $T_a(t)$ wie folgt angesetzt:

$$T_a(t) = T_{am} \cos\left(\frac{2\pi}{t_0}t\right) \tag{7.34}$$

Ausgehend von einem Produktansatz für das Temperaturfeld $T(t,x) = \varphi(t)\,\psi(x)$ wird für die Zeitfunktion $\varphi(t)$ die komplexe Exponentialfunktion $\exp(ipt) = \cos(pt) + i\sin(pt)$ als periodische Funktion gewählt. Mit diesem Ansatz für die Zeitfunktion und wird die Wärmeleitungsgleichung $a\dfrac{d^2T}{dx^2} = \dfrac{dT}{dt}$ zu

$$a\frac{d^2\Psi(x)}{dx^2}\exp(ipt) - ip\psi(x)\exp(ipt) = 0$$

$$\Leftrightarrow \frac{d^2\Psi(x)}{dx^2} - i\frac{p}{a}\psi(x) = 0 \tag{7.35}$$

mit der Lösung

$$\psi(x) = C \exp\left(x\sqrt{-i\frac{p}{a}}\right) \tag{7.36}$$

und

$$T(t,x) = C \exp(ipt)\exp\left(x\sqrt{-i\frac{p}{a}}\right) \tag{7.37}$$

die sich in einen realen und einen imaginären Teil aufspalten lässt. Nach einigen Umformungen und Einsetzen der Oberflächenrandbedingung bei $x = 0$ wird die Konstante der imaginären Lösung zu null und das reale Temperaturfeld ist

$$T(x,t) = T_{\mathrm{am}} \exp\left(-x\sqrt{\frac{\pi}{at_0}}\right)\cos\left(\frac{2\pi}{t_0}t - x\sqrt{\frac{\pi}{at_0}}\right) \tag{7.38}$$

Die Wellenlänge x_l der Kosinusfunktion ergibt sich aus der Beziehung $x_l\sqrt{\pi/(at_0)} = 2\pi$ zu $x_l = 2\sqrt{\pi at_0}$ und die Fortpflanzungsgeschwindigkeit der Welle liegt bei $v = x_0/t_0 = 2\sqrt{\pi a/t_0}$. Die abklingende Exponentialfunktion dämpft die Amplitude der Welle mit steigendem x. Die zeitliche Phasenverschiebung t_x der Temperaturwelle in der Bauteiltiefe x im Vergleich zur Oberfläche $x = 0$ liegt bei

$$\frac{2\pi}{t_0}t_x = x\sqrt{\frac{\pi}{at_0}} \Rightarrow t_x = \frac{x}{2}\sqrt{\frac{t_0}{a\pi}} \tag{7.39}$$

Eine periodische Temperaturänderung an einer Bauteiloberfläche ist beispielsweise bei transparent gedämmten Bauteilen vorhanden, bei denen die Absorption von Solarstrahlung auf der Wandoberfläche zu einer periodischen Temperaturänderung führt.

Mit Gleichung (7.38) kann die periodische Temperaturänderung in der Bauteiltiefe mit exponentiell gedämpfter Amplitude und Periodendauer t_0 berechnet werden. Das Temperaturfeld $T(x,t)$ wird zur Darstellung zweckmäßig auf die Amplitude der Oberflächentemperaturschwankung T_{am} bezogen.

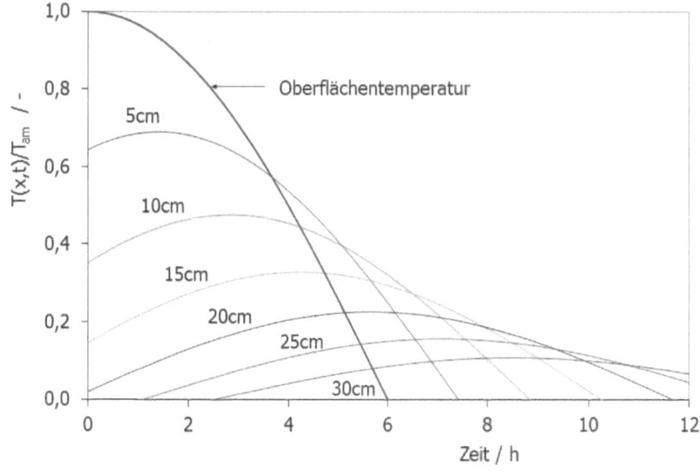

Bild 7-18:
Auf die Amplitude T_{am} normierte Temperaturschwankung $T(x,t)$ um den Mittelwert als Funktion der Zeit und Bauteiltiefe x in 5 cm Schritten für ein Bauteil aus Beton.

Bereits in 5 cm Bauteiltiefe ist bei einer Betonwand die Oberflächenamplitude um 30 % reduziert. Die Phasenverschiebung zwischen der maximalen Oberflächentemperatur und der Temperatur in 5 cm Tiefe liegt bei 1.5 h.

Beispiel 4:

Auf einer massiven Wand mit transparenter Wärmedämmung erreichen die Absorbertemperaturen tagsüber 50°C und sinken nachts bis auf 10°C. Auf welchen Teil ist die Amplitude nach 24 cm (38 cm) Wanddicke abgesunken und nach wie viel Stunden ist die Amplitude bei x = 0.24 m (0.38 m) angekommen? Die Temperaturleitfähigkeit a der Wand beträgt 0.66×10^{-6} m²/s.

Die Phasenverschiebung zwischen maximaler Oberflächentemperatur und maximaler Oberflächentemperatur in 24 cm (38 cm) Wandstärke beträgt

$$t_x = \frac{0.24m}{2} \sqrt{\frac{24h \times 3600\frac{s}{h}}{0.66 \times 10^{-6}\frac{m^2}{s} \times \pi}} = 6.8h$$

und 10.8 h bei 0.38 m Wandstärke. Das Amplitudenverhältnis liegt bei

$$\frac{T(x,t)}{T_{am}} = \exp\left(-0.24\,m \sqrt{\frac{\pi}{0.66 \times 10^{-6}\frac{m^2}{s} \times 24h \times 3600\frac{s}{h}}}\right) = 0.17 \quad \text{für die 24 cm Wand und bei 0.06}$$

für die 38 cm Wand. Die Temperaturamplitude, die 20 K bei dem Mittelwert von 30°C beträgt, wird auf 3.4°C bzw. 1.2°C gedämpft.

Der Wärmestrom in ein Bauteil bei periodischer Temperaturrandbedingung wird wieder nach dem Fouriergesetz aus dem Temperaturgradienten an der Oberfläche berechnet:

$$\frac{dQ}{dt} = -\lambda A \frac{dT}{dx}\bigg|_{x=0} = -\lambda A \frac{d}{dx}\left(T_{am} \exp\left(-x\sqrt{\frac{\pi}{at_0}}\right) \cos\left(\frac{2\pi}{t_0}t - x\sqrt{\frac{\pi}{at_0}}\right)\right)\bigg|_{x=0}$$

$$= -\lambda A T_{am} \left[\underbrace{\exp\left(-x\sqrt{\frac{\pi}{at_0}}\right)}_{1} \times -\sqrt{\frac{\pi}{at_0}} \times \cos\left(\frac{2\pi}{t_0}t - \underbrace{x\sqrt{\frac{\pi}{at_0}}}_{0}\right) + \underbrace{\exp\left(-x\sqrt{\frac{\pi}{at_0}}\right)}_{1} \times -\sin\left(\frac{2\pi}{t_0}t - \underbrace{x\sqrt{\frac{\pi}{at_0}}}_{0}\right) \times -\sqrt{\frac{\pi}{at_0}}\right]_{x=0} \tag{7.40}$$

$$= \lambda A T_{am} \sqrt{\frac{\pi}{at_0}}\left(\cos\left(\frac{2\pi}{t_0}t\right) - \sin\left(\frac{2\pi}{t_0}t\right)\right)$$

Der Wärmestrom $\dot{Q}/A$ ist proportional zur Oberflächentemperaturamplitude T_{am}.

Beispiel 5:

Ein Gebäude mit Betondecken soll über Nachtlüftung passiv gekühlt werden. Die Oberflächentemperaturen können mit einer Kosinusfunktion mit einem Mittelwert von 22°C, einem maximalen Ausschlag von ±5°C sowie einer Periodendauer $t_0 = 24$ h angenähert werden.

Der abgeführte Wärmestrom nach Gleichung (7.40) liegt maximal bei -67 W/m^2 mit einer Phasenverschiebung zur Temperatur von $t_0/8$, d. h. 3 Stunden.

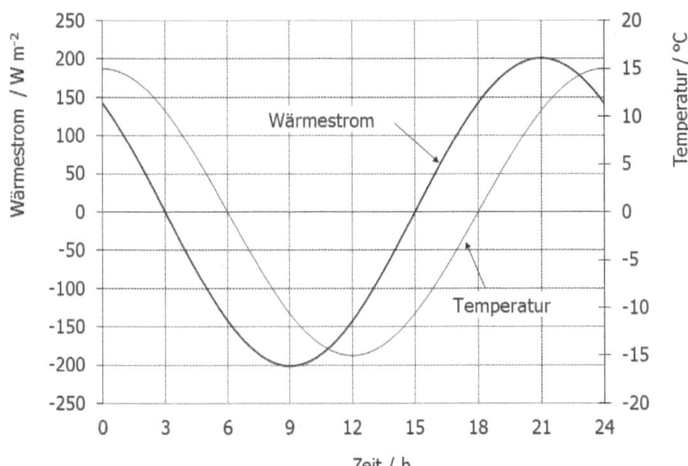

Bild 7-19: Wärmestrom in eine Betondecke bei periodischer Oberflächentemperatur mit Amplitude $T_{am} = 5°C$.

Die Integration des Wärmestroms ergibt die Wärmemenge Q/A. Soll die gespeicherte bzw. abgegebene Wärmemenge berechnet werden, müssen die Integrationsgrenzen t_1 und t_2 so gewählt werden, dass nur positive bzw. negative Wärmeströme integriert werden. Aus Beispiel 5 ist ersichtlich, dass zwischen maximalem Wärmestrom und maximaler Oberflächentemperatur eine Phasenverschiebung von $\pi/4$, d. h. eine Achtel Periode, besteht.

$$
\frac{Q}{A} = \lambda T_{am} \sqrt{\frac{\pi}{at_0}} \int_{t_1}^{t_2} \left(\cos\left(\frac{2\pi}{t_0}t\right) - \sin\left(\frac{2\pi}{t_0}t\right) \right) dt
$$

$$
= \lambda T_{am} \sqrt{\frac{\pi}{at_0}} \frac{t_0}{2\pi} \left(\sin\left(\frac{2\pi t_2}{t_0}\right) - \sin\left(\frac{2\pi t_1}{t_0}\right) + \cos\left(\frac{2\pi t_2}{t_0}\right) - \cos\left(\frac{2\pi t_1}{t_0}\right) \right)
$$

$$(7.41)$$

Die gespeicherte Wärmemenge einer halben Periode ergibt sich aus dem Integral der positiven Wärmeströme mit einer unteren Integrationsgrenze von $t_1 = 5/8\ t_0$ und einer oberen Grenze $t_2 = 5/8\ t_0 + t_0/2$, die abgegebene Wärmemenge aus dem Integral zwischen $t_1 = t_0/8$ bis $5/8\ t_0$.

Beispiel 6:

Berechnung der abgeführten Wärmemenge in einer halben Periode (12 h) durch Nachtkühlung mit Oberflächentemperaturamplitude von 5 K.

Aus Gleichung (7.41) ergibt sich eine abgeführte Wärmemenge durch Nachtkühlung von -0.51 kWh/m^2 bei einer unteren Integrationsgrenze von $t_1 = t_0/8$.

Normalerweise ist nicht die Oberflächentemperatur T_a, sondern nur die Lufttemperatur T_0 mit Amplitude T_{om} sowie der Wärmeübergangskoeffizient h zwischen Luft und Oberfläche bekannt. Die analytische Lösung entspricht der Lösung mit der Oberflächentemperatur als Randbedingung aus Gleichung (7.38), wobei die Amplitude durch einen Faktor η_0 gedämpft ist und durch den Wärmeübergangswiderstand zwischen Luft und Oberfläche eine Phasenverschiebung ε_0 auftritt.

$$T(x,t) = T_{om}\,\eta_0 \exp\left(-x\sqrt{\frac{\pi}{at_0}}\right)\cos\left(\frac{2\pi}{t_0}t - \left(\varepsilon_0 + x\sqrt{\frac{\pi}{at_0}}\right)\right) \tag{7.42}$$

mit

$$\eta_0 = \sqrt{\left(\left(1 + 2\sqrt{\frac{\pi}{(h/\lambda)^2\,at_0}} + 2\frac{\pi}{(h/\lambda)^2\,at_0}\right)^{-1}\right)}$$

und

$$\varepsilon_0 = \arctan\left(\left(1 + \sqrt{\frac{(h/\lambda)^2\,at_0}{\pi}}\right)^{-1}\right)$$

Bei x = 0 erhält man die Oberflächentemperatur T_a mit Amplitudendämpfung η_0 und Phasenverschiebung ε_0.

$$T(x = 0,t) = T_a = T_{om}\,\eta_0 \cos\left(\frac{2\pi}{t_0}t - \varepsilon_0\right) \tag{7.43}$$

Beispiel 7:

Berechnung der Oberflächentemperaturamplitude sowie der Phasenverschiebung ε_0 für die Betondecke aus Beispiel 5 bei einem Wärmeübergangskoeffizienten $h = 8\ \text{W/m}^2\,\text{K}$. Die Lufttemperatur soll eine Amplitude von ±5 K um einen Mittelwert von 22°C haben.

$$\text{Mit } \frac{\pi}{(h/\lambda)^2\,at_0} = \frac{\pi}{\left(8\frac{W}{m^2K}\Big/1.28\frac{W}{mK}\right)^2\,0.66\times10^{-6}\frac{m^2}{s}\times24\,h\times3600\frac{s}{h}} = 1.41 \text{ wird}$$

$$\eta_0 = \sqrt{\frac{1}{1 + 2\sqrt{1.41} + 2\times1.41}} = 0.4$$

Die maximale Temperaturamplitude an der Oberfläche beträgt jetzt nur noch $T_a = 5K \times 0.4 = 2K$ und damit sinkt die abführbare Wärmemenge um 60 %! Die Phasenverschiebung ε_0 ist

$$\varepsilon_0 = \arctan\left(\left(1 + \sqrt{\frac{1}{1.41}}\right)^{-1}\right) = 28.5°, \text{ d. h. bei einer 24-h-Periode knapp 2 h.}$$

7.3.3 Einfluss solarer Einstrahlung

Soll zusätzlich zu Lufttemperaturschwankungen auch die Einstrahlung auf eine Bauteiloberfläche berücksichtigt werden, empfiehlt sich die Anwendung eines einfachen Energiebilanzmodells, mit dem die kurzwellige solare Einstrahlung in eine sogenannte Sonnenlufttemperatur umgerechnet wird. Mithilfe der Sonnenlufttemperatur können dann die bereits diskutierten analytischen Lösungen der Wärmeleitungsgleichung verwendet werden.

Der zugeführte Wärmestrom an einer Bauteiloberfläche setzt sich aus der absorbierten Einstrahlung αG sowie dem von der Luft (T_0) an die Oberfläche (T_a) mit Wärmeübergangskoeffizient h übertragenen Wärmestrom zusammen. Dieser zugeführte Wärmestrom wird in einem einfachen Modell unter Vernachlässigung von temperaturabhängigen Änderungen des Wärmeübergangskoeffizienten h zu einem rein temperaturabhängigen Wärmestrom zusammengefasst, der durch die Sonnenlufttemperatur T_{So} beschrieben wird.

$$\alpha G + h\left(T_0 - T_a\right) = h\left(T_{So} - T_a\right)$$
$$T_{So} = T_0 + \frac{\alpha G}{h} \tag{7.44}$$

Mit der Sonnenlufttemperatur T_{So} kann dann die Wärmespeicherung in Bauteilen mit den bereits betrachteten Lösungen der Wärmeleitungsgleichung berechnet werden.

Beispiel 8:

Berechnung der Sonnenlufttemperatur und der gespeicherten Wärmemenge in einem Betonboden bei einer periodisch variierenden Einstrahlung mit durch die Fenster transmittierter Amplitude von 500 W/m^2 und Periode t_0=24 h, einem Absorptionskoeffizienten des Bodens $\alpha = 0.6$, einer Raumluft- und Deckenmitteltemperatur T_0=20°C und einem Wärmeübergangskoeffizienten $h = 8$ W/m^2 K.

Die maximale Sonnenlufttemperatur ist:

$$T_{So,max} = 20°C + \frac{0.6 \times 500 \, \dfrac{W}{m^2}}{8 \, \dfrac{W}{m^2 K}} = 57.5°C$$

Über die fiktive Sonnenlufttemperatur wird zunächst die Oberflächentemperatur an der Betonoberfläche berechnet und daraus nach Gleichung (7.41) die gespeicherte Wärmemenge pro Quadratmeter Fläche.

Nach Beispiel 7 ist $\eta_0 = 0.4$ und somit wird die maximale Lufttemperaturschwankung von 57.5°C-20°C=37.5°C auf eine maximale Oberflächentemperaturschwankung von $T_{a,max}=\eta_0(T_{So,max}-T_0)$ =15°C reduziert.

Die während einer halben Periode gespeicherte Wärmemenge ist 1.54 kWh/m^2.

Insgesamt ist jedoch während der halben Periode eine Einstrahlung von

$$\int_0^{t_0/2} G\,dt = G_{max} \int_0^{t_0/2} \sin\left(2\pi\frac{t}{t_0}\right)dt = \frac{G_{max}t_0}{\pi} = 3.8 \, \frac{kWh}{m^2} \quad \text{durch die Verglasung transmittiert und davon}$$

60 %, d. h. 2.3 kWh/m^2, von dem Betonboden absorbiert worden. Die Differenz zwischen absorbierter Einstrahlung und gespeicherter Wärme ist über den Wärmeübergangskoeffizienten h direkt an die Raumluft abgegeben worden.

Literatur

Braun, P.O., Goetzberger, A., Schmid, J., Stahl, W. „Transparent insulation of building facades" Solar Energy Vol49, No.5, S.413, 1992

Eicker,U. „Mit transparenter Wärmedämmung von der Altbausanierung zum Niedrigenergiehaus", dB 9/96

Gröber, Erk, Grigull „Die Grundgesetze der Wärmeübertragung", Springer Verlag 1988

Hartwig, H. „Thermotrope Schichten als Regelungssysteme zur Tageslichtnutzung", 6. Symposium Innovative Lichttechnik in Gebäuden, Staffelstein 2000

Jödicke, D. Schaltbare Verglasungen, EControl-Glas GmbH &Co KG, Vortrag Glastec 27.10.2006

Meyer, O. „Optimierung von Niedrigenergiehäusern", Diplomarbeit am FB Bauphysik, Fachhochschule für Technik Stuttgart, Schellingstr.24, 70174 Stuttgart 1995

Wagner, A. „Transparente Wärmedämmung an Gebäuden", BINE Informationsdienst 1998

Wittkopf, H, Becker, H. Jödicke, D. „Pilkington E-Control – das variable Sonnenschutzglas der neuen Generation", Tagungsband Glaskon 99, München

Wong, S.S.M. „Computational methods in physics and engineering" World Scientific Publishing Singapore 1997

7

8 Lichttechnik und Tageslichtnutzung

Die Lichttechnik ist in erster Linie mit der Bereitstellung einer ausreichenden, blendfreien Beleuchtung von Arbeits- und Wohnräumen befasst. Licht übernimmt jedoch auch die wichtige Funktion der Orientierung im Innenraum und der Zeit und ermöglicht den Bezug zum Außenraum. Diese Qualitäten werden vorwiegend durch Tageslicht geliefert und tragen entscheidend zum visuellen Komfort bei.

Das menschliche Auge ist an den sichtbaren Spektralbereich der Solarstrahlung optimal angepasst, sodass bei kurzwelliger solarer Einstrahlung eine deutlich höhere Lichtausbeute pro Watt Leistung als bei den meisten Kunstlichtarten gegeben ist. Effiziente Tageslichtnutzung trägt somit direkt zur Reduzierung des Energieverbrauchs insbesondere von Verwaltungsbauten bei (Dudda, 2000).

8.1 Tageslichtnutzung und elektrischer Energieverbrauch

Weltweit werden etwa 20 % des Stromverbrauchs für Beleuchtung benötigt. Der Einsatz hocheffizienter Leuchtmittel kann nach Studien der EU-Kommission den Verbrauch um 30 % bis 2015 und um 50 % bis 2025 senken.

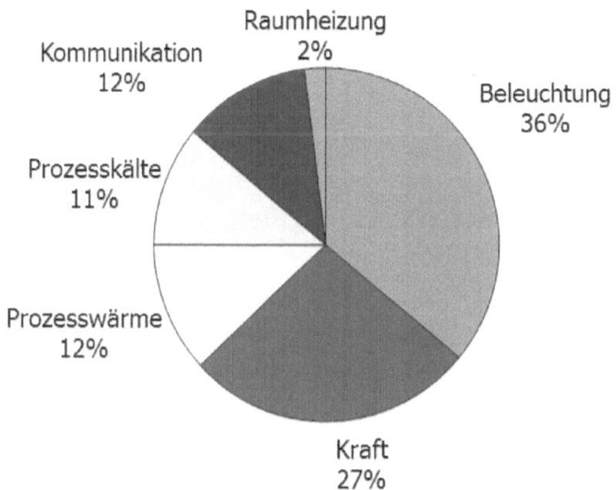

Bild 8-1: Verteilung des Stromverbrauchs für Kleinverbraucher, Gewerbe und öffentliche Bauten in Deutschland.

Der durchschnittliche Anteil der Beleuchtung am Stromverbrauch liegt im Verwaltungsbau in Deutschland bei 36 %, im industriellen Bereich dagegen nur bei 5 %. Aufgrund der hohen Lichtausbeute von Tageslicht werden die inneren thermischen Lasten durch Kunstlicht-Beleuchtung und somit die Probleme sommerlicher Überhitzung von Büroräumen reduziert. Die niedrigsten gemessenen Werte in Verwaltungsbauten liegen unter 5 kWh m^{-2} a^{-1}, z. B. im ZUB-Bürobau Kassel mit fassadenhohen Fenstern, einer geringen Raumtiefe von 4.6 m und Tageslichtabhängiger Dimmung. Während einer intensiven messtechnischen Evaluierung wurden Jahreswerte von 3.5 kWh m^{-2} a^{-1} gemessen (Hauser et al, 2004). Bei ungeregelter

Beleuchtung in Supermärkten oder Banken kann der Beleuchtungsstromverbrauch auch Werte von $50 - 70\ \text{kWh}\ \text{m}^{-2}\,\text{a}^{-1}$ erreichen.

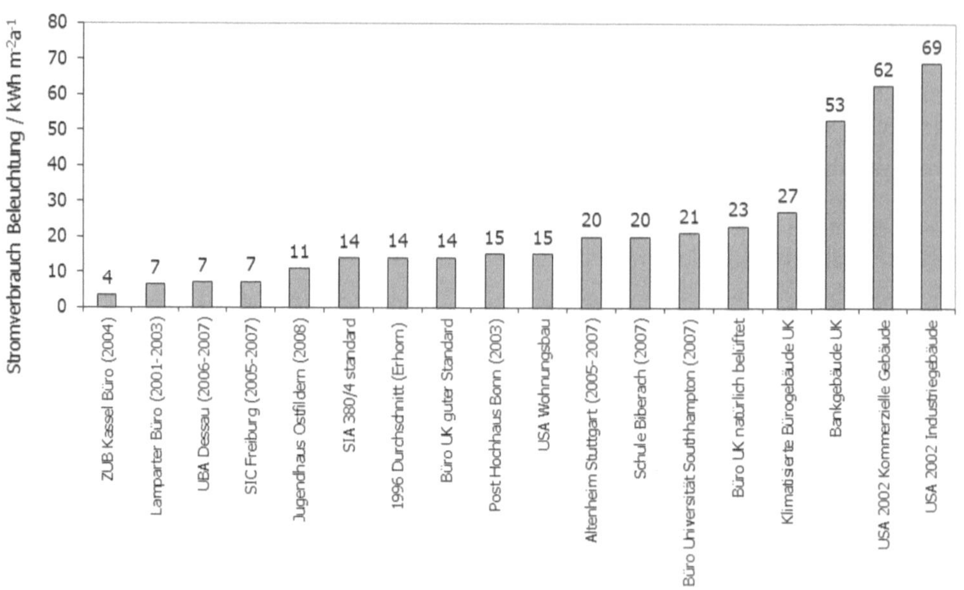

Bild 8-2: Stromverbrauch für Beleuchtung im Nicht-Wohnungsbau. Gemessene Werte sind durch Jahreszahlen gekennzeichnet, die anderen Werte stammen aus diversen Studien.

Im Rahmen eines europäischen Forschungsvorhabens der Autorin wurde ein 2005 fertiggestelltes Verwaltungsgebäude mit 2600 m² der Universität Southampton detailliert vermessen. Der Stromverbrauch für Beleuchtung lag bei $21\ \text{kWh}\ \text{m}^{-2}\,\text{a}^{-1}$. Die Analyse der Tages- und Monatsverbrauchsdaten zeigte, dass keine saisonale Abhängigkeit des Stromverbrauchs vorhanden war. Nur an Wochenenden geht der Beleuchtungsstromverbrauch um einen Faktor 10 zurück. Das Potential für eine deutliche Stromverbrauchssenkung durch tageslichtabhängige Dimmung ist klar erkennbar.

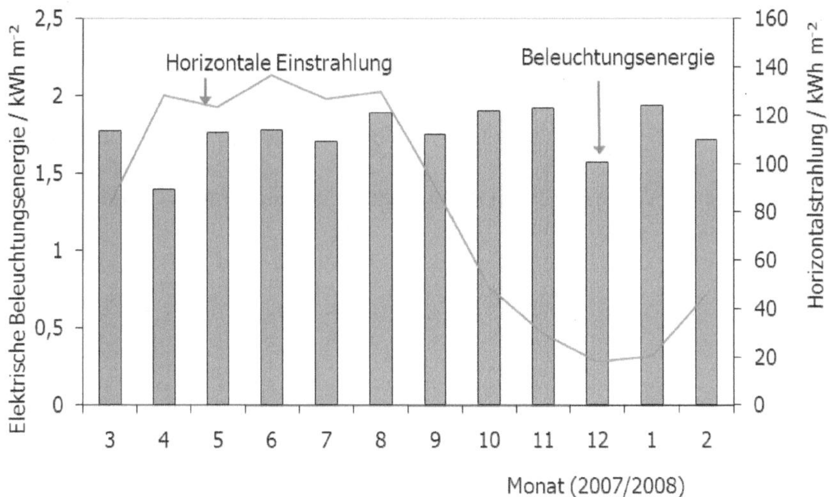

Bild 8-3: Monatliche Einstrahlung und gemessene Beleuchtungsenergie für ein neues Bürogebäude in Großbritannien.

Im Wohnungsbau beträgt der Anteil des Beleuchtungsstroms am Gesamtstromverbrauch meist weniger als 10 %. In Großbritannien wurden 3 % des Stromverbrauchs in Haushalten der Beleuchtung zugerechnet (Ashford, 1998).

Bei energiesparenden Beleuchtungskonzepten kann die spezifische Anschlussleistung auf 6-8 W m^{-2} gesenkt werden, während durchschnittliche Werte für Bürobauten heute zwischen 10 und 20 W m^{-2} liegen.

Tabelle 8-1: Erforderliche Beleuchtungsstärken nach EN 12646 und typische spezifische Anschlussleistungen

Raumtyp	Erforderliche Beleuchtungs-stärke (lux)	Spezifische elektrische Anschluss-leistung (W/m^2)
Parkhaus	75 Lux	2
Wohnen	50 Lux	
Nebenräume, Korridore	100	3–5
Treppenhäuser, Garderoben, Restaurant	200	4–7
Mehrzweckhalle, Werkstätte für grobe Arbeiten	300	6–8
Büro, Schulraum, Küche, Werkstätte für feine Arbeiten,	500	7–20
Operationssaal	1000	15–30

Tageslicht wird vorwiegend über konventionelle Fensteröffnungen genutzt. Spezielle Bauteile werden zum Blend- und Sonnenschutz sowie zur Lichtlenkung in die Raumtiefe eingesetzt. Insbesondere bei Bildschirmarbeitsplätzen nimmt der Blendschutz eine entscheidende Rolle in der Tageslichttechnik ein.

Blendschutzsysteme sollten an den Kriterien Leuchtdichtereduzierung, Lichtdurchlässigkeit, Sichtkontakt nach außen und Lichtumlenkung in die Raumtiefe gemessen werden. Textile Blendrollos reduzieren die Leuchtdichte durch den Einsatz von beschränkt lichtdurchlässigen Folien, können jedoch kein Licht umlenken.

Bild 8-4: Textile Rollos als externer Sonnenschutz in einem Büroneubau in Ostfildern.

Auch bei Absorptions- und Reflexionsgläsern ist der Rückgang der Blendleuchtdichte proportional zur Lichtdurchlässigkeit. Eine bessere Steuerbarkeit durch den Nutzer ist bei Blendschutzjalousien gegeben. Die Transparenz und Sichtkontakt nach außen kann durch Lochung verbessert werden.

Die Umlenkung von Direktstrahlung an die Raumdecke in möglichst großer Raumtiefe kann entweder durch feste Spiegellamellen, Prismensysteme, transluzente Isolationsmaterialien oder Ähnliches realisiert werden. Am kostengünstigsten und weitverbreitet sind zweigeteilte Spiegellamellen, die im Oberlichtbereich Licht umlenken, während der untere Bereich zur Reduzierung der Blendung geschlossen bleibt.

Bild 8-5: Zweigeteilte Jalousie mit Lichtumlenkung über horizontale Lamellen im Oberlichtbereich über dem externen Lichtschwert und Innenansicht der Jalousie.

Neben den offenen Lamellensystemen sind auch spezielle verspiegelte Lamellenprofile im Scheibenzwischenraum erhältlich, die aus zwei gegenüberliegenden Spiegelprofilen bestehen. Das vom unteren Spiegelprofil hochreflektierte Licht wird bei steilem Einfallswinkel vom vorne liegenden Spiegel aus der Scheibe nach außen reflektiert (Sonnenschutz), bei flachem Einfallswinkel vom hinten liegenden zweiten Spiegel nach innen gelenkt. Während die Profile bei hohem Sonnenstand vorwiegend Sonnenschutzfunktion haben, kann bei niedrigem Sonnenstand ein Lichtlenkeffekt erzielt werden.

Prismenprofilplatten nutzen die Totalreflexion des Lichtes, um entweder Licht auszublenden (Sonnenschutzfunktion) oder umzulenken. Sie werden meist zwischen Glasscheiben eingebaut. Prismensysteme sind transluzent und werden daher nur im Oberlicht- oder Überkopfbereich eingesetzt. Die Sonnenschutzprismen reduzieren die Himmelsleuchtdichte und damit das Blendungsproblem um einen Faktor 100 selbst bei bedecktem Himmel.

Tageslichtlenkende Elemente im Oberlichtbereich (Spiegelumlenklamellen, Prismensysteme, etc.) tragen ebenfalls zur Reduzierung negativer Blendwirkung im Fensterbereich sowie zur Verbesserung der Tiefenausleuchtung seitenbelichteter Räume bei. Bei bedecktem Himmel ist in einem 3 m hohen Raum mit Fensterband bis zur Decke bereits ab 3 m Raumtiefe keine ausreichende Ausleuchtung mehr gewährleistet. Ein Licht lenkendes Element von 20 cm verschiebt den Bereich ausreichender Ausleuchtung in Raumtiefen von 4.5 m.

8.2 Physiologische Grundlagen

Das menschliche Auge ist nahezu rund mit etwa 24 mm Durchmesser und 26 mm Länge. Die pigmentierte Iris ist eine Linse mit variablem Öffnungsdurchmesser zwischen 2 und 8 Millimetern, abhängig von der Entfernung des Sehobjektes und der durchschnittlichen Leuchtdichte. In der Mitte der Netzhaut sind etwa 6.5 Millionen Sehzellen, die sogenannten Zapfen angeordnet, die für Tag- und Farbsehen zuständig sind. Sie enthalten drei unterschiedliche Farbstoffe mit maximaler spektraler Empfindlichkeit bei 419 nm, 531 nm und 558 nm. Durch Beleuchtung ändern die Farbstoffe ihre chemische Verbindung (sogenannte Isomerisation) und benötigen circa 6 Minuten zur Regeneration. Die sogenannten Stäbchen sind für Nachtsehen zuständig mit einer maximalen Empfindlichkeit bei 496 nm. Aufgrund der sehr hohen Anzahl von Stäbchen (120 Millionen) und der Kopplung bis zu 32 Zellen auf ein Nervenende werden extrem hohe Lichtempfindlichkeiten erreicht. Die Regeneration der Stäbchen dauert etwa 30 Minuten.

Die maximale Empfindlichkeit der Netzhautzellen liegt tagsüber bei 555×10^{-9} m (555 nm), d. h. im grünen Farbbereich, und fällt im kurzwelligen Bereich bei 380 nm und im langwelligen Bereich bei 780 nm auf null ab. Dieser Spektralbereich wird als sichtbares Licht bezeichnet. Sichtbares Licht ist ein Teil der sogenannten optischen Strahlung, die den Wellenlängenbereich von 1 nm (der oberen Grenze der Röntgenstrahlung) bis 1 mm (untere Grenze von Radiowellen) umfasst. Die Strahlungsleistung P der elektromagnetischen Wellen wird aus dem Poynting Vektor $\vec{S}$ als Kreuzprodukt des elektrischen und magnetischen Felds $\vec{E}$ und $\vec{H}$ berechnet, indem über die geschlossene Oberfläche A integriert wird, welche die Strahlungsquelle umhüllt.

$$\vec{S} = \vec{E} \times \vec{H}$$
$$P = \oint_A \vec{S} \, d\vec{A}$$

(8.1)

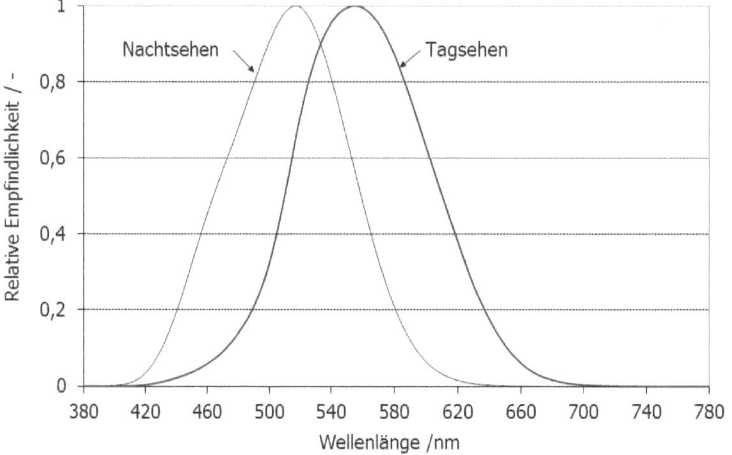

Bild 8-6:
Relative spektrale Empfindlichkeit $V(\lambda)$ des Auges bei Tagsehen mit den als Zapfen bezeichneten Netzhautzellen und bei Nachtsehen mit Stäbchen.

Tageslicht hat vielfältige medizinische Wirkungen. Es unterdrückt die Melatoninproduktion (Schlafhormon) und beeinflusst das circadiane System (Schlaf-/Wachrhythmus), unterstützt die Produktion von Seratonin und Noradrenalin, ermöglicht die Vitamin A- und D-Synthese, reguliert den Stoffwechsel, beeinflusst die Aktivität der Nebennierenrinde, verbessert die Abwehrkräfte und hilft, Unfallgefahren zu verringern und die Leistungsfähigkeit und Lernfähigkeit zu steigern (aus Grundlagen der Tageslichttechnik - eine Information des FVLR Fachverband Tageslicht und Rauchschutz e. V.).

Tageslichtmangel verursacht Störungen im Stoffwechsel, der Hormonregulation und verschiedener vegetativer Vorgänge. Die künstliche Beleuchtung von Arbeitsstätten ist eine wichtige Ursache des so genannten „Sick Building Syndroms". Arbeit unter ungünstigen Lichtverhältnissen führt zu schneller Ermüdung, Kopfschmerzen und Konzentrationsschwäche.

Das Hormon Melatonin beeinflusst die Müdigkeit am Tag und kann bei Mangel zur sogenannten Winterdepression führen. Die Steuerung der Melatoninproduktion erfolgt durch Rezeptoren, die circadianen Sensoren, die sich ebenfalls in der menschlichen Netzhaut befinden. Die relative spektrale Empfindlichkeit der Rezeptoren liegt zwischen 380 und 580 nm. Das Maximum der Wirkfunktion $C(\lambda)$ dieser Rezeptoren liegt bei etwa 460 nm. Die circadianen Sensoren reagieren allerdings erst ab Beleuchtungsstärken von etwa 2000 lx, also oberhalb des üblichen Kunstlichtbeleuchtungsniveaus, aber im Bereich einer fensternahen Beleuchtung mit Tageslicht.

8.3 Lichttechnische Grundlagen

Die Anforderungen an Beleuchtungsstärken auf Arbeitsplätzen sind in den Arbeitsstättenrichtlinien als auch in der DIN 5035 bzw. der EN 12646 festgelegt und liegen je nach Sehaufgabe zwischen 300 und 1000 Lumen pro Quadratmeter. Die Beleuchtungsstärke bezeichnet den Lichtstrom Φ auf die Arbeitsfläche, der sich aus der eingestrahlten Leistung, sei es Solarstrahlung oder Kunstlicht, gewichtet mit der spektralen Empfindlichkeit des Auges, ergibt.

Photometrisches Strahlungsäquivalent

Um einen energetischen Strahlungsfluss Φ_e (Index „e" für energetisch) mit der Einheit Watt in einen Lichtstrom Φ_v (Index „v" für visuell) in Lumen umzurechnen, muss die relative Augenempfindlichkeit $V(\lambda)$ bei gegebener Wellenlänge λ sowie ein absoluter Umrechnungsfaktor zwischen den Einheiten bekannt sein, der als photometrisches Strahlungsäquivalent k_{max} bezeichnet wird. Für jede Wellenlänge λ wird der Lichtstrom $\Phi_{v,\lambda}$ aus der spektralen Strahlungsleistung $\Phi_{e,\lambda}$ umgerechnet:

$$\Phi_{v\lambda} = k_{max} V(\lambda) \Phi_{e\lambda} \tag{8.2}$$

$$k_{max} = \frac{\text{maximaler Lichtstrom [lm]}}{\text{Strahlungsleistung [W]}}$$

Der Umrechnungsfaktor k_{max} ergibt sich historisch aus der Festlegung der lichttechnischen SI-Einheit Candela [cd], welche den Lichtstrom Φ pro Raumwinkel Ω (in Steradiant [sr]), d. h. die Lichtstärke I, bezeichnet:

$$I = \frac{\Phi}{\Omega} \qquad [cd] = \left[\frac{\text{lm}}{\text{sr}}\right] \tag{8.3}$$

Für die Definition der Lichtstärke I in candela wurde ein schwarzer Hohlraumstrahler (Platin mit Schmelztemperatur von 2044.9 K) genutzt, dessen spektrale Ausstrahlung nach dem Planck'schen Strahlungsgesetz berechnet werden kann. Ein Candela wurde als der Lichtstrom pro Raumwinkel definiert, den 1/60 cm^2 Oberfläche des schwarzen Hohlraumstrahlers abstrahlt. Die abgestrahlte Leistung dieser Oberfläche, berechnet nach dem Planck'schen Strahlungsgesetz, liegt dabei bei 1/673 W.

Heute ist ein Candela definiert als der Lichtstrom einer monochromatischen Strahlungsquelle mit der etwas geringeren Leistung 1/683 W, die mit einer Frequenz von 540×10^{12} Hz, d. h. 555 nm, in einen Raumwinkel von einem Steradiant sendet. Eine abgestrahlte Leistung von 1 W pro Steradiant ergibt somit eine Lichtstärke von 683 cd, entsprechend 683 Lumen pro Steradiant.

Da die Wellenlänge 555 nm der maximalen Augenempfindlichkeit entspricht, liegt das maximale photometrische Strahlungsäquivalent heute bei k_{max} = 683 lm/W.

Beispiel 1:

Berechnung des Lichtstroms $\Phi_{v\lambda}$ für eine Lichtquelle von 10 W Leistung mit der Wellenlänge λ = 633 nm (roter Helium-Neon-Laser) sowie mit λ = 588 nm (gelbe Resonanzlinie der Natriumdampf-Niederdrucklampe). Die relative spektrale Empfindlichkeit liegt bei V(633 nm) = 0.25 bzw. bei V(588 nm) = 0.77. Nach Gleichung (8.2) ist der Lichtstrom

$$\Phi_{v,633nm} = 683\frac{lm}{W} \times 0.25 \times 10\ W = 1707.5\,lm$$

$$\Phi_{v,588nm} = 683\frac{lm}{W} \times 0.77 \times 10\ W = 5258\,lm\ .$$

Um den Lichtstrom und letztendlich die Beleuchtungsstärke auf eine Fläche einer beliebigen Strahlungsquelle zu bestimmen, muss das gesamte Spektrum mit der spektralen Empfindlichkeit des Auges gewichtet werden.

Eine Einzahlangabe des photometrischen Strahlungsäquivalents für ein gegebenes Spektrum (der Sonne oder einer Leuchte) erhält man, indem man für jede Wellenlänge den energetischen Strahlungsfluss in Lichtstrom umrechnet, über den sichtbaren Bereich des Spektrums integriert und den Wert auf den integrierten Gesamtstrahlungsfluss der Lichtquelle normiert. Eine Lichtquelle wird also durch folgendes Strahlungsäquivalent charakterisiert:

$$k = \frac{\Phi_v}{\Phi_e} = \frac{k_{max} \int\limits_{380nm}^{780nm} \Phi_{e\lambda} V(\lambda)d\lambda}{\int\limits_{0}^{\infty} \Phi_{e\lambda} d\lambda} \tag{8.4}$$

Für einen gleichmäßig bedeckten Himmel ergibt sich nach DIN 5034 ein Strahlungsäquivalent von k = 115 lm/W. Das Strahlungsäquivalent variiert jedoch mit der Wolkendicke, dem Wasserdampfgehalt, der Sonnenhöhe usw. und kann zwischen 90 und 120 lm/W liegen. Die Diffusstrahlung des klaren Himmels kann Werte über 140 lm/W annehmen, für die Direktkomponente wurden Werte zwischen 50 und 120 lm/W gemessen. Bezieht man den Lichtstrom auf einen Quadratmeter Empfängerfläche, erhält man die Beleuchtungsstärke E mit der Einheit Lumen pro Quadratmeter (abgekürzt Lux [lx]).

$$E = \frac{\Phi_V}{A} \quad \left[\frac{lm}{m^2} = lx\right] \tag{8.5}$$

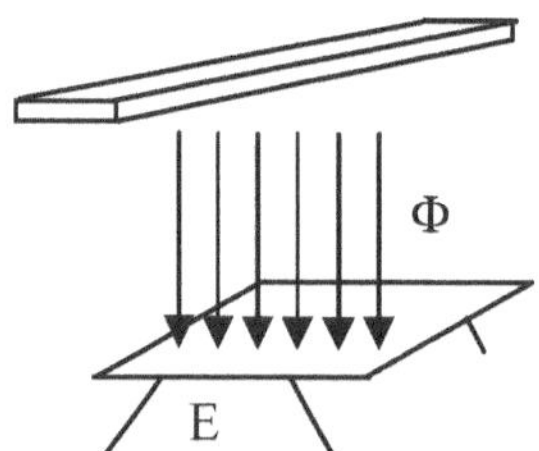

Bild 8-7:
Lichtstrom und Beleuchtungsstärke auf eine horizontale Fläche.

Tabelle 8-2: photometrisches Strahlungsäquivalent bei gegebener elektrischer Anschlussleistung.

Lichtquelle	Beschreibung	Leistung P [W]	Photometrisches Strahlungs-äquivalent k [lm/W]
Gleichmäßig bedeckter Himmel		-	115
Diffusstrahlung des klaren Himmels		-	140
Direktkomponente des klaren Himmels		-	50-120
Glühlampe	Wolframdraht 2800 K	15-200	6-16
Leuchtstofflampe	Argon/Krypton + Hg gefüllt	18-58	50-88
Natriumdampflampe	Verbreiterte doppelte Emissionslinie bei 589/590 nm, Hochdruck	180	170
Halogenlampe	Wolframdraht 3000 K mit höherem Gas-druck und Halogenzusatz, Quartzglas	15-200	8-20
Leuchtdioden		40-80 mW	20-100
LED Weiss	AlInGaN/Phosphor	20 mA, 4 V	20
LED Grün	506, 530, 571 nm (AlInGasN)		30, 54, 14
LED Rot	611, 658 nm (AlInGaP)	20 mA, 2 V	102, 38

Bei voller Sonneneinstrahlung ($1000 \ \text{W} \ \text{m}^{-2}$) wird bei einem photometrischen Strahlungsäquivalent von 120 lm/W eine Außenbeleuchtungsstärke von 120.000 lx auf einer horizontalen
Fläche erreicht.

$$\Phi_\text{v} = k\Phi_\text{e} = 120\,\frac{\text{lm}}{\text{W}} \times 1000\,\frac{\text{W}}{\text{m}^2} = 120000\,\frac{\text{lm}}{\text{m}^2} = 120000\ \text{lx}$$

Der Jahresmittelwert der Außenbeleuchtungsstärke liegt tagsüber bei etwa 10.000 lx.

8.3.1 Tageslichtverteilung in Innenräumen

Die Beleuchtungsstärke bei Tageslichtnutzung im Innenraum liegt typisch zwischen 2 und 5 %
der Außenbeleuchtungsstärke, entsprechend einer mittleren Beleuchtungsstärke von 200-500
lx im Rauminneren. Das Verhältnis der Innenbeleuchtungsstärke E_i zu der horizontalen
Außenbeleuchtungsstärke E_a wird als Tageslichtquotient D (*d*aylight coefficient) bezeichnet.

$$D = \frac{E_\text{i}}{E_\text{a}} \tag{8.6}$$

Ein tagesbelichteter Raum, für den keine erfahrbare Helligkeitsdifferenz zwischen außen und
innen bestehen soll, muss einen Tageslichtquotienten von mindestens 10 %, d. h. Beleuchtungsstärken von 1000-3000 lx oder mehr aufweisen. Die visuelle Empfindlichkeit des Auges
ist gegenüber weiteren Helligkeitssteigerungen nahezu konstant.

Im Wohnungsbau ist die Mindestanforderung an das Tageslichtangebot im Wesentlichen durch die Vermeidung eines düsteren Raumeindrucks geprägt, was nach DIN 5034 durch einen Tageslichtquotienten von 0.9 % in halber Raumtiefe gewährleistet ist. Für Büroräume mit Arbeitsplätzen ausschließlich in Fensternähe genügt eine Beleuchtungsstärke von 300 lx, bei Büroräumen mit Computerarbeitsplätzen sind 500 lx erforderlich und für Großraumbüros oder Zeichenarbeitsplätze werden 750 lx vorgegeben.

Beispiel 2:

Berechnung der mittleren Beleuchtungsstärke für einen 3 m hohen Büroraum der Grundfläche 4 m x 5 m mit einer Fensterfläche von 9 m^2 mit 40 % Gesamttransmission (inklusive Rahmenanteil). Die außen vorhandene Beleuchtungsstärke an einem bedeckten Tag auf die vertikale Fensterfläche soll bei 4500 lx liegen.

Lichtstrom auf gesamte Fensterfläche: $4500 \text{ lx } \times 9 \text{m}^2 = 40\,500 \text{ lm}$

Transmittierter Lichtstrom in das Büro: $40\,500 \text{ lm } \times 0.4 = 16\,200 \text{ lm}$

Lichtstrom bezogen auf einen Quadratmeter Bürofläche: $\dfrac{16\,200 \text{ lm}}{20 \text{ m}^2} = 810 \text{ lx}$

Nicht der Betrag der Lichtmenge ist das Problem, sondern die ungünstige Verteilung des Tageslichtes. Rein seitenbelichtete Räume sind durch einen nahezu exponentiellen Abfall des Tageslichtquotienten charakterisiert, sodass in Fensternähe Blendungsprobleme und mit zunehmender Raumtiefe zu geringe Beleuchtungsstärken auftreten.

Besonders günstig für die Tageslichtnutzung sind Verglasungen im Oberlichtbereich, die eine gute Tiefenausleuchtung des Raums ermöglichen. Ein mittig angeordnetes 1 m hohes Fensterband in einem 3 m hohen Raum führt zu einem exponentiellen Abfall des Tageslichtquotienten mit der Raumtiefe. Eine Anordnung des gleichen Fensterbandes im Oberlichtbereich dagegen erhöht den Tageslichtquotienten in der Raumtiefe. Die höchsten Tageslichtquotienten werden mit einer Fensterfront über die gesamte Raumhöhe erzielt.

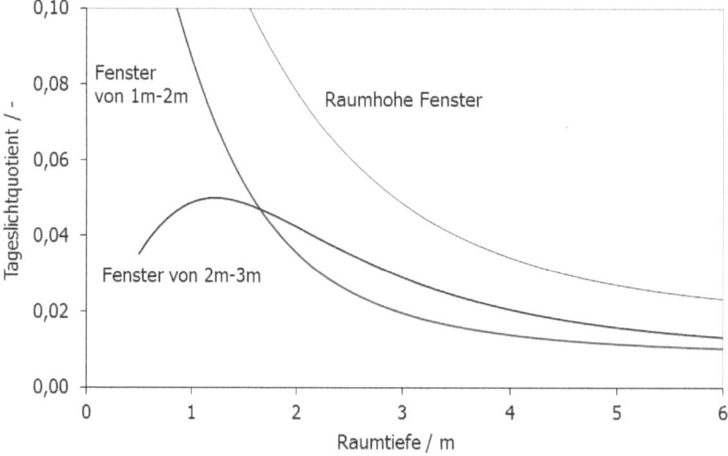

Bild 8-8: Tageslichtquotient im 3 m hohen seitenbelichteten Raum für ein Fensterband bis zur Decke bzw. Fensterbänder mit jeweils 1 m Höhe mittig oder im Oberlichtbereich.

8.3.2 Beleuchtungsstärke, Leuchtdichte und Lichtstärke

Der Lichtstrom auf eine Fläche und damit die Beleuchtungsstärke lässt sich im einfachsten Fall bei gegebener solarer Einstrahlung direkt aus der Strahlungsleistung und dem photometrischen Strahlungsäquivalent berechnen. Für die Bestimmung der solaren Einstrahlung wird dabei meist von einer isotropen Diffusstrahlungsverteilung ausgegangen. Da in der Lichttechnik üblicherweise mit zum Zenit ansteigenden Strahldichten gerechnet wird, muss der Lichtstrom auf eine beliebig geneigte Fläche jedoch aus den Beiträgen der Strahldichten unterschiedlicher Raumwinkelbereiche der Himmelsdiffusstrahlung berechnet werden. Auch im Innenraum setzt sich der Lichtstrom auf eine Empfängerfläche A_e aus der Summe der Lichtströme von selbstleuchtenden oder Strahlung reflektierenden Flächen A_s verschiedener Raumwinkel zusammen.

Die Aufgabe ist nun, die von einer Fläche empfangenen Lichtströme über alle Raumwinkelbereiche aufzuintegrieren und somit die Beleuchtungsstärke für verschiedene Leuchtdichteverteilungen zu berechnen.

Raumwinkel

Ein Raumwinkelbereich $d\Omega$ wird dabei durch ein Flächenelement dA aufgespannt, welches sich im Abstand r von der sendenden bzw. empfangenden Fläche befindet.

$$d\Omega = \frac{dA}{r^2} \tag{8.7}$$

Die Einheit des dreidimensionalen Raumwinkels ist Steradiant [sr] und entspricht der Definition eines zweidimensionalen Winkels in Bogenmaß [rad], der durch einen Kreisbogen mit Radius r aufgespannt wird.

Ein einfacher Raumwinkel ist beispielsweise durch eine Fläche A_k auf einer Kugel gegeben, die als Funktion des Kugelradius r sowie der Höhe h des ausgeschnittenen Kugelsegments berechnet wird.

$$\Omega = \frac{A_k}{r^2} = \frac{2\pi r\, h}{r^2} = \frac{2\pi r^2 \left(1 - \cos\theta\right)}{r^2} = 2\pi\left(1 - \cos\theta\right) \tag{8.8}$$

Der Winkel θ bezeichnet dabei den halben Öffnungswinkel des Kreiskegels. Der volle Raumwinkel einer Halbkugel mit einem halben Öffnungswinkel $\theta = 90°$ ist demnach 2π, einer Kugel 4π.

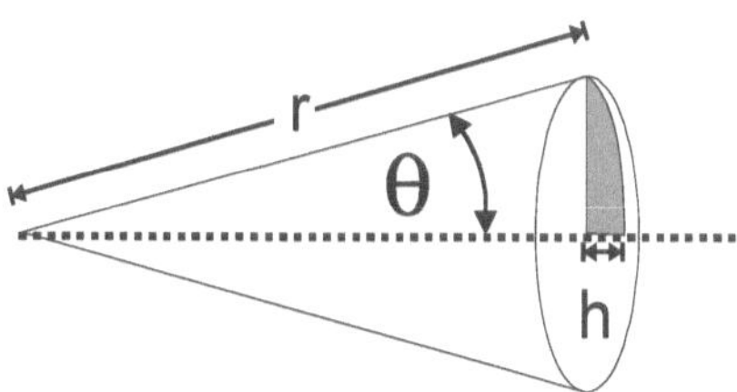

Bild 8-9: Kreiskegelförmiger Raumwinkel.

Alternativ kann der Raumwinkel eines Kreiskegels bzw. beliebiger Ringzonen auf einer Kugel in sphärischen Polarkoordinaten berechnet werden.

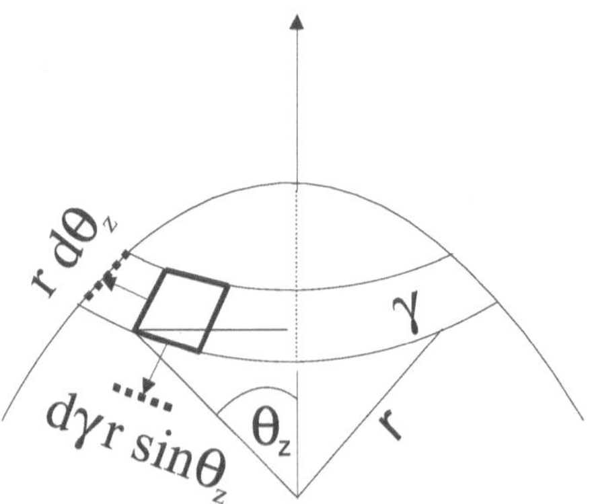

Bild 8-10: Raumwinkelelement einer Ringzone auf einer Kugel.

In sphärischen Polarkoordinaten ist ein Flächenelement auf einem Kreiskegel mit dem Radius r durch das Produkt der Seiten $r\,d\theta$ im Meridianschnitt und $r\sin\theta\,d\gamma$ auf dem Parallelkreis gegeben, wobei θ dem Öffnungswinkel des oben gezeigten Kreiskegels entspricht.

Das Raumwinkelelement $d\Omega$ ist somit:

$$d\Omega = \frac{r\sin\theta_z d\theta_z\, r d\gamma}{r^2} = \sin\theta_z d\theta_z\, d\gamma \tag{8.9}$$

Durch Integration des Raumwinkelelements ergibt sich beispielsweise der Raumwinkel einer Ringzone auf einer Kugel:

$$\Omega_z = \int_{\gamma=0}^{2\pi}\int_{\theta_1}^{\theta_2} \sin\theta d\theta d\gamma = -\cos\theta\Big|_{\theta_1}^{\theta_2}\cdot 2\pi = 2\pi\cdot\left(\cos\theta_1 - \cos\theta_2\right) \tag{8.10}$$

Der Raumwinkel einer Halbkugel wird durch Integration von $\theta_1 = 0$ bis $\theta_2 = \pi/2$ *berechnet*:

$$\Omega_z = \int_{\gamma=0}^{2\pi}\int_{0}^{\pi/2} \sin\theta d\theta d\gamma = 2\pi\cdot-\left(\cos\frac{\pi}{2} - \cos 0\right) = 2\pi$$

Bei einer Vollkugel wird von $\theta_1 = 0$ bis $\theta_2 = \pi$ integriert, sodass sich ein Raumwinkel von 4π ergibt.

Leuchtdichte

Soll der Lichtstrom einer selbstleuchtenden oder Strahlung reflektierenden Oberfläche aus einem Raumwinkelbereich berechnet werden, muss zunächst die Orientierung der Fläche relativ zur betrachteten Ausstrahlungsrichtung festgelegt werden.

Wird die Ausstrahlung nicht senkrecht zum diffus strahlenden Flächenelement dA_S betrachtet, sondern unter einem Winkel θ_S, ist effektiv nur die kleinere Fläche $dA_S \cos\theta_S$ sichtbar.

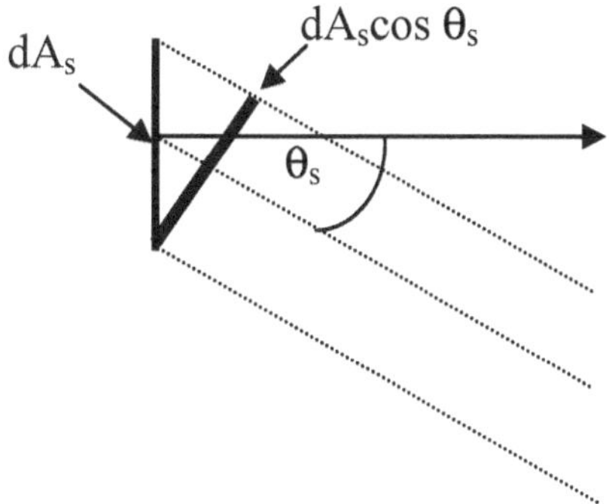

Bild 8-11: Effektive Größe des leuchtenden Flächenelementes in Richtung θ_s.

Der Lichtstrom, den ein Flächenelement dA_s unter dem Winkel θ_s in einen Raumwinkelbereich $d\Omega_1$ aussendet, wird als Leuchtdichte L bezeichnet und beschreibt direkt die Helligkeit der Fläche.

$$L = \frac{d^2\Phi}{d\Omega_1 dA_s \cos\theta_s} \quad \left[\frac{\text{lm}}{\text{sr}\,\text{m}^2} = \frac{\text{cd}}{\text{m}^2}\right] \tag{8.11}$$

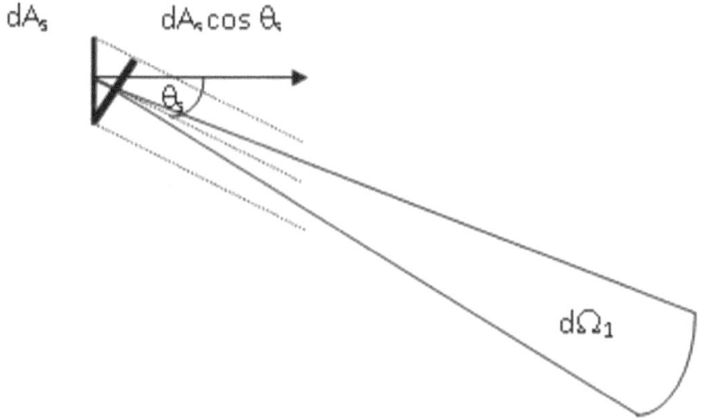

Bild 8-12: Leuchtdichte eines Flächenelements dA_s, welches unter einem Winkel θ_s in einen Raumwinkel $d\Omega_1$ strahlt.

Lichtstärke

Der Lichtstrom $d\Phi$ (lm) in einen Raumwinkel $d\Omega$ (sr) wird als Lichtstärke I bezeichnet. Die Einheit der Lichtstärke ist candela (cd) als Verhältnis aus Lichtstrom in Lumen geteilt durch den Raumwinkel in Steradiant (sr). Die Einheit candela ist die grundlegende lichttechnische Einheit und ist eine der acht SI-Einheiten.

$$I = \frac{d\Phi}{d\Omega} \quad \left[\frac{\text{lm}}{\text{sr}} = \text{cd}\right] \tag{8.12}$$

Damit ergibt sich die Lichtstärke aus dem Produktder Leuchtdichte und einer selbst leuchtenden oder fremd beleuchteten Fläche dA_s, die unter dem Winkel θ_s zur Flächennormalen strahlt.

$$I = L\,dA_\mathrm{s}\cos\theta_\mathrm{s} \tag{8.13}$$

Lambertstrahler

In vielen Fällen ist die Leuchtdichte für beliebige Winkel θ_s konstant, d. h., die Fläche erscheint gleich hell unabhängig vom Beobachtungswinkel. Solche Flächen werden als Lambertstrahler bezeichnet. Aus Gleichung (8.13) folgt dann, dass die Lichtstärke dI bei Lambertstrahlern mit dem Kosinus des Winkels θ_s abnehmen muss: $I(\theta_\mathrm{s}) = I(0)\cos\theta_\mathrm{s}$. Raue, diffus reflektierende Oberflächen wie Gipswände, Papier etc. verhalten sich in guter Näherung wie Lambertstrahler.

Lichtstrom und Beleuchtungsstärke

Um nun den Lichtstrom einer sendenden Fläche A_s in einen Raumwinkelbereich Ω_1 zu erhalten, muss bei gegebener Leuchtdichte dieser Fläche über die differenziellen Raumwinkelelemente $d\Omega_1$ integriert werden, wobei die effektive Flächengröße durch den Kosinus des Winkels θ_s zwischen der Fläche und dem jeweiligen Raumwinkelelement berücksichtigt werden muss.

$$\Phi = \int\limits_{\Omega_1}\int\limits_{A_\mathrm{s}} L\,dA_\mathrm{s}\cos\theta_\mathrm{s}\,d\Omega_1 \tag{8.14}$$

Der Raumwinkelbereich $d\Omega_1$ wird durch das empfangende Flächenelement dA_e, beispielsweise die Arbeitsfläche oder aber die Pupillenöffnungsfläche des Auges, aufgespannt. Auch die empfangende Fläche dA_e muss natürlich nicht senkrecht zu dem jeweils betrachteten Raumwinkelbereich stehen, sodass effektiv nur $dA_\mathrm{e}\cos\theta_\mathrm{e}$ für den Strahlungsempfang zur Verfügung steht.

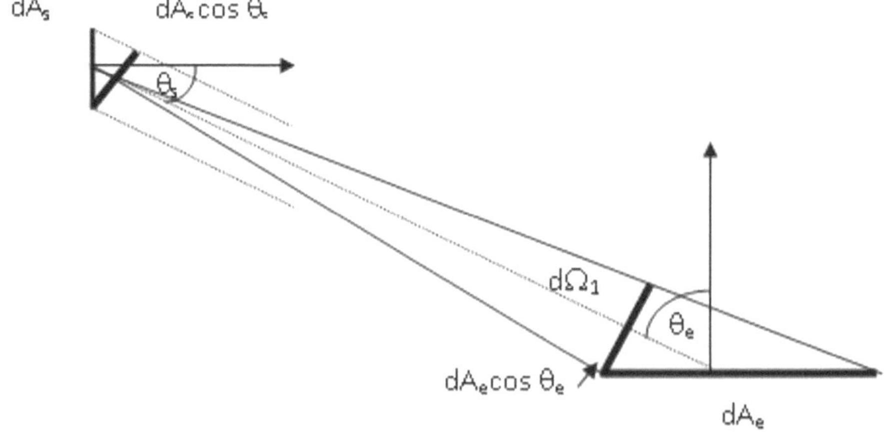

Bild 8-13: Lichtstrom eines sendenden Flächenelements dA_s auf eine Empfängerfläche dA_e.

Der Lichtstrom, der von der sendenden Fläche A_s auf die empfangende Fläche A_e fällt, ergibt sich somit durch:

$$\Phi_{s \to e} = \int_{\Omega_1} \int_{A_s} L_s dA_s \cos\theta_s d\Omega_1 = \int_{A_e} \int_{A_s} L_s dA_s \cos\theta_s \frac{dA_e \cos\theta_e}{r^2} \tag{8.15}$$

Wird umgekehrt von der empfangenden Fläche A_e aus der Lichtstrom über einen Raumwinkelbereich Ω_2 betrachtet, welcher die sendende Fläche A_s umfasst, so muss aus Gründen der Energieerhaltung der empfangene Lichtstrom dem ausgesandten Lichtstrom entsprechen und man erhält das sogenannte photometrische Grundgesetz:

$$\Phi_{e \leftarrow s} = \int_{\Omega_2} \int_{A_e} L_s dA_e \cos\theta_e d\Omega_2 = \int_{A_s} \int_{A_e} L_s dA_e \cos\theta_e \frac{dA_s \cos\theta_s}{r^2} = \Phi_{s \to e} \tag{8.16}$$

Der Kosinus des Winkels θ_e bezieht sich auf die Normale der empfangenden Fläche dA_e und den Raumwinkelbereich $d\Omega_2$, welcher durch ein differenzielles Flächenelement der Sendefläche dA_s aufgespannt wird.

Die Beleuchtungsstärke E_e auf der Empfangsfläche dA_e für beliebige Sendeflächen dA_s mit Leuchtdichten L_s ergibt sich aus Gleichung (8.16).

$$E_e = \frac{d\Phi_e}{dA_e} = \int_{\Omega_2} L_s \cos\theta_e d\Omega_2 = \int_{A_s} L_s \cos\theta_e \frac{dA_s \cos\theta_s}{r^2} \tag{8.17}$$

Beispiel 3:

Berechnung der Beleuchtungsstärke auf einer horizontalen Arbeitsfläche mit 1 m² Fläche, die von einer vertikalen Fensterfläche von 1 m² mit einer Leuchtdichte von 4500 cd/m² unter einem mittleren Winkel von 45° und 3 m Abstand beleuchtet wird (ohne Berücksichtigung der photometrischen Grenzentfernung).

Werden die Differenziale als Differenzen angesetzt, vereinfacht sich Gleichung (8.17) zu:

$$E_e \approx \frac{\Delta\Phi_e}{\Delta A_e} = L_s \cos\theta_e \frac{\Delta A_s \cos\theta_s}{r^2}$$

Sowohl der Winkel der sendenden als auch der empfangenden Flächennormale betragen 45° zum Raumwinkel.

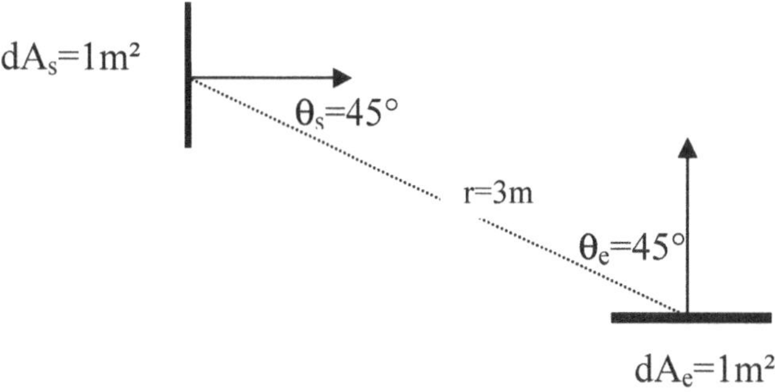

$$E_e = \frac{\Delta \Phi_e}{\Delta A_e} = 4500 \frac{\text{cd}}{\text{m}^2} \cos 45° \frac{1\,\text{m}^2 \cos 45}{(3\,\text{m})^2} = 250\,\text{lx}$$

Leuchtdichte von nicht selbstleuchtenden Flächen

Mit der bisherigen Methodik kann die Beleuchtungsstärke auf beliebigen Empfängerflächen berechnet werden. Reflektiert die Fläche den eingefallenen Lichtstrom mit dem Reflexionsgrad ρ, kann die Leuchtdichte der Fläche berechnet werden, da die reflektierte Gesamtstrahlung der integrierten Leuchtdichte mit dem jeweiligen Winkel der Abstrahlung cos θ_S über die Raumwinkelelemente einer Halbkugel entspricht.

$$E_e \rho = \rho \frac{d\Phi_e}{dA_e} = \int\limits_{\Omega_S} L_S \cos \theta_S d\Omega_S = \int\int L_S \cos \theta_S \sin \theta_S d\theta_S \, d\gamma \tag{8.18}$$

Ist die Leuchtdichte der reflektierenden Fläche dabei konstant und unabhängig von der Abstrahlrichtung (Lambertstrahler), kann sie vor das Integral gezogen werden und die Gleichung aufgelöst werden.

$$L_S = \frac{E_e \rho}{\int\limits_0^{2\pi} \int\limits_0^{\pi/2} \cos \theta_S \sin \theta_S d\theta_S \, d\gamma} = \frac{E_e \rho}{\pi} \tag{8.19}$$

Mit

$$\int\limits_0^{2\pi} \int\limits_0^{\pi/2} \cos \theta \sin \theta d\theta d\gamma = 2\pi \frac{\sin^2 \theta}{2} \Big|_0^{\pi/2} = \pi$$

Leuchtdichte und Helligkeitsempfindung des Auges

Die Leuchtdichten von Lichtquellen oder Strahlung reflektierenden Flächen variieren über einen sehr weiten Wertebereich.

Tabelle 8-3: Leuchtdichte von Lichtquellen.

Lichtquelle	Leuchtdichte [cd/m²]
Sonne	1 500 000 000
klarer Himmel	2000–12000
bedeckter Himmel	1000–6000
Kerzenflamme	7000
Papier im gut beleuchteten Büro	250
Computerbildschirm	80–120
Untere Grenze der Hellempfindung	10^{-5}

Das menschliche Auge passt sich an die mittlere äußere Leuchtdichte L_a im Gesichtsfeld an, was als Adaptation bezeichnet wird. Die Adaptation erfolgt durch Änderung der Pupillenfläche A_p, die bei fallender Leuchtdichte von 2 mm Durchmesser auf maximal etwa 8 mm bei Helladaptation aufgeweitet wird. Die als logarithmische Funktion der Leuchtdichte variierende Pupillenfläche ermöglicht eine Regulierung des eindringenden Lichtstroms um einen Faktor 16.

Die auf das Auge auftreffende Leuchtdichte wird mit dem Transmissionsgrad τ_p durchgelassen und trifft auf die Netzhaut. Die Helligkeitsempfindung wird durch die Anzahl der Photonen bestimmt, die auf ein Flächenelement der Netzhaut auftreffen, d. h. durch die Beleuchtungsstärke auf der Netzhaut. Diese ergibt sich aus der mittleren Leuchtdichte des Gesichtsfeldes, die durch den Raumwinkel $d\Omega_1$ der Pupillenfläche A_p mit Abstand r zwischen Linse und Netzhaut $d\Omega_1 = dA_p / r^2$ gesehen wird. Zwischen Raumwinkel und Flächennormale der Netzhautempfängerfläche dA_e ist der Winkel θ_e null, sodass der Kosinusterm für die Empfängerfläche entfällt.

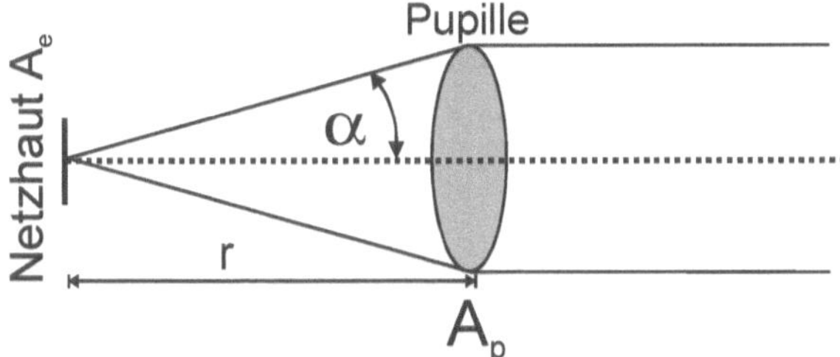

Bild 8-14: Querschnitt durch das Auge mit Abstand r zwischen Linse und Netzhaut.

$$E_{\text{Netzhaut}} = \frac{d\Phi}{dA_e} = \int_{\Omega_1} L_a \tau_p \, d\Omega_1 = L_a \tau_p \frac{A_p}{r^2} = \text{const } L_a A_p \tag{8.20}$$

Neben der Öffnung der Pupille (A_p), die vom Adaptationszustand des Auges abhängt, ist demnach die Helligkeitsempfindung alleine durch die Leuchtdichte bestimmt, die auf das Auge trifft. Die Leuchtdichte ist somit die wichtigste Größe der Lichttechnik.

8.3.3 Lichtstärkeverteilung von Leuchten und photometrisches Entfernungsgesetz

Die Leuchtdichten von Lampen oder Leuchten sind selten in alle Raumrichtungen konstant. Von den Herstellern werden Lichtstärkeverteilungen in Polardiagrammen in verschiedenen Schnittebenen angegeben. Meist wird die absolute Lichtstärke in Candela auf einen festgelegten Lampenlichtstrom bezogen.

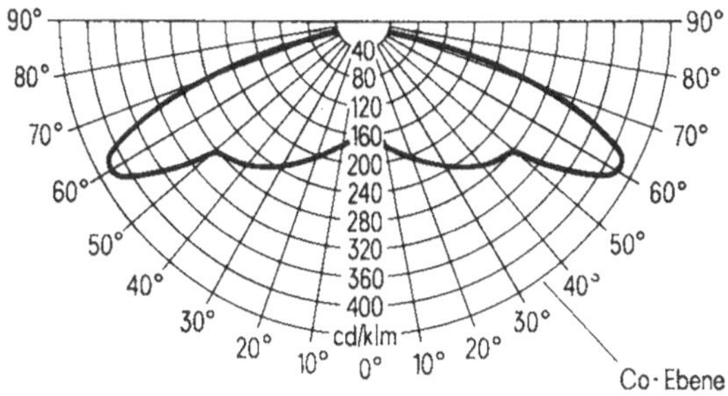

Bild 8-15:
Lichtverteilungskurve in der C_0-Ebene, die senkrecht auf der leuchtenden Fläche steht (in Candela pro Kilolumen).

Wird in Gleichung (8.17) die Leuchtdichte der sendenden Fläche durch die Lichtstärke pro Flächeneinheit ersetzt mit

$$L_\text{s} = \frac{d^2\varPhi_\text{s}}{d\Omega_1 dA_\text{s}\cos\theta_\text{s}} = \frac{dI(\theta_\text{s})}{dA_\text{s}\cos\theta_\text{s}} \qquad (8.21)$$

so ergibt sich für die Beleuchtungsstärke

$$E_\text{e} = \frac{d\varPhi}{dA_\text{e}} = \int\limits_{\Omega_2} L_\text{s}\cos\theta_\text{e}\,d\Omega_2 = \int\limits_{A_\text{s}} \frac{dI(\theta_\text{s})}{dA_\text{s}\cos\theta_\text{s}}\cos\theta_\text{e}\frac{dA_\text{s}\cos\theta_\text{s}}{r^2} = \int\limits_{A_\text{s}} \frac{dI(\theta_\text{s})}{r^2}\cos\theta_\text{e} \quad (8.22)$$

mit θ_e als Winkel zwischen empfangender Fläche und Raumwinkel $d\Omega_2$.

Bei der üblichen Konstanz der Lichtstärke über der Sendefläche A_s erhält man das photometrische Entfernungsgesetz:

$$E_\text{e} = \frac{d\varPhi}{dA_\text{e}} = \frac{I(\theta_\text{s})}{r^2}\cos\theta_\text{e} \qquad (8.23)$$

Der funktionale Zusammenhang der umgekehrt proportional zum Quadrat des Radius abnehmenden Beleuchtungsstärke gilt allerdings erst ab der sogenannten photometrischen Grenzentfernung, die etwa 10-mal so groß wie die größte lineare Abmessung der Leuchtfläche ist.

Beispiel 4:

Berechnung der Beleuchtungsstärke auf einer 80 cm hohen Arbeitsfläche, die von einer lambertstrahlenden Rasterleuchte in 2.5 m Höhe und einem seitlichen Abstand von 0.5 m mit einer Lichtstärke $I(0) = 500$ cd beleuchtet wird.

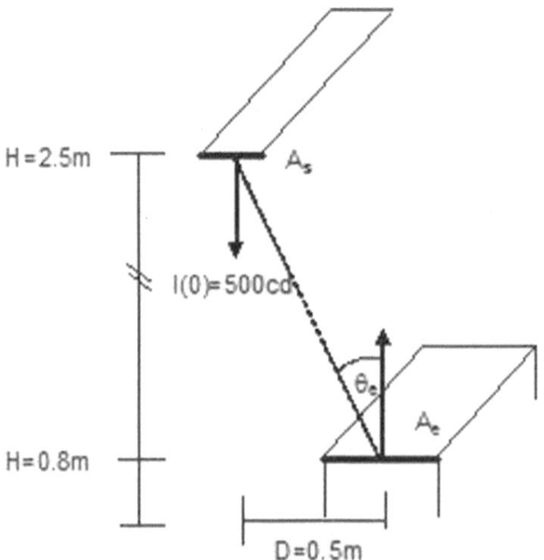

Der Winkel θ_e zwischen Empfängerflächennormale und Leuchte ergibt sich aus der Leuchtenhöhe und seitlichem Abstand zu

$$\theta_\text{e} = \arctan\frac{0.5\,\text{m}}{1.7\,\text{m}} = 16.4°$$

Der Abstand ist 1.77 m. Die Lichtstärke der Leuchte in Richtung Empfängerfläche beträgt

$$I(0)\cos\theta_s = 500\,\text{cd} \times \cos 16.4 = 480\,\text{cd} \, ,$$

sodass sich eine Beleuchtungsstärke von

$$E = \frac{I(\theta_s)\cos\theta_e}{r^2} = \frac{480\,\text{cd} \times \cos(16.4°)}{(1.77\ \text{m})^2} = 147\,\text{lx} \ \ \text{ergibt}$$

Beispiel 5: Auf einer Büroarbeitsfläche mit einem Reflexionsgrad von 70 % des Papiers soll eine Mindestleuchtdichte von 80 cd/m^2 durch eine Pendelleuchte erzeugt werden, die einen Meter über der Arbeitsfläche hängt. Wie hoch ist die erforderliche Lichtstärke dieser Leuchte?

Aus der gegebenen Leuchtdichte wird zunächst die Beleuchtungsstärke auf der Papierebene berechnet:

$$E_e = \frac{L_s\pi}{\rho} = 359\,\text{lx} \, .$$

Mit dem fotometrischen Entfernungsgesetz lässt sich dann die Lichtstärke der Leuchte in senkrechter Richtung berechnen.

$$I(0) = Er^2 = 359\,\text{cd}$$

8.3.4 Einheiten und Definitionen

Zusammenfassend sind die Definitionen der Lichttechnik in folgender Tabelle zusammengefasst.

Tabelle 8-4: Einheiten in der Lichttechnik

Lichttechnische Einheit	Symbol	Definition	Einheit
Energieinhalt des Lichtstroms	Q_v	$Q_v = \int \Phi_v dt$	lm s
Lichtstrom	Φ_v	-	lm
Spezifische Ausstrahlung	M_v	$M_v = \dfrac{d\Phi_v}{dA_1}$	lm m^{-2}
Lichtstärke	I_v	$I_v = \dfrac{d\Phi_v}{d\Omega}$	cd
Leuchtdichte	L_v	$L_v = \dfrac{d\Phi}{d\Omega dA_1 \cos\theta_1}$	cd m^{-2}
Beleuchtungsstärke	E_v	$E_v = \int L_v \cos\theta_2 d\Omega$	lx
Belichtungsstärke	H_v	$H_v = \dfrac{dQ_v}{dA_2}$	lx s

Tabelle 8-5 fasst die Wirkungsgraddefinitionen in der Lichttechnik zusammen.

Tabelle 8-5: Wirkungsgraddefinition

Wirkungsgrad	Symbol	Definition	Einheit
Strahlungswirkungsgrad	η_e	$\Phi_\mathrm{e}\,/\,P$	- (W/W)
Lichttechnischer Wirkungsgrad	η_v	$\Phi_\mathrm{v}\,/\,P$	lm/W
Photometrisches Strahlungsäquivalent	k	$\Phi_\mathrm{v}\,/\,\Phi_\mathrm{e}$	lm/W
Optischer Wirkungsgrad	O	$\int\limits_{380nm}^{780nm}\Phi_{e\lambda}\,d\lambda\;/\int\limits_{0}^{\infty}\Phi_{e\lambda}\,d\lambda$	–
Visueller Wirkungsgrad	V	$\int\limits_{380nm}^{780nm}\Phi_{e\lambda}V(\lambda)\,d\lambda\;/\int\limits_{0}^{\infty}\Phi_{e\lambda}\,d\lambda$	–

8.4 Sehleistung und Beleuchtungsqualität

Unter Sehleistung wird das Erkennen von Formen bzw. Kontrasten verstanden. Die hierzu nötigen Leistungen des visuellen Systems sind Sehschärfe, Tiefenschärfe, Unterschiedsempfindlichkeit, Formempfindlichkeit, Wahrnehmungsgeschwindigkeit, Farbempfindlichkeit und die Anpassungsgeschwindigkeit des Auges an die Entfernung. Dabei hängen die Leistungen des Auges in erheblichem Maße von dem Leuchtdichteniveau ab.

Die höchste Sehleistung liegt bei einer festen Blickrichtung innerhalb eines sehr engen Raumwinkels von 1 bis 2 Grad (Bild auf der Netzhautgrube / Fovea centralis) und wird als foveales Sehen bezeichnet. Mit fovealem Sehen wird ein Sehobjekt samt Konturen und Helligkeits- und Farbunterschieden fixiert.

Bei der Wahrnehmung eines Raumes entspricht das foveale Sehen allerdings nur dem zwar konzentrierten, aber sehr eingeschränkten Blick auf das Sehobjekt.

Das periphere Sehen außerhalb der Blickachse liefert dagegen Informationen über den Raum und ist für die Beurteilung des Sehkomforts sehr wichtig.

Die höchste Hellempfindlichkeit liegt in einer Ringzone im Abstand von etwa 10 bis 20 Grad von der Augenachse. Die Hellempfindlichkeit nimmt zur Peripherie hin ab und reicht seitlich etwa bis 90 Grad, nach oben etwa bis 60 Grad und nach unten etwa bis 70 Grad. Hier liegt also die physiologische Grenze des Gesichtsfeldes (Volker Schultz, Forschungsprojekt Licht und Ergonomie, Teilbericht Licht und Architektur).

Die Sehleistung nimmt zu den Grenzen des Gesichtsfeldes stark ab. Das innere periphere Sehen reicht bis 45° Abweichung von der Blickachse und bestimmt das Adaptationsniveau. Lichtquellen innerhalb dieses Bereiches des Gesichtsfeldes mit höheren Leuchtdichten als das Sehobjekt verursachen Kontrastminderungen oder Blendung.

Das äußere periphere Sehen umfasst den verbleibenden Raumwinkel bis zur 90 ° Grenze des Gesichtsfeldes. Die Sehleistung nimmt weiter ab, jedoch ist dieser Bereich für die Raumwahrnehmung und Orientierung essenziell.

Obwohl peripheres Sehen keine scharfen Bilder liefert, ist es für die Orientierung im Raum und die Früherkennung von Gefahren (Trittstufen, Türschwellen) von hoher Bedeutung. Ein hoher Sehkomfort unterstützt das periphere Sehen durch akzentuierende Maßnahmen wie Helligkeits- oder Farbverteilungen. Auch Tageslicht unterstützt die periphere Sehfähigkeit, da die für die Wahrnehmung der Umgebung verantwortlichen Stäbchen im blauen Wellenlängenbereich empfindlicher sind als die Zapfen. Eine Tageslichtbeleuchtung ermöglicht daher nicht nur durch ihre Dynamik eine bessere Orientierung, sondern auch durch ihr oft kurzwelligeres Spektrum.

Zur Beleuchtungsqualität gehören Gütemerkmale wie ausreichende Beleuchtungsstärke, eine ausgewogene Leuchtdichteverteilung, eine Begrenzung der Blendung, abgestimmte Lichtrichtung und Schattigkeit sowie eine angenehme Lichtfarbe und Farbwiedergabe der Leuchten sowie deren Flimmerfreiheit.

8.4.1 Leuchtdichtekontraste und Blendung

Neben der Bereitstellung ausreichender Beleuchtungsstärke geht es im Verwaltungsbau primär um Probleme mit Bildschirmarbeitsplätzen, die blendfrei und kontrastarm ausgeleuchtet werden müssen. Bei der sogenannten psychologischen Blendung wird eine Störempfindung hervorrufen, welche die Arbeitsleistung herabsetzen kann.

Das als angenehm empfundene Kontrastverhältnis zwischen Objekt- und Umfeldleuchtdichte hängt von der absoluten Höhe der Umfeldleuchtdichte und somit der Augenadaptation ab: Je höher die Umfeldleuchtdichte, desto geringer ist die subjektiv wahrgenommene Helligkeit eines Objektleuchtdichtereizes. Zur Reduzierung der häufig auftretenden Relativblendung durch zu große Leuchtdichtekontraste im Gesichtsfeld kann demnach einfach die Umfeldleuchtdichte angehoben werden.

Bei sehr ungleichmäßiger Verteilung der Leuchtdichte oder hohen Leuchtdichten entstehen Störwirkungen, welche die Sehfunktion beeinträchtigen (physiologische Blendung). Beispielsweise mindert eine Blendquelle, welche Streulicht erzeugt, Kontraste stark ab. Diese sogenannte Schleierleuchtdichte ist umso stärker, je höher die Blendbeleuchtungsstärke und je näher die Blendlichtquelle in der Blickrichtung des Betrachters ist. Dieses ist vor allem im Straßenverkehr relevant.

Damit ein Objekt erkannt werden kann, muss ein mit der Adaptationsleuchtdichte L steigender Leuchtdichteunterschied ΔL_O des Objektes zur Umgebung vorhanden sein.

Die Schleierleuchtdichte L_S führt bei Blendung zu einer Erhöhung der Adaptationsleuchtdichte auf $L+L_S$, sodass das Sehobjekt mit einem gegebenen Leuchtdichteunterschied ΔL_O nicht mehr wahrgenommen wird. Um es wieder wahrnehmen zu können, muss der Leuchtdichteunterschied auf den Wert ΔL_b erhöht werden. Die prozentuale Schwellenwerterhöhung TI (Threshold Increment) von ΔL_O auf ΔL_b ist ein Maß für die physiologische Blendung. Hohe TI-Werte bedeuten starke Blendung. Bei gut entblendeten Beleuchtungsanlagen liegen die Schwellenwerterhöhungen zwischen 7 und 10 Prozent.

Bei Leuchtdichten größer 10^4 cd/m^2 tritt absolute Blendung auf.

Mittlere Leuchtdichten eines Bildschirmes liegen bei etwa 100 cd/m^2, während ein Fenster selbst bei bedecktem Himmel etwa 4500 cd/m^2 aufweist. Der Leuchtdichtekontrast von 1:45 liegt so weit über dem noch als angenehm empfundenen Kontrast von 1:15, dass Blendschutzmaßnahmen unvermeidlich sind. Ideale Leuchtdichtekontraste zwischen Sehaufgabe und dunklerer Nahumgebung liegen lediglich bei 3:1, bei entfernterer Umgebung bei 10:1 und sollten Werte zwischen 20-40:1 nicht überschreiten.

Um Kontraste (= Leuchtdichteunterschiede) einer beleuchteten Arbeitsfläche gut wahrnehmen zu können, muss die Arbeitsfläche eine Mindestleuchtdichte aufweisen. Diese steigt mit zunehmender Sehaufgabe und liegt zwischen 10 und 80 cd/m^2 bei sehr grober bis zu sehr feiner Sehaufgabe.

Die Blendungsbewertung wird nach dem sogenannten UGR-Verfahren (Unified Glare Rating) durchgeführt. Der UGR-Wert als Maß für die Blendung gibt das Verhältnis der Direktblendung durch Leuchten im Innenraum zur allgemeinen Raumhelligkeit bzw. zur Leuchtdichte im Hintergrund an.

Die Blendung wird dabei für die gesamte Beleuchtungsanlage für eine Beobachterposition berechnet und ist somit abhängig vom Standort des Beobachters. Je niedriger der UGR Wert, desto geringer ist die Blendung. Zusätzlich wird ein Elevationswinkel als Grenzwinkel angegeben, oberhalb dessen die Leuchte eine Leuchtdichte von 1000 cd/m^2 oder mehr aufweist.

Der Blendungsindex wird aus der Umfeldleuchtdichte L_b und den jeweiligen Leuchtdichten L im vom Beobachter aus gesehenen Raumwinkel ω berechnet.

$$UGR = 8\log\left(\frac{0.25}{L_\mathrm{b}} \sum \frac{L^2\omega}{p^2}\right) \tag{8.24}$$

Der Positionsindex p gibt die Lage der Leuchte an und ist umso größer, je peripherer sich die Leuchte im Gesichtsfeld befindet. Bei direktem Blick in die Lichtquelle ist $p = 1$, der größte Wert ist 17. Der Blendungsindex UGR steigt quadratisch mit der Lichtquellenleuchtdichte L, linear mit dem Raumwinkel der leuchtenden Fläche ω und umgekehrt proportional zur Umfeldleuchtdichte L_b. In Räumen mit Bildschirm- und Büroarbeitsplätzen darf der Blendungsindex unabhängig von der Beleuchtungsstärke nicht größer als 19 sein.

Eine unter 1° direkt gesehene Lichtquelle von 10 000 cd/m^2, die sich innerhalb eines Umfeldes mit einer Leuchtdichte von 100 cd/m^2 befindet, hat einen UGR-Wert von 30,2 ($\omega = 2{,}39 \times 10^{-4}$ sr, $L = 10\ 000$ cd/m^2, $L_\mathrm{b} = 100$ cd/m^2, $p = 1$) und bedeutet eine sehr hohe Blendwirkung. Zulässig sind nach EN 12464 folgende UGR-Maximalwerte:

Tabelle 8-6: Maximale Blendungsindizes für verschiedene Nutzungen und Sehaufgaben.

Raumtypen und Sehaufgaben	*Maximaler UGR Wert*
Verkehrsflächen und Flure, Hallen und Bahnsteige	28
Montagearbeiten je nach Sehaufgabe	16-25
Büros	19
CAD-Räume	16

8.4.2 Unterschiedsempfindlichkeit und Sehschärfe

Die Unterschiedsempfindlichkeit bezeichnet die visuelle Fähigkeit, Leuchtdichteunterschiede ΔL im Gesichtsfeld wahrnehmen zu können. Je höher das Helligkeitsniveau L, umso geringere Leuchtdichteunterschiede können erkannt werden. Bei zunehmend dunklerem Umfeld muss das Objekt entweder einen höheren Kontrast aufweisen oder bei gleichem Kontrast größer sein, um gerade noch erkannt zu werden. Die Unterschiedsempfindlichkeit wird durch Blendung herabgesetzt.

Die Sehschärfe bezeichnet die Fähigkeit, Formen und Farbdetails zu erkennen. Die Sehschärfe nimmt mit ansteigender Helligkeit zu.

8.4.3 Lichtrichtung und Körperwiedergabe

Die Körperwiedergabe oder Schattigkeit charakterisiert die Eigenschaft der Beleuchtung, welche die Wiedergabe von räumlichen Objekten beeinflusst. Die Körperwiedergabe ist durch das Verhältnis der Beleuchtungsstärken auf der horizontalen zur vertikalen Ebene definiert.

In Innenräumen sollte zu stark gerichtetes Licht vermieden werden, da es nicht nur die Bildung von Schlagschatten, sondern auch das Entstehen von Reflexen auf nicht matten Oberflächen fördert. Zu stark gerichtet ist eine Beleuchtung mit einer mehr als dreifachen horizontal gemessenen Beleuchtungsstärke im Vergleich zur vertikalen Beleuchtung (Cakir et al, FVLR Veröffentlichung). Auch zu diffuse Beleuchtungsverteilung sollte wegen Reduzierung des Orientierungsvermögens und eines differenzierten Raumeindrucks vermieden werden.

Die Schattigkeit ist bei Tageslichtbeleuchtung mit Oberlichtern oder in Räumen mit Fenstern auf zwei Raumseiten günstig. Bei einseitigen Fenstern hängt sie dagegen stark von der Blickrichtung ab.

Die Vertikalbeleuchtungsstärken, die allein durch künstliche Beleuchtung erzeugt werden, sind üblich geringer als im Außenraum. Sie sollen gemäß Norm etwa ein Drittel der geplanten Horizontalbeleuchtungsstärke betragen. Bei einer normgerechten Kunstlichtanlage in einem Büroraum mit 500 lux horizontaler Beleuchtungsstärke würden vertikale Beleuchtungsstärken nur circa 170 lx betragen. Bei Tageslicht hingegen treten zeitweilig ungleich höhere Beleuchtungsstärken auf. Bei Arbeitsplätzen in Fensternähe liegt die vertikale Beleuchtungsstärke über einen großen Teil des Tages fast eine Größenordnung (Faktor 10) höher als bei künstlicher Beleuchtung.

8.4.4 Lichtfarbe und Farbwiedergabe

Die Lichtfarbe des Tageslichts ist veränderlich, da die Spektralverteilung vom Klarheitsgrad des Himmels sowie vom Sonnenstand abhängt. Diese Veränderlichkeit macht sich in der Regel nicht störend bemerkbar, sondern wird eher als angenehm empfunden. Die Farbwiedergabe des Tageslichts ist sehr gut und wird nur von wenigen künstlichen Lichtquellen näherungsweise erreicht. Die Farbwiedergabequalität von Leuchtmitteln wird durch den Farbwiedergabeindex Ra charakterisiert. Der höchste Wert mit der natürlichsten Farbwiedergabe ist Ra=100.

Der Farbwiedergabeindex eines Leuchtmittels wird ermittelt durch die Bestimmung der Farbverschiebung gegenüber einer Referenzlichtquelle mit acht verschiedenen Farbproben von häufig vorkommenden Testfarben. Der Wert jeder Farbprobe wird mit 1/8 Gewichtung zum Farbwiedergabeindex aufsummiert.

Je nach Sehaufgabe sollte das geeignete Leuchtmittel anhand der Farbwiedergabe ausgesucht werden. In Bereichen mit höchsten Ansprüchen an die Farbwiedergabetreue (Grafik, Design) können nur Leuchtmittel mit einem Farbwiedergabeindex über 90 eingesetzt werden. Auch in Büros und Werkstätten sollte ein Farbwiedergabeindex von 80 nicht unterschritten werden. In Wohn- und Schlafräumen, wo farbliches Sehen nicht im Vordergrund steht, werden die Leuchtmittel eher entsprechend der zu erzeugenden Stimmung ausgewählt.

Tabelle 8-7: Farbwiedergabeindex verschiedener Leuchtmittel (Buschendorf, 1989)

Leuchtmittel	Farbwiedergabeindex
Tageslicht	100
Leuchtstofflampe, weiß de Luxe	85...100
Leuchtstofflampe, weiß	70...84
LED, weiß	70...95
Leuchtstofflampe	50...90
Halogen-Metalldampflampe	60...95
Natriumdampf-Hochdrucklampe, warmweiß	80...85
Quecksilberdampf-Hochdrucklampe	45
Natriumdampf-Hochdrucklampe, Standard	18...30

8.5 Himmelsleuchtdichten

Für die Berechnung der Tageslichtverteilung im Raum benötigt man Modelle der Leuchtdichteverteilung am Himmel. Aus der Leuchtdichteverteilung, effektiven Fläche und Raumwinkel lässt sich dann der Lichtstrom auf beliebige Empfängerflächen, beispielsweise Fenster, berechnen.

Als einfachstes Modell wird die Leuchtdichte des Himmels konstant gesetzt, entsprechend einem isotropen Himmelsmodell. Die Beleuchtungsstärke wird nach Gleichung (8.17) berechnet:

$$E_e = \frac{d\Phi_e}{dA_e} = \int_{\Omega_2} L_s \cos\theta_e d\Omega_2$$

Der Raumwinkel $d\Omega_2$ wird nach Gleichung (8.8) als Kreiskegel mit halbem Öffnungswinkel θ gewählt, wobei $\theta = 0$ der Flächennormale einer horizontalen Empfängerfläche entspricht. Bei einer horizontalen Empfängerfläche ist der Raumwinkelöffnungswinkel gleich dem Einfallswinkel θ_e und es ergibt sich folgende Beleuchtungsstärke:

$$E_e = \int_{\Omega_2} L_s \cos\theta_e d\left(2\pi(1-\cos\theta_e)\right) = 2\pi L_s \int_0^{\pi/2} \cos\theta_e \sin\theta_e d\theta_e = 2\pi L_s \left.\frac{\sin^2\theta_e}{2}\right|_0^{\pi/2} = \pi L_s$$

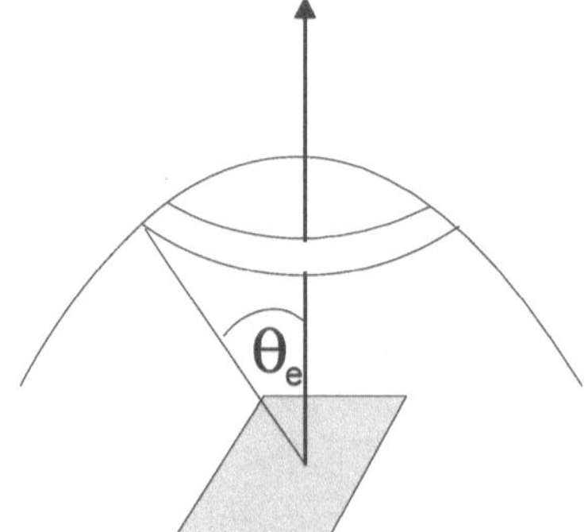

Bild 8-16:
Projektion des Himmelsgewölbes mit konstanter Leuchtdichte auf eine horizontale Empfängerfläche.

Die Himmelsleuchtdichte kann somit aus der horizontalen Bestrahlungsstärke berechnet werden, wenn die Strahlungsleistung über das photometrische Strahlungsäquivalent in eine Beleuchtungsstärke umgerechnet wird.

Beispiel 6:

Berechnung der isotropen Leuchtdichte des Himmels für eine horizontale Einstrahlung des bedeckten Himmels von 100 W/m^2 und einem photometrischen Strahlungsäquivalent von 115 lm/W.

Die Beleuchtungsstärke auf der horizontalen Fläche liegt bei 11500 lm/m^2. Die Leuchtdichte ergibt sich dann zu

$$L_\text{s} = \frac{E_\text{e}}{\pi} = 3660 \ \frac{\text{cd}}{\text{m}^2}$$

Neben der isotropen Leuchtdichteverteilung werden genormte Verteilungen für den klaren und bedeckten Himmel der Internationalen Lichttechnik-Kommission (CIE) verwendet. Der bedeckte, sogenannte Moon und Spencer Himmel ist durch einen Anstieg der Leuchtdichte L_α mit dem Höhenwinkel α charakterisiert, wobei die Zenitleuchtdichte L_z den dreifachen Wert der Horizontleuchtdichte annimmt,

$$L_\alpha = \frac{1}{3} L_\text{z} \left(1 + 2\sin\alpha\right) \tag{8.25}$$

und die Zenitleuchtdichte bei bedecktem Himmel eine Funktion des Sonnenhöhenwinkels α_s ist:

$$L_\text{z} = \frac{9}{7}\pi\left(300 + 21000\sin\alpha_\text{S}\right)$$

Für eine horizontale Fläche kann wieder der kreiskegelförmige Raumwinkel verwendet und die Leuchtdichte als Funktion des Einfallswinkels θ_e auf die Horizontale (entspricht dem Zenitwinkel) anstelle des Höhenwinkels α dargestellt werden.

$$
\begin{aligned}
E_\text{e,h} &= \int_0^{\pi/2} \left(\frac{1}{3}L_\text{z}\left(1 + 2\cos\theta_\text{e}\right)\right)\cos\theta_\text{e}\, d\left(2\pi\left(1 - \cos\theta_\text{e}\right)\right) \\
&= \frac{2\pi}{3}L_\text{z} \int_0^{\pi/2} \left(1 + 2\cos\theta_\text{e}\right)\cos\theta_\text{e}\sin\theta_\text{e}\, d\theta_\text{e} \\
&= \frac{2\pi}{3}L_\text{z}\left(\int_0^{\pi/2}\cos\theta_\text{e}\sin\theta_\text{e}\, d\theta_\text{e} + \int_0^{\pi/2} 2\cos^2\theta_\text{e}\sin\theta_\text{e}\, d\theta_\text{e}\right) \\
&= \frac{2\pi}{3}L_Z\left(\frac{1}{2}\sin^2\theta_e\Big|_0^{\pi/2} + 2\left(-\frac{1}{3}\cos^3\theta_\text{e}\Big|_0^{\pi/2}\right)\right) = \frac{L_Z\pi}{3}\left(1 + \frac{4}{3}\right) = L_Z\frac{7}{9}\pi
\end{aligned}
\tag{8.26}
$$

Für die vertikale Fläche muss der Raumwinkel so gewählt werden, dass die sich mit dem Azimut ändernden Einfallswinkel auf die Vertikale berücksichtigt werden können. Beispielsweise bieten sich Flächenelemente auf einer Ringzone der Himmelshalbkugel an, die als Funktion von Zenit- und Azimutwinkel angegeben werden können. Die Flächenelemente werden wie in Gleichung (8.9) beschrieben in Polarkoordinaten berechnet.

Der Einfallswinkel θ_e zwischen Raumwinkelelement des Himmels mit den Koordinaten Zenitwinkel θ_z und Azimut γ und Normale der vertikalen Fläche (Neigungswinkel $\beta = 90°$) wird mit den bekannten Sonnenstandsgleichungen berechnet. Da die Leuchtdichte nicht vom Azimut abhängt, kann die vertikale Fläche beliebig orientiert sein. Zur Vereinfachung wird der Flächenazimut $\gamma_F = 0$ gewählt.

$$\cos\theta_e = \cos\theta_z \underbrace{\cos\beta}_{90°} + \sin\theta_Z \underbrace{\sin\beta}_{1}\cos\left(\gamma - \underbrace{\gamma_F}_{0}\right) = \sin\theta_Z \cos\gamma \tag{8.27}$$

Die Integration über den Raumwinkel wird mit den Integrationsgrenzen des Zenitwinkels von 0 bis $\pi/2$ und des Azimuts von $-\pi/2$ bis $+\pi/2$ durchgeführt, da nur der halbe Himmel von der vertikalen Fläche gesehen wird.

$$E_V = \int_{d\Omega} L(\theta_Z)\cos\theta_e d\Omega = \int_{-\pi/2}^{\pi/2}\int_0^{\pi/2}\left(\frac{1}{3}L_Z(1+2\cos\theta_Z)\right)\underbrace{\sin\theta_Z\cos\gamma}_{\cos\theta_e}\underbrace{\sin\theta_Z d\theta_Z d\gamma}_{d\Omega}$$

$$= \frac{1}{3}L_Z\left(\int_{-\pi/2}^{\pi/2}\int_0^{\pi/2}\sin^2\theta_Z d\theta_Z \cos\gamma d\gamma + \int_{-\pi/2}^{\pi/2}\int_0^{\pi/2}2\cos\theta_Z \sin^2\theta_Z d\theta_Z \cos\gamma d\gamma\right)$$

$$= \frac{1}{3}L_Z\left(\left(\underbrace{\frac{1}{2}\theta_Z}_{\pi/4} - \underbrace{\frac{1}{4}\sin(2\theta_Z)}_{0}\right)\Bigg|_0^{\pi/2}\underbrace{\sin\gamma\Big|_{-\pi/2}^{\pi/2}}_{2} + 2\underbrace{\left(\frac{1}{3}\sin^3(\theta_Z)\right)\Bigg|_0^{\pi/2}}_{1/3}\underbrace{\sin\gamma\Big|_{-\pi/2}^{\pi/2}}_{2}\right)$$

$$= \frac{1}{3}L_Z\left(\frac{\pi 2}{4} + 2\frac{1}{3}2\right) = L_Z\pi\underbrace{\left(\frac{1}{6} + \frac{4}{9\pi}\right)}_{0.308} \tag{8.28}$$

Im Gegensatz zum isotropen Himmelsmodell, bei welchem von einer vertikalen Fläche genau die Hälfte der horizontalen Bestrahlungsstärke gesehen wird, werden bei dem Moon und Spencer Himmelsmodell nur 40 % des Horizontalwerts erhalten.

$$\frac{E_{e,V}}{E_{e,h}} = \frac{L_Z\pi\left(\dfrac{1}{6} + \dfrac{4}{9\pi}\right)}{L_Z\pi 7/9} = 0.4 \tag{8.29}$$

Das Raumwinkelelement der Kugelringzone $d\Omega = \sin\theta_z d\theta_z\, d\gamma$ kann alternativ zum Kreiskegel auch zur Berechnung der horizontalen Beleuchtungsstärke verwendet werden, wobei selbstverständlich dieselben Ergebnisse wie beim kreiskegelförmigen Raumwinkel erzielt werden. Dieser Kugelringzonen-Raumwinkel wird für die Berechnung von Tageslichtquotienten verwendet, da sich hiermit über begrenzte Azimutbereiche von Fensterausschnitten integrieren lässt.

$$E_h = \int_{-\pi}^{\pi}\int_0^{\pi/2}\underbrace{\left(\frac{1}{3}L_Z(1+2\cos\theta_Z)\right)}_{L}\underbrace{\cos\theta_Z}_{\cos\theta_e}\underbrace{\sin\theta_Z d\theta_Z d\gamma}_{d\Omega}$$

$$= \frac{L_Z}{3}\left(\int_{-\pi}^{\pi}d\gamma\left(\frac{1}{2}\sin^2(\theta_Z)\right)\Bigg|_0^{\pi/2} + \int_{-\pi}^{\pi}d\gamma\left(-\frac{2}{3}\cos^3(\theta_Z)\right)\Bigg|_0^{\pi/2}\right) = L_Z\frac{7}{9}\pi \tag{8.30}$$

8.6 Tageslicht im Innenraum

Mit der asymmetrischen Leuchtdichteverteilung des Moon und Spencer Himmels kann nun die Tageslichtverteilung im Innenraum berechnet werden. Zunächst soll zur Übersicht dargestellt werden, aus welchen Zenitwinkelbereichen der Hauptteil des Lichtstroms auf eine vertikale bzw. horizontale Verglasungsfläche fällt, um einfache Abschätzungen über die Tiefenausleuchtung von Räumen vorzunehmen.

Nach Gleichung (8.28) kann die Beleuchtungsstärke auf eine vertikale Verglasung für einen Zenitwinkelbereich von $\theta_{Z,1}$ bis $\theta_{Z,2}$ folgendermaßen berechnet werden (Winkel in Bogenmaß):

$$E_V\big|_{\theta_{Z,1}}^{\theta_{Z,2}} = \frac{1}{3}L_Z\left(\left(\theta_{Z,2} - \theta_{Z,1}\right) - \frac{1}{2}\left(\sin\left(2\theta_{Z,2}\right) - \sin\left(2\theta_{Z,2}\right)\right) + \frac{4}{3}\left(\sin^3\left(\theta_{Z,2}\right) - \sin^3\left(\theta_{Z,1}\right)\right)\right)$$

$$(8.31)$$

Die Leuchtdichte fällt mit steigendem Zenitwinkel, die mittleren Einfallswinkel auf die vertikale Fläche werden jedoch geringer und die Raumwinkel der Kugelringzonen mit konstanten Zenitwinkelabständen (beispielsweise 15°) werden ebenfalls größer mit steigendem Zenitwinkel. Alle drei Effekte zusammengenommen führen dazu, dass trotz der höchsten Leuchtdichte im Zenit der Lichtstrom aus den hohen Zenitwinkelbereichen am relevantesten ist.

Zenitwinkelbereich (°)	Leuchtdichte L/L_Z [-]	Vertikale Beleuchtungsstärke E_V/L_Z [sr]
0-15	0.99	0.01
15-30	0.95	0.07
30-45	0.86	0.17
45-60	0.74	0.24
60-75	0.59	0.26
75-90	0.42	0.21

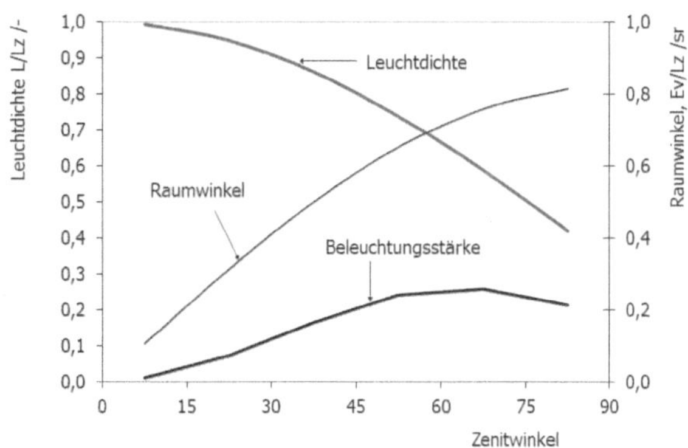

Tabelle 8-8 und **Bild 8-17**:
Abnahme der Leuchtdichte und Zunahme des Raumwinkels sowie der vertikalen Beleuchtungsstärke nach Gleichung (8.31) mit dem Zenitwinkel.

Das Maximum der vertikalen Beleuchtungsstärke, hier normiert auf die Zenitleuchtdichte L_Z, kommt aus dem Zenitwinkelintervall 60-75°.

Die Summe der vertikalen Beleuchtungsstärke über alle Zenitwinkelbereiche ergibt

$$\sum \frac{E_V\big|_{\theta_{Z,1}}^{\theta_{Z,2}}}{L_Z} = 0.986 = \pi\left(\frac{1}{6} + \frac{4}{9\pi}\right)$$

sodass wieder das Ergebnis aus Gleichung (8.28) erhalten wird. Der Einfallswinkel ist nach Gleichung (8.27) gegeben durch $\cos\theta_e = \sin\theta_Z \cos\gamma$, ist also nicht konstant für ein gegebenes Zenitwinkelintervall, da der Azimut γ jeweils von $-\pi/2$ bis $+\pi/2$ variiert. Der mittlere Einfallswinkel auf die vertikale Fläche sinkt von 83.7° im Zenitwinkelintervall 0-15° bis auf 51.3 für das Intervall von 75-90°.

Beim Durchgang des Lichtes durch das Fenster verschiebt sich die Kurve zu noch höheren Zenitwinkeln, da die Reflexionsverluste für steil auftreffendes Licht groß sind. Als Faustregel für die Auslegung von Fensteröffnungen folgt, dass für eine ausreichende Ausleuchtung in der Raumtiefe zumindest die unteren 30° des Himmels gesehen werden sollten. Aus diesen Zenitwinkelintervallen (60-90°) stammen immerhin (0.21+0.26)/0.986=0.48, also 48 % der gesamten Beleuchtungsstärke des Himmelshalbraumes.

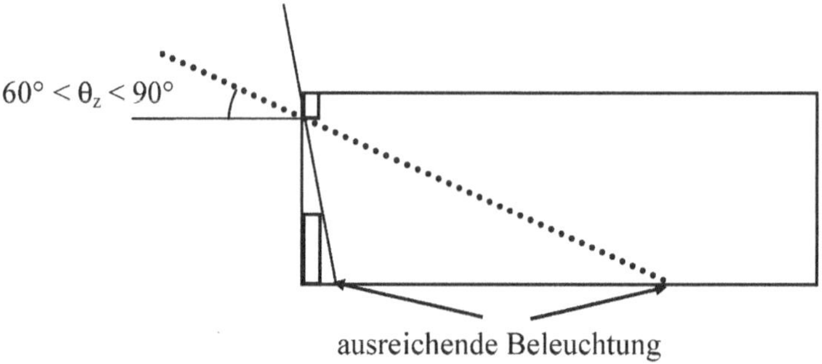

Bild 8-18: Ausreichende Beleuchtung eines Raumes.

Geringe Sturzhöhen und hoch liegende Fenster bringen demnach eine gute Tiefenausleuchtung. Schmale, hohe Fenster bis zur Decke sind lichttechnisch deutlich besser als Fensterbänder.

Bei horizontalen Oberlichtern wird die Beleuchtungsstärke aus unterschiedlichen Zenitwinkelbereichen nach Gleichung (8.26) berechnet:

$$E_{\mathrm{e,h}}\Big|_{\theta_{Z,1}}^{\theta_{Z,2}} = \frac{2\pi}{3} L_Z \left(\frac{1}{2}\left(\sin^2 \theta_{Z,2} - \sin^2 \theta_{Z,1} \right) - \frac{2}{3}\left(\cos^3 \theta_{Z,2} - \cos^3 \theta_{Z,1} \right) \right)$$

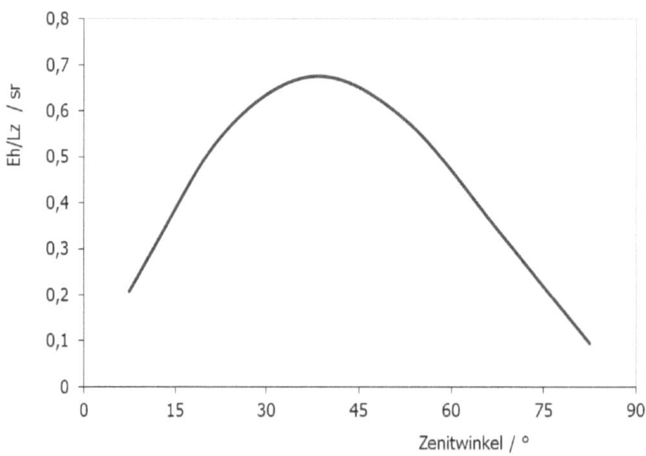

Bild 8-19:
Auf die horizontale Verglasung auftreffende Lichtmenge bei bedecktem Himmel in Abhängigkeit des Zenitwinkels.

Das Maximum der horizontalen Beleuchtungsstärke normiert auf die Zenitleuchtdichte liegt jetzt im Zenitwinkelbereich 30–45°. Aus dem Zenitwinkelbereich 0-30° kommen insgesamt 31 % der gesamten Beleuchtungsstärke.

Die Ausleuchtung eines Raumes mit Oberlichtern ist ausreichend, wenn nicht mehr als ein Zenitwinkelbereich von 0-30° abgeschnitten wird.

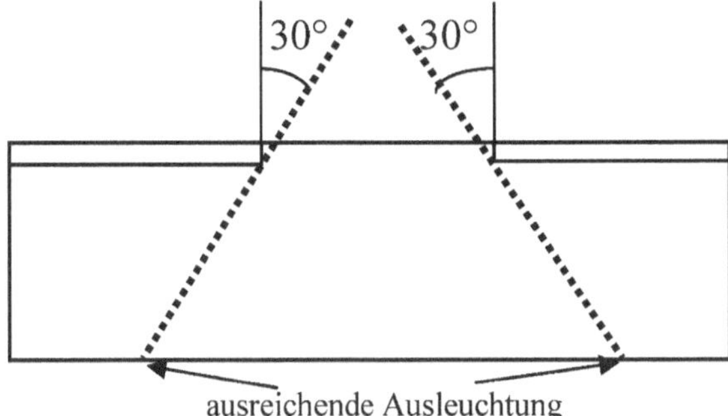

Bild 8-20: Ausreichende Beleuchtung eines Raumes bei Einsatz von Oberlichtern.

8.6.1 Berechnung der Tageslichtverteilung nach DIN 5034

Der Tageslichtquotient D (daylight coefficient) als Verhältnis von Innenbeleuchtungsstärke zur Außenbeleuchtungsstärke wird normgerecht für zwei Messpunkte in 0.85 m Höhe bestimmt, die sich in 1 m Entfernung von den seitlichen Wänden befinden. Der Tageslichtquotient setzt sich aus einem Himmelslichtanteil D_H, einem Anteil diffuser Reflexion verschattender Verbauung D_V sowie einem Innenreflexionsanteil D_R zusammen.

$$D = D_H + D_V + D_R \tag{8.32}$$

Seit etwa 1920 wurden grafische Methoden verwendet, um den Anteil des von der Arbeitsfläche aus gesehenen Himmelsanteil D_H sowie des verbauten, Licht nur reflektierenden Anteils D_V zu bestimmen. Das sogenannte Waldramdiagramm beinhaltet die Projektion des Himmelsgewölbes auf eine horizontale Fläche und berücksichtigt die Leuchtdichtezunahme zum Zenit. Verschattende Gebäude im Außenbereich werden mit ihrem Raumwinkel und Reflexionskoeffizienten berücksichtigt. Die komplexeren Interreflexionen im Innenraum (Innenreflexionsanteil D_R) wurden erst später in die Berechnung des Tageslichtquotienten einbezogen und werden heute meist sehr vereinfacht mit der sogenannten „Split-Flux"-Methode berechnet, in welcher lediglich Himmelslichtreflexionen vom Innenraumboden und den unteren Wandteilen sowie Reflexion von der Raumdecke und den oberen Wandteilen durch bodenreflektiertes Licht getrennt betrachtet werden.

Der Tageslichtquotient wird zunächst in Abhängigkeit der Raumgeometrie aus den Rohbaumaßen der Fensteröffnungen ermittelt (Index r) und anschließend mit Licht mindernden Faktoren (Fenstertransmissionsgrad τ, Rahmenanteilsfaktor k_1, Verschmutzungsfaktor k_2 und Korrekturfaktor für nichtsenkrechten Einfall k_3 nach DIN 5034) multipliziert.

$$D = \left(D_{Hr} + D_{Vr} + D_{Rr}\right)\tau k_1 k_2 k_3 \tag{8.33}$$

Für die Berechnung des vom Bezugspunkt P aus gesehenen Himmelslichtanteils müssen zunächst der effektive Höhenwinkel α_F der Fensteroberkante sowie die seitlichen Begrenzungen des Fensters durch einen linken und rechten Azimutwinkel γ_{Fl} und γ_{Fr} bestimmt werden.

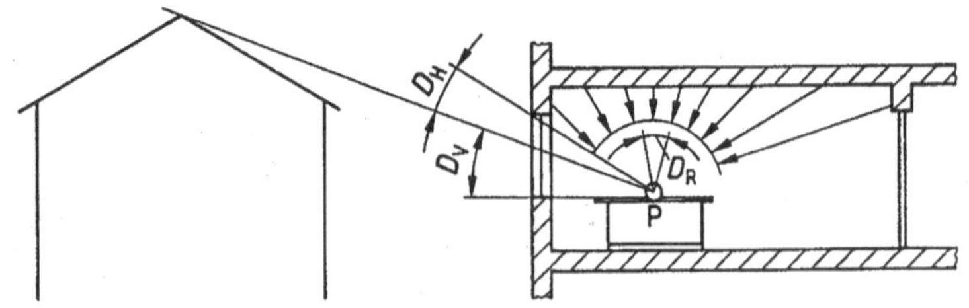

Bild 8-21: Anteile des Tageslichtquotienten (aus DIN 5034 Teil 3).

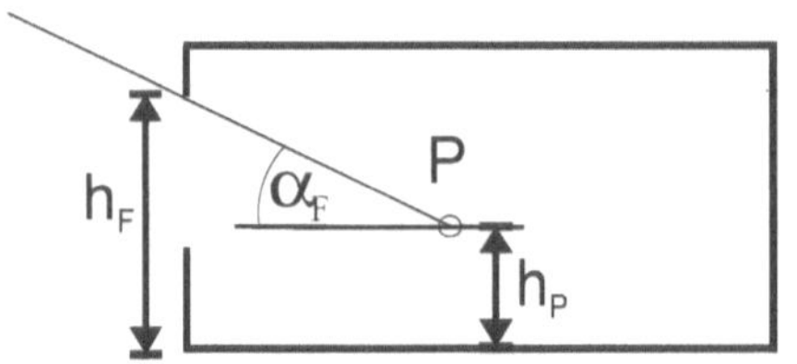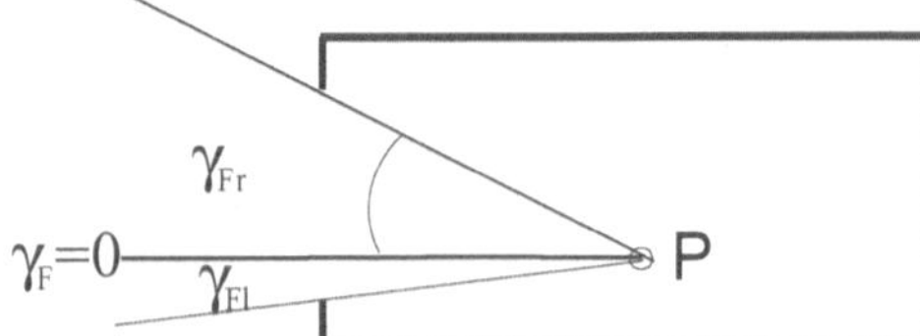

Bild 8-22: Geometrische Kenngrößen des Fensters im Schnitt und Grundriss.

Für die Bestimmung des effektiven Höhenwinkels α_F wird zunächst der maximale Höhenwinkel $\alpha_{F,max}$ aus Fensterhöhe h_F (Oberkante) und der kürzesten Strecke zwischen Fenster und Beobachtungspunkt bestimmt und dann die seitliche Abnahme des Höhenwinkels mit dem Azimut γ berechnet.

$$\alpha_F = \arctan\left(\tan\alpha_{F,max}\cos\gamma\right) \tag{8.34}$$

Für die Berücksichtigung der Verbauung müssen die Verbauungshöhenwinkel $\alpha_V(\gamma)$ als Funktion des Azimuts bekannt sein.

Die Beleuchtungsstärke auf eine horizontale Fläche im unverschatteten Außenraum beträgt nach Gleichung (8.26) $E_{h,a} = L_Z\pi 7/9$. Die im Innenraum auf eine horizontale Fläche auftreffende Beleuchtungsstärke kann ebenfalls aus Gleichung (8.30) unter Berücksichtigung der eingeschränkten Höhen- und Azimutwinkel des Fensters berechnet werden:

$$E_{h,i} = \frac{L_Z}{3}\left(\int d\gamma\left(\frac{1}{2}\sin^2(\theta_Z)\right)\Bigg|_{\theta_{Z,1}}^{\theta_{Z,2}} + \int d\gamma\left(-\frac{2}{3}\cos^3(\theta_Z)\right)\Bigg|_{\theta_{Z,1}}^{\theta_{Z,2}}\right)$$

Der Zenitwinkel wird durch den Fensterhöhenwinkel $\alpha_F=\pi/2-\theta_Z$ ersetzt, wobei

$$\cos(\theta_Z) = \sin(\alpha_F),\ \sin(\theta_Z) = \cos(\alpha_F)\ \text{und}\ \sin^2(\theta_Z) = \cos^2(\alpha_F) = 1-\sin^2(\alpha_F).$$

Die Begrenzungswinkel für das Leuchtdichteintegral sind der linke und rechte Azimutwinkel der Fensteröffnung γ_{Fl} und γ_{Fr}, der untere Höhenwinkel ist der Verbauungshöhenwinkel α_V (entsprechend dem größeren Zenitwinkel $\theta_{Z,2}$) und der obere Höhenwinkel der Fensterhöhenwinkel α_F (entsprechend $\theta_{Z,1}$).

$$E_{h,i} = \frac{L_Z}{3}\left(\int_{\gamma_{Fl}}^{\gamma_{Fr}} \left(\left(\frac{1}{2}\left(\sin^2\left(\theta_{Z,2}\right) - \sin^2\left(\theta_{Z,1}\right)\right)\right) - \frac{2}{3}\left(\cos^3\left(\theta_{Z,2}\right) - \cos^3\left(\theta_{Z,1}\right)\right)\right) d\gamma\right)$$

$$= \frac{L_Z}{3}\left(\int_{\gamma_{Fl}}^{\gamma_{Fr}} \left(\left(\frac{1}{2}\left(-\sin^2\left(\alpha_V\right) + \sin^2\left(\alpha_F\right)\right)\right) - \frac{2}{3}\left(\sin^3\left(\alpha_V\right) - \sin^3\left(\alpha_F\right)\right)\right) d\gamma\right)$$

$$(8.35)$$

Somit ergibt sich der Tageslichtquotient zu:

$$D_{Hr} = \frac{E_{h,i}}{E_{h,a}} = \frac{\dfrac{L_Z}{3}\left(\displaystyle\int_{\gamma_{Fl}}^{\gamma_{Fr}} \left(\left(\frac{1}{2}\left(-\sin^2\left(\alpha_V\right) + \sin^2\left(\alpha_F\right)\right)\right) - \frac{2}{3}\left(\sin^3\left(\alpha_V\right) - \sin^3\left(\alpha_F\right)\right)\right) d\gamma\right)}{L_Z \dfrac{7}{9}\pi}$$

$$= \frac{3}{7\pi}\int_{\gamma_{Fl}}^{\gamma_{Fr}} \left(\frac{2}{3}\left(\sin^3 \alpha_F\left(\gamma\right) - \sin^3 \alpha_V\left(\gamma\right)\right) + \frac{1}{2}\left(\sin^2 \alpha_F\left(\gamma\right) - \sin^2 \alpha_V\left(\gamma\right)\right)\right) d\gamma$$

$$(8.36)$$

Der Außenreflexionsanteil D_{Vr} ergibt sich als Funktion der Verbauungswinkel und dem Reflexionsgrad ρ_V der Verbauung (typisch 20 %), indem vom Höhenwinkel $\alpha = 0$ bis zum Verbauungshöhenwinkel α_V sowie über die Azimutwinkel der Verbauung γ_{Vl} und γ_{Vr} integriert wird. In DIN 5034 wird der Außenreflexionsanteil pauschal durch einen Faktor 0.75 reduziert.

$$D_{Vr} = 0.75\rho_V \frac{3}{7\pi} \int_{\gamma_{Vl}}^{\gamma_{Vr}} \left(\frac{2}{3}\sin^3 \alpha_V + \frac{1}{2}\sin^2 \alpha_V\right) d\gamma \qquad (8.37)$$

Der nach der Split-Flux-Methode berechnete Innenreflexionsanteil wird in Abhängigkeit des flächengewichteten Reflexionsgrades von Fußboden und Wandunterteil ρ_{BW} (ohne Fensterwände, Wandunterteil bis Höhe Fenstermitte) sowie des entsprechenden flächengewichteten Reflexionsgrades von Decke und Wandoberteilen ρ_{DW} (ebenfalls ohne Fensterwände) berechnet. Der mittlere Reflexionsgrad des Raumes $\bar{\rho}$ enthält dagegen alle Wände.

$$D_{Rr} = \frac{\sum b_F h_F}{A_R} \frac{\bar{\rho}}{1 - \bar{\rho}^2}\left(f_o \rho_{BW} + f_u \rho_{DW}\right) \qquad (8.38)$$

A_R: Raumumschließungsfläche (m²)
b_F, h_F: Fensterbreite und -höhe (m)

Der obere Fensterfaktor f_o bezeichnet die aufintegrierte Leuchtdichte des Moon und Spencer Himmelsmodells auf die vertikale Fläche in Abhängigkeit eines mittleren Verbauungswinkels α (Verbauungshöhenwinkel in Bogenmaß gemessen von Fenstermitte). Der untere Fensterfaktor f_u berücksichtigt die vom Boden reflektierte Diffusstrahlung.

$$f_{\mathrm{o}}(\alpha) = 0.3188 - 0.1822\sin\alpha + 0.0773\cos(2\alpha)$$
$$f_{\mathrm{u}}(\alpha) = 0.03286\cos\alpha' - 0.03638\alpha' + 0.01819\sin(2\alpha') + 0.06714 \tag{8.39}$$

mit

$$\alpha' = \arctan(2\tan\alpha)$$

Beispiel 7:

Berechnung des Tageslichtquotienten eines seitenbelichteten Raums ohne Verbauung mit Fenstertransmissionsgrad $\tau = 0.65$, Rahmenanteil 80 %, Verschmutzungsfaktor $k_2 = 0.9$ (geringe Verschmutzung) und $k_3 = 0.85$ zur Berücksichtigung des nichtsenkrechten Einfalls.

Raumgeometrie:

Breite B:	4 m
Tiefe T:	6 m
Höhe H:	3 m
Höhe Fensteroberkante h_{F}:	2.5 m
Breite Fenster b_{F}:	4 m

Reflexionsgrade der Flächen:

ρ_{Boden}:	0.3
ρ_{Decke}:	0.7
ρ_{Wand}:	0.5
ρ_{Fenster}:	0.15

Daraus ergibt sich ein flächengewichteter Reflexionsgrad von

$$\overline{\rho} = \frac{\rho_{\mathrm{Boden}}A_{\mathrm{Boden}} + \rho_{\mathrm{Decke}}A_{\mathrm{Decke}} + \rho_{\mathrm{Wand}}A_{\mathrm{Wand}} + \rho_{\mathrm{Fenster}}A_{\mathrm{Fenster}}}{\sum A}$$

$$= \frac{0.3 \times 24\,\mathrm{m}^2 + 0.7 \times 24\,\mathrm{m}^2 + 0.5 \times 48\,\mathrm{m}^2 + 0.15 \times 6.6\,\mathrm{m}^2}{108\,\mathrm{m}^2} = 0.45$$

Ohne Verbauung sind die Fensterfaktoren $f_{\mathrm{o}} = 0.3961$ und $f_{\mathrm{u}} = 0.1$. Der Innenreflexionsanteil wird somit $D_{\mathrm{Rr}} = 0.007$, weniger als 1 %!

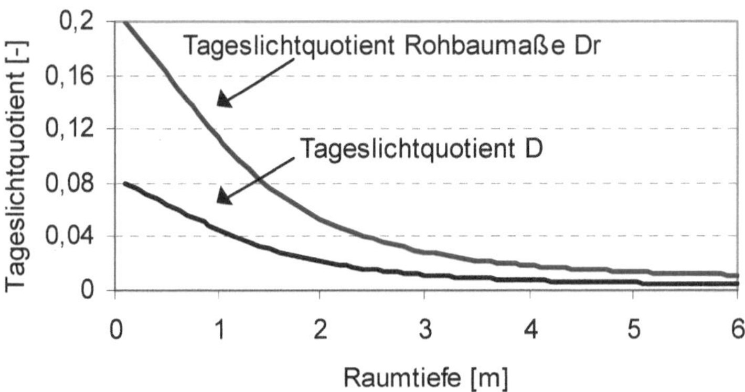

Bild 8-23: Tageslichtquotient des seitenbelichteten Raums.

Wird der Reflexionskoeffizient der Wände auf 0.7 hochgesetzt, steigt der Innenreflexionsanteil auf 1.28 %. Eine Erhöhung der Fensteroberkante auf Raumhöhe (3 m) steigert den Innenreflexionsanteil weiter auf 1.7 %.

Wird die Reduzierung des Tageslichtquotienten durch Transmissionsgrad, Rahmenanteil etc. berücksichtigt (Faktor 0.4!), erhält man in 4 m Raumtiefe einen Tageslichtquotienten von knapp 1 %.

8.6.2 Nutzbare Tageslichtbeleuchtung (Useful Daylight Illuminance)

Die nutzbare Tageslichtbeleuchtung oder UDI (useful daylight illuminance) gibt den erreichten Tageslichtanteil über eine Jahreszeitreihe an. Dabei wird eine horizontale Beleuchtungsstärke als nutzbar definiert, wenn sie zwischen 100 und 2000 lux liegt. Diese Grenzwerte wurden aus Nutzeruntersuchungen in tageslichtversorgten Büros ermittelt, wobei die Nutzer Verschattungseinrichtungen betätigen konnten. Oberhalb von 2000 lux entsteht meist visuelle Unbehaglichkeit.

8.7 Normierung und Berechnungsverfahren

Die europäische Norm DIN EN 12464 „Licht und Beleuchtung" stellt Anforderungen an die Beleuchtungsniveaus für den Bereich der Sehaufgabe und die unmittelbare Umgebung, erlaubt also eine zonierte Beleuchtung. Die bisherige nationale DIN 5035 dagegen schreibt Mindestwerte vor, die sich immer auf die gesamten Räume beziehen, also keine nutzer- und bedarfsorientierte Beleuchtung ermöglicht.

Weiterhin gelten in Deutschland die staatlichen und berufsgenossenschaftlichen Vorschriften für den Arbeitsschutz wie zum Beispiel die Arbeitsstättenrichtlinien. Durch die neue Arbeitsstättenverordnung wurde im Jahre 2004 die Europäische Arbeitsstättenrichtlinie (89/654/EWG) in Deutschland in nationales Recht umgesetzt. Im Bereich Arbeitsschutz beziehen sich sowohl die Arbeitsstättenverordnung und die Bildschirmarbeitsverordnung auf die natürliche Beleuchtung mit Tageslicht. Danach müssen Arbeitsstätten ausreichend Tageslicht erhalten und eine angemessene Kunstlichtanlage für Sicherheit und Gesundheitsschutz aufweisen. Zudem müssen Fenster, Oberlichter und Glaswände je nach Art der Arbeit und der Arbeitsstätte eine Abschirmung gegen übermäßige Sonneneinstrahlung ermöglichen.

Die Notwendigkeit einer optischen Verbindung zur Außenwelt hat die Gestaltung von Arbeitsstätten in erheblichem Maße beeinflusst. Auch wenn die heute gültige Arbeitsstätten-Verordnung die „Sichtverbindung nach außen" nicht mehr explizit fordert, so ist sie dennoch unverzichtbar.

Der Energiebedarf für Beleuchtung kann durch ein einfaches Nachweisverfahren nach Teil 4 der DIN V 18 599 „Nutz- und Endenergiebedarf für Beleuchtung" berechnet werden. Grundlegend ist, dass durch die Nutzung des Tageslichts sowie durch Beleuchtungskontrollsysteme der Aufwand für elektrische Energie für Beleuchtungszwecke minimiert werden soll.

Das dreistufige Verfahren klassifiziert zunächst die Tageslichtversorgung durch Berechnung des Tageslichtquotienten für die Rohbauöffnungen auf der Grundlage geometrischer Daten unabhängig vom Klima und von der Lage des Gebäudes. In einer zweiten Stufe wird der lichttechnische Einfluss der Fassadenbauteile (Transmissionsgrad, Rahmenanteile etc.) berücksichtigt. Im dritten Schritt wird dann die ermittelte Tageslichtversorgung mit monatlichen oder jährlichen Energiebedarfswerten für Beleuchtungszwecke korreliert, wobei weitere Größen wie geografische Daten und Angaben zum künstlichen Beleuchtungssystem berücksichtigt werden. Das Nachweisverfahren ermöglicht bereits im frühen Planungsstadium den Vergleich und die Optimierung verschiedener Tageslichtsysteme und verrechnet die erzielbaren Energieeinsparungen mit den anderen Anteilen der Gebäudeenergiebilanz (Heizung, Kühlung).

Die DIN V 18599, Teil 4 unterscheidet zwischen tageslichtversorgten ($A_{\text{TL,j}}$) und nicht tageslichtversorgten ($A_{\text{KTL,i}}$) Bereichen.

Dabei wird die Tiefe eines tageslichtversorgten Bereiches aus Sturzhöhe und Höhe der Nutzebene berechnet:

$$a_{\text{TL,max}} = 2.5\left(h_{\text{Sturz}} - h_{\text{Nutz}}\right) \tag{8.40}$$

Die Breite des versorgten Bereiches ergibt sich aus der Fensterbreite plus einem Randstreifen von einem Viertel der Tiefe des versorgten Bereiches.

Für die detaillierte Berechnung müssen zunächst Bereiche mit deutlich unterschiedlicher Tageslichtversorgung definiert werden, die nicht unbedingt mit den Gebäudezonen zusammenfallen bzw. die Zonen weiter untergliedern. In den Softwarepaketen ist die Eingabemöglichkeit begrenzt (z. B. auf 100), sodass bei großen Gebäuden Tageslichtbereiche geeignet zusammengefasst werden müssen.

Bei horizontalen Dachverglasungen berechnet sich der mittlere Tageslichtquotient aus:

$$\overline{D} = D_{\text{a}}\,\tau_{65}k_1k_2k_3\,\frac{\sum A_{\text{Rb}}}{A_{\text{Rg}}}\,\eta_{\text{R}} \tag{8.41}$$

Mit

A_{Rb} Fläche der Lichtöffnungen (Rohbaumaße) (m²)
A_{Rg} Grundfläche des Berechnungsbereiches (m²)
D_{a} Außentageslichtquotient (%)
τ_{D65} Lichttransmissionsgrad für Normlichtart D65 (–)
k_1 Minderungsfaktor für Versprossung (–)
k_2 Minderungsfaktor für Verschmutzung (–)
k_3 Minderungsfaktor für nicht senkrechten Lichteinfall (0,85 i.A. ausreichend) (–)
η_{R} Raumwirkungsgrad (–).

Der Außentageslichtquotient D_{a} ist wie folgt definiert:

$$D_{\text{a}} = \frac{E_{\text{F}}}{E_{\text{A}}} \tag{8.42}$$

Mit

E_{F} Beleuchtungsstärke auf der Außenseite der Lichtöffnung bei vollkommen bedecktem Himmel (lx)
E_{A} horizontale Außenbeleuchtungsstärke bei bedecktem Himmel (lx).

Nach erfolgter Berechnung des mittleren Tageslichtquotienten wird bei einem einfachen tabellarischen Nachweisverfahren die Tageslichtversorgung des Gebäudes einer der vier Einstufungsgruppen nach DIN V 18599-4 zugeordnet. Die Einstufungsgruppen orientieren sich prinzipiell an den Empfehlungen aus DIN 5034.

Der Strombedarf für künstliche Beleuchtung ist dann relativ einfach zu ermitteln. Ausgehend von der erforderlichen Beleuchtungsstärke in einem betrachteten Bereich und den verwendeten Leuchten wird eine spezifische, elektrische Bewertungsleistung in W/m^2 bestimmt und dann mit der versorgten Fläche und der Einschaltdauer der Leuchten multipliziert. Allerdings ist die Berechnung der Einschaltdauer aufwendig, da sie sowohl vom Tageslichtanteil als auch von der Nutzung abhängt.

Tabelle 8-9: Eingruppierung der Tageslichtquotienten nach DIN V 18599-4.

Maßkriterium D	Klassifizierung der Tageslichtversorgung
$6 \leq D$*	Gut
$4 \leq D < 6\,\%$	Mittel
$2 \leq D < 4\,\%$	Gering
$0 \leq D < 2\,\%$	Keine

* wobei $D > 10\,\%$ gemäß DIN 5034-6 wegen thermischer Überhitzung im Sommer vermieden werden sollte

Tageslichtversorgungsfaktor $C_{TL,Vers}$

Auf der Grundlage der ermittelten Tageslichtversorgungsklasse, dem Wartungswert der Beleuchtungsstärke E_m sowie der Orientierung und Neigung der lichtdurchlässigen Flächen wird der Tageslichtversorgungsfaktor $C_{TL,Vers}$ der Tabelle 18, DIN V 18599-4 entnommen. In den Tageslichtversorgungsfaktor gehen der Lichttransmissionsgrad der Verglasung (bei nicht aktiviertem Sonnenschutz) und die Bewertung der Sonnenschutzlösung (bei aktiviertem Sonnenschutz) ein.

Teilbetriebsfaktor Tageslicht F_{TL}

Der Teilbetriebsfaktor Tageslicht ist definiert als die anteilige Einschaltdauer für Kunstlicht und wird von einer Vielzahl von Parametern bestimmt, wie z. B. Raumgröße, Raumgeometrie, Fenstergröße, Orientierung, Sturzhöhe, Höhe der Nutzebene, Verschattungseinflüsse aus Verbauung, Blendschutzsystem, Art der Verglasung, Nutzungsstunden zur Tag- und Nachtzeit (tageszeitliche Anordnung der Nutzungszeiten), Abwesenheitszeiten, automatischen Kontrollsystemen usw. Die Werte liegen typisch zwischen 0.4 und 0.8, d. h. zwischen 40 und 80 % der Nutzungsstunden ist das Kunstlicht eingeschaltet.

Unter Berücksichtigung des Korrekturfaktors für tageslichtabhängige Beleuchtungskontrollsysteme $C_{TL,kon}$, dessen Werte aus Tabelle 19 DIN V 18599-4 bestimmt werden, berechnet sich der Teilbetriebsfaktor Tageslicht F_{TL} wie folgt:

$$F_{TL} = 1 - C_{TL,Ver}C_{TL,Kon} \tag{8.43}$$

Effektive Betriebszeit $t_{eff,Tag,TL}$

Die effektive Betriebszeit im tageslichtversorgten Bereich am Tage ergibt sich aus:

$$t_{eff,Tag,TL} = t_{Tag}F_{TL}F_{prä} \tag{8.44}$$

Wobei t_{Tag} die jährlichen Nutzungsstunden zur Tageszeit (DIN V 18 599-10) sind und F_{TL} der Teilbetriebsfaktor zur Berücksichtigung der Tageslichtversorgung.

Der Teilbetriebsfaktor Präsenz $F_{\text{prä}}$, der die Anwesenheit von Nutzern und die eventuelle regeltechnische Erfassung der Präsenz über Melder berücksichtigt, wird berechnet mit:

$$F_{\text{prä}} = 1 - C_A C_{\text{prä,kon}} \tag{8.45}$$

Der Wert für die Anwesenheit C_A findet sich in DIN V 18599-10. Der Wert für die Präsenz $C_{\text{prä,kon}}$ nach Tabelle 22, DIN V 18599-4, liegt bei 50 % ohne Präsenzmelder und bei 95 % mit Präsenzmelder oder in Räumen mit ständiger Anwesenheit.

Elektrische Bewertungsleistung p

Die elektrische Bewertungsleistung p für ein gewähltes Beleuchtungssystem wird bestimmt als

$$p = p_{\text{lx}} E_m k_A k_L k_R \tag{8.46}$$

Mit

p_{lx} spezifische auf 1 lx bezogene installierte Leistung (Tabelle 1 DIN V 18 599-4)
E_m Wartungswert der Beleuchtungsstärke gemäß Nutzungsprofil (DIN V 18 599-10)
k_A Korrekturfaktor für den Bereich der Sehaufgabe (DIN V 18 599-10)
k_L Korrekturfaktor für Lampe und Vorschaltgerät (Tabelle 2 DIN V 18 599-4)
k_R Korrekturfaktor für die Raumgeometrie (Tabelle 3 DIN V 18 599-4)

Die elektrische Bewertungsleistung kann über ein schnell anwendbares Tabellenverfahren, das im Wesentlichen über die Beleuchtungsart (direkt, direkt-indirekt, indirekt), den Lampen- und Vorschaltgerätetyp und den Einfluss der Raumgeometrie parametriert wird, oder über ein angepasstes Wirkungsgradverfahren bzw. eine Fachplanung ermittelt werden. Die Ermittlung der elektrischen Bewertungsleistung erfolgt unter Einhaltung der in DIN EN 12464-1 spezifizierten Anforderungen an die Beleuchtung von Arbeitsstätten.

Endenergiebedarf für Beleuchtung Q_l

Der jährliche Energiebedarf für Beleuchtung Q_l unter Berücksichtigung einer Tageslichtversorgung errechnet sich danach für die N-Zonen eines Gebäudes, die in J Berechnungsbereiche untergliedert sein können:

$$Q_l = \sum_{n=1}^{N} \sum_{j=1}^{J} p_j \left(A_{\text{TL,j}} \left(t_{\text{eff,Tag,TL,j}} + t_{\text{eff,Nacht,j}} \right) + A_{\text{KTL,j}} \left(t_{\text{eff,Tag,KTL,j}} + t_{\text{eff,Nacht,j}} \right) \right)$$

$$\tag{8.47}$$

Mit

P_j: elektrische Bewertungsleistung für das Beleuchtungssystem in W/m^2
A_{TL}:   tageslichtversorgte Fläche in m^2
A_{KTL}:   nicht tageslichtversorgte Fläche in m^2
$t_{\text{eff,Tag,(K)TL}}$:   jährliche effektive Betriebszeit in Stunden zur Tageszeit
$t_{\text{eff,Nacht}}$:   jährliche Nutzungszeit in Stunden zur Nachtzeit

Kunstlichtplanung

Der Beleuchtungswirkungsgrad (η_B) ergibt sich aus dem Produkt von Leuchten-Betriebswirkungsgrad (η_{LB}) und Raumwirkungsgrad (η_R) und ist definiert als das Verhältnis von Nutzlichtstrom zum von den Lampen in der Leuchte ausgesandten Lichtstrom. Der Beleuchtungswirkungsgrad bezeichnet das Verhältnis aus Leuchtenlichtstrom zu Lampenlichtstrom.

Daraus lässt sich die Zahl der erforderlichen Leuchten n zum Erreichen einer mittleren Beleuchtungsstärke E berechnen.

$$n = \frac{\bar{E}A}{\eta_R \eta_{LB} z \Phi}$$ (1.1)

wobei z die Anzahl der Lampen je Leuchte und Φ der Lichtstrom einer einzelnen Lampe ist.

Literatur

Ashford, P., Assessment of potential for saving of carbon dioxide emissions in European Building stock, submitted by Caleb Management Service for the Euroacc buildung energy efficiency alliance, 1998.

Hans-Georg Buschendorf (Hrsg.): Lexikon Licht- und Beleuchtungstechnik. Verlag Technik, Berlin 1989, ISBN 3-341-00724-5, S. 64.

Cakir, A., Cornelius, W., Hegger, Th., Die Beleuchtung von Arbeitsstätten mit Tageslicht, FVLR Veröffentlichung, www.fvlr.de

Dudda, Ch., „Energie- und Kosteneinsparung durch innovative Beleuchtungssysteme", Sechstes Symposium Innovative Lichttechnik in Gebäuden, Staffelstein 2000, OTTI Kolleg

Hauser, G., Kaiser, J., Rösler, M., Schmidt, D., Energetische Optimierung, Vermessung und Dokumentation für das Demonstrationsgebäude des ZUB, Abschlussbericht zum BMWA Vorhaben FKZ 0335006Z, 2004

Hentschel, H.-J. Licht und Beleuchtung: Theorie und Praxis der Lichttechnik, Hüthik Verlag 2002

Jakobiak, R. Tageslichtnutzung in Gebäuden, Bine Profi Info 1/2000, ISSN 1436 2066

Schultz, V. Tageslicht und Ergonomie, Teilbericht Licht und Architektur, FVLR Veröffenlichung, www.fvlr.de

Tageslicht und Energieeffizienz, Eine Information des FVLR Fachverband Tageslicht und Rauchschutz e.V., Heft 8

8

Weitere Titel aus dem Programm

Albrecht, Uwe
Praxisbeispiele Stahlbetonbau
Tragverhalten - Bemessung -
Konstruktion
2., überarb. u. aktual. Aufl. 2011. 263 S.
mit 94 Abb. u. 59 Tab. Br. EUR 29,95
ISBN 978-3-8348-1320-6

Benedix, Roland
Bauchemie
Einführung in die Chemie für
Bauingenieure und Architekten
4., überarb. u. akt. Aufl. 2008.
XII, 550 S. mit 156 Abb. Br. EUR 34,95
ISBN 978-3-8348-0584-3

Gruber, Franz Josef / Joeckel, Rainer
**Formelsammlung für das
Vermessungswesen**
15., akt. Aufl. 2010. XIII, 200 S.
mit 205 Abb. Br. EUR 19,95
ISBN 978-3-8348-1366-4

Rösel, Wolfgang / Busch, Antonius
AVA-Handbuch
Ausschreibung - Vergabe - Abrechnung
7., überarb. u. akt. Aufl. 2011.
XII, 235 S. mit 38 Abb. Br. EUR 25,95
ISBN 978-3-8348-1435-7

Willems, Wolfgang
Praxisbeispiele Bauphysik
Wärme - Feuchte - Schall - Brand
Aufgaben mit Lösungen
2009. VII, 280 S. mit 93
Verständnisfragen, 89 Aufg. u.
ausführl. Lös. Br. EUR 29,90
ISBN 978-3-8348-0766-3

Willems, Wolfgang M. / Schild, Kai /
Dinter, Simone / Stricker, Diana
Formeln und Tabellen Bauphysik
Wärmeschutz - Feuchteschutz - Klima -
Akustik - Brandschutz
2., aktual. und erw. Aufl. 2010.
X, 436 S. mit 163 Abb. und 242 Tab.
Br. EUR 29,95
ISBN 978-3-8348-0910-0

**VIEWEG+
TEUBNER**

Abraham-Lincoln-Straße 46
65189 Wiesbaden
Fax 0611.7878-400
www.viewegteubner.de

Stand Juli 2011.
Änderungen vorbehalten.
Erhältlich im Buchhandel oder im Verlag.